自然计算及其图像处理与分析应用

叶志伟　王明威　王春枝　著

中国水利水电出版社
www.waterpub.com.cn
·北京·

内容提要

本书对自然计算、机器学习、图像处理与分析的三个前沿领域进行了论述，特别是围绕自然计算在图像处理分析和机器学习中的参数调优应用问题进行了深入探讨。主要内容包括进化计算、群集智能、图像增强、图像分割、图像匹配、图像融合、图像特征抽取、图像的分类等。

本书着重对上述领域的国内外发展现状进行总结，阐述作者对自然计算在图像处理与分析领域中的应用的思考。

本书可以作为计算机科学、信息科学、人工智能自动化等相关领域从事自然计算、机器学习、图像处理与分析的相关专业计算人员的参考书，也可以作为相关专业高年级本科生或者研究生的教材。

图书在版编目（CIP）数据

自然计算及其图像处理与分析应用 / 叶志伟，王明威，王春枝著. -- 北京 : 中国水利水电出版社，2018.12（2024.8重印）
ISBN 978-7-5170-7279-9

Ⅰ. ①自… Ⅱ. ①叶… ②王… ③王… Ⅲ. ①人工智能－计算－研究②图象处理－研究 Ⅳ. ①TP183 ②TN911.73

中国版本图书馆CIP数据核字(2018)第292041号

策划编辑：雷顺加　责任编辑：宋俊娥

书　　名	自然计算及其图像处理与分析应用 ZIRAN JISUAN JIQI TUXIANG CHULI YU FENXI YINGYONG
作　　者	叶志伟　王明威　王春枝　著
出版发行	中国水利水电出版社 （北京市海淀区玉渊潭南路1号D座 100038） 网址：www.waterpub.com.cn E-mail：sales@waterpub.com.cn 电话：(010)68367658（营销中心）
经　　售	北京科水图书销售中心（零售） 电话：(010)88383994、63202643、68545874 全国各地新华书店和相关出版物销售网点
排　　版	北京智博尚书文化传媒有限公司
印　　刷	三河市元兴印务有限公司
规　　格	185mm×260mm　16开本　21.5印张　524千字
版　　次	2019年4月第1版　2024年8月第4次印刷
印　　数	2001—2200册
定　　价	98.00元

前　言

Preface

人类获取的信息70%以上来源于视觉,数字图像处理和分析(Digital Image Processing and Analysis)是通过计算机对图像进行去除噪声、增强、复原、分割、提取特征、识别等处理的方法和技术。图像处理和分析自动化、智能化在国民经济的许多领域已经得到广泛应用,特别是随着智能时代的到来,得到了越来越广泛的关注。然而由于数字图像处理信息量巨大,传统方法需要大量的计算才能获得理想的处理结果。鉴于实际图像处理工程问题的复杂性、约束性、非线性等难点,为了获得最佳性能,需要对参数进行调优,这样的需求自然地将两种方法都转换为优化问题。在解决图像处理和模式识别中的许多问题时,优化具有重要的作用。寻求一种适合大规模并行且具有智能特征的优化算法已经成为该学科的一个主要研究目标和引人注目的研究方向。

自然计算(Nature Inspired Computation)具有模仿自然界特点,通常是一类具有自适应、自组织、自学习能力的模型与算法,能够解决传统计算方法难以解决的各种复杂问题。遗传算法、人工神经网络、模糊系统等经典方法从诞生至今已经各自演变成相对独立的人工智能研究领域,保持着长久不衰的生命力,半个多世纪以来不断得到改进,衍生出众多新方法,并且在不同的科学和工程领域得到了成功的应用。

本书主要围绕自然计算及其在图像处理与分析中的应用开展论述,分为上、下两篇。

上篇(第2章~第5章)主要围绕什么是自然计算、自然计算的研究分支、自然计算的最新发展、部分经典和最新出现的自然计算方法在函数优化问题上的性能测试展开论述。

下篇(第6章~第13章)主要围绕自然计算在图像处理与分析中的若干应用进行研究,包括基于自然计算的图像增强、基于自然计算的图像阈值分割、基于自然计算的图像聚类分割、基于自然计算的图像匹配、基于自然计算的图像融合、基于自然计算的图像特征抽取、基于自然计算的图像特征选择、基于自然计算的图像分类器优化构建等。

参加本书相关专题研究和书稿撰写工作的有叶志伟、王明威(中国地质大学,武汉)、王春枝。感谢实验室研究生马烈、徐炜、赵伟、侯玉倩、鄢来仪、杨娟、张旭、陈凤、孙爽、郑逍、孙一恒、周欣等为本书所作的贡献。陈宏伟、宗欣露、徐慧、严灵毓、刘伟、苏军等参加了校对工作。

本书是国家自然科学基金(41301371, 61502155,61772180)、湖北省自然科学基金(2011CDB075)地理信息工程国家重点实验室开放基金(SKLGIE2014-M-3-3)和湖北工业大学博士科研启动金(BSQD13081)等研究工作的成果汇编。此外,在本书撰写过程中,参考了国内外相关研究成果,对相关作者在此谨表示诚挚的谢意!最后衷心感谢湖北工业大学对作者的帮助和支持!

由于作者水平有限,书中的不妥之处在所难免,敬请读者批评指正。

著　者

2018 年10月于武汉

目　录

Contents

下 篇

第1章 绪 论

人工智能浪潮的到来推动了自然计算和图像处理分析技术的进一步发展和应用。图像处理和分析的智能化与自动化一直是人工智能和相关学科研究热点之一,也是一个亟待解决的瓶颈问题,其涉及的巨量计算问题仍值得关注和深入研究。自然系统的问题求解方法和计算机的问题求解方法互补,而且通常解出来更加简单。自然算法具有高度并行、自组织、自适应和协同性等特征,典型的自然算法——人工神经网络也是受到大脑的启发和影响而发展出来的。根据达尔文的进化论,世界上所有的生物都是演化而来的,背后有一定的规律,哪怕从规律里面找出万分之一或者千分之一,也有可能给计算机的工作带来不同的思路。本书将自然算法引入到图像处理与分析问题求解之中,试图探索一条自然算法在图像处理与分析中应用的有效途径,为实现图像处理和分析的智能化与自动化打下一定的基础。

1.1 从人工智能到自然计算

马克思主义认为人是一切社会关系的总和,信息交流是人类基本活动之一。信息技术代表当今先进生产力的发展方向,它的广泛应用使信息的重要生产要素和战略资源的作用得以发挥,使人们能更高效地进行资源优化配置,从而推动传统产业不断升级,提高社会劳动生产率和社会运行效率,已经成为当今社会的核心技术。随着信息化在全球的快速进展,世界对信息的需求快速增长,信息技术已成为支撑当今经济活动和社会生活的基石。1956 年夏季,以麦卡锡、明斯基、罗切斯特和香农等为首的一批有远见卓识的年轻科学家在一起聚会,共同研究和探讨用机器模拟智能的一系列有关问题,并首次提出了“人工智能”(Artificial Intelligence,AI)这一术语,标志着“人工智能”这门新兴学科的正式诞生。他们提出了“模拟、延伸、扩展人类智能”以及“制造智能机器的科学与工程”的基本定义和长远目标。经过 60 多年的发展,人工智能学科已经奠定了若干重要的理论基础,并取得了诸多进展:如机器感知和模式识别的原理与方法、知识表示与推理理论体系的建立、机器学习相关的理论和系列算法等。在智能系统实践方面,IBM 深蓝系统击败国际象棋世界冠军卡斯帕罗夫、IBM 沃森问答系统在“危险边缘”挑战赛中击败人类对手、Siri 等自动人机对话与服务系统的出现、Google 自动汽车驾驶等都从不同视角展示了这个领域的进展。

人工智能是在计算机科学、控制论、信息论、神经心理学、哲学、语言学等多个学科研究的基础上发展起来的一门综合性很强的交叉学科,也是新思想、新观念、新理论、新技术不断出现的新兴学科,也是正在迅速发展的前沿学科。它企图了解智能的实质,并生产出一种新的能以人类智能相似的方式做出反应的智能机器,该领域的研究包括机器人、语言识别、图像识别、自然语言处理和专家系统等。半个多世纪以来,人工智能发展跌宕起伏。近年来,随着深度学习在图像和语音识别领域取得巨大成功，一批技术已经得到了商业化应用，谷歌、苹果、百度等科技巨头都开始布局 AI 领域；当前人类已经从 PC 互联网时代、移动互联时代跨越到了人工智能时代。

中国在专用人工智能领域取得了突破性的进展，已在自然语言处理和语音识别、图像识别、机器学习、虚拟现实、智能处理器、认知计算、智能驾驶和智能机器人等方面取得一大批具有国际先进水平的应用成果。互联网和大数据推动人工智能进入新的发展阶段。中国的智能语音技术在移动互联网、呼叫中心、智能家居、汽车电子等领域的研究与应用逐步深入，带动智能语音产业规模持续快速增长。专家系统已在国内获得广泛应用，应用领域涉及工业、农业等行业，其经济效益相当可观。例如，在冶金专家系统的开发与应用方面，已把专家系统技术用于高炉建模、监控与诊断等，建立了基于多核学习的高炉自动化框架、基于 Volterra 级数的高炉系统数据驱动建模、高炉热风炉流量设定、高炉炉温预测、铁水含硅量预报、数据采集处理、布料状态评估、炉况分析与监控、诊断与决策支持等专家系统，实现高炉炼铁过程的智能化。

随着计算机和移动终端的普及应用，人们获取的信息越来越多，促使信息处理技术逐渐向智能化方向发展。从信息的产生、收集、交换、存储、传输、显示、识别、提取、控制、加工和利用等各个环节，人工智能扮演了越来越重要的角色。特别是在海量的数据分析过程中涉及大量的计算，需要使用人工智能算法自动获取知识或者加速运算的过程。智能行为是不能用简单的数学模型来描述的，许多学者认为，人工智能应该从生物学而不是物理学中受到启发。

生物是自然智能的载体，因此生物学理所当然是人工智能研究灵感的重要来源，从信息处理的角度来看，生物体就是一部优秀的信息处理机，其通过自然进化解决问题的能力让计算机也相形见绌。自然界有很多值得做计算机科学的人学习的地方，所以从自然界里面找灵感也不是计算机科学专有的，工程界也经常从自然界找灵感，如飞行器，从鸟的飞行到双固定机翼的飞机再到螺旋桨飞机，都是从鸟类的飞行中找寻灵感。近年来，人工智能的成就与生物有着密切的联系，不论是宏观结构模拟的人工神经网络、功能模拟的模糊逻辑系统，还是着眼于生物进化微观机理和宏观行为的自然算法，都有仿生的痕迹。自然计算（Nature Inspired Computation）是人工智能的深化和发展，它强调模型的建立和形成，解搜索的自组织、自学习和自适应。计算智能与自然计算研究引人注目，涉及模糊计算、神经计算、进化计算和免疫计算等。近 10 多年来，中国在计算智能特别是进化计算研究方面取得多项国际领先成果。中国科技大学、中南大学、西安电子科技大学和中国科学院自动化研究所等院校都做出颇具影响的贡献。蔡自兴团队在进化计算领域研究取得的成果就是一个很好的例证，计算智能"中国海外军团"异军突起，成绩斐然。在计算智能与进化算法研究领域，Yao X（姚新）、Tan K C（陈家进）、Yen G（烟淦）、Jin Y C（金耀初）、公茂果、张青富等的研究成果获得国际同行公认，成为进化计算领域的国际学术领军人物，并为中国的计算智能与进化计算研究起到促进作用。

1.2 自然计算概述

自然计算是自然解决各种问题的理论和方法，遗传算法、人工神经网络、模糊系统等经典方法从诞生至今已经各自演变成相对独立的人工智能研究领域,保持着长久不衰的生命力,半个多世纪以来不断得到改进,衍生出众多新方法,并且在不同的科学和工程领域得到了成功的应用。

1.2.1 自然计算的基本概念

自然计算是指以自然界(包括生态系统、物理、化学、经济以及社会系统等),特别是生物体的功能、特点和作用机理为基础,研究其中所蕴含的丰富的信息处理机制,抽取出相应的计算模型,设计出相应的算法并应用于各个领域。当以计算过程的角度分析复杂自然现象时,可使人们对于自然界以及计算的本质有更深刻的理解。从自然界得到启发、由人工设计的计算方法是对隐含在自然界中的概念、原理以及机制的类比应用。自然计算的主要概念及特点为 ADEAS(autonomous, distributed, emergent, adaptive and self-organized),即自治、分布、涌现、自适应和自组织。自然计算包含进化计算、神经计算、生态计算、量子计算和复杂自适应系统等在内的众多以自然界机理为算法设计基础的研究领域,具有模仿自然界的特点,能够解决传统计算方法难以解决的各种复杂问题,在大规模复杂系统的最优化设计、优化控制、计算机网络安全、创造性设计等领域具有很好的用途。

在自然科学研究领域,生命科学与工程科学的相互交叉、相互渗透和相互促进,是现代科学技术发展的显著特征之一,而自然计算的迅速发展正体现了科学领域发展的这一特征和趋势。在自然计算及智能科学相关的研究领域,各类智能算法层出不穷,形态多样,理念各异,建模及分析工具各具特色,充分体现了自然计算丰富的内涵及其计算模式的多样性特征;它们均以自然界中有益的信息处理机制为研究对象,具有师法于自然、作用于自然的统一性原理,通常具有自学习、自组织和自适应特征,能够为具有大规模、分布式、异构、动态以及开放等特点的复杂系统的刻画(行为描述与分析),为传统算法难以求解的各类复杂问题等给出合理有效的解决方向,引导未来计算模式创新与计算机革命,具有非常广阔的应用前景。

自然计算分支领域众多,计算模型各具特色,充分体现多样性的特征,而作为计算智能的集成大者,自然计算演绎的又是一个统一性的理念。总体来说,自然计算研究主要涉及4个方面的内容:①各类自然(社会)现象、机制、规律等的建模与模拟;②各类自然计算模式的创新,即算法的设计、实现与优化等;③自然计算的应用研究,包括对具有大规模、分布式、异构、动态以及开放等特点的复杂系统的刻画(行为描述分析),以及各类复杂问题的求解等;④自然计算相关的软硬件实现与计算机研制等。在设计完成自然计算模式或系统之后,需要对其效能进行全面评价并进行优化改进,评价指标包括:有效性、计算效率、收敛性、稳健性和自适应性等。自然计算研究框架模型如图 1-1 所示。

从自然计算要素角度看,每种自然计算方法都对应一种实际的启发源;将启发源中所包含的内在的特殊规律,如生物进化规律、离子进出细胞膜的规律等,利用数学或逻辑符号建模描述成一种特殊计算过程;而从其启发源的属性来分,又包括自然界全部的物质(物理和化学)、生命(生命系统、生物群和生态系统等)和文化(社会、文化、语言以及情感等)3 个层次。表 1-1 和表 1-2 列举了一些经典的自然计算模式及其自然启发源。

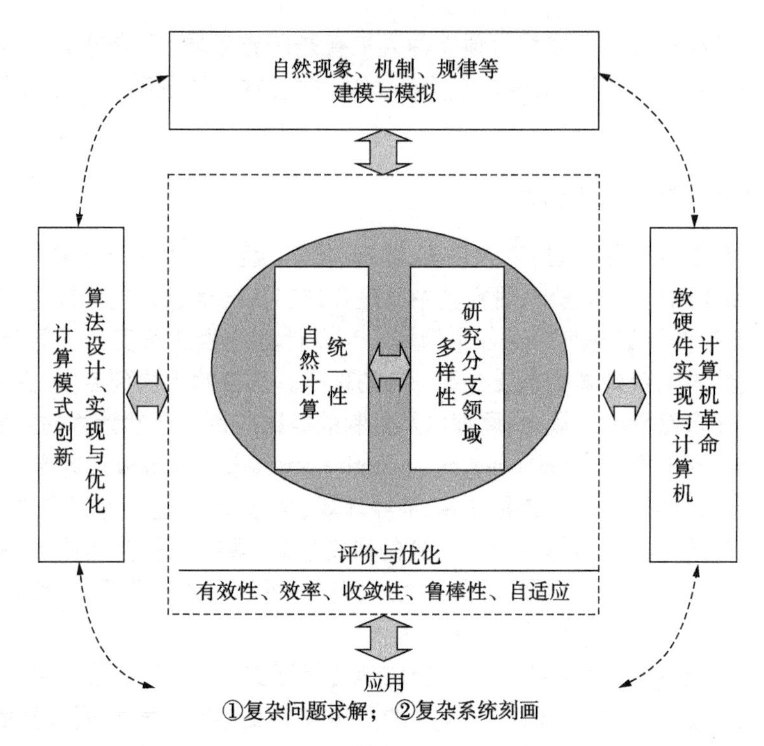

图 1-1　自然计算研究框架模型

表 1-1　经典和新近自然计算模式总结简表

计算模式	基本思想	时间	提出者
CA	细胞(群)动态演化	1950 年	Von Neuman 等
EP	从整体的角度模拟物种的进化过程	1962 年	Fogel,L J;Owens 等
ES	模仿生物进化,且性状总遵循正态分布	1963 年	Rechenberg,I 等
BP	反向传播神经网络	1969 年	Arthur E. Bryson 等
GA	模拟达尔文的遗传选择和自然淘汰的生物进化过程	1975 年	Holland,John 等
SOM	自组织特征映射网络	1981 年	Kohonen T 等
Hopfield	模拟人脑联想记忆功能的反馈式神经网络模型	1982 年	Hopfield,J. J 等
SA	模拟物理退火及熔融金属中粒子的统计力学原理	1983 年	Kirkpatrick,S 等
RBF	人类大脑皮层中的神经细胞对外界反应的局部调节	1987 年	Powell M 等
GP	利用生物进化思想来解决复杂问题的一种编程模型	1989 年	Koza,J. R. 等
MeA	拉马克主义的文化进化	1989 年	Moscato,Pablo 等
ACO	蚂蚁觅食行为,正反馈和分布式协作寻找最优路径	1991 年	Dorigo M 等
DNA	模拟生物分子结构并借助于分子生物技术进行计算	1994 年	Adleman L M 等
PSO	鸟群运动模型	1995 年	Kennedy,James 等
EDA	将自然进化算法和构造性数学分析方法相结合	1996 年	Muhlenbein,H 等
DE	模拟生物进化机制,基于种群内个体差异度生成临时个体,随机重组进化	1997 年	Rainer Storn 等
CNN	细胞单元构成的神经网络	1998 年	Leon O. Chua 等

续表

计算模式	基本思想	时间	提出者
MeC	从生命细胞在分层结构中处理化合物的方式中抽象出计算模型	1998年	Paun G. 等
AIS	借鉴自然免疫系统机制模拟免疫功能、原理和模型	1998年	Dasguptar 等
SGA	人类自私基因	1998年	Corno F 等
SOMA	模拟社会环境下群体的自组织行为	2000年	Zelinka Ivan 等
AFSA	模仿鱼群的觅食行为	2002年	Li X L 等
BFO	基于 Ecoli 大肠杆菌在人体肠道内吞噬食物的行为	2002年	Passino,K M 等
BC	模拟细菌在化学引诱剂环境中的运动行为	2002年	Sibyue D. Muller 等
SCO	社会认知理论	2002年	Xie X F 等
AES	基于人体内分泌系统的信息处理机制	2003年	Neal M 等
PMA	模拟人口迁移机制	2003年	Zhou Y 等
PGSA	模拟植物的生长过程	2005年	Li T 等
ABC	模拟自然界蜜蜂繁殖和采蜜行为	2005年	Karaboga,D 等
SGuA	树苗的生长发育过程	2006年	Ali Karci 等
GSO	自然界群居动物如狮子等寻找生存资源的群体行为	2006年	He S. 等
BBO	模拟生物种群在栖息地的分布、迁移和灭绝规律	2008年	Dan Simon 等
CGI	自然界晶体生长过程	2009年	Yuriy Brun 等
CS	布谷鸟的寄生育雏行为	2009年	XS Yang 等
SOA	模拟人类(人群)搜索行为	2010年	Dai C H 等
CRO	模拟化学反应过程	2010年	Albert Y 等
BA	模仿蝙蝠觅食行为	2010年	XS Yang 等
FA	模仿烟花爆炸行为搜索最优解	2010年	谭营
FOA	基于果蝇觅食行为	2011年	潘文超
GWO	模拟狼群捕食行为及其猎物分配方式	2014年	S Mirjalili 等
AMO	模仿人工记忆行为	2014年	G Q Huang 等
WWO	模拟水波的传播、折射、碎浪等运动机制	2014年	郑宇军
LSA	模仿闪电放电过程	2015年	H Shareef
MBO	受北美帝王蝶迁移行为的启发	2015年	王改革
MFO	受飞蛾横向定向导航机制的启发	2015年	Seyedali,Mirjalili
VSA	旋涡流产生的涡旋模式	2015年	B Dogan 等
IMA	阴、阳离子的相互吸引和相互排斥机制	2015年	Javidy 等
WOA	基于座头鲸捕食机制	2016年	Mirjalili, Seyedali
PIO	模拟鸽群返巢	2016年	段海滨
TEO	基于牛顿冷却定律	2017年	Kaveh A
SSA	南方飞鼠的动态觅食行为	2018年	Mohit Jain 等

表 1-2　自然计算启发源

启发源属性		自然计算模式	对应的自然系统
物质层次	物理	模拟退火算法	退火
		量子计算	原子
		混沌优化	混沌系统(物理现象)
		晶体生长算法	晶体生长的物理化学过程
	化学	分子计算	分子体系
		化学(反应)计算	化学反应过程
生命层次	生命系统	进化计算	遗传、进化系统
		神经计算	神经网络
		免疫计算	免疫系统
		内分泌计算	内分泌系统
		元胞自动机	元胞动态系统
		生物分子计算、RNA、蛋白质计算	生物分子体系 - DNA 双螺旋、RNA、蛋白质
		膜计算	细胞膜
		植物生长算法、树苗成长算法	植物、树木生长过程
	生物群	蚁群算法、微粒群算法、蜂群算法等	蚂蚁、鸟、蜜蜂等生物群
		细菌(群)觅食算法、细菌趋药性算法	细菌(群)
	生态系统	搜索者优化	人群
		生物地理学优化	生物物种、种群
		自组织迁移算法	生物种群
		人口迁移算法	人群
文化层次	社会文化情感等	形式语言	自然语言
		模糊计算、计算动词理论	语言(名词、动词)推理
		Bayesian 网络	符号认知、推理
		自私基因算法	人的自私行为
		文化算法、计算	社会文化(符号、知识)
		多主体系统	社会相互作用
		社会认知算法	社会认知
		粒计算	信息认知
		情感计算	社会、文化、人类情感

1.2.2　经典自然计算研究分支和主要应用领域

1. 自然计算的主要研究分支

自然计算的本质是借鉴自然界的功能与作用机理抽象出计算模型,研究涉及现代自然科学的方方面面,相关领域非常广泛。正是由于自然计算模式的多样性,其外延和内涵互相交织,相互包含,研究范畴常常被混淆,难以对其进行准确而细致的划分,主要研究分支可以分为如下4种类型。

(1)进化计算。进化计算的研究起始于20世纪50年代,当时几个计算机领域的科学家独立地开始研究进化系统。他们的共同思想是将自然界中的进化过程引入工程研究领域,将遗传、选择等作为算子参与优化,以解决工程中的优化问题。进化计算(Evolutionary Computation,EC)这一术语20世纪90年代初才被提出,它是模拟生物进化过程中的自然选择法则和信息遗传机制等技术或算法的总称。进化计算为解决真实系统中的复杂优化问题设计更加稳健和高效的算法,通常处理的是高维、非线性、不确定性问题等。最典型、最原始的进化算法包括遗传算法(GA)、进化策略(ES)、进化规划(EP)和遗传编程(GP),它们均是借鉴生物界中进化与遗传机理来解决复杂的问题,但在基因结构表达及对交换与突变作用有所侧重。

(2)群集智能。群集智能(Swarm Intelligence,SI)是自然计算研究领域最为活跃、应用最广的一个分支。通过对自然界中群居生物社会行为的观察,将其协作表现出的宏观智能行为特征称为群集智能。1991年,Dorigo M博士提出的蚁群算法(Ant Colony Optimization,ACO),是首个得到广泛关注并得以成功应用的群集智能算法。ACO充分利用蚁群个体间简单的信息传递,通过正反馈和分布式协作来寻找最优路径的集体寻优特征,对旅行商(Traveling Salesman Problem,TSP)难题进行了很好的解答。微粒群算法(Particle Swarm Optimization,PSO)是群集智能又一代表作,将鸟群运动模型中的栖息地类比于所求问题解空间中可能解的位置,通过个体间的信息传递,导引群体向可能解的方向移动,并逐步增加发现较好解的可能性。J. Kennedy,R. C. Eberhart在2001年合著的*Swarm intelligence*中指出,人的智能是源于社会性的相互作用,文化和认知是人类社会性不可分割的重要部分,成为群集智能发展的一个重要里程碑。

(3)生命系统模拟计算。生命系统模拟计算是对自然界生命体或系统的各种机制进行抽象和模拟,并用于提出智能计算方法的一个松散连接的研究领域,其理论构建于生物学、计算机及数学基础上。此领域包含了对从生物分子到细胞到功能(器官)系统再到生命体不同层次上的生命智能机制的模拟,典型的生命模拟计算系统如DNA计算、膜计算(Membrane Computing,MeC)、神经网络、人工免疫系统(AIS)等。

(4)社会文化计算。社会、经济与文化系统等亦是自然计算的重要启发源,此类计算模式包括文化基因算法(Memetic Algorithm,MeA)、文化算法(Cultural Algorithm,CuA)、社会认知优化(Social Cognitive Optimization,SCO)、自私基因算法(Selfish Gene Algorithm,SGA)、粒计算(Granular Computing,GrC)、情感计算(Affective Computing,AC)、头脑风暴算法(Brain Storm Optimization Algorithm)、足球竞赛算法(Football Game Inspired Algorithm)等。

2. 自然计算的主要应用概述

算法是计算机和软件发展背后的根基之一,特别是由于实际科学与工程应用问题复杂性的广泛存在,优化算法一直都是国内外学术研究的重点和热点问题。总的来看,最优化算法可以分为两类:精确算法和随机算法。精确算法包括回溯法、分治法、分支限界法和动态规划法等。但是,当问题的复杂性较高时,特别是对于NP难问题,这些算法的性能会急剧下降甚至失效。随机算法中的进化算法是属于自然计算范畴,其灵感来源于自然的算法,具有以下特性优点:无须过多问题先验知识;对于问题是否线性可微、可导和连续没有要求;自动采取设定机制对抗各种约束条件；自 20 世纪 80 年代起已经在最优路径规划(图 1-2)、飞机外形的设计、模式识别、经济管理、机械工程、通信、生物学等众多领域都获得了成功的应用，已经成为国内外研究的热点。

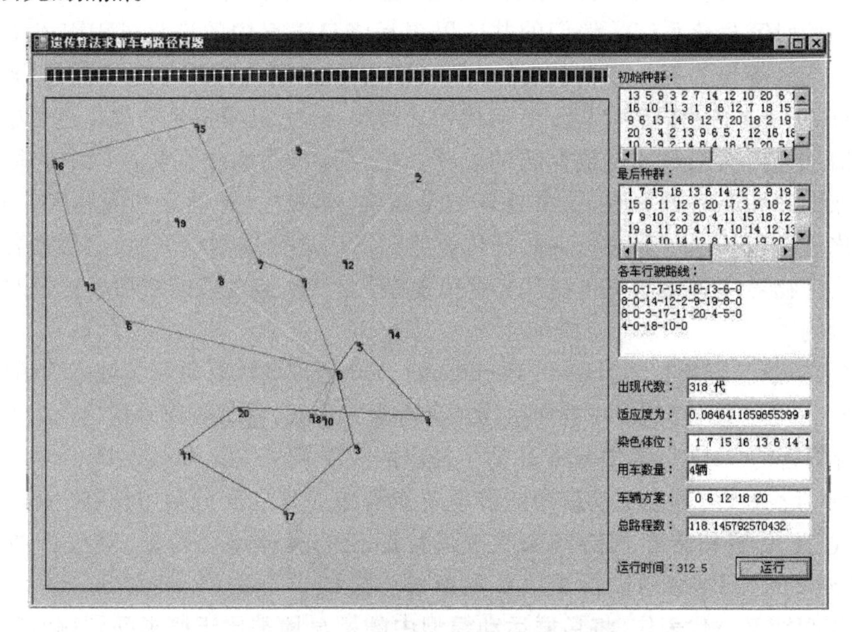

图 1-2　基于遗传算法的车辆路径问题求解

传统的优化算法在面对大型问题时，需要遍历整个搜索空间，一旦形成搜索的组合爆炸，就无法在多项式时间内完成。在复杂、广阔的搜索空间来找最优解，就成为科学工作者研究的重要课题。通过分析、模拟自然系统的智能行为和机制，构造相应的学习与优化模型，借助先进的计算工具实现高效的计算智能方法，并用于解决实际工程问题，一直是人工智能研究的重要途径。相关研究指出，从生物启发的角度可以建立简单、高效的算法。最优化问题就是在满足一定的约束条件下，寻找一组参数值，使得系统达到最大或最小值，满足最优性度量，一直以来都是国内外学术研究的重点和热点之一。自然计算在可接受的时间内对复杂大规模优化问题进行求解取得了优秀成绩，已经得到非常广泛的应用。

20 世纪 70 年代以来，一些与经典的数学规划原理截然不同的，试图通过模拟自然生态系统机制或自然现象以求解复杂优化问题的进化算法相继出现，如遗传算法、模拟退火算法、人工神经网络、人工免疫算法、差分进化算法等。这些算法大大丰富了现代优化技术，也为那些传统优化技术难以处理的组合优化问题提供了切实可行的解决方案，在模式识别、信号处理、知识工程、专家系统、优化组合、智能控制、工程力学、土木工程、建筑结构等领域得到了广泛应用，然而这些算法还存在如下一些缺陷：

(1)对于模拟退火算法，其参数难以控制，如初始温度 T 设置太大，算法要花费大量的时间；设置太小，则全局搜索性能可能受到影响，还有退火速度问题也要做合理的设置。

(2)对于遗传算法，其在全局寻优上效果良好而在局部寻优上存在不足，在算法进行的前期搜索效果良好而在算法进行的后期搜索速度缓慢，参数的设置对其性能影响也很大。

(3)对于人工神经网络，当数据不充分的时候，其无法进行工作，对于典型的 BP 神经网络采用最速梯度下降的优化思想，而实际问题的误差函数通常不是凸的，存在众多局部极小值点,算法很难得到最优解。

(4)对于人工免疫算法,其稳定性受抗体浓度的影响较大,同时,该算法随机产生种群的方式,将容易导致数字的取值非均匀地分布在解的空间,从而增加数据冗余的现象,并且可能出现早熟收敛现象和缺少交叉操作问题。

(5)对于差分进化算法,由于选择作用的影响,随着进化代数的增加,个体间的差异会逐渐降低,个体差异性的减少又影响变异所带来的多样性,从而导致算法过早收敛到局部极值附近时,形成早熟收敛现象。

群集智能算法是一种新颖的分布式优化算法。在群集智能系统中,每个个体都具有简单的行为或动作等;而群体是一组相互之间可以进行通信(通过改变局部环境)的个体的集合,这组个体能够合作进行分布式的问题求解,从而使得群体具有整体智能性,具有解决复杂问题的能力。自然界中典型的群集智能行为如图1-3所示。群集智能算法的研究不仅在多主体仿真、系统复杂性以及NP问题等方面为人工智能、认知科学和计算经济学等领域的基础理论问题的研究开辟了新的研究途径,也为诸如组合优化、提高非线性系统的识别效率、IIR数字滤波器的设计、机器人协作以及电信路由控制等实际工程问题提供了新的解决方法,具有代表性的新兴群集智能算法主要如下:

(1)粒子群优化算法。1995年,受到鸟类飞行觅食的启发,Eberhart等提出了粒子群优化算法,其主要优点在于搜索速度快、效率高、算法简单,适合于实值型处理。主要用于神经网络的参数学习训练,如今已经在机器学习分类器参数优化、特征选择、基因表达谱数据分析、电压控制、工业控制、经济调度问题以及图像处理等领域得到广泛应用。其主要不足在于它容易产生早熟收敛(尤其是在处理复杂的多峰搜索问题中),局部寻优能力较差。

图1-3 自然界中典型的群集智能行为

(2)蚁群优化算法。M. Dorigo和同事基于对自然界真实蚁群的集体觅食行为的研究,模拟真实的蚁群协作过程模仿蚁群觅食行为,提出蚁群优化算法。该算法采用了正反馈并行自催化机制,具有较强的稳健性,优良的分布式计算机制,已经成功地应用于网络路由规划、车辆路径问题、电力系统诊断等一系列复杂组合优化问题中,并取得了良好的结果。国际著名

的顶级学术刊物 *Nature* 也曾对蚁群算法的研究成果进行报道。其主要不足在于:①与其他算法相比,所需要的搜索时间较长;②在搜索进行到一定程度以后,容易出现所有蚂蚁所发现的解完全一致这种"停滞现象",使得搜索空间受到限制。

(3)人工鱼群算法。人工鱼群算法是李晓磊等人在动物群体智能行为研究的基础上提出的一种新型优化算法,已经在神经网络优化、饲料配方优化、网络入侵检测、机器人路径规划、作业车间调度等问题中得到了应用。不足之处在于随着人工鱼数目的增多,将会需求更多的存储空间,也会造成计算量的增长;对精确解的获取能力不够,只能得到系统的满意解域;当寻优的区域较大或处于变化平坦的区域时,收敛到全局最优解的速度变慢,搜索效率劣化;算法一般在优化初期具有较快的收敛性,而后期却往往收敛较慢。

(4)人工蜂群算法。Karaboga 于 2005 年提出了人工蜂群算法,其直观背景来源于蜂群的采蜜行为,蜜蜂根据各自的分工进行不同的活动,并实现蜂群信息的共享和交流,从而找到问题的最优解。在机器人路径规划、重力坝断面优化设计、拆卸线平衡问题,基本人工蜂群算法仍存在早熟收敛、容易陷入局部最优和进化后期收敛较慢等缺点。

(5)混合蛙跳算法。混合蛙跳算法是 Eusuff 等人于 2003 年提出一种基于群体的亚启发式协同搜索群集智能算法,具有设置参数少、简单易于理解、稳健性强等特点。已在水资源网络优化、装配线排序、PID 控制器参数优化、流水车间调度、聚类和风电场电力系统动态优化等领域得到成功应用;然而混合蛙跳算法在理论和实践上还不够成熟,对于一些复杂问题的求解,仍存在收敛速度慢、计算精度不高、易陷入局部最优等缺陷。

(6)果蝇算法。果蝇算法是由我国台湾潘文超教授提出的一种新的优化算法。果蝇算法具有简单、参数少、易于调节、寻优精度较高、计算量较小、全局寻优能力强的特点。已经在过热汽温自抗扰优化控制、水库群调度、BP 神经网络优化、非线性模型参数估计、图像分割等问题中得到了成功应用;主要缺点在于算法在处理较复杂问题时不稳定,不适合处理自变量为负值的问题。

(7)布谷鸟搜索算法。布谷鸟搜索算法是由剑桥大学 Xinshe Yang(杨新社)教授和 S. Deb 于 2009 年提出的一种新兴启发式算法,它通过模拟某些种属布谷鸟的寄生育雏来有效地求解最优化问题。同时,杜鹃搜索算法也采用相关的 Levy 飞行搜索机制,具有良好的寻优能力,目前已经在风电规划、图像处理、聚类分析、网络入侵检测模型、梯级水库优化调度、结构损伤识别、结构可靠性分析、人群疏散、飞行器容错控制中得到了广泛应用。布谷鸟搜索算法主要缺陷在于局部搜索能力不强、精度不高、搜索偏慢。

(8)和声搜索算法。和声搜索算法是 2001 年由 Geem 等提出的模拟音乐家反复调整不同乐器音调使之达到最优美和声的优化算法,具有概念简单、可调参数少、容易实现的优点。主要应用在多维多极值函数优化、管道优化设计、土坡稳定分析、聚类分析、多目标优化、结构有限元模型修正、PID 控制参数设计、工程优化、车辆路径,图像重建等。然而和声搜索算法每次迭代只生成一个和声向量,优化能力并不理想。特别是对于高维复杂的非线性优化,很难获得全局最优解。另外,HS 算法对参数敏感,很容易早熟并且收敛速度慢。

(9)萤火虫优化算法。萤火虫优化算法同样是由 Xinshe Yang 教授受自然界中的萤火虫通过荧光进行信息交流的群体行为启发而提出,具有简单易懂、参数少和易实现等优点,目前广泛应用在工程、计算机、管理、经济以及生物等领域;然而,萤火虫优化算法难以避免基于群体搜索的随机优化算法所具有的通病和缺陷,如算法运行到后期收敛速度较慢,早熟收敛、易陷于局部最优等,从而导致求解精度不高。

(10)人群搜索算法。人群搜索算法是我国学者戴朝华模仿人群搜索行为提出的一种群智算法。具有较强的全局搜索能力,在IIR滤波器设计、智能电网运行优化、神经网络优化、PID控制器参数优化、短时交通流量预测中得到了成功应用,主要缺陷在于容易发生早熟。

(11)万有引力算法。万有引力算法是由伊朗的克曼大学Esmat Rashedi等在2009年提出的一种基于牛顿万有引力定律的智能寻优技术,通过模拟粒子之间由于万有引力的作用而引起相互趋向运动来指导寻优的过程,具有实现简单和通用性强等特点,对标准测试函数进行优化时表现出良好的性能。已经被广泛地应用到无功电力优化问题、目标优化模型、K均值聚类算法优化、决策函数的估计、电力系统稳定器的设计、坡度稳定性分析等,但万有引力算法处理优化问题时会出现发散的情况,有时也会早熟收敛。

1.2.3 自然计算的最新发展和混合自然算法

进入2010年以后,新的自然计算方法发展迅猛,近年来提出的主要自然计算方法如下:

(1)蝙蝠算法。蝙蝠算法是Xinshe Yang教授于2010年提出的元启发式算法。该算法模仿了蝙蝠发出超声波的特性,是一种搜索全局最优解的有效方法,其收敛性分析已经得到了一定的证明;目前主要用于工程设计、视觉跟踪、分类、模糊聚类、图像分割、预测和神经网络等领域。主要不足在于算法后期收敛速度慢、收敛精度不高、易陷入局部极小值。

(2)水波优化算法。水波优化算法是浙江工业大学郑宇军博士提出的一种进化算法。该算法以浅水波理论为基础,通过模拟传播、折射、碎浪等水波运动方式在高维解空间中进行高效搜索。在一组重要的基准函数上的测试结果表明,算法的综合性能高于生物地理学优化、重力搜索算法、觅食搜索、蝙蝠算法等一系列其他新兴进化算法,还被成功应用于铁路调度和软件形式化开发关键部件选取问题,缺点是不能根据搜索状态来调整种群规模。

(3)灰狼优化算法。灰狼优化算法是由Seyedali Mirjalilia等人于2014年提出的群集智能算法,在置换流水线车间调度、无人机三维航路规划、高维优化问题中得到了应用,主要缺点在于求解精度低、收敛速度慢、局部搜索能力较差。

(4)烟花算法。受到烟花在夜空中爆炸产生火花并照亮周围区域这一自然现象的启发,北京大学谭营教授在2010年提出了烟花算法,该算法具有搜索速度快、参数较少的优点;主要应用在方程组求解、0/1背包问题、桁架结构质量最小化、非负矩阵分解计算、图像识别、垃圾电子邮件检测、滤波器设计、配电网重构优化等多个领域,取得了明显的应用效果,其主要缺点和其他群集智能算法一样容易收敛于局部最优解。

(5)Monarch Butterfly Optimization算法。受北美帝王蝶迁移行为的启发,由Gaige Wang, Suash Deb,Zhihua Cui于2015年提出,主要用于解决全局连续优化问题的元启发式算法,主要应用于TSP问题,数值优化问题,0—1背包问题,动态车辆路径规划问题,PID控制器设计、频谱分配、最优潮流等问题。

(6)Moth-flame Optimization Algorithm算法。受飞蛾横向定向导航机制的启发由Seyedali、Mirjalili于2015年提出此算法,主要应用于承压含水层参数反演、年度电力负荷预测、特征选择、PID控制器设计、手写文字识别、最优潮流问题、最优无功调度、图像分割、电力系统环境经济调度。

(7)Passing Vehicle Search算法。2016年由Savsani、Poonam Savsani、Vimal提出此算法,

主要用于大规模机组组合问题、最优潮流(OPF)问题、多目标电火花加工工艺参数优化等问题。

(8)Spiral Optimization 算法。由 Kenichi Tamura Keiichiro Yasudaa 于 2010 年提出此算法,基于螺旋现象常在自然界中出现的原理,主要应用于经济调度与排放调度相结合问题。

(9)Social Spider Optimization 算法。基于社会蜘蛛的合作行为而提出的群智能优化算法,主要应用人工神经网络训练及其在帕金森病识别中的应用,支持向量机参数调优,电磁优化,PID 控制器,聚类分析,柔性车间调度,高光谱图像的无监督波段选择。

(10)Stochastic Fractal Search 算法。受自然生长现象的启发,由 Salimi、Hamid 于 2015 年提出此算法,主要应用于优化分布式数据库查询的框架、多目标电力调度、全局数值优化、电力系统跟踪状态评估、太阳—风—热系统多目标优化调度方案、神经网络参数优化、PID 控制器、环境经济调度、径向分布系统中分布式发电机的优化配置。

(11)Water Cycle Algorithm 算法。基于水循环的观察以及河流和溪流的流动由 Eskandar, Hadi Sadollah 等于 2012 年提出此算法,主要应用于桁架结构的权值优化、最优无功调度问题、粗糙集理论中的属性约简问题、车间调度、最优潮流(OPF)、聚类分析等。

(12)Water Evaporation Optimization 算法。由 Kaveh,A Bakhshpoori,T 于 2016 年提出此算法,主要应用于骨架结构的离散优化、静态最优潮流问题、经济调度与多种燃料选择等问题。

(13)Whale Optimization Algorithm 算法。基于座头鲸捕食机制的一种元启发算法由 Mirjalili,Seyedali Lewis,Andrew 于 2016 年提出此算法,主要应用于全局优化、优化神经网络中的连接权、多级阈值图像分割、基于微网格的排放约束环境调度问题解决方案、特征选择、最优无功调度、密码分析。

(14)Water Drop Algorithm 算法。受河流启发的群智能优化算法由 S. Rao Rayapudi 于 2011 年发表,主要应用于最优无功调度、特征选择、柔性车间调度、路径规划、TSP 等问题。

(15)Vortex Search Algorithm 算法。受搅拌流体的旋涡流产生的涡旋模式启发由 B Doğan 和 Tamer Ölmez 在 2015 年提出此算法,在数值函数优化方面取得了较好的效果。SK Haghverdi 用 Vortex 搜索算法检测战略游戏的纳什均衡,Li 提出了基于混沌和 Lévy 飞行涡旋搜索算法的锅炉燃烧优化,M Saka 使用涡流搜索算法解决在电力系统中的经济负荷调度问题。

(16)Brain Storm Optimization Algorithm 算法。Y Shi 于 2011 年受人类进行头脑风暴活动启发而提出此算法。G Xiong 将脑风暴优化算法和基于生物地理学的优化算法进行混合,并将其应用在凸动态经济调度与阈点效应;E Dolicanin 使用头脑风暴优化算法对无人作战飞行器路径规划问题进行探索;X Yan 利用头脑风暴优化算法定位多个最优解。

(17)Invasive Tumor Growth Algorithm 算法。D Tang 通过观察肿瘤的入侵生长机制获得启发于 2015 年提出了侵入性肿瘤生长算法,随后将其应用在数据聚类问题上。

(18)Flower Pollination Algorithm 算法。受自然界花朵授粉过程的启发,X S Yang 于 2012 年提出此算法。A B Nasser 将混合花朵授粉算法应用在 t-way 测试;A Y Abdelaziz 使用花朵授粉算法求解电力系统经济负荷调度和综合经济排放调度问题。

(19)Ions Motion Algorithm 算法。Javidy 等人从自然界中阴、阳离子的相互吸引和相互排斥基本特征中得到启发于 2015 年提出,解决了水热调度问题,与 DE,GA 和 PSO 相比表现良好。IMO 提供了高质量的解决方案,即使在减少参数设置值后也能快速收敛。可以增加参数设置,如最大迭代次数和种群大小,以便利用该算法。IMO 算法还可以与 GA 和 PSO 等其他算法结合使用。

(20) Tree-seed Algorithm 算法。MS Kiran 首次提出此算法，用于解决连续优化问题一种新的智能优化器，它基于树木与种子之间的关系进行连续优化，主要应用在解决大规模电力系统最优潮流（OPF）问题中。

(21) Volleyball Premier League Algorithm 算法。这是一种新的启发式算法，其灵感来自一个赛季排球队之间的竞争和互动。它还模仿排球比赛中的教练过程。VPL 可以有效地解决复杂搜索空间的问题，所以 VPL 算法已被用于解决 3 个经典的工程设计优化问题。

(22) Salp Swarm Algorithm 算法。这是 Mirjalili 于 2017 年提出的元启发式算法之一。该算法的主要灵感来自 salps 的群集行为。目前已经使用 SSA 解决几个具有挑战性且计算成本高的工程设计问题（如翼型设计和船用螺旋桨设计），实际案例研究的结果证明了在解决困难和未知搜索空间的现实问题时算法优点更明显。

(23) Yin-Yang-pair Optimization 算法。这是 Varun Punnathanam 提出的一种新的元启发式阴阳对优化，它基于在搜索空间的探索和利用之间保持平衡。在进化计算领域，开发和探索代表了两种相互冲突的行为，它们共同解决问题，它们之间的正确平衡是算法性能不可或缺的一部分。这些行为与阴阳的相关性是显而易见的，这是算法背后的灵感。它是一种低复杂度的随机算法，它根据优化问题中的决策变量的数量，使用两个点并生成附加点。该算法被设计用于有界实参数无约束单目标优化。

(24) Virus Colony Search（VCS）算法。VCS 算法模拟病毒在细胞环境中存活和繁殖的宿主细胞的扩散与感染策略。通过这些策略，新算法中的个体可以更有效地探索和利用搜索空间。与最小迭代次数内的全局最优解相比，所提出的算法可以实现具有最小误差的解决方案，从而在准确性、收敛速度和操作的简单性方面提供改进。约束和无约束优化问题的模拟与统计结果表明，所提出的 VCS 算法可以等于或优于很多其他自然启发算法。

(25) Squirrel Search Algorithm 算法。这是 Mohit Jain 等人提出的一种强大的自然启发优化方法。该优化算法模仿南方飞鼠的动态觅食行为和它们高效的移动方式，即滑翔。目前的工作在数学上，为这种行为假设来简化数学模型，以实现优化过程。通过实时热流实验验证了该算法的适用性和稳健性。目前，该算法已经应用在社交网站、与时间相关的污染—路径等比较复杂的优化问题上面。

(26) Lion Optimization Algorithm 算法。Maziar Yazdani 和 Fariborz Jolai 于 2015 年提出了一种基于种群的算法，狮子的特殊生活方式及其合作特征是该优化算法发展的基本原理，主要用于云系统优化调度。

(27) Lightning Attachment Procedure Optimization 算法。Nematollahi A F 等在 2017 年提出了一种新颖的自然激励优化算法，称为闪电附着过程优化（LAPO）。所提出的方法模拟了闪电附着过程，包括向下引导运动、向上引导传播、闪电向下引导的不可预测轨迹，以及闪电的分支衰落特征。最终的最佳结果将是雷击点。所提出的方法没有任何参数调整，并且很少卡在局部最佳点中。该算法在 5 个经典的工程设计问题进行了应用于测试，包括拉伸/压缩弹簧、焊接梁、压力容器设计、齿轮系设计和悬臂梁设计以及称为最佳功率流（OPF）的高约束优化问题。

(28) Grasshopper Optimisation Algorithm 算法。Saremi S、Mirjalili S 和 Lewis A 于 2017 年提出的一种优化算法，该算法在数学上模拟了蚱蜢群在自然界中解决优化问题的行为。它也被应用到寻找52杆桁架、3杆桁架和悬臂梁的最佳形状问题中，还有数据聚类、旋转机械的振动信号分析、同时优化特征选择与支持向量机参数等领域都有广泛的应用。

总的来看，群集智能算法已经成功地应用在工业、农业、国防、工程、交通、金融、能源、通信、管理等诸多领域，通过最优化，有效地提高了生产效率和经济效益。然而理论和实践证明，任何一个群集智能算法都不能解决所有优化问题，智能算法本身会存在一定的缺点，所以，要想取得更加令人满意的优化效果，可以将两种或多种智能算法，按照某种规则组合使用，形成混合优化算法。

Wolpert D H和Ho Y C等学者提出优化无免费午餐理论(No-Free-Lunch Theorem of Optimization，NFLT)。该理论指出，不同的优化策略各有所长，一个策略优于另一策略是因为它是针对特定问题的结构而专门设计的，理论上并不存在一个通用的万能算法。面对日益复杂的大规模优化问题，尤其是多模态、高维、带约束和多目标优化问题，采用某一种智能算法，总会存在该算法本身的缺点，所以，要想取得更加令人满意的优化效果，可以将两种或多种智能算法按照某种规则组合使用，形成混合优化算法，不同的算法扬长避短，发挥智能算法的优点，大大提高算法的全局与局部收敛能力。常见的智能优化混合算法一般会选择一种全局搜索算法，在保证全局搜索能力的基础上，采用一定的措施，融入局部搜索的策略或另外一种智能算法，以达到整体优化的高效效果，目前围绕混合优化算法开展的工作非常多，一些经典的混合优化算法如下。

早在1997年，王雪梅等就将模拟退火算法和遗传算法相结合，并在TSP问题上验证了混合算法的性能。Rodriguez F J等将模拟退火算法和元启发优化算法混合，以提高它们的性能。熊志辉等将遗传算法与蚂蚁算法动态融合起来应用于软硬件划分问题求解。施荣华等将粒子群—遗传混合算法应用MIMO雷达布阵优化求解。Mir M S S等将粒子群—遗传混合算法应用于总机器负荷最小化问题求解。Ghodrati A将粒子群算法和杜鹃搜索算法混合起来用于全局优化问题求解。Sukkerd W等将遗传算法和禁忌搜索算法混合应用于柔性装配操作流水车间有限物料需求计划系统优化。Ciornei I将遗传算法蚁群算法混合应用于全局优化问题求解。匡芳君将改进粒子群优化算法和人工蜂群算法引入混沌优化算法、差分进化算法等多种智能优化算法，并应用于入侵检测中。在模因计算框架下，唐德玉研究了几种混合群集智能优化算法。鄢小虎等将和声搜索算法和粒子群算法混合用于并行软硬件划分。徐东方等将混合智能优化算法求解高维复合体函数优化问题。Sun G等将万有引力算法和遗传算法结合用于图像分割中多维阈值优化求解。Xiang W等将人工蜂群算法和差分进化算法进行混合。Guo P，d等将混合算法和极限学习机用于两阶段生产配送设施选址问题。Awad N H等将差分进化算法和文化算法应用数值优化问题求解。总的来看，无论是从理论研究还是从实践应用的角度出发，混合优化算法发展迅猛，但是仍未完全成熟，部分问题还有待进一步解决。

1.3 图像处理和分析概述

图像处理是对图像进行操作，以达到所需结果的技术，包括模拟图像处理和数字图像处理。现今的图像处理一般指数字图像处理。数字图像是指用相机、摄像机等观测系统采集得到的一个大的矩阵，该矩阵的每一个位置称为像素，其值称为图像的像素值。图像处理技术一般包括图像压缩、分割、增强和复原、匹配等几个部分。

1.3.1 图像处理的基本内容概述

图像作为人类获取外部信息的一种最主要方式,它不仅包含客观世界中待描述对象的重要相关信息,还能较为生动地对该对象进行表达。数字图像处理技术即是通过计算机进行图像去噪、图像增强、图像复原、图像分割、图像特征提取等操作。在数字图像处理技术不断发展的今天,其应用领域也越发广泛。如今,数字图像处理技术已普遍应用于日常生活各个领域,在国计民生和国民经济发展中发挥着极其关键的作用。因此,数字图像处理技术的发展受到了人们的广泛重视和关注。

数字图像处理作为一项近年来高速发展的实用型技术。其优点是拥有良好的重现性,拥有非常高的处理精度和灵活性,可处理来自大多数信号源的图像;缺点是需要处理的数据量巨大,在进行较为复杂的处理时,需要消耗的时间很长。目前数字图像处理技术亟须解决的首要难题是如何进一步研究高性能图像处理技术,并将其应用于更为广阔的应用领域中。

数字图像处理技术是通过计算机进行图像滤波、图像增强、图像分割、图像特征提取、图像分类等处理的方法。令二维函数 $F(i,j)$ 表示原始图像,横、纵坐标分别用 i、j 进行表示,二维函数 $F(i,j)$ 的值即是该图像位于点 (i,j) 处的像素值。基于计算机技术的数字图像处理方法就是用计算机对数字图像进行处理。数字图像通常是由大量独立的像素经过组合产生的,且图像中的每个像素均包含一个特殊的坐标位置和相应的灰度数值。总体来说,基本的数字图像处理主要包含如下内容。

(1)图像压缩编码。图像压缩是对图像进行存储、处理和传输之前的关键操作,也称为图像编码。图像压缩的重要方法是消除冗余数据,根据解压后图像的保真度,可将图像压缩方法分为有损压缩与无损压缩,前者在压缩和解压过程中不会损失图像的信息,而后者则无法通过解压恢复原图所有的信息,其通常用于容许图像信息有一定损失的场合。

(2)图像复原。图像复原也称图像恢复,是图像处理的常见技术之一,是将退化、失真及品质下降的图像重建或恢复成原图的过程。其主要原理是根据一定的退化模型,采取与之相反的过程来恢复原图。

(3)图像变换。作为数字图像处理中的一项基本操作,图像变换是指通过某种类型的二维变换将图像数据转换为正交矩阵。一般情况下,将原始图像定义为空间域数据,变换后的图像定义为变换域数据。图像变换主要是为了在不同变换域上更直接地对原始图像进行各种处理,得到一些在空间域上无法反映的特性。通常采用的图像变换方法,如离散傅里叶变换(DFT)、离散沃尔什变换(DWT)、离散余弦变换(DCT)、小波变换等。将原始图像数据转换到变换域上处理,进一步提高图像处理的效率。

(4)图像增强。图像增强作为数字图像处理的基础工作之一,其宗旨是使增强后的图像对某些特殊条件下的应用更适合后续计算机或者人工分析的需要。现有的增强方法,往往只能应用于某一种类别的“降质”图像,而对于其他类型的“降质”图像并不适用。由于在进行图像提取的整个流程中,各种干扰因素使得所获取图像的质量不断下降,因此,图像增强的效果将会对后续图像处理结果产生较为直接的影响。

(5)图像匹配。图像匹配是指通过一定的匹配算法识别两幅或多幅图像中特征相似或匹配度较高的部分。图像匹配主要可分为以灰度为基础的匹配和以特征为基础的匹配。灰度匹配的基本思想是将图像作为像素矩阵,使用统计的方法比较矩阵之间的相关性。灰度匹配通过计算相应的相似性度量来判定两幅图像中的对应关系。常用的图像匹配方法有图像的模板匹配和特征匹配。模板匹配是基于图像像素，将模板区域的像素逐一与目标区域进行比较，计算这两个区域的相似性量度来计算其匹配度。模板匹配的缺点是每次计算图像的匹配度都要计算模板区域的所有的像素值，计算量较大，难以满足实时性的需求，而当模板进行旋转或放缩后，图像发生了仿射变换，通过遍历的方式得到模板区域的匹配区域的计算量极大，计算时间令人难以接受。特征匹配则是通过提取图像中的多个特征如角点、直线、圆等对匹配目标进行描述。

(6)图像分割。图像分割是将图像分割成数个区域，并将感兴趣的区域提取出来成为目标的过程。它是对图像进行分析的预处理过程的关键步骤之一。目前常用的图像分割方法主要包括图像的阈值分割方法、图像的区域生长及分裂合并、基于边缘检测的分割方法等。图像阈值分割是图像分割技术中使用最为广泛的方法之一，其主要原理是选取一个合适的阈值，将图像按照灰度值划分为两部分，以提取出目标区域，并将灰度图像处理成为二值图像。其主要分割方法有最大类间方差法、模糊均值聚类法、熵方法等。最大类间方差法是日本人Otsu提出的一种全局动态阈值分割算法。它主要使用聚类的思想，将图像的灰度级别按照其特性划分为背景和目标两个部分，划分依据为选取阈值，使得背景和目标与图像灰度均值之间的方差最大。熵方法与类间最大方差很相似，其不同点是熵方法的评价函数是由Li和Lee应用信息论中熵理论发展而来。

数字图像处理的特点可大致归纳为如下5个方面。

(1)信息量大。大多数数字图像处理技术都是针对二维空间信息而言的，其信息量较大。对于一幅200×200像素的低分辨率灰度图像，需要几十kbit的数据量；对于一幅500像素×500像素的高分辨率全彩图像，则需要上百kbit的数据量；对于60 f/s的视频图像，则每秒大约需要对1~50 Mbit的数据进行处理。因此，不断扩大的数据量对计算机的运算能力、硬盘容量等方面提出了较高的要求。

(2)占用频带较宽。数字图像信号所占用的频带宽度比语音信号大上好几个数量级。如电视图像信号占用的频带宽度大约是56 MHz，而语音信号的频带宽度仅仅只有4 MHz左右。所以，数字图像信号在后续图像处理过程中，需要消耗较高的成本，且对现有的频带压缩技术提出了较高的要求。

(3)各像素间的相关性强。在一幅图像中，经常存在大量像素十分接近或完全一致的灰度。就电视图像信号而言，同一行中邻近的两个像素或相邻两行间的像素，其相关系数往往达到0.8以上。大多数情况下，邻近帧之间的互相关性往往比其帧内自相关性要大很多。因此，图像处理中的信息压缩技术还有巨大的发展潜力。

(4)图像的质量评判在一定程度上受主观因素影响。经过处理后的图像往往需要让人进行观测和评判，而人的视觉系统较为复杂，受环境因素、视觉能力、情绪控制以及学习能力等多方面因素的影响，故评判结果很大程度上受到个人主观因素影响。因而，如何客观对图像质量进行评判，还有待后续更为深入地研究。

(5)图像处理技术涉及大量理论性较强的综合知识。数字图像处理包含大量的基础理论和专业知识，通常有计算机技术、电子电工技术、信号处理技术以及大量数学、物理等领域的基础知识。此外，不少专业性较强的研究还需要了解专业性更强的知识，如人工智能、随机过程、机器学习等。

随着数字图像处理技术的不断发展,数字图像处理技术现已越来越多地应用到人们的日常工作、学习生活等各个方面。随着计算机硬件条件的进一步提高,数字图像处理技术日益完善,其应用领域也会因此继续扩大,并促进其相关理论得到了更进一步的发展,表1-3中列出了目前数字图像处理技术的应用领域。

表1-3 数字图像处理技术的应用领域

应用领域	数字图像处理技术
遥感	遥感图像处理和分析
医学	CT成像、核磁共振MRI
通信	信号传输、编码压缩
工业	质量检测、专业分析、产品防伪
军事、公安	导弹制导、车牌识别、人脸识别
文化艺术	动画制作、电子游戏、动作分析

随着计算机技术的不断发展和数字图像处理技术的日趋完善,图像处理的应用领域将会越加深入和广泛。数字图像处理技术在将来的发展趋势大体可总结为以下4个方面。

(1)在不断提升处理精度的同时,数字图像处理将向着高分辨率、智能化、全面化的方向发展。

(2)不断完善数字图像处理的理论体系,使图像处理技术向着三维成像甚至多维成像的方向发展。

(3)由于当前的某些图像处理方法在特定环境下存在一定的局限性,因此,关于图像处理的新理论和新算法还有待更深层次的研究。

(4)随着多媒体技术和电子电工技术的快速发展,数字图像处理技术在可编程逻辑器件上将会有更为宽广的应用空间。

1.3.2 图像分析的关键技术概述

图像是影像客观物体或目标的一种表示,它具有信息丰富、形态逼真、传输速度快、作用距离远等优点,是人们获取信息最重要的来源。图像分析是从数字图像中自动(半自动)提取所摄对象用数字方式表达的几何与物理信息,它十分强调自动化和半自动化,即应用计算机视觉(涉及的学科,包括计算机技术、数字图像处理和模式识别等)的理论与方法,自动地或半自动地提取所摄对象信息,所处理的对象和产品形式都是数字化的。图像分析是一个经典的科学难题,随着计算机及其应用技术的发展,也进入与其他学科相互交叉和渗透时代。一方面是人工智能、计算机视觉、信息系统技术、数字图像处理技术和模式识别技术等向该学科渗透,使得该学科可以利用其他领域的思想方法和技术手段来解决自己的问题,并以此来丰富自己的思想;另一方面是该学科向其他领域渗透,如工业中的产品质量检测、医学图像处理等。毫无疑问,图像解译的自动化和智能化是其中一项最为迫切的任务,关键在于发展图像自动识别技术。它面临的挑战是需要发展具有可靠性和稳健性的算法,这些算法能有效地工作在各种变化的场景中。目前的图像识别算法主要包括统计模式识别法、模板匹配识别法、基于模型的识别法、基于知识的识别法、基于卷积神经网络的图像识别几种类型。其中统计模式识别法是最经典的模式识别方法之一,它完全依赖于系统的训练和基于模式空间距离度量的特征匹配分类技术,因此难以有效地处理目标部分遮挡、高噪声环境、复杂背景等情形的目标识别,也不具备学习并适应动态环境的智能和推理能力。随着人工智能和专家系统技术的发展,在模式识别领域的研究已形成了基于知识的模式识别方法,在一定程度上克服了统计方法的不足,但是目前对模式识别领域中各种知识的认识程度和利用程度十分有限,还需要进一步深入研究。不管用哪种方法,一般来说,应用模式识别技术进行图像识别问题包括如下几个主要环节。

(1)特征提取。它有两层含义:①抽取图像原始特征信息的操作;②通过映射或者变换的办法,把原始特征空间的高维特征变成低维特征,相当于对原始特征进行二次抽取。(如不作说明,本章取其第一层含义)。它是模式识别、图像理解或者图像压缩的重要基础。如图1-4所示,通过特征提取,可以获得特征构成的图像(称为特征图像和特征参数)。

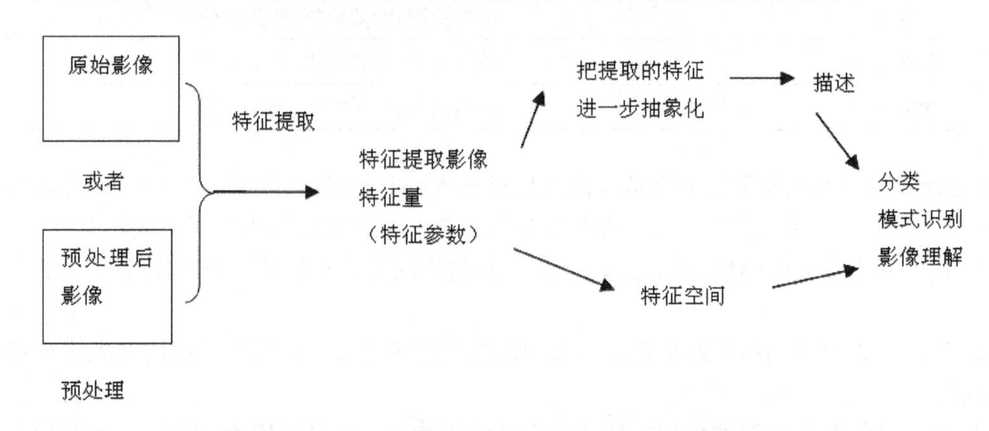

图1-4　图像的特征提取

对于由图像中抽取的特征量,利用特征空间这一定义,可应用于模式(图像)分类等方面的工作。从图像中提取的 m 个特征量 $y_1, y_2, \cdots, y_m$,用 m 维的量 $\boldsymbol{Y} = [y_1, y_2, \cdots, y_m]^t$ 向量表示,称为特征向量。另外对应于各特征量的 m 维空间叫作特征空间,那么特征向量 $\boldsymbol{Y}$ 就可以作为这个特征空间的点来表示。具有类似特征量的点(一般是对象物),在特征空间上形成群(称为聚类),把特征空间的点按照聚类的分布,依据某种标准进行分割,就可以判断各个点属于哪一类来进行分类,也可以用鉴别函数对特征空间进行分割。

(2)特征选择。特征选择指的是从模式(图像)原有的 m 个测量值集合中,按照一定的准则选择出一个 n 维($n < m$)的子集作为分类识别特征。通常能描述原始图像的特征有很多,如基于小波变换的特征、基于直方图的特征等。为了节约资源,节省计算机存储空间、机时、特征提取的费用,有时更是为了可行性,在满足分类识别正确率要求的前提下,按某种准则尽量选用对正确分类识别作用较大的特征,使得用较少的特征就能完成分类识别,这就是特征选择的主要任务。

(3)学习和训练。为了让机器具有分类识别功能,应该对它进行学习训练,首先将专家的知识和经验输入机器中,然后输入样本对机器进行训练试验。这种训练试验的过程就是机器学习的过程,往往需要反复进行多次,不断地修正错误,改进不足,使系统正确识别率达到设计要求。

(4)分类识别。在学习、训练之后,将产生的分类规则及程序用于未知类别对象的识别。需要指出的是,输入机器的专家分类识别的知识和方法及有关对象知识越充分,这个系统的识别功能就越强、正确率就越高。

图像识别系统的主要单元如图1-5和图1-6所示，由学习训练和分类识别两个主要阶段组成。

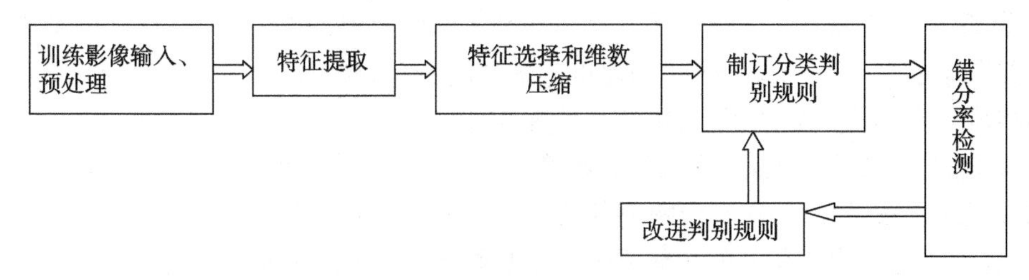

图1-5 图像识别系统的学习、训练阶段

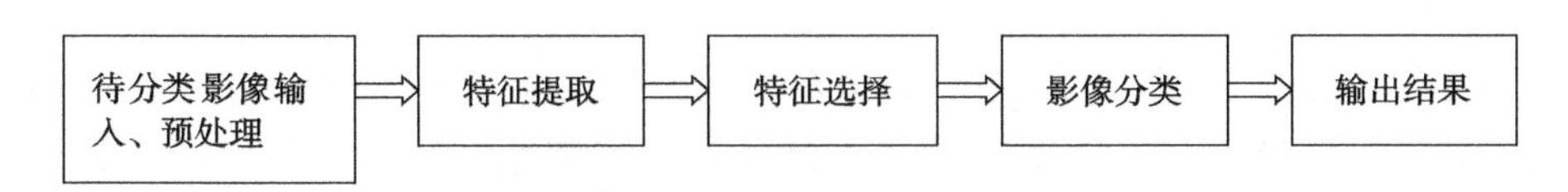

图1-6 图像识别的系统的识别阶段

虽然对正常人来说，通过视觉识别和理解外部世界并不是一件困难的事情，但是要建立一个计算机系统，实现类似人类视觉的计算机图像自动识别系统，是一件很困难的事情，主要原因有如下几个方面。

(1)计算机图像处理技术是对人类视觉的模拟，而人类的视觉系统是一种神奇的、高度自动化的生物图像处理系统。目前，人类对于视觉系统生物物理过程的认识还很肤浅，视觉计算理论还不够完善，将数字摄影测量通过视觉信息处理过程实现全自动化需要借助相关学科(如认知科学、神经生理学、人工智能、计算机视觉等)对视觉过程的理论认识，例如什么是感知的初始基元，基元是如何组织的，这些都是心理学和神经心理学正着力研究的课题和领域。除此之外，计算机系统应用什么途径去"仿"，这也是一个问题。这就使得现有的摄影测量研究缺少可靠的视觉计算模型，而常常依赖本学科的传统方法和经验。

(2)图像本身不具有精确理解三维景物的全部信息，这就需要知识的引导，如何表示和应用知识并非一件易事，这正是人工智能中致力于解决的问题。

(3)图像在形成过程中受到许多因素的影响，诸如照相机的质量、光传播介质的特性、照射景物光的特性、目标的反射特性等，很难具体分清每个因素对某个图像所产生的具体影响。此外，现实场景的复杂性和多样性，现有算法往往基于一些特定的假设，这些算法对某些场景效果很好，对于一般情况缺少可靠性和通用性。

总的来看，要实现图像解译的自动化和全自动化还有不少的路要走，将人工智能领域中的一些方法引入图像解译领域，互相取长补短，是开创图像解译新局面的较好途径。此前，有不少专家学者在这方面进行了研究，如郑肇葆、林宗坚等。此外，徐芳、郑宏、胡翔云等对航空图像解译也提出了不少算法，取得了一定的成效，但是目前主要停留在理论试验阶段，离实际应用还有一定距离。要想将其应用于实际生产工作中，如下问题需要进一步突破：①图像的自动分割；②图像特征的提取和选择；③分类识别技术。

对于问题①，因为图像本身的复杂性和多样性，虽然目前提出的图像分割方法有上百种之多，但是至今都没有形成通用的分割理论和方法。重要的原因之一在于没有一种通用的评价图像分割质量好坏的标准,现有的一些准则几乎只适用于某些合成图像或者简单图像,并不具备通用性。也就是说图像分割结果的好坏到现在都没有一种通用的客观的评价标准。而分割方法的好坏更是缺乏系统的客观的评价,这是目前图像分割所面临的最大困难。从现阶段来看,现存的各种自动化分割算法大都是基于某种具体问题的,针对具体的某类图像或者某几类图像建立一种"比较合适"的评价标准,并在该标准的指导之下设计分割算法。按照这些标准设计出来的算法,大多数存在如下两类问题。

(1)算法分割质量比较好,但是所需计算时间相对也较长。例如各种基于某种目标函数的选取阈值的方法,如果是求单个阈值的话,它们的原始方法都需要对 256 个灰度级进行遍历,如果是双阈值的话则有 256×256 种组合,所要分割的种类越多,计算呈几何级数上升。

(2)算法的计算速度比较快,但是往往容易陷入局部最优解,分割质量得不到保证。这类方法如 C-Means 和 FCM 等。

对于问题②,图像上反映出很多的目标细节,纹理信息非常丰富,即使在同一张相片上由于光照、阴影等原因,同一种目标的表现形态也可能会有较大差异,这就导致同一类目标识别的"不确定性"问题,即难以抽取体现地物本质特征的信息。分类识别中所使用的图像特征对分类识别的效果有直接的影响,如果图像特征提取和选择得好,使不同类的图像能表现出很大的差别,就能很容易地实现图像的分类和分割,所以特征的提取和选择是图像分类和分割的关键问题之一,虽然现有的特征提取和选择方法有很多,但是对此类问题的处理能力还是存在不足,致使它们在实际工作中效率不高。目前,图像处理中特征提取和选择仍是非常"面向问题的",对于不同的图像对象要用不同的方法抽取特征,而且往往不止一种方法,到目前为止还没有一个有效的、一般的抽取、选择特征的方法。因此,如何快速搜索和提取最适用于地物目标识别的本质特征或者特征组合,从而提高同一类目标识别的"准确性"图像分析是一个瓶颈问题。

对于问题③,图像的分类识别器是建立在训练样本以及样本的特征向量基础之上的,它和上述问题①、②是紧密联系的,孤立地讨论分类器的问题是没有任何意义的。在问题①和②没有得到很好解决的情况下,它也就难以完全解决,所以目前并没有通用的分类识别技术。现有的任何一种单独的图像分割方法都难以对一般图像分割取得令人满意的分割结果,因而现在更加重视多种分割算法的有效结合,对图像处理中其他问题亦是如此。为此,人们把目光投向各种各样的优化技术。优化技术是一种以数学为基础,用于求解各种工程问题优化解的应用技术,一直以来受到人们的广泛重视。上述图像处理问题的很多方面,都可以转化成优化问题并通过优化技术加以改善。鉴于实际图像处理工程问题的复杂性、约束性、非线性等难点,为了获得最佳性能,需要对参数进行调优,这样的需求自然地将两种方法都转换为优化问题。在解决图像处理和模式识别中的许多问题时,优化具有重要的作用。寻求一种适合大规模并行且具有智能特征的优化算法已经成为该学科的一个主要研究目标和引人注目的研究方向。目前,除了业已得到公认的遗传算法、模拟退火算法、禁忌搜索算法、人工神经网络等热门进化算法,将自然算法引入到图像处理与分析之中,也许能为解决图像处理中的某些难题提供新的契机。

1.3.3 自然计算在图像处理和分析中的应用研究现状

在图像处理和分析领域,自然计算的两个分支——群集智能和进化计算应用非常广泛,而基于生命系统模拟计算也在图像处理领域崭露头角,它通过对整个解空间进行不断搜索,逐步逼近待解决问题的最优解。近年来,自然计算的发展受到了更为广泛的关注,并大量应用于图像处理优化问题的求解中,典型应用如下:

1. 自然计算在图像增强中的应用

图像增强即是通过抑制冗余特征和噪声区域,使原始图像更加清晰,提高图像质量、丰富信息量是数字图像处理的基础工作之一。Hashemi 等采用遗传算法进行图像对比度增强,实验证明,该方法可以得到更加自然增强图像,其结果满足消费电子产品的应用需求。Ezell 等分别采用遗传算法和基于导数的优化方法结合 Alpha-Rooting 变换法进行图像增强。实验表明,两种方法均能得到可靠的增强图像,但是基于导数的优化方法耗费了大量时间,其效率明显低于遗传算法。Braik 等采用粒子群算法对图像的局部区域进行增强,实验表明,该方法对于图像的边缘部分有很好的增强效果,且粒子群算法的收敛速度明显优于遗传算法。Verma 等采用蚁群算法结合模糊逻辑理论对高动态范围彩色影响进行增强,实验结果表明,该方法对于曝光不足、曝光过度的测试图像均有良好的增强效果。Hoseini 将模拟退火算法、遗传算法和蚁群算法结合进行图像对比度增强,从主观和客观两方面看,该方法能有效提高原始图像的对比度,使增强后的图像看上去更接近于人眼的视觉效果。Y. Sun 采用粒子群算法结合非完全 Beta 函数对“降质”图像进行增强,实验结果证明,该方法对于一般类型的灰度变换均有很好的效果,增强效率也明显高于其他方法。

2. 自然计算在图像分割中的应用

图像分割是根据某些图像自身的特征(如颜色、亮度、灰度)把图像分割为若干个一致性较强的特定区域,其结果直接关系到后续特征提取和图像分析的准确性。Awad 等采用遗传算法结合自组织神经网络对卫星图像进行分割,实验证明,该方法能快速收敛于最优解,并准确对图像进行分割。Halder 等采用遗传算法结合模糊 C 均值聚类方法(FCM)对测试图像进行分割,实验结果证明,该方法可以高效地对测试图像进行分割,得到令人满意的分割结果。F. Wang 等采用改进的自适应遗传算法结合最大类间方差分割准则对微电子芯片图像进行分割,实验证明,与标准遗传算法相比,改进的遗传算法拥有更好的寻优能力。Dey 等将遗传算法和粒子群算法与物理学中的量子力学理论相结合,采用量子遗传算法和量子粒子群算法对测试图像进行分割,实验证明,该方法能有效提高图像分割的效率,减少了最优解的搜索时间。刘朔等基于模糊聚类理论,将遗传算法和蚁群算法进行结合,对遥感图像进行分割,实验结果证明,该方法有效提高了计算效率和图像分割的准确性,是一种性能良好的遥感图像分割方法。Zahara 等采用改进粒子群算法结合著名的 Otsu 分割准则对测试影响进行多阈值分割,实验结果证明,采用该方法得到的多维分割阈值与穷举法均十分接近,是一种效率较高的图像阈值分割方法。H. F. Zuo 和 F. Du 分别采用遗传算法和粒子群算法对二维 Kapur 熵分割准则进行优化,实验结果证明了两种阈值分割方法的实用性和有效性。

3. 自然计算在纹理分析中的研究现状

图像特征描述是后续图像解译工作的重要前提。其中,纹理特征描述近年来在数字图像处理领域受到了广泛关注,是一种重要的视觉评估手段。Delibasis 等采用遗传算法结合训练图像的空间频域信息对测试图像进行纹理识别,实验证明,与传统方法相比,该方法拥有近似或更优的识别率,且与图像的尺度选择无关。Fernandez-Lozano 等分别采用遗传算法和粒子群算法结合支持向量机进行图像纹理分类,实验证明,该方法能有效去除分割过程中产生的过分割现象。瞿中将粒子群算法与混沌策略结合,采用混沌粒子群算法进行图像纹理合成,实验证明,混沌粒子群算法比标准粒子群算法拥有更好的全局寻优能力,可以得到高质量的纹理合成图像。L. Ma 等采用蚁群算法进行纹理分割和纹理特征描述,实验结果表明,该方法对于局部区域较为复杂纹理拥有很强的实用性。郑肇葆教授分别采用遗传算法和蚁群算法产生最优“Tuned”纹理模板,并对航空影像纹理进行分类。通过分析不同图像纹理分类正确率结果,证明了“Tuned”模板对于不同类型的纹理均有良好的适应性。

4. 自然计算在图像配准中的应用

焦李成等提出了一种基于量子进化计算和 B 样条变换的医学图像配准方法,主要解决现有技术匹配程度低和配准预处理过程复杂的问题。张婧提出了一种基于单目标进化算法的图像配准方法。针对图像配准中基于灰度和基于特征的求解方案,分别抽象出对应的数学模型,定义进化算法中的染色体编码和目标函数,利用进化算法求解最优配准变换参数。范霞妃提出一种基于正交学习差分进化算法(OLDE)的图像配准方法,这种方法充分利用正交学习的引导特性来引导差分进化算法朝着全局最优方向进行搜索。王维真应用粒子群算法优化图像匹配问题,实验结果的分析表明,基于粒子群优化算法的图像匹配算法能够在不失匹配精度的条件下,克服一般图像匹配方法运算量大、耗时长的缺点,满足实际运用中匹配精度和速度的要求。陈凯提出了一种竞选算法的图像匹配算法并验证了其效果。

5. 自然计算在图像融合中的应用

针对红外与可见光图像融合的特点,冯颖提出一种基于非下采样 Contourlet 变换(NSCT)和混合粒子群算法的红外与可见光图像融合算法。赵学军通过遗传算法求解最优加权系数,实现全色图像和多光谱图像的融合。所提算法与 Contourlet 变换、主成分分析算法和高通滤波等遥感图像融合算法相比,在提高图像清晰度的同时,光谱保真度相对较高。陈荣元针对现有融合方法的结果图像不易根据后续处理的要求进行自适应调整,不同方法的优点不易综合的问题,借鉴气象领域中的数据同化系统能综合其模型算子和观测算子两者优点的思想,提出一个基于差分进化的遥感图像融合框架。在该框架下,将基于对比度 αtrous 的 Contourlet 变换作为模型算子,独立分量分析和 αtrous 小波变换作为观测算子,用差分进化(Differential Evolution,DE)算法来优化由图像定量评价指标组成的目标函数,从而获取更合适的图像。何同弟等提出了一种基于蚁群算法的多传感器图像融合方法。对低分辨率图像上的蚁群以相位一致性作为启发信息,高分辨率图像中的蚁群以梯度强度作为启发信息,两个蚁群通过共享的信息素矩阵实现协作,根据信息素矩阵提取图像特征。算法采用区域能量的加权自适应融合规则确定低频系数,结合蚁群算法提取的边缘特征融合来指导高频系数融合。融合结果表明,该方法在不同分辨率上引入了多种启发信息,因而能够提取更加完整和有意义的图像特征,为多传感器图像融合提供了更智能、更细致、更全面的图像信息。

6. 自然计算在高光谱图像波段降维中的应用

随着遥感技术和成像光谱仪的发展,高光谱遥感图像的应用越来越广泛,但其具有波段数多、数据量庞大等特点给高光谱图像的分类、识别等带来了很大的困难。魏芳洁结合遗传算法和蚁群算法实现了高效可靠的高光谱图像波段选择。范超提出了一种基于信息论准则的高光谱波段选择方法,结合波段信息熵与波段间的相关性,采用粒子群优化算法(PSO)进行波段优选,克服了采用单一使用信息量为适应度的片面性。崔颖提出一种基于烟花算法降维的高光谱图像分类方法。烟花算法采用类内紧密性系数与类间分离性系数的加权和作为波段选择的度量准则,通过在高光谱数据空间内进行搜索,不断更新直至收敛,从而获得最优波段组合。赵春晖提出利用蒙特卡罗随机实验可以对特征参量进行统计估计的特性,计算高光谱图像的最优降维特征数,并与相关向量机结合,对降维后的数据进行分类。实验结果表明了使用蒙特卡罗算法求解降维波段数的可靠性。

7. 自然计算在特征选择中的应用

特征选择是指从原始特征集中选择使某种评估标准最优的特征子集。其目的是根据一些准则选出最小的特征子集,使得任务如分类、回归等达到和特征选择前近似甚至更好的效果。通过特征选择,一些和任务无关或者冗余的特征被删除,简化的数据集常常会得到更精确的模型,也更容易理解,一直是模式识别和机器学习领域研究的热点和难点问题之一。特征本质上是一个组合优化问题,求解组合优化问题最直接的方法就是搜索,属于计算复杂性中的NP难(NP-hard)问题,主要采用完全搜索、启发式搜索和随机搜索的方式来进行求解。鉴于特征选择问题本质上是NP难问题,因此自然计算在特征选择问题中得到了广泛的应用。如陈卫东提出了一种基于遗传算法的图像特征选择方法,张琴使用遗传算法结合二值粒子群的混合优化算法实现SAR图像特征选择。吴雪提取不同类型的图像,并采用粒子群优化算法选择最优特征,组成特征向量,将特征向量机作为神经网络的输入,实现运动图像的分类。Xue B和毛勇对该问题进行了综述,然而因为该问题的NP难性质,仍未完全解决,值得进一步研究。

8. 自然计算在图像分类器构建中的应用

图像分类即是利用计算机对不同类别的特征在图像上的信息进行属性分类,是图像自动理解的基础研究之一。其基本宗旨是将基于人工的图像解译发展为计算机支持下的图像解译,具有重要的研究意义和广阔的应用前景。

Z. Liu等采用遗传算法结合BP神经网络分类器对遥感图像进行多光谱分类,实验证明,与传统极大似然分类器和基于梯度下降的神经网络分类器相比,该方法对于高分辨遥感图像拥有更高的分类正确率。Tso采用遗传算法结合马尔科夫随机场(MRF)进行遥感数据分类,实验证明,该方法能有效改进MRF模型的参数估计,拥有较高的分类正确率。Omran等采用粒子群算法结合ISODATA算法进行图像分类,实验证明,与传统ISODATA算法相比,该方法能更好地使类内距离极小化,类间距离极大化。S. Li等采用遗传算法结合支持向量机分类器对高光谱图像进行分类,实验证明,该方法是一种高效的图像分类方法。高锦和高晓健采用粒子群算法结合支持向量机分类器分别对彩色图像和高光谱遥感图像进行分类,实验证明,两种方法的性能较为稳定,分类结果良好。

1.4　本书主要研究内容和结构

本书分为上、下两篇。上篇主要内容包括对经典的和新近发展的自然算法,如蚁群算法、万有引力算法、萤火虫算法等算法进行了回顾,在函数优化问题上对部分自然算法进行性能测试。下篇主要内容包括自然算法和混合自然算法在图像处理和分析问题的优化求解中的应用,如图像增强、图像分割、图像匹配、图像特征提取、图像特征选择、图像分类器优化构建等。第2章~第13章主要内容如下:

上 篇

第 2 章　蚁群算法概述。
第 3 章　萤火虫算法概述。
第 4 章　万有引力算法概述。
第 5 章　其他常用优化算法及函数优化性能测试。

下 篇

第 6 章　基于自然计算的图像增强方法。
第 7 章　基于自然计算的图像聚类分割方法。
第 8 章　基于自然计算的单阈值图像分割方法。
第 9 章　基于自然计算的多阈值图像分割方法。
第 10 章　基于自然计算的图像匹配和图像融合方法。
第 11 章　基于自然计算的图像特征抽取方法。
第 12 章　基于自然计算的图像特征选择方法。
第 13 章　基于自然计算的图像分类器优化构建。

上　篇

第2章　蚁群算法概述

蚁群算法(Ant Colony Optimization,ACO)是受自然界蚁群觅食行为启发而提出来的,属于随机概率搜索算法。蚂蚁系统是最早的蚁群算法,同时也是大量蚁群算法的原型。本章首先介绍自然界蚂蚁的觅食行为,在此基础上介绍蚁群算法的基本概念、过程和特征,并以求解 n 个城市的 TSP 问题为例来详细说明蚂蚁系统模型,介绍人工蚁群算法的实现过程;然后对蚁群算法的收敛性、典型改进的蚂蚁系统、蚁群算法和其他优化算法的关系、二进制蚁群算法做进一步阐述,最后对蚁群算法的研究和发展趋势进行展望,其目的在于说明蚁群算法的机理,为蚁群算法在图像处理和分析中的应用打下基础。

2.1　蚁群觅食行为和蚁群觅食策略

2.1.1　蚁群觅食行为

觅食是蚁群一种有趣的行为,据昆虫学家的观察和研究发现:自然界中的蚁群能够在没有任何可见提示下找出从蚁穴到食物源的最短路径,并且随环境的变化而进行新路径的搜索,最终蚁群大军行走在蚁穴—食物源的最短线路上。在从巢穴出发寻找食物的过程中,蚂蚁能在其走过的路径上分泌一种化学物质 pheromone——信息素(也称为外激素),通过这种方式形成信息素轨迹。蚂蚁在运动过程中能够感知这种物质的存在及其浓度,并倾向于朝着信息素浓度高的方向移动,且以此指导自己的运动方向。信息素轨迹可以使蚂蚁找到它们返回巢穴的路径,其他的蚂蚁也可以利用该轨迹找到由同伴发现的食物源的位置。此外,通过信息素轨迹进行信息交流,蚁群会很快找到巢穴—食物源的最短路径。

2.1.2　自然优化——二元桥实验

为研究在受约束条件下的蚂蚁觅食行为,Deneubourg 等通过“双桥实验”对蚁群的觅食行为进行了研究。如图 2-1(a)所示,对称双桥 A、B(两座桥的长度相同)将蚁穴与食物分隔开,A、B 两个分支上最初都没有信息素,蚂蚁可以自由地由蚁巢向食物移动。图 2-1(b)是经过 A、B 两桥的蚂蚁百分比随时间的变化情况。实验结果显示,在初始阶段出现一段时间的震荡(由于某些随机因素,使通过某座桥上的蚂蚁数急剧增多或减少)后,蚂蚁趋向于走同一条路径。在该实验中,绝大部分蚂蚁选择 A 桥。

在实验初期,A、B 两座桥上都没有外激素的存在,蚂蚁将以相同的概率选择 A、B 两座桥,故此时蚂蚁在两座桥上留下的信息素相等。一段时间后,经过最初的一个短时间随机震荡，使得一个分支有更多的蚂蚁选择，这里是 A 桥（也可能为 B 桥），因此在 A 桥上会留有更多的信息素，致使 A 桥对后来的蚂蚁有更大的吸引力。如图 2-1（b）所示，纵坐标为单位时间内通过每个分支的蚂蚁数目的百分率，横坐标为时间，单位为 min。由于蚂蚁在行进的过程中释放信息素，因此上边分支的信息素量多于下边分支，从而促使更多的后续蚂蚁选择它，依次类推。随着时间的推移，A 桥上的蚂蚁将越来越多，而 B 桥上正好相反。

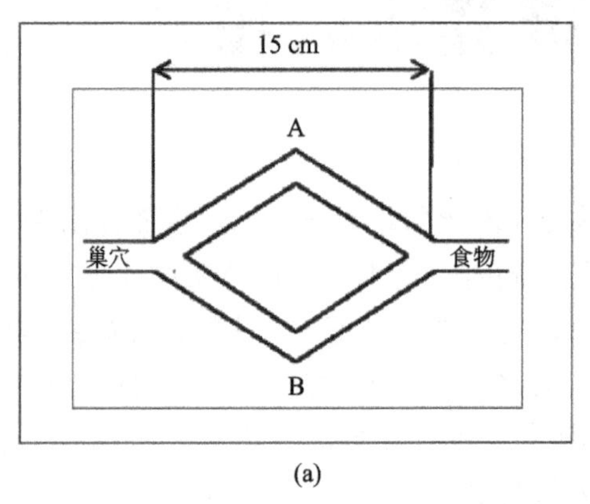

(a)

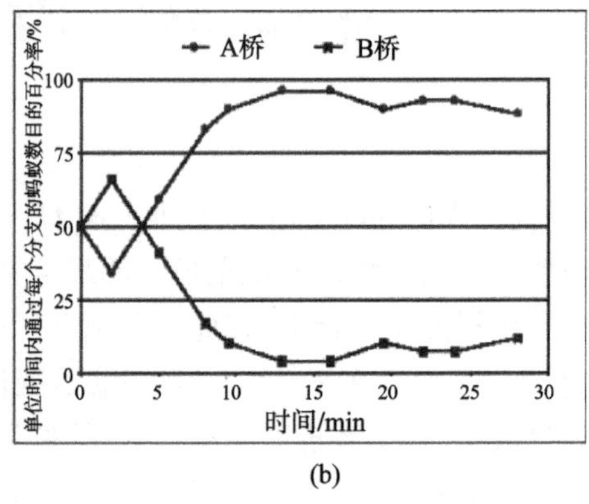

(b)

图 2-1 双桥实验

（a）实验的建立；（b）实验的结果

Deneubourg 等开发了一个信息素模型，它与实验的观察十分吻合。首先，假设一个分支上的信息素量与经过该桥的蚂蚁数量成比例。这个假设没有考虑信息素的挥发，因为实验持续 1 h，还不足以让信息素大量减少，所以这个假设是合理的。在这个模型里，在某一时刻蚂蚁选择某座桥的概率与经过该桥的蚂蚁数成正比。具体地讲，当所有 m 只蚂蚁都经过两座桥以后，设 m_A、m_B 分别为经过 A 桥和 B 桥的蚂蚁数目（$m_A+m_B=m$）则第 $m+1$ 只蚂蚁选择 A 桥的概率为

$$P_A=\frac{(k+A_i)^n}{(k+A_i)^n+(k+B_i)^n} \tag{2-1}$$

而选择 B 桥的概率为

$$P_B=1-P_A \tag{2-2}$$

式中：参数 n 和 k 用来匹配真实实验数据，n 决定选择式（2-1）的非线性程度，当 n 值大时，如果某一分支的信息素比另一个分支稍多一点，那么后续的蚂蚁选择此分支的概率高；参数 k 表示对未标记分支的吸引力程度；k 值越大，就有越多的信息素使选择非随机化。

第（$m+1$）只蚂蚁首先按式（2-1）计算选择概率 $P_A(m)$，然后生成一个在区间［0，1］上均匀分布的随机数 ϕ，如果 $\phi \leqslant P_A(m)$，则选择 A 桥，否则选择 B 桥。当 $n \approx 2$，$k \approx 20$，式（2-1）与实验数据相一致，是最符合实验测量标准的参数值。

桥的等长分支实验可以扩展到两个分支不对称情况，如图 2-2 所示。图 2-2（a）为蚂蚁经过非对称双桥开始觅食；图 2-2（b）和图 2-2（c）分别为桥放置 4 min 和 8 min 后蚂蚁选择分支的情况。图 2-2（b）显示绝大多数蚂蚁选择较短的桥；图 2-2（c）显示最终有 80% ~100% 的蚂蚁选择较短的桥。

同样，模型也可以通过修改来适应此情况。按照同以前情况相同的机理，也是初始波动的扩大，蚂蚁常常会选择最短的路径；先回巢穴的蚂蚁在最短分支上走了两次（从巢穴到食

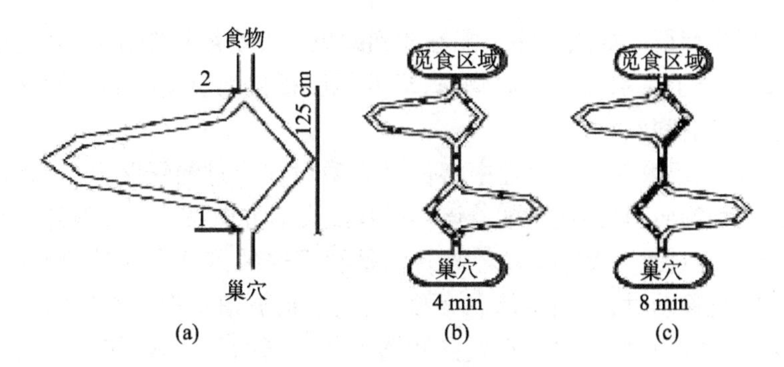

图 2-2 非对称桥实验情况

(a)非对称双桥;(b)桥放置 4 min;(c)桥放置 8 min

物,再回巢穴)。在非对称双桥实验中,随机抖动对胜出桥(有较多蚂蚁选择的桥)的影响减小,而占主导作用的是随机信息素的引导行为。

除能够找到蚁巢—食物源之间的最短路径外,蚁群还有极强的适应环境的能力,如图 2-3 所示,在蚁群经过的路线上突然出现障碍物时,蚁群能够很快重新找到新的最优路径。

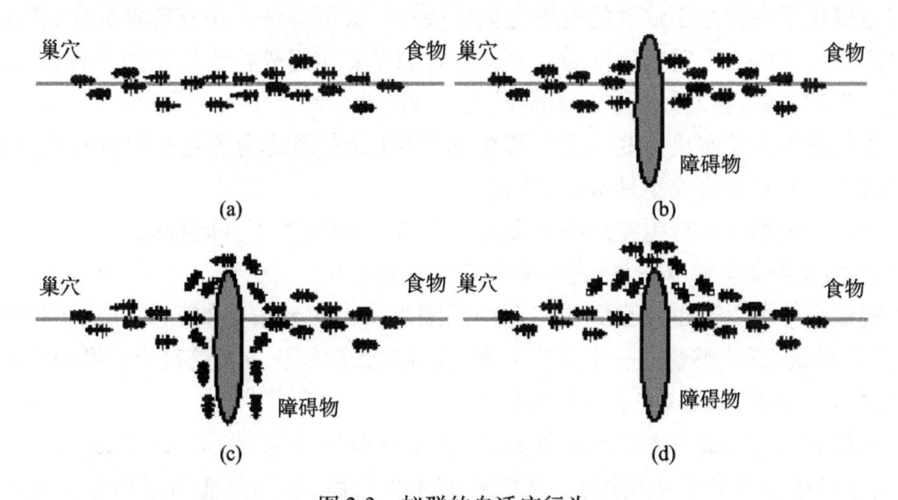

图 2-3 蚁群的自适应行为

(a)蚁群在蚁巢—食物之间的路径上移动;(b)路径上出现障碍物,蚁群以同样的概率向左、右方向行进;(c)较短路径上的信息素以更快的速度增加;(d)所有的蚂蚁都选择较短的路径

由以上实验可以看出,蚁群的觅食行为完全是一种自组织行为,蚂蚁根据自我组织找到巢穴—食物的最短路径。

2.2 蚁群算法的基本概念、过程和特征

2.2.1 蚁群算法的基本思想

ACO 是受自然界中蚁群觅食行为的启发而发展起来的一种群体进化算法,属于随机搜索算法。M. Dorigo 等充分利用了蚁群搜索食物的过程与著名 TSP 问题之间的相似性,通过人工模拟蚁群搜索食物的行为来求解 TSP 问题,建立了蚂蚁系统。从上节的“双桥实验”可以看出,像蚂蚁这类社会性动物,虽然个体的行为极其简单,但由这些简单个体所组成的蚁群却表

现出极其复杂的行为特征。如蚁群除了能够找到蚁巢—食物最短路径外，还能适应环境的变化，如蚁群行走的路线上突然出现障碍物时，蚂蚁能够很快地重新找到最短路径。蚁群是如何完成这些复杂任务的呢？

如2.1.1节所述，蚂蚁在移动过程中将信息素敷设在走过的线路上，一定范围内的其他蚂蚁能够感觉到这种物质，且倾向于朝着该物质强度高的方向移动。在线路上走过的蚂蚁越多，沉积在线路上的信息素的数量越多，蚂蚁就是利用这种信息素同其他蚂蚁进行联系的。单只蚂蚁在路上随机移动时，遇到有信息素痕迹，它会根据信息素沉积量的多少选择跟踪方向。如果选择某一个方向，那么它又在这条线路上敷设新的信息素，使线路上信息素轨迹量增加。如此继续，使这条线路上的信息素的浓度不断强化，越强化，跟踪这条线路的蚂蚁越多。也就是说某条路径上经过的蚂蚁越多，其上留下的信息素的轨迹也就越多(当然，随时间的推移会逐渐蒸发掉一部分)，后来蚂蚁选择该路径的概率也越高，从而更增加了该路径上外激素的强度，蚁群这种选择路径的过程被称之为自催化行为(Autocatalytic Behavior)。由于其原理是一种正反馈机制，因此也可将蚁群的行为理解成所谓的增强型学习系统。

受自然界真实蚁群觅食行为的启发，意大利学者 M. Dorigo 于 1991 年在他的博士论文中首次系统地提出了一种基于蚁群的新型优化算法——蚁群算法。在蚁群算法中，提出了人工蚂蚁的概念。人工蚂蚁有着双重性质：一方面，它们是真实蚂蚁行为特征的一种抽象，通过对真实蚂蚁行为的观察，将蚂蚁觅食行为中最为关键的部分赋予了人工蚂蚁；另一方面，由于所提出的人工蚂蚁是为了解决一些实际工程中的优化问题，因此为了能使蚁群算法更有效，人工蚂蚁具备了一些真实蚂蚁不具备的本领。

人工蚂蚁绝大部分的行为特征源于真实蚂蚁，它们具有如下共同特征。

1. 人工蚂蚁和真实蚂蚁一样，是一群相互协作的个体

人工蚂蚁个体可以通过相互协作在全局范围内找出问题较优的解决方案。每只人工蚂蚁(以下简称蚂蚁)都能够建立一个解决方案，而高质量的解决方案是整个蚁群协作的结果。

2. 人工蚂蚁和真实蚂蚁有着共同的任务

人工蚂蚁和真实蚂蚁有着共同的任务，那就是寻找连接起点(巢穴)和终点(食物源)的最短路径(某种条件下的最小费用)。真实蚂蚁不能跳跃，它们只能沿着相邻区域的状态前进，人工蚂蚁也一样，只能一步步地沿着问题的邻近状态移动。

3. 人工蚂蚁与真实蚂蚁一样也通过信息素进行间接通信

人工蚂蚁能够在全局范围释放信息素，这些信息素被局部地存在于它们所经过问题的状态中。在人工蚁群算法中，信息素轨迹是通过状态变量来表示的。状态变量用一个 $n \times n$ 维的信息素矩阵来表示，其中 n 表示问题的规模，在旅行商问题中为城市数。矩阵中元素 τ_{ij} 表示节点 i 选择节 j 作为移动方向的期望值。初始状态矩阵中各元素初始值相等，可以为0。随着蚂蚁在所经过的路径上释放信息素的增多，矩阵的相应项随之改变。人工蚁群算法就是通过修改矩阵中元素的代数值，来模拟自然界中信息素轨迹更新的过程。与真实蚂蚁的间接通信相似，人工蚂蚁之间的通信也有两个主要特征。

(1)模仿真实蚂蚁释放信息素，通过给问题状态分配合适的状态变量来模仿真实蚂蚁释放信息素。

(2)状态变量只能被人工蚂蚁局部到达，在人工蚁群中，人工信息素轨迹是一种分布式的数值信息。只有经过信息素轨迹的人工蚂蚁使用相应的状态变量来表明它感受到了信息素，相反，没有经过该轨迹就不能够感受到相应的信息素。蚂蚁通过修改这些信息来反映它们在解决一个具体问题时所积累的经验。在蚁群算法中，局部的人工信息素轨迹是人工蚂蚁进行通信的唯一的渠道。

4. 人工蚂蚁利用了真实蚂蚁觅食行为中的自催化机制——正反馈

当一些路径上通过的蚂蚁越来越多时，这些路径上留下的信息素的浓度也越来越高，根据蚂蚁倾向于选择信息素浓度高路径的特点，后来的蚂蚁选择这些路径的概率也越高，从而增加了这些路径的信息素强度，这种选择过程被称之为自催化过程。自催化机制利用信息素作为正反馈，通过对系统演化过程中较优解的自增强作用，使得问题的解向着全局最优的方向不断进化，最终能够有效地获得相对较优的解。正反馈在基于群体的优化算法中是一个强有力的机制。但在使用正反馈时，要注意避免早熟收敛(premature convergence)，在极少数个别情况下能够产生早熟收敛现象。例如，由于一个局部极优解的存在或仅仅因为最初的随机震荡，使得群体中一些不特别好的个体影响了这个群体，妨碍了向全局最优的空间方向做进一步的搜索。

5. 信息素的挥发机制

在蚁群算法中存在一种挥发机制，类似于真实信息素的挥发。这种机制可以使蚂蚁逐渐忘记过去，不受过去经验的过分约束，这有利于指引蚂蚁向着新的方向进行搜索，避免早熟收敛。

6. 不预测未来状态概率的状态转移策略

人工蚂蚁和真实蚂蚁一样，应用概率的决策机制沿着邻近状态移动，从而建立问题的解决方案。人工蚂蚁的策略只是充分利用了局部信息，而并没有利用前瞻性来预测未来的状态。因此，所应用的策略在时间和空间上是完全局部的。这个策略既是一个由问题状态所表示的信息函数，又是一个由过去的蚂蚁引起的环境局部改变的函数。

人工蚂蚁还拥有一些真实蚂蚁所不具备的行为特征，主要表现在以下4个方面。

(1)人工蚂蚁生活在离散的世界中，它们的移动实质上是由一个离散状态到另一个离散状态的跃迁。

(2)人工蚂蚁拥有一个内部的状态，这个私有的状态记忆了蚂蚁过去的动作。

(3)人工蚂蚁释放信息素的量是蚂蚁所建立的问题解决方案优劣程度的函数；人工蚂蚁释放信息素的时间可以视情况而定，而真实蚂蚁是在移动的同时释放信息素；人工蚂蚁可以在建立了一个可行的解决方案以后再进行信息素的更新。

(4)为了提高系统的总体性能，蚁群被赋予了很多其他的本领，如前瞻性、局部优化、原路返回等，这些本领在真实蚂蚁中是不存在的。在许多应用中，蚁群算法中加入局部更新规则。

2.2.2 蚂蚁系统—蚁群算法的原型

为了说明蚂蚁系统模型，这里引入旅行商问题(TSP)。TSP问题是一类经典的组合优化问题，即在给定城市个数和各城市之间距离的条件下，要找到一条遍历所有城市当且仅当一次最短的线路。

为模拟真实蚂蚁的行为，首先引入如下标记：

m——蚁群的规模；

$b_i(t)$——t时刻位于城市i的蚂蚁数量，$m = \sum_{i=1}^{n} b_i(t)$；

d_{ij}——两城市 i 和 j 之间的距离；

η_{ij}——由城市 i 转移到城市 j 的可见度，反映城市 i 转移到城市 j 的启发信息，这个量在蚂蚁系统的运行中保持不变；

τ_{ij}——边(i,j)上的信息素轨迹强度；

$\Delta\tau_{ij}$——蚂蚁 k 在边(i,j)上留下的信息素轨迹量；

p_{ij}^{k}——蚂蚁 k 的转移概率，j 是没有访问过的城市。

每只蚂蚁都是具有如下行为的个体。

(1)从由城市 i 转移到城市 j 的过程中或是在完成一次循环以后，蚂蚁在边(i,j)上释放信息素。

(2)蚂蚁概率的选择下一个将要访问的城市。

(3)在完成一次循环以前，不允许选择已经访问过的城市。

基本蚁群算法在 TSP 问题中实现的具体过程如下：假设将 m 只蚂蚁放入 n 个随机选择的城市中；每只蚂蚁每步根据一定的概率，选择下一个它还没有访问过的城市，将所有城市遍历完以后回到出发的城市。蚂蚁选择下一个目标城市的主要依据有两点。

①$\tau_{ij}(t)$——t 时刻连接城市 i 和 j 的路径上信息的浓度。初始时刻，各条路径上信息量相等，试验中设 $\tau_{ij}(0)=C$(C 为常数)。

②η_{ij}——由城市 i 转移到城市 j 的启发信息，是由要解决的问题给出的。在 TSP 问题中一般取 $\eta_{ij}=1/d_{ij}$，d_{ij}表示城市 i,j 间的距离。t 时刻位于城市 i 的蚂蚁 k 选择城市 j 为目标城市的概率为

$$p_{ij}^{k}(t)=\begin{cases}[\tau_{ij}(t)]^{\alpha}\cdot[\eta_{ij}]^{\beta}/\sum\limits_{j\in \text{allowed}}[\tau_{ij}(t)]^{\alpha}\cdot[\eta_{ij}]^{\beta}, & j\in \text{allowed}\\ 0, & \text{otherwise}\end{cases} \tag{2-3}$$

式中：α 表示信息素信息的相对重要程度；β 表示可见度信息的相对重要程度。

由式(2-3)可知，蚂蚁 k 选中某一个城市的可能性是由问题本身所提供的启发信息与“蚂蚁”目前所在城市到目标城市路径上残留信息量的函数。在得到每个候选城市的选择概率以后，蚂蚁运用随机选择的方式选择下一步要去的城市，上述目标城市的选择方式称为随机比例选择规则。为了避免对同一个城市的重复访问，每只蚂蚁都保存一个列表 tabu(k)，用于记录到目前为止蚂蚁已经访问过的城市集合，tabu(k)随着蚂蚁寻优过程做动态调整。为了避免残留信息素过多引起残留信息淹没启发信息的现象发生，在每一只蚂蚁走完一步或者完成对所有 n 个城市的访问后(也即一个循环结束后)，对残留信息进行更新处理。这种更新模仿人类记忆的特点：新信息不断存入大脑的同时，存储在大脑中的旧的信息随着时间的推移逐渐淡化，甚至忘记。这样得到$(t+n)$时刻在(i,j)路径上的信息素浓度：

$$\tau_{ij}(t+n)=\rho\tau_{ij}(t)+\Delta\tau_{ij}(t+n) \tag{2-4}$$

式中：ρ 表示信息素的保留率，$1-\rho$ 表示信息素的挥发率，为了防止信息素的无限累积，ρ 取值范围限定在[0 1]；$\Delta\tau_{ij}$表示蚂蚁 k 在时间段 t 到$(t+n)$的过程中，在路径(i,j)上留下的信息浓度。基本蚁群算法主要流程如图 2-4 所示。

根据信息素更新策略的不同有 3 种不同的蚂蚁系统模型。

1. ant—quantity 模型

$$\Delta\tau_{ij}^{k}(t,t+1)=\begin{cases}Q_1, & \text{如果第 } k \text{ 只蚂蚁经过 } ij\\ 0, & \text{如果第 } k \text{ 只蚂蚁不经过 } ij\end{cases} \tag{2-5}$$

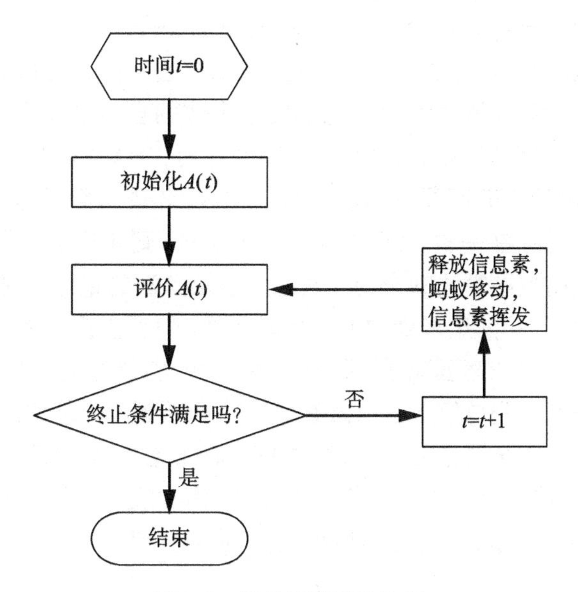

图 2-4　简单蚁群算法流程

式中，Q_1是常量，信息素的增量与(i,j)之间的距离 d_{ij}有关。

2. ant—density 模型

$$\Delta\tau_{ij}^{k}(t,t+1)=\begin{cases}Q_2, & 如果蚂蚁 k 经过 ij \\ 0, & 如果蚂蚁 k 不经过 ij\end{cases} \tag{2-6}$$

式中，Q_2是常量，即信息素增加一个固定值，与(i,j)之间的距离 d_{ij}无关。

3. ant—cycle 模型

$$\Delta\tau_{ij}^{k}(t,t+1)=\begin{cases}Q_3, & 如果蚂蚁 k 在巡回中经过 ij \\ 0, & 如果蚂蚁 k 在巡回中不经过 ij\end{cases} \tag{2-7}$$

式中，Q_3是常量；L^k表示第 k 只蚂蚁的循环路线，即如果蚂蚁经过(i,j)则信息素增量为一个常量除以蚂蚁 k 的巡回路线长，这里信息素增量只与蚂蚁巡回路线和 Q_3有关系而和具体的 d_{ij}无关。

这 3 种模型的区别在于信息素更新方式的不同：前两种模型利用的是局部信息，蚂蚁在完成一步（从一个城市到达另外一个城市），更新所有路径上的信息素；而最后一种模型利用的是整体信息，蚂蚁在一个循环（完成对所有 n 个城市访问）以后，更新所有路径上的信息素。在一序列标准问题上运行的实验结果表明，ant-cycle 模型性能比前面两种模型好，因此对蚂蚁系统的研究朝着更好的了解 ant-cycle 模型特征的方向发展，另外两种模型已被放弃了。

算法中 α,β,ρ 等参数对算法性能有很大的影响。α 值的大小表明留在每个结点上的信息素信息受重视的程度，α 值越大，蚂蚁选择以前经过的路线的可能性越大，但过大会使搜索过早陷于局部最优解；β 的大小表明启发式信息受重视的程度，β 值越大，蚂蚁选择离它近的城市的可能性也越大；ρ 表示信息素的保留率，如果它的值取得不恰当，得到解的结果会很差。Q 对算法解影响较小。参数 α,β,ρ 的较优配置，对蚁群算法在实际问题中的应用有很重要的意义。它们的值可以通过试验来确定一组比较好的组合，也有人将参数问题当成一个组合优化问题并用遗传算法加以求解，取得了不错的效果，但是这种方法的计算量比较大。一般情况下对于 TSP 问题，ant-cycle 模型中比较好的参数配置为 $\alpha=1,\beta=5,\rho=0.5$；ant-density 模型

为 $\alpha=1,\beta=10,\rho=0.9$；ant-quantity 模型为 $\alpha=1,\beta=5,\rho=0.999$。

蚁群算法是一种随机搜索算法，与其他模拟进化算法一样，通过多个候选解组成的群体的进化过程来寻求最优解，在该过程中既需要每个个体的自适应能力，更需要群体的相互协作。蚁群在搜索过程中之所以表现出复杂而有序的行为，个体之间的信息交流与相互协作起着至关重要的作用。对于 TSP 问题，单只蚂蚁在一次循环中所经过的路径，表现为问题可行解集中的一个解，m 只蚂蚁在一次循环中所经过的路径，则表现为问题解集中的一个子集。显然，子集增大可以提高蚁群算法的全局搜索能力以及算法的稳定性；但蚂蚁数目增大后，会使大量曾被搜索过的解上的信息素量的变化比较平均，信息正反馈的作用不明显，搜索的随机性虽然得到了加强，但收敛速度减慢；反之，子集较小，特别是当要处理的问题规模比较大时，会使那些从来未被搜索到的解上的信息素量减小到接近于 0，搜索的随机性减弱，虽然收敛速度加快，但会使算法的全局性能降低，算法的稳定性差，容易出现过早停滞现象。关于蚁群算法中蚂蚁数量对算法性能的影响及其在实际应用中的选择，可以通过计算机模拟实验来分析和确定。对于 TSP，m 的较理想值是城市规模，也有文献指出 $m=n/2\sim n$（n 为问题规模）比较适宜。

虽然 ACO 中的蚂蚁规模必须通过实验来确定，但庆幸的是，在蚂蚁规模变化较大的情况下，ACO 仍然非常健壮。虽然单只蚂蚁也可以产生问题的解，但出于对效率的考虑，还是倾向于使用一群蚂蚁。对于分布式的图形问题更应如此。因为对不同长度解的利用只能在一群蚂蚁中才能体现出来。另外，在组合优化问题中，蚂蚁同步的移动，m 只蚂蚁生成 NC 个解（其中 NC 为蚂蚁的迭代次数）等同于单只蚂蚁生成 $m\cdot NC$ 个解，实验结果显示，当蚂蚁数设置为 $m>1$ 时，算法有更好的性能。

经过 30 多年的发展，ACO 在许多领域得到了广泛的应用，大多数 ACO 算法都是在 AS 算法及其改进算法的基础上结合具体问题而开发的，因此不具有通用性。这样，设计出一种如遗传算法中编码、选择、交叉、变异的通用框架变得极为迫切。1999 年，M. Dorigo 等提出了蚁群优化元启发式（Ant Colony Optimization Meta Heuristic，ACO-MH），为 ACO 算法的理论研究和算法设计提供了一个统一的框架。

2.2.3 人工蚁群算法的实现过程

从上述蚁群算法解决 TSP 问题的过程可以看出：在蚁群算法中，一个有限群体的人工蚂蚁群体，互相协作地搜索用于解决优化问题的较优解。每只蚂蚁根据问题所给出的准则，从被选的初始状态出发建立一个可行解或是解的一个组成部分。在建立蚂蚁自己的解决方案中，每只蚂蚁都收集关于问题特征（例如，在 TSP 问题中路径的长度即为问题的特征）和自身的行为（例如，蚂蚁倾向于沿着信息素强度高的路径移动）的信息。并且正如其他蚂蚁所经历的那样，蚂蚁使用这些信息来修改问题的表现形式。蚂蚁既能共同地行动，又能独立地工作，显示出一种相互协作的行为。它们不使用直接通信，而是利用信息素轨迹进行信息互相交换。人工蚂蚁使用一种结构上的贪婪启发法搜索可行解。根据问题的约束条件生成一个解，作为经过问题状态的最小代价（最短路径）。每只蚂蚁都能够找出一个解，但很可能是较差解。蚁群中的个体同时建立了很多不同的解决方案，找出高质量的解是群体中所有个体之间全局互相协作的结果。在蚂蚁群算法中，以下 4 个部分对蚂蚁的搜索行为起决定的作用。

(1)局部搜索策略。根据所定义的邻域概念(视问题情况而定),每只蚂蚁都应用随机局部搜索策略选择移动的方向,经过有限步移动,从而建立一个问题的解决方案,所用信息基于如下两点:①私有信息(蚂蚁的内部状态或记忆);②公开可用的信息素轨迹和具体问题的启发信息。

(2)蚂蚁的内部状态。蚂蚁的内部状态存储关于蚂蚁过去的信息。内部状态携带用于计算所生成方案的价值、优劣度或每个执行步的贡献的信息。而且,它为控制解决方案的可行性奠定了基础。在一些优化组合问题中,通过利用蚂蚁的记忆可以避免将蚂蚁引入不可行的状态。例如,在TSP问题中,利用蚂蚁的记忆可以记录蚂蚁已经走过的城市,并将它们置于一个禁忌表中,禁止蚂蚁在一次循环中再重复经过这些城市,进而能够满足TSP问题的约束条件,从而有效地避免将蚂蚁引入不满足TSP问题约束条件的状态。因此,蚂蚁可以仅仅使用局部状态的信息和可行的局部状态行为结果的信息,就能建立可行的解决方案。

(3)信息素轨迹。局部的、公共的信息既包含一些具体问题的启发信息,又包含所有蚂蚁从搜索过程的初始阶段就开始累积的知识。这些知识通过编码以信息素轨迹矩阵的形式来表达。蚂蚁逐步建立时间全局性的信息素轨迹信息,这种共享的、局部的、长期的记忆信息,能够影响蚂蚁的决策。蚂蚁何时向环境中释放信息素和释放多少信息素,应由问题的特征和实施方法的设计来决定。蚂蚁可以在建立解决方案的同时释放信息素(是逐步的),也可以在建立了一个方案以后,返回所经过的状态(是延迟的),也可以两种方式一同使用。前面曾经指出,正反馈机制在蚁群优化算法运行过程中起的重要作用是:选择的蚂蚁越多,一个步得到的回报越多(通过增加信息素),这个步对下一只蚂蚁就变得越有吸引力。总的来说,所释放信息素的量与蚂蚁建立(或正在建立的)解决方案的优劣程度成正比。这样,如果一个步为生成一个高质量的解做出了贡献,那么它的品质因数会增长,且正比于它的贡献。

(4)蚂蚁决策表。蚂蚁决策表由信息素函数与启发信息素函数共同决定,它是一种概率表。蚂蚁使用这个表来指导其搜索朝着搜索空间中最优吸引力的区域移动。利用概率选择策略和信息素挥发的机制,避免所有蚂蚁迅速地趋向于搜索空间的同一部分。当然,搜寻状态空间中的新节点与利用所积累的信息,这两者之间的平衡是由策略中随机程度和信息素轨迹更新的强度所决定的。

一旦一只蚂蚁完成了它的使命,包括建立一个解决方案和释放信息素,这只蚂蚁将返回初始出发点,释放原来的记忆状态开始新的搜索。

标准的蚁群启发式优化算法除了上述的两个从局部方面起作用的组成部分(也就是蚂蚁搜索以及信息素的挥发)外,还包括一些使用全局信息的组成部分。这些信息可以使蚂蚁的搜索进程倾向于从一个非局部的角度进行。

总的来说,应用蚁群算法处理优化问题包括如下几个主要步骤。

(1)分析问题。将要解决的问题抽象成蚂蚁觅食的过程,赋予问题空间参变量在此过程中的具体含义。确定问题解的表达形式,即解的编码方式。蚁群算法求解问题,既可以直接作用在问题的解空间,也可以不直接作用在问题的解空间上,采用某种编码表示问题的解,如二进制编码、实数编码等,应根据要处理的问题选择适合的编码形式。

(2)确定适应度函数。适应度函数值是对解质量的一种评价,一般以目标函数和费用函数的形式来表示,它是蚁群算法中信息素更新的一个重要依据,好的适应度函数能够指导蚂蚁在解空间中迅速地搜索到质量较好的解。

(3)选择优化过程。蚂蚁根据给定问题的启发信息和信息素搜索问题的解,在所有蚂蚁完成一步搜索以后或者是所有蚂蚁完成解的搜索以后根据解的质量更新信息素矩阵。更新信息素矩阵有多种选择方式,不同的更新方式对算法的性能有较大的影响,为了提高解的质量,常常在所有蚂蚁完成搜索以后选取一部分蚂蚁进行局部搜索,然后再执行信息素更新操作。

(4)控制参数的选择。控制参数包括蚂蚁群体的规模、算法循环的最大次数、信息素保留率以及概率选择公式中的启发信息和信息素信息的权重参数等。

(5)确定算法的停机准则。由于蚁群算法没有利用目标函数的梯度信息,所以在进化搜索过程中,也无法确定个体在解空间的位置。因而无法用传统的方法来判定算法的收敛与否,常用的方法是设定最大迭代次数或者最优解连续几代没有进化,则终止算法。

(6)运行调试。根据上述设计,编程求解问题。根据运行结果对算法的参数进行适当调整或者加入局部搜索策略,以期达到最佳效果。

2.3 算法的收敛性

蚁群算法作为一种新的模拟进化算法,它具有正反馈、分布式计算和某种启发式算法相结合的特点。正反馈有助于该算法更快地发现较好的解,分布式计算有利于实现并行计算,而与启发式算法相结合使得该算法易于发现更好的解。ACO 的进化计算的过程,实际上是计算机通过程序不断迭代的过程。由于蚁群算法在构造解的过程中,利用了随机选择策略,导致进化速度变慢,影响算法的收敛性,因此研究蚁群算法收敛性问题具有重要意义。收敛性研究属于蚁群算法的理论研究范畴,目前有一些学者和专家在这方面做了有益的工作并取得了一定的成果。

奥地利维也纳大学的 Gutjahr 教授于 1999 年提出了蚂蚁系统求解组合优化问题的一般框架。这个框架基于构造图的概念,并通过行程对可行解进行编码,这种图解蚂蚁系统比 ACO 更特殊,但它能充分地覆盖整个静态组合优化问题。Gutjahr 第一个证明了一种称为 Graph-based ant system(GBAS)的 ACO 算法的收敛性。他证明:①对于任意小常数 ε ($\varepsilon>0$),和固定的信息素挥发率 ρ,在给定足够多的蚂蚁情况下,在跌代第 t 次时,至少有一只蚂蚁建立最优解的概率为 P,对于所有的 $t\geqslant t_0$,$t_0=t_0(\varepsilon)$满足 $P\geqslant 1-\varepsilon$。②对于大于零的任意小常数 ε,在蚂蚁数目固定的情况下,只要信息素挥发率 ρ 足够接近 0,在跌代第 t 次时,至少有一只蚂蚁建立最优解的概率为 P,对于所有的 $t\geqslant t_0$,且 $t_0=t_0(\varepsilon)$,有 $P\geqslant 1-\varepsilon$。但是,到目前为止 GBAS 从来没有应用到任何实际中组合最优化问题,从算法的描述和一些关于参数设置的计算来看,对于理论上应用非常小的 ε 值,算法进化到较优的解的过程可能会非常慢。此外,Gutjahr 拓展了对 GBAS 收敛结果的证明,对于 GBAS 的两种变形,他也从理论上证明了其收敛性。在他的证明中相应的蚂蚁数或者蒸发系数不能确定,因此,对于某个事先给定的概率,无法确定蚂蚁数和蒸发系数 ρ。从这个意义上讲,GBAS 是不可控的。总的来说,基于图解的蚂蚁系统能够获得收敛性结果,但是 GBAS 不能称以概率 1 收敛,而只能称在选择适当的参数后,以任意接近 1 的概率收敛。

国内提出了一种具备传统蚁群算法基本特征的蚁群算法,并给出了变异和最优解保存两点改进。然后在给定近似精度的基础上通过 Markov 过程分析,得出了该算法的全局收敛性。

同时，通过对衰减度、变异率等参数的定性讨论，得出了参数的取值对算法性能的影响，并从理论上说明，传统蚁群算法通常的选择概率公式是有缺陷的，而具有变异机制的蚁群算法要好于传统蚁群算法。

Stutzle 和 Dorigo 证明了一类称之为 $ACO_{\tau min}$ 的 ACO 算法收敛性，$ACO_{\tau min}$ 使用精华信息素更新的策略并且降低对信息素值的限制。对于 $ACO_{\tau min}$，他们证明对如任意小的大于 0 的常数 $\varepsilon>0$，在有足够多的循环次数 t 的条件下，最少建立最优解的一次的概率 $P^*\geqslant 1-\varepsilon$，当循环次数 $t\to\infty$，这个概率趋向于 1。这个成果的重要性在于它最少可以应用于最成功的两种 ACO 算法：ACS 和 MMAS，下面就这个证明做进一步阐述。

考虑极小化问题 $Cop=(S,f,\Omega)$（极大化问题也可以通过简单的转换变成极小化问题），其中 S 为候选解集合，f 为目标函数，$f(s)$ 为候选解 $s\in S$ 的目标函数值，Ω 为约束条件集合，它定义了可行候选解集合。极小化问题的目的是找到一个最优的可行解 s^*，使得 $f(s^*)$ 最小。组合优化问题 Cop 映射到蚁群算法的过程时，可以建立如下模型：

一个有限顶点集合 $C=\{c_1,c_2,\cdots,c_{Nc}\}$；$X$ 为问题状态构成的有限集，其元素由集合 C 中所有可能的序列 $x=(c_i,c_j,\cdots,c_k,\cdots)$ 构成，$|x|$ 为序列 x 的长度，它等于 x 包含的元素个数。显然，序列的最大长度 n 为一个有限整数；候选解 S 为 X 的一个子集，即 $S\subseteq X$；可行状态集 $\overline{X}$ 为 X 的子集，其定义与问题相关，在满足约束条件的情况下，逐步增加序列 x 的元素，最终形成候选解；S^* 为非空的最优解集合，且 $S^*\subseteq\overline{X}$，$S^*\subseteq S$。

给出以上的规范后，人工蚂蚁在完全连接的权重图 $G=(C,L,T)$ 上随机行走以生成候选解。在图 $G=(C,L,T)$ 中，顶点集合为 C，L 为 C 中所有顶点之间的连接集，T 是信息素矩阵，图 G 称为构造图。每次迭代开始，蚂蚁随机地被放置到图 G 中的一个顶点作为初始出发点，然后根据剩余弧上的信息素强度逐步地随机选择下一个顶点，直到生成问题的可行解为止。在蚂蚁漫游过程中，约束条件用来引导蚂蚁生成可行解。令 $\hat{s}$ 为算法目前发现的最好解，s_t 为算法在第 t 次迭代时得到的最好解，$f(\hat{s})$、$f(s_t)$ 分别是相应的目标函数值，一旦所有蚂蚁都生成可行解之后，对信息素的轨迹进行更新。设蒸发因子为 $\rho(0<\rho<1)$，信息素更新过程如下：

(1) $\forall(i,j)$: $\tau(i,j)\leftarrow(1-\rho)\cdot\tau(i,j)$；

(2) if $f(s_t)<f(\hat{s})$ then $\bar{s}\leftarrow s_t$；

(3) $\forall(i,j)\in\bar{s}$: $\tau(i,j)\leftarrow\tau(i,j)+g(\bar{s})$；

(4) $\forall(i,j)$: $\tau(i,j)\leftarrow\max\{\tau_{\min},\tau(i,j)\}$。

这里 $\tau_{\min}>0$ 是一个参数，$g(s)[0<g(s)<+\infty]$ 是一个函数，即 $g: S\to R^+$，且 $f(s)<f(s')\Rightarrow g(s)\geqslant g(s')$。假设 $\tau_{\min}<g(s^*)$，这可通过设置 $\tau_0=g(s')/2$ 做到。

通过以上形式化的定义，证明算法得到最优解的概率收敛于 1 的思路是：首先要证明①信息素的轨迹上界 $\lim\limits_{t\to\infty}\tau_{ij}\leqslant\tau_{\max}=\dfrac{1}{\rho}\cdot g(s^*)$，这里 ρ 是一个常数，另外还需证明②在发现最优路径之后，信息素的更新最终会使得最优路径的弧上的信息素量收敛于它的上界 $\tau_{\max}$，即 $\forall(i,j)\in s^*$: $\lim\limits_{t\to\infty}\tau_{ij}^*(t)=\tau_{\max}=\dfrac{1}{\rho}\cdot g(s^*)$ 进而可以证明 $\lim\limits_{t\to\infty}P^*(t)=1$，这里 $P^*(t)$ 表示算法迭代第 t 代时能够得到最优解的概率。

对蚁群算法的收敛性的理论证明，主要问题是先要证明如下两个命题成立：

(1)对任意的τ_{ij},有不等式$\lim_{t\to\infty}\tau_{ij}\leqslant\tau_{\max}=\frac{1}{\rho}\cdot g(s^*)$成立。

(2)在发现最优路径之后,由于使用全局最优信息素更新规则且$\tau_{ij}^*(t)\geqslant\tau_{\min}$,因此$\tau_{ij}^*(t)$单调递增,且有$\forall(i,j)\in s^*:\lim_{t\to\infty}\tau_{ij}^*(t)=\tau_{\max}=\frac{1}{\rho}\cdot g(s^*)$。

在证明上述两个命题成立的基础上,就可以证明在第t次迭代时,算法最少建立最优解一次的概率$P^*(t)$满足$\lim_{t\to\infty}P^*(t)=1$。

2.4 基本蚁群算法的改进及与其他算法融合

针对基本蚁群算法收敛速度慢、易出现停滞现象等缺陷,许多学者提出了改进策略,如M. Dorigo的ACS(Ant Colony System,ACS)算法,即采用局部信息寻优,用局部信息对信息素调整,在所有蚂蚁完成寻找以后,引入状态传递机制再在全局上对信息素进行调整。一些典型的改进算法如下。

2.4.1 带精英策略的蚂蚁系统

带精英策略的蚂蚁系统(Ant system with elitist strategy,Aselite)是最早改进的蚂蚁系统,它在某些方法类似于遗传算法中的最优解保留策略。在遗传算法中,如果应用选择(selection)、重组(recombination)和变异(mutation)在这些遗传算子中,一代中的最适应个体的遗传信息可能会丢失。因此,在遗传算法中,精英策略的思想就是为保存一代中的最适应个体。类似地,在Aselite中,为了使目前为止找出的最优解在下一次循环中对蚂蚁更有吸引力,在每次循环之后给予最优蚂蚁以额外的信息素。这样的解称之为全局最优解,找出这个解的蚂蚁称之为精英蚂蚁。信息素量根据式(2-8)进行更新:

$$\tau_{ij}(t+1)=\rho\tau_{ij}(t)+\Delta\tau_{ij}+\Delta\tau_{ij}{}^* \tag{2-8}$$

其中:$\Delta\tau_{ij}=\sum_{k=1}^{m}\Delta\tau_{ij}^k$;

$$\Delta\tau_{ij}^k=\begin{cases}\dfrac{Q}{L_k}, & \text{如果蚂蚁 } k \text{ 在本次循环中经过路径}(i,j)\\ 0, & \text{否则}\end{cases} \tag{2-9}$$

$$\Delta\tau^*=\begin{cases}\sigma*\dfrac{Q}{L^*}, & \text{如果边}(i,j)\text{是所找出的最优解的一部分}\\ 0, & \text{否则}\end{cases} \tag{2-10}$$

其中:$\Delta\tau_{ij}^*$表示精英蚂蚁引起的路径(i,j)上的信息素量的增加;σ是精英蚂蚁的个数;L^*为找出的最优解路径长度。

使用精英策略可以使蚂蚁系统找出更优的解,并且在运行过程更早地就能找出这些解。但是,如果所使用的精英蚂蚁过多,搜索会很快地集中在局部极优值周围,从而导致搜索早熟收敛,因此,需要恰当地选择精英蚂蚁的数量。

2.4.2 蚁群系统及其他改进和融合算法

蚁群系统ACS是由Dorigo和Cambardella在1996年提出的,用于改善蚂蚁系统的性能。

蚁群系统的工作过程可以表述如下：根据一些初始化规则，m 只蚂蚁在初始阶段被随机地置于 n 个城市上。每只蚂蚁通过重复地应用状态转移规则（此时相当于随机贪婪搜索）建立一个路径（TSP的一个可行解）。在建立路径的过程中，蚂蚁也通过应用局部更新规则来修改已访问路径上的信息素量。一旦所有蚂蚁都完成它们的路径搜索时，蚂蚁受启发信息（它们更倾向于选择短路径）和信息素的指导，信息素强度高的边对蚂蚁更有吸引力。设计信息素更新规则就是为了能够让更好的边有更多的蚂蚁选择。

蚁群系统状态转移规则：在蚁群系统中，状态转移规则如下：一只位于节点 r 的蚂蚁按式(2-11)给出的规则选择下一个目标城市 S。

$$S=\begin{cases}\arg\max\{[\tau(r,u)]^{\alpha}\cdot[\eta(r,u)]^{\beta}\}, & \text{如果 } q\leqslant q_0 \text{按先验知识选择路径}\\ S, & \text{否则按式}(2-3)\text{进行概率式搜索}\end{cases}\tag{2-11}$$

其中：q 是在[0,1]区间均匀分布的随机数；q_0是一个参数($0\leqslant q_0\leqslant 1$)；$S$ 为根据方程式给出的概率分布所选出的一个随机变量。

由式(2-3)和式(2-11)组成的状态转移规则被称为伪随机比例规则。这个状态转移规则和前面所述的随机比例规则一样，都倾向于选择短的且有大量信息素的边作为移动方向。参数 q_0表示执行伪随机比例搜索的蚂蚁的比例，简称伪随机比例参数，它的大小决定了利用先验知识与探索新路径之间的相对重要性。伪随机比例选择指的是，每当一只位于城市 r 的蚂蚁选择下一个将要到达的城市 S 时，生成一个随机数 $0\leqslant q\leqslant 1$。如果 $q\leqslant q_0$，则根据先验知识，选择最好的边；否则执行随机比例选择，按式(2-3)概率选择一条边。

蚁群系统全局更新规则：在蚁群系统中，只有全局最优的蚂蚁才被允许释放信息素。这种选择，以及伪随机比例规则的使用，其目的都是使搜索过程更具有指导性。蚂蚁的搜索过程主要集中在当前循环为止所找出的最好路径的邻域内。

全局更新在所有蚂蚁都完成它们的路径搜索之后执行，应用式(2-12)对所建立的路径进行更新。

$$\tau(r,s)\leftarrow(1-\alpha)\cdot\tau(r,s)+\alpha\cdot\Delta\tau(r,s)\tag{2-12}$$

$$\Delta\tau(r,s)=\begin{cases}(L_{gb})^{-1}, & \text{如果}(r,s)\text{属于全局最优路径}\\ 0, & \text{否则}\end{cases}\tag{2-13}$$

其中：α 为信息素挥发参数，$0<\alpha<1$；L_{gb}为到目前为止找出的最优路径。式(2-12)规定，只有那些属于全局最优路径的边上的信息素才会得到增强。全局更新规则的另一个类型称为迭代最优，它不同于上述的全局最优。在迭代最优中，式(2-12)中使用了 L_{ib}代替 L_{gb}，L_{ib}为当前迭代中最优路径长度。只有属于当前迭代中的最优路径才会得到信息素的增强。实验表明，这两种类型对蚁群系统性能的影响差别很小，全局最优的性能要稍微好一些。

蚁群系统局部更新规则：在建立一个解决方案的过程中，蚂蚁应用式(2-14)的局部更新规则对它们所经过的边进行信息素更新

$$\tau(r,s)\leftarrow(1-\rho)\cdot\tau(r,s)+\rho\cdot\Delta\tau(r,s)\tag{2-14}$$

实验中，设置 $\tau_0=(nL_{nn})^{-1}$可以产生好的结果，其中 n 是城市的数量，L_{nn}是由最近的邻域启发产生的一个路径长度。一只蚂蚁从城市 i 向城市 j 移动时，局部更新规则的应用使得相应的信息素轨迹量逐渐减少。实验表明，局部更新规则可以有效地避免蚂蚁收敛到同一路径上。

其他比较典型的蚁群算法的改进以及融合算法有以下几种。

(1)最大最小蚂蚁系统(Max-Min Ant System,MMAS)。与常规蚂蚁系统不同之处在于3个方面:①充分利用了循环最优解和到目前为止找出的最优解,在每次循环之后,只有一只蚂蚁进行信息素更新。②为了避免搜索的停滞,每个解元素上的信息素轨迹量的值域范围被限制在[τ_{min},τ_{max}]区间内,此外为了使蚂蚁在算法的初始阶段能够更多地搜索新的解决方案,将信息素轨迹初始化为τ_{max}。它有效结合了避免早熟的机制,从而获得了在TSP问题上最优性能的蚁群算法。

(2)最优最差蚂蚁系统(Best-Worst Ant System,BWAS)。该算法在MMAS算法的基础上进一步增强了搜索过程的指导性,使蚂蚁在搜索的过程中更集中于当前循环为止找出的最好路径的邻域内。其思想是对最优解进行更大限度地增强,而对最差解进行削弱,使得属于最优路径的边与属于最差路径的边之间的信息素差异进一步增大,从而使蚂蚁的搜索行为更集中于最优解的附近。

(3)自适应调整信息素的蚁群算法。鉴于基本蚁群算法利用随机选择策略,使得进化速度较慢,正反馈原理旨在强化性能较好的解,却容易出现停滞现象。通过采用确定性选择和随机选择相结合的选择策略,并且在搜索过程中动态地调整作确定性选择的概率。当进化到一定代数后,进化方向已经基本确定,这时对路径上信息素量做动态调整,缩小最好和最差路径上的信息素量的差距。并且适当加大随机选择的概率,以利于对解空间的更完全搜索,可有效地克服基本蚁群算法进化速度慢及易陷入局部最优解的缺陷。另外一种自适应蚁群算法为了提高基本蚁群算法的全局搜索能力和搜索速度,对原算法做了如下改进:首先保留最优解,其次自适应地改变信息量挥发系数ρ的值,这样可以避免ρ过大时对全局搜索能力的影响,以及ρ过小时对算法收敛速度的影响。

(4)具有变异特征的蚁群算法。该算法的思想是在基本蚁群算法中引入变异机制,采用逆转变异方式,变异的次数是随机的,以此增大进化时所需的信息量。这种机制充分利用了2-Opt法简洁高效的特点,从而克服了基本蚁群算法计算时间较长的缺陷。其他典型的改进还有遗传蚁群算法(Genetic Algorithm—Ant Algorithm GAAA)、基于优化排序的蚂蚁系统(Rank-Based Version of Ant System,ASrank)、基于Bayes决策理论的蚁群算法、基于混合行为蚁群算法、融合局部搜索技术的蚁群算法(Ant Colony System with Local Search)、基于免疫的蚁群算法。

此外在工程优化中,所遇到的大都是连续优化问题,即函数优化问题。因此研究蚁群算法在连续优化问题中的应用很有价值。传统的优化方法对于目标函数的要求条件较多,如可微、可导、凸函数等,在实际的工程优化问题中这些条件的要求很苛刻,而蚁群算法没有对于函数的上述要求。目前蚁群算法较为成功的应用是在组合优化问题中,对于连续优化问题的应用研究才刚刚起步。虽然蚁群算法在连续优化问题中的应用起步较晚,但已取得了一些令人鼓舞的成果。目前主要有如下几种形式的连续优化蚁群算法:①随机搜索的蚁群算法;②基于网格法的蚁群算法。此外用蚁群算法得到初始种群的解后,再用遗传算法进行进一步邻域搜索,这实际上是一种串行结构的混合优化方法。这种方法使用两种不同的解的邻域结构对解空间进行搜索,使解呈现多样化,增加了算法的全局性能。通过对目标函数的自适应调整来调整蚂蚁的路径搜索行为,同时通过路径选择过程的多样性来保证得到更多的搜索解空间,以快速找到函数的全局最优解,从而提出另一种求解函数优化的蚁群算法。

2.5 蚁群优化与其他算法的关系

蚁群算法是一种基于多主体(Multi Agent)的智能搜索进化算法,它和原来已有的一些优化算法具有一定的相似性。为了更好地理解蚁群算法,现将蚁群算法与一些典型的进化算法做一些简单的比较。

1. 蚁群优化与启发式图搜索

在ACO中,每只蚂蚁在问题的解空间中按启发式图进行搜索。蚂蚁按概率决策准则选择下一个要到的节点,其中,概率决策使用启发式评估函数来指导蚂蚁选择更有希望的节点。

2. 蚁群优化与蒙特卡罗模拟

可以将ACO解释为并行的重复蒙特卡罗(Mente Carlo,MC)系统。蒙特卡罗系统是通用的随机模拟系统,即通过利用随机状态采样和转移准则,对问题进行重复的采样实验。实验所得的结果对问题的统计知识和感兴趣变量的估计值进行更新。反过来,可以重复地使用知识以减少感兴趣变量的不一致性,从而指导模拟过程向感兴趣的状态空间转移。与此相似,在ACO中,蚂蚁利用随机决策机制在问题的解空间中逐步发现问题的可行解。每只蚂蚁自适应地修改问题的局部信息(蚁群留下的信息素),通过Stigmergy机制指导蚂蚁沿着有希望的解空间向最优解靠近,从而节约了算法的搜索时间。

3. 蚁群优化与神经网络

由许多并发、局部交互的单元(人工蚂蚁)组成的蚁群,可以看成一种"连接"系统。"连接"系统最具代表性的例子是神经网络(Neural Network,NN)。从结构上看,ACO与通常的神经网络具有类似的并行机制。蚂蚁访问的每一个状态 i 对应于神经网络中的神经元 i,与问题相关的状态 i 的邻域结构与神经元 i 中的突触连接相对应。蚂蚁本身可看成通过神经网络的并发输入信号,以修改突触与神经元之间的连接强度。信号经过随机转换函数的局部反传,使用的突触越多,两个神经元之间的连接越强。ACO中的学习规则可解释为一种后天性的规则,即质量较好的解包含连接信号的强度高于质量较差的解。

4. 蚁群优化与遗传算法

ACO与遗传算法(Genetic Algorithm,GA)之间有许多相似之处。首先,两种算法都采用群体表示问题的解;其次,新群体通过包含在群体中与问题相关的知识来生成。两者的主要差异在于进化计算中所有问题的知识都包含在当前群体中,而ACO中代表过去所学的知识保存在信息素矩阵中。它们都利用自催化机制来指导解的搜索过程。在GA中,通过选择和复制机制来实现。因为它奖励好的个体,可以指导搜索方向。在ACO中,它在较好的解元素上留下更多的信息素。

5. 蚁群优化与随机学习自动机

随机学习自动机(Stochastic Learning Automata,SLA)是最古老的机器学习方法之一。自动机可定义为一组可能的操作和一个相关的概率向量,一组连续的输入和一个学习算法用来学习输入—输出之间的关系。自动机与一个正反馈的环境相关联,同时还定义了一组环境对行为的惩罚信号。SLA与ACO的相似性为:在ACO中,每条弧上信息素的轨迹可看成并发的随机学习过程,蚂蚁扮演环境信号的角色,信息素的更新规则相当于自动机的学习规则。两者的主要差别在于ACO中的环境信号是一种随机的、通过概率转移规则的偏差,学习过程沿着搜索空间中最感兴趣的部分进行，即整个环境扮演了一个关键的角色，以此来学习好的解空间。

2.6 二进制蚁群算法

2.6.1 基本二进制蚁群算法模型

基本蚁群主要用于离散优化问题的求解，而实践工程问题求解中很多连续优化问题。如何能够利用蚁群算法求解连续优化问题是一个值得思考的问题。事实上在计算机中，给定足够长的代码串，任何一个连续的十进制实数都可以通过二进制表示，连续参数优化问题求解可以看成二进制解串中 0 和 1 组合优化问题，这样就可以利用蚁群算法来求解。如图 2-5 所示，利用二进制形式把要解决的参数优化问题抽象成蚂蚁觅食中寻找最优路径的过程。

图 2-5　蚂蚁在二进制解串上觅食示意图

如图 2-5 所示，一个串长为 8 的“二进制”参数优化问题。假设蚂蚁从第一位出发依次经过每位寻找食物，二进制代码串的每一位的状态有两种，不是“0”就是“1”，当蚂蚁沿着实线由 1 到达 2(图 2-5)表明蚂蚁将起点 1 的状态标记为“1”，若沿虚线由 1 到达 2，表明蚂蚁将起点 1 的状态标记为“0”，其余的以此类推。蚂蚁漫游的路径用每一位的状态表示，路径的形式可以是 00000000 ~ 11111111，总的路径组合数为 $2^8=256$，解码以后可以覆盖 0 ~ 255 解空间范围。该问题中“觅食路径”质量的好坏与这条路径的适应度函数有关，适应度函数值越大，则“路径”越优。然后，根据适应度函数值大小，选择质量最好的蚂蚁进行信息素更新，较好的“路段”将会留下更多的信息素轨迹，通过蚁群的协作搜索和正反馈机制，最终会寻找到最优“二进制觅食路径”，该“路径”就是待求最优参数的二进制代码。

下面以一个整数 x_i 范围为[0,255]的求函数最大值的优化问题来说明基本二进制蚁群算法。因为变量 x_i 是整数，可以采用 8 位二进制编码表示，一个二进制解串(“一条路径”)代表一个 X_c 的候选解，其解码为

$$X_c = \sum_{i=0}^{7} b_i \times 2^i \tag{2-15}$$

1. 适应度函数的定义

在参数优化问题中，蚁群算法在进化搜索过程中基本不利用外部信息，主要利用适应度函数(fitness function)为依据，利用群体中每个个体的适应度值来比较解质量的优劣，然后让较优的蚂蚁在其经过路径上敷设信息素，从而达到信息全局共享的进化搜索。因此，适应度函数的选取至关重要，直接影响到蚁群算法的收敛速度以及能否找到最优解，这里求取的最大值问题，因此这里直接选择函数值本身作为适应度函数。

$$\text{Fitness}(i) = f(x_i) \tag{2-16}$$

2. 优化过程

优化过程主要由解串的构建、局部搜索和信息素更新 3 个步骤组成。下面分别加以详细说明。

(1)解串的构建。运用 R 只蚂蚁来建立问题的解,解中的每一个元素表示相应位状态的标记情况,对于本章问题,解串长为8。为了建立一个解,蚂蚁运用信息素轨迹值给解串上的每个比特位(以下简称"位")状态进行标记。初始时刻蚂蚁还没有开始搜索,信息素矩阵 τ 中每个元素值都被初始化一个很小的值 τ_0(本章中设为0.1)。对于每个位它总共有两种信息素 τ_{ij}:标记"0"的信息素和标记为"1"的信息素;i 代表解串的位置,即第几位;j 为位 i 的状态,取值为0和1;信息素矩阵大小为 8×2,如表2-1所示。

表2-1　初始时刻信息素矩阵示例

状态 j	位 i							
	1	2	3	4	5	6	7	8
0	0.1	0.1	0.1	0.1	0.1	0.1	0.1	0.1
1	0.1	0.1	0.1	0.1	0.1	0.1	0.1	0.1

$\eta(i,j)$ 称为从 i 到 j 的可见度,是由某种启发式算法确定的,这里没有使用启发信息,$\eta(i,j)$ 为0。从第一位出发,蚂蚁顺序的漫游过所有的位(依次对位1,2,…,8状态进行标记),如图2-6所示,蚂蚁在每位上有两个可以选择的"路径"。通过如下规则,蚂蚁对每位进行标号。

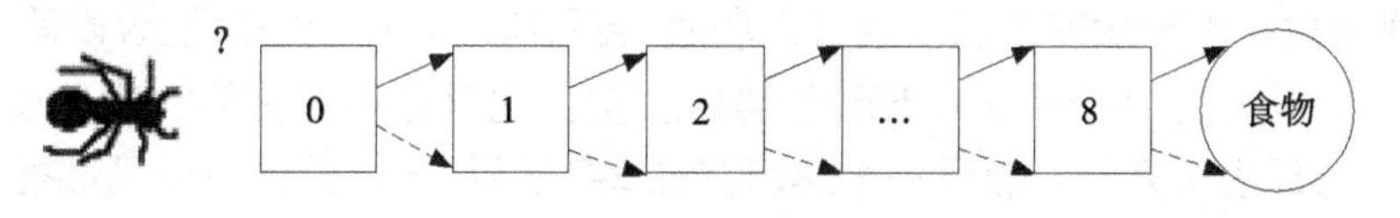

图2-6　解串的构建

$$S=\begin{cases}\operatorname{argmax}\{[\tau(i,j)]\}, & \text{如果 } q<q_0 \text{ 按先验知识选择标记}\\ S, & \text{否则按式(2-3)进行概率式搜索}\end{cases} \tag{2-17}$$

$$p_k(i,j)=\tau(i,j)/\sum_{j=0}^{1}\tau(i,j) \tag{2-18}$$

式中:τ_{ij} 表示位 i 标记为状态0和1的信息素浓度,它随着算法的迭代而进化;q 是在[0,1]区间均匀分布的随机数,q_0 是伪随机比例选择参数($0\leqslant q_0\leqslant1$),本章中 $q_0=0.2$;S 是按概率选择的一个标记。由式(2-17)和式(2-18)组成的状态转移规则称为伪随机比例规则。当 $q<q_0$,它利用伪随机比例规则的第一条进行选择,即哪种标记的信息素浓度最高就选择哪个标记。如果 $q>q_0$ 利用式(2-18)计算它的选择概率以后运用轮盘赌方式对位的状态进行标记。参数 q_0 的大小决定了利用先验知识与探索新解之间的相对重要性,如果 q_0 设定为较大值,则蚂蚁主要利用过去遗留下来的信息素直接标记位的状态;反之,蚂蚁在过去遗留下来的信息素的基础上进行新解的探索。假设第 t 次循环以后,信息素矩阵如表2-2所示。

表2-2　t 次循环以后信息素矩阵

状态 j	位 i							
	1	2	3	4	5	6	7	8
0	0.1	1.2	0.7	0.2	2.0	1.8	0.1	1.8
1	0.8	0.2	0.1	1.5	0.3	0.2	1.5	0.1

下面以第 $t+1$ 次循环生成一个解的过程来说明蚂蚁是如何工作的。首先,生成 0 ~ 1 范围内服从均匀分布的随机数,随机数的个数等于解的长度。假设生成的随机数如下:{0.15,0.28,0.32,0.35,0.48,0.12,0.65,0.87}。这样根据第一条规则,位 1 和位 6 可以适当地标定,位 1 状态标记为 1,位 6 标记状态为 0。(依据信息素浓度最大准则选择标记的类别号,$q_0=0.2$)因为它们对应的随机数小于 q_0。对于剩下的没有标记的位,运用信息素概率来标记,如式(2-19)所示。

$$p_{ij}=\frac{\tau_{ij}}{\sum_{j=0}^{1}\tau_{ij}},j=0,1 \tag{2-19}$$

式中,p_{ij}是位 i 是标记为状态 0 和 1 信息素概率。解串中第二位的信息素概率为 $p_{20}=1.2/(1.2+0.2)=0.857$,$p_{21}=0.2/(1.2+0.2)=0.143$。相应地它可以通过产生服从均匀分布的 0 ~ 1 的随机数来标记。如果产生的随机数在 0 ~ 0.857 范围则被标记为 0;如果生成的随机数在 0.857 ~ 1 范围则标记为 1,这样第二位就被标记了。相应地,按照上述方式,剩下的位也可以被标记,其他的蚂蚁也以同样的方式并行进行解的搜索。第一次循环中没有先验知识可以利用(较优蚂蚁留下的信息素),因此所有蚂蚁初始解都是通过随机生成 0 和 1 得到的。

(2)局部搜索。由于没有启发信息可以利用,当所有蚂蚁完成一次漫游以后,本章选择质量最好的一部分蚂蚁进行局部搜索来改善解的质量。这里运用遗传算法中的变异操作作为蚁群算法中的局部搜索算子。假设一个解串如图 2-7 所示,下面具体说明局部搜索过程。

1	0	1	1	0	1	0	1

图 2-7　一个解示例

首先生成[0,1]之间均匀分布的长度为 8 随机数 $r_0,r_1,r_2,r_3,\cdots,r_8$,将 $r_0,r_1,r_2,r_3,\cdots,r_8$ 与事先定义好的局部搜索概率阈值 P_{local}进行比较,如果 $r_i\leqslant P_{\text{local}}(0\leqslant i\leqslant 8)$则对该位的状态进行变异操作,将原来标记为 1 的状态改为 0,原来为 0 的状态改为 1。设 $P_{\text{local}}=0.1$,随机生成的 8 个随机数为{0.54,0.43,0.67,0.37,0.78,0.05,0.82,0.93},则位 6 的状态由原来的 1 变成 0,新解串如图 2-8 所示。

1	0	1	1	0	0	0	1

图 2-8　变异后的解

然后对新解串计算适应度值,如果适应度值大于局部搜索前的解串则接受局部搜索生成的解,否则不接受,原解串不变。

(3)信息素更新。完成局部搜索以后,在所有的蚂蚁中选取质量最好的一部分蚂蚁进行信息素更新的工作。过程如下:①对所有轨迹上的信息素执行衰减操作;②在选取的一部分解质量最好的蚂蚁经过的轨迹上进行信息素加强。假设在第 t 次迭代完成以后,从蚁群中挑选出 L 只最优蚂蚁来进行信息素更新。这些蚂蚁模仿真实蚂蚁在路径上释放信息素,信息素按照如下规则进行更新。

$$\tau_{ij}(t+1)=\rho\tau_{ij}(t)+\sum_{l=1}^{L}\Delta\tau_{ij}^{l},i=1,\cdots,N;\ j=0,1 \tag{2-20}$$

这里 ρ 是信息素保留系数，范围是[0,1]，如果位 i 被蚂蚁 l 标记为 0，则 $\Delta\tau_{i0}^{l}$ = Fitness(l)，$\Delta\tau_{i1}^{l}=0$，否则 $\Delta\tau_{i1}^{l}$ = Fitness(l)，$\Delta\tau_{i0}^{l}=0$。信息素更新完毕以后，蚁群重新执行下一次优化过程。由于蚁群算法是一个随机概率搜索算法，可能在搜索过程中丢失全局最优解，因此本章中使用最优解保留策略，即在循环过程设立一个全局最优解并作为全局变量被保存起来，如果本次循环得到的最优解比全局最优解更好（适应度值更大），则用本次最优解替代它，否则最优解保持不变。至此，算法一个主流程执行完毕。

2.6.2　二进制蚁群算法同解决 TSP 问题的 ACO 比较

为了更清晰地说明二进制编码 ACO 在参数优化问题中的应用，这里通过同 TSP 问题对比做进一步阐述。选择 TSP 作为对比问题的主要原因在于它是典型的组合优化问题，便于与其他算法比较。对于其他问题，可以对此模型稍作修改便可以应用。

1. 问题定义和解的形式

TSP：给定 n 个城市和两两城市之间的距离，要求确定一条遍历各个城市且仅一次的最短线路。

参数优化：给定二进制串长 L，将位串的每一位标为 0 或者 1，解码以后的结果要使定义的目标函数取最大或者最小值。

图 2-9 是一个五城市 TSP 问题示例，假设蚂蚁要从每个城市中取回数量一定的食物，设从 A 点出发，总的路径的组合数 4！=24 种，解串：*ABCDEA* 表示一条蚂蚁觅食的路径。

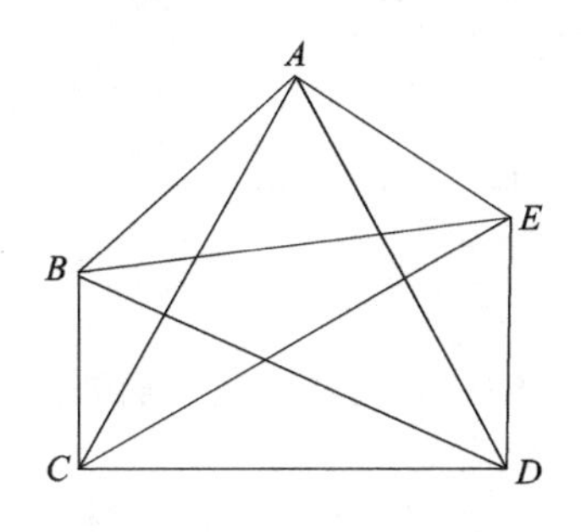

图 2-9　城市 TSP 问题示例

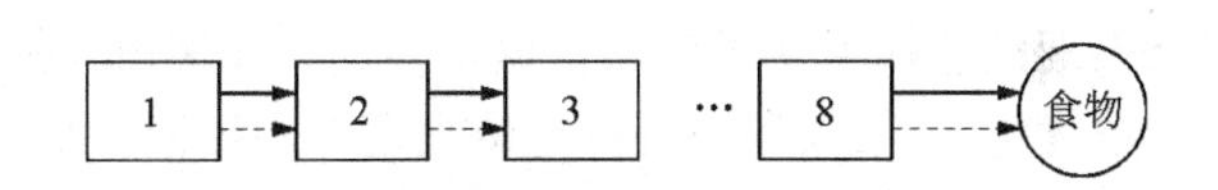

图 2-10　串长为 8 位的二进制编码示例

图 2-10 是一个串长为 8 的二进制的参数优化问题。假设从第一位出发依次经过每位寻找食物。从第一位到第二位有两条路：实线路和虚线路。实线表示蚂蚁漫游时将该位置标记 1，然后达到第二位；虚线表示蚂蚁漫游时将该位置标记 1，然后达到第二位。同样地，从第二位到第三位以此类推。到达第八位以后实线表示它将第八位标记为 1 然后到达食物，虚线表示它将第八位标记为 0 然后到达食物。这样总的路径组合数为 $2^8=256$，即从第一位出发，有 256 条达到食物的道路。蚂蚁漫游的路径可以表示为 00000001。0 表示蚂蚁从一位到第二位时是走的虚线路，其他依次类推，1 表示蚂蚁从第八位到达食物时是走的虚线路。这样这个路径的形式可以是 00000000 ~ 11111111 解码以后就覆盖了 0 ~ 255 灰度影像阈值的范围。

2. 应用蚂蚁来解决时蚂蚁的行为

TSP：从某一个城市出发，蚂蚁利用伪随机比例规则选择一个目标城市，在达到目标城市以后，利用上述规则在没有经过的候选城市中再选择下一个城市，直到回到出发的城市。在漫游的同时或者漫游完毕示范信息素。

参数优化:蚂蚁从解串的第一位出发,同样依据伪随机比例规则将该位标记为两类(标记为0或者1)中的某一类,然后前进一步标记下一个位(已经标记的位置不能再次标记),直到将所有的位标记完毕。在标记的同时或者事后释放信息素。

3.“路径”质量评价标准

TSP:蚂蚁漫游的线路总长度越短,质量越好。

参数优化:觅食路径,应该使所求目标函数越大,则路径越好。

4. 信息素矩阵设置

信息素矩阵设置如表2-3和表2-4所示。

表2-3 TSP(n个城市)信息素矩阵设置

城市	城市1	城市2	…	城市i	…	城市n
城市1	$\tau(1,1)$	$\tau(1,2)$		$\tau(1,i)$		$\tau(1,n)$
城市2	$\tau(2,1)$	$\tau(2,1)$		$\tau(2,i)$		$\tau(2,n)$
⋮						
城市n	$\tau(n,1)$	$\tau(n,2)$		$\tau(n,i)$		$\tau(n,n)$

τ_{ij}表示连接城市(i,j)的信息素浓度。

表2-4 参数优化(串长为L的二进制编码)信息素矩阵设置

类别	位1	位2	…	位i	…	位L
类别1	$\tau(1,1)$	$\tau(2,1)$		$\tau(i,1)$		$\tau(n,1)$
类别2	$\tau(1,2)$	$\tau(1,2)$		$\tau(i,2)$		$\tau(n,2)$

$\tau(i,1)$表示将位i标记1的信息素浓度,$\tau(i,2)$表示将位i标记0的信息素浓度。

5. 构建解串的选择规则

TSP:蚂蚁选择目标城市的依据是根据所在城市与候选城市间的可见度及信息素轨迹。

参数优化:一般仅利用待标定位上留下的标记为0和1的信息素轨迹。

6. 启发信息的设置

启发信息:启发信息在指导蚂蚁在问题解的构造过程中很重要,它使得蚂蚁利用关于问题的特别知识成为可能。这些知识可以作为先验知识获得,或者在算法允许阶段获得。在静态问题中,启发信息η只需在问题初始化阶段计算一次,在后面的循环过程中将保持不变。在算法中,如果利用某些局部搜索算法来改善蚁群算法生成的解,那么ACO的质量可以在很大程度上缓和(减轻)对启发信息的依赖程度。这是因为局部搜索算法在考虑了费用信息的情况下以一种更直接的方式提高了解的质量。幸运的是,这意味着蚁群算法联合局部搜索算法可以获得对那些难以定义先验启发信息的问题非常好的解。

TSP:比较直观和容易确定,直接根据蚂蚁所在城市与候选城市算出它们的欧式距离即可,如d_{ij}表示城市i和j的距离,定义启发信息$\eta_{ij}=\frac{1}{d_{ij}}$。

参数优化:由于采用二进制编码,比较难以设置启发信息,本章中的二进制编码蚁群算法没有设置启发信息,主要利用局部搜索技术提高解的质量。

7. 禁忌表设置

TSP:在一次循环中,蚂蚁以所在初始城市出发,建立禁忌表,它的作用是禁止蚂蚁选择已经经过的城市，记录蚂蚁走过的路线，直到一次循环完成回到出发点释放禁忌表。

参数优化：在一次循环中，蚂蚁从初始的位出发按照一定的顺序对所有的位标定，建立禁忌表，禁止蚂蚁再次标记以及标记过的位，直到将所有的位标记完毕。

从以上 7 个方面的比较可以看出，虽然这两个问题从形式上看略有不同，但是利用蚁群算法解决 TSP 问题和利用二进制编码解决参数优化问题基本原理相同，它们都可以通过将问题抽象成蚂蚁觅食行为从而加以解决，只是在解的评价等方面有所差异，但是这种差异对解决问题没有太大实质性的影响。将 ACO 经过适当调整以后采用二进制编码方式完全可以求解参数优化问题。

2.7　蚁群算法展望

从 M. Dorigo 第一次提出蚁群算法（ACO）现在接近 30 年的时间，许多文献已经证明该算法是一个非常有效的解决组合优化问题的工具。虽然 ACO 在许多类型组合优化问题求解中得到了很好的应用，但仍有很多问题值得深入研究，主要包括如下几个方面。

（1）ACO 基础理论的研究。ACO 的发展需要坚实的理论基础，这方面的工作还比较匮乏。ACO 作为一种概率算法，从数学上证明它们的正确性和可靠性还是比较困难的，所做的工作也比较少。虽然在收敛性研究方面有了初步成果，可以证明在某些条件下，ACO 以任意接近 1 的概率收敛到全局最优，但这只是初步工作。正如 M. Dorigo 博士指出的，虽然可以证明某几类 ACO 的收敛性，但是目前收敛性的证明并没有说明要找到至少一次最优解需要的计算时间，即使算法能够找到最优解，付出的计算时间可能是个天文数字；如果能够得到 ACO 的收敛速度，对 ACO 的理论发展是非常有益的。此外 ACO 的收敛性的严格数学证明，在更强的概率意义下的收敛条件，ACO 中信息素挥发对算法收敛性的影响，ACO 的动力模型及根据其动力学模型对算法性能分析以及 ACO 最终收敛至全局最优解的时间复杂度等工作是进一步研究的方向。

（2）ACO 缺陷的克服及执行效率的提高。ACO 还存在一些缺陷，如基本蚁群算法中易出现停滞现象、解空间探索不够等。如何克服这些缺陷和选择适当的执行策略以提高算法的效率是一个重要的课题。执行策略的构造选择包括对局部启发函数的构造、信息素和局部启发函数结合策略的选择、在避免局部最优值的前提下状态转移策略的选择、克服停滞现象的信息素调整策略的选取等，针对算法本身的改进与完善仍将是 ACO 在今后应用中的重要研究方向，应不断改进算法性能，提升算法通用性。此外，作为一种全局搜索算法，ACO 能够有效地避免局部最优解，但同时，对大空间的多点全局搜索，却不可避免地增加搜索所需的时间。为了使算法能够更快地找到问题的最优解，在其过程中加入针对具体问题的局部搜索算法不失为一种好的选择。利用 ACO 的全局性避开局部最优，利用局部搜索算法加快求解的过程，寻求二者的完美结合，应该是一个值得研究的课题。

（3）ACO 应用领域的拓宽及与其他相关学科的交叉研究，ACO 目前最为成功的应用是在大规模的组合优化问题中，下一步应将 ACO 引入更多的应用领域，如自动控制和机器学习等，并对这些相关的学科进行深层次的交叉研究，进一步促进算法的研究和发展。以后研究中应以耦合算法为其中的一个重要研究方向，将 ACO 和其他仿生算法结合，以达到取长补短的效果，已经取得一定成果的是与免疫算法的结合以及和遗传算法的结合，效果较好，和其他算法的融合有待进一步扩展。

(4)ACO 把每个蚂蚁作为一个 agent,构成一个多 agent 系统。目前出现的算法中,每只蚂蚁具有相同的特性和能力,并通过信息素实现彼此通信。在以后的研究中可以考虑给每只蚂蚁赋予更多的智能,并具有学习能力;在一个系统中,可以考虑对蚂蚁进行分工,不同的蚂蚁具有不同的能力并完成不同的任务,彼此协调,共同实现系统目标。另外,尽管 ACO 应用非常广泛,但其基本实现是非常相似的,如何针对 ACO 的 agent 进行程序框架设计,使得该 agent 框架具有广泛的适用性也是一个需要深入研究的问题。

(5)针对不同的组合优化问题的 ACO 建模方法,但绝非该类问题的唯一建模方法。例如,国外有研究者针对 QAP 设计的模型中节点集合 C 就由全部设备和全部节点构成,而且事先并未对设备(位置)排定顺序,蚂蚁在构造解的过程中交替选择设备节点和位置节点。因此,同样一类组合优化问题,可以建立不同的模型,不同的模型中信息素浓度 τ_{ij} 被赋予不同的意义,问题的解空间也因模型而异。在基本原理已经明确的条件下,如何针对具体问题设计最合适的模型需要深入研究,开发出求解问题的算法模型,使求解问题更加切实有效。

(6)蚁群算法求解连续优化问题相对较弱,而实际工程应用中存在许多此类问题,如不能将蚁群算法应用于求解连续优化问题,将会束缚蚁群算法在其他研究领域的应用。目前,已有部分国内外学者开展了相关研究,提出了蚁群算法用于连续优化问题的多种模型,取得了较大的进展。

(7)进一步研究真实蚁群的行为特征,包括其他的群居动物。因为蚁群算法是受蚁群行为特征的启发而发展起来的一种模拟进化算法,通过对真实蚁群的深入研究有利于进一步地改进蚁群算法,从而提高其性能。

(8)基于蚁群算法的智能硬件的研究,随着对 ACO 研究的深入展开,要实现 ACO 功能的硬件也被提到日程上来。要实现类似蚂蚁这样的群体行为的系统,首先要构造具有单只蚂蚁功能的智能硬件,这方面国内已经有了一些尝试,国外已经有了初步成果,近年来出现的现场可编程门阵列(Field Programmable Gate Array,FPGA)芯片技术为蚂蚁智能硬件的实现提供了一种有效的手段,将 FPGA 芯片的设计和基于行为控制范例(Behavior-Control Paradigm)的归类结构体系(Subsumption Architecture)方法相结合,将会得到一个良好的实现效果。

此外,蚁群算法在解决问题时,算法系统的高层次的行为是需要通过低层次的蚂蚁之间的简单行为交互涌现产生的。单个蚂蚁控制的简单并不意味着整个系统的设计简单,设计者必须能够将高层次的复杂行为映射到低层次的蚂蚁简单行为上面,而这二者之间存在较大的差别,并且在系统设计时也需要保证多个个体简单行为的交互能够涌现出人们所希望看到的高层次的复杂行为,这可以说是蚁群算法乃至群集智能中一个极为困难的问题。

第3章　萤火虫算法概述

萤火虫算法(Firefly Algorithm,FA)是剑桥学者 Xinshe Yang 提出的新型启发式仿生智能优化算法,其具有简单、参数少、收敛迅速等优点。虽然提出到现在时间不长,但已经受到国内外许多学者的关注和研究,并且成功应用于组合优化、路径规划、图像处理等需要优化的领域。

3.1　萤火虫算法的基本原理

在自然界中,存在两千多种萤火虫,大多数成虫萤火虫都会发光,萤火虫的光具有信息交流、诱集、警戒和照明的作用。它们发的光通过介质传播给其他的萤火虫进行交流。但是光在传播过程中会被介质吸收而逐渐减弱,不同介质有着不同的吸收系数,对萤火虫光的传播有不同的影响。萤火虫算法利用了萤火虫的发光特性并考虑到雄虫与雌虫发光特性差异与光的传播特性,对该过程做了理想假设处理。算法提出基于以下 3 条准则。

(1)萤火虫之间没有性别之分,在寻优过程中,萤火虫会被任意较亮个体所吸引而不必考虑该较亮个体的性别。

(2)萤火虫之间的吸引度正比于它们各自的亮度,即对任意两只萤火虫,亮度较弱个体总是向较亮个体移动。萤火虫之间的吸引度与它们间的距离成反比,距离越远,相对吸引度越小。

(3)萤火虫的亮度由与问题关联的目标函数值决定。对于极大值问题,萤火虫的亮度可以简单正比于目标函数。亮度的定义可以类比为遗传算法中的适应度。

根据上面的假设可知,萤火虫算法主要模拟了萤火虫的信息交流和诱集机制。种群中的萤火虫两两进行亮度比较判断所处位置优劣,总是亮度弱者向较亮个体靠拢,以提高自身亮度。在指定区域内搜索同类并向较优个体的区域靠近,从而实现位置寻优。

FA 模拟萤火虫间通过发出荧光传达信息这一仿生原理。不同于其他群智能算法的是,FA 引入亮度和吸引度的概念,因此在个体移动中,考虑了个体间隔距离的影响,在合理的参数设置下,FA 在局部和全局寻优中均有着良好的表现。

3.2　萤火虫算法的数学描述

根据上述 3 个仿生准则可知,在萤火虫算法中,最主要的两个因素是亮度和吸引度。简单起见,假设萤火虫的吸引度由其亮度决定,在极大值优化问题中,在位置 x 处的萤火虫亮度 $I(x) \propto F(x)$。考虑到吸引度的相对性,选择萤火虫相对距离 r_{ij}作为吸引度因子。引入介质吸收系数 γ 模拟光在空间传播被介质吸收的特性。

根据上述的仿生原理,萤火虫算法的数学描述过程如下:

萤火虫的相对亮度可表示为

$$I(r) = I_0 e^{-\gamma r^2} \tag{3-1}$$

式中，I_0为 $r=0$ 时该萤火虫的自身亮度，其与目标函数值成正比，目标函数值越大，自身亮度越高，可以看出在初始亮度一定的情况下，萤火虫亮度随距离平方指数级减小；γ 为介质吸收系数，通常 γ 取[0.01,100]，r 为萤火虫之间的距离。

当萤火虫的亮度需要缓慢单调递减时，其公式可以用式(3-2)近似表达。

$$I(r) = \frac{I_0}{1+\gamma r^2} \tag{3-2}$$

萤火虫的相对吸引度可以表示为

$$\beta(r) = \beta_0 e^{-\gamma r^2} \tag{3-3}$$

其中，β_0为 $r=0$ 时该萤火虫的吸引度，是该萤火虫最大吸引度，即两个萤火虫个体距离为零时，当前个体对另外一个个体的吸引度。γ 和 r 的意义同上。同理 β_0为最大吸引度，萤火虫吸引度随距离平方指数级减小。由式(3-3)可以得出当距离 $r=\frac{1}{\sqrt{\gamma}}$时，吸引度从 β_0减小到 $\beta_0 e^{-1}$。

当萤火虫的相对吸引度需要缓慢单调递减时，其公式可以用如下公式近似表达。

$$\beta(r) = \frac{\beta_0}{1+\gamma r^2} \tag{3-4}$$

在具体应用中吸引度的表达式可以是标准化公式的任意形式，如式(3-5)。

$$\beta(r) = \beta_0 e^{-\gamma r^m}, m \geqslant 1 \tag{3-5}$$

通常任意两个萤火虫 i 和萤火虫 j 的位置可以表示为 x_i和 x_j，它们之间的距离一般用卡迪尔欧式距离表示。距离公式如下：

$$r_{ij} = \|x_i - x_j\| = \sqrt{\sum_{k=1}^{d}(x_{i.k} - x_{j.k})^2} \tag{3-6}$$

当问题是二维情况时，距离公式为

$$r_{ij} = \sqrt{(x_i - x_j)^2 + (y_i - y_j)^2} \tag{3-7}$$

萤火虫 i 向亮度比自己亮的萤火虫 j 移动，位移公式如下：

$$x_i' = x_i + \beta_0 e^{-\gamma r_{ij}^2}(x_j - x_i) + \alpha\left(rand - \frac{1}{2}\right) \tag{3-8}$$

式中，x_i'为萤火虫 x_i移动后的位置，$\alpha\left(rand-\frac{1}{2}\right)$为扰动项，$\alpha$ 为步长因子，$rand$ 为服从[0,1]上均匀分布随机数，即 $rand \cdot U(0,1)$。通常在操作的时候取 $\beta_0=1$，$\alpha \in [0,1]$，并且扰动项可以由 $N(0,1)$正态分布或者其他分布代替。对于多维问题，用 $\alpha.s_i$表示第 i 维的扰动因子，每一维的扰动因子根据各个维度的范围大小而设定。假定第 i 维范围为[0,10]设置的扰动因子 $\alpha.s_i$为 0.5，第 j 维的扰动因子范围为[0,100]，扰动因子 $\alpha.s_j$可设置为 5，其中($i \neq j$)。

根据上述分析可以得出萤火虫算法执行步骤如下：

(1)初始化萤火虫种群，初始化算法相关参数，介质吸收系数 γ，初始吸引度 β_0，步长因子 α，最大迭代次数 $N_{\max}$。随机产生 n 个初始萤火虫初始位置 $X_{ij}=\{x_{i1},x_{i2},\cdots,x_{id}\}$，$1 \leqslant i \leqslant n$，$d$ 为萤火虫个体的维度 $1 \leqslant j \leqslant d$。

(2)计算每只萤火虫的目标函数，并且将适应度值作为每个萤火个体亮度 I_{0i}，对各萤火虫个体进行两两比较,吸引度较弱的向较强个体靠近,按照式(3-8)进行位置更新。

(3)对位置更新后的萤火虫重新计算亮度,当目标值得到改善时,则替代原有排序,否则维持原来的最优解。

(4)当达到最大迭代次数 N_{max},对萤火虫种群按照适应度大小排序,记录此时的最优解,否则进入步骤(2)。

萤大虫算法流程如图3-1所示。

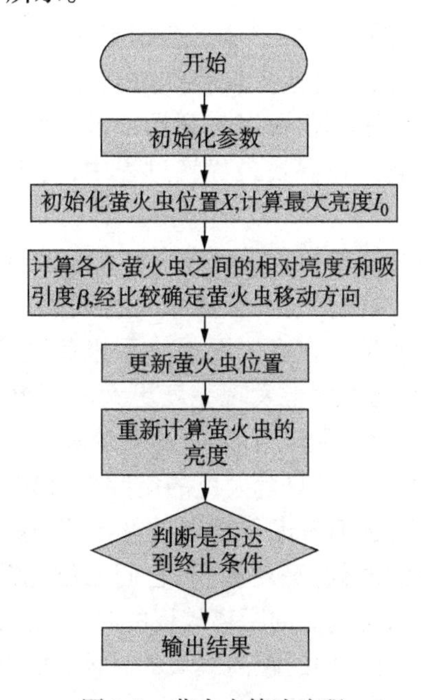

图3-1　萤火虫算法流程

根据图3-1,标准萤火虫算法的伪代码如图3-2所示。

确定目标函数 $f(x)$,初始化萤火虫种群和相关系数

$x_{ij}=(x_{i1},x_{i2},\cdots,x_{id})(i=1,2,\cdots,n;j=1,2,\cdots,d)$;$\beta_0,\alpha,N_{max}$

根据目标函数 $f(x)$ 计算每个萤火虫 x_i 个体的亮度 I_i

while(t < Iter)

for $i=1:n$

for $j=1:n$

if($I_i<I_j$)

根据位移公式,萤火虫 i 向萤火虫 j 移动

end if

根据目标函数 $f(x)$ 计算萤火虫 x_i 位置更新后的亮度

end

end

对所有萤火虫亮度进行排序,找出亮度最大的萤火虫

end

图3-2　标准萤火虫算法伪代码

3.3 标准萤火虫算法优缺点

1. 萤火虫算法的优点

萤火虫算法是随机分布在指定范围内的多个萤火虫个体,每只萤火虫都有各自的感知能力和搜索半径,它们会在自己的搜索半径内搜索最亮个体,并向最亮个体移动。当萤火虫群体在足够的迭代次数之后,所有的萤火虫个体将会聚集在它能感知到的最亮萤火虫周围,或聚集到最亮萤火虫一个点上,聚集的这些点就将作为函数局部最优解,通过计算所有局部最优解得到最优解。所以萤火虫算法不仅可以找到局部最优解,还可以找到全局最优解,这样就解决了多种函数的最优解问题。在寻找最优解过程中,由于每只萤火虫都是相互独立的,算法程序可以并发进行。

萤火虫算法是根据萤火虫之间的相对吸引度来定义欧式空间位置上相对关系,在一定程度决定了飞行距离,是一只萤火虫向另一只萤火虫飞行能力的表现,而萤火虫的亮度是决定萤火飞行方向的唯一因素。干扰项的存在主要是为了避免过早陷入局部最优。算法的迭代初期,给予一个干扰项可以在一定程度上发现亮度更大的萤火虫,引导萤火虫群体向亮度更好的萤火虫飞行。但是在算法迭代后期,干扰项发现的萤火虫的亮度更大的可能性越来越小,萤火虫还是会陷入局部最优。当两只萤火虫的空间位置很远,即便 x_j 的亮度比 x_i 大,$r_{ij}\to\infty$,则这个时候相对吸引度为 0,在不考虑干扰项的情况下,萤火虫 x_i 不会向萤火虫 x_j 移动。当两只萤火虫的空间位置重叠的时候,亮度相等,它们的位置都不会发生改变。从上述的分析可知,两只亮度不同的萤火虫,当它们的距离较近的时候,亮度低的萤火虫向亮度更高的萤火飞行,但是飞行能力会降低。当它们的距离太大的时候,根据式(3-9)可知,吸引度太低,亮度低的萤火虫也不会向亮度高的萤火虫飞行。

$$x_i' = x_i + \beta_0 e^{-\gamma r_{ij}^2}(x_j - x_i) + \alpha\left(rand - \frac{1}{2}\right) \tag{3-9}$$

根据上述的分析,可以假设萤火虫拥有一个有效吸引范围,萤火虫的有效吸引范围与萤火虫的空间位置和萤火虫的亮度有关。假设 3 个萤火虫个体分别为 FF1,FF2,FF3,如图 3-3 所示;它们的有效范围的吸引半径分别为 r_1, r_2, r_3。萤火虫 FF1 的有效吸引半径比 FF2 的有效吸引半径大,而且 FF2 位于 FF1 的吸引范围内,如果 FF1 的亮度比 FF2 的强,FF2 将向 FF1 移动,反之 FF1 则向 FF2 移动。但是 FF3 则不一样,不论 FF1 与 FF2 谁的亮度强都不会相互移动,因为 FF3 不在 FF1 的吸引范围内。

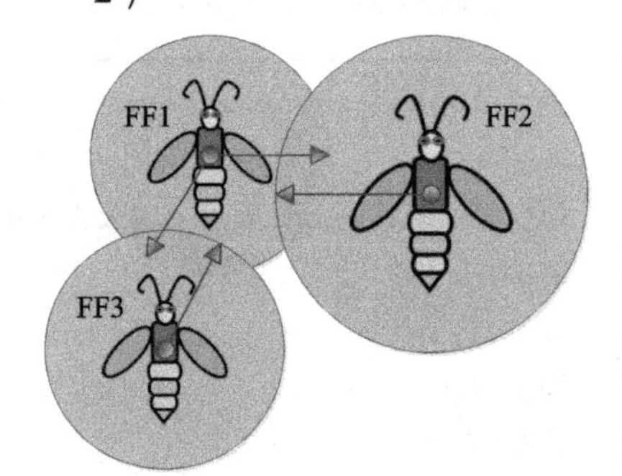

图 3-3　萤火虫飞行原理图

2. 萤火虫算法的缺点

虽然萤火虫算法有诸多优点,但是也存在许多缺点,如发现率低和求解速度慢等。

此外,每个萤火虫个体都有自己的吸引范围,萤火虫依赖的是在自己吸引范围内有比自己更亮的萤火虫,若吸引范围内无自身更亮的个体则萤火虫不运动。干扰项的存在,在一定程度上保证了萤火虫算法跳出局部最优的能力,但是不完全保证。所以萤火虫算法可以找到全局或局部最优解,靠的是萤火虫吸引范围内有比自己更亮的个体并向它移动,通过位置的迭代找到最优解。干扰项的存在导致在迭代后期,萤火虫有一定的飞行能力,大多数萤火虫飞过了最优的萤火虫吸引范围,由于两只萤火虫在后期很近,距离差带来的飞行能力有限,导致萤火虫陷入局部最优。

3.4　改进的萤火虫算法

萤火虫算法有着优良的寻优性能,但是算法性能提升却是以牺牲时间复杂度为代价,基于此,本节提出基于分簇策略莱维飞行萤火虫算法(Cluster-Based Levy Firefly Algorithm, CBLFA)。CBLFA 算法对萤火虫种群进行簇划分,并且针对簇内一般个体、簇内中心个体和全局最优个体分别给出不同的进化策略。以簇为进化单位,将整个种群分而治之,有效减少了每个个体的比较和搜索次数,从而降低时间复杂度。

分簇算法减少冗余计算的同时减小了萤火虫簇间的信息交流,从而减少了整个种群的飞行多向性,容易陷入局部最优。为了解决分簇带来的弊端,本节引入 CS 算法中改进的莱维飞行,使之作用于簇内中心个体与对全局最优个体信息交流。莱维飞行属于随机行走(random walk)的一种,行走的步长满足一个重尾的稳定分布,在这种形式的行走中,短距离的探索与偶尔较长距离的行走相间,增大了算法的稳健性。CBLFA 的分簇策略和针对不同个体的差异化进化方式实现了时间复杂度和算法精度的有效平衡。

3.4.1　分簇策略

分簇算法采用随机扰动分簇策略,将种群随机分为 n 个簇,每个簇执行基本萤火虫算法。簇内中心在每次迭代过程中选择簇内亮度最大的萤火虫为中心。每个簇的萤火虫在每次迭代过程中仅与簇内的其他萤火虫个体进行比较亮度。

而每次迭代后,根据个体适应度值变化,重新随机分簇,重新选择簇内最优的个体作为中心点,进行新一轮簇划分。对种群动态分簇,并以簇为算法进化单位,可以减少个体比较次数,有效降低原算法的时间复杂度,同时有效避免了一般个体间的相互干扰,有利于局部的精细化搜索。中心点通过每次迭代后适应度值排序动态选取,萤火虫个体可随着中心点的变化,在不同簇间自由迁移,促进不同簇间的信息交流和共享分簇过程,如图 3-4 所示。

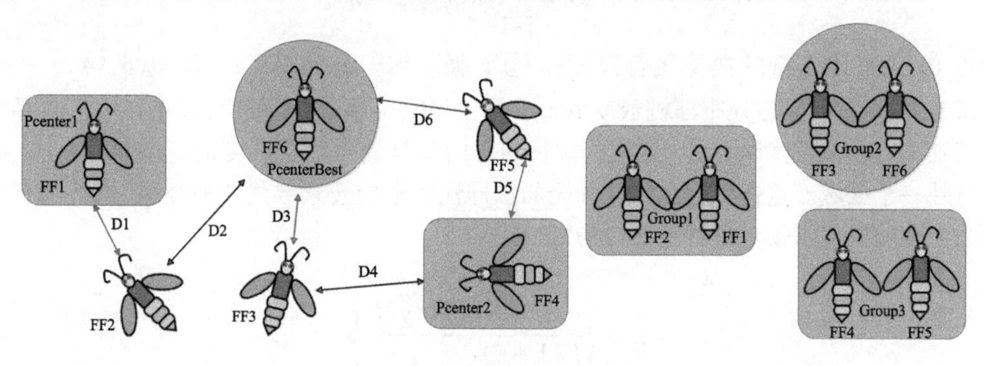

图 3-4　CSLFA 分簇示意图

随机性是种群分簇原则,每次分簇的随机性保障了种群的飞行方向多样化。

根据上述给出的分簇原理,萤火虫种群的萤火虫个数为 N,具体的分簇步骤如下:

(1)计算萤火虫种群的亮度,对种群的亮度进行排序,选择亮度最大的萤火虫作为整个种群的中心。

(2)将萤火虫个体随机地分到 K 个分簇中,在簇内进行排序,选出簇内最优的个体作为簇内中心。

(3)每次迭代后,没达到终止条件,根据个体适应度值变化,重新选择最优的个体作为种群中心点,进行新一轮簇划分。

萤火虫种群在一次迭代中的分簇示意图如图 3-4 所示。假设种群有 6 只萤火虫,FF1、FF2、FF3、FF4、FF5、FF6。且将种群分为 3 个簇,萤火虫亮度从大到小排序,FF6 为亮度最大的萤火虫,选择 FF6 为种群的中心,其他萤火虫随机分 3 个簇,如随机地将 FF2 与 FF1 分为 1 个簇,FF6 与 FF3 分为 1 个簇,FF4 与 FF5 分为 1 个簇。在分好的簇内进行排序,选出簇内中心。FF1 亮于 FF2,所以簇 1 中 FF1 为簇 1 的中心,FF4 为簇 3 的中心,同理 FF6 为簇 2 的中心,并且为全局的中心。

对于分簇后的种群,每个簇内的萤火虫个体处于各自簇内构成一个封闭的进化单元,如何增加簇与簇之间的信息交流是要研究和解决的问题。

3.4.2 莱维飞行

不同簇之间得不到信息交互,一直拘泥于局部搜索,算法易陷入局部最优,为了让簇与簇之间进行交流,将每个簇的中心萤火虫看成一个新的簇。考虑到莱维飞行属于随机行走(random walk)的一种,行走的步长满足一个重尾的稳定分布,在这种形式的行走中,短距离的探索与偶尔较长距离的行走相间。2006 年,Shlesinger MF 的研究表明,在智能优化算法中采用莱维飞行,能扩大搜索范围、增加种群多样性,更容易跳出局部最优点。为了简化且易编程的数学语言描述这一分布,Mantegna RN 于 1992 年提出模拟莱维飞行随机搜索路径的公式:

$$x_i^{t+1} = x_i^t + \alpha \oplus S \tag{3-10}$$

这里选择布谷鸟算法中的处理方式来处理莱维飞行的路径 α 为步长控制参数,其值服从标准正态分布。

$$S = 0.01 \times \frac{u}{|v|^{\frac{1}{\beta}}} \times (g_{\text{best}} - x_i^t) \tag{3-11}$$

其中:0.01 为莱维飞行的典型飞行尺度;u 与 v 服从均匀分布,即 $u \sim N(0, \sigma_u{}^2)$,$v \sim N(0, \sigma_v{}^2)$,$S$ 取决于 2 个正态分布随机数 u 和 v,u 和 v 可大可小、可正可负,故布谷鸟每次寻窝过程的莱维飞行随机搜索路径 S。莱维的步长和方向都是高度随机改变的,很容易从一个区域跃入另外一个区域。这样萤火虫算法的全局多样性即全局搜索寻优能力很强,这特别有利于在算法前期随机搜索锁定最优值所在的区域。

$$\sigma_u = \left\{ \frac{\Gamma(1+\beta)\sin\left(\frac{\pi\beta}{2}\right)}{\frac{\Gamma(1+\beta)}{2} \times \beta \times 2^{\frac{\beta-1}{2}}} \right\}^{\frac{1}{\beta}} \tag{3-12}$$

但若在算法后期随机性太强,则不利于局部区域的精细搜索,造成收敛速度和收敛精度降低。若要使 CBLFA 更高效,则需在全局性和收敛性两方面能够兼顾,达到好的平衡。除 u 和 v 这 2 个正态分布随机数控制了莱维飞行随机搜索路径的步长和方向外,参数 β 亦会影响搜索步长，但在CS算法中将β取为固定值1.5，这不是很好的解决方法。贺淼、阮奇在研究基于布谷鸟研究算法的时候发现CS算法的参数β在[0.8,1.8]之间取值较好，参考其β参数自适应策略，算法提出使参数β随算法进程动态变化的自适应策略：从算法第1代$k=1$开始，β取0.8左右的值并随算法进程(k/k_{max})的增加而随机波动增大，直至收敛时(k/k_{max}接近1)，这时候β取1.8左右的值。

$$\beta=\min[randn(0.8,0.3)+0.3+(k/k_{max}),1.8+randn(0,0.05)] \tag{3-13}$$

式中：$randn(0.8,0.3)$表示平均值为0.8，方差为0.3的正态分布随机数；$randn(0,0.05)$表示平均值为0，方差为0.05的正态分布随机数；k与k_{max}分别为当前迭代次数和最大迭代次数。上述的β自适应策略，使β在算法的前期取相对较小的值，相应的步长s的取值较大且波动范围也较大，使算法保持很强的全局搜索寻优能力，同时兼顾一定的局部精细搜索能力，即收敛能力；随着算法进程k/k_{max}的增加，β呈随机波动增大，相应的步长s则呈随机波动减小；至算法的后期，使β的值逐渐波动增大尽可能地接近1.8，相应的步长s的取值较小且波动范围也较小，使算法保持很强的局部精细搜索能力，即收敛能力，同时兼顾全局搜索寻优能力。

3.4.3 CBLFA 实现

综合上述描述，CBLFA主要由种群的簇划分和基于布谷鸟的簇内种群进化和萤火虫算法的种群的进化更新3个步骤组成。将种群随机分为n个簇，每个簇执行基本萤火虫算法。簇内中心在每次迭代过程中选择簇内亮度最大的萤火虫为中心。每个簇的萤火虫在每次迭代过程中只与簇内的其他萤火虫个体进行比较亮度。而每次迭代后，根据个体适应度值变化，重新随机分簇，重新选择簇内最优的个体作为中心点。簇内一般个体、簇的中心个体和全局最优个体分别采用基于标准萤火虫算法、布谷鸟算法的莱维飞行进化策略，算法具体步骤如下：

(1)对随机生成的n只萤火虫$x=\{x_1,x_2,\cdots,x_n\}$，初始化萤火虫的亮度。

(2)计算每只萤火虫的适应度值，并排序。适应度值较大的萤火虫作为中心，随机地将其他萤火虫进行分簇。

(3)对分簇的萤火虫进行排序，选出最亮个体作为簇内中心。

(4)簇内一般个体按照标准萤火虫算法的式(3-8)进行位置、适应度值更新。根据实际问题，簇的中心按照式(3-10)位移，参数β随算法进程动态变化的自适应策略按照式(3-13)更新。

(5)根据贪心算法，若更新的萤火虫亮度大于簇内中心亮度，飞行后的萤火虫替换簇内中心萤火虫。

(6)达到迭代次数，输出结果，否则转到步骤(2)。

CBLFA具体流程如图3-5所示。

3.5 仿真测试比较

本节通过对常用benchmark函数的极值求解测试，对比分析FA、PSO、CBLFA性能。为了方便测试本节选取的极值测试函数都为求取极小值的函数。实验中用到的极值测试函数，分别介绍如下。

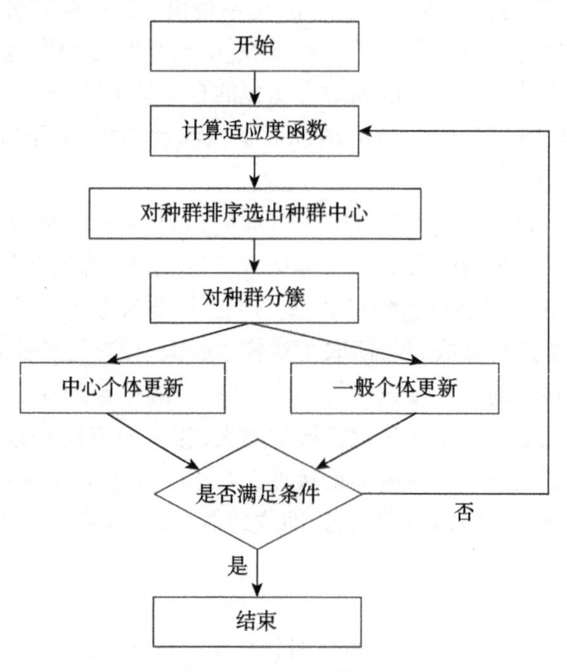

图 3-5 CBLFA 具体流程

1. Sphere 函数(图 3-6)

$$f(x) = \sum_{i=1}^{D} x_i^{\ 2}, x_i \in [-100,100] \tag{3-14}$$

式中,D 表示测试维度,此函数为典型单峰函数,在$(x_1, x_2, \cdots, x_D) = (0,0,\cdots,0)$处取得最小值 0。

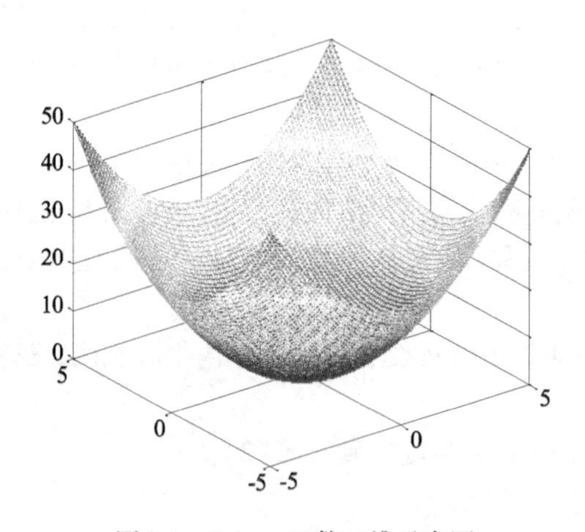

图 3-6 Sphere 函数三维示意图

2. Griewank 函数(图 3-7)

$$f(x) = \frac{1}{4000}\sum_{i=1}^{D}(x_i)^2 - \prod_{i=1}^{D}\cos\left(\frac{x_i}{\sqrt{i}}\right) + 1, x_i \in [-600,600] \tag{3-15}$$

式中,D 为维度,此函数是为多极值函数,在$(x_1, x_2, \cdots, x_D) = (0,0,\cdots,0)$处取得最小值 0。

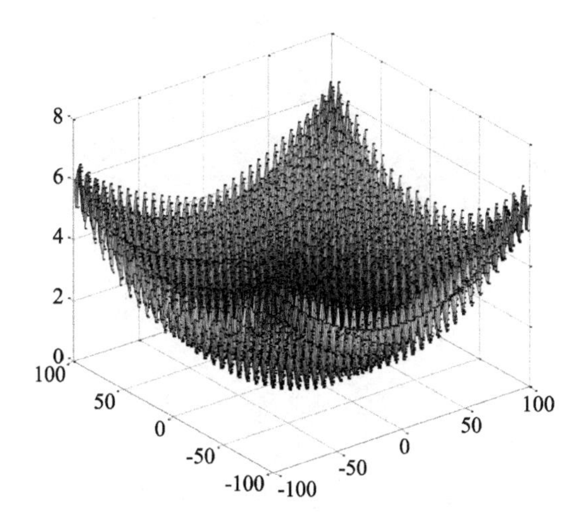

图 3-7　Griewank 函数三维示意图

3. Rastrigrin 函数（图 3-8）

$$f(x) = \sum_{i=1}^{D} [x_i^2 - 10\cos 2\pi x_i + 10], x_i \in [-5.12, 5.12] \tag{3-16}$$

该函数是一个非线性多模态函数，函数在$(x_1, x_2, \cdots, x_D) = (0, 0, \cdots, 0)$处取得最小值0。

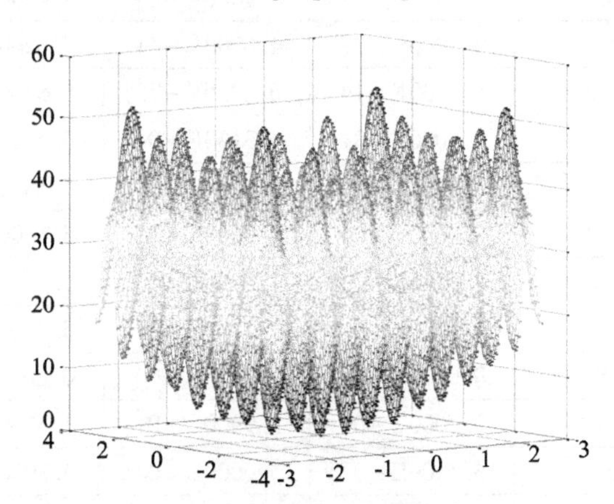

图 3-8　Rastrigin 函数三维示意图

4. Ackley 函数（图 3-9）

$$f(x) = -20\exp\left(-0.2\sqrt{\frac{1}{n}\sum_{i=1}^{D} x_i^2}\right) - \exp\left[\frac{1}{n}\sum_{i=1}^{D}\cos(2\pi x_i)\right] + 20 + e, x_i \in [-32, 32] \tag{3-17}$$

该函数在$(x_1, x_2, \cdots, x_D) = (0, 0, \cdots, 0)$处取得极值0。

为了公正与公平地比较各个算法的综合性能。考虑到算法随机性对运算结果的影响，本节将各个算法运行20次并对结果综合分析和综合比较算法的性能，所有算法的迭代次数为600次。其中FA参数设置如下：种群规模为50。光吸收系数γ为1，最大吸引度为1，最小吸引度为0.2，初始步长α为0.5。对于CBLFA参数设置与FA一致，种群规模为50分簇为5组。每簇10个萤火虫个体。对于PSO，种群规模p_n为50，加速度因子c_1与c_2都为1.45。实

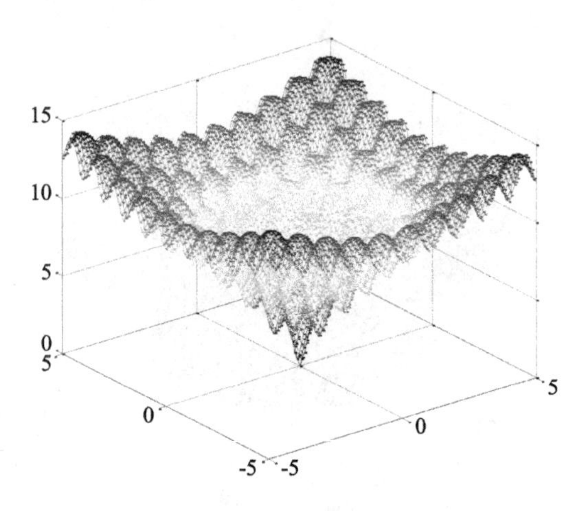

图 3-9　Ackley 函数三维示意图

验测试中,令变量维度为 10,3 个参与测试算法分别对每个测试函数独立运行 20 次,记录下寻优测试结果中的最优值、最差值、平均值和标准差,实验结果如表 3-1 所示。

表 3-1　Benchmark 函数测试结果

函数	算法	最优值	最差值	均值	方差
Sphere	PSO	6.3400E-09	1.9000E-03	1.0800E-04	1.7900E-07
	FA	2.1200E-12	4.0300E-11	7.6200E-12	7.4230E-23
	CBLFA	6.5400E-19	6.2200E-15	8.5400E-16	2.1800E-30
Griewank	PSO	1.6000E+01	6.3100E+01	3.4800E+01	1.5296E+02
	FA	3.4600E-09	5.9200E-01	7.6800E-02	3.0092E-02
	CBLFA	0.0000E+00	8.3500E-05	3.1800E-05	8.0600E-10
Rastrigin	PSO	7.9200E-08	2.0900E+01	9.3500E+00	3.1824E+01
	FA	9.9500E-01	1.1700E+01	5.7100E+00	8.0843E+00
	CBLFA	0.0000E+00	0.0000E+00	0.0000E+00	0.0000E+00
Ackley	PSO	2.7000E-06	1.9900E+01	1.5700E+01	6.0232E+01
	FA	5.1500E-07	5.0000E-04	4.3000E-05	1.7430E-08
	CBLFA	3.4600E-08	2.4400E-11	8.6900E-09	7.1900E-17

通过对比上述 4 个测试函数的最优值、最差值、均值和方差可知,CBLFA 在整体精度上比基本 FA 好,而 FA 的性能比 PSO 要好。4 个算法的适应度最优解在整体趋势上,CBLFA 小于基本 FA,而 FA 又小于 PSO。并且前一个算法的最优适应度值比后一个算法的最优适应度至少要小一个数量级。比较 4 个算法的最差解可以发现,在整体趋势上,CBLFA 的最差解均小于基本 FA,并且基本 FA 的最差解均小于基本 PSO。均值同样是上述规律。通过观察适应度方差,可以看出 CBLFA 的方差非常小,在上述的 4 种测试函数中,CBLFA 最大值为 8.0600E-10,而最大的 FA 方差为 3.0092E-02,CBLFA 的最大方差比 FA 最大方差小 8 个数量级。PSO 的最大方差为 1.5296E+02,CBLFA 的最大方差比 PSO 的方差更是小 13 个数量级。总的来说 CBLFA 相对上述两个算法更加稳定。

根据 4 种测试函数运行 20 次的数据绘制了每个测试函数在不同算法计算下的适应度值绘制了图,如图 3-10 ~ 图 3-13 所示。

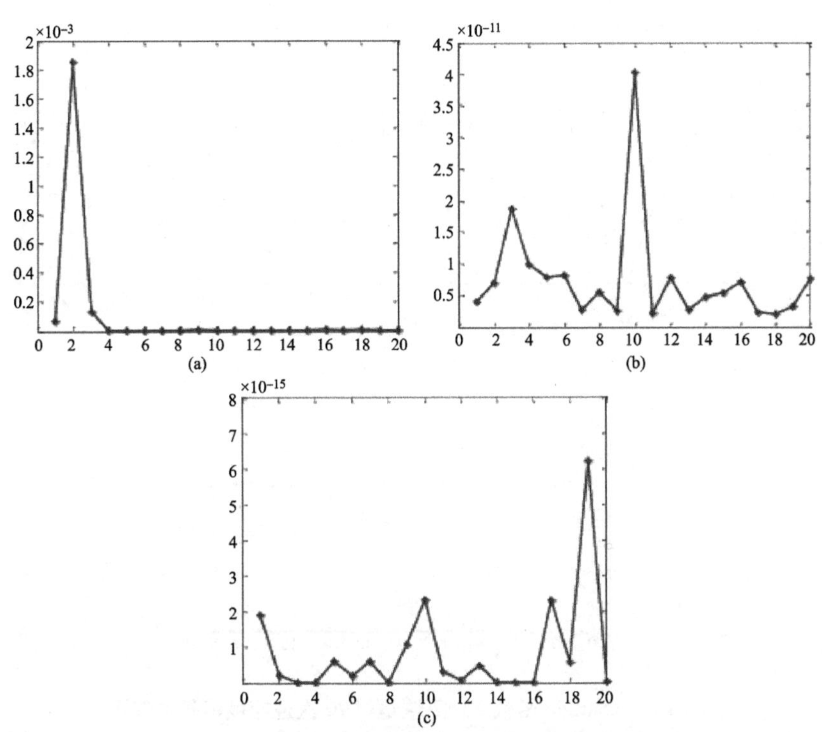

图 3-10　Sphere 函数 3 种算法运行 20 次适应度值折线线图

(a)PSO 运行 20 次 Sphere 适应度值折线图;(b)FA 运行 20 次 Sphere 适应度值折线图;

(c)CBLFA 运行 20 次 Sphere 适应度值折线图

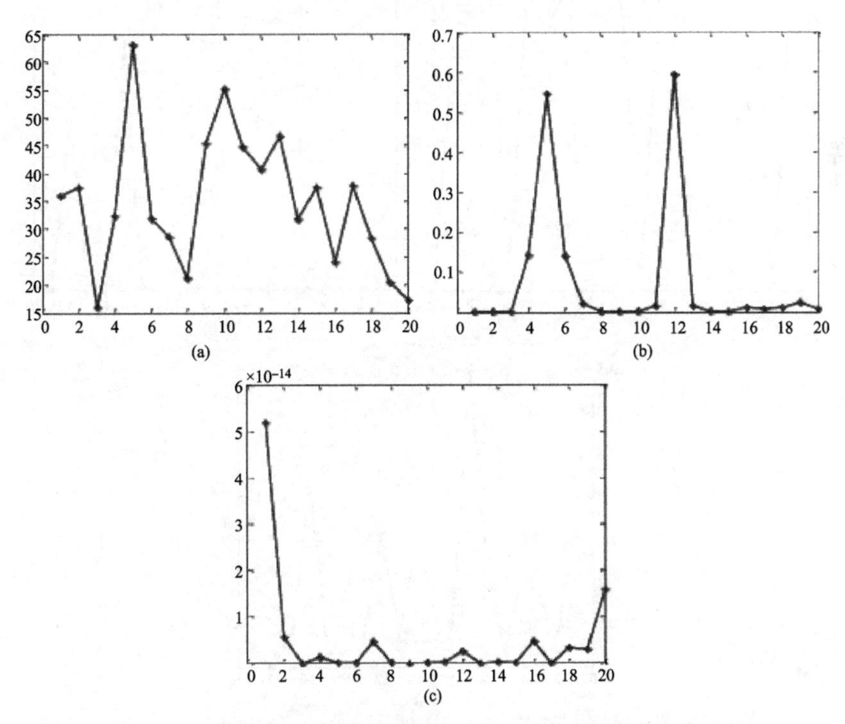

图 3-11　Griewank 函数 3 种算法运行 20 次适应度值折线线图

(a)PSO 运行 20 次 Griewank 适应度值折线图;(b)FA 运行 20 次 Griewank 适应度值折线图;

(c)CBLFA 运行 20 次 Griewank 适应度值折线图

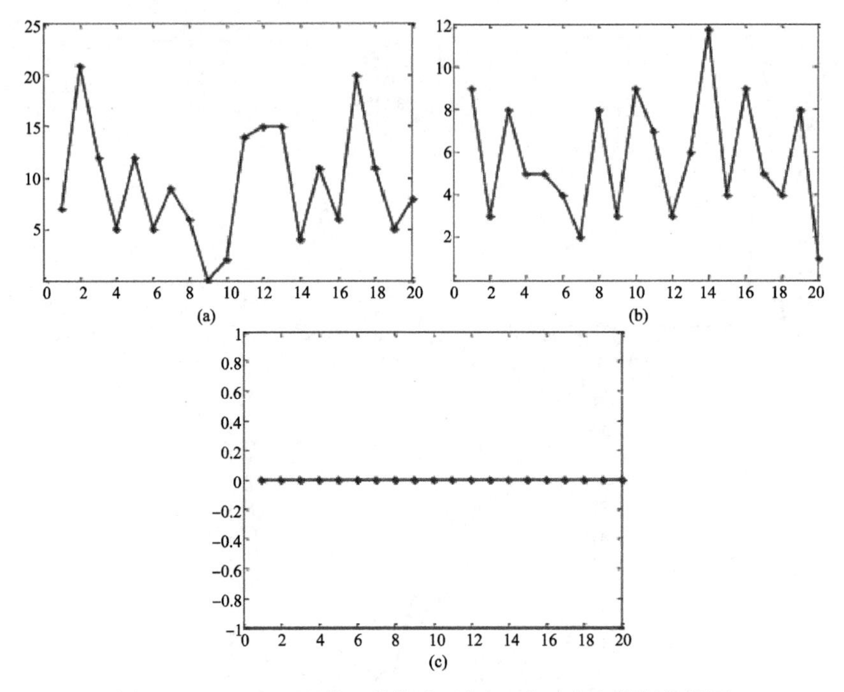

图 3-12 Rastrigin 函数 3 种算法运行 20 次适应度值折线线图

(a)PSO 运行 20 次 Rastrigin 适应度值折线图;(b)FA 运行 20 次 Rastrigin 适应度值折线图;(c)CBLFA 运行 20 次 Rastrigin 适应度值折线图

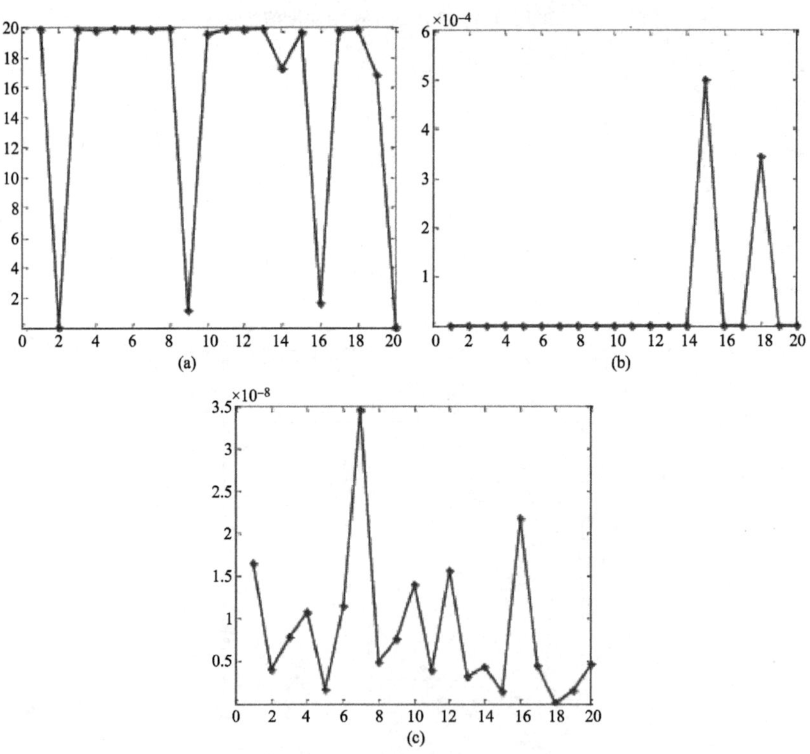

图 3-13 Ackley 函数 3 种算法运行 20 次适应度值折线线图

(a)PSO 运行 20 次 Ackley 适应度值折线图;(b)FA 运行 20 次 Ackley 适应度值折线图;(c)CBLFA 运行 20 次 Ackley 适应度值折线图

对比试验结果能够得出CBLFA在最优值和方差上优于PSO和FA原因如下:同样的一次迭代中,CBLFA搜索频率高于其他两种算法,所以得到最优值的概率更大,而PSO过分倚重最优粒子和个体认知的引导作用,这一单共享策略易导致算法陷入局部最优,尤其在优化复杂的多维度问题时,算法易早熟,且PSO后期最优粒子的探索动力不足,只能依靠速度惯性,限制了搜索区域,影响了寻优性能。FA虽然有诸多优点,但是也存在许多缺点,如发现率低和求解速度慢等。但是向所有亮度比自己亮的萤火虫飞行的飞行方式,在保持种群多样性的同时,也降低了算法的稳定性。迭代后期欧式距离差反馈机制一定程度上避免了陷入局部最优,但是迭代后期,没有长距离的飞行,易陷入局部最优。

表3-2给出了4种测试函数运算20次的运算时间的最大值与最小值,和20次的时间均值。

表3-2 测试算法运行20次时间表

单位:s

函数	算法	最小值	最大值	均值
Sphere	PSO	0.265 5	0.285 4	0.278 4
	FA	2.021 9	2.104 4	2.050 7
	CBLFA	0.774 2	0.799 9	0.787 4
Griewank	PSO	0.982 1	1.092 1	1.014 7
	FA	2.806 5	3.385 1	2.943 7
	CBLFA	1.572 3	1.700 9	1.609 2
Rastrigin	PSO	0.323 4	0.339 6	0.329 4
	FA	2.059 1	2.153 5	2.101 2
	CBLFA	0.854 9	0.880 8	0.862 9
Ackley	PSO	0.457 9	0.522 5	0.491 1
	FA	2.129 4	2.202 9	2.162 5
	CBLFA	1.006 5	1.214 5	1.096 9

从表3-2中可以看出,在相同的种群和迭代次数的情况下,PSO执行速度快于CBLFA,PSO的速度是CBLFA的1~3倍,CBLFA的速度为基本FA的2倍多。究其原因,PSO每次执行粒子飞行时只与自身历史最优位置和种群历史最优问题有关,而CBLFA和FA都要与种群类的其他个体进行比较,只要对方位置比自己优,萤火虫就向该单位飞行。PSO减少了探索的次数,加快了飞行速度,但是容易陷入局部最优,导致计算结果不稳定,方差较大。而FA与种群类的所有其他的进行比较,只要其他萤火虫亮度比自身的亮度亮,该萤火虫就向其飞行,增加了飞行的方向性。更有可能往全局最优方向飞行。但是提高解的质量是以增加计算量为代价,计算时间大大增加,特别是种群大的时候,萤火虫算法的计算时间为$O(t^2)$会增大。而CBLFA的分簇策略,只比较簇内的个体,减少计算时间,并且利用莱维飞行来弥补信息交流的探索方向性的损失。总的来说,CBLFA在计算精度上性能比FA和PSO好,并且计算时间比FA短,拥有相对较快的计算速度,是一种收敛性能优、收敛较快的算法。

第4章　万有引力算法概述

万有引力算法主要是基于物理学中著名的万有引力定律提出的一种基于元启发机制的进化算法。相关研究成果证明了万有引力算法具有较强的全局搜索能力,与传统粒子群算法、差分进化算法、布谷鸟算法等常用进化算法相比有着更好的寻优能力。然而,与大部分进化算法类似,万有引力算法存在易陷入局部最优、后期的进化过程容易出现停滞、收敛效率相对较低等缺陷。Pan,Wang,Hariya 和 Niu 等人分别采用混沌映射、莱维飞行策略与进化算法结合,对原始算法进行改进,在保持算法全局搜索能力的基础上,进一步提高了算法的局部搜索能力,加快了算法的收敛速度。相关实验结果证明了混沌映射和莱维飞行策略对算法改进的有效性。因此,基于改进万有引力算法的运行流程,分别对基本万有引力算法、混沌映射和莱维飞行策略进行简要概述,通过函数最优化问题的求解,与常用进化算法的优化性能进行比较。

万有引力算法(Gravitational Search Algorithm,GSA)是由伊朗 Kerman 大学的 Rashedi 教授团队提出来的一种基本物理学中粒子间相互作用的进化算法,该算法主要源自著名的万有引力定律。牛顿于 1687 年提出的万有引力定律对粒子间的相互作用做出了详尽的解释,万有引力作为自然界介质中存在的基本作用力之一,对不同粒子间相互作用的趋势进行了理论上的说明。万有引力定律主要表现为不同粒子距离间力的相互作用、相互影响,任意两个粒子基于其连心线方向上力的相互吸引,该引力的值通常情况下同质量的乘积成正比,同距离成反比。粒子间的引力作用表示为

$$F = G\frac{M_1 M_2}{R^2} \tag{4-1}$$

式中:F 为万有引力的大小;G 为万有引力常数;M_1 和 M_2 分别为两个粒子的惯性质量;R 为两个粒子间的距离表征。

根据牛顿第二定律可知,每一个独立粒子的加速度与其所受引力度量成正比,与其自身的相对质量成反比,且方向与其所受引力的方向一致。这里粒子的质量是指惯性质量,在受到同等引力作用时,质量越大的粒子其加速度越小,质量越小的粒子其加速度越大。其计算公式定义为

$$a = \frac{F}{M} \tag{4-2}$$

由式(4-1)和式(4-2)可知,宇宙中存在的所有粒子均会受到万有引力的作用,使得粒子沿着其连心线方向不断靠近,随着两个粒子的距离越来越近,万有引力的影响就越来越大。如图 4-1 所示,空心圈代表求解空间中的粒子,每一个粒子的体积代表其质量的相对大小。由图中粒子间的相互作用可知,粒子 M_1 受到剩余 3 个粒子共同作用力的影响,3 个作用力与粒子质量密切相关,通过对这 3 个大小和方向不尽相同的作用力进行合成,可以对粒子 M_1 所受到合引力 F_1 的大小进行求解,其中 F_{1i} 表示粒子 M_1 受到粒子 M_i 的万有引力,力的长度表示每一个

作用力的相对大小度量，箭头所指方向表示所受合引力的方向。由图 4-1 中粒子的相对体积可知，粒子 M_4 的质量最大，M_1 受到其作用获得的万有引力最大，M_1 所受合引力 F_1 的方向与 F_{14} 最为接近。当求解空间中具有质量相对较大的粒子时，每一个粒子都会受到该粒子对其产生的引力作用影响，向该粒子的位置运动。

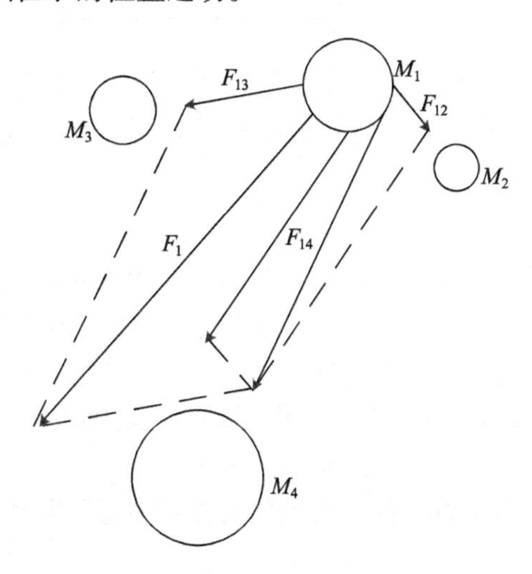

图 4-1　万有引力现象示意图

4.1　万用引力算法基本原理

万有引力算法将每一个粒子看作一个有质量的个体，其运动过程严格服从力学定律。求解空间中的任意一个粒子都会受到剩余粒子的引力作用，质量较小的粒子不断向质量更大的粒子靠近，直至找到其中质量最大的粒子。在万有引力算法中，待求解问题的解由解空间中粒子位置的适应度值进行表示，适应度值与粒子的质量成正比关系，通过迭代使粒子拥有更大的万有引力。由于万有引力的作用，不同粒子间彼此相互吸引，质量较小的粒子逐渐向质量较大的粒子靠近，即不断向待求解问题的最优解收敛。

在万有引力算法运行过程中，每个粒子质量的优劣均是基于粒子适应度值的相对大小进行表征，适应度值越大的粒子其质量也越大，该粒子对其余各粒子产生的引力作用也相应增大。因此，随着粒子适应度值的不断增加，该粒子不断向待求解问题的最优解靠近，且在算法迭代过程中，粒子位于不同的位置，适应度值也不尽相同。粒子 X_i 的质量 $M_i(t)$ 由式(4-4)进行计算。

$$q_i(t) = \frac{\text{fit}_i(t) - \text{worst}(t)}{\text{best}(t) - \text{worst}(t)} \tag{4-3}$$

$$M_i(t) = \frac{q_i(t)}{\sum_{j=1}^{N} q_j(t)} \tag{4-4}$$

其中：$\text{fit}_i(t)$ 表示粒子 X_i 在第 t 轮迭代适应度值的大小；而 $\text{worst}(t)$ 表示种群中最差的适应度值；$\text{best}(t)$ 表示种群中最优的适应度值，对于不同的问题，最差和最优适应度值分别由式(4-5)和式(4-6)定义：

$$\text{worst}(t) = \min_{j \in \{1, \cdots, N\}} \text{fit}_j(t) \tag{4-5}$$

$$\text{best}(t)=\max_{j\in\{1,\cdots,N\}}\text{fit}_j(t) \tag{4-6}$$

与传统进化算法类似,粒子的初始位置通过随机变量进行赋值,在算法运行至第 t 轮迭代时,当前粒子 X_i在第 k 维空间中受到另一个粒子 X_j的万有引力为

$$F_{ij}^k(t)=G(t)\frac{M_i(t)\times M_j(t)}{R_{ij}(t)+\varepsilon}(X_j^k(t)-X_i^k(t)) \tag{4-7}$$

其中:ε 表示一个数值很小的常量;$M_j(t)$表示被作用粒子 j 的惯性质量;而 $M_i(t)$表示当前粒子 i 的质量,其大小均由式(4-4)进行计算。$G(t)$表示第 t 轮迭代的万有引力常数,具体关系为

$$G(t)=G_0\mathrm{e}^{-\alpha\frac{t}{T}} \tag{4-8}$$

式中:G_0表示引力常数 G 在时刻 t_0时的取值。G_0和 α 为两个常数,一般情况下取 $G_0=100$,$\alpha=20$,T 是算法运行的最大迭代次数。由式(4-8)可知,$G(t)$的取值随着算法迭代轮数的增加而不断减小,其取值平衡了算法的全局寻优能力以及算法运行后期的局部寻优能力。

$R_{ij}(t)$表示第 t 轮迭代,当前粒子 X_i与被作用粒子 X_j之间的欧式距离,其计算过程为

$$R_{ij}(t)=\|X_i(t),X_j(t)\|_2 \tag{4-9}$$

第 t 轮迭代,粒子 X_i在第 k 维空间中受到的总作用力等于其他所有粒子对其施加作用力之和,计算公式为

$$F_i^k(t)=\sum_{j=1,j\neq i}\text{rand}_j F_{ij}^k(t) \tag{4-10}$$

当前粒子受到其他粒子的万有引力作用后即产生了加速度,粒子的加速度与其所受万有引力的大小成正比,与其质量成反比。当前粒子 X_i在第 k 维空间中的加速度由其万有引力与质量的比值进行计算,计算过程为

$$a_i^k(t)=\frac{F_i^k(t)}{M_i(t)} \tag{4-11}$$

在每一轮迭代过程中,粒子的速度变量依据加速度变化更新,粒子的位置变量依据其速度变化进行更新,具体计算如下:

$$v_i^k(t+1)=\text{rand}_i\times v_i^k(t)+a_i^k(t) \tag{4-12}$$

$$x_i^k(t+1)=x_i^k(t)+v_i^k(t+1) \tag{4-13}$$

假设待求解问题的目标函数为$f(X)$,搜索空间为 k 维 $X_i=(x_i^1,x_i^2,\cdots,x_i^k,\cdots,x_i^n)$,万有引力算法的基本流程如下:

(1)初始化种群,随机产生种群中 n 个粒子的初始位置及速度变量,设定算法的迭代轮数,以及算法运行过程中需要使用的各个参数。

(2)将每个粒子的位置作为待求解问题的解,根据设定的目标函数分别计算其适应度值。

(3)按照式(4-8)更新万有引力常数。

(4)基于式(4-4)计算每个粒子的惯性质量。

(5)基于式(4-10)计算粒子所受的合外力。

(6)基于式(4-11)更新粒子的加速度。

(7)依据式(4-12)对每个粒子的速度进行更新,进而采用式(4-13)更新每个粒子的位置。

(8)将每个粒子的位置作为待求解问题的解,根据设定的目标函数分别计算其适应度值。

(9)判断算法是否达到终止条件,若已达到终止条件,算法继续运行;若没有达到终止条

件，则返回步骤(3)。

(10)循环结束。种群中最优粒子在解空间中的位置即为待求解问题的最优解。

4.2 改进万有引力算法

4.2.1 混沌映射

混沌是指在一定范围内依据固定的变化规律不间断游历于求解空间存在全部状态的非线性运动过程。混沌映射是由美国麻省理工学院的 Lorenz 教授提出的一种全局随机搜索算法，该算法主要源自大量现有的随机搜索策略，构建混沌映射模型。近年来，专家学者将它和进化算法结合应用于各个领域。

混沌映射的定义为：假设 X 是一个度量空间，一个连续映射：$f:X\to X$ 称为 X 上的混沌，当满足下列规则时，即可判定发生了混沌现象。

(1)f 是基于拓扑规则进行传递的。

(2)f 的离散点稠密分布于整个求解空间 X 中。

(3)f 对初始条件的设定具有较高的依赖性。

混沌拥有较好的多样性，因此将进化算法与混沌映射进行结合，可以保持一定的种群多样性，避免算法陷入局部最优。虽然，混沌系统中选用不同的映射策略会产生不同的特性，但其中依然具有一些性质相同的特性。

(1)初值敏感性：指两个混沌映射过程由于初始状态的细小变化，所生成全新序列的性质具有明显的差异性。

(2)遍历性：指混沌映射随着迭代过程的进行，如果迭代轮数趋近于无穷，该映射在理论上能够遍历求解空间中的全部状态。

(3)随机性：自然界中某些个体的运动，由于受到外力影响而表现出一定的规律性，而其他个体的运动受到外力影响并未呈现出任何规律，即运动具有随机性。

不同混沌映射数学表达式，其生成的混沌序列在求解空间中呈现的分布特征也会有所区别。目前使用频率较高的混沌映射数学表达式有 Logistic 映射、Tent 映射、Sine 映射、Circle 映射、Chebyshev 映射、ICMIC 映射等。它们的迭代公式如下：

(1)Logistic 映射：

$$X_{n+1}=4\cdot X_n(1-X_n) \tag{4-14}$$

(2)Tent 映射：

$$X_{n+1}=\begin{cases}2\cdot X_n, & X_n<0.5\\ 2\cdot(1-X_n), & X_n\geqslant 0.5\end{cases} \tag{4-15}$$

(3)Sine 映射：

$$X_{n+1}=\sin(\pi X_n) \tag{4-16}$$

(4)Circle 映射：

$$X_{n+1}=\left\{X_n+0.5-\left(\frac{0.1}{\pi}\right)\sin(2\pi X_n)\right\}\bmod 1 \tag{4-17}$$

(5)Chebyshev 映射：

$$X_{n+1}=(\cos(4\cdot\cos^{-1}(X_n))+1)/2 \tag{4-18}$$

(6)ICMIC 映射：

$$X_{n+1}=\left|\sin\left(\frac{2}{X_n}\right)\right| \tag{4-19}$$

上述混沌映射数学表达式通过对求解空间中进行大范围遍历，具有良好的随机性，将其与进化算法结合可在一定程度上避免算法陷入局部最优。此外，考虑到 ICMIC 映射结构简单、产生的序列分布均匀等优势；且 Jordehi 等通过大量实验结果证明，相比于其他混沌映射形式，ICMIC 映射拥有更好的遍历性与随机性，在 $t=0$ 时取得最大值，具有良好的自相关性（图 4-2），所获得的适应度值也在一定程度上优于其他混沌映射数学表达式。因此，本节采用 ICMIC 混沌映射数学表达式作为万有引力算法的扰动因子。

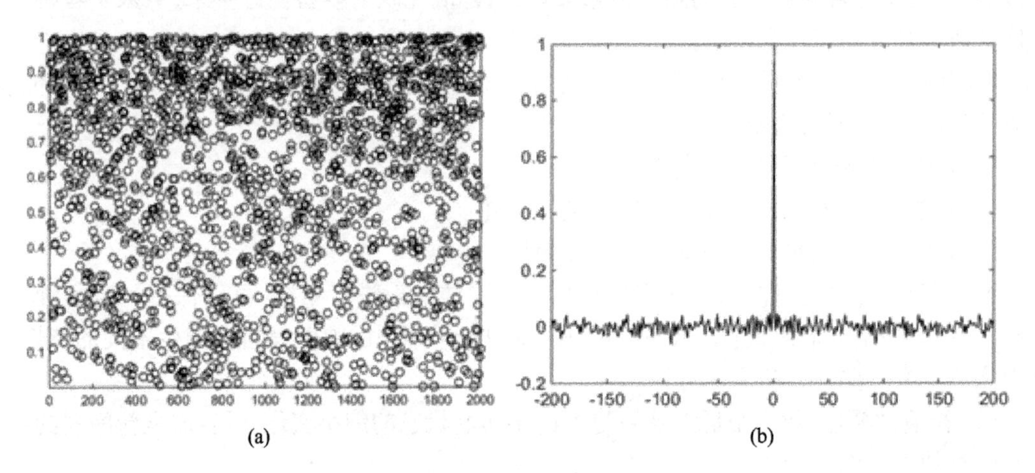

图 4-2　ICMIC 混沌映射属性

(a)序列分布情况；(b)自相关曲线

4.2.2　莱维飞行

大量研究表明，动物在未知环境寻找食物的过程中，最为理想的方式是采用莱维飞行策略在自然界中进行随机搜索。例如信天翁的觅食飞行轨迹、果蝇的间歇性飞行轨迹、驯鹿的觅食行为等。莱维飞行作为一种布谷鸟算法提出的随机遍历搜索策略，通常伴随着短距离的局部范围寻优与间歇性较长距离的全局范围寻优交替运行，整个过程的搜索步长理论上满足了重尾分布。短距离的搜索保证了动物在觅食过程中可以在较小范围进行仔细的搜索；而临时较长距离的搜索又保证了自身可以进入另外的区域，在更广阔的范围进行进一步寻优。该过程满足幂级数分布的形式，可以表示为

$$\text{Levy}(\lambda)\sim u=t^{-\lambda},\quad 1<\lambda<3 \tag{4-20}$$

式中：λ 表示幂次数。由于该过程难以通过较为简明的编程语言直接实现，在实际操作过程中，采用 Mantegna 提出的模拟飞行路径搜索策略进行近似计算，该过程由式(4-21)定义：

$$s=\mu/|v|^{1/\beta} \tag{4-21}$$

式中：s 表示莱维飞行路径；β 为常数，其取值范围为 $0<\beta<2$，通常情况下取 $\beta=1.5$；参数 μ、v 均服从正态分布，可由式(4-22)和式(4-23)进行计算。

$$\begin{cases}\mu\sim N(0,\sigma_\mu^2)\\ v\sim N(0,\sigma_v^2)\end{cases} \tag{4-22}$$

$$\begin{cases}\sigma_\mu = \left\{\dfrac{\Gamma(1+\beta)\sin(\pi\beta/2)}{\Gamma[(1+\beta)/2]2^{(\beta-1)/2}\beta}\right\} \\ \sigma_v = 1\end{cases} \tag{4-23}$$

基于莱维飞行的优点，许多专家学者受其启发，将其与进化算法相结合，提升算法的优化能力，并取得了令人满意的效果。因此，本节结合莱维飞行策略对万有引力算法进行进一步局部寻优。

4.2.3　二进制编码形式

作为一个典型的离散组合优化问题，在波段选择的过程中，每个波段只有“被选中”和“未被选中”两种状态。通常情况下，进化算法均采用十进制编码，无法对离散组合优化问题的解空间进行较为直观的描述，难以直接通过算法对波段选择问题进行求解。已有专家学者提出了大量二进制编码形式的进化算法，并用于波段选择问题的求解中，取得了令人满意的实验结果。

在二进制万有引力算法模型中，粒子的速度依旧采用式(4-12)进行更新，粒子的位置通过当前速度值转化为[0,1]之间的一个概率值进行更新，取值为“0”或者“1”。一般情况下，使用 Sigmoid 函数将粒子的速度值转换为概率值，依据概率值大小判定当前粒子的位置值。Rashedi 采用双曲正切函数代替 Sigmoid 函数对速度值进行转化，获得了更高的适应度值。此时，每个粒子的位置采用式(4-24)进行更新。

$$x_i^k(t+1) = \begin{cases}\overline{x_i^k(t)}, & \text{ifrand} < |\tanh(v_i^k(t+1))| \\ x_i^k(t), & \text{otherwise}\end{cases} \tag{4-24}$$

4.2.4　算法基本流程

综合万有引力算法、混沌映射和莱维飞行的各自优势及适应性，本节提出了一种改进万有引力算法(IGSA)，在每一轮迭代操作运行过程中，先采用万有引力算法对粒子速度进行更新。在算法运行初期，利用混沌映射对部分质量较优的粒子进行全局随机扰动；在算法运行末期，利用莱维飞行对部分质量较优的粒子进行局部随机扰动，使万有引力算法拥有更好的寻优能力，进而采用双曲正切函数对速度值进行转换，构建二进制算法模型。IGSA 的整个流程如图 4-3 所示。

IGSA 的基本运行流程可描述如下：

(1)初始化种群，随机产生种群中 n 个粒子的初始位置及速度，设定算法的迭代次数以及算法运行过程中需要使用的各个参数。

(2)将每个粒子的位置作为待求解问题的解，根据设定的目标函数分别计算其适应度值。

(3)按照式(4-8)更新万有引力常数。

(4)基于式(4-4)计算每个粒子的惯性质量。

(5)基于式(4-10)计算粒子所受的合外力。

(6)基于式(4-11)更新粒子的加速度。

(7)依据式(4-12)对每个粒子的速度进行更新。

(8)在算法运行过程中，采用莱维飞行策略[式(4-20)]和 ICMIC 混沌映射[式(4-19)]分别对种群中质量相对较差和较优的粒子进行随机扰动。

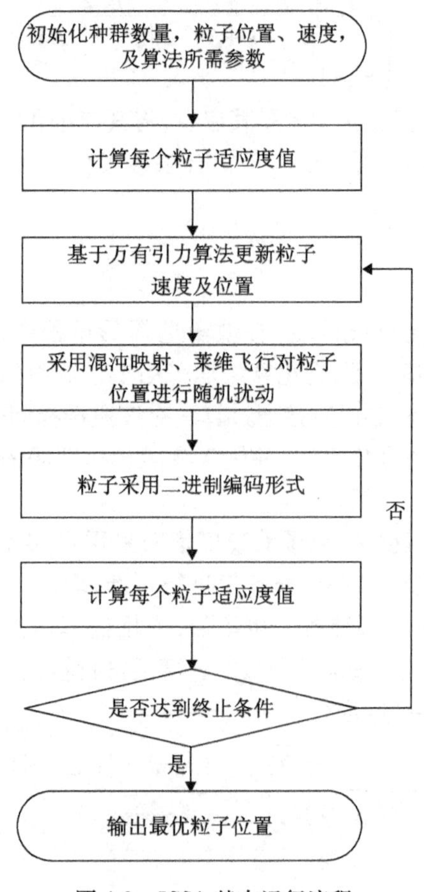

图 4-3　IGSA 基本运行流程

(9)基于式(4-24)对粒子采用离散二进制数编码。

(10)将每个粒子的位置作为待求解问题的解,根据设定的目标函数分别计算其适应度值。

(11)判断算法是否达到终止条件,若已达到终止条件,算法继续运行;若没有达到终止条件,则返回(3)。

(12)循环结束。种群中最优粒子在解空间中的位置即为待求解问题的最优解。

分析 IGSA 基本运行流程可知,IGSA 在标准万有引力算法的理论基础上,采用混沌映射和莱维飞行策略对万有引力算法得到的粒子位置进行小范围随机局部搜索,由于混沌映射和莱维飞行均拥有较强的局部寻优能力,缩短了算法在解空间中进行搜索的时间,算法的运行效率始终保持在较高的水平。此外,通过不同搜索策略小范围的随机扰动轮流进行,使得粒子位置不断趋近于最优解位置,最大限度防止算法陷入局部最优。整个运行流程,算法仅仅需要数量不多的迭代即可收敛于最优解所在位置的邻域范围内。此外,算法采用二进制编码形式,使其能更好地与待求解波段选择及分类器模型参数优化问题相适应。与标准万有引力算法相比,IGSA 收敛于最优解的时间有所增加,通过适当“牺牲”收敛效率,进一步提升了算法的寻优能力,不断向最优解位置靠近。

4.3　算法性能测试

本质上，波段选择作为一个典型的函数优化问题，即是在高光谱影像数据中将波段信息作为数据集特征，每个波段的特征值分别代表了一维特征信息。为了验证 IGSA 的有效性，采用 5 个常用的公共测试函数进行函数优化实验。并分别采用 PSO、DE、CS、标准 GSA 求解每个函数的极值，采用函数的最小值作为算法的目标函数进行适应度值评价。所有算法采用二进制编码形式。PSO 中，学习因子 $c_1 = c_2 = 2.0$，最大速度 $v_{\max} = 30$。DE 算法中，取变异因子 $f_m = 0.6$，交叉概率 $C_R = 0.9$。CS 算法中，搜索概率 $P_a = 0.25$。GSA 中，取 $G_0 = 100, \alpha = 20$，IGSA 的参数设置同标准 GSA。每个算法都独立运行 40 次，取其平均值对算法的优化性能进行评价。不同算法 40 次独立运行获得的平均适应度值及运行时间如表 4-1 和表 4-2 所示，测试函数的表达式如式(4-25)～式(4-29)所示。

(1)Sphere 函数：

$$f(x) = \sum_{i=1}^{n} x_i^2 \tag{4-25}$$

其中，数据维数取 $n = 20$，定义域为 $x_i \in [-100, 100]$，理论最优值为 $f(0, 0, \cdots, 0) = 0$。

(2)Schwefel 函数：

$$f(x) = \sum_{i=1}^{n} |x_i| + \prod_{i=1}^{n} |x_i| \tag{4-26}$$

其中，数据维数取 $n = 20$，定义域为 $x_i \in [-100, 100]$，理论最优值为 $f(0, 0, \cdots, 0) = 0$。

(3)Step 函数：

$$f(x) = \sum_{i=1}^{n} (|x_i + 0.5|)^2 \tag{4-27}$$

其中，数据维数取 $n = 20$，定义域为 $x_i \in [-100, 100]$，理论最优值为 $f(0, 0, \cdots, 0) = 0$。

(4)Rosenbrock 函数：

$$f(x) = \sum_{i=1}^{n} [100(x_{i+1} - x_i^2)^2 + (1 - x_i)^2] \tag{4-28}$$

其中，数据维数取 $n = 20$，定义域为 $x_i \in [-30, 30]$，理论最优值为 $f(1, 1, \cdots, 1) = 0$。

(5)Ackley 函数：

$$f(x) = -20\exp\left(-0.2\sqrt{\sum_{i=1}^{n} x_i^2 / n}\right) - \exp\left[\sum_{i=1}^{n} \cos(2\pi x_i)/n\right] + 20 + e \tag{4-29}$$

其中，数据维数取 $n = 20$，定义域为 $x_i \in [-32, 32]$，理论最优值为 $f(0, 0, \cdots, 0) = 0$。

表 4-1　采用不同算法的平均适应度值

函数	PSO	DE	CS	GSA	IGSA
Sphere	2.98	1.63	0.65	0.35	0.13
Schwefel	3.23	1.90	0.68	0.40	0.18
Step	2.95	1.48	0.63	0.38	0.15
Rosenbrock	0.35	0.20	0	0	0
Ackley	2.16	1.64	0.37	0.08	0.04

表 4-2　采用不同算法的运行时间　　单位：s

函数	PSO	DE	CS	GSA	IGSA
Sphere	1.728 4	1.661 2	1.607 7	1.425 4	1.494 1
Schwefel	1.764 4	1.685 4	1.638 8	1.456 2	1.512 9
Step	1.759 6	1.677 7	1.624 6	1.443 0	1.500 5
Rosenbrock	1.898 7	1.787 7	1.711 9	1.509 3	1.577 0
Ackley	2.015 8	1.856 8	1.769 9	1.525 5	1.602 4

分析表4-1 中数据可知，采用粒子群算法和差分进化算法进行函数优化，难以稳定收敛于理论上的最优解；特别对于 Schwefel 函数而言，最终获得的平均适应度分别达到 3.23 和 1.90，难以适应高维离散优化问题的求解。对于 IGSA 而言，其分类精度较标准万有引力算法有明显的提高，对于所有函数平均适应度值均在 0.2 以下，到了算法运行后期依然保有较强的优化能力，获得的全局最优解与理论值较为接近。此外，通过混沌映射和莱维飞行策略分别对种群中质量较优和质量较差的粒子进行局部扰动后，分类精度得到进一步提升，对于 Ackley 函数，其平均适应度值为 0，与理论值完全一致。此外，由表 4-2 中数据可知，标准万有引力算法相比于其他进化算法拥有更快的收敛效率，通过对算法进行改进，计算过程时间复杂度有了小幅提升，但是对算法的优化能力有了显著增强。综上所述，IGSA 是一种性能优良的进化算法，对离散组合优化问题的求解有着良好的适应性。

第5章 其他常用优化算法及函数优化性能测试

目前常用智能优化算法根据其仿生的方式主要可以为两大类:进化算法和群智能优化算法。本章简单介绍常见的几种进化算法和群智能优化算法的基本原理,然后根据算法的仿真结果结合算法的流程分析算法的特点。

5.1 常用进化算法概述

在使用进化算法对问题进行求解时,其迭代过程中个体产生下一代时不依赖于当前的全局最优解和局部最优解,而是根据其流程产生不差于上一代的后代。其主要流程与自然界中的进化过程类似,常分为交叉、变异和选择3个步骤。由于其运行过程没有直接追寻全局最优解,其计算的收敛性相对较弱,但也因此进化算法跳出局部最优的能力相对较强。同时在求解含有多个最优解的问题时,进化优化算法能够更好地求出多个最优解。常用的进化算法包括遗传算法和差分进化算法。

5.1.1 遗传算法概述

遗传算法(Genetic Algorithms,GA)是一种模拟自然中生物的遗传、进化以适应环境的智能算法。由于其算法流程简单,参数较少,优化速度较快,效果较好,在图像处理、函数优化、信号处理、模式识别等领域有着广泛的应用。

在GA中,每一个待求问题的候选解被抽象成为种群中一个个体的基因。种群中个体基因的好坏由表示个体基因的候选解在待求问题中所得值来评判。种群中的个体通过与其他个体交叉产生下一代,每一代中个体均只进行一次交叉。两个进行交叉的个体有一定概率交换一个或者多个对应位的基因来产生新的后代。每个后代都有一定的概率发生变异。发生变异的个体的某一位或某几位基因会变异成其他值。最终将以个体的适应度值为概率选取个体保留至下一代。GA的初始种群$2N$个个体的基因在待求问题的解空间内随机产生。

种群中第i个个体在第t代的基因可表示为$X_i^t=(x_{i,1}^t,x_{i,2}^t,\cdots,x_{i,D}^t)$,$i\in\{1,2,\cdots,2N\}$,其中$D$为待求问题的维度,即个体基因的维度。

后续种群的基因则根据种群个体的交叉、变异及选择过程来产生。每一次迭代过程,会随机选取两个个体进行配对成N对,每个个体每一代仅会参与配对且每个个体均会与某个其他个体进行配对。由于在选择产生下一代时是根据适应度值随机选择,在本节中将编号相邻的个体进行配对,分组如下:

$$\{\{X_1^t,X_2^t\},\cdots,\{X_{2N-1}^t,X_{2N}^t\}\} \tag{5-1}$$

配对个体在交叉之前会通过随机数与交叉概率R_c比较来判断是否进行交叉,本节中R_c取值为0.8,当随机数$r_1<R_c$时,即随机数满足进行交叉的概率条件时,配对个体将随机选取

一个或多个基因进行互换来产生两个新个体,总共会得到 $2N$ 个个体。

$$X_1^{t*} = (x_{1,1}^{t*}, x_{1,2}^{t*}, \cdots, x_{1,D}^{t*}) \tag{5-2}$$

$$X_2^{t*} = (x_{2,1}^{t*}, x_{2,2}^{t*}, \cdots, x_{2,D}^{t*}) \tag{5-3}$$

式(5-2)与式(5-3)表示个体 X_1^t 与个体 X_2^t 交叉后产生的两个新个体其中 $\{X_{1,i}^t, X_{2,i}^t\} = \{X_{1,i}^{t*}, X_{2,i}^{t*}\}$,即新产生的两个个体与原个体的对应维度的基因组成的集合相同,交叉没有产生新的基因,但产生了新的基因组合。

这 $2N$ 个个体均有一定的概率发生变异,当 $r_2 < R_a$ 时,即随机数小于变异概率时,该个体将会发生变异,本节中 R_a 取值为 0.05,其基因中的某一位或某几位将会变为与原来不同的值。

$$X_k^{t*} = (x_{k,1}^{t*}, x_{k,2}^{t*}, \cdots, x_{k,D}^{t*}) \tag{5-4}$$

$$X_k^{t*'} = (x_{k,1}^{t*'}, x_{k,2}^{t*'}, \cdots, x_{k,D}^{t*'}) \tag{5-5}$$

$$x_{k,d}^{t*'} = x_{k,d}^{t*} + rand(x_{\min}, x_{\max}) \tag{5-6}$$

式(5-4)表示交叉后的个体 X_k^t 的基因,式(5-5)则表示个体 X_k^t 进行变异后的基因,且 $\exists d \in \{1,2,\cdots,D\}$ 使 $x_{k,d}^{t*} \neq x_{k,d}^{t*'}$,即变异后的基因中至少存在一个基因与变异前的基因不相同,其中当 $x_{k,d}^{t*'} > x_{\max}$ 时取 $x_{k,d}^{t*'} = x_{\max}$,当 $x_{k,d}^{t*'} < x_{\min}$ 时取 $x_{k,d}^{t*'} = x_{\min}$。

轮盘赌选择过程将从这 $2N$ 个个体中选取 $2N$ 个作为下一代的群体,每个个体可以被重复选择,每个个体被选择为下一代群体的概率与该个体的适应度值有关,其中 $F(X_k^t)$ 表示第 k 个个体在第 t 代时的适应度值,适应度越优的个体被选择留下成为下一代的概率越大,同时即使是适应度值较差的个体同样有一定的概率被选择成为下一代。本节中轮盘赌选择每代将先留下一个本代的最优个体再使用轮盘赌选择其余的个体策略如下:

$$F_{\max}^t = \max\{F(X_k^t)\}, k \in \{1,2,\cdots,2N\} \tag{5-7}$$

$$F_{\min}^t = \min\{F(X_k^t)\}, k \in \{1,2,\cdots,2N\} \tag{5-8}$$

$$F^t = \sum_{k=1}^{2N} (F(X_k^t) - F_{\min}) \tag{5-9}$$

$$R_k^t = \frac{|F(X_k^t) - F_{\min}| + \varepsilon}{|F^t| + \varepsilon} \tag{5-10}$$

其中:F^t 表示群体在第 t 代时的适应度值;$F_{\max}^t$、$F_{\min}^t$ 分别表示在第 t 代时种群中适应度最优的值与适应度最差的值;R_k^t 表示在轮盘赌选择中,第 k 个个体被选中的概率;ε 为一个较小的常量以保证分母不为 0。可以看出,每次轮盘赌时选取当前种群中的最差值作为下一代的概率为 0。

遗传算法的基本步骤可描述如下:

(1)初始化。在待求问题的解空间内初始化种群,种群数为 $2N$,设定交叉概率 R_c 与变异概率 R_a,算法的最大迭代次数或结束条件以及随机生成的种群个体的基因。

(2)交叉。根据式(5-1)将 $2N$ 个个体配对成为 N 组进行交叉,满足交叉条件的配对将进行交叉过程,交叉过程仅选取一位基因进行互换。

(3)变异。满足变异条件的个体将进行变异,根据式(5-6)可以得出一个个体某一位基因变异后的值。

(4)选择。首先计算出群体经过交叉、变异过程后的每个个体的适应度值,根据式(5-10)计算出了每个个体被选择留下成为下一代的概率,根据概率大小选择 $2N$ 个个体作为下一代,个体可被重复选择。

(5)记录种群中适应度最好的个体的基因,若迭代次数未达到最大迭代次数则返回步骤(2),否则结束,将记录下的适应度最优的个体的基因作为所得的最终解输出。

根据遗传算法的原理可知,当种群足够大时,其交叉操作可以得出已有基因的所有排列,而变异操作为算法提供了跳出局部最优的能力。但在实际操作中,算法的种群不可能无限大以提供足够的基因类型使交叉操作得到足够多的基因排列。轮盘赌选择时如果有个体陷入局部最优且该局部最优值远优于其余值时,所选择出的下一代有极大的可能众多的个体中均拥有同样的基因,影响后续迭代过程。同时使用轮盘赌选择也有可能并未将当前最优个体选至下一代而导致群体适应度退化。虽然变异过程能够帮助算法跳出局部最优,但由于变异概率较小,当变异率偏大时会对交叉操作产生的新基因排列产生较大影响,当多数个体收敛于局部最优,而变异后的个体的适应度远差与局部最优值的概率较大,即使在有跳出局部最优操作的情况下依然使算法陷入局部最优。同时由于在不同的基因编码的情况下,交叉操作和变异操作容易使个体的基因不在解空间内导致该个体基因无效或者处于边界值。

5.1.2　差分进化算法概述

差分进化算法(Differential Evolution Algorithm,DEA)是一种基于群体智能的优化算法,它模拟了群体中的个体的合作与竞争的过程。算法原理简单,控制参数少,只有交叉概率和缩放比例因子,稳健性强,易于实现。

差分进化算法中,每一个个体的基因表示待求问题的一个候选解。每次迭代将先进行变异操作,选择一个或多个个体的基因作为基,然后选择不同的个体的差分来构成差分基因,最后将作为基的基因与差分基因相加来得出新的个体。交叉操作将新的个体将于父代的对应个体交叉,然后进行选择操作,比较交叉后的个体与父代的对应个体,选择较优的个体保留至下一代。在迭代完成之后将选择种群中最优个体的基因作为解。

在 D 维解空间内,种群数为 N 的群体中第 i 个个体在第 t 代时的位置为

$$X_i^t = (x_{i,1}^t, x_{i,2}^t, \cdots, x_{i,D}^t)$$

变异操作的公式如下:

$$U_i = X_{r1} + F(X_{r2} - X_{r3}) \tag{5-11}$$

式中:U_i表示第 i 个个体变异后的基因,其中 $X_i, X_{r1}, X_{r2}, X_{r3}$ 为种群中互补相同的 4 个个体;F 为缩放比例因子,用于控制差分量对个体的影响大小,通常 $F \in [0,2]$,在本节中选取$F = 0.5$。

交叉操作:

$$v_{i,d} = \begin{cases} u_{i,d}, \mathrm{rand}(0,1) < \mathrm{CRord} = d_{\mathrm{rand}} \\ x_{i,d}^t, \mathrm{rand}(0,1) \geqslant \mathrm{CRord} \neq d_{\mathrm{rand}} \end{cases} \tag{5-12}$$

式中:$u_{i,d}$为第 i 个个体变异操作后的第 d 维基因;$v_{i,d}$为第 i 个个体进行交叉操作后的第 d 维基因,其中 $d = 1, 2, \cdots, D$。CR 为交叉概率,其值越大,发生交叉的概率越大,本节中取 CR = 0.3。d_{rand}为$\{1, 2, \cdots, D\}$中的随机整数,其作用是保证交叉操作中至少有一维基因来自变异操作产生的基因。

选择操作将使用贪心算法在交叉后的个体和对应的父代个体中选择较优的个体保留至下一代。

$$X_i^{t+1} = \begin{cases} F(X_i^t), \text{if } F(X_i^t) \geqslant F(V_i) \\ F(V_i), \text{if } F(X_i^t) < F(V_i) \end{cases} \tag{5-13}$$

式(5-13)表示选择操作,其待求问题为求最大值。

本书使用的差分进化算法的基本流程可描述如下:

(1)初始化种群。种群个体数量为 N,由于变异操作需要选取4个互不相同的个体,因此 $N \geq 4$,缩放比例因子 $F=0.5$,交叉概率 CR $=0.3$,最大迭代次数 T,在解空间内随机初始化每个个体的基因。

(2)变异操作。在除变异个体外的群体中随机选取3个互不相同的个体,根据式(5-11)可以得到该个体变异后的基因 U_i。

(3)交叉操作。将变异操作后的基因 U_i 与父代个体基因 X_i 根据式(5-12)进行交叉可得到交叉后的个体基因 V_i,其中基因 V_i 中至少有一维来自变异后的基因 U_i。

(4)选择操作。由式(5-13)可将 V_i 与 X_i 中较优的个体保留至下一代。其中式(5-13)在优化问题求最大值时使用。

(5)如果算法达到了最大迭代次数则将当前群体中适应度最好的个体的基因作为解输出,否则返回步骤(2)。

由上述步骤可以看出,差分进化算法的流程较为简单,可控制参数少,易于实现。算法不依赖于全局最优解,具有协同搜索的能力,但同时会造成算法的收敛速度相对较慢。其流程中没有可以跳出局部最优的操作,当种群中的个体的基因完全相同时,算法失去了搜索能力。

5.2 其他常用群集智能优化算法概述

群智能优化算法求解问题时,群体总是追随着当前的全局最优解来进行搜索。因此群智能算法的收敛性相对较强,同时陷入局部最优的可能性也相对较大。算法通常需要额外的行为来增加其跳出局部最优的能力以及搜索能力。

5.2.1 人工蜂群算法概述

人工蜂群算法(Artificial Bee Colony Algorithm,ABCA)是一种模仿蜜蜂采蜜机理而产生的群智能优化算法。其原理相对复杂,但实现较为简单,在许多领域中都有研究和应用。

人工蜂群算法中,每一个蜜源的位置代表了待求问题的一个可行解。蜂群分为采蜜蜂、观察蜂和侦查蜂。采蜜蜂与蜜源对应,一个采蜜蜂对应一个蜜源。观察蜂则会根据采蜜蜂分享的蜜源相关信息选择跟随哪个采蜜蜂去相应的蜜源,同时该观察蜂将转变为侦查蜂。侦查蜂则自由地搜索新的蜜源。每一个蜜源都有开采的限制次数,当一个蜜源被采蜜多次而达到开采限制次数时,在该蜜源采蜜的采蜜蜂将转变为侦查蜂。每个侦查蜂将随机寻找一个新蜜源进行开采,并转变成为采蜜蜂。

在 D 维解空间内随机初始化蜂群总数为 N,其中采蜜蜂数量为 $N/2$,观察蜂数为 $N/2$,每个蜜源的开采限制数为 timeMax,算法的最大迭代次数为 T。

第 i 个蜜蜂在第 t 代时所开采的蜜源的位置为 $X_i^t=(x_{i,1}^t,x_{i,2}^t,\cdots,x_{i,D}^t)$。

初始化时所有的蜜蜂均为侦查蜂,将按照以下公式随机产生蜜源。

$$x_{i,d}=x_{\min,d}+\text{rand}(0,1)(x_{\max,d}-x_{\min,d}),i\in\{1,2,\cdots,N\},d\in\{1,2,\cdots,D\} \tag{5-14}$$

其中:$X_{\max,d}$,$X_{\min,d}$ 表示待求问题在第 d 维上的最大值和最小值。

初始化后,将根据各个蜜蜂由优劣将蜂群等分为采蜜蜂和观察蜂两类。观察蜂将根据蜜源的优劣选择某一个蜜源进行开采，同时转变为采蜜蜂。观察蜂选择蜜源的概率由下式求得。

$$F_{\min}^{t}=\min\{F(X_{i}^{t})\},i\in\{1,2,\cdots,N\} \tag{5-15}$$

$$F^{t}=\sum_{i=1}^{N}(F(X_{i}^{t})-F_{\min}^{t}) \tag{5-16}$$

$$R_{i}^{t}=\frac{|F(X_{i}^{t})-F_{\min}|+\varepsilon}{|F^{t}|+\varepsilon} \tag{5-17}$$

其中：$F_{\min}^{t}$为蜂群中最差的蜜源的适应度；R_{i}^{t}为第 i 个采蜜蜂的蜜源被观察蜂选择为蜜源的概率；ε 为一个较小的常量，以避免分母为 0。由式(5-17)可得各蜜源被选择的概率，同时可以看出，当前最差的蜜源不会被任何观察蜂选择成为蜜源。

每个采蜜蜂将在目标蜜源附近邻域进行搜索新的蜜源，搜索公式如下：

$$x_{i,d}^{*}=x_{i,d}+rand(-1,1)(x_{i,d}-x_{r,d}) \tag{5-18}$$

式中：$x_{i,d}^{*}$表示第 i 个采蜜蜂在旧蜜源附近随机搜索新蜜源后所得的新蜜源的第 d 维的值，x_r 表示一个随机的采蜜蜂所代表的蜜源的位置，其中 $r\neq i$。

若观察蜂在目标蜜源附近随机搜索，找到了一个优于目标蜜源的新蜜源，则该观察蜂所找到的蜜源将取代旧蜜源，并将该观察蜂转变为采蜜蜂，将代表旧蜜源的采蜜蜂转变为观察蜂。

本书使用的人工蜂群算法的基本流程如下：

(1)初始化蜂群群。蜂群个体数量为 N，此时所有的蜜蜂均为侦查蜂，蜜源的可开采次数限制为 timeMax，本书中取值为 60，最大迭代次数 T，在解空间内根据式(5-14)随机初始化每个侦查蜂的蜜源位置，并根据其适应度将找到的蜜源按适应度值排序，选择找到较优的 $N/2$ 个蜜源的蜜蜂为采蜜蜂，其余的蜜蜂为观察蜂。

(2)根据式(5-15)到式(5-17)计算出每个采蜜蜂被观察蜂选择成为目标蜜源的概率。选择目标蜜源后，观察蜂将转变为采蜜蜂。

(3)每个采蜜蜂，包括找到蜜源的采蜜蜂和跟随采蜜蜂蜜源的观察蜂转变的采蜜蜂，将在其目标附近根据式(5-18)搜索新的蜜源。

(4)每个蜜源被每个采蜜蜂开采后其可开采次数将减少 1，当该蜜源的可开采次数为 0 时，采蜜蜂将变为侦查蜂并根据式(5-14)在搜索范围内随机搜索一个新的蜜源。

(5)如果算法达到了最大迭代次数，则将当前群体所找到的最优蜜源的位置作为最终解输出，否则返回步骤(2)。

根据蜂群算法的流程可知蜂群算法的可控制参数有采蜜蜂占群体中的比例以及蜜源的开采次数限制。这两个参数使得蜂群算法有一定的跳出局部最优能力，采蜜蜂的设定使得群体将在多个较优的蜜源附近搜寻更优的解，蜜源开采次数限制使得群体不会在某一局部最优解处停留很久。同时由于上述跳出局部最优操作，使得蜂群算法在对某一区域进行局部搜索时，总体搜索能力较弱，当问题的维度较高时，难以精确搜索而得出更优解。

5.2.2　杜鹃搜索算法概述

杜鹃搜索(Cuckoo Search，CS)算法是一种模仿杜鹃鸟寻窝产卵活动的群集智能优化算法。杜鹃搜索算法的流程简单，有较强的跳出局部最优能力，但由于算法中列维飞行实现较复杂且算法提出时间不长，还有很多基础研究正在进行。

杜鹃搜索算法中,每个杜鹃的寄生巢的位置代表待求问题的一个可行解。每个杜鹃每次只会在一个寄生巢中生产一枚卵。在所有的寄生巢中,最优秀的寄生巢才会被留到下一代,继续在该寄生巢中产卵。每个寄生巢的主人都有一定的概率察觉自己的巢中有外来蛋,从而放弃该鸟巢。寄生巢被放弃后,杜鹃将会重新随机选择一个鸟巢作为新的寄生巢。

在 D 维解空间内每个鸟巢的位置为 $X=(x_1,x_2,\cdots,x_D)$。

初始化时杜鹃的数量为 N,寄生巢主人发现外来卵的概率为 P_a,算法的最大迭代次数为 T。

第 $t+1$ 代时,杜鹃将根据第 t 代的寄生巢的位置,结合列维飞行求得新的寄生巢的位置。飞行公式为

$$x_{i,d}^{t+1}=x_{i,d}^{t}+\alpha\times \text{Levy}(\lambda) \tag{5-19}$$

其中:$X_{i,d}^{t}$ 表示第 i 个杜鹃在第 t 代时选择的寄生巢的位置的第 d 维;α 为莱维飞行的步长;$\text{Levy}(\lambda)$ 表示服从当前迭代次数的 t 的随机分布,其概率分布为

$$\text{Levy}\sim u=t^{-\lambda},1<\lambda<3 \tag{5-20}$$

本书中采用 Mantegna 于 1992 年提出的模拟莱维飞行来进行搜索,其计算公式为

$$s=\frac{\mu}{|v|^{\frac{1}{\beta}}} \tag{5-21}$$

其中:s 即为 $\text{Levy}(\lambda)$ 所求得的路径;参数 β 与式(5-20)中 λ 的关系为 $\lambda=1+\beta$,通常 β 取值在一定范围内,杜鹃搜索算法中取 $\beta=1.5$;μ,v 为服从正态分布的随机数,其公式为

$$\mu\sim N(0,\sigma_\mu^2),\sigma_\mu=\left\{\frac{\Gamma(1+\beta)\sin(\pi\beta/2)}{\Gamma((1+\beta)/2)2^{(\beta-1)/2}\beta}\right\}^{\frac{1}{\beta}}\quad v\sim N(0,\sigma_v^2),\sigma_v=1 \tag{5-22}$$

式(5-22)中 $\Gamma(x)$ 的定义为

$$\Gamma(x)=\int_0^{+\infty}t^{x-1}\mathrm{e}^{-t}\mathrm{d}t \tag{5-23}$$

本书的杜鹃搜索算法的基本流程如下:

(1)初始化。设定杜鹃的数量为 N,在解空间内随机选择 N 个鸟巢作为杜鹃的寄生巢,设定鸟巢的主人发现外来卵的概率 P_a 以及莱维飞行的步长 α,本书中取 $P_a=0.3,\alpha=10$。

(2)莱维飞行。计算每个寄生巢的适应度值,将当前最好的寄生巢直接保留至下一代,其他的杜鹃根据式(5-19)来更新寄生巢的位置。

(3)选择寄生巢。杜鹃将通过莱维飞行所找到的巢与之前的寄生巢对比,选择较优的寄生巢作为下一代的寄生巢。

(4)确定寄生卵是否被发现,每个寄生巢的主人都有一定的概率发现自己的巢被寄生。发现后,杜鹃将随机选择一个新的鸟巢作为自己的寄生巢。

(5)若算法到达最大迭代次数,则将搜索到的最优的寄生巢的位置作为解输出,否则将跳到步骤(2)。

该算法主要基于杜鹃鸟的巢寄生繁殖行为和莱维飞行来进行搜索。由上述算法流程可以看出其算法原理清晰、流程简单,但在莱维飞行的实现上相对复杂。在算法运行前期,寄生巢位置的分布范围较广,因此此时莱维飞行的步长相对较长,算法进行搜索的范围较为广泛;在算法运行后期,整个种群不断逼近于最优解,寄生巢位置也越来越集中,此时莱维飞行的步长较小,算法将在局部小范围内进行搜索。

由于莱维飞行和寄主放弃寄生巢的操作,算法有极强的跳出局部最优能力。同时由于寄

主放弃寄生巢的操作,算法的局部搜索能力不强,在算法初期算法莱维飞行步长较长,搜索范围较广,收敛速度较慢。

5.2.3　蝙蝠算法概述

近年来,受自然界中各种动物自然寻优方式的启发,涌现出一大批元启发算法,如基于蚂蚁觅食行为的蚁群优化算法、基于鸟群觅食行为的粒子群算法、基于蜂群采花粉行为的人工蜂群算法。上述算法在实际工程优化中得到广泛研究和应用,也都有各自的优缺点,如粒子群算法效率高、收敛快,然而容易陷入局部最优,模拟退火算法可以得到全局最优解,但是搜索效率比较低。受蝙蝠回声定位飞行和捕食行为的启发 Xinshe Yang 融合模拟退火算法和粒子群算法各自的优点,提出了蝙蝠算法(Bat Algorithm,BA)。

为建立简单实用的数学模型,在蝙蝠算法中,蝙蝠飞行行为抽象为如下基本规则。

(1)蝙蝠利用回声定位原理感应距离自己和目标的距离,同时它们具有神秘的能够区别猎物和障碍物的能力。

(2)蝙蝠在位置 x_i 以速度 v_i 任意飞行,以固定频率 f_{min}、可变化波长 λ 和响度 A_0 去捕食猎物。它们能够感知自己和猎物的距离并自动调整脉冲波长(或频率),同时它们能够在靠近猎物时自动地调节脉冲发射频率 $r\in[0,1]$。

(3)尽管响度变化方式有很多,这里假设它从一个大值 A_0(正数)变化到一个小的常数值 A_{min}。

除了上述3条规则,进一步假设如下:对于范围为 $[f_{min},f_{max}]$ 的频率,其对应的波长范围为 $[\lambda_{min},\lambda_{max}]$。如某频率范围[20 kHz,500 kHz]对应的波长范围是[0.7 mm,17 mm]。在实际问题求解中,为了便于求解,可以使用任意长的波长,同时可利用波长(或频率)的调整来达到调节搜索范围的目的。对于可探测的区域(或最大波长)的选择方式为首先选择目标区域,随后逐渐慢慢地缩小目标区域。为进一步简化,这里假定 $f\in[f_0,f_{max}]$,对于蝙蝠而言,其频率越高,波长越短,则飞行距离越短。在某次捕食过程中,蝙蝠活动范围通常在数米以内。其发射脉冲的频率应该在0和1之间,0代表不发射脉冲,1表示最大发射频率。

1. 蝙蝠运动规则

对于待优化问题,设搜索空间为 d 维,蝙蝠的声波频率 f_i、速度 v_i 和位置 x_i 在第 k 次迭代时,按如下公式进行更新。

$$f_i=f_{min}+(f_{max}-f_{min})\beta \tag{5-24}$$

$$v_i^{\,k}=v_i^{\,k-1}+(x_i^{\,k}-x_{globalbest})f_i \tag{5-25}$$

$$x_i^{\,k}=x_i^{\,k-1}+v_i^{\,k} \tag{5-26}$$

式中:f_{min} 和 f_{max} 分别表示声波频率的范围;$\beta\in[0,1]$ 是一个随机向量,保证 f_i 在 $[f_{min},f_{max}]$ 范围内;$x_{globalbest}$ 为当前全局最优位置(解决方案)所对应的个体,需要比较所有 n 个蝙蝠解的适应度值以后确定;速度 v_i 可正可负,故式(5-26)中位置 x_i 在理论上可以朝任意方向移动。在处理实际问题时,f_{min} 和 f_{max} 的取值范围可以根据问题的参数值域来设定,如 $f_{min}=0$ 和 $f_{max}=100$。初始时刻每只蝙蝠发射频率通过产生服从均匀分布的随机数得到,这些随机数的值域在 $[f_{min},f_{max}]$ 之间。

对于局部搜索,一旦从最优解集中选择一个解,就可以通过在最优解附近进行随机游走的方式为每只蝙蝠产生一个新解,这里局部解直接取上一代全局最优解所对应的个体

$x_{globalbest}$，新解的计算如式(5-27)所示。

$$x_{new}=x_{globalbest}+\varepsilon\mathrm{avg}A^k \tag{5-27}$$

式中：x_{new}表示得到的新解；ε 为任意实数；$\mathrm{avg}A^k$是个体在当前代的平均脉冲响度，可由脉冲响度 A_i计算获得。蝙蝠算法的速度和位置更新方式比较类似于标准粒子群算法，如f_i控制蝙蝠个体飞行的节奏和范围，作用比较类似于粒子群中惯性权重和学习因子。因而，某种程度上可以认为蝙蝠算法是一种新的均衡组合搜索算法，它结合了标准粒子群算法以及响度和脉冲率控制的集中局部搜索策略。

2. 响度和脉冲发射

蝙蝠个体的脉冲发射响度 A_i、速率 r_i要随着算法的迭代而进行更新。通常响度值会逐渐降低，当蝙蝠发现猎物时，它会提高发射脉冲的速率。根据实际问题处理的便利性，响度值可以任意设定。例如，可以设 $A_0=100$ 和 $A_{min}=1$；也可以设 $A_0=1$ 和 $A_{min}=0$。假设 $A_{min}=0$ 表示一只蝙蝠刚刚发现一个猎物，然后暂时停止发出声音，根据上述假设，可以得到如下公式。

$$A_i^{k+1}=\alpha A_i^k,\ r_i^{k+1}=r_i^0[1-\exp(-\gamma k)] \tag{5-28}$$

式中：α 和 γ 是常数，其中 α 相当于模拟退火算法中冷却因子。对于任何 $0<\alpha<1$ 和 $\gamma>0$ 都有下式：

$$A_i^k\to 0,r_i^k\to r_i^0,k\to\infty \tag{5-29}$$

为简单起见，可以设 $\alpha=\gamma$，取值 0.9。初始化时，每只蝙蝠的响度和脉冲速率取不同的值，可以通过随机化方式产生。通常，初始的响度 A_i^0值在之间，初始 r_i^0取 0 附近的值。如果搜索过程中获得了更优的解，则对蝙蝠的响度和发射率进行更新，这说明蝙蝠能够不断向最优解靠近。

5.2.4 水波优化算法

水波优化(Water Wave Optimization，WWO)算法是 2014 年新提出的一种进化算法，它通过模拟自然界中的浅水波的传播、折射和碎浪这 3 种水波运动方式对高维的复杂问题进行高效寻优。WWO 算法的算法框架简单，初始参数较少，种群规模也较小，因此实现简单，计算复杂度小，较其他优化算法有一定优势。

WWO 算法通过反复进行传播、折射和碎浪这 3 种操作来对种群进行更新和演化。

传播：水波种群初始化后，每个水波在计算的每次迭代过程中都会执行一次传播操作。计水波 X 传播后得到的新水波为 X'，水波的每一维 $d(1\leqslant d\leqslant D)$ 的位置按式(5-30)进行更新，假设问题解的维度为 2，则 D 为 2。(例如，图像匹配问题中 X_1'，X_2'分别对应水波在搜索图 S 中的 x，y 坐标)

$$X_d'=X_d+\mathrm{rand}(-1,1)\times\lambda\times L_d \tag{5-30}$$

其中：$rand()$函数的作用是得到一个等概率分布在指定范围内的随机数；L_d表示第 d 维搜索空间的长度，如搜索图像的长度。若更新后的水波的位置不在搜索范围$[1,N-M+1]$之内，则重新赋予该水波一个搜索空间内的随机位置。

之后比较水波 X'与 X 的适应度值大小。若适应度函数定义为 f，如果 $f(X')>f(X)$，则将 X'代替种群中的 X，并将 X'的波高更改为 h_{max}；否则的话，保留 X，且使其波高减 1 以记录水波能量损耗。

折射：如果一个水波的适应度值在多次传播操作后，即迭代多次后，都未能得到提高，随着能量不断损耗，该水波波高将衰减为0。波高衰减为0的水波，按式(5-31)对其进行折射操作：

$$X_d' = norm\left(\frac{X_d^* + X_d}{2}, \frac{X_d^* - X_d}{2}\right) \tag{5-31}$$

其中：X^* 表示当前种群中适应度值最高的水波，$norm(\mu,\sigma)$ 函数用于生成一个随机数，其均值为 μ，方差为 σ，表示 X 向当前最优解 X^* 学习，增强算法的全局搜索能力和收敛速度。折射后新水波 X' 的波高重新设置为 h_{max}，波长更新为

$$\lambda' = \lambda \times \frac{f(x)}{f(x')} \tag{5-32}$$

碎浪：有的水波波高可能会持续增加，具体表现为波峰越来越陡峭，最后会碎成许多能量较小的波。在WWO算法中，每当搜索到一个新的最优水波 X，即其适应度值当前最高，就需要对其做碎浪操作。如果所求问题的解空间是二维的，可以随机选择一维按下式更新：

$$X_d' = X_d + norm(0,1)\beta L_d \tag{5-33}$$

其中：控制参数 β 称为“碎浪系数”，一般设为0.001～0.01；L_d 表示第 d 维搜索空间的长度。

碎浪会得到 k 个子波，如果碎浪得到的每一个子波的适应度值都低于原水波，则保留原水波 X；否则用最优的一个子波更换种群中的原始波 X。碎浪操作使得算法有很好的局部搜索能力。

此外，WWO算法在每次迭代后按下式更新每个水波 X 的波长：

$$\lambda = \lambda \times \alpha^{-(f(x) - f_{min} + \varepsilon)/(f_{max} - f_{min} + \varepsilon)} \tag{5-34}$$

其中：f_{max} 和 f_{min} 分别表示当前种群中最大和最小适应度值；α 表示波长衰减的系数，一般设置为1.001～1.01；ε 表示一个极小的正整数，以避免除0。

WWO算法通过传播、折射、碎浪3种操作有效地平衡了全局搜索能力和局部搜索能力，迅速逼近最优匹配位置。

水波优化算法伪代码如下：

1：	随机生成包含 n 个水波个体的水波群体 $\boldsymbol{P}$；
2：	在停机准则满足之前，执行如下操作；
3：	对于每个波浪 $x \in P$ 执行：
4：	按照式(5-30)将波浪 X 传播到位置 X'；
5：	如果 $f(X') > f(X)$ 则：
6：	如果 $f(X') > f(X^*)$ 则：
7：	按照式(5-33)对 X' 进行碎浪；
8：	利用 X' 更新 X^*；
9：	利用 X' 替换 X；
10：	否则：
11：	减少波浪 X 的各个维度的值，减少量为1；
12：	如果 $X.h=0$ 则：
13：	基于式(5-31)和式(5-32)将波浪 X 折射到 X'；
14：	基于式(5-34)更新波的长度；
15：	返回 X^*；

5.2.5 烟花算法

烟花算法(Fireworks Algorithm,FA)是 Tan 和 Zhu 于 2010 年提出的一种新颖的基于非生物群体的群体智能算法,算法的设计灵感来自烟花爆竹在夜空中爆炸产生不同图案这一现象。随着业界对该算法的不断关注,提出了不少改进方法,大大提高原始烟花算法的性能。与其他经典算法相比,烟花算法在优化解的精度和收敛速度方面都有明显的优势,目前已经受到全球许多专家和学者的关注与研究,已经被广泛应用于垃圾电子邮件检测、Web 服务组合优化、大数据优化等多个领域,均取得了十分明显的应用效果;另外也在滤波器设计、配电网重构优化、施肥问题求解等其他方面也得以应用。

1. 烟花算法概述

烟花起源于中国唐代,至今已有 1300 余年的历史。夜空中燃放的烟花是绚烂美丽但又转瞬即逝的,它使人心情愉悦,所以广受人们的喜爱。在节庆时燃放烟花是人类社会常采用的庆祝活动。烟花算法的作者就是受到节庆时燃放的烟花爆炸的启发而研究出来的。烟花算法的原理是模拟烟花在夜空爆炸来建立数学模型,其流程如图 5-1 所示。

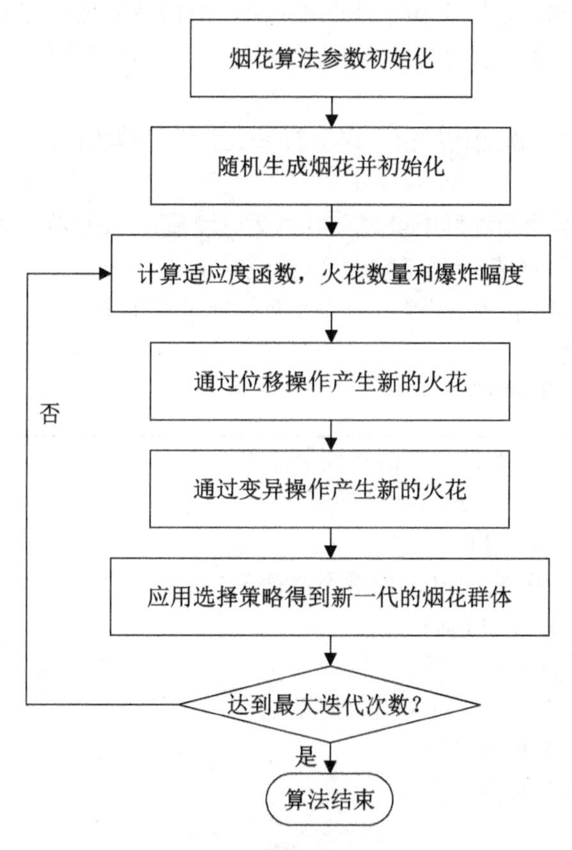

图 5-1　烟花算法流程结构

基于烟花算法的求解优化问题和其他群体智能算法相似,一般步骤为:首先在求解空间内随机设定一组初始解;然后根据一定的规则选择出较优的解作为当前解;再对当前解进行迭代比较并进行更新从而得到较优解;最后评价当前较优解的性能,如果满足迭代要求,则求解过程结束,当前解即为所求最优解;如果未满足迭代要求;则继续更新迭代。

烟花算法与其他群体智能算法的差别在于更新迭代的方法不同,其基本框架主要由爆炸因子、变异操作、映射规则和选择策略组成。其中,爆炸因子是整个算法的核心部分,由爆炸强度、幅度和位移操作组成。

烟花爆炸时会产生子代的火花,烟花算法可以通过设置爆炸强度和爆炸幅度来确定子代解的数量和范围。好的烟花爆炸产生的子代火花多,爆炸的幅度也会更小,差的烟花爆炸则相反,即子代少幅度大。设置合适爆炸强度和爆炸幅度可以避免在寻优过程中好的烟花的子代火花总是在目前的最优解附近摆动,而无法准确地找到真正的最优解。同时设置较小的范围也利于较快地收敛,使差的烟花能大幅度地对其余空间做适度的探索,避免获得局部最优解。

为了提高种群的多样性,子代火花均在爆炸幅度范围内进行位置更新,这一部分也是烟花算法与其他算法进行混合的最多的地方。一般的子代火花会进行随机的位移操作,同时也从中随机选择部分火花进行高斯变异。当火花超出限制的爆炸幅度时,对该火花进行映射到所求解空间内。从算出的所有在求解空间内的火花进行一定的选择策略进入下一代的个体中,每次都留下当前迭代次数中的最优个体,再去选择其他保证多样性的个体。通过这样一代又一代地选择下去,子代不停地更新,使所得适应度函数最优解越来越好,从而最后得到问题的全局最优解。虽然烟花算法和大部分现有的群体智能优化算法大体结构上很相似,但是烟花算法也有自身的许多优点。

(1)爆发性。烟花在空中爆炸而产生火花,而烟花算法在每次迭代时都在爆炸范围内产生子代火花,然后根据不同的选择策略来选择较好的火花作为下一代烟花群体,而且这些火花只存在于这一次迭代中。

(2)局部性。对某一个烟花来说,其爆炸幅度只是整个解空间的局部,其爆炸产生的火花只是对其爆炸幅度的随机覆盖,但是烟花种群之间通常通过间接的方式实现信息交流,保证了算法的可扩展性。

(3)多样性。通过不同的选择策略,使保留下来的烟花具有不同的位置,保证算法的多样性。火花的数量和爆炸的幅度也因为原代烟花的多样而更多样,同时进行位移变异和高斯变异,更加丰富了烟花算法的多样性。

(4)适应性。烟花算法在求解复杂问题时具有搜索全局最优解的能力,同时对求解问题目标要求低,甚至不需要所求问题具有显式的表达,适应性非常广泛。

2. 烟花算法的数学描述

烟花算法主要源于烟花爆竹在夜空中爆炸产生不同图案这一现象,实现包括以下步骤。

(1)随机在特定的可行解空间产生一定数量的烟花,并对其初始化。每一个烟花种群即为解空间的一组解。

(2)利用目标适应度函数计算每个烟花种群的适应度值,并根据适应度值产生火花。适应度值越高的烟花产生的火花数量越多,越低的则越少。则第 $i(i=1,2,\cdots,N)$ 个烟花 x_i 产生的火花数量可以表示为

$$S_i = M \times \frac{y_{\max} - f(x_i) + \varepsilon}{\sum_{n=1}^{N}[y_{\max} - f(x_i)] + \varepsilon} \tag{5-35}$$

式中:$y_{\max}$ 为当前种群中适应度最大值;M 为限制火花总量的常数;$f(x_i)$ 为烟花 x_i 的适应度值;ε 为计算机运算的最小量,避免分母除以零操作。

(3)同时根据适应度值限制烟花爆炸的幅度范围,第 $i(i=1,2,\cdots,N)$ 个烟花产生火花的

幅度范围表示为

$$A_i = A \times \frac{f(x_i) - y_{\min} + \varepsilon}{\sum_{i=1}^{N} \left[f(x_i) - y_{\min} \right] + \varepsilon} \tag{5-36}$$

式中：$y_{\min}$为当前种群中适应度最小值；A 为限制爆炸幅度的常数，$f(x_i)$ 和 ε 的含义与式(5-35)相同。

(4)对烟花进行位移操作产生新的火花的位置，并对少量的烟花加入高斯位移以提高种群的多样性。则新的火花的位置可以表示为

$$x_i^k = x_i^k + A_i \cdot rand(-1,1) \tag{5-37}$$

高斯位移后的则可表示为

$$x_i^k = x_i^k + A_i \cdot Gaussian(1,1) \tag{5-38}$$

式(5-37)和式(5-38)中 $rand(-1,1)$ 表示$(-1,1)$之间的随机数，$Gaussian(1,1)$表示均值方差均为 1 的高斯分布随机数。

(5)采取轮盘赌的方式从所有的烟花和火花中挑选适应度值好的作为下一次的炸点，待已有的火花个体计算完毕，再从挑选出来的位置处放置新的烟花种群，在一定的爆炸范围内执行新的操作，每个烟花和火花被选中的概率可以表示为

$$p(x_i) = \frac{H(x_i)}{\sum_{j \in k} H(x_j)} \tag{5-39}$$

式中：$H(x_i) = \sum_{j=1}^{k} d(x_i, x_j)$ 表示个体 x_i与其他个体之间的距离之和；$d(x_i, x_j)$表示任意两个 x_i和 x_j之间的欧式距离，即适应度值之间的差值。

(6)烟花和火花会集中在问题的最优解位置附近，判断能否满足终止条件，假如满足，则结束迭代。当算法迭代停止时，适应值最优的烟花种群和火花所代表的解即为烟花算法搜索的适应度函数最优解。

5.3 部分算法的仿真测试比较及性能分析

本节将使用测试函数来对上述的基础算法进行性能测试，测试函数均为求取极小值的函数。本节所使用的测试函数，来源于 CEC2015。

每个测试函数对算法测试 50 次以避免随机数对算法结果的影响并充分显示算法性能，便于分析算法的特性。以下实验的运行环境为 Windows 10 操作系统，处理器为Intel 4. 0GHz，8GB 内存，算法均采用 Java1. 8 在 Eclipse 平台编写，运行时的最大线程数为 3。

本节中的实验选取了 CEC2015 中的 15 个测试函数，维度为 30 维，测试的 6 个算法的种群数为 60，最大迭代次数为 20 000。

5.3.1 遗传算法仿真测试及性能分析

遗传算法的测试实验中编码为十进制，即个体的每一个基因由一个实数表示。选取的交叉概率 $R_c = 0.8$，变异概率 $R_a = 0.05$，轮盘赌选择下一代的概率由式(5-10)计算，且每次会预先将种群中适应度最好的个体保留至下一代。

图 5-2 给出了遗传算法在 15 个测试函数上的优化曲线，每幅图像叠加了遗传算法在每个

函数上求解 50 次的优化曲线，横坐标为迭代次数，纵坐标为函数值以 10 为底的对数 lg($F(x)$)。红色的线为 50 次运算结果的平均值。50 条优化曲线的叠加图能够清晰地显示出算法的特性。

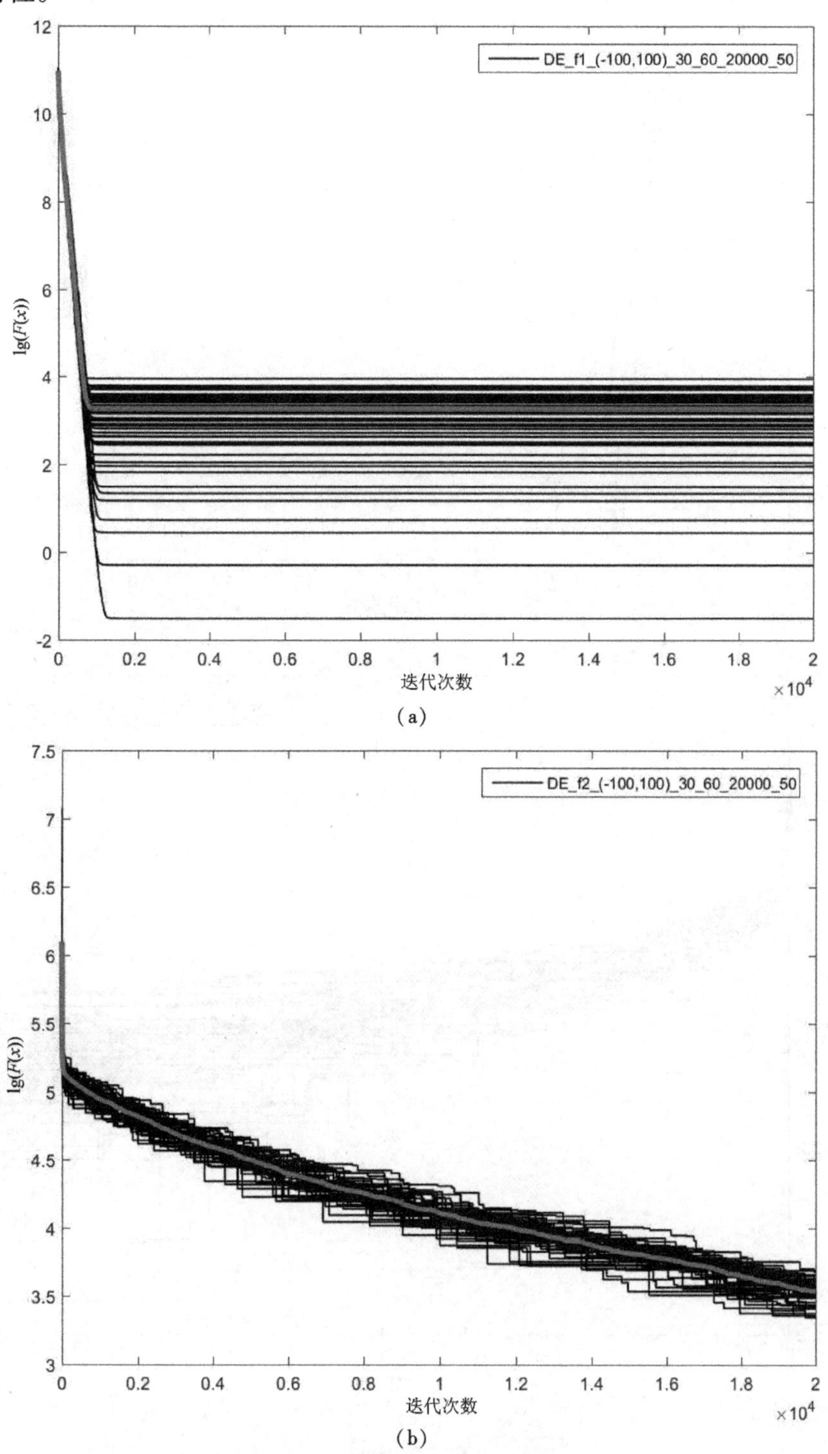

图 5-2　遗传算法函数优化曲线图

(a)f1 优化曲线；(b)f2 优化曲线

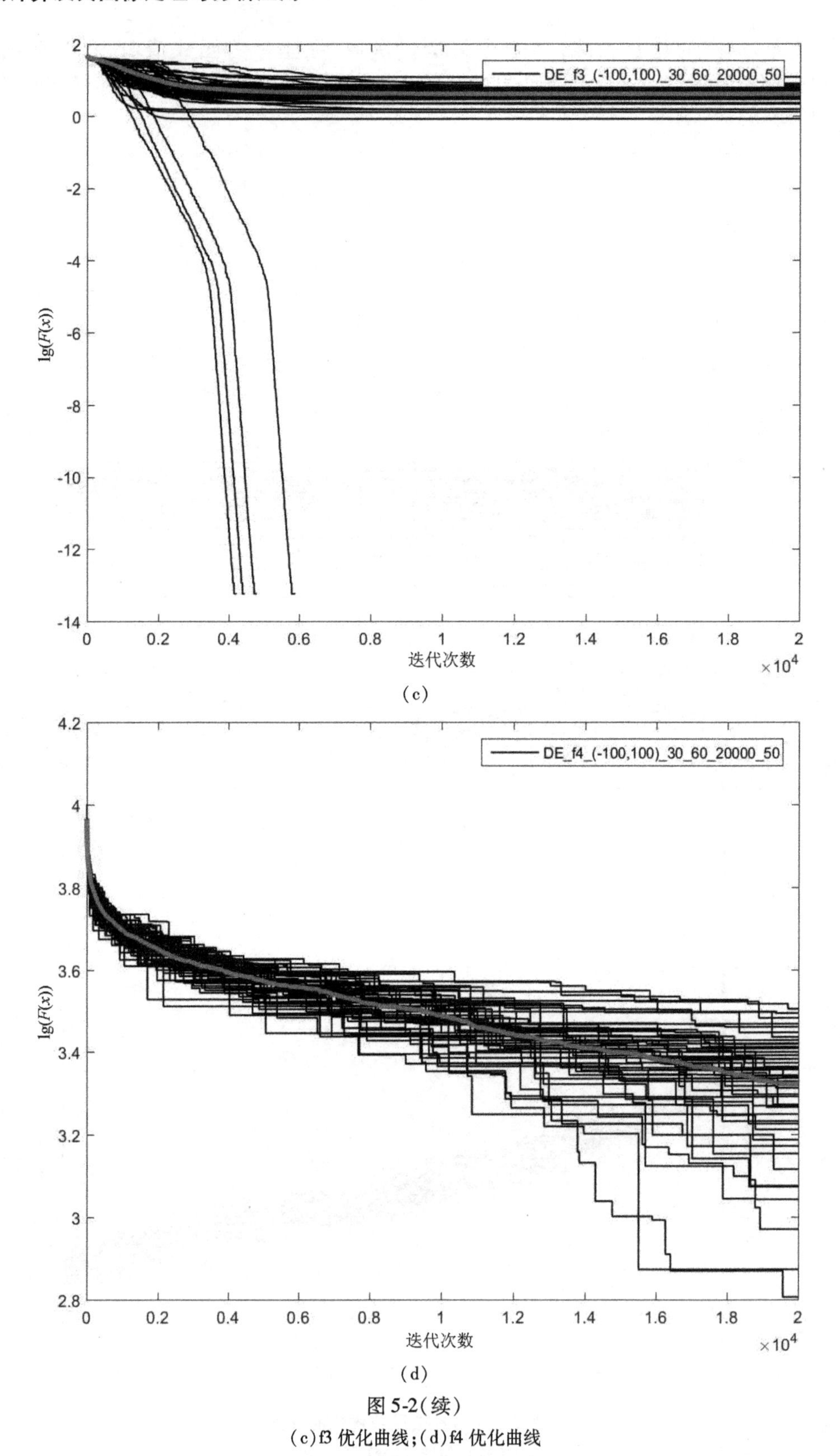

(c)

(d)

图 5-2(续)

(c)f3 优化曲线;(d)f4 优化曲线

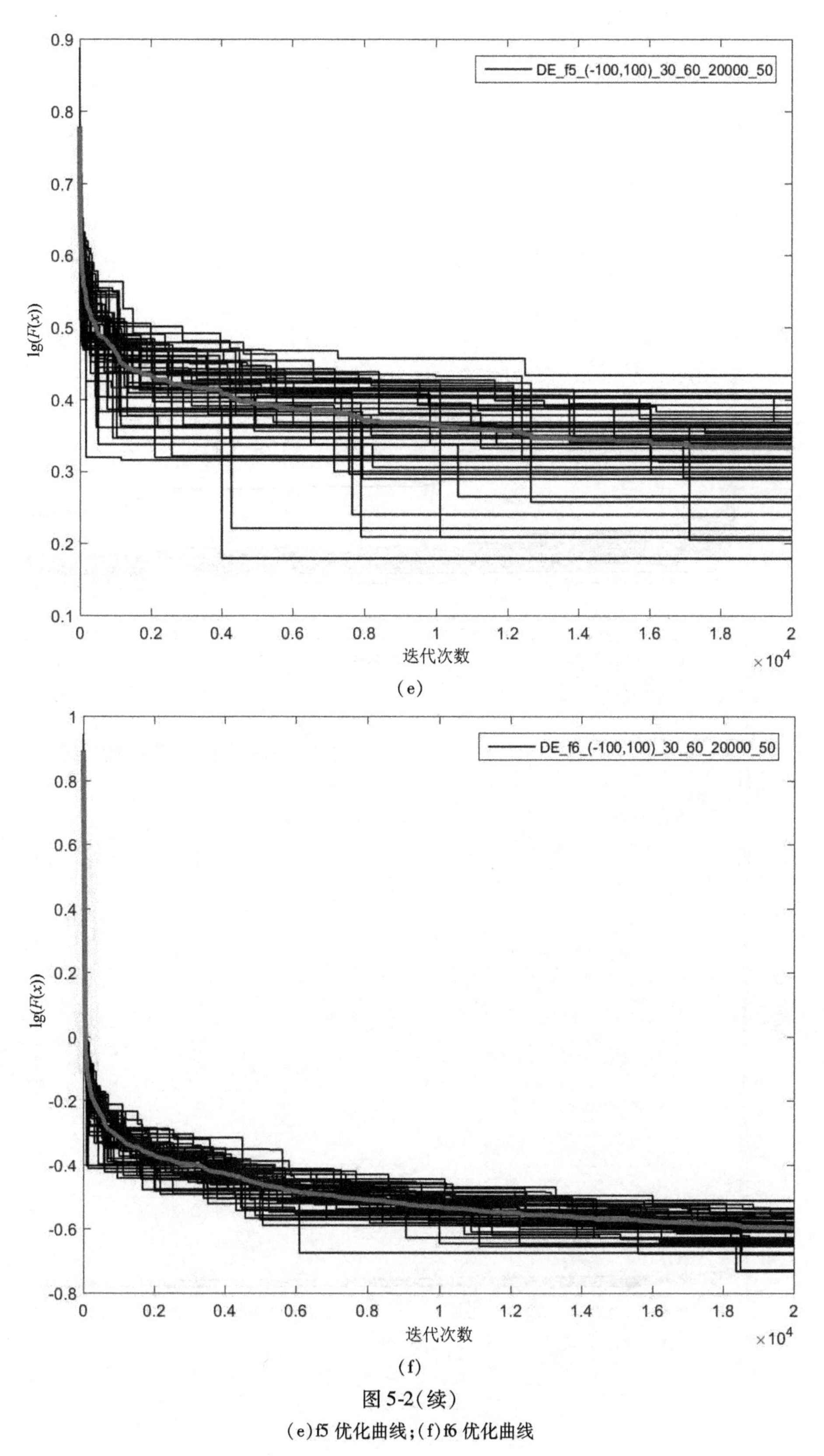

(e)

(f)

图 5-2(续)

(e)f5 优化曲线;(f)f6 优化曲线

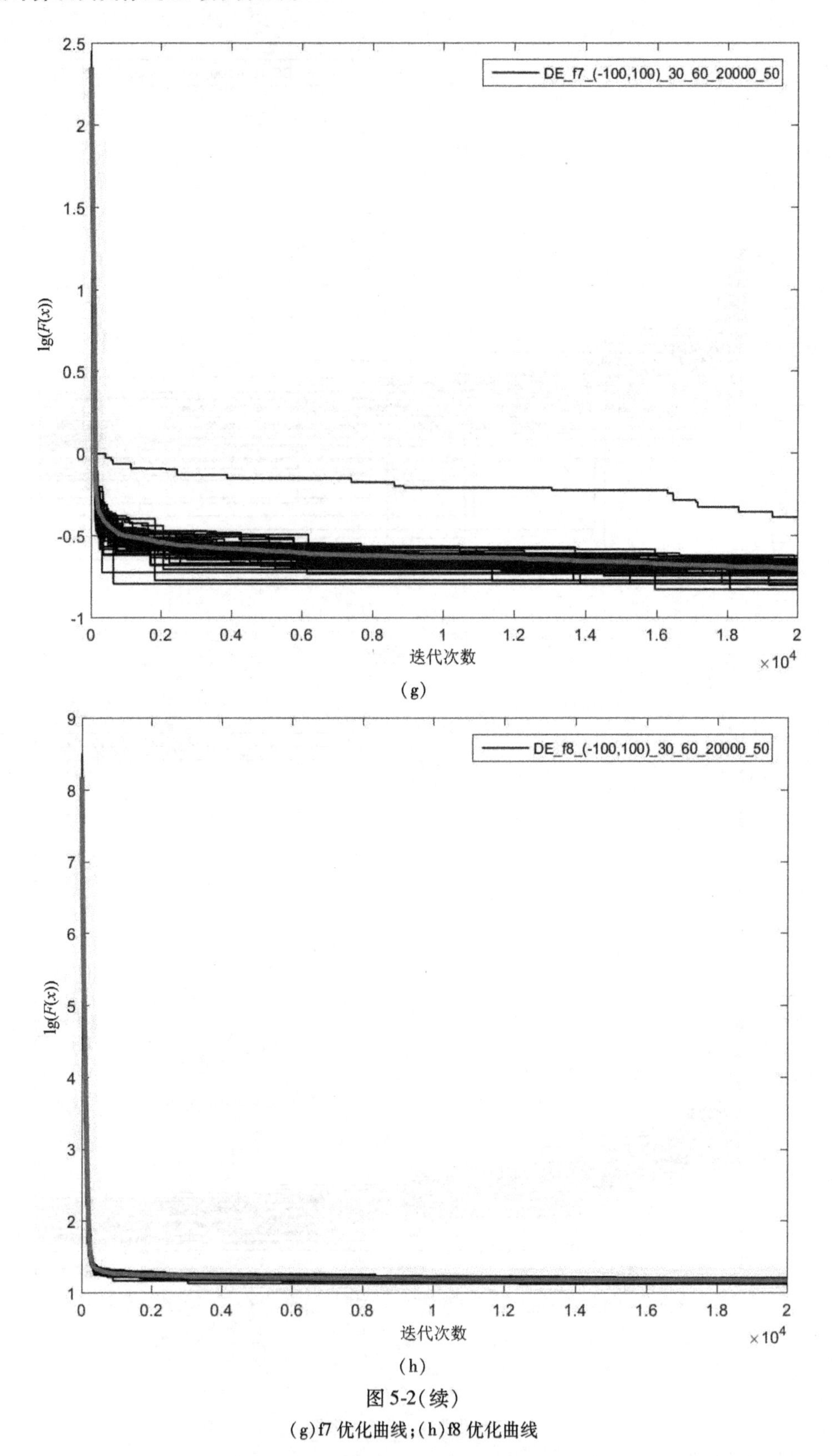

图 5-2(续)

(g)f7 优化曲线;(h)f8 优化曲线

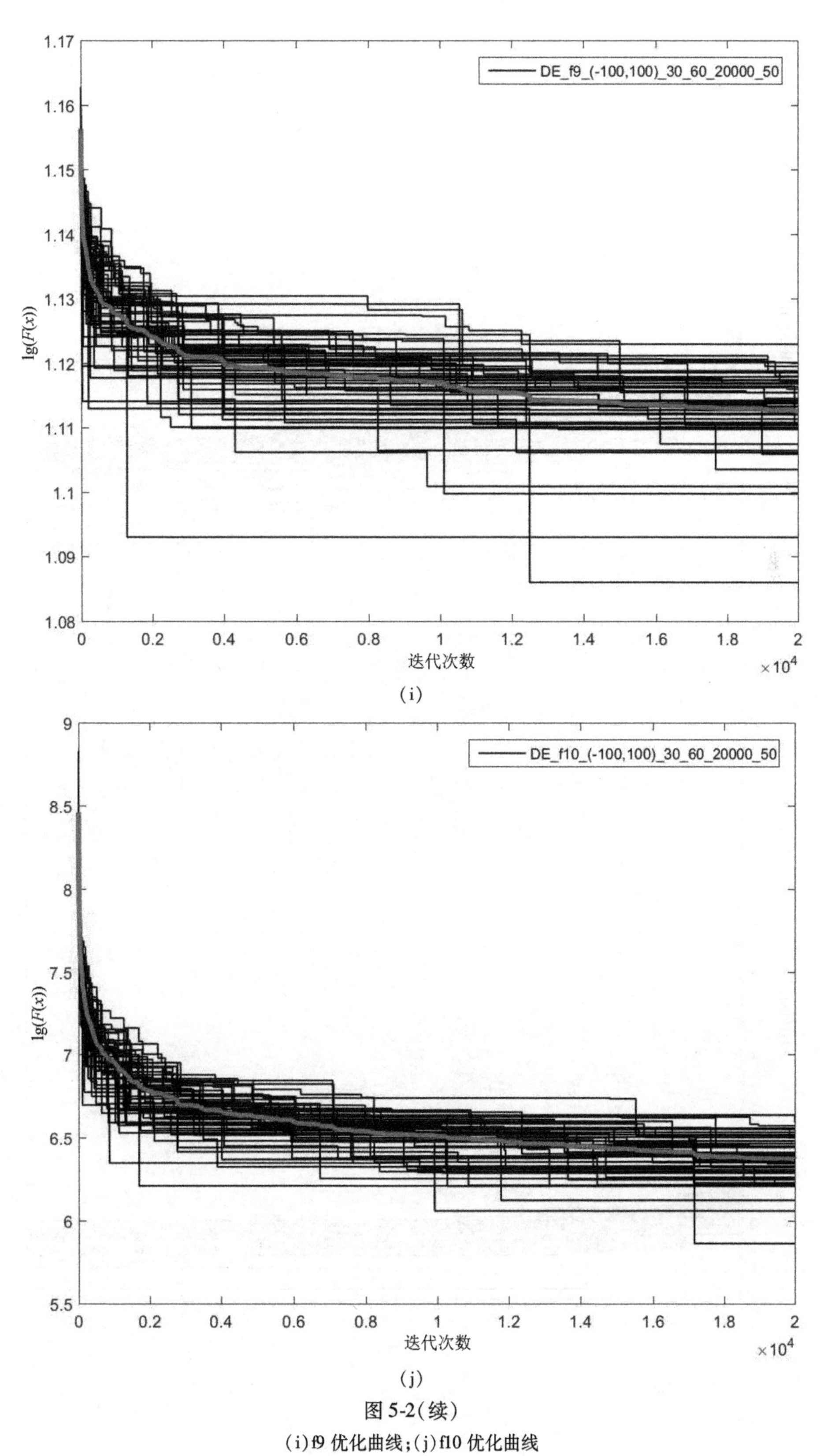

(i)

(j)

图 5-2(续)

(i)f9 优化曲线;(j)f10 优化曲线

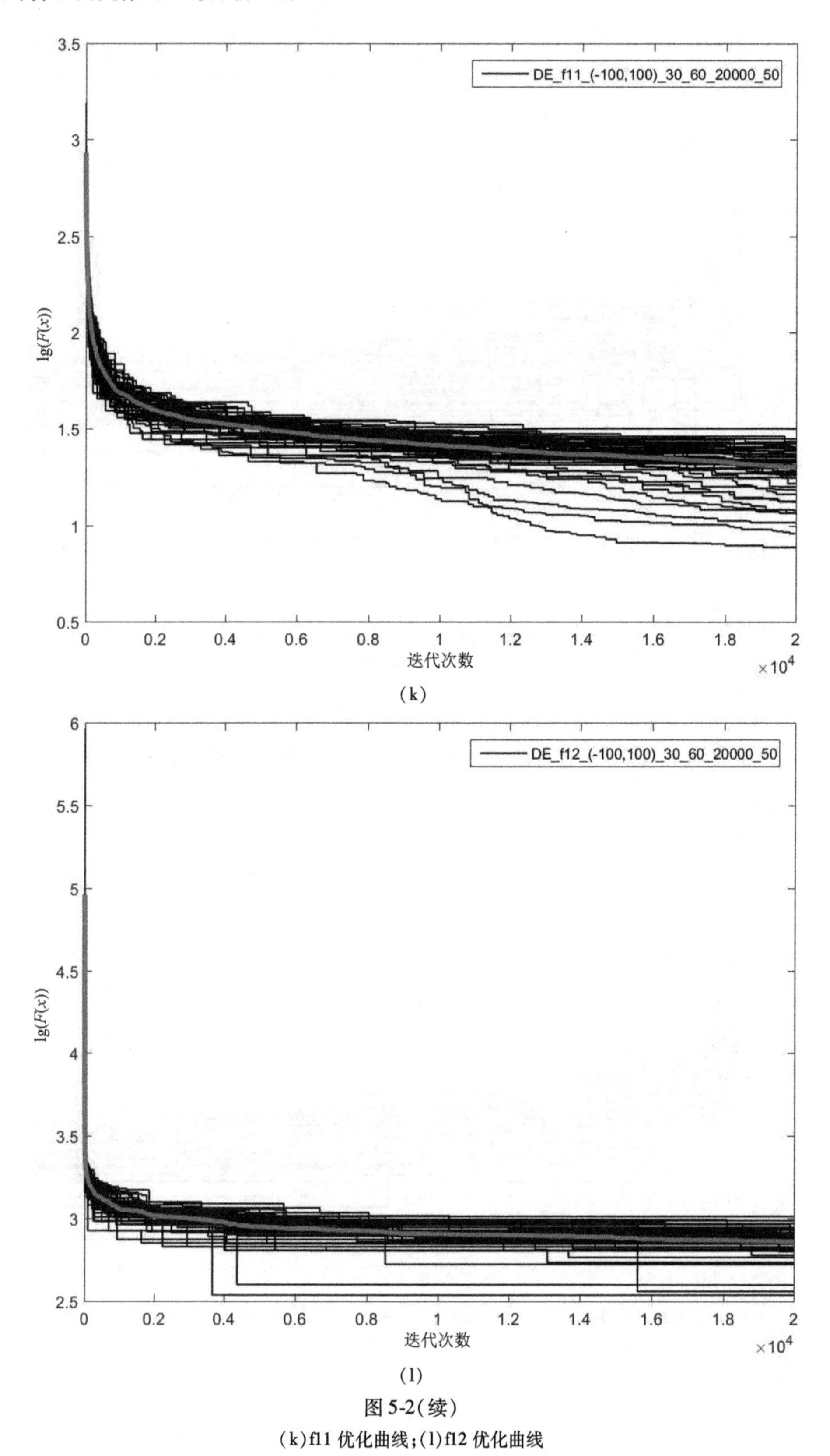

(k)

(l)

图 5-2(续)

(k)f11 优化曲线;(l)f12 优化曲线

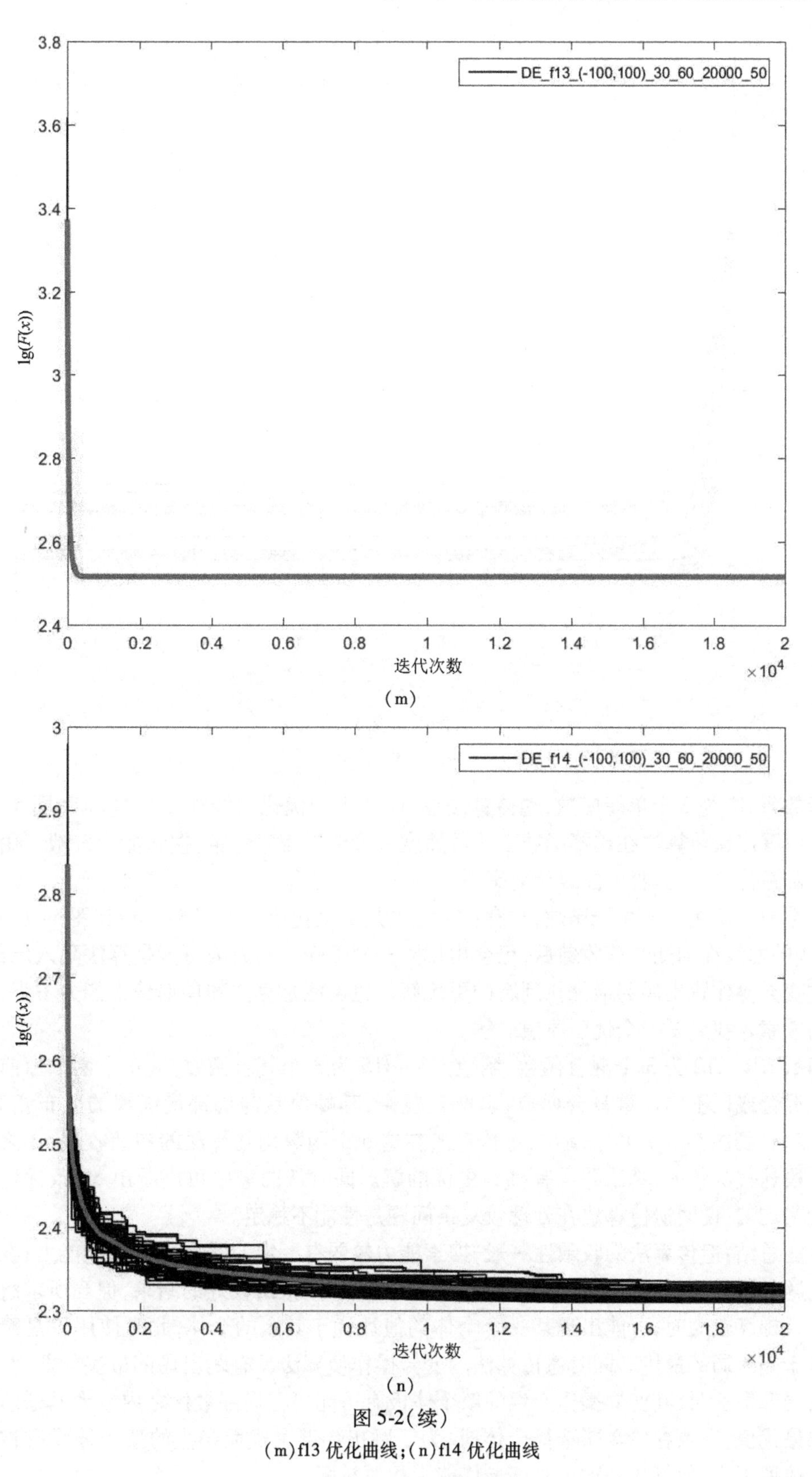

(m)

(n)

图 5-2(续)

(m)f13 优化曲线;(n)f14 优化曲线

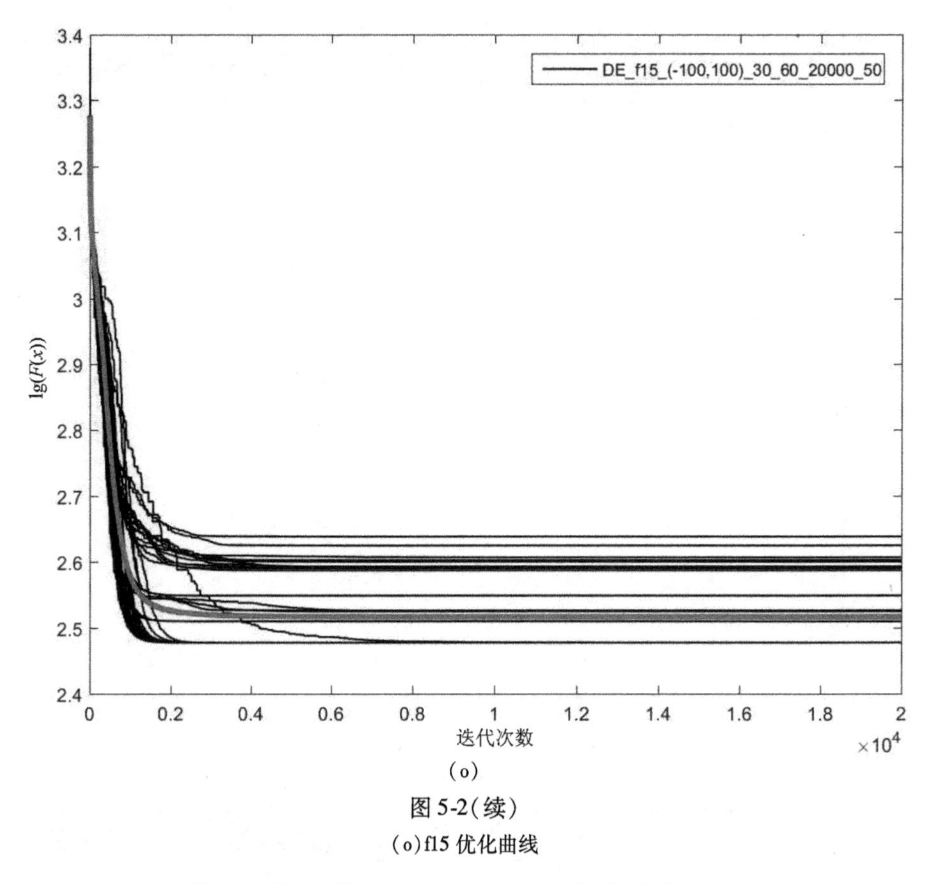

(o)

图 5-2(续)

(o)f15 优化曲线

函数 f1、f2 为 2 个单峰函数,遗传算法在 f1、f2 上的优化曲线如图 5-2(a)和图 5-2(b)所示。可以看出遗传算法在单峰函数上收敛速度一般结果相对稳定,搜索能力一般。由于函数没有局部最优位置,其收敛曲线相对平滑。

函数 f3 ~ f9 为 7 个多峰函数,均存在大量的局部最优解。由图 5-2(c)到图 5-2(i)可以看出,算法的曲线在前期快速收敛后,仍会出现阶梯型下降。其原因可能是算法陷入局部最优,后经过变异操作跳出局部最优找到新的更优解。也可能是算法的局部搜索能力不强,经过较多代的搜索才找到了一个优于原值的解。

函数 f10 ~ f12 为 3 个混合函数,函数 f13 ~ f15 为 3 个复合函数,这 6 个函数由前面的数个函数混合或以不同权重复合而成,求解较复杂,其峰值数与局部最优解的分布相对复杂。从图 5-2(j)到图 5-2(o)可以看出,遗传算法在这 6 个函数均在算法的初期收敛,在之后的较长的一段迭代次数内,算法并没有找到更优的解。同时从图像中可以看出 50 条优化曲线分布的较为均匀,说明遗传算法在处理较复杂问题是性能不稳定。

性能总结:遗传算法的收敛性一般,搜索能力较弱有一定的跳出局部最优能力;在处理的优化问题的数学特征是一个连续平滑的函数时算法能够得出较好的结果,但当所求解的问题不可导且梯度较大时,可能出现某一个个体的值远优于其余的个体,此时使用轮盘赌进行选择时易于陷入局部最优。同时遗传算法的变异操作使算法具有跳出局部最优的能力,但当算法陷入局部最优时,其变异操作产生的新个体极有可能仍在局部最优之内或者其适应度值小于局部最优值,导致在轮盘赌选择个体时,为了跳出局部最优而产生的新个体没有被选为下一代个体留下来,使算法的跳出局部最优能力相对较弱。

5.3.2 差分进化算法仿真测试及性能分析

差分进化算法的测试实验中缩放比例因子 $F=0.5$,交叉概率 $CR=0.3$。

图5-3给出了差分进化算法在15个测试函数上的优化曲线,同样每幅图像叠加了差分进化算法在每个函数上求解50次的优化曲线,横坐标为迭代次数,纵坐标为函数值以10为底的对数 $\lg(F(x))$。红色的线为50次运算结果的平均值。50条优化曲线的叠加图能够清晰地显示出算法的特性。

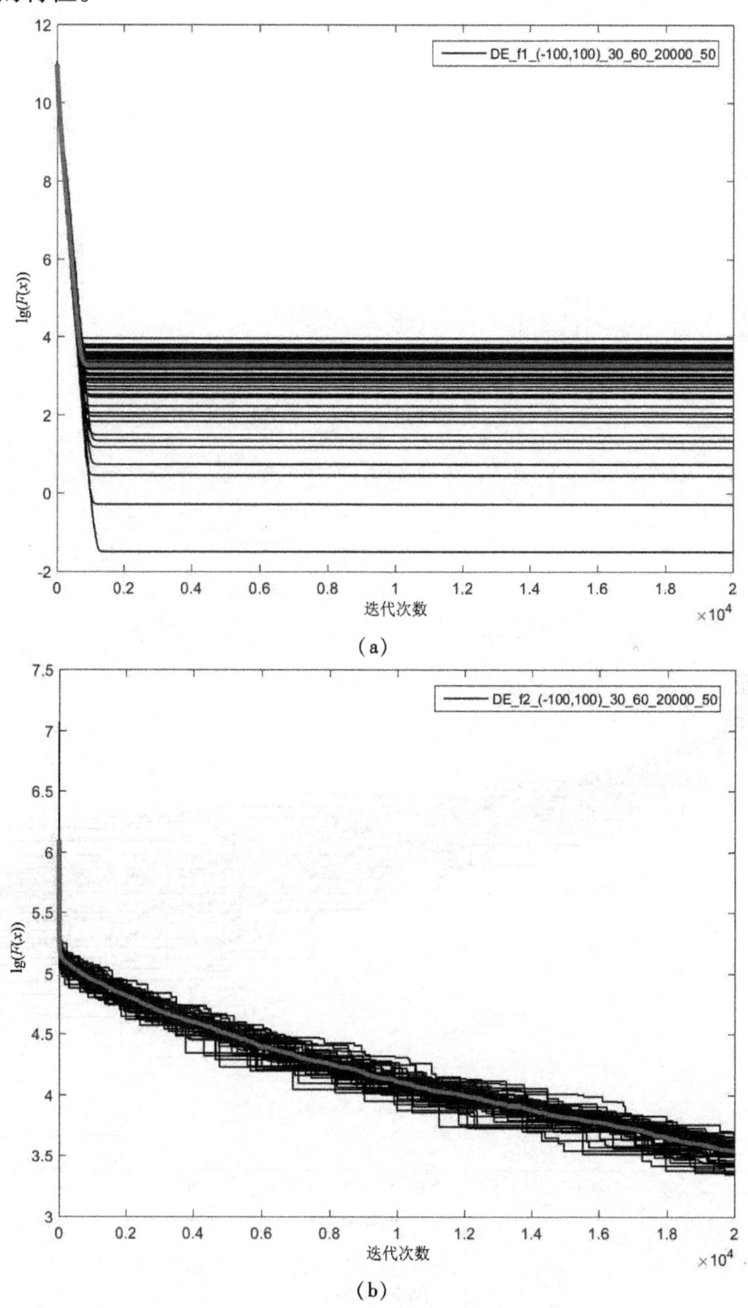

(a)

(b)

图5-3 差分进化算法函数优化曲线图

(a)f1 优化曲线;(b)f2 优化曲线

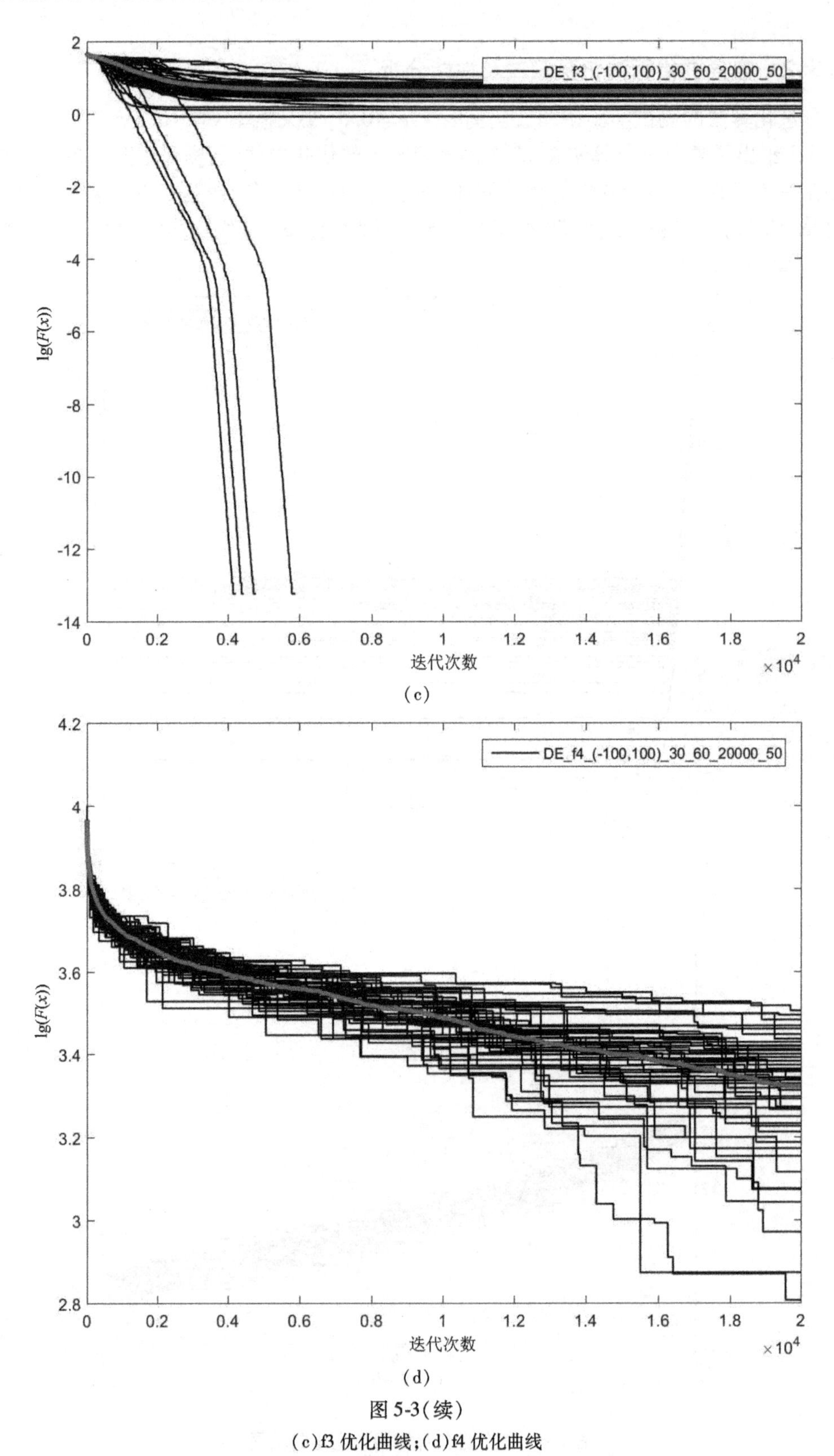

(c)

(d)

图 5-3(续)

(c)f3 优化曲线;(d)f4 优化曲线

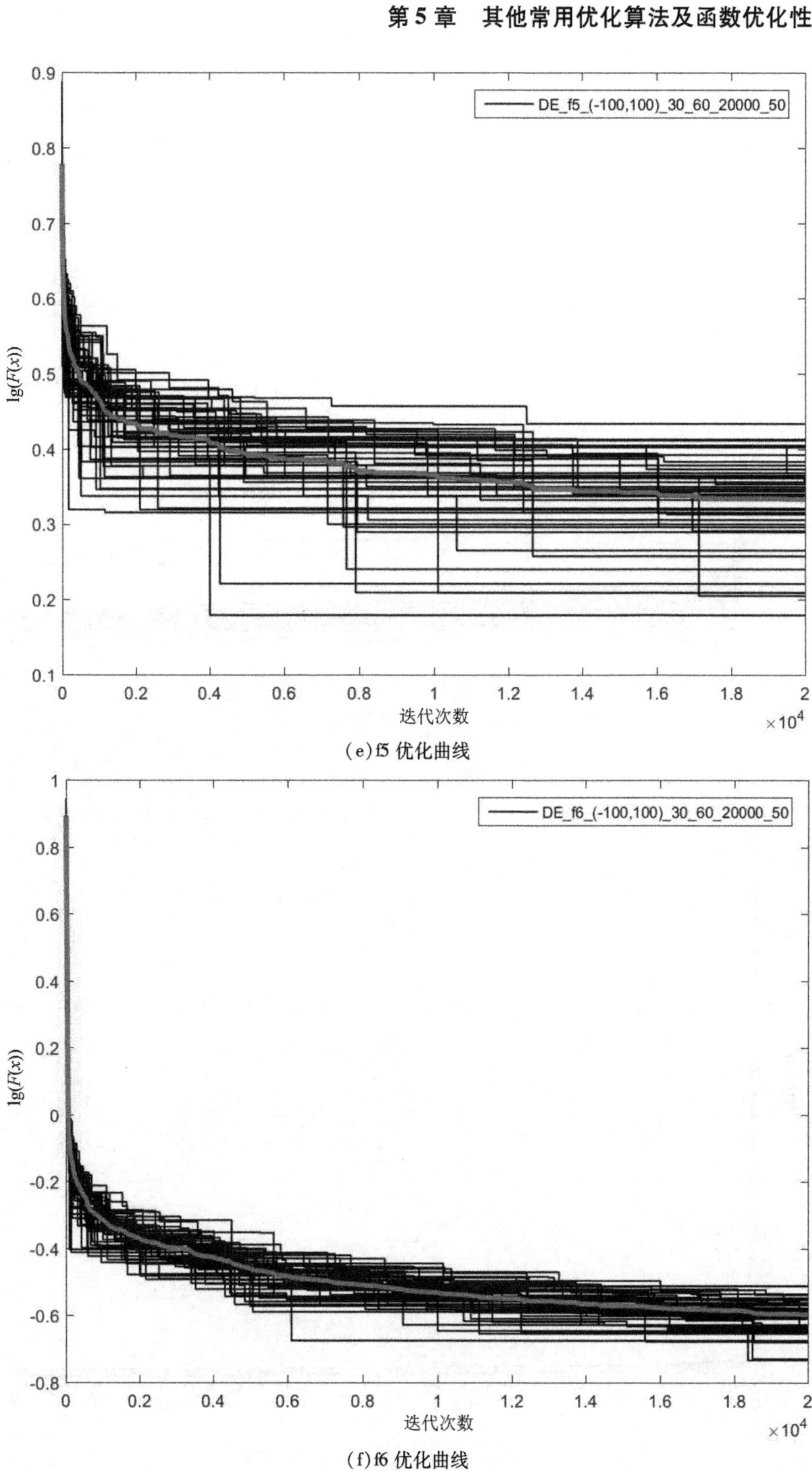

(e) f5 优化曲线

(f) f6 优化曲线

图 5-3(续)

(e) f5 优化曲线;(f) f6 优化曲线

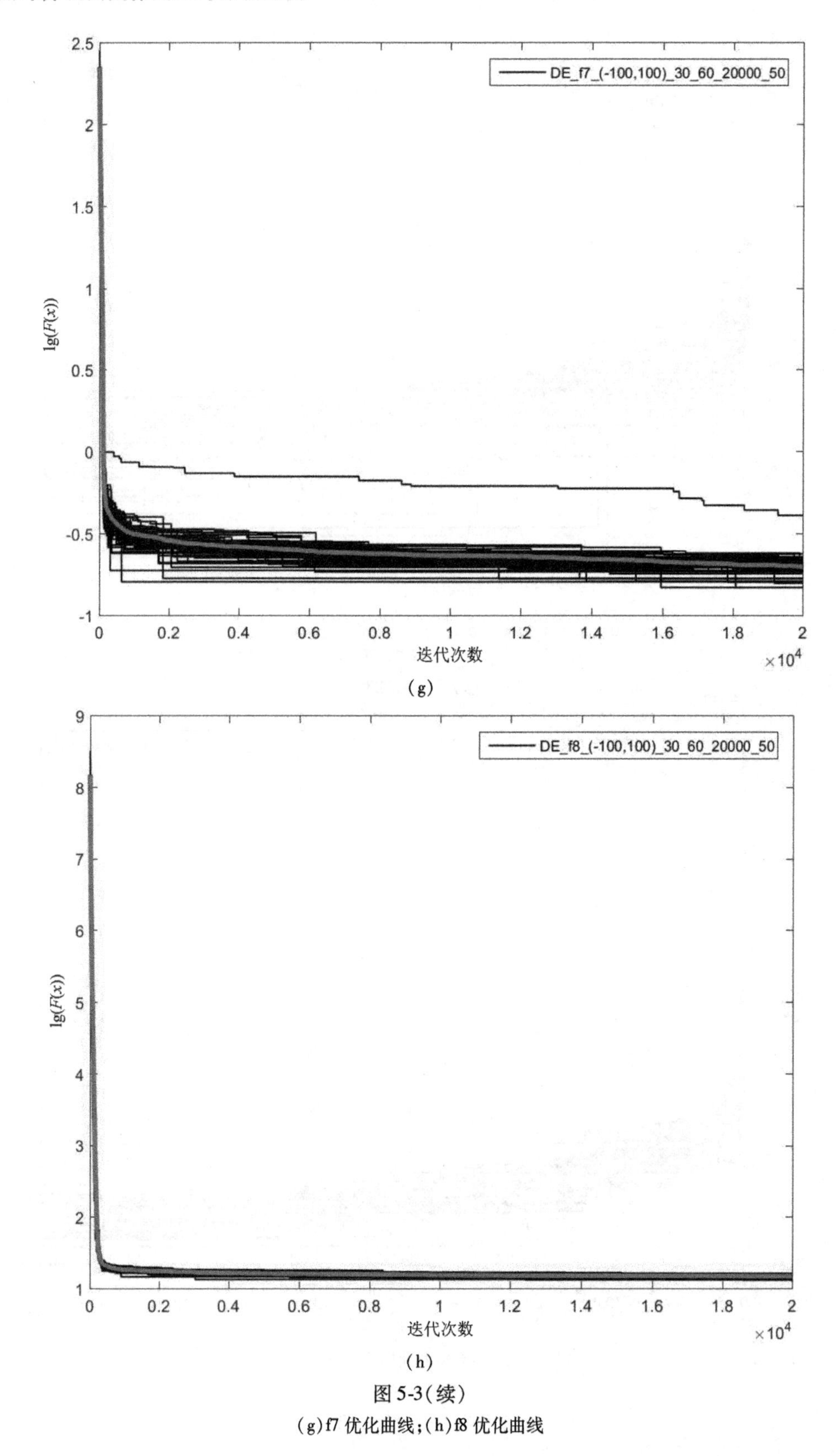

图 5-3(续)

(g)f7 优化曲线;(h)f8 优化曲线

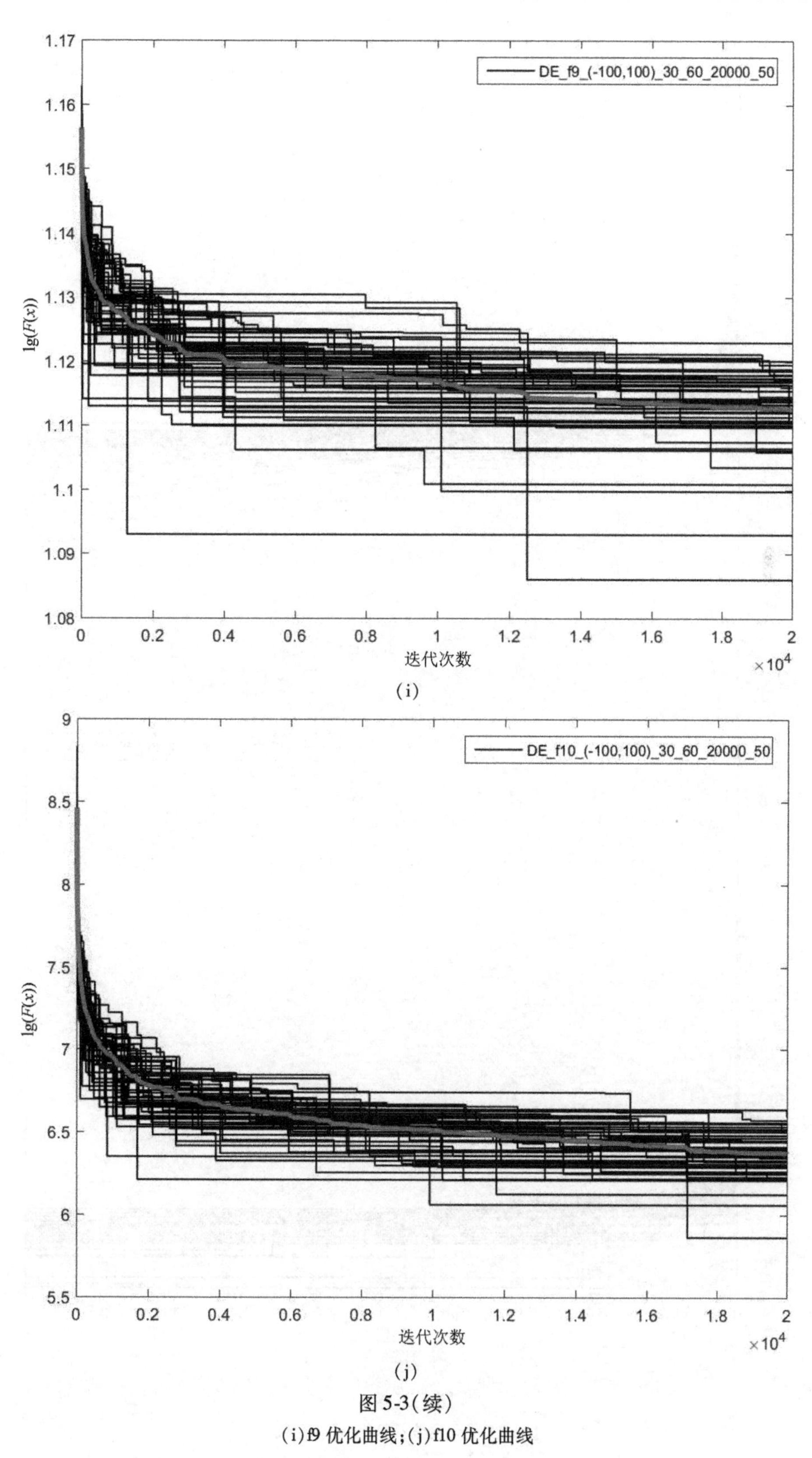

(i)

(j)

图 5-3(续)

(i)f9 优化曲线;(j)f10 优化曲线

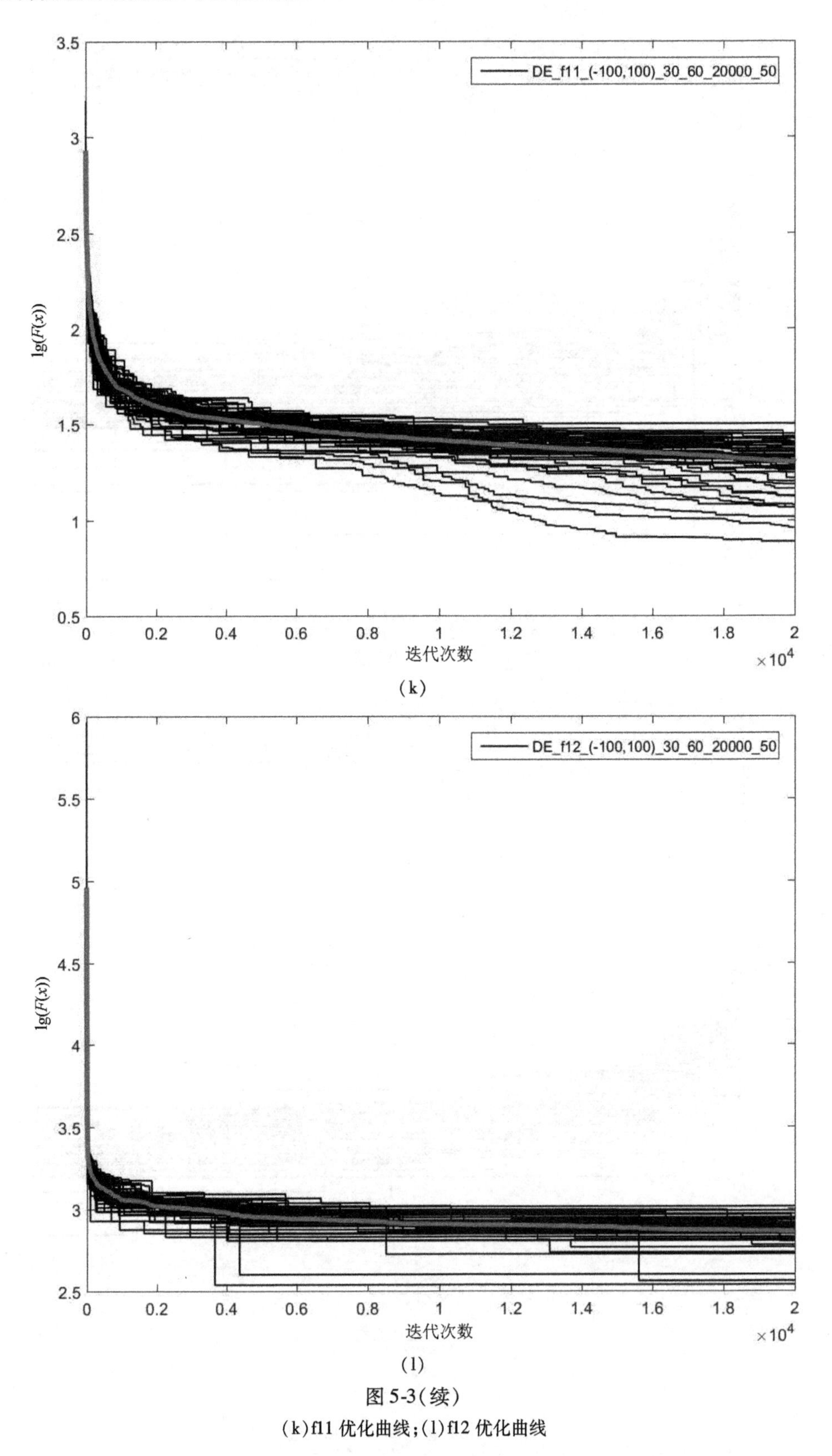

图 5-3(续)

(k)f11 优化曲线;(l)f12 优化曲线

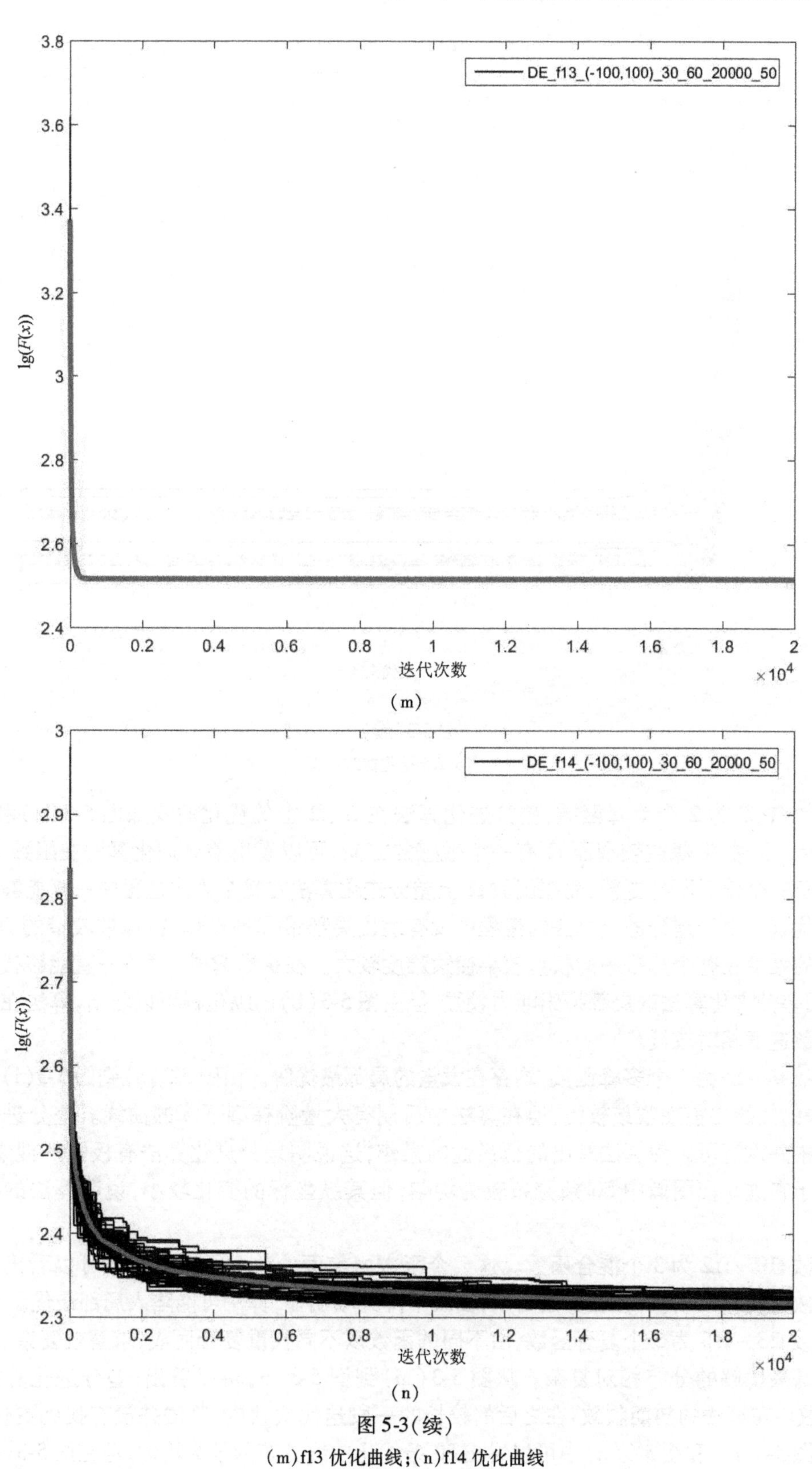

（m）

（n）

图5-3（续）

（m）f13 优化曲线；（n）f14 优化曲线

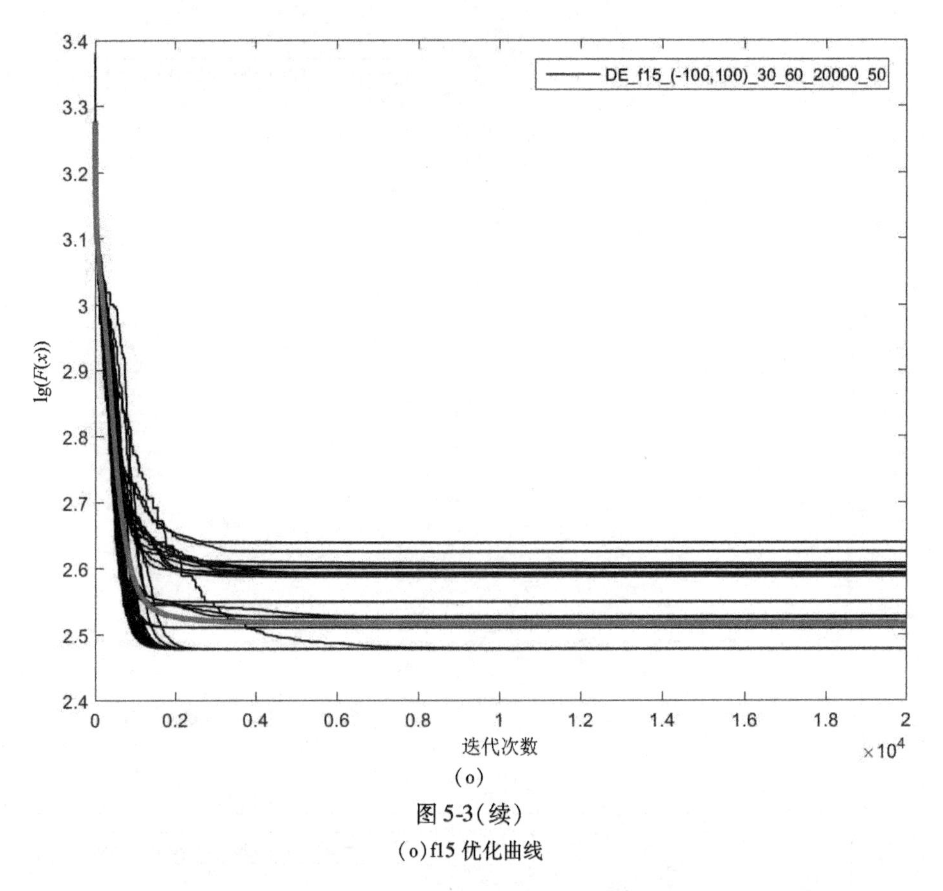

(o)

图 5-3(续)

(o)f15 优化曲线

函数 f1、f2 为 2 个单峰函数,差分进化算法在 f1、f2 上的优化曲线如图 5-3(a)和图 5-3(b)所示。函数 f1 峰域较窄而 f2 有一个敏感的方向,可以看出差分进化算法在函数 f1 上迅速收敛于一个值后不再更新,而在函数 f2 上差分进化算法在整个算法过程中一直能够不断地找到更优解。由于差分进化算法的流程中没有跳出局部最优的操作,在峰域较窄的 f1 上,影响峰域的维度在整个算法中的权重较小搜索难度较大。在函数 f2 中,算法一直能够找到更优解,说明差分进化算法的局部搜索能力较强,但由图 5-3(b)的纵坐标可以看出,算法在该函数上的收敛速度相对较慢。

函数 f3 ~ f9 为 7 个多峰函数,均存在大量的局部最优解。由图 5-3(c)到图 5-3(i)可以看出,算法的曲线在前期收敛较慢,但在算法中后期有大量阶梯型下降的曲线。差分进化算法的流程中并没有可以使算法跳出局部最优的操作,这说明差分进化算法有极强的搜索能力。同时由于在这 5 幅图像中 50 条分布较为均匀,但其纵坐标的变化较小,说明算法的稳定性较好。

函数 f10 ~ f12 为 3 个混合函数。这 3 个函数由前面的数个函数混合。可以看出算法在前期收敛速度相对较快,但在算法后期,曲线下降并不明显,算法可能陷入局部最优。

函数 f13 ~ f15 为 3 个复合函数,由不同的函数以不同权重复合而成,求解较复杂,其峰值数与局部最优解的分布相对复杂。从图 5-3(m)到图 5-3(o)可以看出,差分进化算法在这 3 个函数均在算法的初期收敛,在之后的较长的一段迭代次数内,算法并没有找到更优的解。同时从图 5-3(m)和图 5-3(n)中可以看出 50 条优化曲线分布的较为均匀,但在图 5-3(o)中其曲线主要集中在两个值,且在之后的较长的迭代次数内,算法没有更新出更优解,显然算法陷入了局部最优,说明差分进化算法在解决局部最优分布较为复杂的函数时会陷入局部最优。

性能总结:差分进化算法的收敛性一般,搜索能力较强但是跳出局部最优能力较弱。原始算法中没有跳出局部最优的操作,同时由于算法收敛性一般,其搜索能力非常好且每次搜索过程中群体不会向特定的个体靠近,导致算法不容易快速收敛于某一个值,陷入局部最优的可能性较小。

5.3.3　粒子群算法仿真测试及性能分析

粒子群算法的测试实验中,学习因子 $c_1 = c_2 = 2$,惯性系数 $\omega = 1$,且其惯性系数将随迭代次数增加由 1 线性递减至 0,各方向上最大搜索速率为该维度解空间的 1/10。

图 5-4 给出了粒子群算法在 15 个测试函数上的优化曲线,同样每幅图像叠加了粒子群算法在每个函数上求解 50 次的优化曲线,横坐标为迭代次数,纵坐标为函数值以 10 为底的对数 $\lg(F(x))$。红色的线为 50 次运算结果的平均值。

函数 f1、f2 为 2 个单峰函数,粒子群算法在 f1、f2 上的优化曲线如图 5-4(a)和图 5-4(b)所示。函数 f1 峰域较窄而 f2 有一个敏感的方向,可以看出粒子群算法在函数 f1 上,较多的曲线收敛较慢,在算法中期逐渐稳定在一个值,迅速收敛于一个值后不再更新,同时有数条曲线在初期快速收敛后便不再更新,算法可能陷入了局部最优,且其纵坐标值相对较大,值相对不稳定。而在函数 f2 上粒子群算法在整个算法过程中一直能够不断地找到更优解,并且曲线相对集中。由于粒子群算法的流程中没有跳出局部最优的操作,在峰域较窄的 f1 上,影响峰域的维度在整个算法中的权重较小,搜索难度较大,可能在权重较小的维度上陷入了局部最

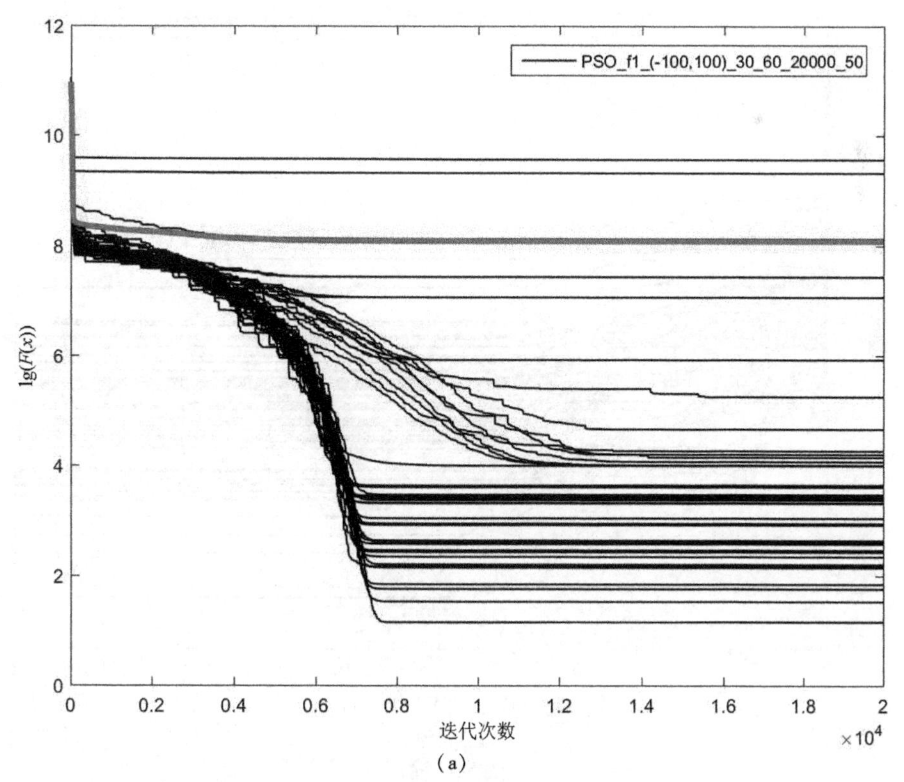

(a)

图 5-4　粒子群算法函数优化曲线图

(a)f1 优化曲线

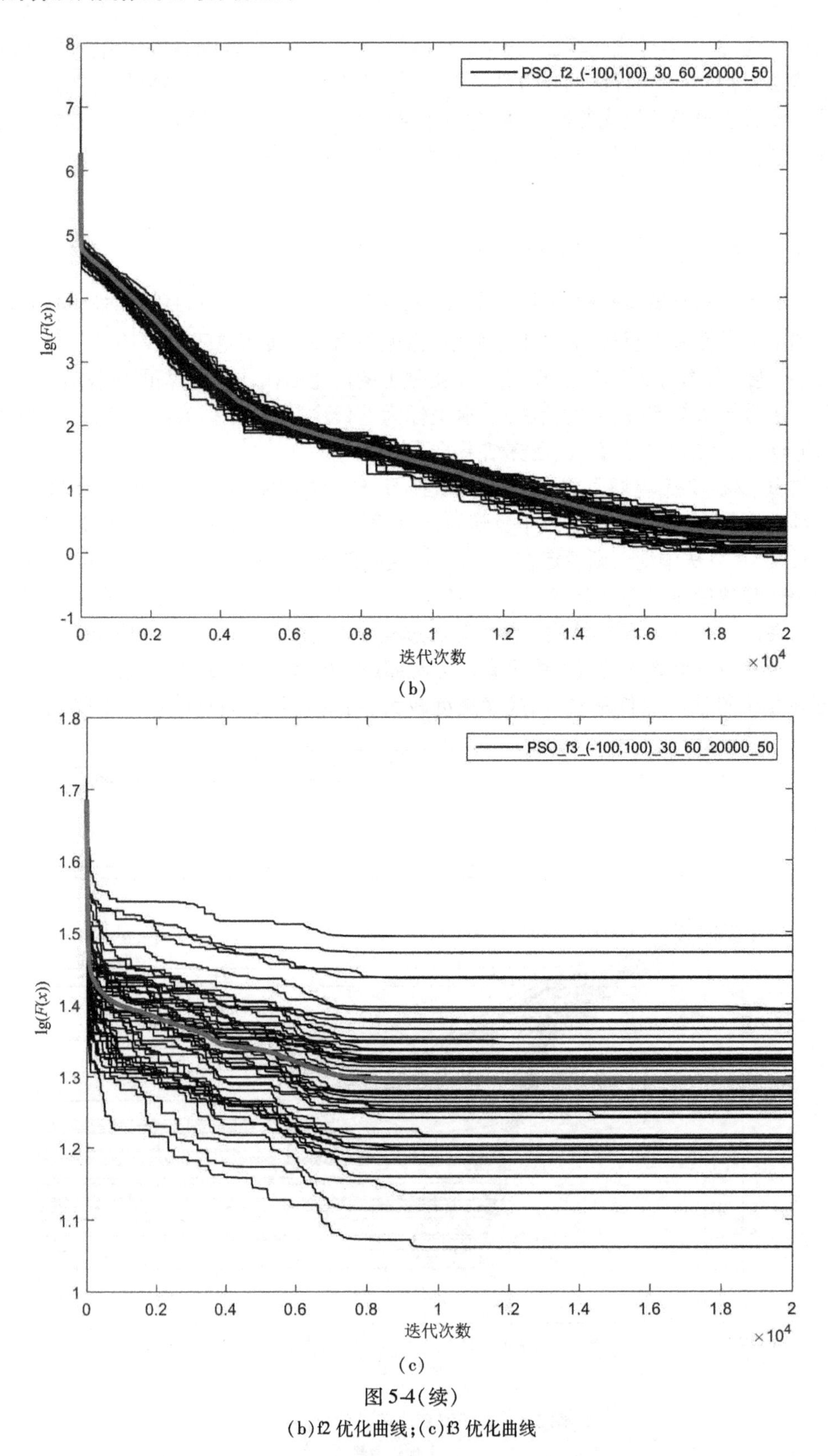

(b)

(c)

图 5-4(续)

(b)f2 优化曲线;(c)f3 优化曲线

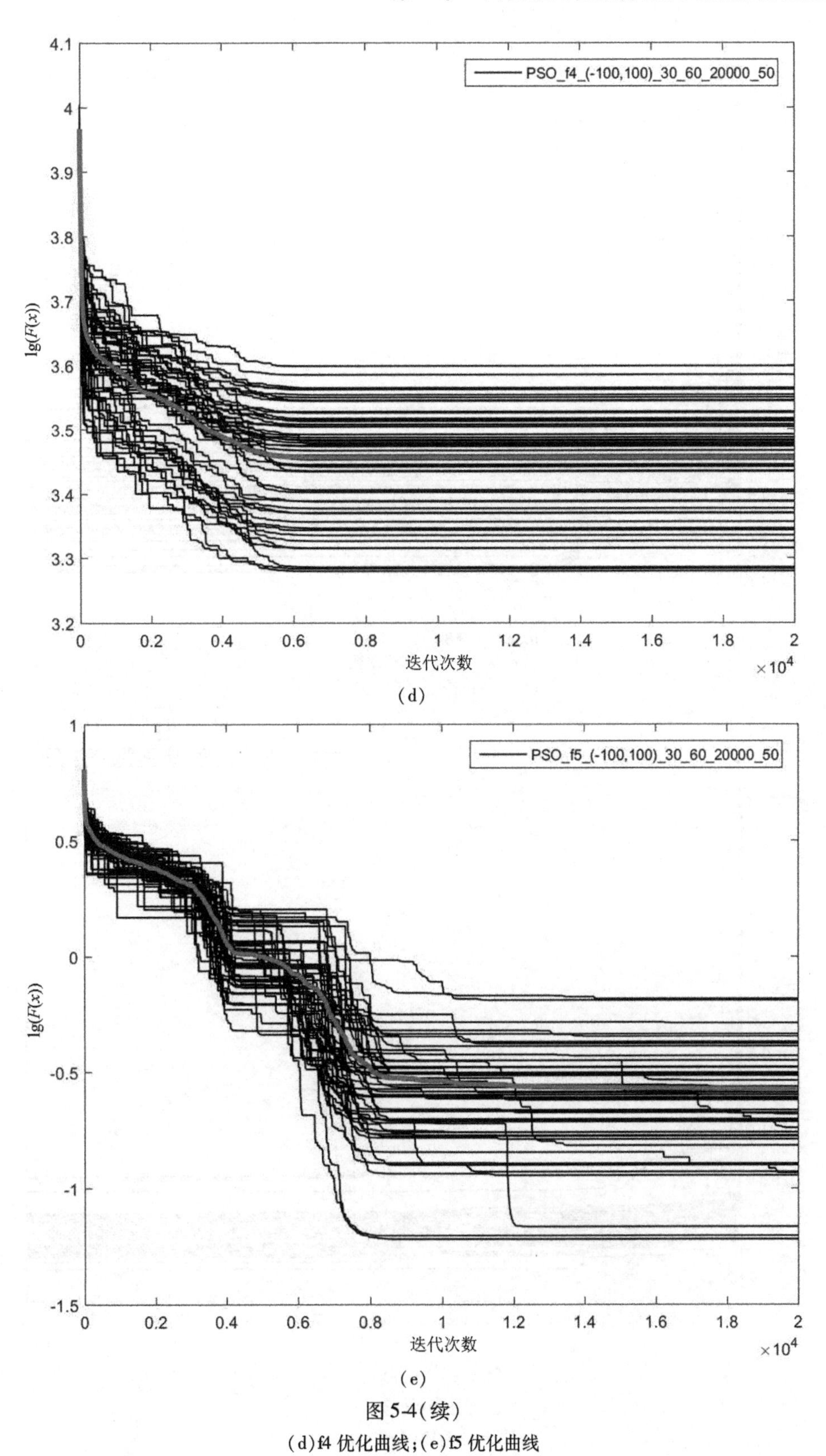

图 5-4(续)

(d)f4 优化曲线;(e)f5 优化曲线

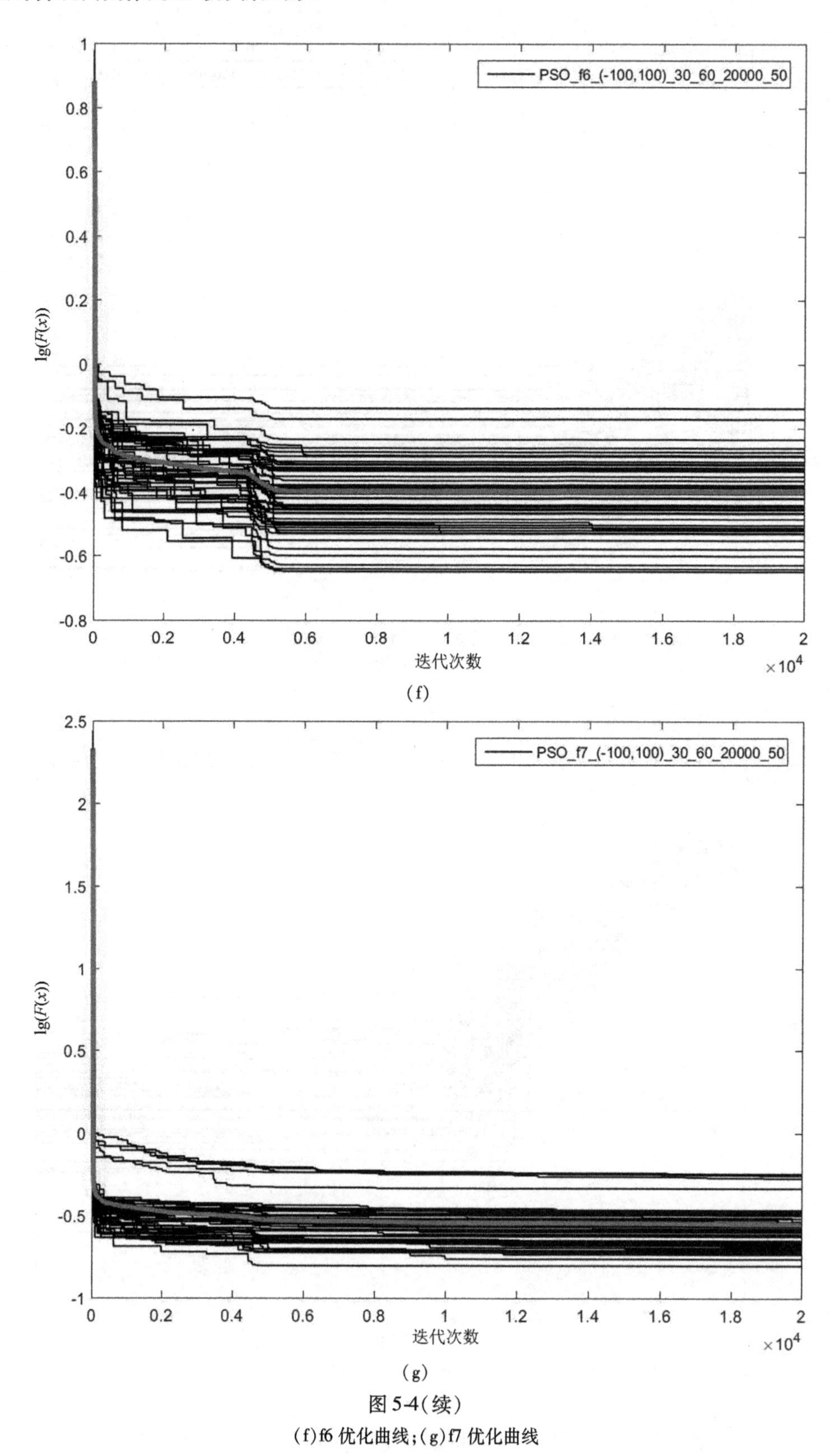

(f)

(g)

图 5-4(续)

(f)f6 优化曲线;(g)f7 优化曲线

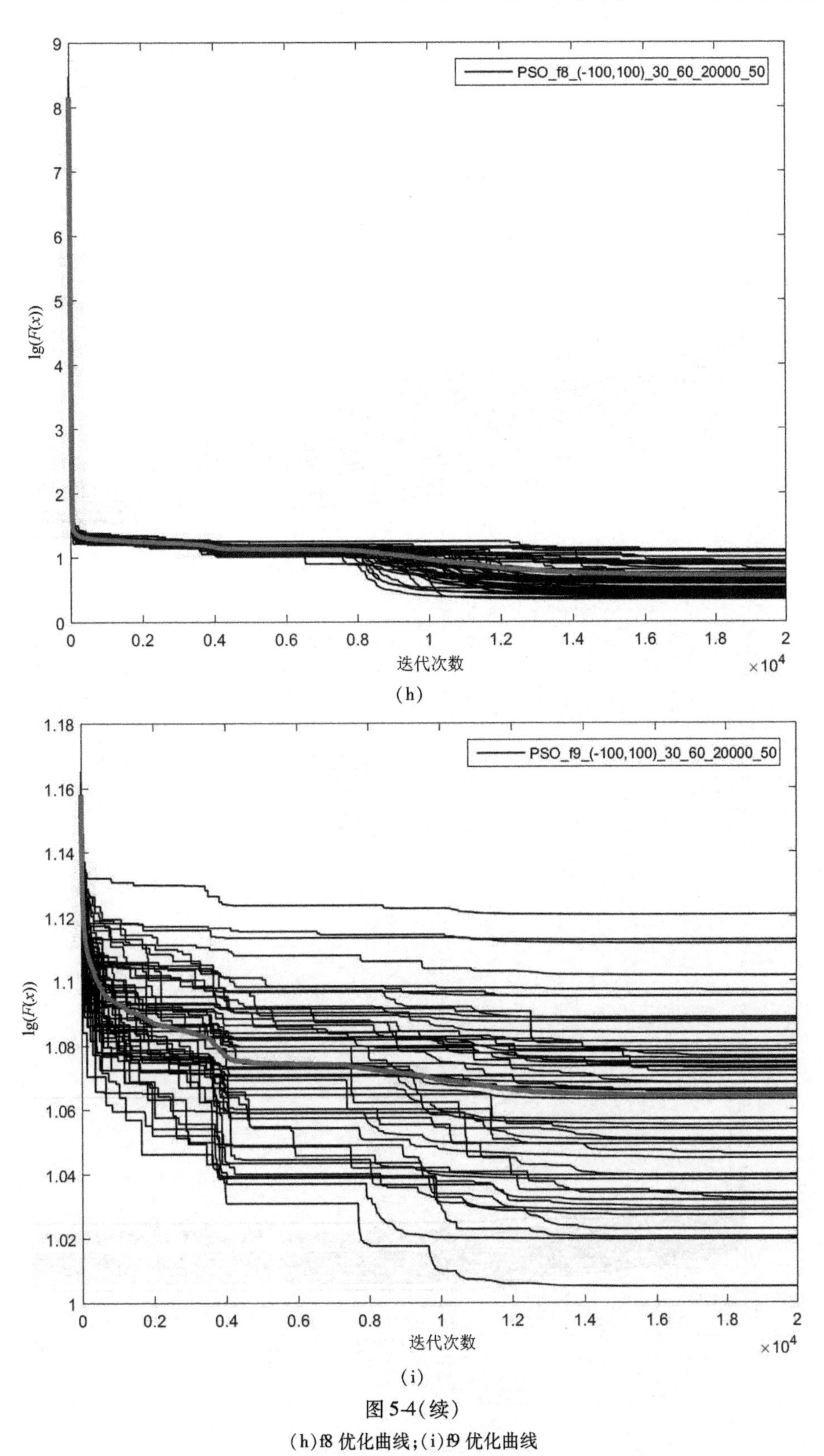

(h)

(i)

图 5-4(续)

(h)f8 优化曲线;(i)f9 优化曲线

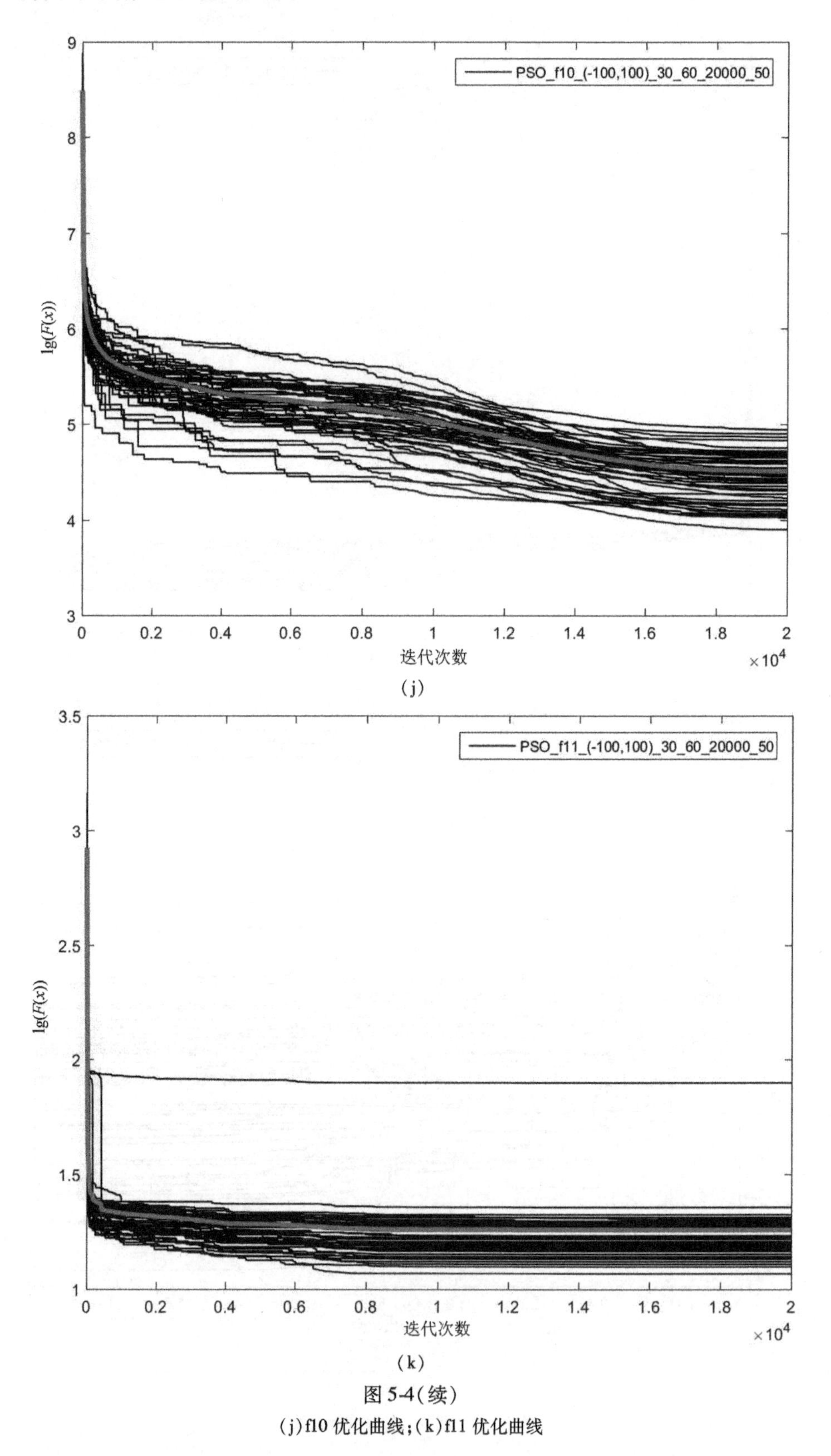

图 5-4(续)

(j)f10 优化曲线;(k)f11 优化曲线

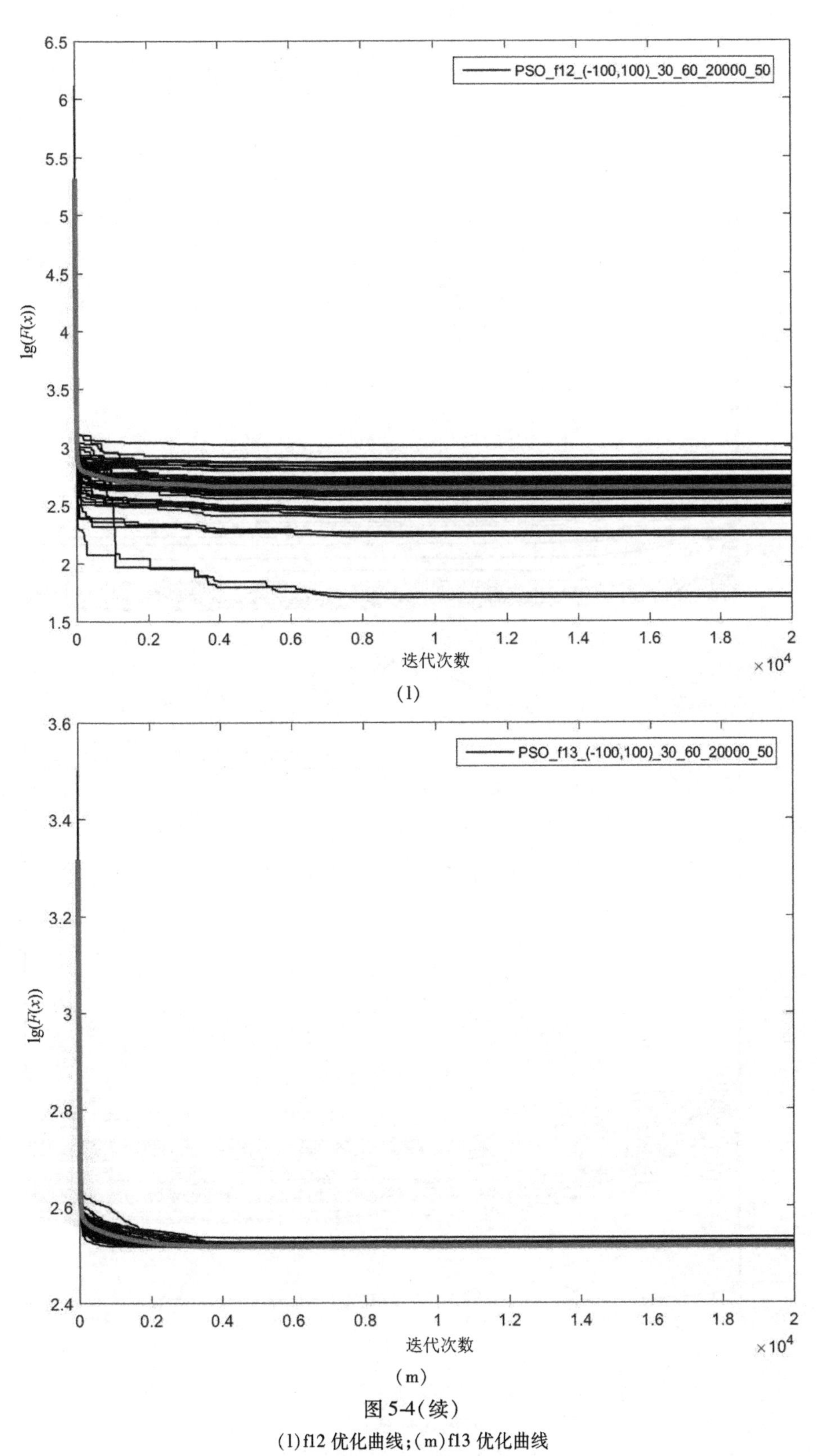

图5-4(续)

(l)f12 优化曲线;(m)f13 优化曲线

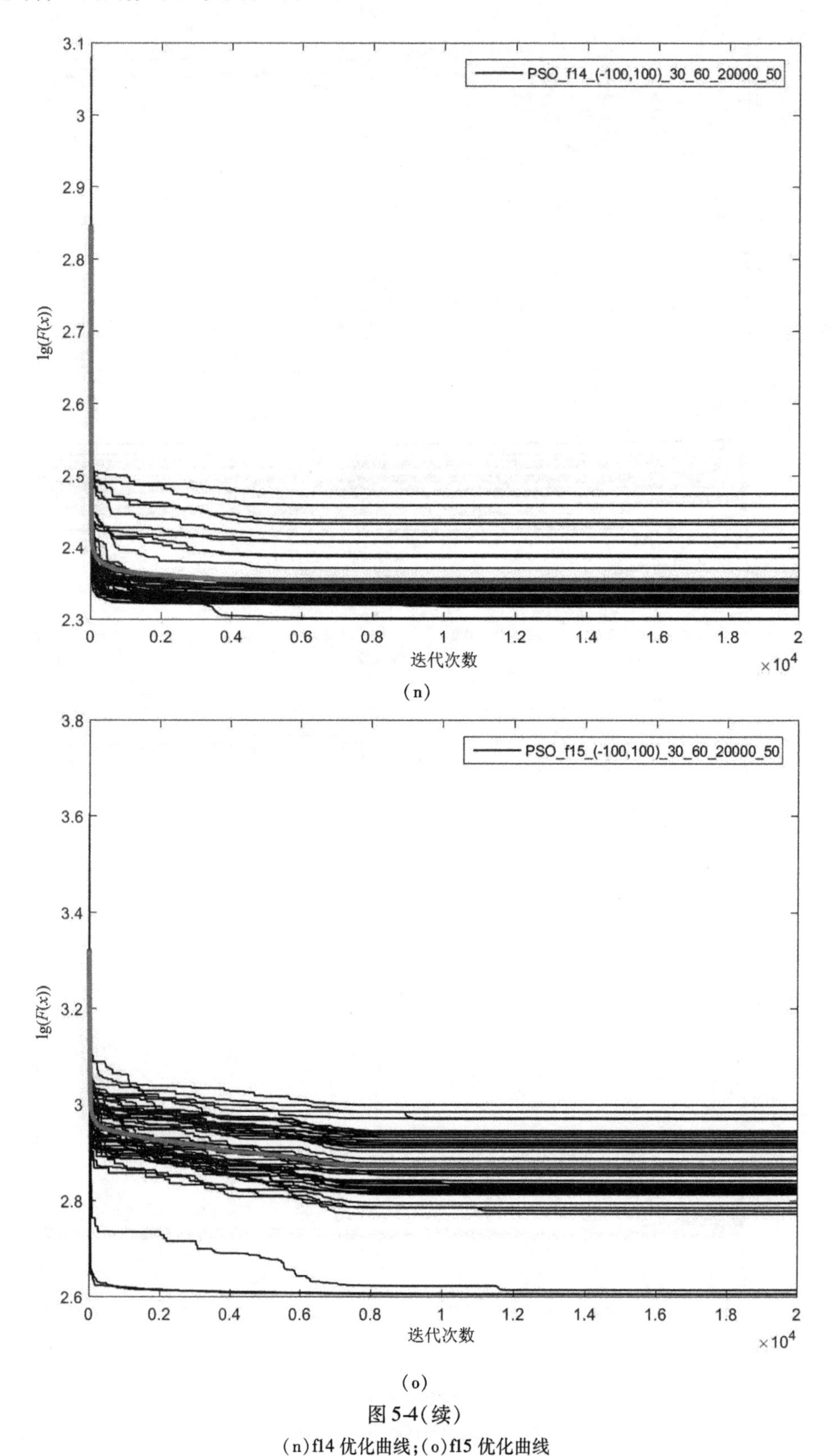

(n)

(o)

图 5-4(续)

(n)f14 优化曲线;(o)f15 优化曲线

优。在函数 f2 中，算法一直能够找到更优解，说明粒子群算法的局部搜索能力较强，但由图 5-4(b)的纵坐标可以看出，算法在该函数上的收敛速度相对较慢，但稳定性极强，50 条优化曲线也较为相似。

函数 f3 ~ f9 为 7 个多峰函数，均存在大量的局部最优解。由图 5-4(c)到图 5-4(i)可以看出，算法的曲线在前期收敛较慢，直到算法中期优化曲线逐渐收敛于一个值，多数曲线在之后的时间里也没有找到更优的解。粒子群算法的流程中并没有可以使算法跳出局部最优的操作，说明粒子群算法在对多峰函数进行优化时，搜索能力较强，收敛速度相对较慢，在算法前期能够不断搜索到更优的解，在算法的中后期，算法陷入局部最优后，由于缺乏跳出局部最优的步骤，算法将收敛于一个值。同时由于在这 5 幅图像中 50 条分布较为均匀，但其纵坐标的变化较小，说明算法的性能较为稳定。

函数 f10 ~ f12 为 3 个混合函数。这 3 个函数由前面的数个函数混合。粒子群算法在 f10 上收敛较慢，且在算法过程中能不断找到新解，其曲线相对均匀。而在 f11 与 f12 上，算法均在前期收敛并在中后期没有找到更优解，且 50 次实验的曲线分布不均匀，说明在优化混合函数时粒子群收敛速度相对较快，但同时较易陷入局部最优且结果相对不稳定。

函数 f13 ~ f15 为 3 个复合函数，以不同权重复合不同的函数而成，求解较复杂，其峰值数与局部最优解的分布相对复杂。从图 5-4(m)可以看出，粒子群算法在函数 f13 上收敛较快，但比较图 5-3(m)可以看出，粒子群算法在函数 f13 上的搜索结果并不稳定。同样图 5-4(n)和图 5-4(o)可以看出，粒子群算法在 f14 和 f15 上有一定的搜索能力但性能不稳定，且易于陷入局部最优解。

性能总结：粒子群算法的收敛性一般，搜索能力较强，算法流程中没有跳出局部最优的操作。当算法高度收敛时，即所有个体取得相同的解时，算法无法更新出更好的解。同时由于个体会向着全局最优解和自身最优解飞行，所以当待求问题维度较高时或求解更优解难度较大时，算法的收敛速度会加快，算法将陷入局部最优。

5.3.4　人工蜂群算法仿真测试及性能分析

人工蜂群算法的测试实验中，采蜜蜂的数量与观察蜂的数量相等，均为种群的一半，每个蜜源的最大开采限度为 60。

图 5-5 给出了人工蜂群算法在 15 个测试函数上的优化曲线，同样每幅图像叠加了人工蜂群算法在每个函数上求解 50 次的优化曲线，横坐标为迭代次数，纵坐标为函数值以 10 为底的对数 $\lg(F(x))$。红色的线为 50 次运算结果的平均值。

在函数 f1、f2 为 2 个单峰函数上，人工蜂群算法快速收敛，但在之后的较长的迭代次数内人工蜂群算法没有找到更优的解使算法进一步收敛，表明算法的局部搜索能力相对较弱。其曲线分布相对均匀说明该算法在较为简单的函数上稳定性较好。

函数 f3 ~ f9 为 7 个多峰函数中，算法在 f5 和 f9 这两个多峰且其梯度相对较大的函数上收敛较慢，但在算法运行过程中能够持续不断地找到新的解，说明算法在局部最优较多且分布均匀的函数上有着较强的搜索能力。在其他的 5 个测试函数上，人工蜂群算法的优化曲线均在算法初期快速收敛，而在算法中后期其优化曲线稳定于一个值，且 50 条曲线的分布相对均匀，算法在这几个函数上的稳定性较好但搜索能力相对较弱。

在 f10 ~ f12 这 3 个混合函数以及 f13 ~ f15 这 3 个复合函数上，人工蜂群算法同样在算法

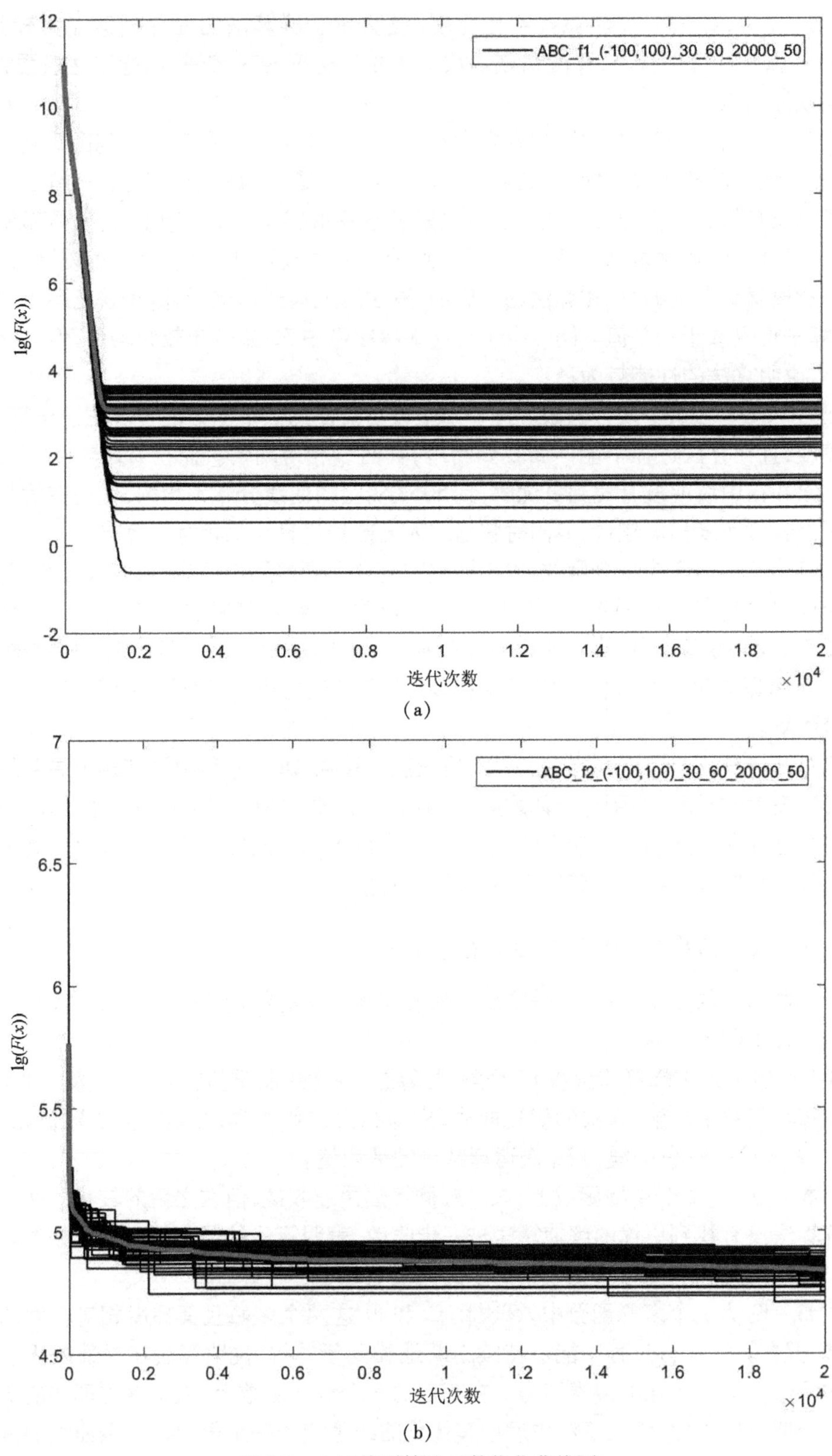

图 5-5 人工蜂群算法函数优化曲线图

(a)f1 优化曲线;(b)f2 优化曲线

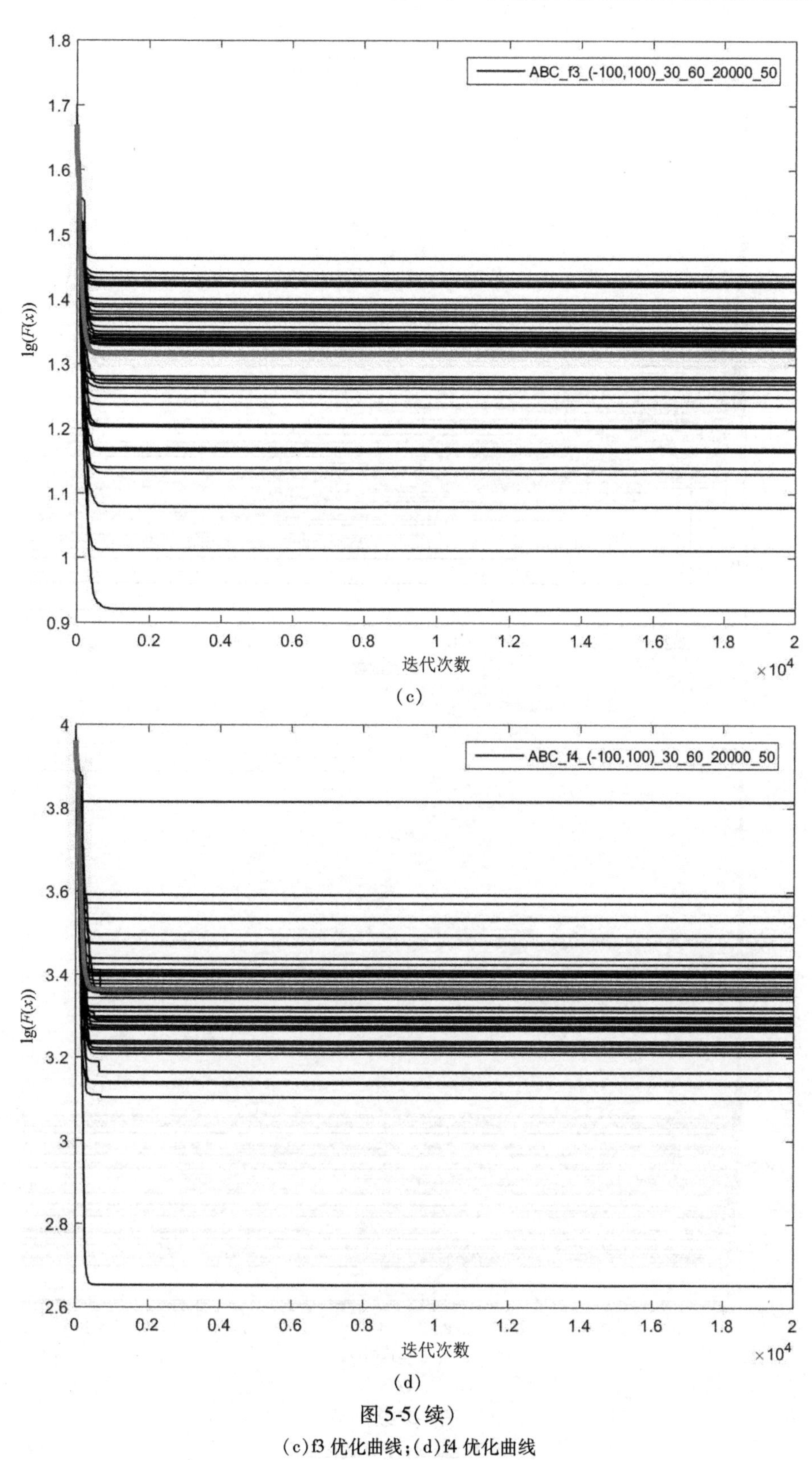

(c)

(d)

图 5-5(续)

(c)f3 优化曲线;(d)f4 优化曲线

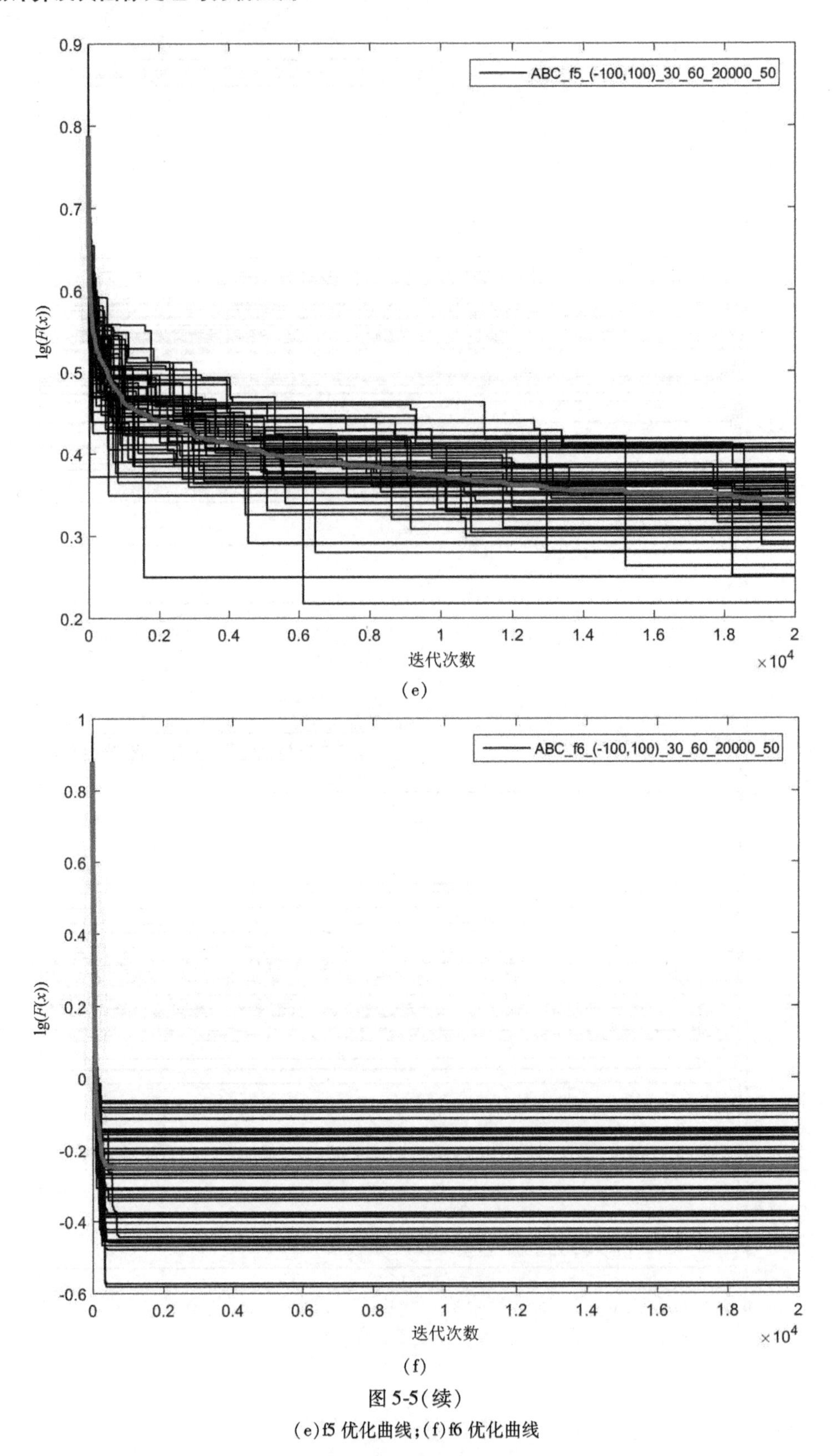

图 5-5(续)

(e)f5 优化曲线;(f)f6 优化曲线

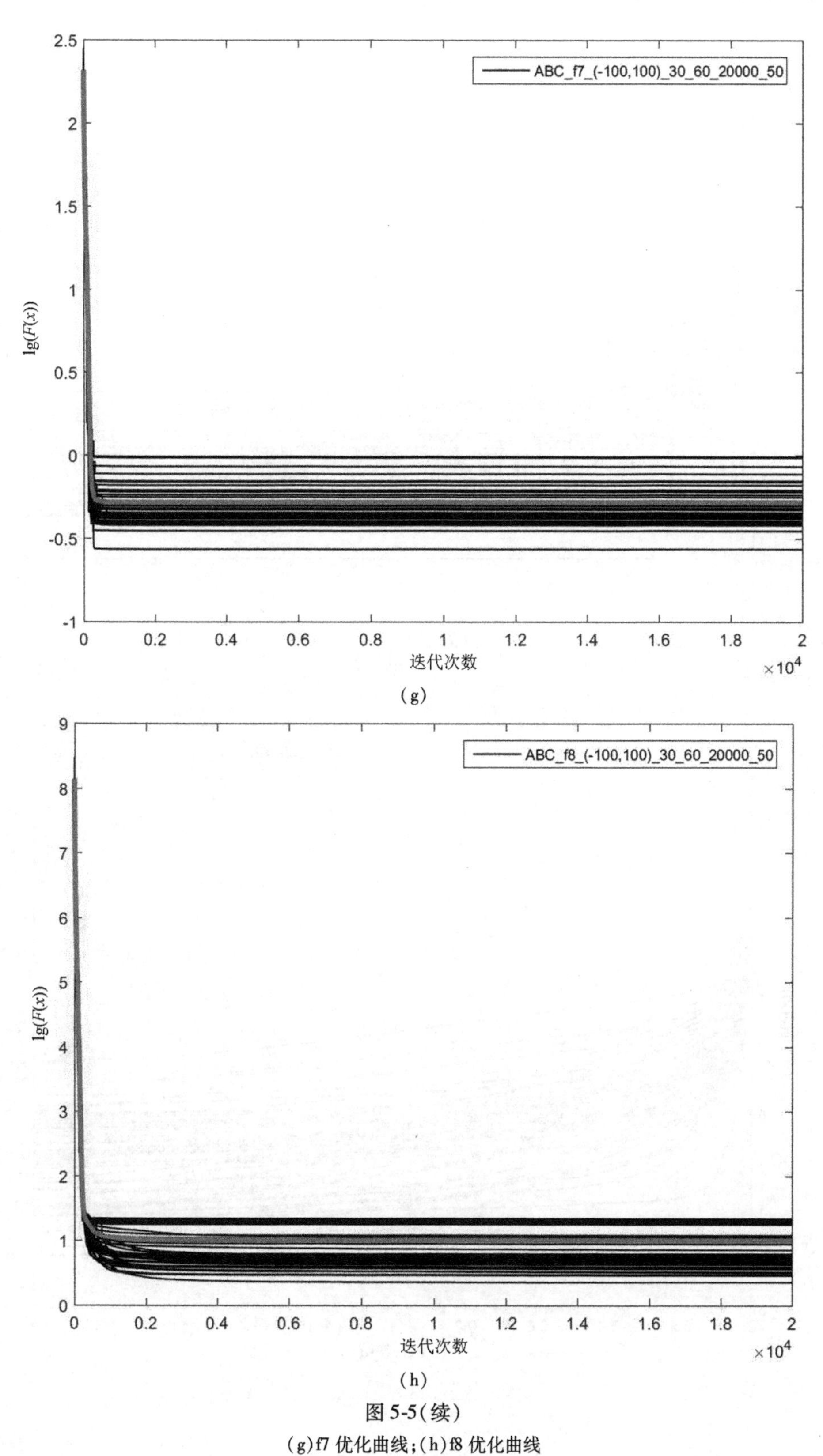

图 5-5(续)

(g)f7 优化曲线;(h)f8 优化曲线

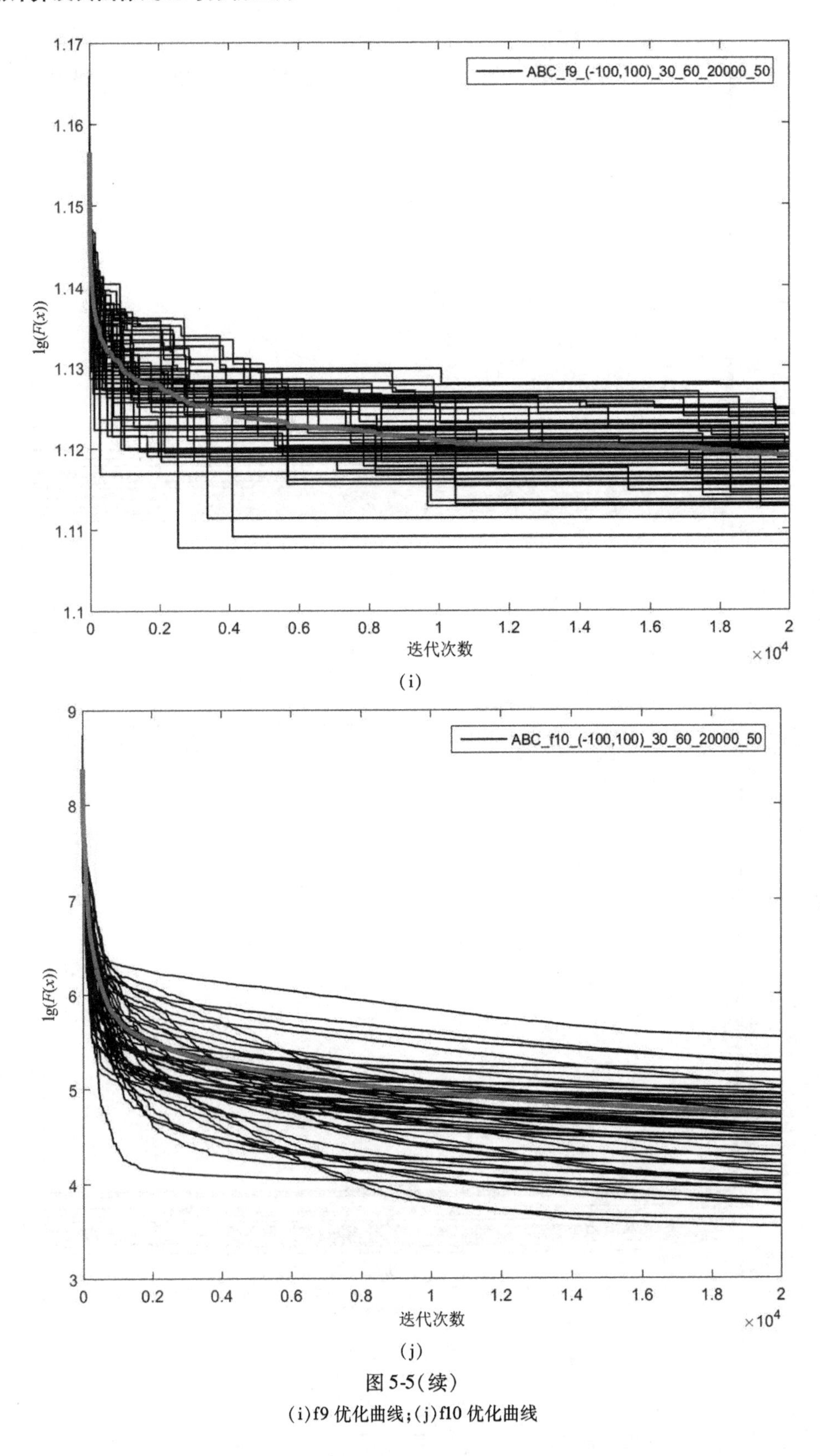

图 5-5(续)

(i)f9 优化曲线;(j)f10 优化曲线

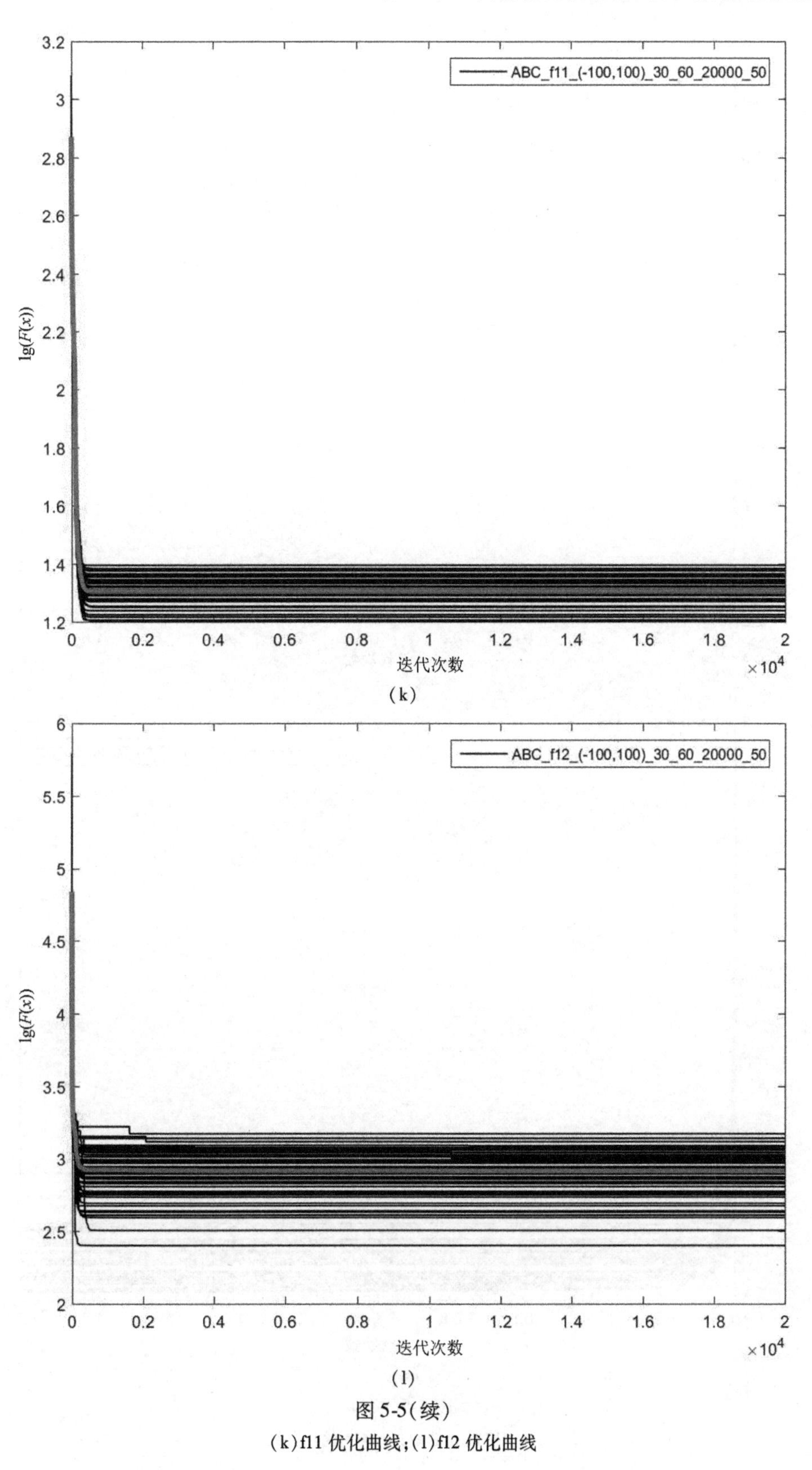

图 5-5(续)

(k)f11 优化曲线;(l)f12 优化曲线

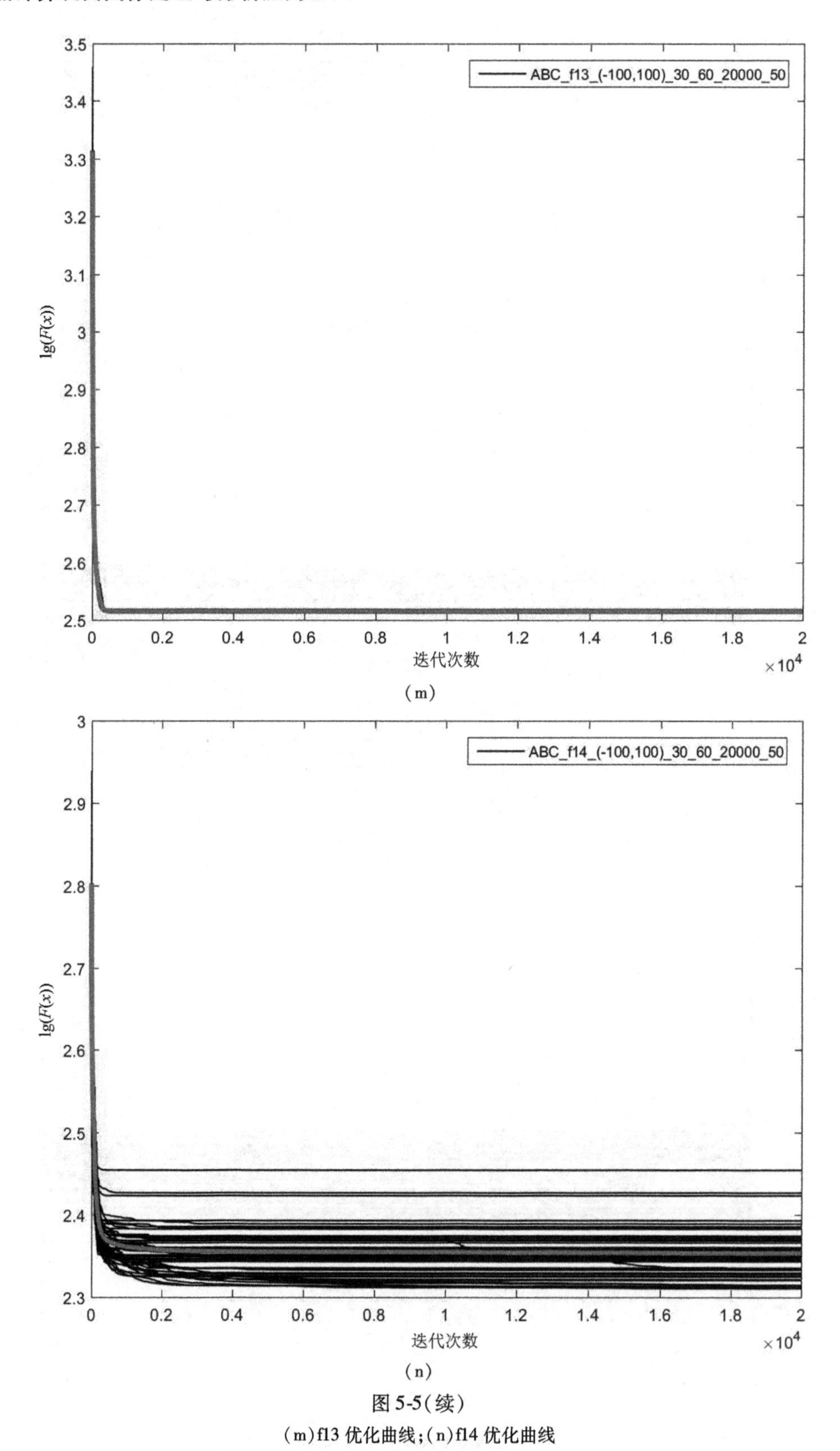

图 5-5(续)

(m)f13 优化曲线;(n)f14 优化曲线

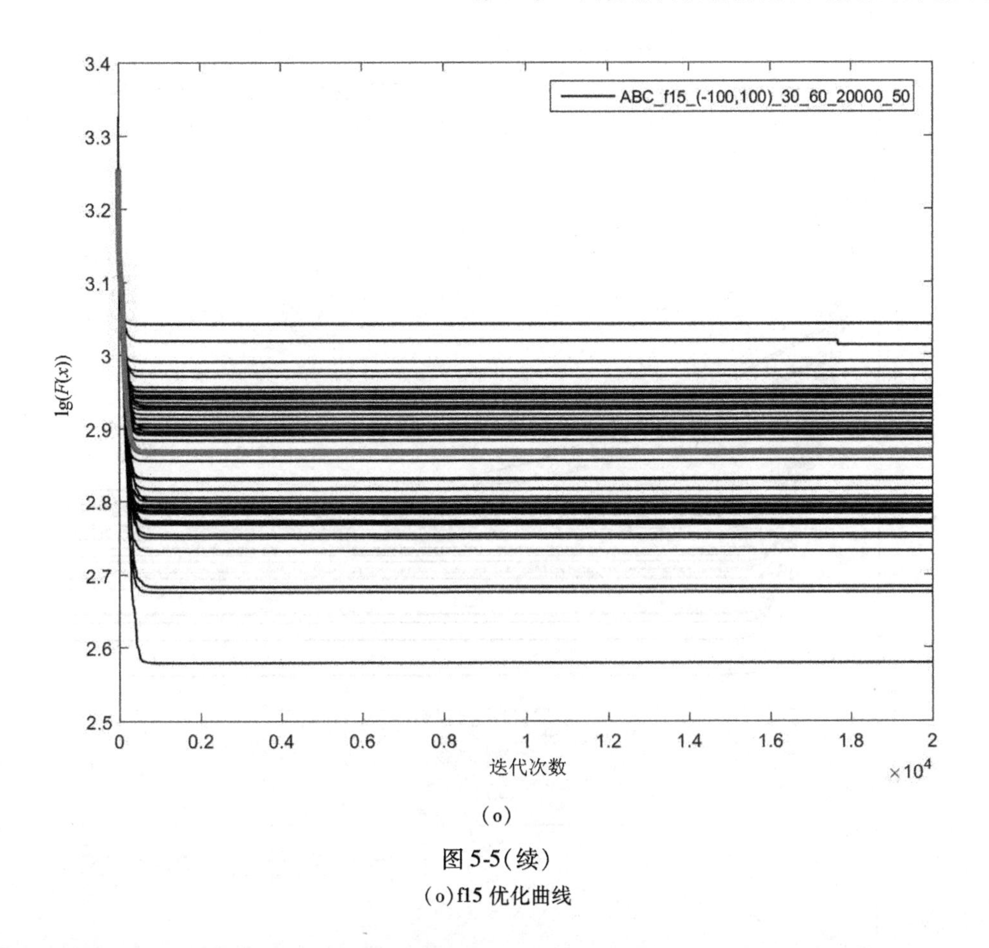

(o)

图5-5(续)

(o)f15优化曲线

的前期收敛且在后期几乎没有找到新的解。算法的收敛曲线相对均匀。在函数f15上,仍然可以看出其优化曲线分为两个部分,但与其他算法相比分布相对均匀,说明算法在较复杂的带球问题中性能相对稳定且有一定的跳出局部收敛能力。

性能总结:人工蜂群算法的收敛性很好,但是搜索能力较弱,有一定的跳出局部最优能力。在解决问题相对单一且局部收敛较多的问题时,算法的搜索能力较好,在其他的问题上,人工蜂群算法的搜索能力相对较弱。算法中放弃蜜源的操作使算法具备了一定的跳出局部最优的能力,同时由于采蜜蜂和观察蜂的角色限定,使得采蜜蜂能跳出局部最优时其蜜源不会一直由于之前的蜜源,而观察蜂在追随采蜜蜂时,其蜜源会不断由于之前的蜜源,使由侦查蜂转变的采蜜蜂能迅速找到更好的蜜源,使蜂群能够记住之前的较优蜜源,但有极大的可能使采蜜蜂再次陷入局部最优之中。

5.3.5 杜鹃搜索算法仿真测试及性能分析

杜鹃搜索算法的测试实验中,寄生巢被寄主发现的概率为 $P_a=0.3$,取莱维飞行步长 $\alpha=10$,算法中莱维飞行由式(5-21)到式(5-23)计算得出。

图5-6给出了杜鹃搜索算法在15个测试函数上的优化曲线,同样每幅图像叠加了杜鹃搜索算法在每个函数上求解50次的优化曲线,横坐标为迭代次数,纵坐标为函数值以10为底的对数 $\lg(F(x))$。红色的线为50次运算结果的平均值。

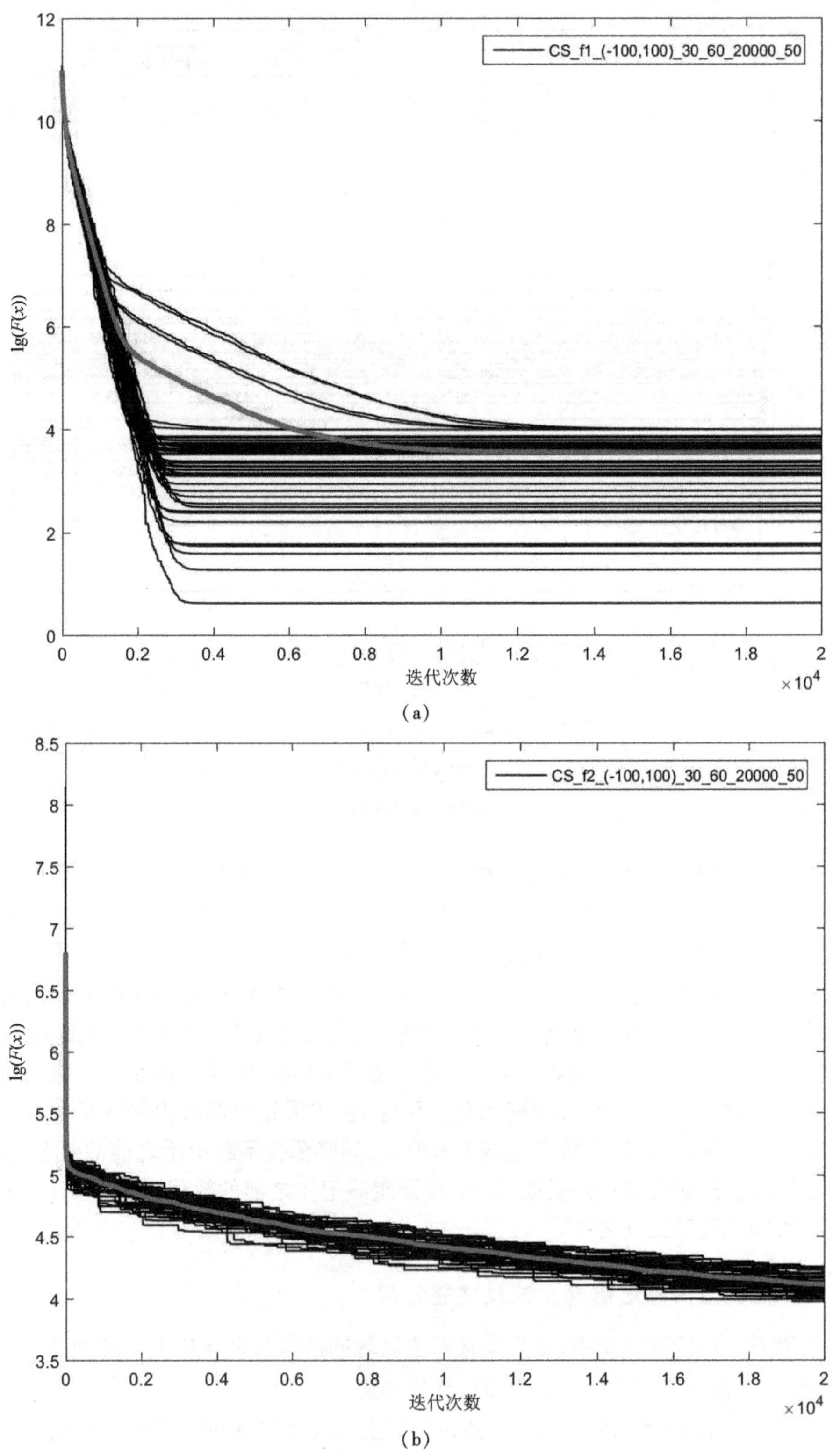

图 5-6 杜鹃搜索算法函数优化曲线图

(a)f1 优化曲线;(b)f2 优化曲线

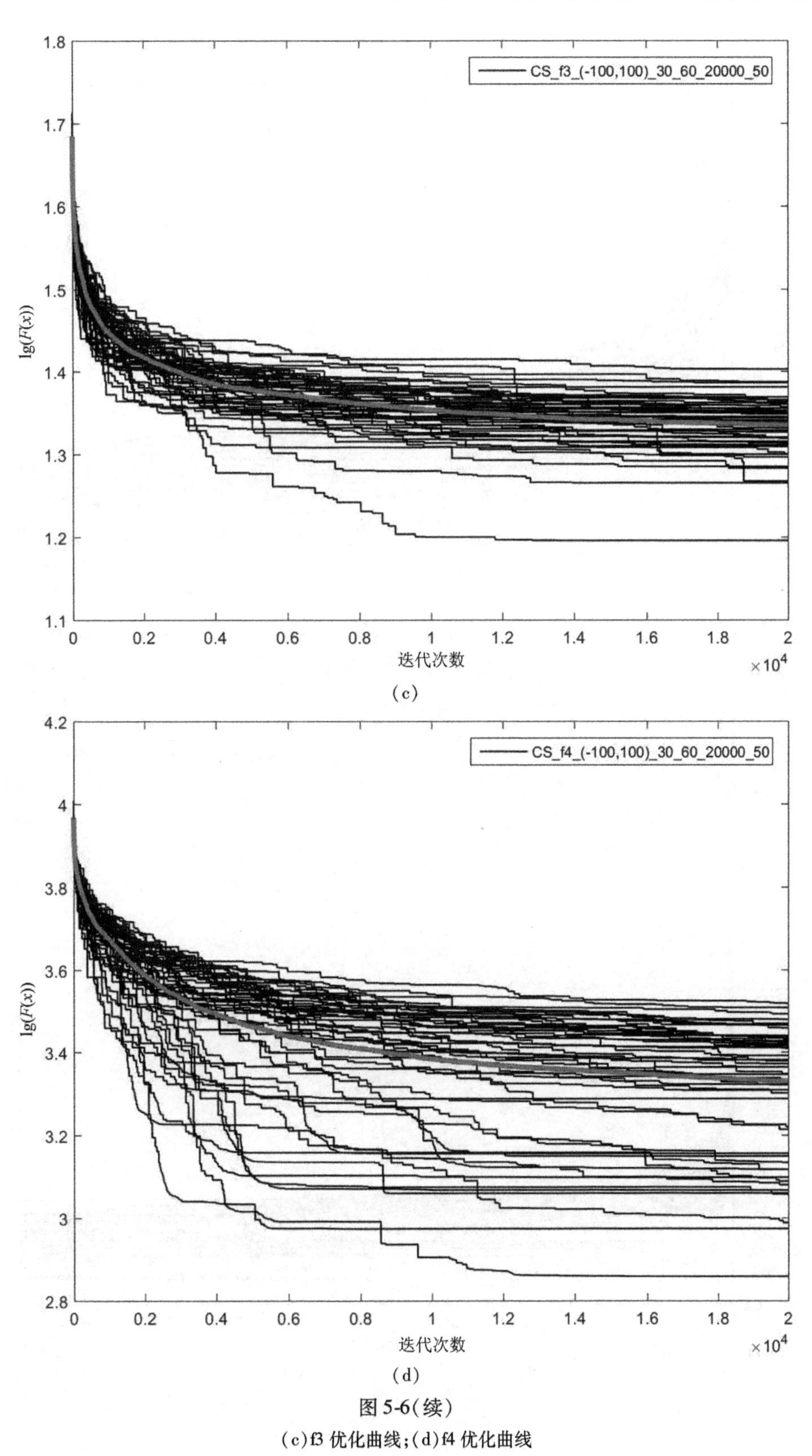

(c)

(d)

图 5-6(续)

(c)f3 优化曲线;(d)f4 优化曲线

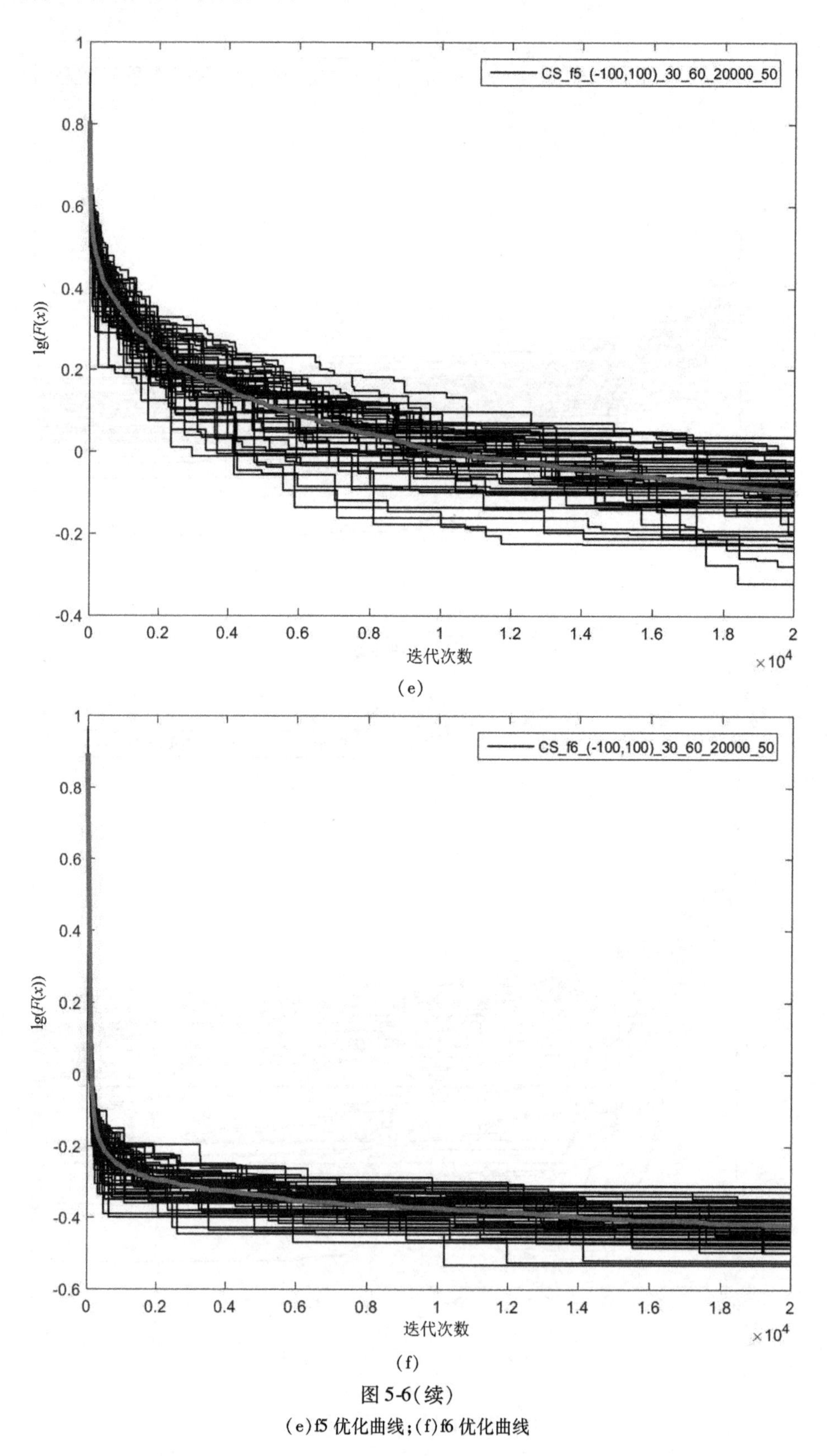

图 5-6(续)

(e)f5 优化曲线;(f)f6 优化曲线

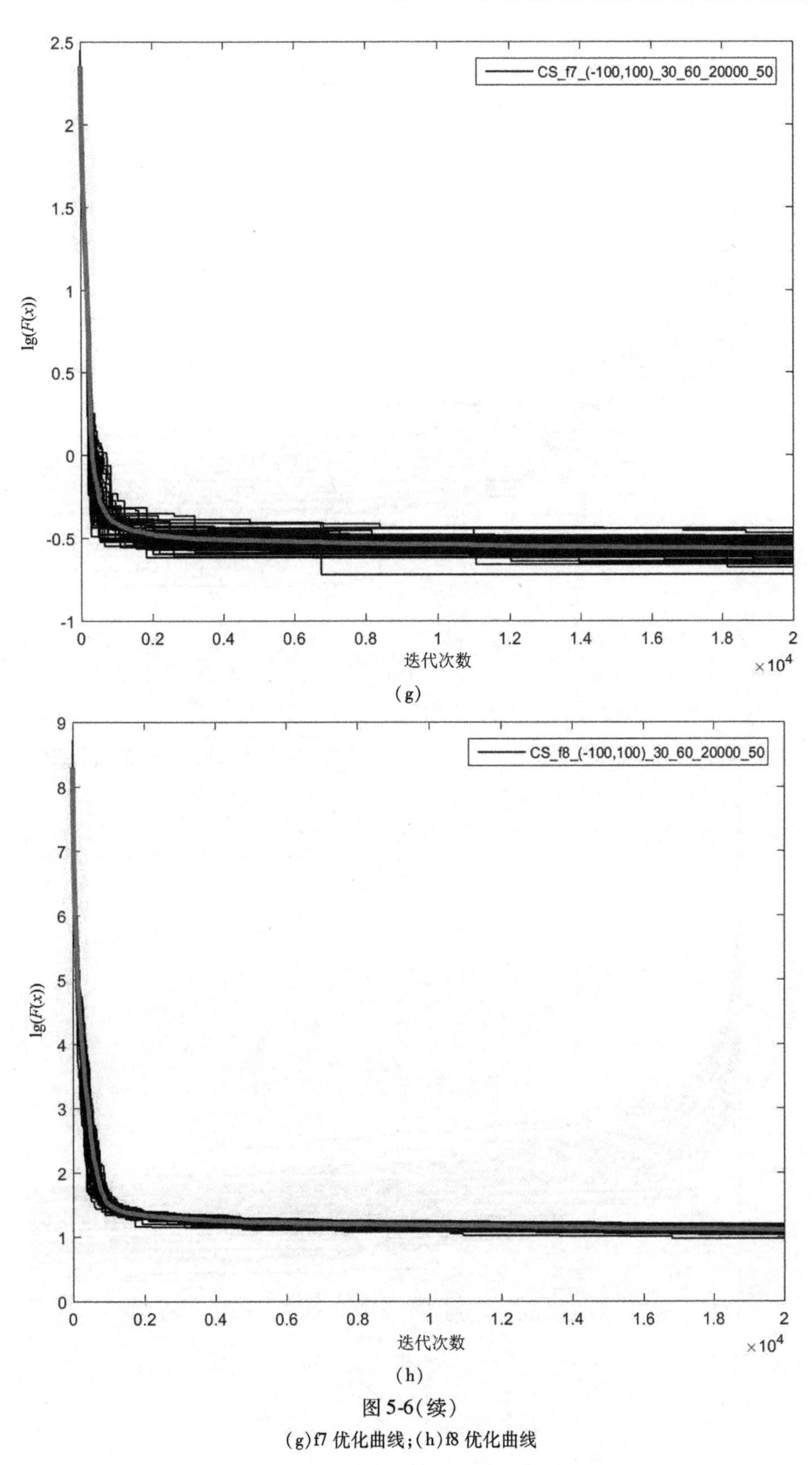

(g)

(h)

图 5-6(续)

(g)f7 优化曲线;(h)f8 优化曲线

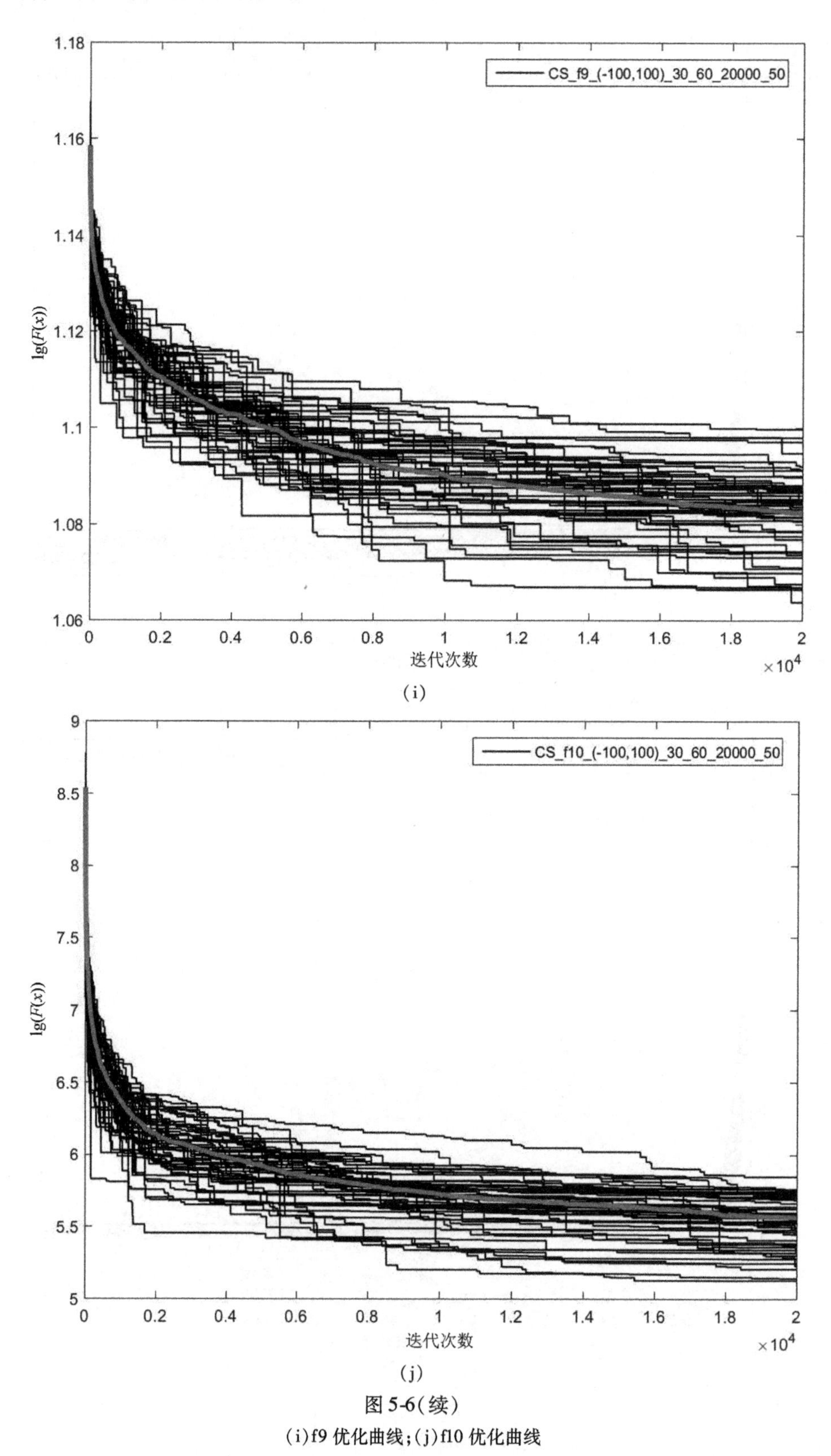

图 5-6(续)

(i)f9 优化曲线;(j)f10 优化曲线

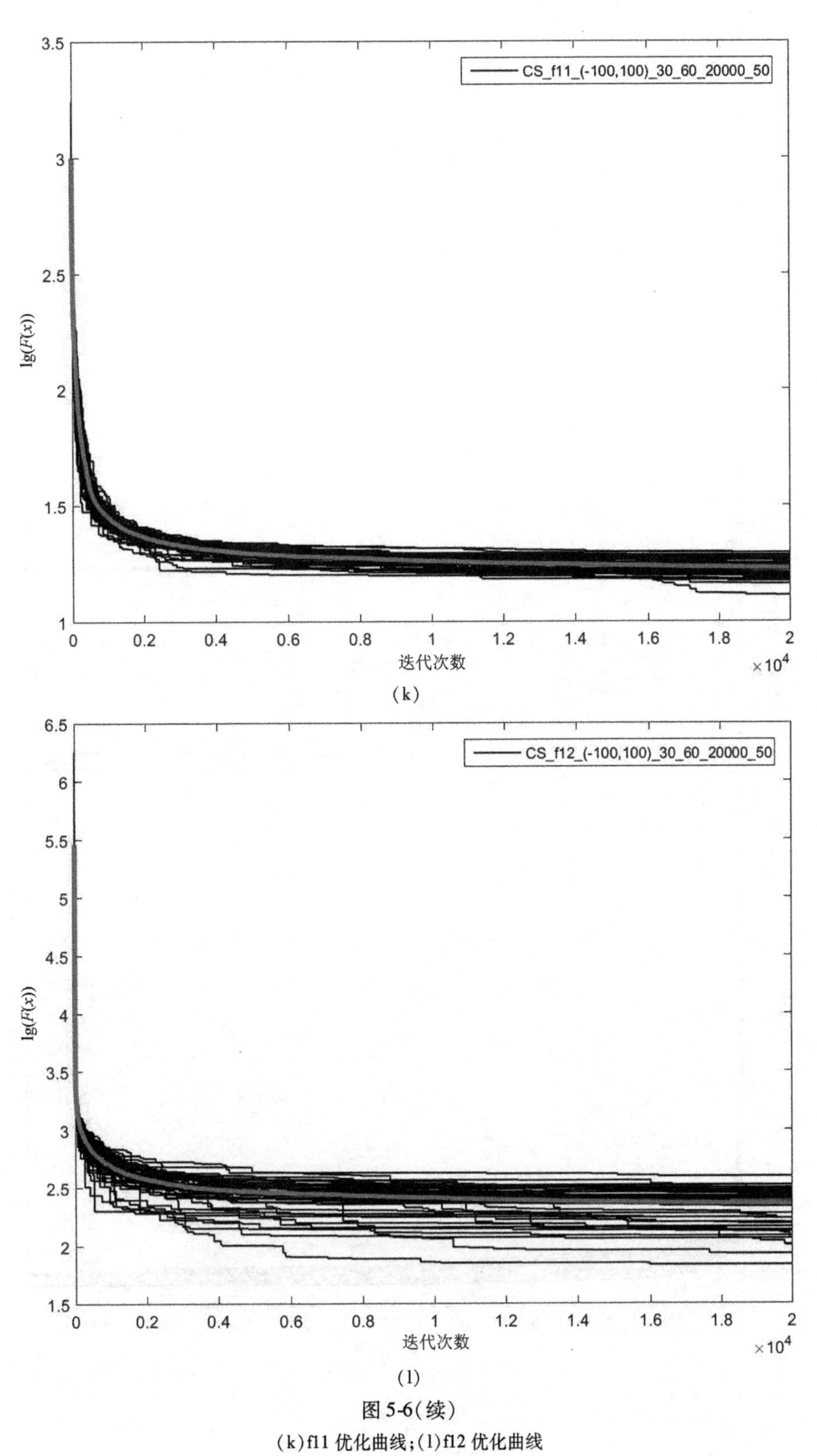

(k)

(l)

图 5-6(续)

(k)f11 优化曲线;(l)f12 优化曲线

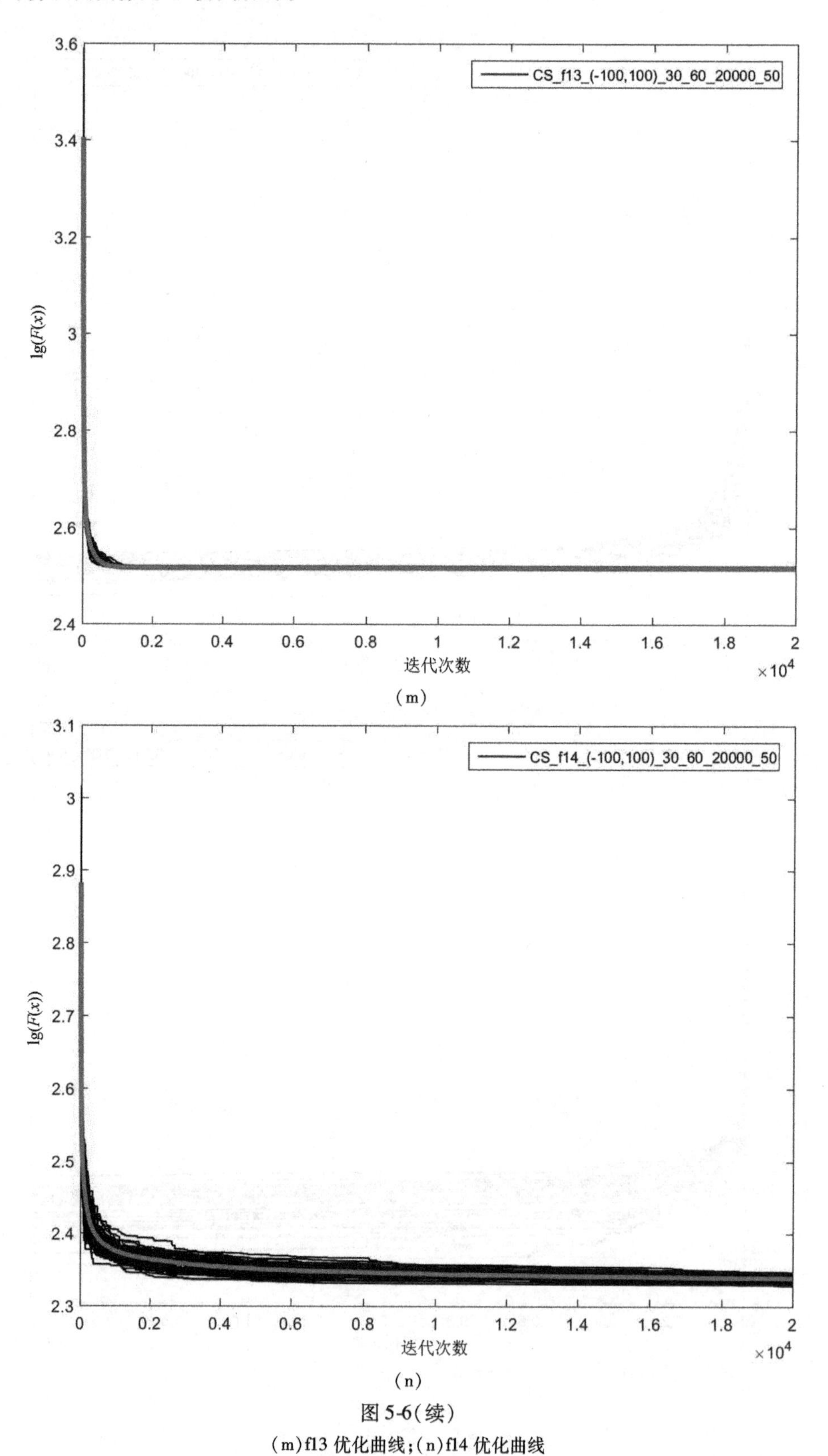

（m）

（n）

图 5-6（续）

（m）f13 优化曲线；（n）f14 优化曲线

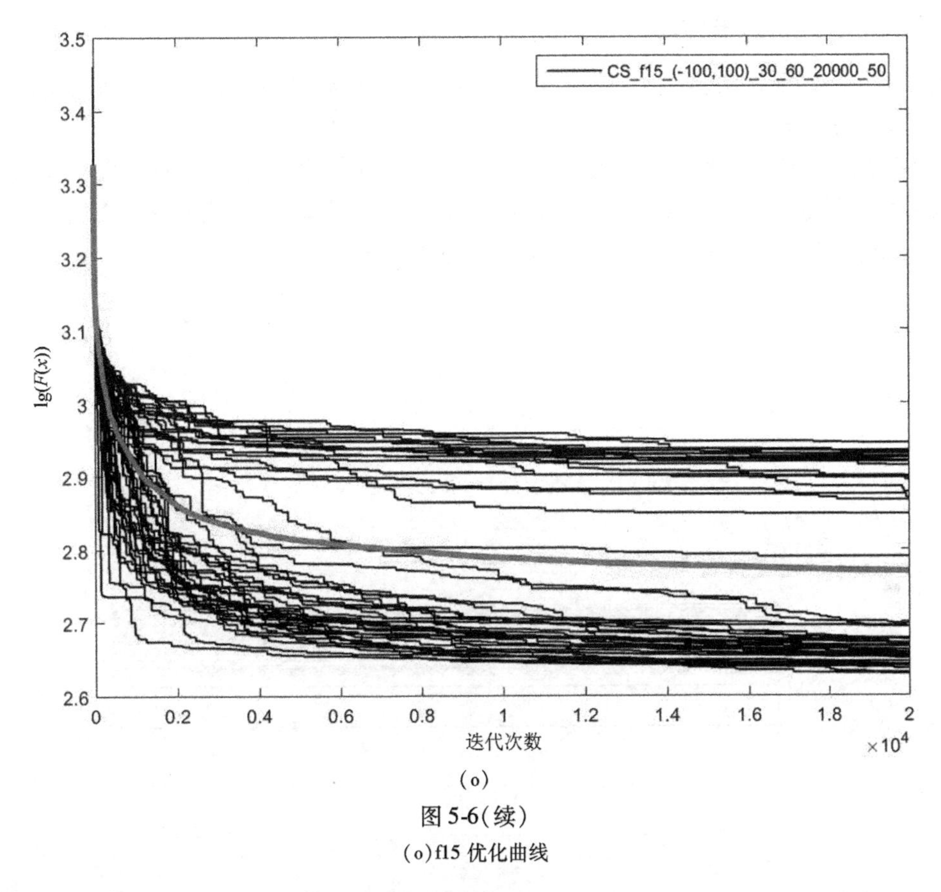

(o)

图 5-6(续)

(o)f15 优化曲线

在 f1、f2 这 2 个单峰函数上,杜鹃搜索算法收敛相对较慢。图 5-6(a)中算法在前期均匀收敛之后,其值停留在一个相对稳定的值。在图 5-6(b)中,杜鹃搜索算法在运行过程中能够一直找到更优解。

在 f3 ~ f9 这 6 个多峰函数中,杜鹃搜索算法的优化曲线有较多的阶梯形下降的曲线。结合杜鹃算法流程可知,莱维飞行及放弃寄生巢机制使得算法拥有较强的跳出局部最优能力,且搜索能力较强。同时由这 7 个函数的收敛曲线分布较为均匀、密集可以得出杜鹃搜索算法在优化多峰函数时性能较为稳定,但其收敛速度相对较慢。

在 f10 ~ f12 这 3 个混合函数以及 f13、f14 这 2 个复合函数中,杜鹃搜索算法同样表现出较强的跳出局部最优能力和搜索能力。但在函数 f15 中,可以明显看出杜鹃搜索算法的优化曲线集中于两个部分,这说明杜鹃算法陷入了局部最优,虽然其有着较强的跳出局部最优能力,且由收敛曲线可以看出,算法仍在不断地找出更优的解,但在极其复杂的函数中,杜鹃搜索算法也会陷入局部最优。

性能总结:杜鹃搜索算法的收敛性较差,但是搜索能力以及跳出局部最优能力优秀。算法中的莱维飞行从生成概率随机数的层面为算法提供了不错的跳出局部最优的搜索能力,同时其放弃寄生巢的操作也增加了算法跳出局部最优的可能性。跳出局部最优的操作会产生许多无效的搜索过程而降低算法的解的精度,其莱维飞行的实现方式相对复杂,在实验中也会对其运行效率产生较大的影响。

5.3.6 萤火虫算法仿真测试及性能分析

萤火虫算法的测试实验中，介质对光的吸收系数为$\gamma=1$，初始步长$\alpha=0.97$，初始吸引度$\beta_0=1.0$，其中$\beta_{\max}=1.0$，$\beta_{\min}=0.2$。

图5-7给出了萤火虫搜索算法在15个测试函数上的优化曲线，同样每幅图像叠加了萤火虫算法在每个函数上求解50次的优化曲线，横坐标为迭代次数，纵坐标为函数值以10为底的对数$\lg(F(x))$。红色的线为50次运算结果的平均值。

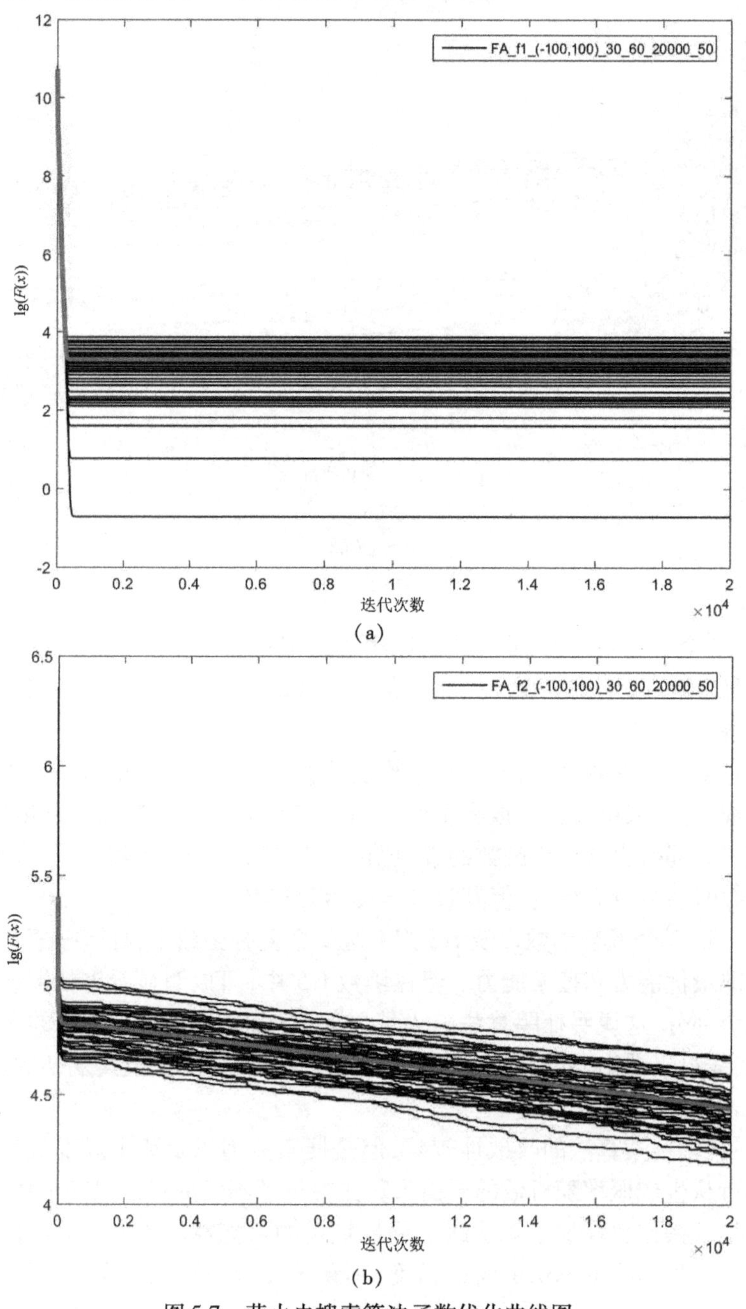

图5-7 萤火虫搜索算法函数优化曲线图

(a)f1 优化曲线；(b)f2 优化曲线

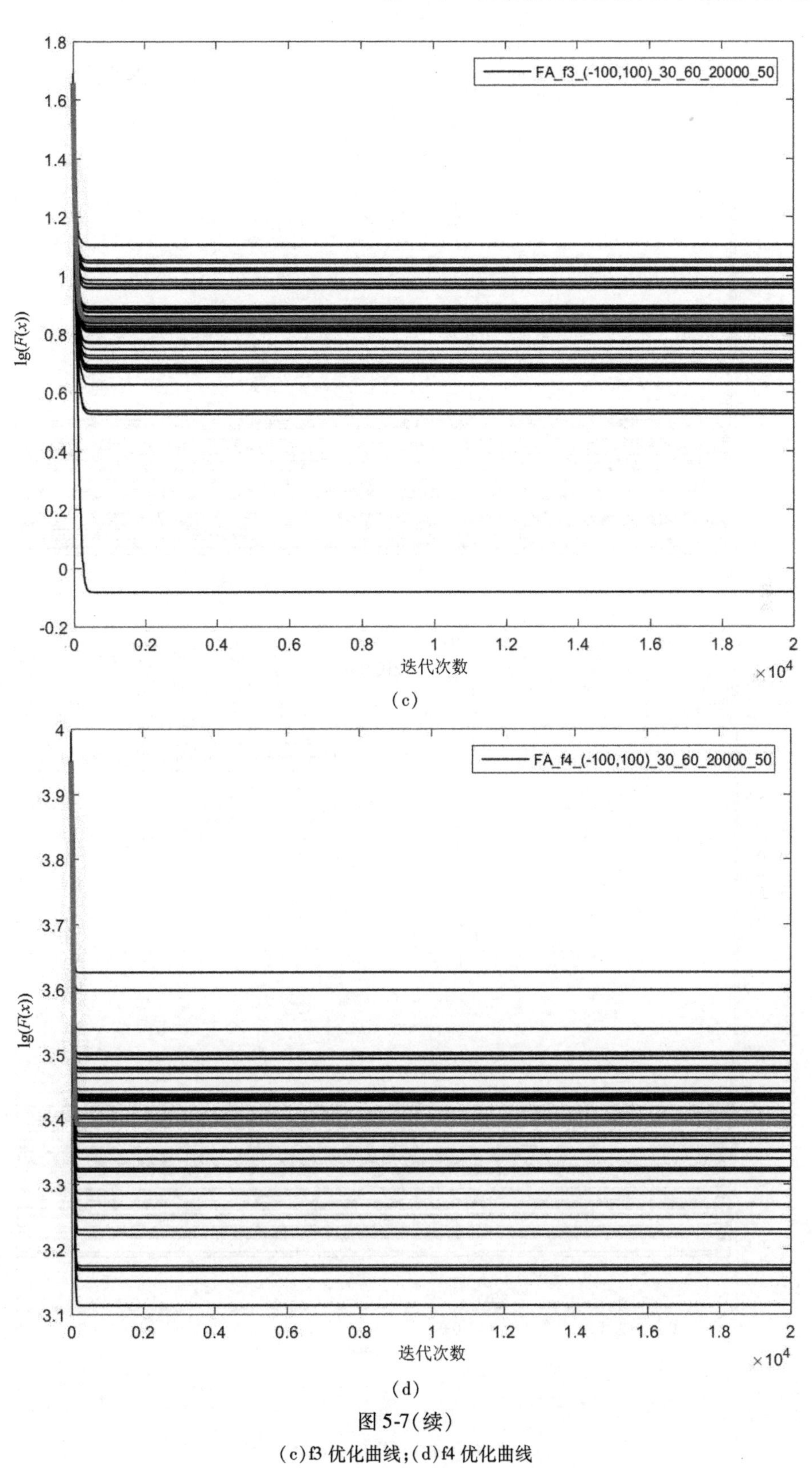

(c)

(d)

图 5-7(续)

(c)f3 优化曲线;(d)f4 优化曲线

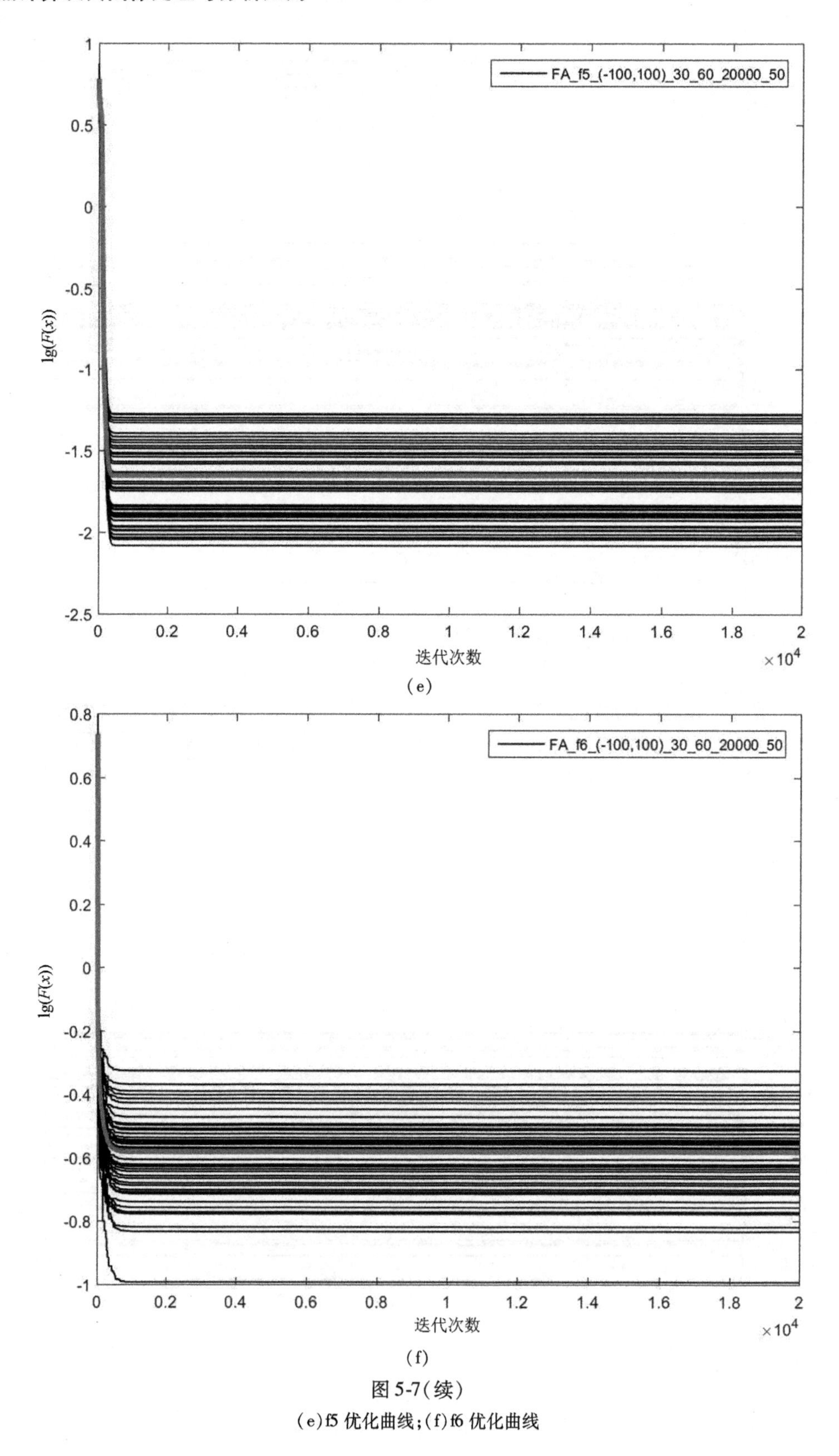

(e)

(f)

图 5-7(续)

(e)f5 优化曲线;(f)f6 优化曲线

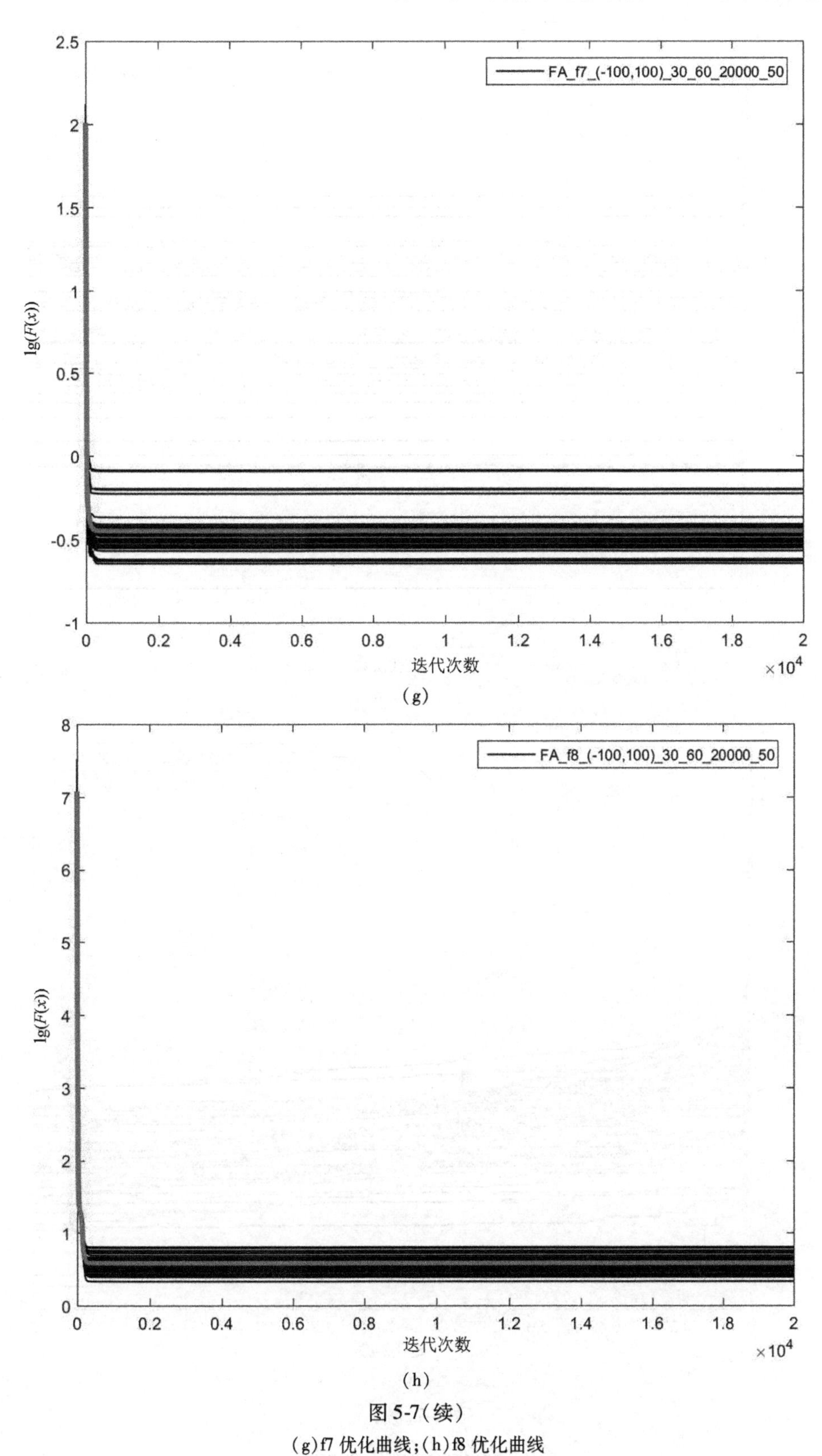

(g)

(h)

图5-7(续)

(g)f7 优化曲线;(h)f8 优化曲线

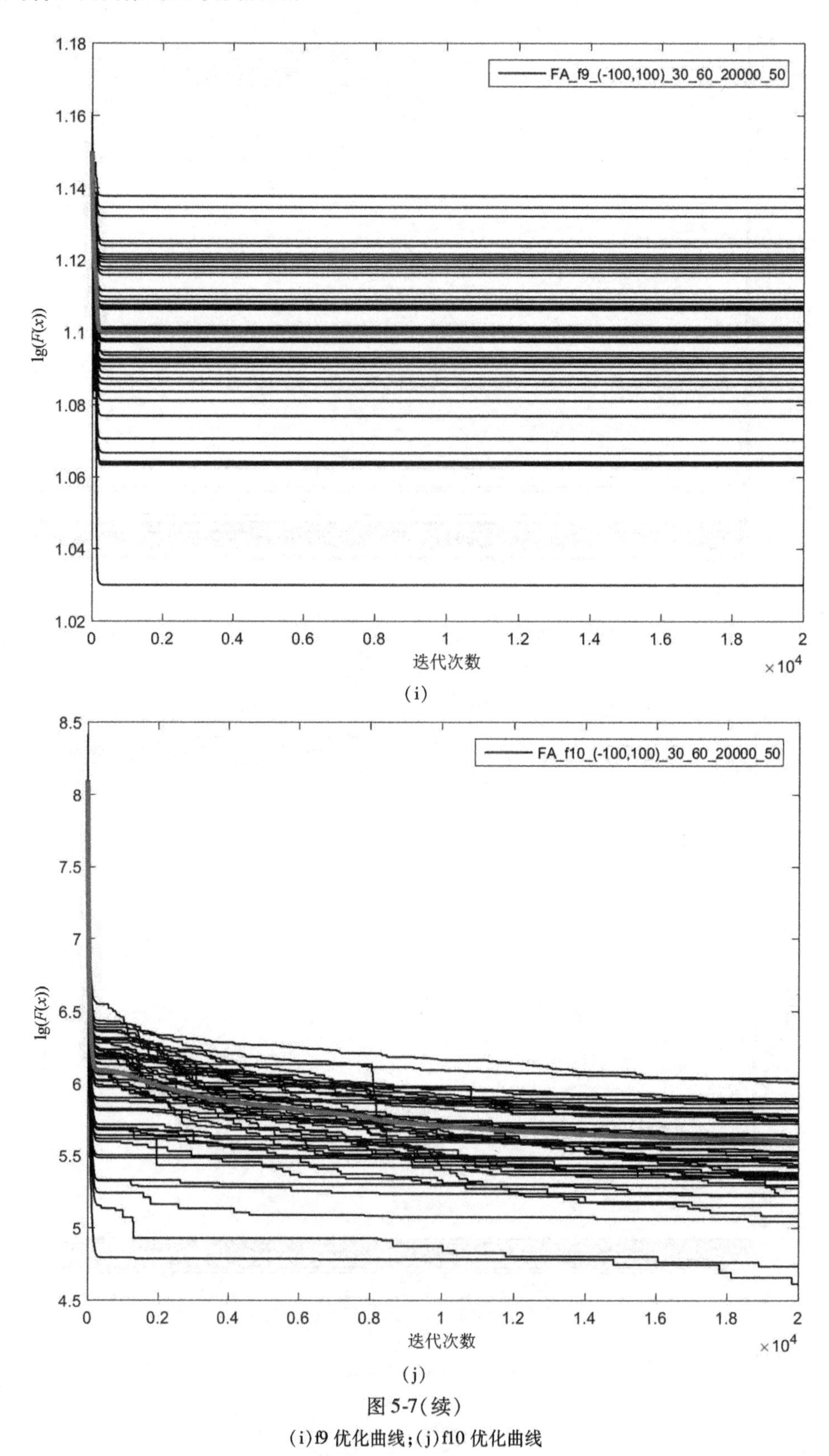

(i)

(j)

图 5-7(续)

(i)f9 优化曲线;(j)f10 优化曲线

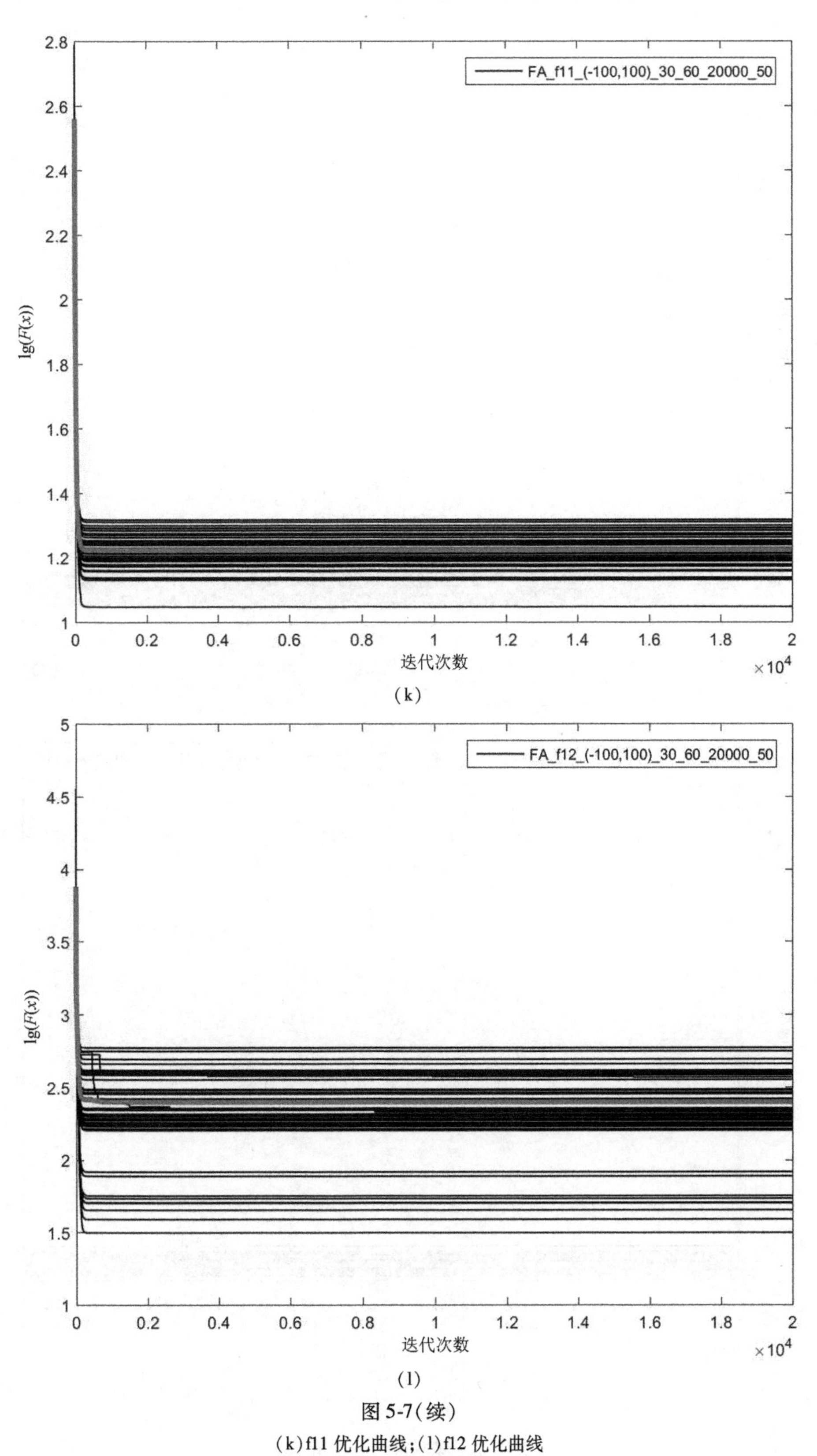

图 5-7(续)

(k)f11 优化曲线;(l)f12 优化曲线

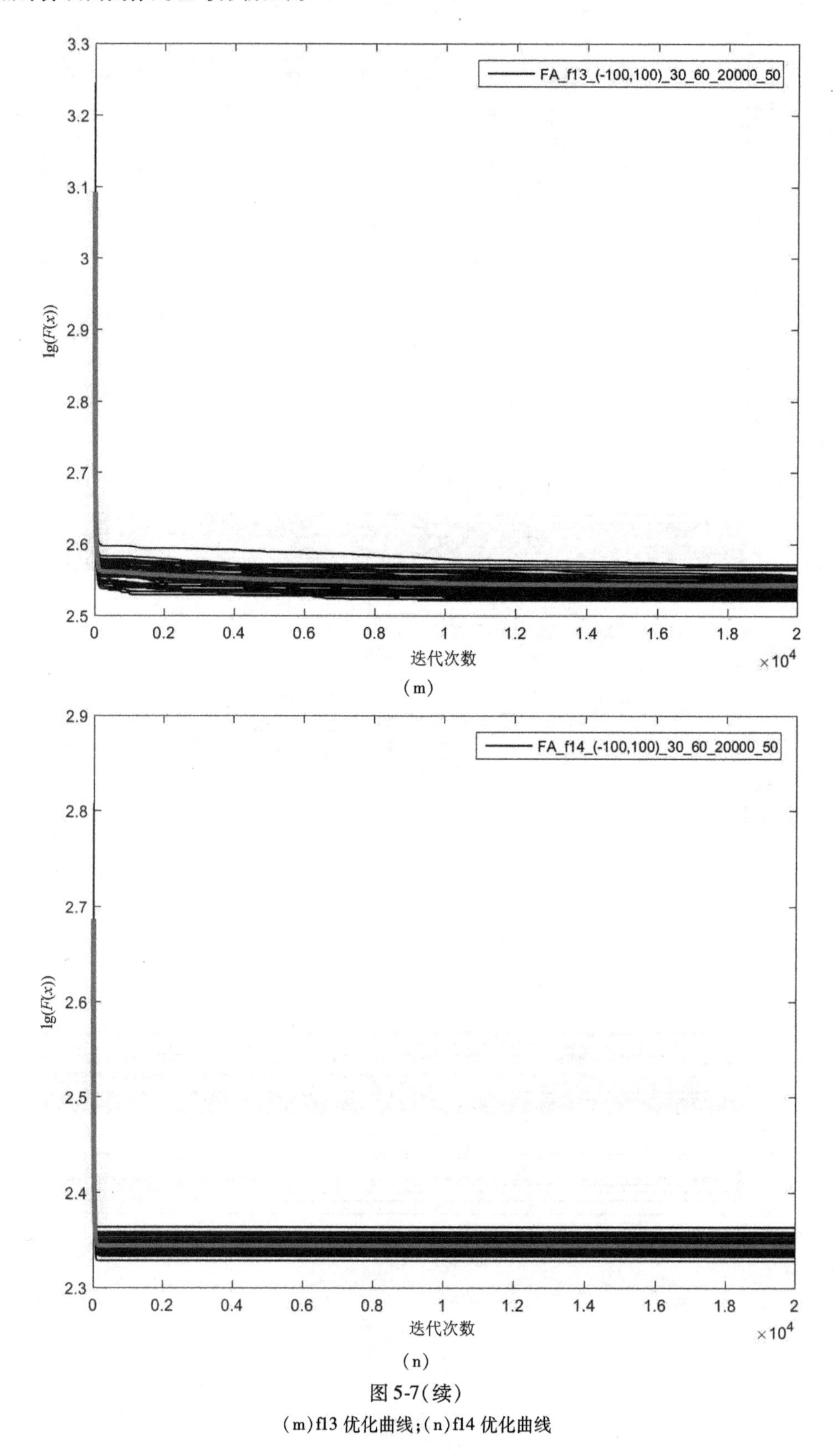

(m)

(n)

图 5-7(续)

(m)f13 优化曲线;(n)f14 优化曲线

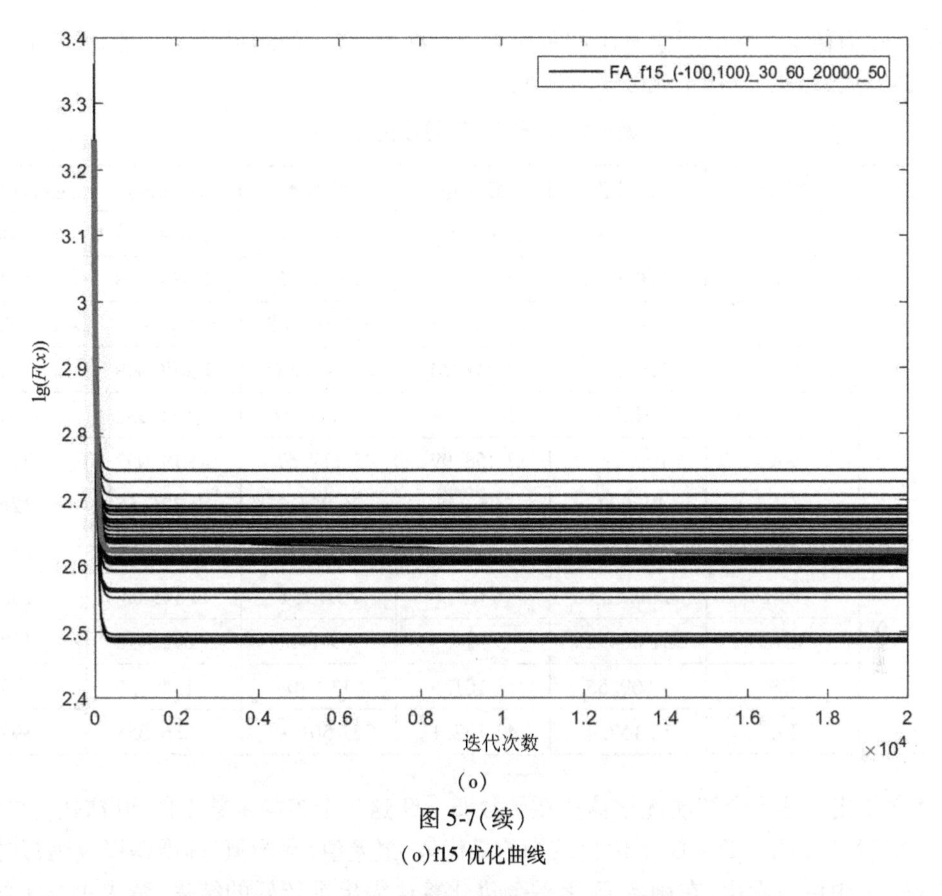

(o)

图 5-7(续)

(o)f15 优化曲线

萤火虫算法的流程较为单一,其在不同测试函数上的优化曲线也较为相似。由图 5-7 可以看出,除了在函数 f2 和函数 f10 上,萤火虫算法均在较短的迭代次数内快速收敛于一个稳定的值,并且在之后的迭代次数中,没有找到新值。根据其算法的流程可以得知萤火虫算法没有跳出局部最优的操作。萤火虫算法中的个体在向优于自己的个体靠近时,其步长的随机扰动为算法提供了不错的搜索能力,而其中像亮度高于自己的萤火虫靠近的操作会使种群快速收敛于最优个体。最优个体的搜索行为实质上是在其周围进行局部搜索,当种群陷入局部最优时,几乎无法通过该操作跳出局部最优。当待求问题的维度较高时,最优个体的随机搜索过程也难以在广阔的解空间内找到一个更好的解。

性能总结:萤火虫算法的收敛性很好,局部搜索能力较好,但是全局搜索能力一般,跳出局部最优能力欠缺。

5.3.7　算法的性能比较

表 5-1 给出了上述 6 个智能优化算法在函数 f1、f2 这 2 个单峰函数上的 50 次优化的结果。统计出了各算法在函数 f1、f2 上优化结果的最优值、最差值、平均值、标准差以及运行时间。

从表 5-1 中可以看出,在函数 f1、f2 上,遗传算法(GA)的速度最快,但同时,其优化结果最差且标准差远大于其他 5 个算法,相对不稳定。在 f1 上差分进化算法、粒子群算法、人工蜂群算法、杜鹃搜索算法、萤火虫算法都取得了较优的最优值,但粒子群算法最差值远大于其他算法,其算法稳定性较差。在 f2 上则只有粒子群算法取得了较优解,且其最优值、最差值相差不大,结果较为稳定。杜鹃搜索算法和萤火虫算法在 f1、f2 上的结果较为一般,但与其他结果相差不大的算法相比,花费了比较多的时间。

表 5-1　函数 f1、f2 算法优化结果

函数	算法	最优值	最差值	平均值	标准差	运行时间/ms
f1	GA	138 490	2.01E+07	850 656	2 834 510	**1340**
	DE	**100.031**	9 136.42	1 995.23	2 088.788	2334
	PSO	114.119	3.67E+09	1.20E+08	5.86E+08	2639
	ABC	100.229	**4 441.34**	**1 347.58**	**1 278.849**	1921
	CS	104.114	10 072.4	3 635.09	3 193.932	14 098
	FA	100.191	7 458.99	2 117.67	1 919.057	3163
f2	GA	38 934	135 318	76 854.2	19 376.55	**1243**
	DE	2 426.03	5 118.06	3 672.48	658.2815	2365
	PSO	**200.739**	**203.577**	**201.931**	**0.645 03**	2559
	ABC	51 404.2	85 514.6	69 142	5 692.418	1882
	CS	9 609.55	18 101.5	13 090	2 134.436	14 056
	FA	15 157.4	47 122.1	27 501.9	7 586.558	8910

表 5-2 给出了这 6 个智能优化算法在函数 f3 ~ f9 这 7 个多峰函数上的 50 次优化的结果。统计出了各算法在函数 f3 ~ f9 上优化结果的最优值、最差值、平均值、标准差以及运行时间。

从表 5-2 中可以看出,在函数 f3 上差分进化算法得出了较好的结果,萤火虫算法的优化结果仅次于差分进化算法。这 2 个算法均没有跳出局部收敛的操作,而函数 f3 的局部最优较多且较多的部分不可导。差分进化算法的搜索能力较强,而萤火虫算法的局部搜索能力较

表 5-2　函数 f3 ~ f9 算法优化结果

函数	算法	最优值	最差值	平均值	标准差	运行时间/ms
f3	GA	323.586	338.296	330.688	3.560 18	420 195
	DE	**300**	**311.81**	**304.044**	2.268 782	433 594
	PSO	311.526	331.21	319.737	4.090 494	428 730
	ABC	308.324	329.002	320.644	4.668 806	**414 407**
	CS	315.695	325.275	321.653	**1.690 094**	560 379
	FA	300.825	312.704	307.036	2.241 885	423 522
f4	GA	**400.464**	**401.782**	**401.012**	**0.293 725**	**4726**
	DE	1 039.89	3 597.93	2 500.59	619.039	6300
	PSO	2 303.28	4 361.89	3 257.68	559.0139	6225
	ABC	849.499	6 913.98	2 695.72	870.0571	5668
	CS	1 122.87	3 688.51	2 539.11	693.491	18 858
	FA	1 698.35	4 621.23	2 867.46	605.0401	6048

续表

函数	算法	最优值	最差值	平均值	标准差	运行时间/ms
f5	GA	500.586	503.35	501.628	0.683 435	**81 400**
	DE	501.51	502.713	502.154	0.274 659	83 562
	PSO	500.06	500.655	500.267	0.131 471	83 714
	ABC	501.649	502.618	502.194	0.218 141	81 878
	CS	500.477	501.085	500.799	0.136 314	116 800
	FA	**500.008**	**500.053**	**500.022**	**0.012 614**	83 917
f6	GA	600.338	600.901	600.586	0.124 294	**1346**
	DE	600.185	**600.308**	**600.253**	**0.027 409**	2416
	PSO	600.225	600.727	600.399	0.107 174	2674
	ABC	600.262	600.862	600.561	0.173 412	1950
	CS	600.294	600.487	600.38	0.046 482	13 995
	FA	**600.102**	600.472	600.262	0.076 783	2757
f7	GA	500.26	701.156	700.572	0.288 843	**1332**
	DE	**700.147**	700.408	**700.198**	0.037 022	2408
	PSO	700.157	700.565	700.281	0.095 653	2655
	ABC	700.253	700.979	700.521	0.157 223	1951
	CS	700.19	**700.361**	700.272	**0.034 801**	14 309
	FA	700.226	700.823	700.355	0.126 583	3010
f8	GA	819.819	860.936	832.676	9.096 216	**2447**
	DE	812.703	816.127	814.726	**0.824 973**	3739
	PSO	802.196	812.782	805.108	2.844 442	4013
	ABC	802.268	821.785	810.273	7.242 67	3400
	CS	809.404	815.684	812.908	1.270 719	15 841
	FA	**802.16**	**806.405**	**803.853**	0.944 319	4137
f9	GA	912.545	913.866	913.252	0.293 028	**2522**
	DE	912.19	913.271	912.959	0.198 935	3935
	PSO	**910.113**	913.195	**911.589**	0.708 045	4123
	ABC	912.815	913.423	913.152	**0.133 578**	3338
	CS	911.58	**912.58**	912.087	0.228 113	16 007
	FA	910.712	913.726	912.585	0.594 123	3997

强,局部搜索能力会影响算法在 f3 上的结果。函数 f4 较为平滑,但局部最优解多且远离最优解,遗传算法取得了较好的结果,而其他 5 个算法的结果相差不大且远差于遗传算法。在函数 f5 上,萤火虫算法得到了相对较好的结果,且其结果标准差相对较小,算法稳定,搜索能力较弱的人工蜂群算法、遗传算法和没有跳出局部最优能力的差分进化算法在 f5 上的结果较

差。函数 f6 上这 6 个优化算法的结果相差不大，萤火虫算法取得的最优值，但差分进化算法的最差值和平均值优于其他算法。同样各算法在函数 f5 上结果的差距相差不大，差分进化算法取得了最佳的最优值和均值，而杜鹃搜索算法得到了最佳的最差值，其标准差也小于其他算法。函数 f8 上粒子群算法和萤火虫算法取得了较优的结果且相差不大，遗传算法的结果远差于其他算法，差分进化算法、人工蜂群算法以及杜鹃搜索算法的结果较为接近，与粒子群算法和萤火虫算法有一定的差距。函数 f9 上，这 6 个算法的结果差距不大，粒子群算法的结果略优于其他算法。时间上，遗传算法和人工蜂群算法的时间少于其他算法，而杜鹃搜索算法的运行时间远长于其他算法。

表 5-3 给出了这 6 个智能优化算法在函数 f10 ~ f12 这 3 个多峰函数上的 50 次优化的结果。统计出了各算法在函数 f10 ~ f12 上优化结果的最优值、最差值、平均值、标准差以及运行时间。

表 5-3　函数 f10 ~ f12 算法优化结果

函数	算法	最优值	最差值	平均值	标准差	运行时间/ms
f10	GA	289 649	4 707 705	1 392 015	884 985. 5	**4312**
	DE	731 397	3 926 302	2 358 334	708 546. 5	5553
	PSO	8 914. 58	**89 192. 3**	**33 326. 2**	**18 584. 02**	5587
	ABC	**4 453. 97**	341 316	54 376. 2	59 521. 05	4907
	CS	134 609	697 155	364 996	134 086	18 243
	FA	42 024. 1	1 082 000	399 434	237 181. 1	10 889
f11	GA	1 116. 64	1 215. 89	1 132. 77	25. 311 86	85 679
	DE	**1 107. 7**	1 131. 84	1120	5. 164 908	87 652
	PSO	1 111. 51	1 179. 32	1 118. 22	9. 093 417	87 741
	ABC	1 115. 94	1 124. 79	1 120. 23	2. 240 725	**85 341**
	CS	1 112. 9	**1 119. 7**	1 116. 87	**1. 389 312**	123 058
	FA	1 111. 14	1 120. 53	**1 116. 78**	1. 963 691	86 988
f12	GA	1 426. 57	2 423. 68	1 873. 46	259. 959 4	**11 796**
	DE	1 544. 3	2 231. 07	1 925. 85	134. 986 2	13 161
	PSO	1 249. 97	2 226. 56	1 643. 2	191. 561 8	13 199
	ABC	1 452. 76	2 689. 5	2 025. 63	293. 507 4	12 591
	CS	1 267. 76	**1 590. 07**	**1 425. 63**	**73. 096 77**	27 853
	FA	**1 231. 38**	1 786. 43	1 449. 26	143. 926	13 381

从表 5-3 中可以看出，在函数 f10 上这 6 个优化算法均没有得出较好的结果，其中人工蜂群算法的结果的最优值相对较好，粒子群算法的均值和标准差相对较好。f10 由 f4、f12、f13 混合而成，在由 f4 变换而成的函数 f4 中表现良好的遗传算法并没有得出优于其他算法的结果，说明在混合函数中，对单一的函数有着良好的性能的算法不一定同样有着良好的性能。函数 f11 由函数 f3、f9、f10、f11 混合而成。在由 f3 变换成的函数 f3 中，差分进化算法和萤火虫算法的结果优于其他，在由 f9 变换成的函数 f9 中，这 6 个优化算法的结果差别不大。在函数

f11 上差分进化算法得到了最佳的最优值，而杜鹃搜索算法获得了较优的最差值，杜鹃搜索算法和萤火虫算法得到了相对较优的均值。这同样表明在混合函数中算法可能在所有的被用于混合的算法中均取得较优的结果时才能在混合后的函数中得到较优的结果。算法只在某一个用于混合的函数中取得较好的结果，其较难在混合函数中得到较优结果，混合函数的优化难度大于单个函数。函数 f12 由函数 f4、f5、f6、f8、f14 混合而成。由表 5-2 可以得知，萤火虫算法在 f5、f6、f8 这 3 个分别由 f5、f6、f8 变换成的函数上得到了最佳的最优值，遗传算法在由 f4 变换成的函数 f4 上的结果远好于其他优化算法。在函数 f12 上萤火虫算法的最优值优于其他算法，而杜鹃搜索算法的最差值、平均值以及标准差优于其他算法。可以看出，混合函数的优化较为复杂，在较为复杂的函数上，跳出局部收敛能力较强的算法得到较优解的概率较高。

表 5-4 给出了这 6 个智能优化算法在函数 f13 ~ f15 这 3 个多峰函数上的 50 次优化的结果。统计出了各算法在函数 f13 ~ f15 上优化结果的最优值、最差值、平均值、标准差以及运行时间。

表 5-4　函数 f13 ~ f15 算法优化结果

函数	算法	最优值	最差值	平均值	标准差	运行时间/ms
f13	GA	1 627.73	1 632.65	1 628.17	0.859 022	**21 081**
	DE	**1 627.64**	**1 627.64**	**1 627.64**	5.18E-13	21 730
	PSO	**1 627.64**	1 642.49	1 629.11	3.084 72	21 830
	ABC	**1 627.64**	**1 627.64**	**1 627.64**	**4.31E-13**	21 253
	CS	**1 627.64**	**1 627.64**	**1 627.64**	**4.55E-13**	35 601
	FA	1 631.96	1 672.62	1 648.27	10.203 91	30 560
f14	GA	1 623.14	1 783.25	1 654.05	27.164 95	**17 048**
	DE	1 604.29	**1 614.85**	**1 607.68**	2.852 589	18 384
	PSO	**1600**	1698	1 624.8	21.297 38	15 937
	ABC	1 604.43	1 684.45	1 625.94	16.310 97	17 623
	CS	1 613.04	1 622.4	1 618.23	**2.150 912**	33 901
	FA	1 612.99	1 630.94	1 620.69	3.813 215	18 852
f15	GA	2 327.38	2 793.79	2 628.83	98.552 63	489 228
	DE	**1800**	**1 934.93**	**1 828.59**	**42.331 99**	486 822
	PSO	1 901.95	2 497.47	2 242.18	130.380 1	464 458
	ABC	1 879.28	2 602.69	2 236.13	153.568 7	**455 403**
	CS	1 925.65	2 379.23	2 087.27	171.460 9	645 640
	FA	1 804.66	2 055.08	1 918.53	58.791 47	488 650

f13 由 f1、f2、f10 这 3 个函数以不同的权重复合而成，由表 5-1 可以看出粒子群算法在函数 f1 和 f2 上取得了最佳的最优值，差分进化算法则在 f1 和 f2 的均值上均有着较好的表现，而在 f10 上这几个算法均没有得到较优的解。从表 5-4 可以看出，在 f13 上，差分进化算法、粒子群算法、人工蜂群算法以及杜鹃搜索算法均得到了最佳的最优值，但只有差分进化算法、人工蜂群算法和杜鹃搜索算法得出了较优的平均值，结合算法在函数 f1、f2 和 f10 上的结果可以

得知,复合函数的优化比混合函数更加复杂,只有在各个函数上的结果均较好且稳定性较好、在各个函数上表现较为均衡的算法才能取得较优的结果。函数 f14 由 f4、f12 和 f13 这 3 个函数复合而成,粒子群算法在最优值上取得了最好的结果,而整体上,则是差分进化算法取得了最好的结果。在由 f4 变换而成的函数 f4 上取得结果远优于其他算法的遗传算法在 f14 的结果却差于其他算法的结果。在由函数 f3、f4、f7、f12、f13 这 5 个函数复合而成的函数 f15 上,同样是差分进化取得了最好的结果,萤火虫算法的结果仅次之。

以上仿真实验可以得出上述 6 个算法的收敛性、搜索能力和跳出局部最优能力的强弱。在表 5-5 中汇总了各算法的性能。

表 5-5　CEC2015 函数算法性能测试汇总

算　法	收敛性	搜索能力	跳出局部最优
遗传算法	中	中	中
差分进化算法	中	强	弱(无)
粒子群算法	中	强	弱(无)
人工蜂群算法	强	弱	中
杜鹃搜索算法	中	中	强
萤火虫算法	强	中	弱(无)

图 5-8 给出了本章介绍的 6 个算法在 CEC2015 的 15 个测试函数上优化均值曲线的对比图。

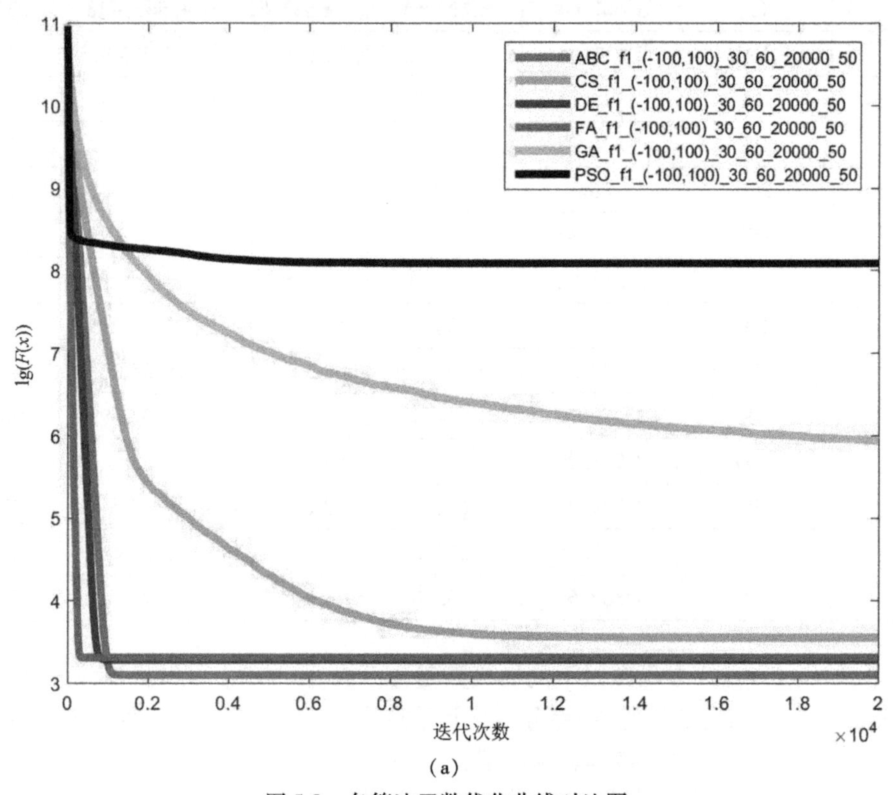

(a)

图 5-8　各算法函数优化曲线对比图

(a)f1 优化曲线

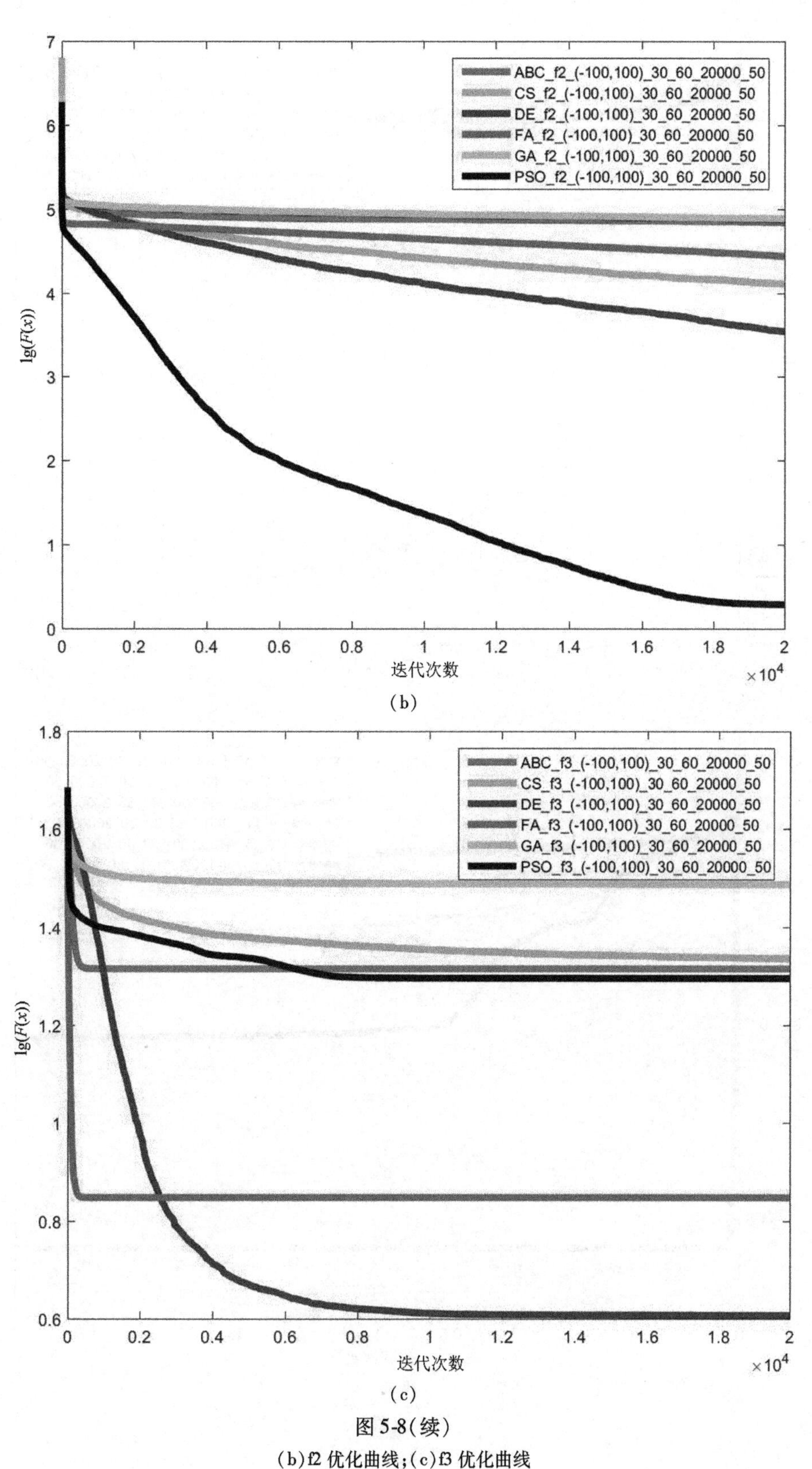

图 5-8(续)

(b)f2 优化曲线;(c)f3 优化曲线

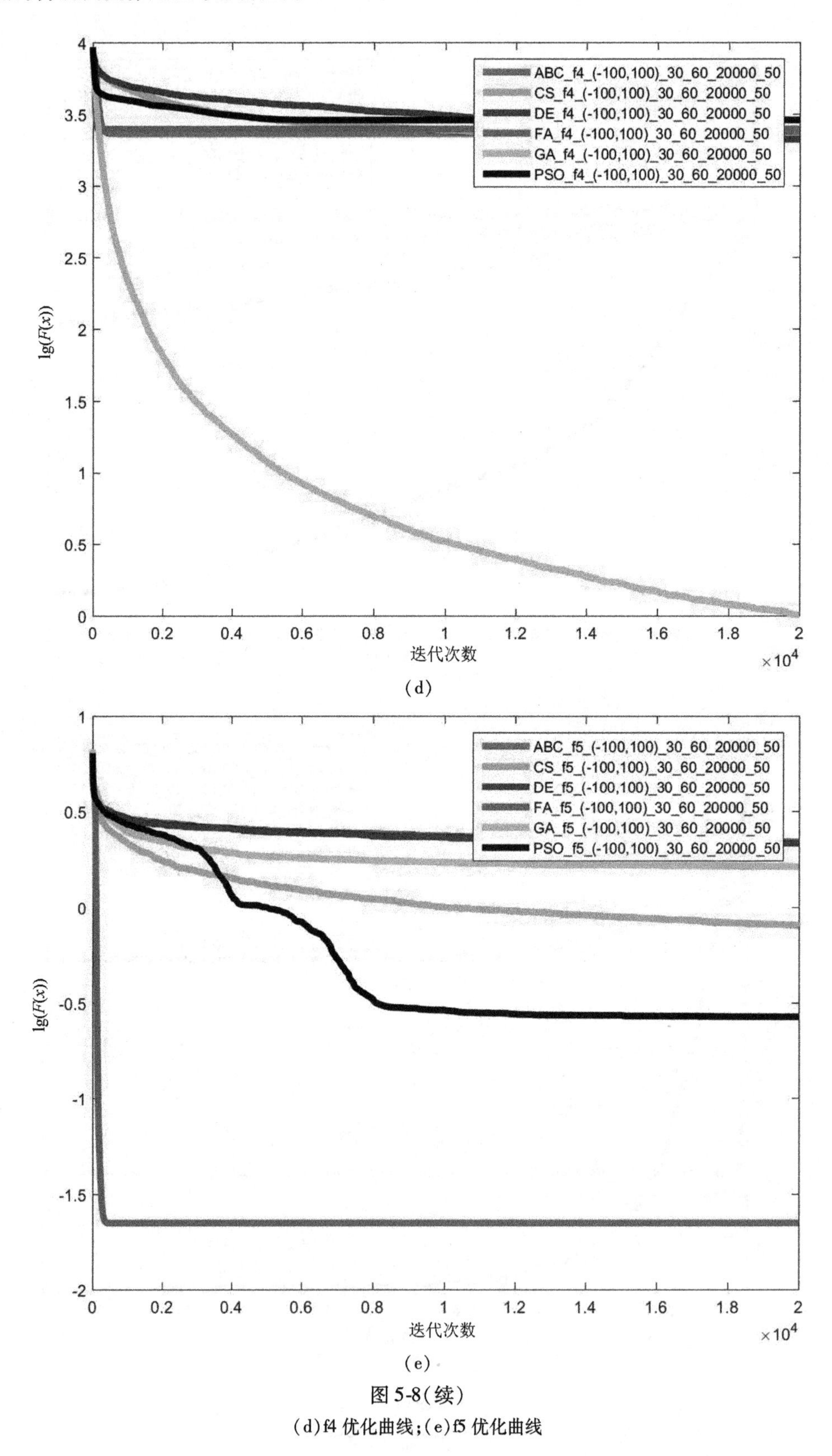

(d)

(e)

图 5-8(续)

(d)f4 优化曲线;(e)f5 优化曲线

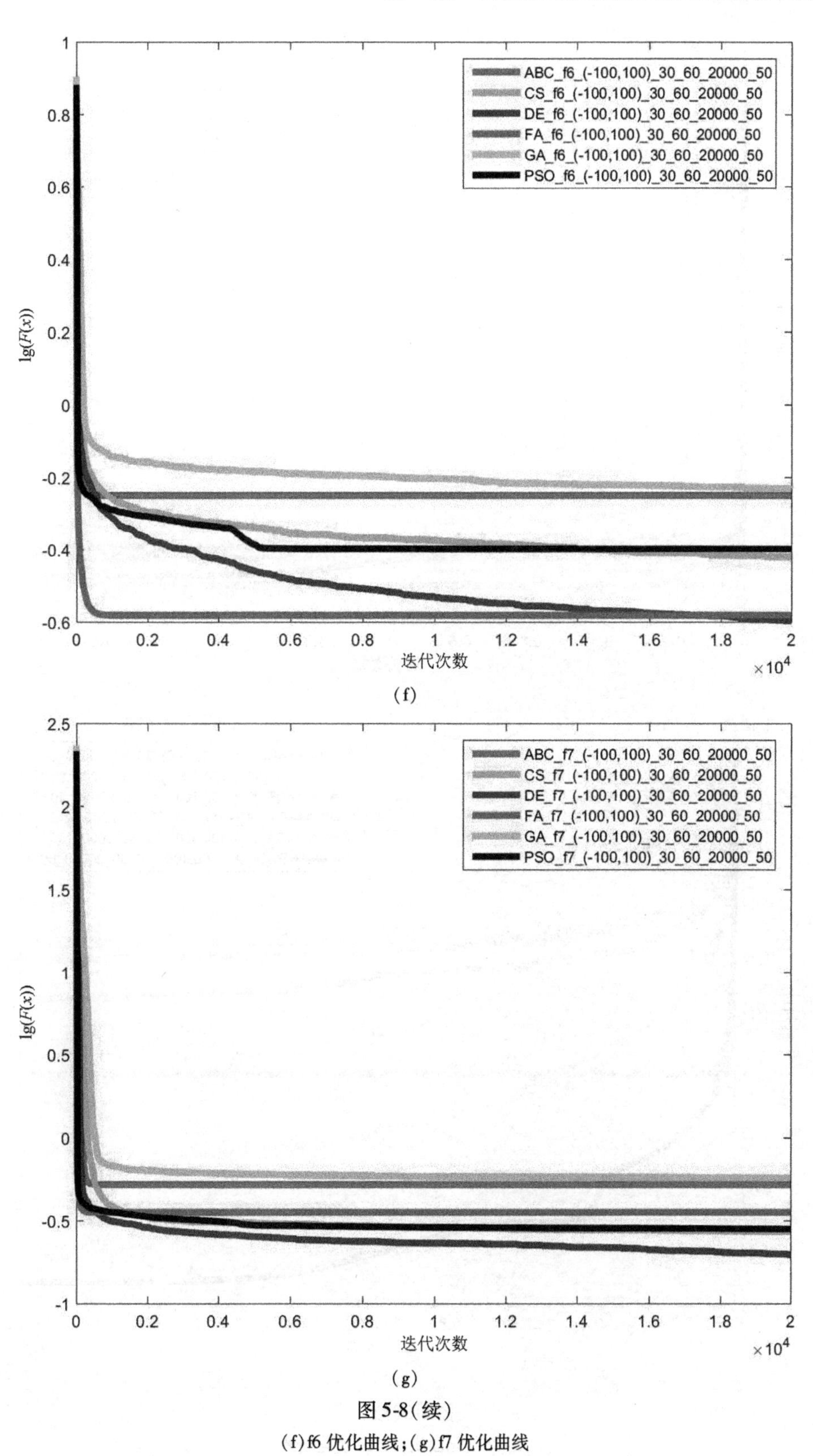

图 5-8(续)

(f)f6 优化曲线;(g)f7 优化曲线

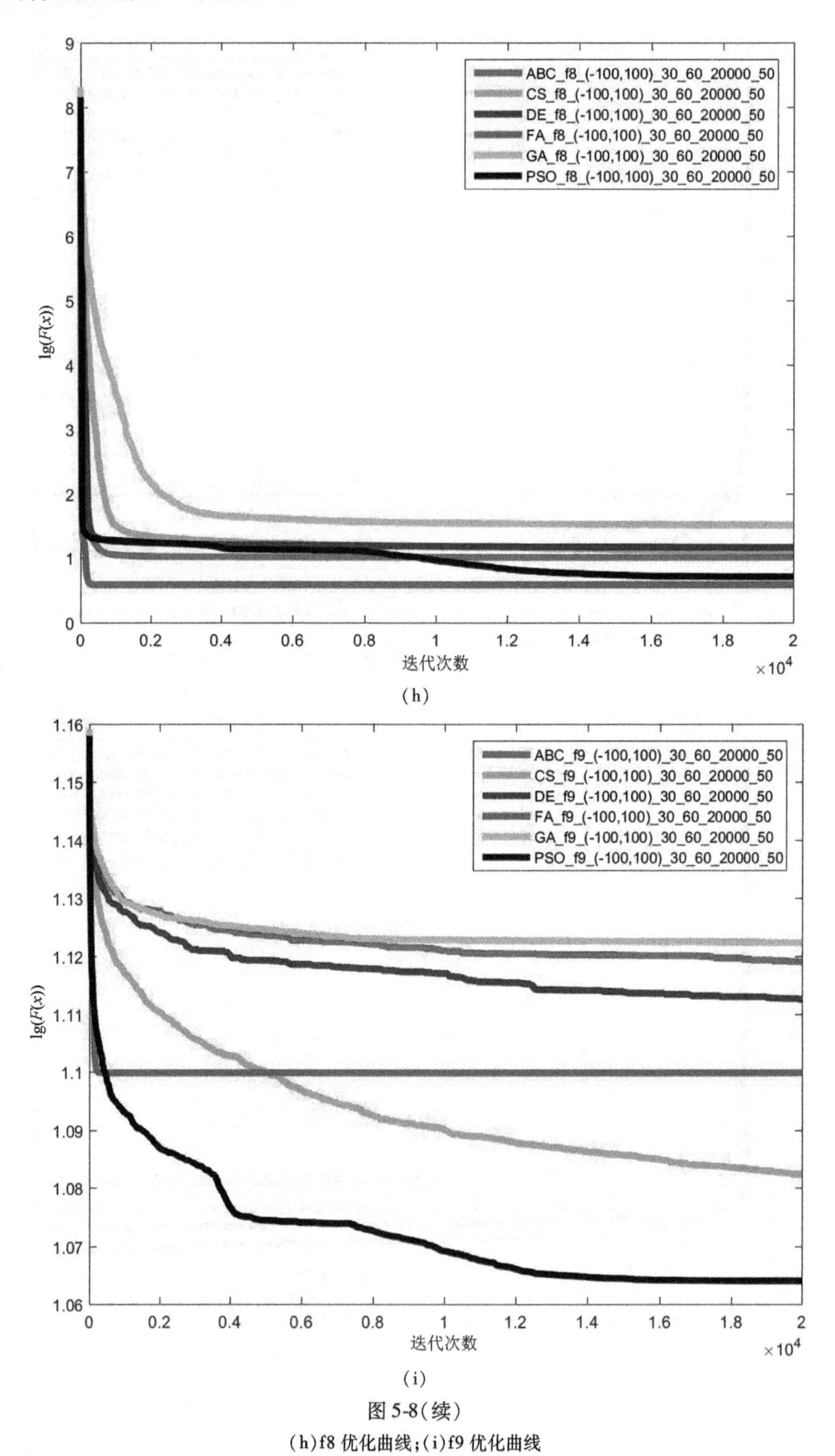

图 5-8(续)

(h)f8 优化曲线;(i)f9 优化曲线

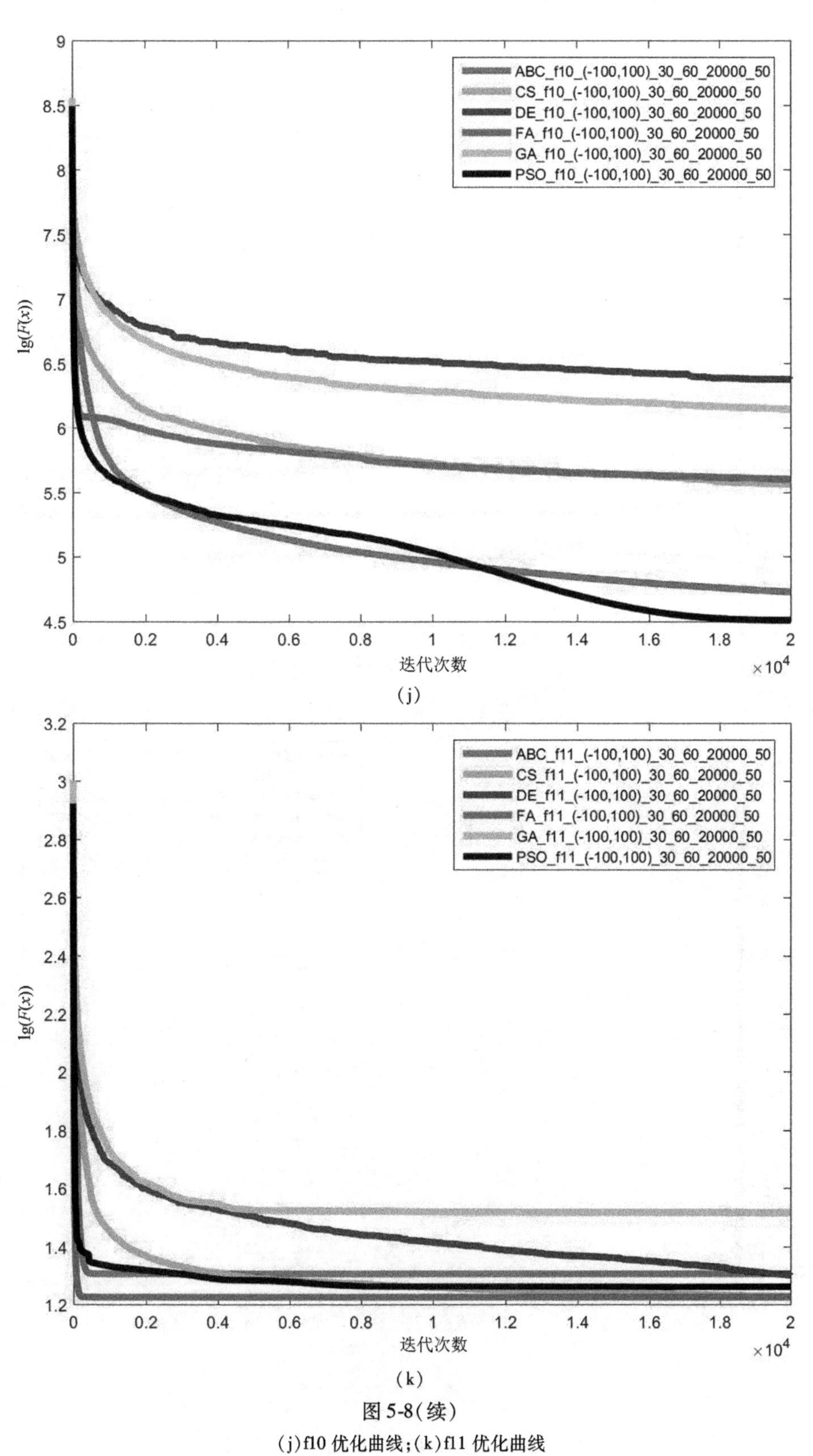

(j)

(k)

图5-8(续)

(j)f10 优化曲线;(k)f11 优化曲线

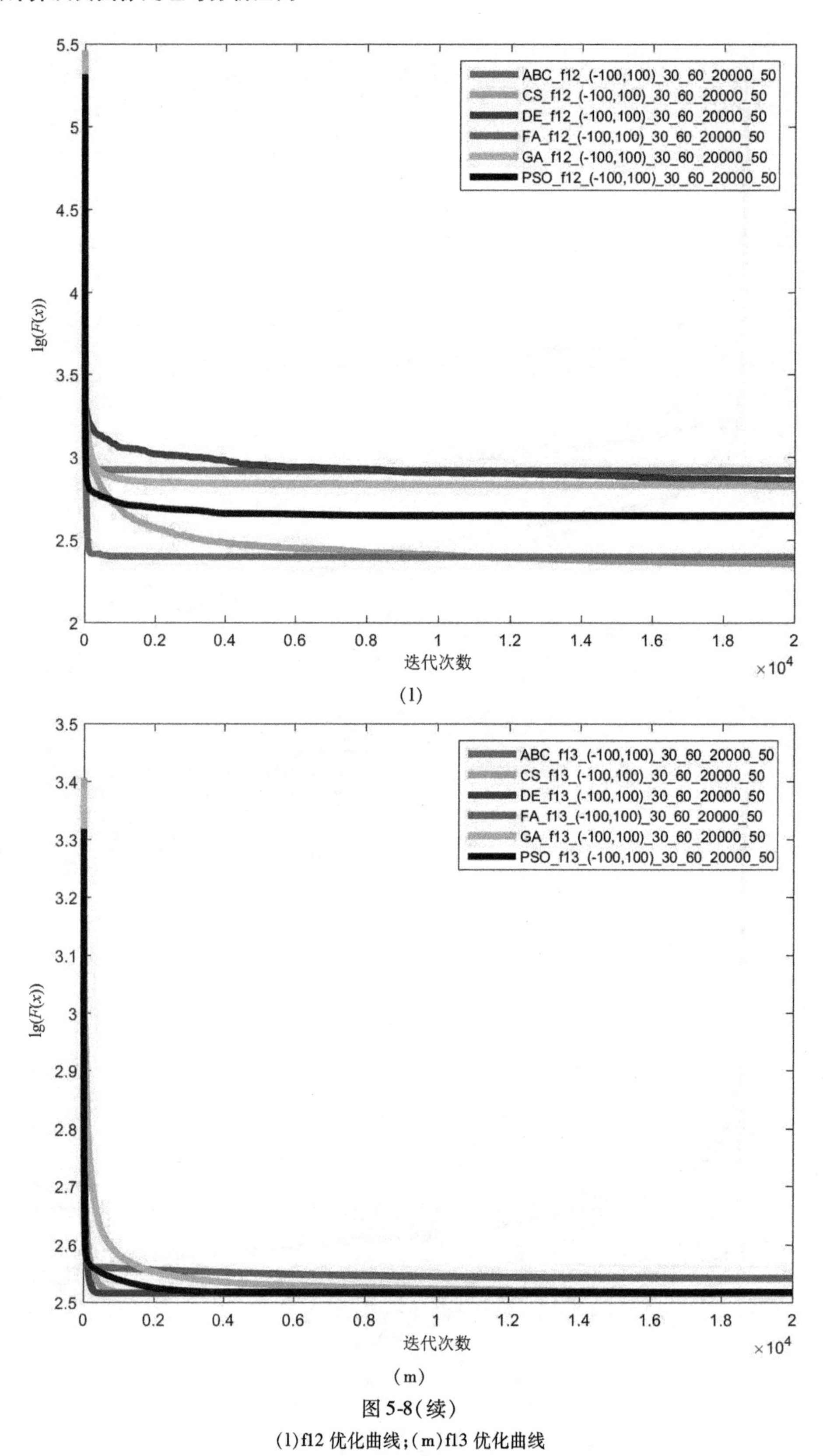

图 5-8(续)

(l)f12 优化曲线;(m)f13 优化曲线

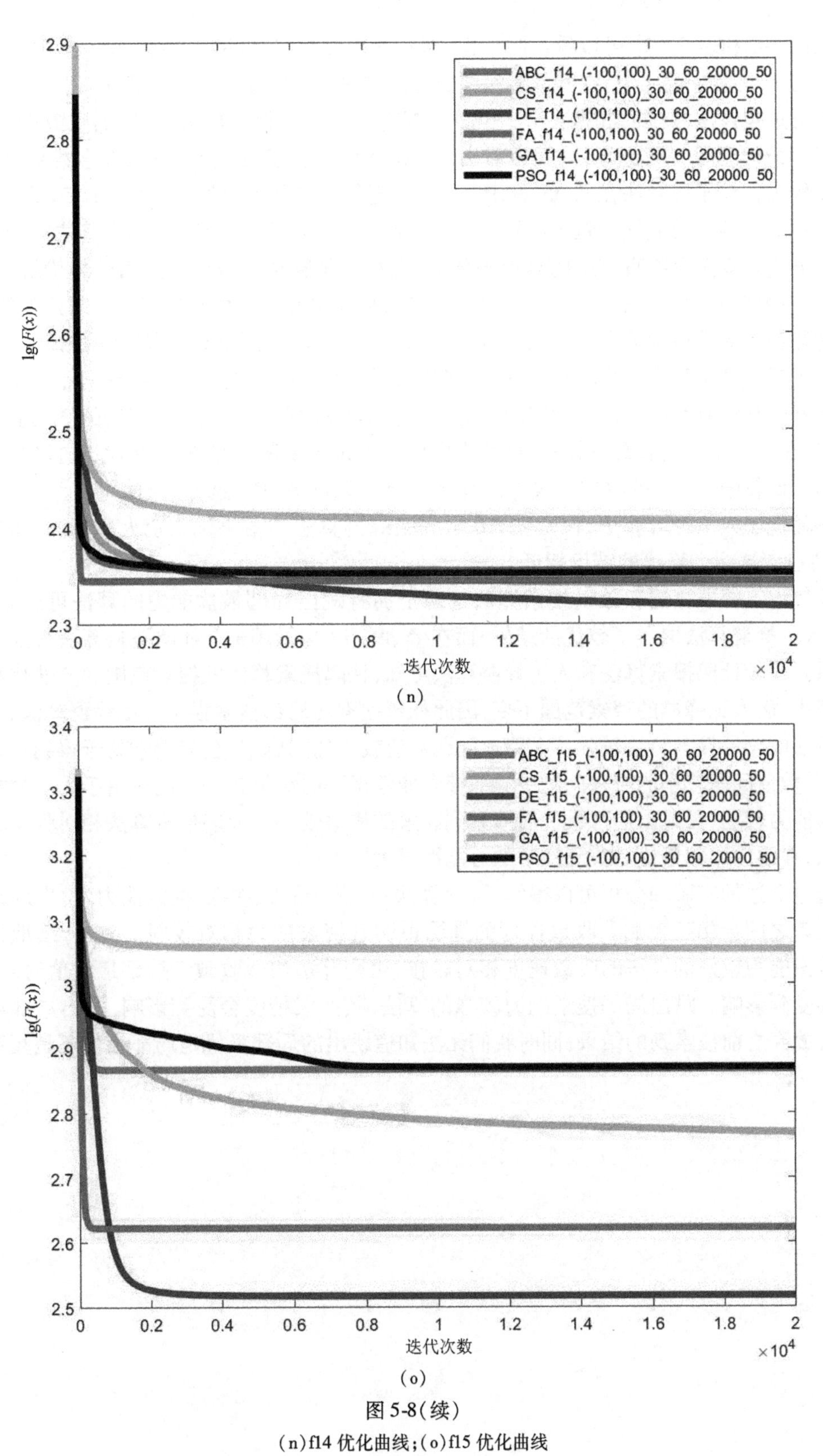

(n)

(o)

图 5-8(续)

(n)f14 优化曲线;(o)f15 优化曲线

从图 5-8 和表 5-5 中可以看出收敛性、搜索能力和跳出局部最优能力均一般的遗传算法仅在 f4 上取得较好的结果,在其他算法函数上的结果明显差于其他 5 个算法。

差分进化算法和粒子群算法这 2 个算法都有着较好的搜索能力、一般的收敛性,且缺乏跳出局部最优能力。从图 5-8 中可以看出这 2 个各项性能较为相近的算法在多数函数上的结果相差较大。粒子群算法在 f2、f5、f9、f10 上的表现优于差分进化算法,而在 f1、f3、f6、f15 上差分进化算法的结果明显优于粒子群算法。对比这两个算法可以得知,这两个算法的最大差别在于差分进化算法没有直接追随当前最优解,而粒子群算法则直接追随当前最优解,对于相对单一且局部最优分布均匀的部分待求问题追随最优解的粒子群算法能得出较好的结果,对于较为复杂且局部最优分布不均匀的待求问题,差分进化算法能够得到较优的结果。

人工蜂群算法和萤火虫算法均拥有较强的收敛性,其中萤火虫算法的搜索能力相对较强而人工蜂群算法有跳出局部最优能力。对比其基本原理可知,人工蜂群算法的全局上搜索能力较强,在随机生成的蜜源处搜索;而萤火虫算法的局部搜索能力较强,在优于自己的个体附近搜索。比较图 5-8 中的收敛曲线可以看出,在 f3、f5、f6、f9、f15 这 5 个函数上,萤火虫算法的结果明显优于人工蜂群算法,在函数 f10 上人工蜂群算法的结果优于萤火虫算法,而在其他 9 个函数上,这两个算法的结果相近。

比较人工蜂群算法和杜鹃搜索算法这两个拥有跳出局部最优能力的算法可以看出,在 f10 上人工蜂群算法取得了较优的结果,而在 f5、f9、f12 以及 f15 上杜鹃搜索算法得到了较好的结果。比较杜鹃搜索算法和人工蜂群算法可知,杜鹃搜索算法的搜索范围随着迭代次数增加而缩小,而人工蜂群的搜索范围不变,因此杜鹃搜索的局部搜索强于人工蜂群算法,但人工蜂群算法的全局搜索算法较强。在待求问题数值较大的问题中,全局搜索易于得到较好的结果,而其数值问题较小的待求问题中局部搜索能够得到的结果较好。同时由于人工蜂群的整体搜索能力较弱,在跳出局部最优后搜索到新解的概率较小。杜鹃搜索算法相对强于人工蜂群算法,在跳出局部最优后找到新解的可能性更大。

通过上述的实验和分析可以得知,优化算法中,算法的收敛性、搜索能力、跳出局部最优能力三者之间会相互影响。收敛性好的算法说明其搜索能力相对较弱,无法持续地找到新解。搜索能力较好的算法的收敛速度相对较慢,否则算法快速收敛于局部最优值时,其搜索能力会受到影响。跳出局部搜索能力较强的算法,其搜索精度会受到影响,跳出局部最优的操作会放弃之前搜索到的结果,同时我们无法知道跳出的局部最优是局部最优还是真正的最优值。

下　篇

第6章　基于自然计算的图像增强

图像增强是图像处理的重要分支,其主要目的是把图像转换成更适合于人或机器进行分析处理的形式。它不是以图像保真度为原则,而是有选择地强调图像中某些成分,而抑制另一些成分,以提高图像的使用价值,直方图修正和线性灰度变换是常用的图像增强方法。一般,任何类型的图像最终是由人眼来观看的,而人的视觉和图像一样都含有许多不确定因素,一个优良的图像系统应与人的视觉机理有良好的匹配,因此,寻求一种能有效描述人的视觉特性的模型和方法是重要的发展方向。本章将图像增强视为最优化问题,利用蚁群算法、萤火虫算法、杜鹃搜索算法、蝙蝠算法等自然算法进行优化求解。

6.1　图像增强概述

图像增强是指按特定的需要突出一幅图像中的某些信息,同时削弱或去除某些不需要的信息的处理方法,也是提高图像质量的过程。图像增强的目的是使图像的某些特性方面更加鲜明、突出,使处理后的图像更适合人眼视觉特性或机器分析,以便于实现对图像的更高级的处理和分析。其过程往往也是一个矛盾的过程:图像增强希望既去除噪声又增强边缘。但是,增强边缘的同时会增强噪声,而滤去噪声又会使边缘在一定程度上模糊,因此,在图像增强的时候,往往是将这两部分进行折中,找到一个好的代价函数达到需要的增强目的。传统的图像增强算法在确定转换函数时常是基于整个图像的统计量,如ST转换、直方图均衡、中值滤波、微分锐化、高通滤波等。这样对应于某些局部区域的细节在计算整幅图的变换时其影响因为其值较小而常常被忽略掉,从而导致局部区域的增强效果常常不够理想,噪声滤波和边缘增强这两者的矛盾较难得到解决,典型的图像增强方法如下:

(1)直方图均衡化。有些图像在低值灰度区间上频率较大,使得图像中较暗区域中的细节看不清楚。这时可以通过直方图均衡化将图像的灰度范围分开,并且让灰度频率较小的灰度级变大,通过调整图像灰度值的动态范围,自动地增加整个图像的对比度,使图像具有较大的反差,细节清晰。

(2)对比度增强法。有些图像的对比度比较低,从而使整个图像模糊不清。这时可以按一定的规则修改原来图像的每一个像素的灰度,从而改变图像灰度的动态范围。

(3)平滑噪声。图像平滑就是针对图像噪声的操作,其主要作用是为了消除噪声,图像平滑的常用方法是采用均值滤波或中值滤波,均值滤波是一种线性空间滤波,它用一个有奇数点的掩模在图像上滑动,将掩模中心对应像素点的灰度值用掩模内所有像素点灰度的平均值代替;中值滤波是一种非线性空间滤波,其与均值滤波的区别是掩模中心对应像素点的灰度值用掩模内所有像素点灰度值的中间值代替。

(4)锐化。平滑噪声时经常会使图像的边缘变得模糊,针对平均和积分运算使图像模糊,可对其进行反运算采取微分算子使用模板和统计差值的方法,使图像增强锐化。图像边缘与高频分量相对应,高通滤波器可以让高频分量畅通无阻,而对低频分量则充分限制,通过高通滤波器去除低频分量,也可以达到图像锐化的目的。

通常增强方法要满足如下要求。

(1)提高图像整体和局部的对比度。图像增强算法应该既能使图像整体的对比度提高,同时也能使图像的局部细节信息得到增强。

(2)在增强图像的同时,应该避免放大噪声。如果不能有效地抑制噪声,噪声在图像增强过程中就会被放大,从而对图像质量造成影响。

(3)增强后的图像应该具有良好的视觉效果。避免增强后的图像局部增强过度或过弱,增强后的图像应该符合人眼的视觉特性。

(4)图像增强算法应该具有较好的实时性。随着近年来嵌入式产品的快速发展,对图像增强算法的实时性要求也越来越高。因此,为了满足工程上使用的要求,图像增强算法应该具有较好的实时性。

围绕上述要求,研究人员做了大量工作,产生了一批图像增强算法。特别是为了达到满足实时性和自适应增强的目的,很多算法将图像增强问题视为一个最优化函数转化问题,将增强后的图像质量按照一定的标准进行评价,设计算法自动快速地寻找到合适的增强参数,进一步将该问题转化为最优化问题,采用自然算法进行快速优化求解。

6.2 基于蚁群优化算法的模糊图像增强方法

模糊集合理论在分析诸如判断、感知及辨识等人类系统的各种行为时是一种有效的工具,为解决由不确定因素造成的复杂系统及其决策过程提供了理论背景。因而模糊集理论正被越来越广泛地引入图像处理问题中,并取得了不错的效果。特别是航空图像包含十分丰富的地理信息,是地理信息系统重要的信息源之一。然而由于受外在环境等多种因素的影响,航空图像不可避免地存在着反差较低、地物边界轮廓不清等现象,给直接判读和量测带来了一定困难。本节以图像的模糊增强为例,讨论如何将蚁群算法引入图像模糊增强之中,以解决目前增强算法中模糊参数自动选取时间较长的问题,从而说明蚁群算法在实现常规图像处理算法智能化方面所起的作用。

6.2.1 基本图像模糊增强算法

1. 图像的模糊特征集合

根据模糊子集的概念,一幅灰度级为 L、大小为 $M \times N$ 的二维图像 A,可以看作一个模糊点阵集,记为

$$A = \begin{pmatrix} \frac{P_{11}}{X_{11}} & \frac{P_{12}}{X_{12}} & \cdots & \frac{P_{1N}}{X_{1N}} \\ \frac{P_{21}}{X_{21}} & \frac{P_{22}}{X_{22}} & \cdots & \frac{P_{2N}}{X_{2N}} \\ \vdots & \vdots & & \vdots \\ \frac{P_{M1}}{X_{M1}} & \frac{P_{M2}}{X_{M2}} & \cdots & \frac{P_{MN}}{X_{MN}} \end{pmatrix}$$

其中，P_{ij}表示图像中第(i,j)点像素具有某种特征的程度为$P_{ij}(0 \leqslant P_{ij} \leqslant 1)$，称$P_{ij}$为模糊特征。若以像素的相对灰度等级作为感兴趣的模糊特征，令X_{ij}表示图像中第(i,j)点像素的灰度值，X_{max}表示最大灰度值，则模糊特征可由下式提取得到

$$P_{ij} = F(X_{ij}) = [1 + (X_{max} - X_{ij}/F_p)^2]^{-1} \tag{6-1}$$

式中，F_p是模糊参数，所定义的模糊特征将具体表示图像中第(i,j)点像素具有最大灰度值的程度。全体$P_{ij}(i=1,2,\cdots,M;j=1,2,\cdots,N)$组成的平面称为图像的模糊特征平面，模糊参数$F_p$可由下式求得

$$F_p = (X_{max} - X_c) \tag{6-2}$$

目前，在实际处理中，X_c主要根据实际要求来确定。若需要对图像进行整体增强，取$X_c=0$；若需要对图像中灰度值在L以上的目标进行增强，取$X_c=L$。这使得模糊增强算法缺乏自适应性。

2. 图像自适应模糊增强

在得到每个像素的模糊特征的基础上，武汉大学郑宏教授提出了一种清晰度标准。清晰度值越大，说明图像越清晰。按照清晰度标准，可以用穷举法或遗传算法求得最佳模糊参数，然后用求得的模糊参数进行图像模糊增强。在实际应用中，虽然使用遗传算法加快了求解最佳模糊参数的速度，计算过程还是比较耗时。分析该算法过程发现，计算过程耗时的主要原因在于求解清晰度的过程中，该算法是针对每一个像素提取模糊特征，对于$M \times N$大小的图像，要提取$M \times N$个模糊参数，在提取的模糊参数的基础上再求解清晰度函数，如果图像尺寸较大，计算时间长将成为该方法的主要负担。虽然运用了遗传算法来提高计算效率（比穷举法节省时间一半以上），但是针对每个像素的操作还是需要大量的计算时间。分析该方法的实质可以发现，虽然是针对每个像素进行操作，但实际上只是对该像素的灰度值的模糊特征进行操作。灰度值的模糊特征的提取只与该像素的灰度值有关系，而与像素的邻域像素无关。该方法本质上只是利用了整幅图像的灰度信息，如果利用图像直方图特征，以图像中的灰度级数为分析对象可以大大降低运算量，缩短求取最佳模糊参数所需要的时间。基于上述思想，本节提出了一种基于直方图特征和蚁群算法的图像自适应模糊增强算法。

6.2.2 基于直方图特征的图像模糊增强算法

1. 图像的灰度级模糊特征集合

如上所述，一幅灰度级为L、大小为$M \times N$的二维图像A，可作为一个模糊集合看待：

$$A = (P_1/X_{max}, P_2/X_{max}, \cdots, P_i/X_{max}, \cdots, P_L/X_{max}) \tag{6-3}$$

式中，P_i表示图像中灰度级i具有某种特征的程度为$P_i(0 \leqslant P_i \leqslant 1)$，称$P_i$为模糊特征。以灰度级的相对等级作为感兴趣的模糊特征，令X_i表示图像中第i级灰度值，X_{max}表示最大灰度值，则灰度级$i(0 \leqslant i \leqslant 255)$模糊特征可由下式求得：

$$P_i = F(X_i) = [1 + (X_{max} - X_i/F_p)^2]^{-1} \tag{6-4}$$

式中，F_p是模糊参数，X_{max}是最大灰度值。式(6-4)表明当$X_i \to X_{max}$时，$P_i \to 1$；当X_i减小时，P_i随之减少。式(6-4)定义的模糊特征将具体表示图像中第i级灰度具有最大灰度值的程度。全体$P_i(i=1,2,\cdots,L)$组成的集合称为图像的灰度级模糊特征集合。考虑到当$X_i=0$时，P_i为一有限正数：

$$a = (1 + (X_{max}/F_p)^2)^{-1} \tag{6-5}$$

故P_i的实际取值范围是$[a,1]$的闭区间。

2. 模糊增强算法

模糊增强处理是在模糊特征集合上进行的，用于增强的算子称为“模糊对比度增强算子”

对于一个模糊集 A 进行对比度增强运算,产生另一个模糊集 A':

$$A' = \mathrm{INT}(A) \tag{6-6}$$

其隶属函数为

$$\mu_{A'} = \mu_{\mathrm{INT}(A)} = \begin{cases} 2[\mu_A(x)]^2, & 0 \leqslant \mu_A(x) < 0.5 \\ 1 - 2(1 - \mu_A(x))^2, & 0.5 \leqslant \mu_A(x) \leqslant 1 \end{cases} \tag{6-7}$$

式中,$\mu_A(x)$为 x 对子集 A 的隶属度,在这里表示灰度级 $X(0 \leqslant i \leqslant 255)$具有最大灰度值的程度,可由式(6-4)求得。通过增大 0.5 以上的 $\mu_A(x)$值,减小 0.5 以下的 $\mu_A(x)$值,该运算降低了模糊集 $\mu_A(x)$的模糊性,可用变换 T 表示上述“模糊对比度增强运算”:

$$\mu_{A'} = T_1(\mu_{A'}(x)) = \begin{cases} T_1'(\mu_A(x)) = 2[\mu_A(x)]^2, & 0 \leqslant \mu_A(x) < 0.5 \\ T_1''(\mu_A(x) = 1 - 2(1 - \mu_A(x))^2, & 0.5 \leqslant \mu_A(x) \leqslant 1 \end{cases} \tag{6-8}$$

将上式用于模糊特征集合,即有

$$P_i' = T_k(P_i) = \begin{cases} T_k'(P_i), & 0 \leqslant P_i < 0.5 \\ T_k''(P_i), & 0.5 \leqslant P_i \leqslant 1 \end{cases} \tag{6-9}$$

其中,T_k定义为 T_1的多次递归调用。当 $k \to \infty$ 时,$T(P_i)$将产生二值图像。对 T_k做有限次递归调用,图像可显著增强。由此,可得基于直方图特征的模糊增强算法。

(1)输入图像,求出该图像的灰度直方图函数 $m_\mathrm{Hist}[i]$$(0 \leqslant i \leqslant 255)$,$m_\mathrm{Hist}[i]$表示灰度级为 i 的像素出现的频数。

(2)对图像按式(6-4)进行灰度级模糊特征提取,得到图像模糊灰度级特征集合 P_i。

(3)在模糊特征集合上,对模糊特征 P_i按式(6-9)进行模糊对比度增强变换 T_k,得到已增强的模糊特征 P_i':$P_i' = T_k(P_i)$。

(4)对新的模糊特征集合按式(6-4)进行逆变换,即对于灰度值为 i 的所有像素,经过模糊增强后,其灰度值由下式求出:

$$X_i' = X_{\max} - \sqrt{\frac{F_p^2}{P_i'} - F_p^2} \tag{6-10}$$

式中:P_i'表示经过增强后灰度值为 i 的像素的模糊特征;$X_{\max}$是最大灰度值;F_p是模糊参数,这样就可以得到模糊增强后的图像。

算法中,考虑到 $P_i \in [a,1]$,P_i'集合中可能含有 P_i'小于 a 的灰度级,因此将所有小于 a 的 P_i'值均用 a 取代,便有 $a \leqslant P_i' \leqslant 1$,它是逆变换的约束条件。在模糊增强处理过程中,合理选择模糊参数 F_p是保证增强效果的重要环节。模糊参数的选择与分界点 X_c的确定有关,分界点要求满足以下条件:

$$\begin{aligned} &\text{当 } X_i = X_c \text{ 时},P_i = 0.5 \\ &\text{当 } X_i > X_c \text{ 时},P_i > 0.5 \\ &\text{当 } X_i < X_c \text{ 时},P_i < 0.5 \end{aligned} \tag{6-11}$$

因此在确定分界点 X_c后,F_p值可由式(6-4)令 $P_i = 0.5$ 直接求得。事实上,在式(6-4)中,令 $P_i = 0.5$ 有

$$F_p = (X_{\max} - X_c) \tag{6-12}$$

当 X_c减小时,F_p增大;当 X_c增大时,F_p值减小。X_c的确定是图像模糊增强效果的关键,自适应的问题就是自适应地确定 X_c值的问题。

3. 模糊增强效果的度量

为了检验和评价增强效果，采用图像增强前后的两个模糊集合的信息熵进行比较。模糊熵大小反映了图像模糊的程度，图像增强的目的就是减小图像模糊，故图像增强是朝着模糊熵减小的方向进行的。设 n 个元素的模糊集合为 P，熵定义为

$$H(P) = \frac{1}{n\ln 2}\sum_{i=1}^{n}[S_n(P_i)], i = 1,2,3,\cdots,n \tag{6-13}$$

式中，$S_n(\cdot)$为 *Shannon* 函数，$S_n(P_i) = -P_i\ln P_i - (1-P_i)\ln(1-P_i)$，将上式推广到整幅图像的模糊集合 P 中，有

$$H(P) = \frac{1}{MN\ln 2}\sum_{i=0}^{255}[m\_\text{Hist}[i] \times S_n(P_i)] \tag{6-14}$$

式中，$m_\text{Hist}[i]$表示灰度值为 i 的像素出现的频数，在具体解算时，考虑到 $P_i = 1$ 的情况，$S_n(P_i)$应为

$$S_n(P_i) = \begin{cases} -P_i\ln P_i - (1-P_i)\ln(1-P_i), & \text{如果 } P_i \neq 1 \\ 0, & \text{如果 } P_i = 1 \end{cases} \tag{6-15}$$

用模糊增强算子 T_k[见式(6-9)]作用在 $P = \{P_i\}$ 上，可产生 $P' = \{P'_i\}$，该集合的熵 $H(P')$的定义与式(6-13)相同。由于熵$H(P)$是非负的，而算子 T_K可递归调用，当 $k \to \infty$ 时，$P' = \{P'_i\}$变成一个普通集合，即

$$P'_i = \begin{cases} 0 \leqslant P'_i < 0.5 \\ 1 0.5 \leqslant P'_i \leqslant 1 \end{cases} \tag{6-16}$$

此时增强后的图像为二值的，故 $H(P') = 0$，说明图像的模糊增强效果是朝着熵减小的方向进行的，即 $H(P') < H(P)$，也就是说，图像越清晰，模糊熵越小，反之越大。图像的模糊熵主要反映图像的明亮程度，而对图像的对比度不敏感，当图像所有灰度级的灰度值都上调或者下降时，使得 $H(P)$也变小，这样会导致过增强的图像模糊熵比对比度好的图像模糊熵小，即过增强图像比对比度好的图像清晰。为此，在模糊熵的基础上，引入模糊对比度因素，定义了一种称之为清晰度的图像增强评价标准，并且通过试验证明了这个评价标准的实用性，在这里引用清晰度标准作为图像增强效果的评价。

$$F(p) = \frac{\text{Max}(p_i) - \text{Min}(p_i)}{1 + \frac{1}{MN\ln 2}\sum_{i=0}^{255}[m\_\text{Hist}[i] \times S_n(P_i)]} \tag{6-17}$$

式中，$\text{Max}(P_i) - \text{Min}(P_i)$表示模糊对比度，$\text{Max}(P_i)$和 $\text{Min}(P_i)$分别表示模糊特征集合中的最大值和最小值。在具体求算时 $S_n(P_i)$按式(6-15)取值。清晰度值同时反映了图像的明亮程度和对比度，其值越大，图像越清晰，反之越模糊。

6.2.3 基于 BACO 的模糊参数自适应选取

人工蚁群(以下简称蚂蚁)在模糊参数选取问题的解空间中并行的搜索，每只蚂蚁搜索得到一个模糊参数选取问题的候选解，解的质量通过清晰度函数(适应度函数)加以度量，每只蚂蚁和它生成的解的信息积累在全局信息矩阵中(信息素矩阵)。借助信息素矩阵，蚂蚁个体互相交流问题解结构信息以寻找最优解。随着迭代的进行，解的质量逐渐得到提高。在到达最大设定的运行次数以后算法运行停止，并运用步长搜索法进行局部搜索，搜索完毕以后拥有最大评价值的解代表本次运行中获得最优解。总的来说，将蚁群优化算法用于模糊参数自

动选取问题步骤如下。

1. 分析问题,确定问题解的编码

对于灰度图像,分界点 X_c 范围在[0,255]之间,属于参数优化问题。可以通过二进制编码方式将解转化成离散组合优化问题,从而运用蚂蚁算法进行优化对于 X_c 的优化问题,可以采用 8 位二进制编码表示,一个二进制解串("一条路径")代表一个 X_c 的候选解,其解码为

$$X_c = \sum_{i=0}^{7} b_i \times 2^i \tag{6-18}$$

顾及 X_c 应处于实际图像灰度范围才有意义,故将上式变为如下形式:

$$X_c = \frac{\left(\sum_{i=0}^{7} b_i \times 2^i\right) \times (g_{\max} - g_{\min})}{255} + g_{\min} \tag{6-19}$$

式中,$g_{\max}$ 和 $g_{\min}$ 分别为实际图像灰度的最大值和最小值。

2. 适应度函数定义

在参数优化问题中,蚂蚁算法在进化搜索过程中基本不利用外部信息,主要利用适应度函数(Fitness function)为依据,利用群体中每个个体的适应度值来比较解质量的优劣,然后让较优的蚂蚁在其经过路径上敷设信息素,从而达到信息全局共享的进化搜索。因此适应度函数的选取至关重要,直接影响到蚂蚁算法的收敛速度以及能否找到最优解。模糊参数选择的目的是用选择的模糊参数进行图像增强,能得到较好的增强效果。这里选择清晰度作为目标函数,如式(6-20)所示:

$$\text{Fitness} = \frac{\text{Max}(P_i) - \text{Min}(P_i)}{1 + \frac{1}{MN\ln 2}\sum_{i=0}^{255}[m\_\text{Hist}[i] \times S_n(P_i)]} \tag{6-20}$$

式中:$\text{Max}(P_i) - \text{Min}(P_i)$ 表示模糊对比度,$\text{Max}(P_i)$ 和 $\text{Min}(P_i)$ 分别表示模糊特征集合中的最大值和最小值;$m\_\text{Hist}[i]$ 表示灰度值为 i 的像素的频数,在具体求算时 $S_n(P_i)$ 按式(6-15)取值。

3. 优化过程

优化过程主要由 3 个步骤组成:①解串的构建;②局部搜索;③信息素更新,同本书第 2.6 节"二进制蚁群算法",这里不再赘述。

4. 控制参数的确定

ACO 的控制参数主要包括蚁群规模、信息素保留率、局部搜索比例、局部搜索概率、最大循环次数等。在应用蚂蚁算法时,既要针对具体问题选择适当的编码方案和适应度函数等,也需要选择合适的算法参数。不同参数组合往往对算法的性能会产生较大的影响。对于待处理问题,通常可以利用试验法和优化法获得比较理想的控制参数,本章采用试验法确定控制参数。

在图像处理中蚂蚁算法的主要控制参数,如蚂蚁的数目、信息素更新比例、信息素保留率、伪随机搜索比例参数等经验取值范围为:蚂蚁数目要随问题的规模做适当的变化,群体规模太小,缺乏多样性,容易造成局部最优,群体规模大,影响处理速度,因此群体规模应选择适当。对于小规模问题,蚂蚁数目不宜过大,如 10 ~50,执行局部搜索和信息素更新的蚂蚁比例一般小于蚂蚁数目的 30%;信息素保留率 ρ 的范围在 0.5 ~0.7;参数 q_0 取[0.1,0.4]之间比较合适,它的值可以随着算法的迭代而有所调整;局部搜索概率一般控制在[0.05,0.2]范围内。

5. 停机准则确定

常用的停机准则有最大运行次数和数次迭代最优解没有进化则停机两种常用方式。本

章中选择最大运行次数为终止条件。为了避免算法寻优过程中陷入局部最优化，在算法主流程结束以后。嵌入确定性步长搜索法对搜索的结果做进一步的搜索。即对于求得参数 t，取一个波动范围 W，然后在 $[t-W, t+W]$ 做一个局部性搜索，搜索步长对整数问题取 1，对含有小数的参数求解问题，可以根据问题求解的精度，进一步缩小步长，如 0.1 等，以获得最优参数。对于蚂蚁算法搜索得到的准分界点 X_c，取 $W=20$，即对 $[X_c-20, X_g+20]$ 范围内的灰度级进行局部搜索，用最后得到的最佳模糊参数进行模糊增强处理。总的来说，基于 BACO 算法的模糊参数自动选取步骤如下：

(1) 输入图像，统计图像的灰度直方图。

(2) 初始化参数，如代码长、群体规模、信息素矩阵元素的初始值、概率选择阈值、信息素保留率和全局最优解等。

(3) 蚂蚁优化过程，包括解的构建、局部搜索和信息素更新。

(4) 检验是否到达终止条件，如达到则转(5)，否则转向步骤(3)继续执行优化过程。

(5) 将得到的全局最优解解码成整数，然后利用局部步长搜索法做进一步寻优，将最后得到的最优值作为要求的 X_c，进一步可以得到模糊参数 F_p。

(6) 根据 BACO 得到的参数 F_p 进行图像的模糊增强，算法的流程如图 6-1 所示。

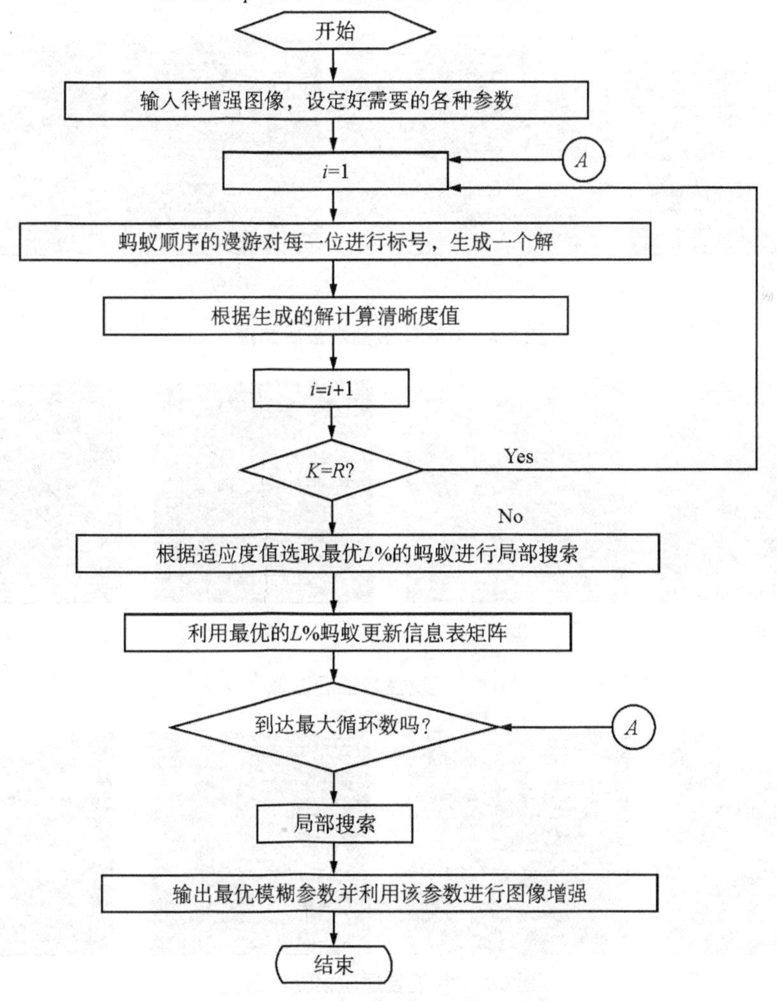

图 6-1　BACO 模糊增强算法流程

6.2.4 图像自适应增强的试验与分析

为了验证 BACO 模糊增强算法的性能，本节选用四幅灰度图像（图 6-2）分别进行线性增强、常规自适应模糊增强（文献法）和 BACO 模糊增强的实验。图 6-2 中分别是两幅过暗图像和两幅过亮图像，增强试验结果如图 6-3、图 6-4、图 6-5 所示。试验中，ACO 算法用到的参数如下：群体规模为 10，信息素保留率 $\rho = 0.5$，局部搜索概率为 $p_{\mathrm{local}} = 0.1$，伪随机比例选择参数 $q_0 = 0.2$，局部搜索和信息素更新比例为 20%，每次运行最大循环数为 6。

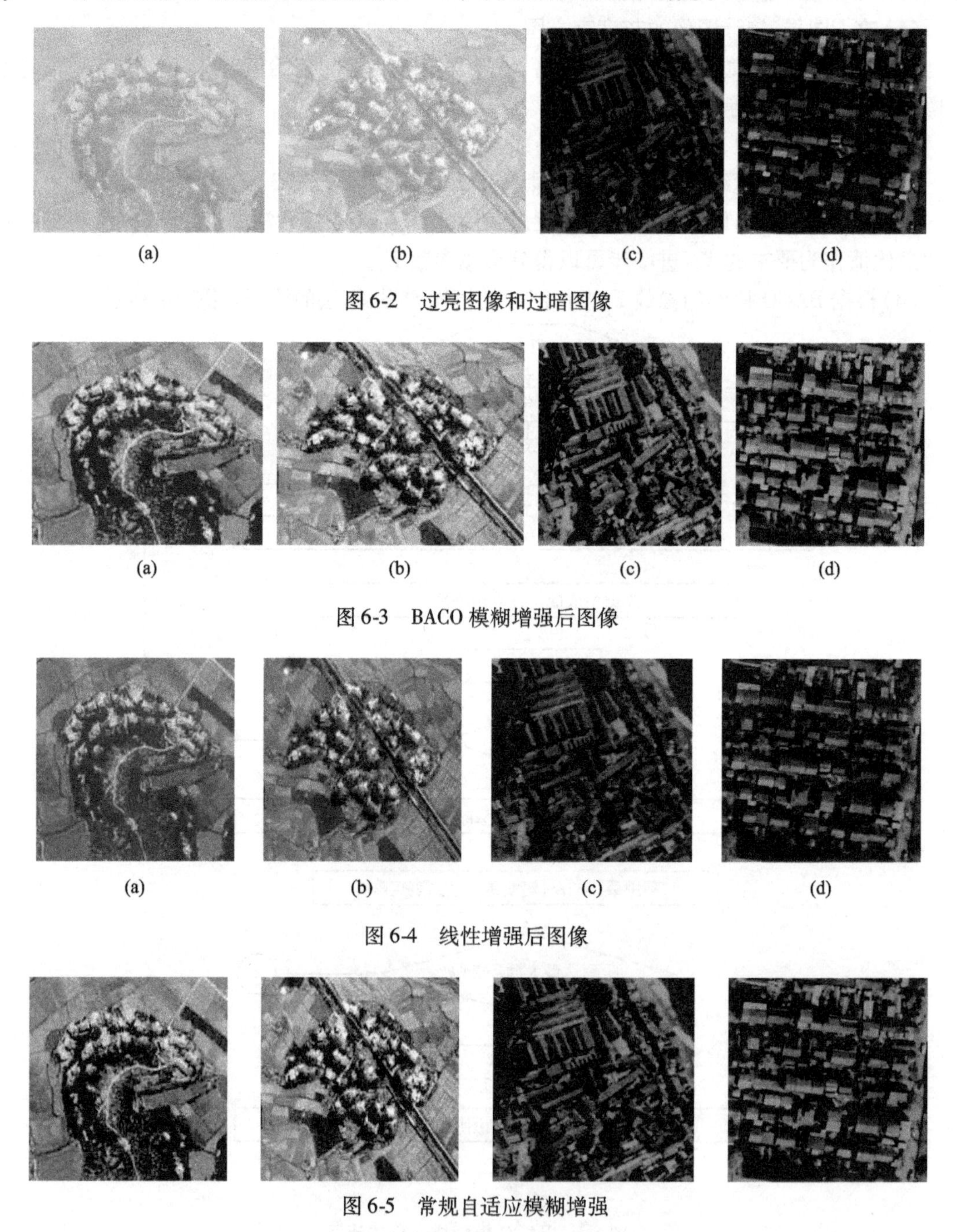

图 6-2　过亮图像和过暗图像

图 6-3　BACO 模糊增强后图像

图 6-4　线性增强后图像

图 6-5　常规自适应模糊增强

图像的方差在图像的直方图上表示为直方图曲线的开度，图像方差大，说明图像包含的图像灰度范围广，图像的灰度层次丰富，它能提供较多的信息。图像方差小，整幅图像的灰度层次少，它所提供的信息量则少。本节通过对3种方法增强结果的对比度、平均亮度、方差的比较来说明本节方法获取模糊参数的有效性。表6-1列出了3种增强方法在增强前后对比度、方差和平均亮度的比较。从表6-1中的数据可以看出，经过常规自适应模糊增强和ACO模糊增强的图像，对比度和方差比线性增强的图像要大，且图像的平均亮度也得到了很好的改善，线性增强法对图像的亮度有比较好的调节作用，但对比度增强效果一般。通过目视评价增强结果，和表中的客观评价标准较为一致。另外从表6-1中可以看出，ACO模糊增强方法和常规自适应模糊增强方法有一样好的增强效果。且相对于常规的自适应模糊增强算法，ACO模糊增强方法只需要尝试120次以下的灰度值就能找到最佳模糊参数。对多幅图像进行增强的试验结果表明，加上局部搜索以后，蚂蚁算法总能找到和常规自适应方法同样的最佳模糊参数。由结果可见，ACO模糊增强方法同常规自适应模糊增强算法一样，有良好的增强效果。相对于常规自适应增强方法，ACO模糊增强方法主要优点是算法处理对象由图像的每一个像素转变为图像的灰度级，在求模糊参数过程中，运算所需内存变小，大大地降低了计算机内存的消耗，处理时间缩短。此外，不需要穷举256个灰度级，计算量大为降低，本节所用图像大小为220×220，则计算效率约提高

$$R = 220 \times 220/256 \approx 190 \text{ 倍}$$

若图像大小为$M \times N$，则计算效率提高约为$R = M \times N/256$倍。

为了进一步说明蚂蚁算法寻求最优参数的能力，表6-2列出了这4幅图像利用穷举法获得的最优参数X_c和蚂蚁算法得到的最优参数X_c的比较。从表6-2中数据可以看出，本节算法获得的最优参数和穷举法是一致的，但本节方法只需要尝试120次以下最优参数，而穷举法需要尝试256次，比穷举法效率更高。

表6-1 增强前后图像质量评价

图像	增强前情况			常规自适应模糊增强			线性对比度增强			BACO模糊增强		
	平均亮度	对比度	方差	平均亮度	对比度	方差	平均亮度	对比度	方差	平均亮度	对比度	方差
1	193	104	220	116	242	3834	116	203	1484	116	242	3834
2	200	119	334	130	253	4277	118	253	1859	130	253	4277
3	70	208	1284	102	252	5612	117	240	1994	102	252	5612
4	81	203	1924	118	254	6557	129	215	2274	118	254	6557

表6-2 最佳模糊参数比较

图像	BACO优化		穷举法	
	参数尝试次数	最佳参数	参数尝试次数	最佳参数
1	120	223	256	223
2	120	240	256	240
3	120	48	256	48
4	120	49	256	49

本节提出将面向参数优化的二进制编码的蚂蚁算法引入模糊增强算法中,结合灰度直方图特征,以解决模糊参数自动选取的问题,从而实现了图像自适应模糊增强处理,可以大大加快模糊参数选取的速度。本章详细地论述了ACO算法二进制思想及编码、适应度函数、优化过程、控制参数和停机准则的确定。最后通过试验进一步证明了基于二进制编码的ACO算法结合直方图特征图像自适应模糊增强的有效性和快速性。

6.3 基于ICS算法的非完全Beta函数图像增强方法

灰度变换是一种操作简便的对比度增强方法,它是把图像的灰度值$f(x,y)$经过合适的变换函数$T\{\cdot\}$得到一个全新的灰度值$g(x,y)$,即

$$g(x,y)=T\{f(x,y)\} \tag{6-21}$$

通过变换,可以使灰度值的动态变化区间进一步扩大,提高图像的对比度,是图像增强的一种重要方式。依据所使用变换函数的差异,可将常用的灰度变换方法分为单一线性变换、分段线性变换和非线性变换3种。

传统的图像增强方法往往需要人工干预,自动化程度低,需要消耗大量的计算时间,难以满足大批图像增强自动化和实时性的要求。根据视觉模型理论,可以将任何一幅图像的灰度直方图近似归结为偏暗、偏亮、集中这三类中的其中一类,与之对应的变换函数有4种类型,如图6-6所示。

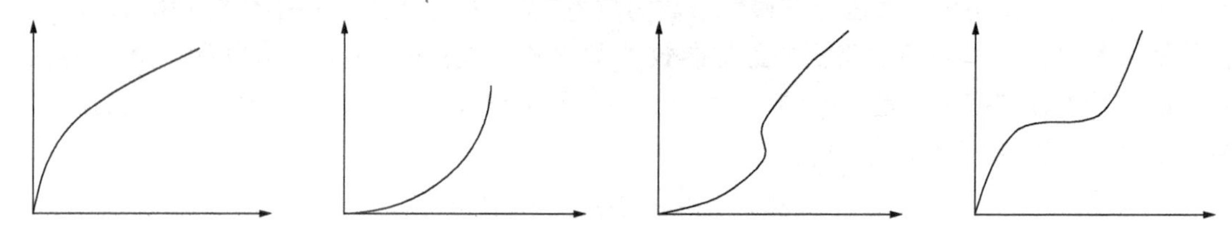

图6-6 常用的图像增强非线性曲线类型

对于大部分图像增强方法,往往只能适应于某一种曲线类型的图像,对于其他曲线类型的图像难以达到理想的增强效果。因此,对于能同时适应于4种曲线类型的图像增强方法还有待进一步研究。

1. 非完全Beta函数图像增强方法

由于图像增强过程中,往往需要同时对偏暗和偏亮区域进行拉伸。因此,在实际应用中,第四类图像增强曲线的应用最为广泛。Tubbs于1987年提出了一种可以适应于所有图像增强变换曲线类型的归一化非完全Beta函数,该函数定义为

$$F(u)=B^{-1}(\alpha,\beta)\int_0^u t^{\alpha-1}(1-t)^{\beta-1}\mathrm{d}t \tag{6-22}$$

其中,α,β的取值范围通常设定为(0,10),标准Beta函数$B(\alpha,\beta)$为

$$B(\alpha,\beta)=\int_0^1 t^{\alpha-1}(1-t)^{\beta-1}\mathrm{d}t \tag{6-23}$$

式中,$F(u)$的曲线形态由α,β的取值决定,分别在(0,10)范围内对α,β进行取值,以对应不同类型的对比度拉伸变换曲线。

令原始图像由 $f(i,j)(i,j) \in \Omega$ 表示，其中 Ω 是图像的定义域，增强后的图像定义为 $f'(i,j)(i,j) \in \Omega$。归一化的非完全 Beta 函数图像增强方法步骤如下：

（1）对图像灰度值进行归一化，将其变换到[0,1]范围中，变换公式为

$$f'(i,j) = \frac{f(i,j) - G_{\min}}{G_{\max} - G_{\min}} \tag{6-24}$$

式中，$f'(i,j)$ 表示对像素点 (i,j) 进行归一化后的灰度值；$G_{\max}$ 和 $G_{\min}$ 分别表示原始图像的最大灰度值和最小灰度值。

（2）定义非线性变换 Beta 函数为 $F(u)(0 \leqslant u \leqslant 1)$，并按式(6-25)对归一化图像进行变换处理：

$$g'(i,j) = F(f'(i,j)) \tag{6-25}$$

式中，$0 \leqslant g'(i,j) \leqslant 1$。

（3）根据图像的灰度值变化范围，对进行增强后图像的灰度值进行反归一化，定义最终输出图像为 $f''(i,j)$，变换公式如下：

$$f''(i,j) = (G'_{\max} - G'_{\min}) * g'(i,j) + G'_{\min} \tag{6-26}$$

式中，$G'_{\max}$ 和 $G'_{\min}$ 分别为图像灰度的最大灰度值和最小灰度值，对于 8 位灰度图像，$G'_{\max} = 255$，$G'_{\min} = 0$。

利用合适的增强后图像质量评价准则，就可以自适应地获得归一化的非完全 Beta 函数的参数，这里使用的图像质量评价函数为

$$f(I) = \frac{1}{n}\sum_{i=1}^{M}\sum_{j=1}^{N} I^2(i,j) - \left|\frac{1}{n}\sum_{i=1}^{M}\sum_{j=1}^{N} I(i,j)\right|^2 \tag{6-27}$$

式中，M 和 N 是图像的长和宽，单位是像素个数，$n = M \times N$。以式(6-27)作为评价函数，搜索合适的 α,β 能够获得理想的图像增强效果。

2. 基于 ICS 的非完全 Beta 函数图像增强方法

基于非完全 Beta 函数图像增强方法的参数选取过程实质上是一种寻求最优解的过程，可以看成非完全 Beta 函数即式(6-21)的求解问题。对于取值范围为(0,10)的 α,β，若参数取值的搜索精度设定为 10^{-1}，则枚举所有的参数组合需要 10^4 次评价标准函数计算，如果搜索精度是 10^{-2}，则枚举所有参数组合对需要 10^6 次计算，总的来看，基本算法的时间复杂度是 $O(10/\mathrm{Acc})^2 MN$，Acc 代表搜索精度，搜索精度越高，计算越耗时，基本归一化的非完全 Beta 函数增强方法计算非常耗时，效率低下。ICS 算法具有很强的全局寻优能力和较快的寻优速度，使用 ICS 算法对该问题进行优化，具体思路和算法流程如图 6-7 所示。

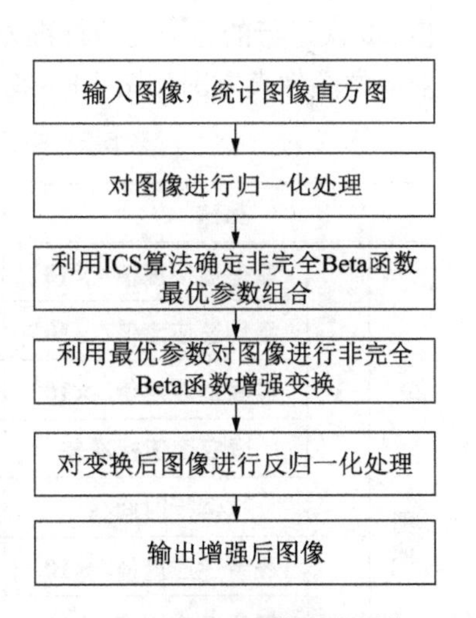

图 6-7　基于 ICS 算法的图像增强方法流程

（1）解的编码。对于非线性灰度变换图像增强方法，为了得到理想的增强效果，对于待增强“降质”图像，必须能够找到合适的对比度变换函数。归一化的非完全 Beta 函数有两个参数 α,β 需要确定，不同的 α,β 组合可以拟合出形态各异的非线性变换函数。最优参数 α,β 的求解问题可以视为两个参数的组合优化问题，可以使用智能优化算法加快求解过程，因此这里运用 ICS 算法寻找最佳的 α,β 值。由于 ICS 算法可以直接用于连续的优化问题的

求解，这里参数 α,β 的取值范围是连续区间，故这里直接采用两个十进制实数对参数 α,β 分别进行编码，其取值范围为(0,10)，其中每个解的编码长度为2。即对于每一个鸟巢，它的空间坐标位置为二维，每一个鸟巢的位置对应于一对参数(α,β)，其位置的好坏由使用这两个参数进行增强后图像的质量决定。

(2)适应度函数的定义。ICS 算法需要优化函数指导才能够逐渐寻找到最优解。在这里适应度函数是对每只杜鹃鸟空间位置好坏的度量，适应度函数值越大，表明杜鹃鸟的位置越好，根据本章图像增强的具体问题，使用每只杜鹃鸟的二维空间位置 X_i 向量作为 α,β 参数对图像进行归一化的非完全 Beta 函数增强，采用式(6-27)作为适应度函数对增强后的图像进行评价，函数值越大，表明图像增强的效果越明显，也说明对应此参数的杜鹃鸟空间位置越优。

(3)算法执行。算法的具体执行过程如图 6-7 所示，其中利用 ICS 算法确定最优变换参数过程同基本 ICS 算法，这里不再赘述。

3. *实验仿真与分析*

这里采用4幅遥感“降质”图像进行了增强实验，对提出算法的性能进行验证，均获得了令人满意的增强效果。为进一步对比提出算法和传统优化算法在归一化的非完全 Beta 函数参数求解优化问题中性能，这里也实现了基于 GA、PSO 和标准 CS 优化的非完全 Beta 函数增强图像方法。需要说明的是，上述算法都有一些改进算法，但是原始算法还是应用最广泛的算法，因此在这里，实验时都是实现的原始算法。4 种算法的参数设置如下：群体中个体维数为 30，最大迭代次数为 50，GA 算法中的基本参数设置为，选择概率 $P_s=0.9$，交叉概率 $P_c=0.85$，变异概率 $P_m=0.05$。PSO 算法中学习因子 $C_1=C_2=2.0$，最大速度 $v_{max}=200$。CS 算法中取 $P_a=0.7$，ICS 算法的参数同 PSO 算法和标准 CS 算法，所有测试图像均来自于实际遥感图像。以上 4 种算法均运行了 50 次，运行 50 次的最优适应度值，平均适应度值，最差适应度值，50 次运行的适应度值标准差和算法的平均执行时间见表 6-3。4 幅原图像以及增强图像对应的图像直方图如图 6-8 ~ 图 6-11 所示。

表 6-3 采用不同算法优化的适应度函数值和算法运行时间

算法			GA	PSO	CS	ICS
图像	1	最差适应度值/ $\times 10^3$	5.299 7	5.302 2	5.305 2	5.306 8
		平均适应度值/ $\times 10^3$	5.304 5	5.306 0	5.306 9	5.308 0
		最高适应度值/ $\times 10^3$	5.308 3	5.308 3	5.308 3	5.308 3
		适应度值标准差	1.729 9	1.474 6	0.866 1	0.327 0
		运行时间/s	2.757 6	2.375 3	2.697 2	2.633 2
	2	最差适应度值/ $\times 10^3$	1.587 0	1.608 0	1.609 0	1.610 4
		平均适应度值/ $\times 10^3$	1.608 5	1.609 7	1.610 1	1.610 7
		最高适应度值/ $\times 10^3$	1.610 9	1.610 9	1.610 9	1.610 9
		适应度值标准差	5.757 9	0.768 2	0.372 8	0.164 9
		运行时间/s	1.488 1	1.304 6	1.466 6	1.449 0

续表

算法			GA	PSO	CS	ICS
图像	3	最差适应度值/$\times 10^3$	1.158 9	1.167 6	1.169 4	1.169 8
		平均适应度值/$\times 10^3$	1.168 3	1.169 1	1.169 8	1.169 8
		最高适应度值/$\times 10^3$	1.169 7	1.169 7	1.169 7	1.169 8
		适应度值标准差	2.903 4	0.471 9	0.100 8	2.85×10^{-7}
		运行时间/s	0.758 0	0.689 9	0.735 7	0.715 2
	4	最差适应度值/$\times 10^3$	5.324 6	5.414 5	5.415 6	5.419 0
		平均适应度值/$\times 10^3$	5.414 1	5.416 9	5.419 0	5.419 0
		最高适应度值/$\times 10^3$	5.419 0	5.418 6	5.418 3	5.419 0
		适应度值标准差	17.443 7	1.089 0	0.743 3	8.16×10^{-9}
		运行时间/s	1.882 3	1.620 8	1.834 9	1.767 0

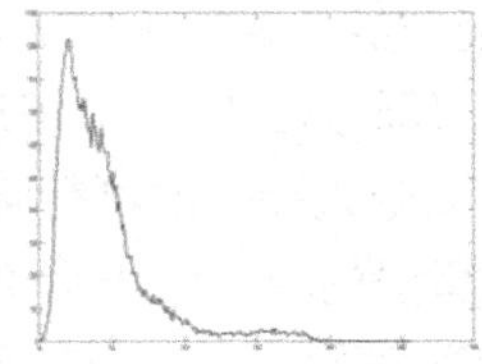
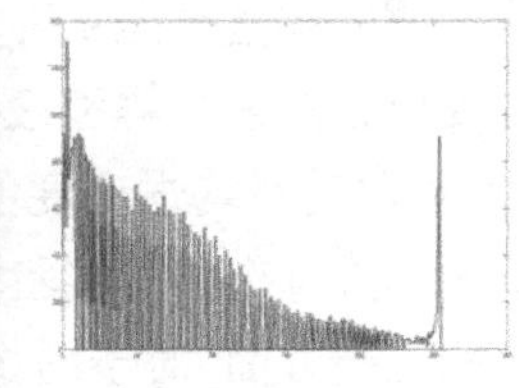

图 6-8　原图及其增强结果(一)

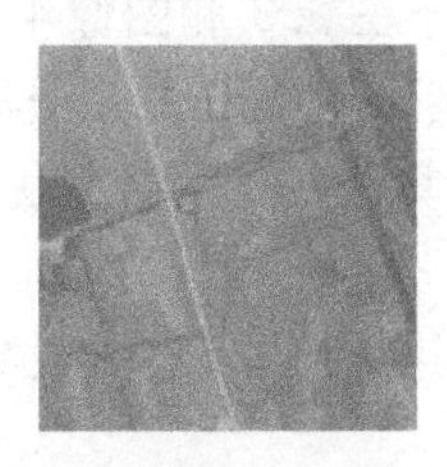
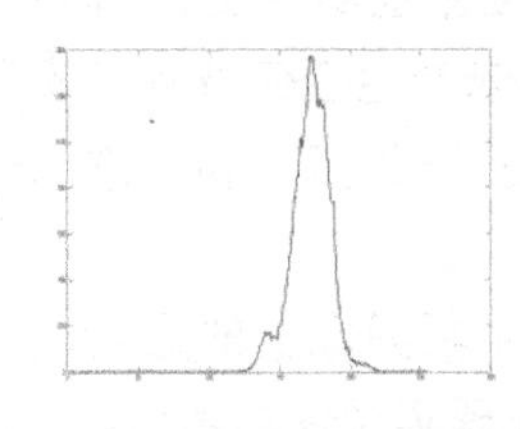
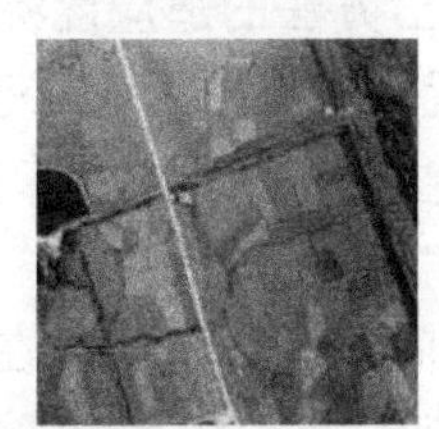
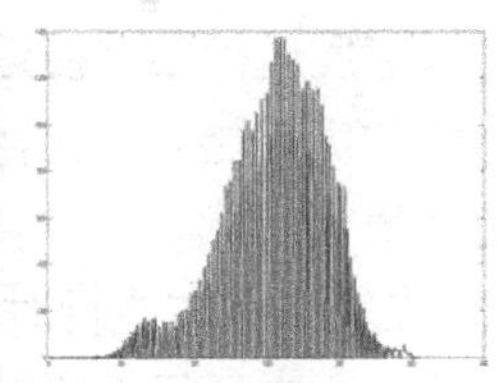

图 6-9　原图及其增强结果(二)

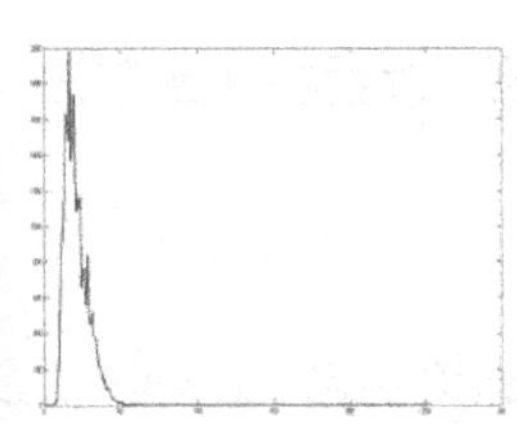

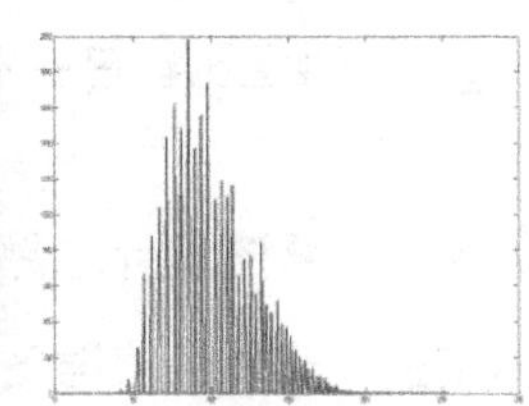

图 6-10　原图及其增强结果(三)

观察图 6-8 ~ 图 6-11 中原始图像的灰度直方图以及增强后图像的灰度直方图可知,对原始图像而言图像灰度级比较集中,而经过增强以后图像灰度分布比较均匀,其对比度与原始图像相比得到了明显的改善,和增强前后图像的视觉特性基本一致,表明本节方法具有令人满意的增强效果。

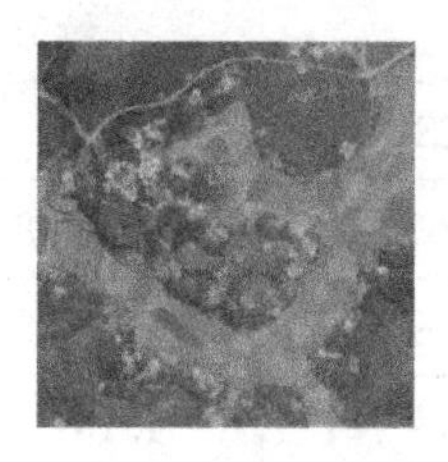
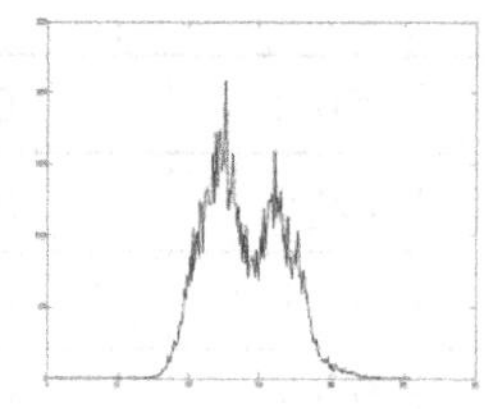
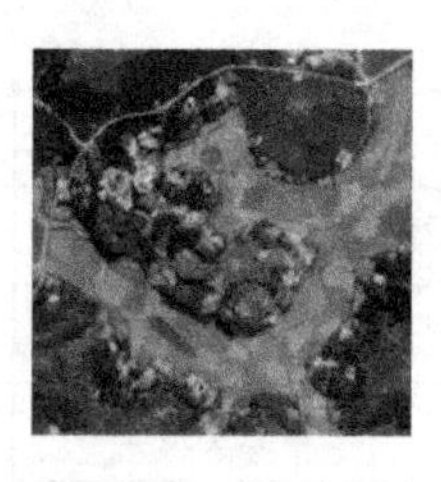
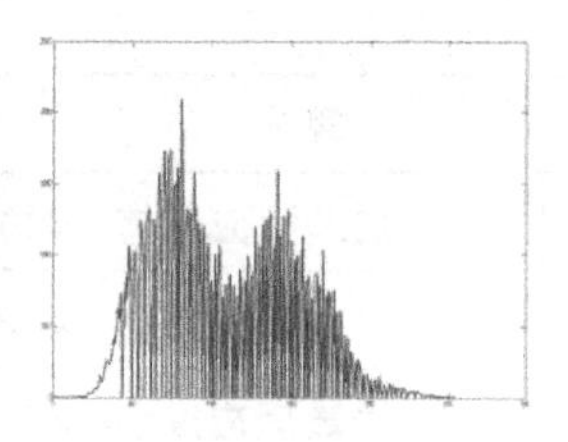

图 6-11　原图及其增强结果(四)

分析表 6-3 中数据可以得到如下基本认识。

(1)对于 4 幅图像,4 种算法得到了十分接近的最高适应度值。其中,标准 CS 算法和 ICS 算法具有同样的最高适应度值,表明该适应度值很有可能就是这 4 幅图像的最优适应度值,说明进化计算方法确实能够搜索到最优的参数组合,有效提升非完全 Beta 函数图像增强方法的性能。

(2)4 种算法的平均适应度值、最差适应度值、最优适应度值和最差适应值的差值和适应度值标准差表明本节提出的方法具有明显更好的表现。在平均适应度值方面,ICS 算法的平均适应度值非常接近于最优适应度值,它的平均适应度值是 4 种算法中最高的,同时它和最优适应度值的差值也是 4 种算法中相对较小的,进一步观察最优适应度值和最差适应度值可以发现提出方法最优解和最劣解间的差值非常小,ICS 算法的最差解适应度值与 GA、PSO 和标准 CS 算法的平均适应度值相差无几,是完全可以令人接受的可行解,对于图像 3 和图像 4,采用 ICS 算法每次独立实验均能得到最优解。在算法的稳定性方面 ICS 算法尤为突出,在适应度值标准差方面,对于图像 1,提出方法的适应度值标准差只有 GA 算法的大约 1/5,是 PSO 算法的 1/4,对于图像 2,其适应度值标准差更是小于 GA 算法数十倍,是 PSO 算法的 1/4 左右,相比于标准 CS 算法,提出方法的适应度标准差也明显更优,而对于图像 3 和图像 4,ICS 算法的适应度值标准差接近于 0,适应度值几乎未产生任何波动。实验证明,提出的算法具有更为稳定的优化能力,所得参数与基本 GA 算法、PSO 算法和标准 CS 算法相比明显更优,且性能更加稳定。

(3)在算法具体执行时间上面,4 种算法在 4 幅图像上的运行时间都在 3 s 以内,表明算法在实际执行中运行效率较高,可以满足图像处理实时性的需求。

6.4　基于 CBLFA 归一化的非完全 Beta 函数增强图像方法

6.4.1　算法设计思路

本节进一步使用莱维飞行改进的萤火虫算法求解非完全 Beta 函数增强图像方法的参数,以快速增强图像,具体思路如下:

(1)解的编码方式。归一化的非完全 Beta 函数有两个参数 α,β 需要确定,通常 α,β 的取值范围是(0,10),如果参数取值的搜索精度设为 10^{-1},则枚举所有的参数对需要 1 万次评价标准函数计算,如果搜索精度是 10^{-2},则枚举所有参数对需要 100 万次计算,计算非常耗时,效率低下。本质上参数 α,β 的问题可以视为两个最优连续参数的组合最优化问题,这里考虑运用萤火虫搜索算法寻找归一化的非完全 Beta 函数两个参数的最优值。基本 CBLFA 搜索算法非常适合连续的优化问题，这里两个参数取值范围是连续区间，因此这里直接使用两个十进制实数对解进行编码，其取值范围为(0,10)，其中每个解的编码长度为2，即对于每一只萤火虫，它的空间坐标位置为二维，每一只萤火虫位置对应于一对参数(a,b)，其位置的好坏由使用这两个参数进行增强后图像的质量确定。

(2)适应度评价函数的定义。元启发式元优化算法需要优化函数指导才能够逐渐逼近解。在这里适应度函数是对萤火虫空间位置优劣的度量，适应度函数值越大，表明萤火虫位置越好，其定义为式(6-27)，其值越大表明萤火虫的空间位置对应的两个参数越优。

(3)算法具体执行。在定义好编码方案和适应度函数以后，整个算法具体流程如图6-12所示。

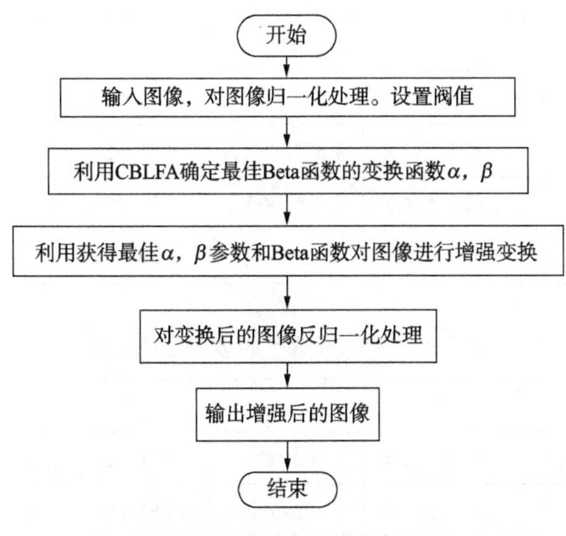

图 6-12　CBLFA 增强流程

6.4.2　算法设计实验结果与分析

为了验证提出方法的有效性和稳健性，这里给出6幅图像对提出的方法效果进行展示，两幅偏暗遥感图像、两幅偏亮遥感图像和两幅普通图像。实验中分别使用穷举搜索法(enumeration method)，基本FA，基本PSO和CBLFA对归一化的非完全Beta函数进行参数寻优。通常，随机优化算法在迭代次数有限的情况下每次的运算结果都具有一定的随机性。为了客观地类比上述算法综合性能，充分考虑算法随机性对运算结果的影响，本节将各个算法运行20次并对结果综合分析。穷举法的参数搜索精度Acc尝试了0.1和0.01两种情况。实验组中3种优化算法参数设定如下：所有算法的种群规模都是20，对于PSO，惯权因子$W=1$，加速因子$C_1=C_2=1.5$，粒子最大速度$V_{max}=scope/5$，其中scope为搜索范围。萤火虫算法，光吸收系数γ为1，最大吸引度为1，最小吸引度为0.2，初始步长α为0.5。对于CBLFA参数设置与萤火虫算法一致，种群规模为20分簇为4组。每簇5个萤火虫个体。

表6-4、表6-5、表6-6分别给出了上述3种算法20次运行中的最优适应度值(Best)、平均适应度值(Average)、最差适应度值(Worst)及适应度方差值(Stdv)，以及精度是0.01时穷举法搜索得到的适应度函数值。

表 6-4　PSO 运行 20 次图像适应值

图像	a1	a3	l6	l7	peppers	pout
最差值	3 703.612 4	3 427.103 3	4 833.539 9	3 651.546 9	8 104.091 3	4 462.543 2
最优值	3 703.713 3	3 427.537 4	4 885.909 5	3 651.669 5	8 104.106 9	4 462.627 4
平均值	3 703.692 5	3 427.488 6	4 878.053 9	3 651.653 9	8 104.103 4	4 462.617
标准差	1.128E-03	9.585E-03	3.681E+02 *	9.797E-04	1.966E-05	4.606E-04

表 6-5　FA 运行 20 次图像适应值

图像	a1	a3	l6	l7	peppers	pout
最差值	3 703.655 2	3 427.521 6	4 885.906 2	3 651.666 0	8 104.104 0	4 462.624 8
最优值	3 703.713 4	3 427.537 6	4 885.909 5	3 651.669 5	8 104.107 0	4 462.627 4
平均值	3 703.709 4	3 427.534 3	4 885.909 2	3 651.668 4	8 104.106 6	4 462.626 9
标准差	1.645E-04	1.723E-05	6.139E-07	1.481E-06	5.911E-07	4.203E-07

表 6-6　CBLGA 运行 20 次图像适应值

图像	a1	a3	l6	l7	peppers	pout
最差值	3 703.702 4	3 427.514 4	4 885.909 3	3 651.668 8	8 104.106 1	4 462.624 5
最优值	3 703.713 4	3 427.537 6	4 885.909 5	3 651.669 5	8 104.107 0	4 462.627 4
平均值	3 703.712 2	3 427.535 1	4 885.909 5	3 651.669 4	8 104.106 8	4 462.627 1
标准差	6.784E-06	3.555E-05	4.079E-09	4.092E-08	7.145E-08	4.056E-07

观察表 6-4 对应的 PSO、表 6-5 对应的 FA、表 6-6 对应的 CBLFA，通过观察 3 个表中的数据可知，对于图像 a1，CBLFA 的最差适应度值、最优适应度值、适应度均值均大于 FA 的最差适应度值、最优适应度值、适应度均值均。FA 的上述 3 个值又大于 PSO，进一步比较 3 种算法的方差，CBLFA 的方差比 FA 小两个数量级，而 FA 又比 PSO 小一个数量级。对于同样都是偏暗的图像 a3，CBLFA 和 FA 适应度各个指标相近，但是都要好于 PSO。对于表 6-4 ~ 表 6-6，PSO 最大值与 CBLFA 和 FA 相等，但是 PSO 容易陷入局部最优，在 20 次迭代中，PSO 有若干次陷入局部最优，导致得到了非常差的解 4 833.539 9，进而导致了 PSO 在 20 次运算过程中的方差特别大。对于 l6 图，PSO 的方差比 FA 大 9 个数量级，而比 CBLFA 大 11 个数量级。后面 3 个图的数据与 a3 图类似，3 种算法的最优解基本都相等，但是平均值 CBLFA 要大于 FA，FA 的适应度均值要大于 PSO。PSO 的最差解比上述两种算法的最差解都要小，而 PSO 方差比上述两种算法的方差都要大，而且都优于 PSO。在适应度均值方面 CBLFA 最大，FA 次之，PSO 最小；进一步考虑适应度方差值，CBLFA 明显优于 PSO 和 GA，较之 PSO，CBLFA 适应度方差小了 1 个数量级，比 PSO 更是小了 3 个数量级。

综合分析上述 3 个表中数据来看，CBLFA 能得到最优的目标函数值，整体适应度均值最大，适应度方差比 FA 小，并且远小于 PSO，表明相对于 FA 和 PSO，CBLFA 确实具有更强的寻优能力和稳健性。

表 6-7、表 6-8、表 6-9 给出了 3 种算法运行 20 次的适应度极值的参数对表。其中，每个适应度对应了一对参数。从表 6-9 中可以看出，CBLFA 最优和最劣的参数对 α，β 变化相对 PSO 和 FA 较小。

表 6-7 PSO 算法 Beta 增强参数对表

图像	a1		a3		l6		l7		peppers		pout	
	a	b	a	b	a	b	a	b	a	b	a	b
最差值	1.72	9.99	1.49	9.99	9.99	9.36	9.99	3.50	5.77	9.99	8.45	9.99
最优值	1.73	9.99	1.50	9.99	9.99	9.36	9.99	3.51	5.77	9.99	8.46	9.99
平均值	1.72	9.99	1.49	9.99	9.99	9.36	9.99	3.51	5.77	9.99	8.46	9.99

表 6-8 FA 算法 Beta 增强参数对表

图像	a1		a3		l6		l7		peppers		pout	
	a	b	a	b	a	b	a	b	a	b	a	b
最差值	1.72	9.99	1.49	9.99	9.99	9.35	9.99	3.50	5.77	9.99	8.45	9.99
最优值	1.73	9.99	1.50	9.99	9.99	9.36	9.99	3.51	5.78	9.99	8.46	9.99
平均值	1.72	9.99	1.50	9.99	9.99	9.36	9.99	3.51	5.77	9.99	8.46	9.99

表 6-9 CBLFA 算法 Beta 增强参数对表

图像	a1		a3		l6		l7		peppers		pout	
	a	b	a	b	a	b	a	b	a	b	a	b
最差值	1.72	9.99	1.49	9.99	9.99	9.36	9.99	3.50	5.77	9.99	8.45	9.99
最优值	1.73	9.99	1.50	9.99	9.99	9.36	9.99	3.51	5.77	9.99	8.46	9.99
平均值	1.72	9.99	1.49	9.99	9.99	9.36	9.99	3.51	5.77	9.99	8.46	9.99

图 6-13 给出了 6 幅图像用 CBLFA 增强前后的对比图像。从直观的视觉观察分析图像。(a)与(c)为两幅偏暗图像，通过自适应增强后，图像偏暗的地方得到了较好的亮度提升，显著提高了图像的对比度，图像的纹理更加清晰，图像更具有层次感，大大改善了图像的质量；对于两幅偏亮的图像(e)与(g)，提出的方法降低了图像的整体亮度，灰度分布更加均匀，对比度明显增强，图像细节更加突出，植被与农田更加清晰可见。对于两幅普通图像(i)与(k)，peppers 增强后，辣椒与背景的对比度明显增强，更加突出了目标。对于(l)图，小孩的衣服与五官更加清晰，图像的质量明显增强。

图 6-14 给出了 6 幅图像在增强前后的直方图对比图。通过观察两幅暗图的前后对比可知，提出的方法自动拉伸图像较暗区域，使直方图的分布更加均匀，明暗区域的分配更加合理，大大增强图像的对比度，灰度级较高处的像素得到了显著增加，图像的亮度整体提高，与上述的增强效果图一致。对比图 6-14(b)，图 6-14(d)可知，提出的方法对图像灰度值中间区

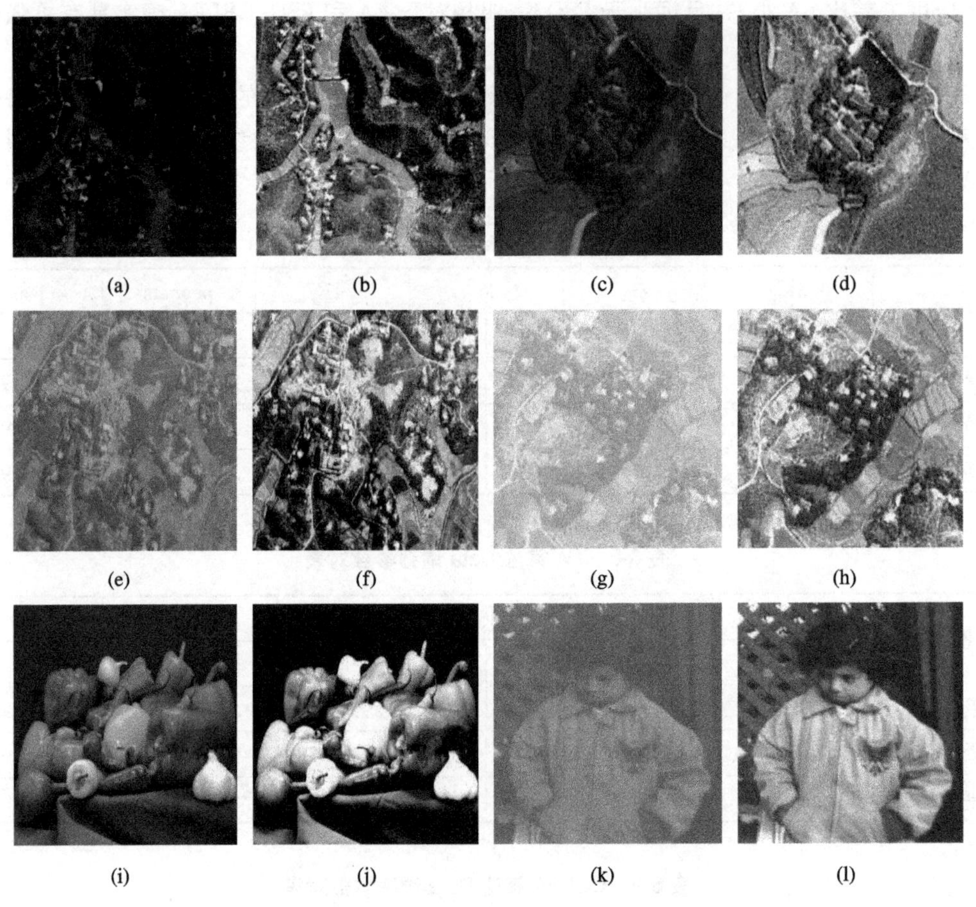

图 6-13　CBLFA 增强前后的对比图

(a)a1 原图;(b)CBLFA 增强 a1 图;(c)a3 原图;(d)CBLFA 增强 a3 图;(e)l6 原图;(f)CBLFA 增强 l6 图;(g)l7 原图;(h)CBLFA 增强 l7 图;(i)peppers 原图;(j)CBLFA 增强 peppers 图;(k)pout 原图;(l)CBLFA 增强 pout 图

域进行了拉伸,压缩两端,便于进行视觉分析,增强效果明显,中间拉伸提供了更多细节,图像直方图中,灰度值两端的像素都有增强,灰度范围更加广泛。对于 peppers 图两端压缩、中间拉伸似的细节展开,背景被分割出去,食材与小孩的画面更加清晰,符合实际观察情况。

6.5　基于 BA 改进的非完全 Beta 函数图像增强方法

图像“降质”很多时候是因为一些非线性因素引起的,所以基于线性拉伸方法应用范围受到一定的限制。本质上,线性函数也是非线性函数的特殊化形式,Tubbs 提出了一种能完全覆盖典型灰度变换函数的归一化的非完全 Beta 函数。归一化的非完全 Beta 函数图像增强方法具有良好的效果,然而需要人工选择其参数,缺乏自适应性。蝙蝠算法是最新提出的一种元启发优化算法,具有良好的优化性能,其收敛性业已得到证明,并在实际工程问题和理论研究问题中得到了一定的应用。这里,提出一种蝙蝠算法优化归一化的非完全 Beta 函数变换的图像自适应增强算法,实验结果表明该方法可以获得理想的增强效果。

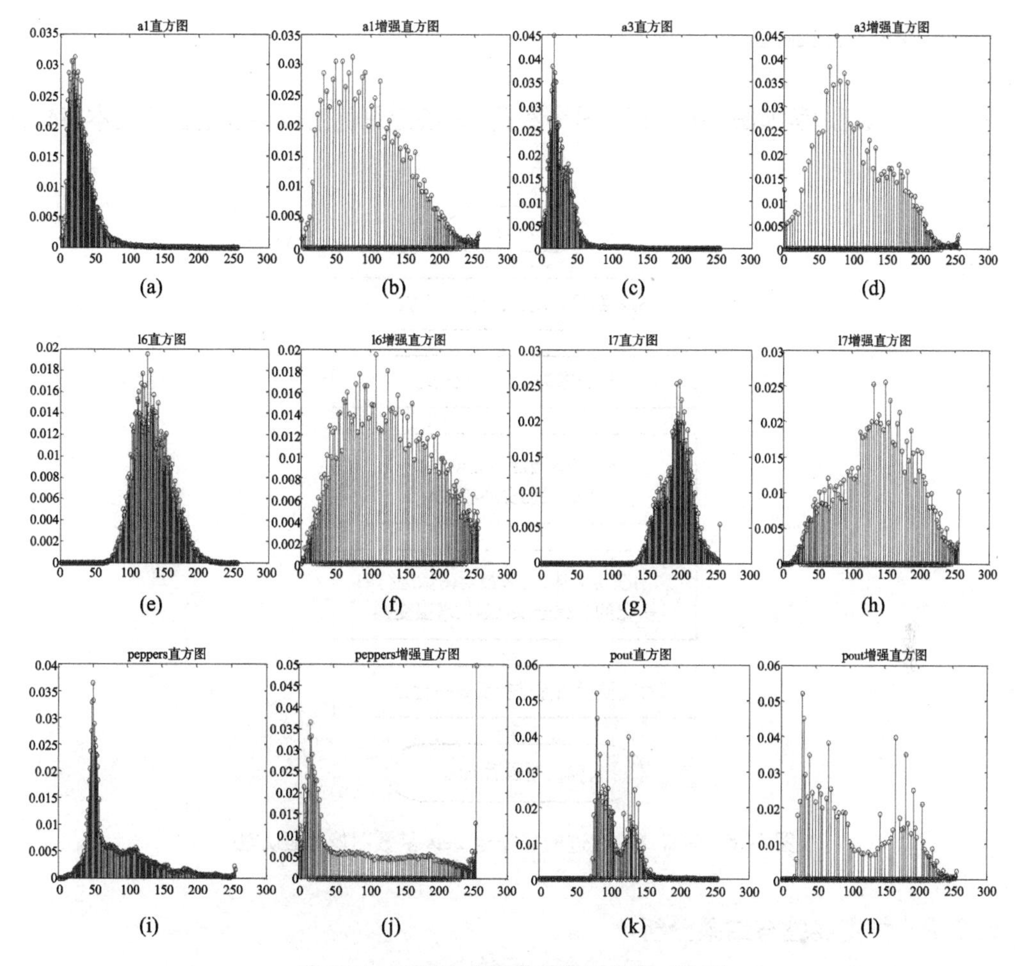

图 6-14　CBLFA 增强前后的直方图对比图

(a) a1 原图；(b) CBLFA 增强 a1 图；(c) a3 原图；(d) CBLFA 增强 a3 图；(e) l6 原图；(f) CBLFA 增强 l6 图；(g) l7 原图；(h) CBLFA 增强 l7 图；(i) peppers 原图；(j) CBLFA 增强 peppers 图；(k) pout 原图；(l) CBLFA 增强 pout 图

6.5.1　蝙蝠算法用于归一化的非完全 Beta 函数参数自适应选取

1. 解的编码

归一化的非完全 Beta 函数有两个参数 α,β 需要确定，不同的 α,β 的组合可以拟合不同的非线性变换函数。最优参数 α,β 选择问题可以视为两个参数的组合优化问题，这里运用蝙蝠算法寻找最佳的 α,β 值。BA 可以直接用于连续的优化问题的求解，这里两个参数取值范围是连续区间，因此这里直接使用两个十进制实数对解进行编码，其取值范围为(0,10)，其中每个解的编码长度为 2。即对于每一只蝙蝠，它的空间坐标位置为二维，每一只蝙蝠位置对应于一对参数(α,β)，其位置的好坏由使用这两个参数进行增强后图像的质量决定。

2. 适应度评价函数的定义

BA 需要优化函数指导才能够逐渐寻找到最优解。在这里，适应度函数是对蝙蝠空间位置优劣的度量，适应度函数值越大，表明其位置越好，根据本章图像增强的具体问题，使用蝙蝠的二维空间位置 X_i 向量作为 α,β 参数对图像进行归一化的非完全 Beta 函数增强，并对增强后图像利用式(6-27)作为适应度函数，其值越大，表明图像增强效果越好，也说明对应此参数的蝙蝠的空间位置越优。

3. 算法执行

算法具体执行过程如图 6-15 所示,其中利用 BA 确定最优变换参数过程同基本 BA,这里不再赘述。

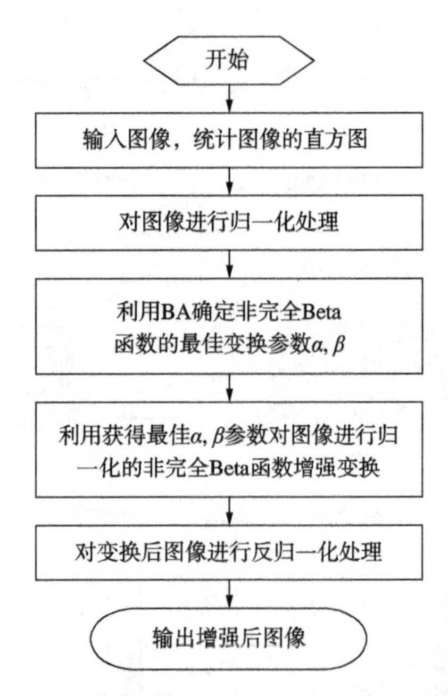

图 6-15　基于 BA 改进的非完全 Beta 函数图像增强方法

6.5.2　仿真实验与结果分析

为了验证算法的性能,本章采用多幅"降质"图像进行了增强实验,均获得了令人满意的增强效果,鉴于篇幅所限,这里仅给出 2 幅灰度图像增强实验结果(过亮和偏暗图像各一幅)。进一步为对比提出算法和传统优化算法在归一化的非完全 Beta 函数参数求解优化问题中性能,这里也实现了基于遗传算法和粒子群算法优化归一化的非完全 Beta 函数增强图像算法。需要说明的是,上述 3 种算法都有一些改进算法,但是原始算法还是应用最广泛的算法,因此在这里,实验时都是实现的上述 3 种算法的原始算法。3 种算法设定参数如下:群体中个体数 $M=50$,最大迭代次数 $I=40$,对于 PSO 算法惯权因子 ω 为的线性下降,加速因子 $C_1=C_2=2$,粒子最大速度 $V_{max}=10$。对于 GA,交叉概率 = 0.4,变异概率 = 0.01。对于 BA 算法,发射率 $r_i\in[0,1]$,响度 $A_i\in[1,2]$,频率 $f_i\in[0,0.5]$。以上 3 种算法均运行了 30 次。两幅图像的原图像及其对应的直方图,以及增强后的图像以及图像直方图如图 6-16 所示。

观察图 6-16 中原始图像的直方图以及增强后的图像的直方图可知,增强以前图像灰度级比较集中,而增强以后图像灰度分布比较均匀,其对比度较之原始图像有较好的改善,和增强前后的图像的视觉感官较为一致,表明本文方法具有令人满意的增强效果。

表 6-10 中 WorstFitness, AverageFitness, BestFitness, Standarddeviation 分别代表最差适应度值、平均适应度值、最高适应度值和适应度值标准差。Executiontime 是算法执行时间,单位是秒。分析表 6-10 中数据可以得到如下基本认识。

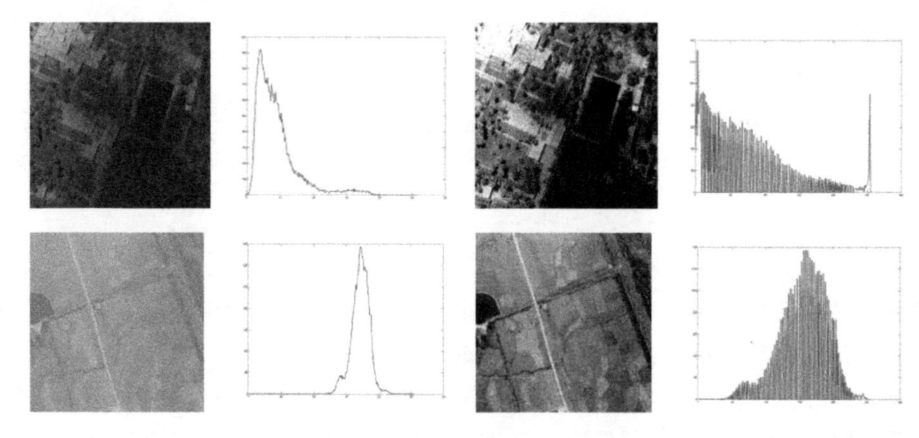

图 6-16　实验样图及其增强结果

表 6-10　不同优化的适应度函数值和算法执行时间

算法			GA	PSO	BA
图像	1	WorstFitness	5.2997×10^3	5.3022×10^3	5.3068×10^3
		AverageFitness	5.3045×10^3	5.3060×10^3	5.3080×10^3
		BestFitness	5.3083×10^3	5.3083×10^3	5.3083×10^3
		Standarddeviation	1.729 9	1.474 6	0.327 0
		Executiontime	2.757 6	2.375 3	2.633 2
	2	WorstFitness	1.5870×10^3	1.6080×10^3	1.6104×10^3
		AverageFitness	1.6085×10^3	1.6097×10^3	1.6107×10^3
		BestFitness	1.6109×10^3	1.6109×10^3	1.6109×10^3
		Standarddeviation	5.757 9	0.768 2	0.164 9
		Executiontime	1.488 1	1.304 6	1.449 0

(1)对于两幅图像,3 种算法具有同样的最优适应度值,表明该适应度值很有可能就是这两幅图像的最优适应度值,说明智能计算方法确实能够搜索到最优的图像增强参数,有效地提升基本的归一化的非完全 Beta 函数图像增强算法的性能。

(2)3 种算法的平均适应度函数值、最差适应度函数值、最优适应度值、最差适应值的差值和适应度值标准差表明本文提出的方法具有明显更好的表现。在平均适应度值方面,BA 的平均适应度函数值非常接近于最优适应度函数值,它的平均适应度值是 3 个算法中最高的,同时它和最优适应度值的差值也是 3 个算法中最小的,进一步观察最优适应度值和最差适应度值可以发现提出方法最优解和最差解之间的差距非常小,BA 算法的最差解适应度值高于 GA 和 PSO 算法的平均适应度值,是完全可以令人接受的可行解。在算法的稳定性方面 BA 算法尤为突出,在适应度值标准差方面,对于图像 1,提出方法的标准差只有 GA 算法的大约 1/5,是 PSO 算法的 1/4,而对于图像 2,其标准差更是小于 GA 算法数十倍,是 PSO 算法的 1/4 左右,表明提出的算法具有更好的稳定的优化能力,所得参数较之基本 GA 和 PSO 算法更优,而且性能更加稳定。

(3)在算法具体执行时间上面,3 个算法在两幅图像上的运行时间都在 1 ~ 3 秒,表明算法在实际执行中运行效率较高,可以达到实时化的要求。

第 7 章　基于自然计算的图像聚类分割方法

图像分割是一种基本的计算机视觉技术，也是图像处理过渡到图像分析的关键步骤。图像分割目的就是根据某些特征（如灰度、纹理、颜色等）把图像分成若干有意义区域，同一区域中包含的像素应该具有相同或者相似的特性，不同区域包含的像素应该具有不同的特性。从本质上来看，图像分割是一个按照像素属性进行聚类的过程，因此，许多聚类算法被应用于图像分割中并取得了不错的效果。

聚类方法的目标是将像素依据某种相似性度量将它们聚成几类，并且同类中的像素性质尽可能相似，不同类之间的像素尽可能不相似。此方法的实质是将图像分割问题转化为模式识别的聚类分析，完整的聚类过程如图 7-1 所示。

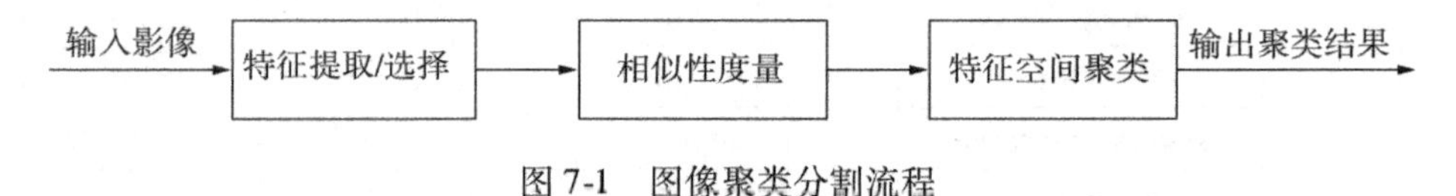

图 7-1　图像聚类分割流程

由图 7-1 可以看出，最终聚类分割的有效性和适应性不仅取决于聚类算法本身，还取决于所使用的聚类特征和相似性度量。目前有各种各样的聚类技术，包括动态聚类方法、谱系法、基于模糊理论的方法等，其中，C-Means 算法是最常用的一种聚类算法。在给定类别数的情况下，运用 C-Means 进行聚类时，结果主要受初始类中心的影响，容易陷入局部最优解，到目前为止还没有一种很好的选取初始类中心的方法。一般执行中是随机选取初始类中心，将 C-Means 算法执行数次，从中挑选质量比较好的解作为聚类结果。虽然这样，因为初始类中心选取的随机性，所以可能存在算法执行很多次仍然得不到较好解的情况，因此一些基于智能计算方法改进 C-Means 的方法相继被提了出来，有些改进算法被成功地应用于图像分割问题。本章提出了一种联合 ACO 和 C-Means 的图像聚类分割新方法，利用 ACO 的优化能力改善 C-Means 聚类分割图像的精度，从而说明蚁群算法在图像聚类分割问题中的应用潜力。

7.1　C-Means 算法概述

令 $x=(x_1,x_2)$ 代表一个像素的坐标，$g(x)$ 是这个像素的灰度值，C-Means 算法是要最小化指标如下：

$$E = \sum_{i=1}^{C}\sum_{x\in Q_j^{(t)}}\|g(x) - \mu_j^{t+1}\|^2 \tag{7-1}$$

其中：$Q_j^{(t)}$ 代表在第 t 次迭代以后赋给类 j 像素的集合；μ_j 表示第 j 类的均值。上式给出了每个像素与其对应类中心（类均值）的距离和。C-Means 具体的步骤如下：

（1）任意选 C 个初始类中心 $\mu_1^{(1)},\mu_2^{(1)},\cdots,\mu_C^{1}$。

(2) 使用最小距离判别法将所有像素分给 C 类之一，即：对于 x，如果 $\|g(x)-\mu_i^{(t)}\| < \|g(x)-\mu_j^{(t)}\|, j\neq i$，则 $x\in i$ 类。

(3) 重新计算聚类中心 $\mu_j^{(t+1)}$，计算各类均值，并以此作为新的类均值。

$$\mu_j^{(t+1)} = \frac{1}{N_j}\sum_{x\in Q_j^{(t)}} g(x) \tag{7-2}$$

其中 N_j 是 $Q_j^{(t)}$ 中的像素个数。

(4) 对所有的 $j=1,2,\cdots,C$，如果 $\mu_j^{(t+1)}=\mu_j^{(t)}$ 则终止算法，输出结果；否则，返回步骤(2)，继续进行。

从以上步骤可知，应用 C-Means 算法进行聚类分割时，其中以下两个问题比较突出。

(1) 由于图像目标的复杂性，聚类的类别数目难以自动确定。

(2) 初始类中心难以选择。

针对上述问题，不少专家学者提出了改进的方法，其中以直方图分析法比较常见，该方法常常是先对直方图进行平滑，然后把直方图的峰数作为类别个数，峰值作为初始化类中心。但对于复杂图像，直方图往往呈现单峰或者峰过多，该方法无法适用；另外一种常用的方法是给定一个类别数目的范围和一个聚类目标函数，从最少聚类数目开始聚类得到一个类别数目标函数，然后增加聚类数目进行下一次聚类，将前后得到的聚类目标函数进行比较，对应最大目标函数的聚类个数就是需要聚类的个数。这类自动确定类别数的方法对各类模式点在空间分布比较明显成团状，且类与类之间相差较远的情况下比较有用。由于航空图像的复杂性，这些方法对航空图像也并不太适用。总的来说，类别数自动确定问题到目前还是一个难题，本章是在类别数已经确定的基础上对 C-Means 算法进行改进。

7.2　基于 ACO 聚类的图像分割方法

7.2.1　基于 ACO 聚类的图像分割方法模型

图像分割可以看成一个按照像素属性进行分类标记的过程。假设要将一幅 $M\times M$ 大小的图像分成 C 类，即每个像素(样本)按照一定的规则划归 C 个类别中的某一类。如果对所有可能的情况都进行分类标记，然后根据一定的判别规则选择最好的标记情况作为分类结果，尽管从理论上说，确实可以达到较好的聚类结果，但是总的划分数有 $C^{M\times M}-1$ 种，这个数字通常都是十分巨大的。下面以一个 6×6 大小分 2 类图像分割问题加以说明。图像如图 7-2所示，矩阵中数字表示它的灰度值。

$$\begin{bmatrix} 0 & 1 & 10 & 10 & 200 & 201 \\ 0 & 1 & 10 & 10 & 200 & 201 \\ 0 & 1 & 10 & 10 & 200 & 201 \\ 0 & 1 & 10 & 10 & 200 & 201 \\ 0 & 1 & 10 & 10 & 200 & 201 \end{bmatrix}$$

图 7-2　像素划分示例图像

该图像总共有 36 个像素，有 2 个类别，对于每个像素它有属于第一类和第二类的 2 种可能，总共有 $2\times 2\times,\cdots,\times 2=2^{36}-1$ 种可能的划分。按照一定判别函数，对 $2^{36}\approx 1.7\times 10^{10}$ 划分进行判断，选择适应度最好的划分作为对像素分类的结果，即完成分割。从这个例子可以看到，即使对于 6×6 分成 2 类的小幅图像，也有 1.7×10^{10} 这么多种划分。对于稍大一些的 $M \times M$ 图像分成 C 类，划分的总数约为 $C^{M \times M}$，这是相当惊人的数字，如果按照某种判据，采用穷举法求最佳划分的话，其中要花费的类别标记时间和存储容量的要求都惊人地大，大到根本无法实现。实际上该问题可以看成一个像素划分的组合最优化问题，常用一些准最优的算法完成聚类任务，如 C-Means 等，但是往往容易陷入局部最优解。这里，采用组合优化模型对像素进行类别标记，即将分割成一个组合优化问题，并采用一系列的优化策略完成分割的任务。

应用 ACO 解决图像聚类分割问题的基本思想如下：图像分割看成将一幅图像中的像素标记为不同类别的过程，应用 ACO 求解时，蚂蚁将不同灰度值的像素标记为不同类别，对图像中所有的像素进行标记并且记录它们相应类别号就形成了图像聚类分割问题的一个解。假设蚂蚁对一幅大小为 $M \times N$ 的图像进行分类标记，则解矩阵大小为 $M \times N$，该问题解的编码长度为 $M \times N$。解中 a_{ij} 表示蚂蚁对位于图像 (i,j) 处像素类别的标号。根据图像分割结果的定义域（图像待划分的类别数）和启发信息，蚂蚁对每个像素进行标记，则形成如下形式的解编码矩阵。

$$\begin{bmatrix} a_{11} & a_{12} & \cdots & a_{1n} \\ a_{21} & a_{22} & \cdots & a_{2n} \\ \vdots & \vdots & & \vdots \\ a_{m1} & a_{m2} & \cdots & a_{mn} \end{bmatrix}$$

其中，$a_{ij}(i=1,2,\cdots,m;j=1,2,\cdots,n)$ 是整数，$a_{ij} \leqslant C$，C 是待分割图像的类别数。在解的构建过程中对每个像素类别标记的选择方式同二进制编码一样，不同之处在于候选值范围不一样。这样图像分割问题可以看成图像中像素标号的组合优化问题，不同的标号组合表示不同的分割结果，每个像素标记的可能类别数等于待分割类别数。

如果将这一聚类过程直接在像素集合上进行的话，由于像素空间巨大（一幅 300×300 的图像有 90 K 个像素），分割过程中计算量非常大。一般聚类算法只利用像素灰度信息，这样则可以利用图像的灰度直方图特征，以图像中存在的灰度级为分析对象，对于一幅 256 个灰度级的图像，要分成 C 个类别，总的划分组合数为 C^{256}，这样搜索的划分组合数就大大地减少了，在聚类过程中可以大大缩短计算时间。利用直方图特征，蚂蚁将每个灰度级的像素集合（以下简称灰度级）划分到 C 个聚类中某一个中。设 $\tau_{ij}(t)$ 为 t 次循环灰度级 i 到聚类中心 j 的路径上信息素浓度，η_{ij} 为启发式引导函数，表示蚂蚁将灰度级 i 标记为类 j 的期望程度 $\eta_{ij} = \dfrac{1}{d_{ij}}$，$d_{ij}$ 表示灰度级 i 和类别中心 j 的灰度距离。则定义灰度级 i 划分到类 j 的概率为 $p_{ij} = \dfrac{{\tau_{ij}}^{\alpha}\eta_{ij}^{\beta}}{\sum\limits_{j=1}^{C}{\tau_{ij}}^{\alpha}\eta_{ij}^{\beta}}$，$\alpha,\beta$ 分别表示信息素和启发信息在灰度级划分时相对重要的程度，根据这个概率公式将该灰度级标记为某一类。上述方式是并行执行的，算法执行过程中设置超过一只以上的蚂蚁，让它们并行地对灰度级进行标记，每只蚂蚁都生成一个解以后，根据生成解的质量进行信息素的更新。这样一个循环下来，每只蚂蚁漫游 256 步，将图像上每个灰度级的像素都标记完毕。根据蚂蚁标记的结果，选择适应度函数值最好的解，并根据这个解计算各类的平均灰度值 ClassAverGray 作为下一次循环的各类的初始类中心，计算各灰度级与相应类中心的

“灰度距离”作为启发信息，以后的循环也依照上述方式执行，直到到达最大设定循环数，算法结束。根据上述思想，应用 ACO 解决聚类问题基本过程如下：

1. 分析问题，确定问题的编码

同二进制编码思想类似(详见 2.6 节)，该问题可以看成蚂蚁要经过 256 个步长(256 个灰度级)寻找食物，经过每个灰度级的时候要对每个灰度级进行类别划分，然后前进一步，每一步的选择有待划分类别数确定，假设一幅灰度图像总共要划分成 2 类，则觅食路径可以抽象成如图 7-3 所示。

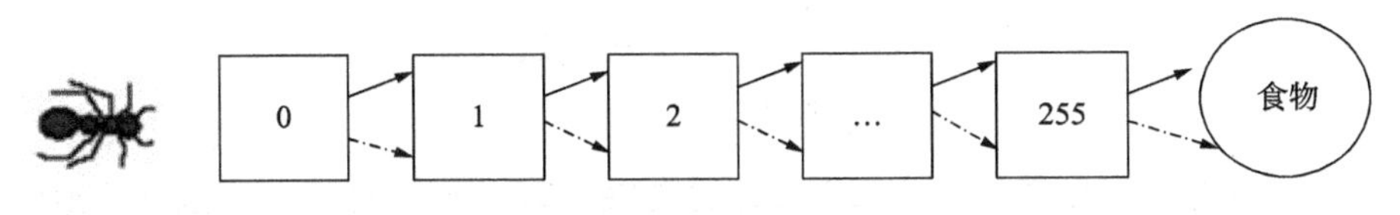

图 7-3　蚂蚁觅食路径

图 7-3 中两种线段表示蚂蚁经过该灰度级时给该灰度级进行不同的标记而形成的两种路径。对于 2 类问题总共的路径组合为 2^{256} 种。因此，该问题的编码长度为 256 位，每一位表示对应灰度级的类别号。第 1 位的值表示 0 灰度级判给某一类的标记，如果是 1 表示灰度值是 0 的所有像素判给第一类，其他的依次类推，第 256 位的值表示灰度级 255 所属的类别号。

2. 适应度函数的确定

式(7-1)是 C-Means 的目标函数，它是检验图像聚类效果的一种度量，其值越小说明聚类效果越好。这里将其转换成极大值形式，适应度函数越大表明所获得的解质量越好，因此适应度函数依据 C-Means 算法的目标函数定义如下：

$$\text{Fitness}(i)=\frac{1}{1+E} \tag{7-3}$$

3. 优化过程

本章采用最优解保留策略，优化过程主要分成 3 个步骤：①解串的构建；②局部搜索；③信息素更新。下面分别加以说明。

(1)解串的构建。运用 R 只蚂蚁来建立问题的解，解中的每一个元素表示相应灰度级的类别标记情况，对于灰度图像，解的长度等于 256。为了建立一个解，蚂蚁运用信息素轨迹和启发信息给每个位置上灰度级进行标记。在算法的开始阶段，信息素矩阵 τ 被初始化为一个很小的值 τ_0。位置(i,j)上的 τ_{ij} 表示灰度级 i 被分配到类别 j 的信息素浓度。每个灰度级有标记为 1，2，…，C 类的信息素浓度，总共 C 种。对于该问题，信息素矩阵大小为 $256\times C$，并随着迭代的进行而进化。启发信息的设置：这里将灰度级和待标记的类的灰度中心距离作为启发信息 $\eta_{ij}=\dfrac{1}{|(i-\text{Averygray}[j])|}$，即如果灰度级和某类的灰度中心距离越近，则将它标记为该类的可能性越大。所有的蚂蚁第一次漫游对灰度级进行划分的时候，初始类中心都是随机选择的，以后迭代中类中心由最优解来求取。下面具体说明蚁群工作的过程。

初始时刻蚂蚁还没有开始搜索，信息素矩阵各元素值都相同(本章中设为一个任意的大于零的数 τ_0)。对于每个灰度值它总共有 C 种信息素 τ_{ij} 和启发信息 η_{ij}，i 代表灰度级，即灰度值；j 取值为 0，1，…，C；信息素和启发性信息矩阵大小为 $256\times C$。从第一个灰度级 0 出发，蚂蚁顺序地漫游过所有的灰度级(即依次对位置 0，1，…，255 进行标记)。通过如下规则,蚂蚁标记某个灰度级的类别号:①根据概率阈值 q_0,信息素浓度最大的标记被选中(q_0是事先定义的一个参数 $0<q_0<1$,本章中 q_0设定为0.4)。②运用轮盘赌法则决定该灰度级的类别号。

对于每个灰度级的标定,生成一个服从均匀分布 0 ~ 1 范围内的随机数。假设在标定灰度级 0 时,生成的随机数是 0.15。这样根据第一条规则,灰度级 0 可以适当地标定。(依据信息素浓度最大准则选择标定的类别号)因为它对应的随机数小于 q_0。如果对于灰度级 2 对应生成的随机数为 0.5,则运用信息素概率和轮盘赌方式来标定,如下式所示:

$$p_{ij} = \frac{{\tau_{ij}}^{\alpha}\eta_{ij}^{\beta}}{\sum_{j=1}^{C}{\tau_{ij}}^{\alpha}\eta_{ij}^{\beta}}, \quad j = 1,2,\cdots,C \tag{7-4}$$

式中:α,β 表示信息素和启发信息在灰度级划分时相对重要的程度;p_{ij}是灰度级 i 标记为 C 类中某一类的概率。得到 p_{ij}以后就可以对灰度级 2 进行标记了。按照上述方式,剩下的各个灰度级也可以被标记,其他的蚂蚁也以同样的方式并行地进行解的搜索。为了得到更好的解,对一部分质量最好的解进行变异局部搜索。

(2)局部搜索。所有蚂蚁都完成搜索以后进行局部搜索工作。这里运用点式变异方式进行局部搜索,假设灰度级 L 被选定进行变异操作,首先产生均匀分布的之间随机整数(该随机数要和 L 原来的类别号不同),并用这个随机数代替原来的类别号。然后计算新解的适应度值,如果优于原来的适应度值则取代变异前的解串,否则原解串不变。

(3)信息素更新。局部搜索完毕,选择质量最好的一部分解进行信息素的更新。即在这些蚂蚁经过的轨迹上进行信息素加强,反之则减弱。假设在第 t 次迭代完成以后,从蚁群中挑选出 L 只最优蚂蚁来进行信息素更新,信息素按照如下规则进行更新。

$$\tau_{ij}(t+1) = \rho\tau_{ij}(t) + \sum_{l=1}^{L}\Delta\tau_{ij}^{l},\ i = 1,\cdots,N;\ j = 0,1 \tag{7-5}$$

如果灰度级 i 被蚂蚁 l 标记为类别 j,$\Delta\tau_{ij}^{l}$等于 Fitness(l),否则为0。算法中使用最优解保留策略,在循环过程设立一个全局最优解并作为全局变量保存起来,如果本次循环得到最优解比全局最优解更好,则用本次最优解替代它,否则最优解保持不变。每一类的类中心根据全局最优解求得,即如果本次循环产生的最优解质量比全局最优解要好,则用本次循环产生的最优解更新类中心和全局最优解,否则最优解和类中心保持不变。

4. 控制参数的确定

控制参数主要包括蚁群规模、局部搜索和信息素更新比例等。

5. 算法终止条件

本章中选择最大运行次数为终止条件,取适应度函数值最大的划分作为聚类结果。

7.2.2 基于 ACO 聚类的图像分割方法模型实验结果与分析

为了验证本章方法在实际图像分割中的效果,进行如下图像分割试验。将本章方法和常规 C-Means 法分别应用于 2 幅一般灰度图像分割,然后比较它们的分割结果。原始图像和分割结果分别如图 7-4 所示。表 7-1 列出了常规 C-Means 算法和本章算法聚类所得的目标函数值。试验中所用参数如下:对于 ACO 融合 C-Means 分割问题,蚁群规模为 $N=10$,信息素信息权重参数 $\alpha=1$,启发信息权重参数 $\beta=2$,伪随机比例选择参数 $q_0=0.4$,信息素更新和局部搜索比例为 0.2,$\rho=0.3$,局部搜索概率为 0.1,算法执行的最大代数 $G=10$。

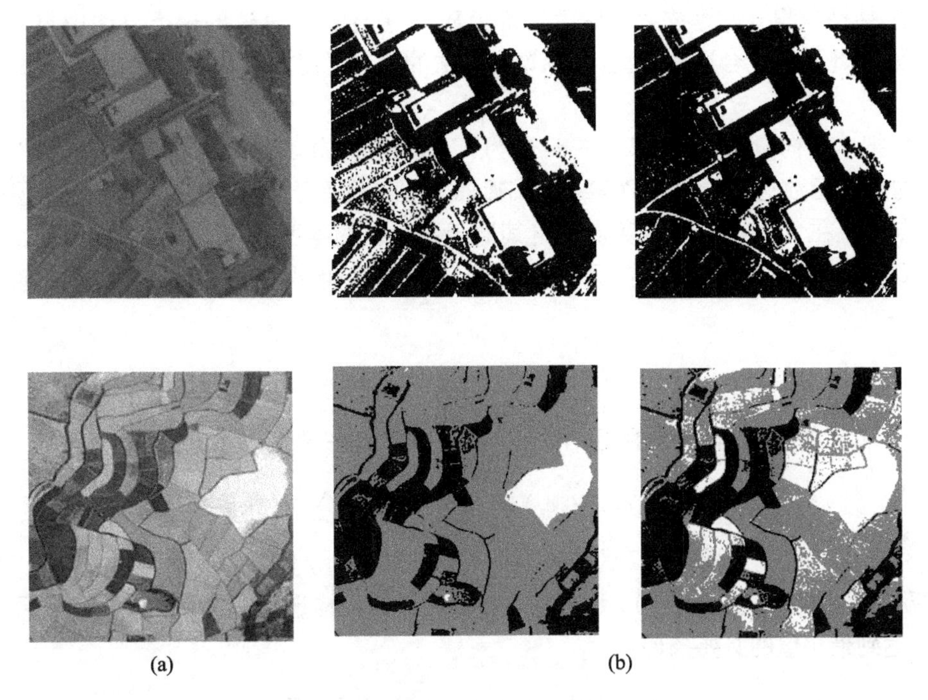

(a)　　(b)

图 7－4　两幅灰度图像分割图像示例

(a)待分割图像 1;(b)常规 C-Means 分割

由图 7-4 两幅图像分割试验和表 7-1 聚类目标函数值来看,无论是目视评价分割结果还是用本章目标函数评价结果,本章算法比常规的 C-Means 方法有更好的聚类结果和分割精度。本章方法能比常规 C-Means 得到更好聚类结果的原因在于,ACO 在搜索最优解过程是采用群体寻优的方式,经过数次迭代操作以后,初始类中心选择不好的影响不断得到消除,通过在较优解元算上释放更多信息素和群体合作搜索的方式使解的质量整体向好的方向进化,最终生成较好的解。综上所述,本章提出的方法相对于原始聚类算法分割结果有较大的改善,分割结果更具稳健性,聚类精度更高,从而说明 ACO 算法在图像聚类分割中有很大的应用潜力。

表 7-1　两种方法分割一般灰度结果比较

分割方法	ACO + C-Means 目标函数值		常规 C-Means 目标函数值	
	图像 1	图像 2	图像 1	图像 2
C-Means	39.501 869	45.857 059	2 822.600 0	954.970 2
ACO + C-Means	45.178 574	53.748 516	3 356.243 0	1 333.333 3

7.3　Fuzzy C-Means 算法概述

硬聚类把每个待识别的对象严格地划分某类中,具有非此即彼的性质,而模糊聚类(Fuzzy C-Means,FCM)建立了样本对类别的不确定描述,更能客观地反映客观世界,从而成为聚类分析的主流,在图像分割中的应用更为广泛。模糊聚类算法是一种基于函数最优方法的聚类算法,使用微积分计算技术求最优代价函数,在基于概率算法的聚类方法中将使用概率密度函数,为此要假定合适的模型,模糊聚类算法的向量可以同时属于多个聚类,从而摆脱上述问题。

FCM 把 n 个向量 $x_i(i=1,2,\cdots,n)$ 分为 c 个模糊组,并求每组的聚类中心,使得非相似性指标的价值函数达到最小。FCM 与 HCM 的主要区别在于 FCM 用模糊划分,使得每个给定数据点用值在 0,1 间的隶属度来确定其属于各个组的程度。与引入模糊划分相适应,隶属矩阵 U 允许有取值在 0,1 间的元素。不过,加上归一化规定,一个数据集的隶属度的和总等于 1:

$$\sum_{i=1}^{c} u_{ij} = 1, \forall j = 1,\cdots,n \tag{7-6}$$

那么,FCM 的价值函数(或目标函数)就是式(7-7)的一般化形式:

$$J(U,c_1,\cdots,c_c) = \sum_{i=1}^{c} J_i = \sum_{i=1}^{c}\sum_{j}^{n} u_{ij}^m d_{ij}^2 \tag{7-7}$$

这里 u_{ij} 介于 0,1 间;c_i 为模糊组 I 的聚类中心,$d_{ij} = // c_i - x_j //$ 为第 I 个聚类中心与第 j 个数据点间的欧几里德距离;且 $m \in [1,\infty)$ 是一个加权指数。构造如下新的目标函数,可求得使式(7-7)达到最小值的必要条件:

$$\begin{aligned}\bar{J}(U,c_1,\cdots,c_c,\lambda_1,\cdots,\lambda_n) &= J(U,c_1,\cdots,c_c) + \sum_{j=1}^{n}\lambda_j\left(\sum_{i=1}^{c}u_{ij} - 1\right) = \\ &\sum_{i=1}^{c}\sum_{j}^{n} u_{ij}^m d_{ij}^2 + \sum_{j=1}^{n}\lambda_j\left(\sum_{i=1}^{c}u_{ij} - 1\right)\end{aligned} \tag{7-8}$$

这里 $\lambda_j, j=1,\cdots,n$,是式(7-8)的 n 个约束式的拉格朗日乘子。对所有输入参量求导,使式(7-8)达到最小的必要条件为

$$c_i = \frac{\sum_{j=1}^{n} u_{ij}^m x_j}{\sum_{j=1}^{n} u_{ij}^m} \tag{7-9}$$

和

$$u_{ij} = \frac{1}{\sum_{k=1}^{c}\left(\frac{d_{ij}}{d_{kj}}\right)^{\frac{2}{(m-1)}}} \tag{7-10}$$

由上述两个必要条件,模糊 C 均值聚类算法是一个简单的迭代过程。在批处理方式运行时,FCM 用下列步骤确定聚类中心 c_i 和隶属矩阵 $\boldsymbol{U}$:

(1)用值在 0,1 间的随机数初始化隶属矩阵 $\boldsymbol{U}$,使其满足式(7-6)中的约束条件。

(2)用式(7-9)计算 c 个聚类中心 $c_i, i=1,\cdots,c$。

(3)根据式(7-7)计算价值函数。如果它小于某个确定的阈值,或它相对上次价值函数值的改变量小于某个阈值,则算法停止。

(4)用式(7-10)计算新的 $\boldsymbol{U}$ 矩阵。返回步骤(2)。

上述算法也可以先初始化聚类中心,然后再执行迭代过程。由于不能确保 FCM 收敛于一个最优解,算法的性能依赖于初始聚类中心。因此,要么用另外的快速算法确定初始聚类中心,要么每次用不同的初始聚类中心启动该算法,多次运行 FCM。

7.4　基于蝙蝠算法改进 Fuzzy C-Means 分割方法

7.4.1　基于蝙蝠算法改进 Fuzzy C-Means 分割方法基本思路

由于传统的 FCM 聚类分割方法是一个不断迭代的过程，而聚类中心和隶属度函数的计算过程也十分复杂。当聚类数目 C 较大时，算法的迭代次数将会大大增加。而演化算法作为一种并行搜索过程，只要给定算法的初值，它就会依据适应度函数不断进行搜索并找到最优解，而不需要很多的迭代过程，也不用每次对聚类中心和隶属度函数进行计算。同时，蝙蝠算法作为一种先进的演化算法，可以直接采用十进制进行编码，相对于大部分演化算法采用二进制编码而言，计算过程更为方便，能在很大程度上提高聚类分割的效率。需要考虑的问题如下。

1. 解的构建

聚类的关键问题是聚类中心的确定，因此可以选取聚类中心作为种群的个体，由于共有 C 个聚类中心，这里仅考虑利用图像的灰度值进行像素聚类划分，因为每个聚类中心是一个一维的实数向量，所以每个个体的初始值是一个 C 维的向量。

2. 编码

蝙蝠算法本身采用实数编码，这里聚类中心是一个实数，因此直接采用十进制的编码方式，每个蝙蝠位置代表一个候选解。

3. 适应度函数

由于在算法中只使用了聚类中心 V，而未使用虑属矩阵 $\boldsymbol{u}$，因此需要对 FCM 聚类算法的目标函数进行改进，以适用算法的要求。由于蝙蝠算法的适用度一般取值极大，因此可取基本 FCM 的倒数乘以一个正常数作为算法的适应度函数。

4. 初始种群的蝙蝠搜索确定

通过随机操作产生蝙蝠算法的初始种群，然后利用蝙蝠算法进行搜索，过程同基本蝙蝠算法。

5. 终止条件

这里终止条件为：若算法到达最大设定运行次数或者连续 N 代不进化，则终止算法。

有了以上思路，利用蝙蝠算法改进 Fuzzy C-Means 并用于图像分割的基本步骤如下：

(1)输入待分割图像，设定聚类数目 c，模糊系数 m，种群规模 S 以及停机条件。其中，聚类数目 c 需要依据具体处理的图像确定，不同的图像，聚类数目也会有所不同，在本节中，取 $c=4$。模糊系数 m 可以取不同的值，为方便计算在本方法中取 $m=2$，群体规模 S 是种群中所包含个体的具体数目，作为优选，取 $S=50$。本节设定的停机条件为连续 15 代运算得到的全局最优解保持不变。

(2)依据设定图像聚类数目 c 和种群规模 S，运行蝙蝠算法，初始种群的各变量。依据图像聚类数目和种群规模产生初始种群 G_k。在本方法中，由于种群表示的是数字图像的聚类中心，而灰度值的取值是 0～255，故对于种群中任意一个个体中的一位，其取值只能取 0～255，同时对蝙蝠算法中的其他变量进行初始化。

对于蝙蝠算法而言，需要用到位置、速度、声波频率、脉冲响度、发射速率这 5 个参数。其中，对于第 t 个个体而言，位置向量 $x_t(1\leqslant t\leqslant S,S$ 表示种群规模）在本方法中表示数字图像的聚类中心，其取值范围是(0,255)，速度 v_t、声波频率 f_t、脉冲响度 A_t、发射速率 r_t 这4个参数依据聚类数目 c 和种群规模 S 随机产生。最后，用代数 k 表示蝙蝠算法的运行代数。在初始条件下，令 $k=0$。

(3)通过生成的初始种群，计算该种群中每个个体对应的像素的隶属度。此处采用FCM的隶属度计算公式计算个体的隶属度 u_{ij}。FCM的隶属度计算公式如下：

$$u_{ij}=\frac{1}{\sum_{r=1}^{c}\left(\frac{d_{ij}}{d_{rj}}\right)}^{\frac{2}{m-1}}\text{st}\quad 1\leqslant i\leqslant c,1\leqslant j\leqslant N \tag{7-11}$$

$$d_{ij}=\|X_j-V_i\|\text{st}\quad 1\leqslant i\leqslant c,1\leqslant j\leqslant N \tag{7-12}$$

其中：对于8位灰度图像一共有256个灰度级，N 是样本图像的灰度级数，其取值固定为256；V_i 表示聚类中心，由于在步骤(2)中，用位置向量 x_t 表示数字图像的聚类中心，故 V_i 具体是指位置向量 x_t 的第 i 维个体；c 是聚类数目，在本书中，取 $c=4$；u_{ij} 是灰度级为 j 的像素对于聚类中心 V_i 的隶属度；m 是模糊系数；d_{ij} 是灰度级为 j 的像素与聚类中心 V_i 之间的欧氏距离；r 是一个求和变量，用于计算灰度级为 j 的像素与所有聚类中心的欧氏距离，其中 $1\leqslant i\leqslant c,1\leqslant j\leqslant N$。

(4)计算种群中个体的适应度并找出其全局最优解。当得到每个个体对应的像素的隶属度后，即可通过目标函数计算每个蝙蝠算法个体的适应度值。本书中的目标函数依据一般模糊聚类算法的代价函数确定，其计算公式如下：

$$J_q=Q/\sum_{i=1}^{c}\sum_{j=1}^{N}u_{ij}^{m}d_{ij} \tag{7-13}$$

其中：Q 是一个正的常数；N 是样本图像的灰度级数；c 是聚类数目；u_{ij} 是灰度级为 j 的像素对于聚类中心 V_i 的隶属度；m 是模糊系数；d_{ij} 是灰度级为 j 的像素与聚类中心 V_i 之间的欧氏距离，其中 $1\leqslant i\leqslant c,1\leqslant j\leqslant N$；$J_q(t)(1\leqslant t\leqslant S)$ 表示每个个体的适应度值，将 $J_q(t)$ 中最大的值作为种群的全局最优解，用 $\text{Fitness}_{\text{generation}}$ 表示，并存入最优解集。

(5)采用蝙蝠算法对种群中各变量进行更新。蝙蝠算法运行代数 $k=k+1$，调整声波频率 f_t 产生新的解并更新速度 v_t 和位置 x_t，每产生一组新解，就需要对表示该组解的声波频率 f_t、速度 v_t 和位置 x_t 进行更新，其更新公式如下：

$$f_t=f_{\min}+(f_{\max}-f_{\min})\cdot\beta \tag{7-14}$$

$$v_t^{\,k}=v_t^{\,k-1}+(x_t^{\,k}-\text{Fitness})\cdot f_t \tag{7-15}$$

$$x_t^{\,k}=x_t^{\,k-1}+v_t^{\,k} \tag{7-16}$$

其中：k 表示蝙蝠算法的运行代数；$v_t^{\,k}$、$x_t^{\,k}$ 分别表示蝙蝠算法的速度变量和位置变量；$f_{\min}$ 和 $f_{\max}$ 分别表示声波频率的范围。在本书中，根据蝙蝠算法频率范围的取值，取 $f_{\min}=0,f_{\max}=10$，$\beta\in[0,1]$ 是一个随机向量，保证 $[f_{\min},f_{\max}]$ 在 $[f_{\min},f_{\max}]$ 范围内，速度 v_t 可为正值或负值，位置向量 x_t 可任意方向移动。

(6)从最优解集中选择一个解，并在该最优解附近形成一个局部解，进而在该局部解附近形成一个新解。若 $k=1$，局部解取步骤(4)中全局最优解所对应的位置变量。若 $k\neq1$，局部解直接取前一代个体适应度的全局最优解所对应的位置变量。该位置变量用 $x_{\text{globalbest}}$ 表示，新解的计算公式如下：

$$x_{\text{new}} = x_{\text{globalbest}} + \varepsilon \cdot \text{avg}A^k \tag{7-17}$$

其中,$x_{\text{new}} = x_{\text{globalbest}} + \varepsilon * \text{avg}A^k$表示得到的新解,$\varepsilon \in [-1,1]$是一个任意的实数,$\text{avg}A^k$是个体在当前代的平均脉冲响度,由脉冲响度$A_t$计算所得。

(7)计算新解中个体的适应度,新解x_{new}中个体的适应度为$J_{q_\text{new}}(t)$。

(8)判断是否对个体参数进行更新。用新解x_{new}中个体的适应度$J_{q_\text{new}}(t)$与最优解集中选定解的$J_q(t)$进行比较,若$k=1$,$J_q(t)$取步骤(4)中全局最优解的个体适应度$J_q(t)$。若$k \neq 1$,$J_q(t)$取算法上一代计算产生的最优解的个体适应度$J_q(t)$。若$J_{q_\text{new}}(t) > J_q(t)$$(1 \leqslant t \leqslant S)$且脉冲响度$A_t$大于人为设定阈值$R_A$,阈值$R_A = 1.5$,则进入步骤(9);否则进入步骤(10)。

(9)对原解x中第t个个体的位置变量用新解x_{new}中第t个个体的位置变量进行替换并对脉冲响度A_t和发射速率r_t进行更新后,进入步骤(10),脉冲响度A_t和发射速率r_t的更新公式如下:

$$A_t^{k+1} = \alpha A_t^k, r_t^{k+1} = r_t^0[1 - \exp(-\gamma k)] \tag{7-18}$$

其中:k表示蝙蝠算法的运行代数;α和β是两个常量,在本节中,取$\alpha = \beta = 0.9$。

(10)计算种群全局最优解,通过与先前全局最优解的比较,对全局最优解进行更新。计算种群中个体的适应度,得到当前的全局最优解$\text{Fitness}_{\text{new_gen}}$与先前的$\text{Fitness}_{\text{generation}}$进行比较(若$k=1$,先前的$\text{Fitness}_{\text{generation}}$取步骤(4)中全局最优解的个体适应度$\text{Fitness}_{\text{generation}}$。若$k \neq 1$,先前的$\text{Fitness}_{\text{generation}}$取算法上一代执行步骤(10)计算产生的最优解集的个体适应度$\text{Fitness}_{\text{generation}}$)。若$\text{Fitness}_{\text{new_gen}} > \text{Fitness}_{\text{generation}}$,则根据$\text{Fitness}_{\text{new_gen}}$将其更新为种群新的全局最优解$\text{Fitness}_{\text{generation}}$;否则,将保留原先的全局最优解$\text{Fitness}_{\text{generation}}$。

(11)判断是否满足停机条件,若是,则进入步骤(12),否则返回步骤(5)。设置一个解集和一个计数变量,将每次得到的全局最优解$\text{Fitness}_{\text{generation}}$存入该解集中。在程序运行中,如果当前代全局最优解与上一代全局最优解相同的话,计数变量加1。根据多次实验运行结果,计数变量为15时算法具有最好的搜索性能,因此在本节中计数变量设定为15,即如果连续15代全局最优解相同的话,此时满足停机条件,则进入步骤(12)。如果程序运行中,计数变量未达到15,而当前代全局最优解与上一代全局最优解不同,则计数变量清零,从零开始计数,蝙蝠算法运行代数$k=k+1$,返回步骤(5)。

(12)进行图像分割、输出最终图像。以最终得到的全局最优解$\text{Fitness}_{\text{generation}}$作为模糊聚类中心对图像进行模糊聚类划分,并将最终分割图像输出。

7.4.2 实验结果和分析

为了验证本方法的有效性,将本方法与传统的FCM聚类分割方法,基于粒子群算法的FCM聚类分割方法进行了仿真比较。在仿真实验过程中,FCM聚类分割方法的停机条件是两代之间的目标函数值之差小于10^{-4},而其他采用演化算法的聚类分割方法的停机条件都是最优解保持连续15代不变。所有仿真试验中的m都取值为2。本节的参数设置为:$c=4$,$m=2$,$R_A=1.5$,$S=50$,$Q=10\ 000$。在上述设定的前提下,在不同的图像上分别进行仿真。

在仿真实验中,采用了3个指标来评价分割结果的好坏。分别是划分熵V_{pe}、适应度函数值和算法迭代次数Iter_Num。其中划分熵V_{pe}定义为

$$V_{\text{pe}} = \frac{(-1) \cdot \sum_{i=1}^{N} \sum_{j=1}^{c} (u_{ij} \cdot \log u_{ij})}{N} \tag{7-19}$$

划分熵 V_{pe} 主要是判定分类模糊性程度的标准。当分类结果越明确时，意味着其分类的结果越好，即当划分熵 V_{pe} 越小时表示分割的结果越好；根据本书中的适应度值可知，适应度值越大，表示类内的像素之间差别越小，图像聚类分割质量越好；而算法迭代次数Iter_Num是整个算法最终完成所需要的迭代次数，它主要是判定算法运行效率的标准，当算法迭代次数Iter_Num 越小时表示算法运行效率越高。

蝙蝠算法的计算结果在一定程度上取决于参数设置，调整以后参数设置可以产生一个更好的结果。本书中蝙蝠算法使用的参数如表 7-2 所示。

表 7-2　蝙蝠算法参数

参数	含义	参数值
N	种群	100
Max_gen	最大迭代次数	200
m	模糊系数	2
c	类别数	4
L	最大灰度	256

在本书中，为了测试该方法的优化能力和分割质量，4 个测试图像分别命名为“LENA”“PEPPERS”“CAMERA”和“PLANE”是用来评估基于 BA-FCM 分割技术。同时该方法的结果与其他 3 个方法相比，即基本 FCM(2)基于 GA 优化的 FCM(GA-FCM)和(3)基于 PSO 优化的FCM(PSO-FCM)。所有的图像被划分为 4 个不同的类别，这 4 个测试图像的聚类中心放在表 7-3 中。同时，所有的算法都提供评估使用相同的目标函数，结果都在表 7-4 中。表 7-4 中 V_{pc} 和 V_{pe} 代表分区系数和分区熵的隶属函数。

表 7-3　测试图像的聚类中心

图像	FCM	GA－FCM	PSO－FCM	BA－FCM
Lena	81,85,92,170	15,82,95,100	14,110,150,198	116,133,192,210
Peppers	96,105,144,151	58,104,154,221	65,171,194,220	60,117,189,219
Camera	113,128,135,138	44,137,174,243	29,125,179,217	31,63,173,207
Plane	125,132,133,141	21,157,206,228	60,85,118,203	57,87,180,199

表 7-4　所有算法 100 次运行的平均适应度值

图像	Meas.	FCM	GA-FCM	PSO-FCM	BA-FCM
Lena	V_{pc}	0.432 8	0.817 8	0.829 4	0.831 4
	V_{pe}	1.056 6	0.342 1	0.335 5	0.324 8
	Fitness	0.215 5	0.574 5	0.582 6	0.585 4
Peppers	V_{pc}	0.652 7	0.778 5	0.800 6	0.804 5
	V_{pe}	0.646 8	0.419 8	0.393 0	0.380 3
	Fitness	0.248 8	0.452 9	0.453 1	0.457 3

续表

图像	Meas.	FCM	GA-FCM	PSO-FCM	BA-FCM
Camera	V_{pc}	0.298 4	0.792 5	0.796 1	0.880 1
	V_{pe}	1.302 9	0.373 8	0.369 2	0.243 3
	Fitness	0.135 8	0.285 6	0.287 5	0.292 2
Plane	V_{pc}	0.421 8	0.781 8	0.835 3	0.851 0
	V_{pe}	1.059 5	0.459 5	0.325 3	0.297 1
	Fitness	0.175 8	0.273 4	0.281 3	0.282 2

1. 寻优能力比较

表 7-3 和表 7-4 分别显示了 4 个测试图像使用上述方法得到的聚类中心、适应度函数值。很明显，和基本 FCM 相比基于进化算法的分割技术产生更好的结果。在优化能力方面，GA-FCM 方法可以获得很好的解决方案，但在 100 次平均适应度值独立实验明显劣于其他方法。与 GA-FCM 相比 PSO-FCM 方法可以收敛到更好的解决方案，而提出的 BA-FCM 可以相对收敛到最佳的解决方案。从上述 3 个指标进行比较，BA-FCM 在本节实验中都是最优的。

2. 分割结果图像观测评估

图 7-5 ~ 图 7-8 中给出了 4 种方法的分割结果。从视觉观察来看，基本 FCM 很难完成图像分割的任务，经常陷入局部最优，不能较好地完成图像的聚类分割。而 GA-FCM 和 PSO-FCM 在某些情况下图像分割效果较好，但它的稳定性欠佳。整体上，BA-FCM 能够较好完成图像聚类分割，前景、背景和目标可以明确区分，也能有效拒绝噪声影响，是一个性能更加优秀的图像聚类分割方法。

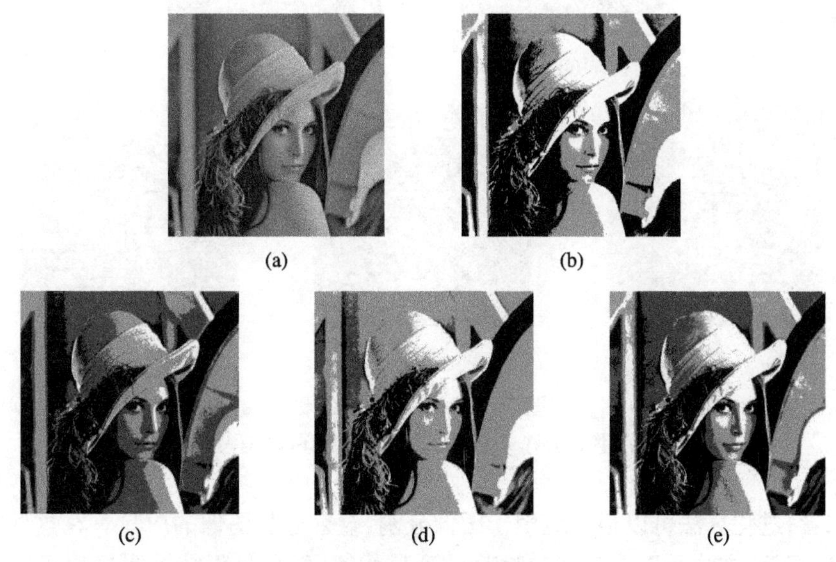

图 7-5　Lena 分割结果

(a)原始图像；(b)FCM；(c)GA-FCM；(d)PSO-FCM；(e)BA-FCM

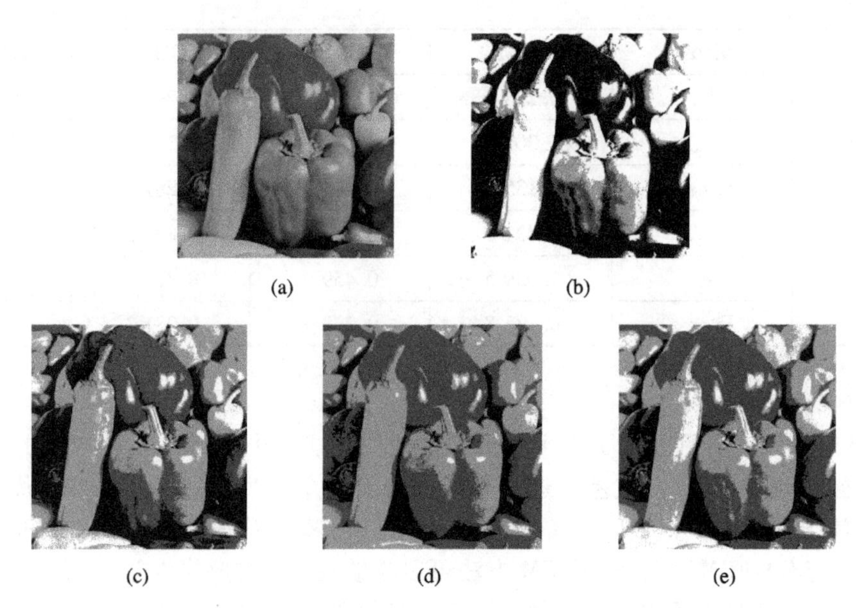

图 7-6　Peppers 分割结果

(a)原始图像;(b)FCM;(c)GA-FCM;(d)PSO-FCM;(e)BA-FCM

图 7-7　Camera 分割结果

(a)原始图像;(b)FCM;(c)GA-FCM;(d)PSO-FCM;(e)BA-FCM

总的来看,进化算法可以很好地用于图像分割,改善分割图像的质量。在这些方法中,本书提出的 BA-FCM 方法可以快速稳定地收敛到最优解,而且分割结果明显优于其他方法,是一种很有前途的图像分割方法。

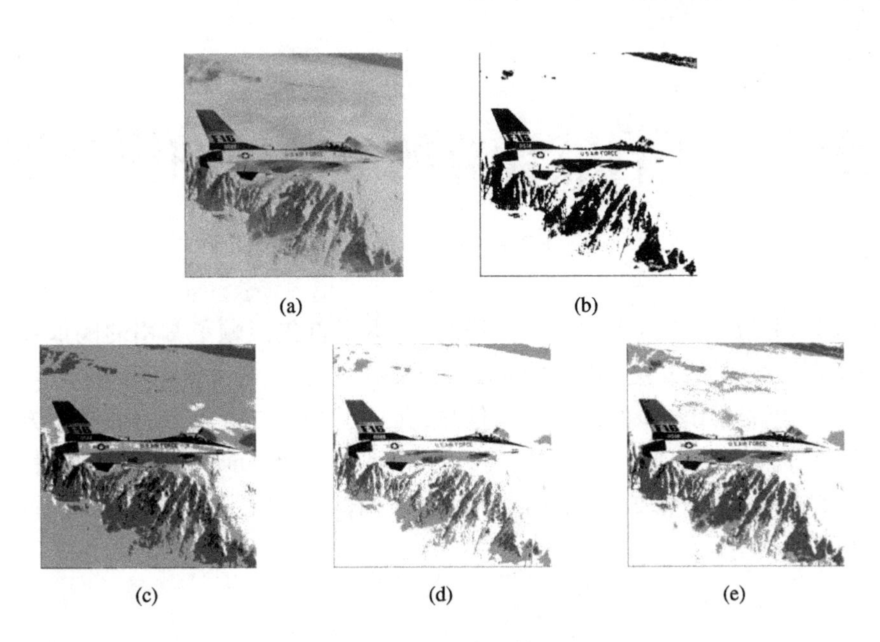

图 7-8　Plane 分割结果
(a)原始图像;(b)FCM;(c)GA-FCM;(d)PSO-FCM;(e)BA-FCM

第8章　基于自然计算的单阈值图像分割方法

图像阈值分割是最常用的图像分割方法之一，本章首先回顾了常用的阈值算法，然后介绍了基于一维直方图的Otsu法、最大类间后验交叉熵阈值法、最大模糊熵阈值法、最小交叉熵阈值法等。为了能够利用图像的部分空间信息，介绍了基于二维直方图的阈值方法，如二维Fisher准则阈值分割，二维Otsu阈值方法等，最后介绍了三维Otsu阈值法数学模型。在此基础上，为了提高阈值法的分割效率，提出了几种基于自然计算优化的阈值方法，并给出了算法模型和实验结果。

8.1　图像阈值化分割概述

图像分割是图像处理与计算机视觉中最为基础和重要的技术，也是图像分析和模式识别的基本前提，其要点是根据某些特征（如灰度、纹理、颜色等）把图像分成若干有意义的区域。分割质量的好坏直接影响到特征提取、目标识别的稳定性和可靠性。同时，图像分割是一个公认的难题，从20世纪70年代起就吸引着许多研究人员为之付出了巨大努力，到目前为止提出的图像分割方法已有上百种。根据所使用知识的特点和层次，图像分割可分为数据驱动和模型驱动两大类型。数据驱动类型是直接对当前图像数据进行操作，虽然也使用有关先验知识，但不依赖知识，常见的数据驱动型包括基于边缘的分割、基于区域的分割、基于边缘和区域相结合的分割等。模型驱动则直接建立在先验知识的基础上，常见的模型驱动分割包括基于动态轮廓模型、神经网络模型、组合优化模型等。

图像分割的目的是将感兴趣的区域提取出来，所以分割针对区域进行是最直接有效的方法。阈值法是区域分割中广泛使用的一项技术，它假定能根据一个或者几个灰度值将图像中的目标和背景分开。如何选取合理的阈值，也即如何才能达到较好的分割结果，是阈值处理的关键。在实际应用中，图像二值化时阈值的选择通常是由计算机自动选取的，因此，自动阈值的选取方法就非常值得研究。特别是在需要实时性较强的图像处理系统中，快速而准确的图像阈值化方法就成为重要的研究目标。图像间差距度量有很多种不同的定义，已有的阈值自动选取算法大都是通过构造不同的目标函数以测度分割效果，然后搜索使目标函数取极值的灰度值作为最优分割阈值。

采用组合优化模型分割是将分割看成一个组合优化问题，并采用一系列的优化策略完成分割的任务。其主要思想是在分割定义的约束条件下，根据具体任务再定义一个目标优化函数，所求分割的解就是该目标函数在约束条件下的全局最优解。该目标函数通常是一个变量函数，因而分割问题被转化为一个组合优化问题，可采用优化算法求解。采用组合优化模型分割算法的关键在于建立合理的分割模型，而在实际工作中合理的分割模型常常比较缺乏，通用的分割模型的建立有待进一步研究。

现有的任何一种单独的图像分割算法都难以对一般图像取得令人满意的分割结果，因而人们更加重视多种分割算法的有效结合。如上所述，现有的自动阈值求取算法大都是基于某种目标函数提出的，如最大类间方差法、最大熵法等，使对应目标函数取极值的灰度值就是待求的阈值。一般，如果使用这类方法求一个阈值的话需要遍历 256 个灰度级，求两个阈值需要遍历 256 × 256 的阈值组合，以此类推，要求的阈值越多，所需计算时间也越长。虽然这类方法一般能取得不错的分割效果，但是求阈值过程中所需的大量计算降低了它们在实际工作中的效率。总的来说，各种基于目标函数的阈值分割方法分割模型比较成熟，但所需计算时间较长，而基于组合优化模型的分割算法常常缺乏有效合理的分割模型。如果将组合优化模型和基于目标函数的阈值自动选取方法相结合，就可以互相取长补短，从而达到提高图像分割效率的目的。因此，本章将图像分割阈值自动选取看成一个组合优化问题，利用 ACO 算法对其寻优，从而提高常规阈值算法的执行效率。

8.1.1　常用单阈值图像分割方法

阈值化分割算法主要有两个步骤：①确定需要的分割阈值；②将分割阈值与像素值比较进行像素划分。以上步骤中，确定阈值是分割的关键。阈值分割可以通过全局的信息如整个图像的灰度直方图，或者局部信息如灰度共生矩阵实现。如果在整幅图像中只使用一个阈值，这种方法叫作全局阈值法；如果将图像分割成几个区域，针对每一个区域取一个阈值，这种方法叫作局部阈值法。已经提出的阈值化方法有很多种，考虑到算法的准则和特点，大体可以分成如下 10 类：

(1) 直方图法和直方图变换法。

(2) 最大类间方差法。

(3) 最小误差法与均匀化误差法。

(4) 共生矩阵法。

(5) 矩保持法。

(6) 基于熵的方法。

(7) 简单统计与局部特性法。

(8) 概率松弛法。

(9) 模糊集法。

(10) 其他借助特定数学理论和工具的阈值化算法。

在上述众多的阈值分割方法，最大类间方差法（Otsu 法）和基于熵的方法对一般影像都有较好的分割效果，是较为常用的阈值化算法。下面根据利用直方图信息的不同和阈值个数的不同对常用的阈值化算法进行介绍。

1. 最大类间方差法

基本图像阈值化方法大都是利用图像一维灰度直方图进行的最优阈值求解。20 世纪 60 年代中期，Prewitt 提出了直方图双峰法，即如果灰度级直方图呈明显的双峰状，则选取双峰之间的谷底所对应的灰度级作为阈值。这种方法虽然简单易行，但是因为同一个直方图可能对应若干种不同的图像，所以使用双峰法需要有一定的图像先验知识，而且该方法不适用于直方图中双峰差别很大或双峰间的谷比较宽广而平坦的图像，以及单峰直方图的情况。同样从一维灰度直方图角度出发，由 Ostu 提出的最大类间方差法是一种受到广泛关注的阈值选取方法。它是在判决分析最小二乘法原理的基础上推导得出的,其基本思路是:选取的最佳阈值 t 应当使得不同类间分离性最好。即对于灰度级为 L 的灰度图像,把图像中的像素用阈值 t 分成 C_0(前景)与 C_1(背景)两类,C_0 由灰度值在 $0\sim t$ 的像素组成,C_1 由灰度值在 $t\sim L-1$ 的像素组成。从 $0\sim L-1$ 遍历 t,当 t 使得式

$$\sigma(t)^2 = w_0(t)\times(u_0(t)-u(t))^2 + w_1(t)\times(u_1(t)-u(t))^2 \tag{8-1}$$

最大时,t 即为分割的最佳阈值。式(8-1)中:$w_0(t)$ 为前景像素占图像比例;$w_1(t)$ 为背景像素占图像比例;$u_0(t)$ 为前景平均灰度值;$u_1(t)$ 为背景平均灰度值图像的总平均灰度为 $u(t)=w_0(t)\times u_0(t)+w_1(t)\times u_1(t)$。

方差是灰度分布均匀性的一种度量,方差值越大,说明构成图像的两部分差别越大,当部分目标错分为背景或部分背景错分为目标都会导致两部分差别变小,因此使类间方差最大的分割意味着错分概率最小。直接应用 Otsu 法计算量较大,因此在实现时采用其等价公式:

$$\sigma(t)^2 = w_0(t)\times w_1(t)\times(u_0(t)-u_1(t)) \tag{8-2}$$

运用 Ostu 法进行图像分割主要包括选取阈值和用阈值进行分割两部分时间。对于每一种分割算法,图像的阈值分割时间是一样,因此最大类间方差法的核心是计算类间方差,图像的灰度级别越多,计算方差的次数越多,其阈值选取的时间也越长。在实际图像处理中,为了消除光照不均匀对图像阈值选取的影响,往往采用局部阈值选择方法,即将一幅图像分成 K 个子块,对每一个子块单独运用 Ostu 求取阈值。此时方差的计算次数为全局的 K 倍,以 1000×1000 的图像为例,若取子块大小为 100×100,共有 100 个子块,则需要进行 25 600 次方差。这种大量的方差计算严重影响了阈值选取的执行效率,难以满足大幅面图像处理的需要。由于 Ostu 法选取阈值的过程实质上是一种寻求最优解的过程,故可以利用自然算法对其进行优化,以达到提高效率的目的。

2. 最大类间后验交叉熵阈值化算法

人类视觉的各层次均有一定的模糊性和随机性,图像天生也具有模糊性。为此近年来人们提出了许多利用熵的概念以描述这些具有模糊性和随机性的图像分割方法,有许多图像分割算法借助了求熵的极值的方式,例如最大后验熵法、最小相关熵法、一维最大熵法、二维最大熵法、二阶局部熵法等。

最大香农熵准则强调系统内部的均匀性,应用于阈值化分割中就是搜索使目标或背景内部的灰度分布尽可能均匀的最优阈值。交叉熵度量 2 个概率分布之间信息量差异,是下凸函数。最小交叉熵准则应用在阈值化分割中,一般是搜索使分割前后图像的信息量差异最小的阈值。现有的最小交叉熵阈值化方法多是对交叉熵形式上的模拟或只是利用像素与类别的先验概率和条件概率估计交叉熵中的 2 个分布。基于上述两种准则的算法多是考虑目标或背景的类内特性,可以用目标和背景的类间差异最大来作为分割准则,最大类间差异定义为:图像中所有像素点分别判决到目标和背景的两个后验概率之间的平均差异,最优阈值应使这个差异最大。基于这种交叉熵差异的度量,提出了基于最大类间后验交叉熵的阈值化新算法,该方法原理如下所述。

从目标和背景的类间差异性出发,搜索使分割后的类间差异最大的阈值。定义 g 是灰度值,L 是灰度值上界,t 是阈值化阈值,$\mu_1(t)$、$\mu_2(t)$ 是类内灰度均值,分别代表分割后得到的分割图像中目标和背景的平均灰度,可通过原始图像的直方图 $h(g)$ 估计得出。设原始图像中

目标类的先验概率为 $P_1 = \sum_{g=0}^{t} h(g)$，背景类的先验概率 $P_2 = \sum_{g=t+1}^{L} h(g)$，则有

$$\mu_1(t) = \frac{1}{P_1}\sum_{g=0}^{t} gh(g) \tag{8-3}$$

$$\mu_2(t) = \frac{1}{P_2}\sum_{g=t+1}^{L} gh(g) \tag{8-4}$$

令 P 和 Q 分别表征原始图像中目标和背景区域的分布，就可以用交叉熵度量这一差异。这里 P 和 Q 不是两类区域的混合分布，因此不同于其他的交叉熵算法。定义 $p(s)$ 为原始图像中像素 s 的先验概率，p_i 为第 i 类的先验概率，$p(s/i)$ 为第 i 类中出现像素 s 的条件概率，$p(i/s)$ 为像素 s 归入第 i 类的后验概率，$i=1,2$。

设图像像素集合为 S。从贝叶斯判决理论来看，最优阈值应该使各像素点判决到不同类的后验概率差别尽可能大。因而此处定义类间差异为：S 中所有像素点分别判决到目标和背景的两个后验概率之间的平均差异。最优阈值应使这个差异最大，此处采用交叉熵度量这种差异。首先定义像素点 $s(s \in S)$ 基于后验概率 $p(1/s)$、$p(2/s)$ 的对称交叉熵为

$$D(1:2:s) = p(1/s)\ln\frac{p(1/s)}{p(2/s)} + p(2/s)\ln\frac{p(2/s)}{p(1/s)} \tag{8-5}$$

考虑到后验概率可能趋于零，会使上式中的对数项奇异化，在保证非负性的前提下将式(8-5)做如下修正：

$$D(1:2:s) = 1/3[1+p(1/s)]\ln\frac{1+p(1/s)}{2+p(2/s)} + 1/3[1+p(2/s)]\ln\frac{1+p(2/s)}{2+p(1/s)} \tag{8-6}$$

然后分别对目标和背景内的像素的交叉熵求取平均值，将两者之和作为总的类间差异，得到

$$D(1:2) = \sum_{s\in 1}\frac{p(s)}{p_1}D(1:2:s) + \sum_{s\in 2}\frac{p(s)}{p_2}D(1:2:s) \tag{8-7}$$

这里用灰度值 g 表征像素点 s，同时假设目标和背景灰度的条件分布服从正态分布

$$p(g/i) = \frac{1}{\sqrt{2\pi}\sigma_i(t)}\exp\left\{\frac{-(g-\mu_i(t)^2}{2\sigma_i^2(t)}\right\} \tag{8-8}$$

其参数可由直方图估计得出，其中类内均值估计同式(8-3)和式(8-4)，类内方差可由下式估计：

$$\sigma_1^2(t) = \frac{1}{P_1}\sum_{g=0}^{t} h(g)(g-\mu_1(t))^2 \tag{8-9}$$

$$\sigma_2^2(t) = \frac{1}{P_2}\sum_{g=t+1}^{L} h(g)(g-\mu_2(t))^2 \tag{8-10}$$

用贝叶斯公式求取后验概率如下：

$$p(i/g) = P_i p(g/i)/\sum_{i=1}^{2} P_i p(g/i) \tag{8-11}$$

结合灰度直方图重写式(8-7)，得到

$$D(1:2:t) = \sum_{g=0}^{t}\frac{h(g)}{P_1}D(1:2:g) + \sum_{g=t+1}^{L}\frac{h(g)}{P_2}D(1:2:g) \tag{8-12}$$

搜索使上式最大的 t 作为最优分割阈值。实验证明该算法分割效果较好，但是从计算过程来看，包含了对数和后验概率等复杂运算，如果要遍历 256 个灰度级比较费时，因此可以用

优化算法提高原始算法的执行效率。

8.1.2 常用的二维直方图阈值分割方法

基于一维直方图的阈值法没有利用图像的空间信息，当目标占图像面积很小时误分割现象严重，而且分割结果易受噪声干扰。因此一批基于二维直方图的阈值法被提了出来，如二维最大 Kapur 熵、二维最小交叉熵、二维 Fisher 准则阈值法等。这些方法利用部分空间位置信息能得到比一维阈值方法更优的分割效果。

1. 二维 Fisher 准则阈值法

定义二维直方图 $N(i,j)$ 的值表示像素灰度值为 $f(x,y)=i$ 且该像素邻域平均灰度值为 $g(x,y)=j,(i,j=0,1,\cdots,L-1)$。对于灰度图像其灰度级通常取 $L=256$，$f(x,y)$ 是坐标位于 (x,y) 处的灰度值，$g(x,y)$ 是以 (x,y) 为中心，$k\times k$ 邻域内所有像素灰度的平均值，则 $g(x,y)$ 如式(8-13)所示。

$$g(x,y)=\frac{1}{k^2}\sum_{m=-k/2}^{k/2}\sum_{n=-k/2}^{k/2}f(x+m,y+n) \tag{8-13}$$

其中，$1\leqslant x\leqslant M$，$1\leqslant y\leqslant N$，M 表示图像的宽度，N 表示图像的高度，k 是奇数，一般取 3。对于多数图像，二维直方图都会有两个显著的波峰。选择一组恰当的二维阈值 (s,t)，可以将物体和背景进行适当的分割，获得较好的分割结果。将二维直方图分别在两个坐标轴上进行投影，分别记为 $H(i)$ 和 $W(j)$，基于二维直方图 Fisher 准则函数的均值和方差如式(8-14)、式(8-15)和式(8-16)所示。

$$\left.\begin{aligned}&\mu_0=(\mu_0^i,\mu_0^j),\mu_1=(\mu_1^i,\mu_1^j)\\&\sigma_0^2=(\sigma_{0i}^2,\sigma_{0j}^2),\sigma_1^2=(\sigma_{1i}^2,\sigma_{1j}^2)\end{aligned}\right\} \tag{8-14}$$

其中

$$\left.\begin{aligned}\mu_1^i&=\frac{\sum_{i=s+1}^{L}i\cdot H(i)}{\sum_{i=0}^{s}H(i)},\mu_0^j=\frac{\sum_{j=0}^{t}j\cdot W(j)}{\sum_{j=0}^{t}W(j)}\\\mu_0^i&=\frac{\sum_{i=0}^{s}i\cdot H(i)}{\sum_{i=s+1}^{L}H(i)},\mu_1^j=\frac{\sum_{j=t+1}^{L}j\cdot W(j)}{\sum_{j=t+1}^{L}W(j)}\end{aligned}\right\} \tag{8-15}$$

$$\left.\begin{aligned}\sigma_{0i}^2&=\sum_{i=0}^{s}(i-\mu_0^i)^2\cdot H(i),\sigma_{0j}^2=\sum_{j=0}^{t}(j-\mu_0^j)^2\cdot W(j)\\\sigma_{1i}^2&=\sum_{i=s+1}^{L}(i-\mu_i^1)^2\cdot H(i),\sigma_{1j}^2=\sum_{j=t+1}^{L}(j-\mu_j^1)^2\cdot W(j)\end{aligned}\right\} \tag{8-16}$$

$$H(i)=\sum_{j=0}^{L-1}N(i,j),i=0,1,\cdots,L-1 \tag{8-17}$$

$$W(j)=\sum_{i=0}^{L-1}N(i,j),i=0,1,\cdots,L-1 \tag{8-18}$$

二维 Fisher 准则函数 $J_F(s,t)$ 定义如式(8-19)所示。

$$J_F(s,t)=\frac{([\mu_0^i,\mu_0^j]-[\mu_1^i,\mu_1^j])\cdot([\mu_0^i,\mu_0^j]-[\mu_1^i,\mu_1^j])^{T}}{\sigma_{0i}^2+\sigma_{0j}^2+\sigma_{1i}^2+\sigma_{1j}^2} \tag{8-19}$$

当 $J_F(s,t)$ 取最大值时，所对应的 (s,t) 即为最优的分割阈值，如式(8-20)所示。

$$(s,t)^* = \text{ArgMax}(J_F(s,t)) \tag{8-20}$$

2. 二维最大 Kapur 熵阈值法

根据上一小节中图像二维直方图的定义。$f(x,y)$ 表示坐标位于 (x,y) 处的灰度值，$g(x,y)$ 是以 (x,y) 为中心，$k\times k$ 邻域内全部像素灰度的平均值。图像二维 Kapur 熵计算方式如下：首先对图像的二维直方图进行统计，即像素灰度—邻域灰度均值对 (i,j) 出现的频率 P_{ij}，如式(8-21)所示。

$$P_{ij} = \frac{1}{M\times N}\{n_{ij} | f(x,y)=i, g(x,y)=j; i,j\in 0\sim L-1\} \tag{8-21}$$

式中：P_{ij} 表示图像的二维直方图函数；M、N 分别表示图像的高度、宽度，单位是像素；n_{ij} 表示图像中像素的灰度值为 i 且 3×3 邻域中像素的平均灰度值为 j 的像素个数，L 表示图像的最大灰度值。图像的二维直方图可以被阈值 (s,t) 分割为 A、B、C、D 四个子区域，如图 8-1 所示。

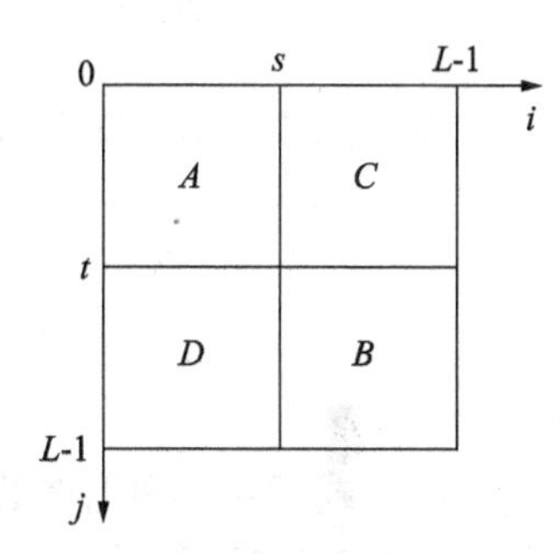

图 8-1　图像的二维直方图和阈值区块划分

为了简化计算，一般图像二维 Kapur 熵只计算主对角线方向上目标和背景区域的概率（A 区和 B 区），其他两个区域主要包括图像的噪声点、边缘点（C 区和 D 区）由于概率较小常常被忽略。为得到更好的分割效果，应尽可能多地保留图像的原始信息。因此在计算二维 Kapur 熵时，本章保留了边缘点处（C 区和 D 区）的图像信息。A 区的二维 Kapur 熵计算方式如式(8-22)所示。

$$H(A) = -\sum_{i=0}^{s-1}\sum_{j=0}^{t-1}\frac{P_{ij}}{P_A}\lg\frac{P_{ij}}{P_A} = \lg P_A + \frac{H_A}{P_A} \tag{8-22}$$

其中，$P_A = \sum_{i=0}^{s-1}\sum_{j=0}^{t-1}P_{ij}$，$H_A = -\sum_{i=0}^{s-1}\sum_{j=0}^{t-1}P_{ij}\lg P_{ij}$。

类似的，B、C、D 区域的二维 Kapur 熵分别按式(8-23)计算：

$$H(B) = \lg P_B + \frac{H_B}{P_B}, H(C) = \lg P_C + \frac{H_C}{P_C}, H(D) = \lg P_D + \frac{H_D}{P_D} \tag{8-23}$$

图像总体的二维 Kapur 熵定义为

$$\psi(s,t) = H(A) + H(B) + H(C) + H(D) = \frac{\lg P_A + H_A}{P_A} + \frac{\lg P_B + H_B}{P_B} + \lg P_C + \frac{H_C}{P_C} + \lg P_D + \frac{H_D}{P_D} \tag{8-24}$$

使得式(8-24)中图像的总体二维 Kapur 熵取最大值的阈值对 (s,t) 即是要求的最优二维阈值，如式(8-25)所示。

$$\psi(S,T) = \max(\psi(s,t)), 0\leqslant s,t\leqslant L-1 \tag{8-25}$$

3. 二维最小交叉熵阈值法

根据二维直方图的定义，图像的二维直方图可以被阈值对 (s,t) 分成 A、B、C、D 四个子区域，如图 8-1 所示。其中，图像的目标和背景分别由对角线上的 A 区和 B 区表示，边缘和噪声分别由远离于对角线的 C 区和 D 区表示。

利用二维直方图中任意阈值对 (s,t) 进行图像分割，可将图像分割为目标和背景两类区域，即图 8-1 中的 A 区和 B 区，分别记作 C_0 和 C_1，则这两类区域的先验概率分别如式(8-26)所示。

$$P_0(s,t) = \sum_{(i,j)\in C_0(s,t)} P_{ij}$$
$$P_1(s,t) = \sum_{(i,j)\in C_1(s,t)} P_{ij} \tag{8-26}$$

目标和背景对应的均值矢量分别如式(8-27)所示。

$$\left.\begin{aligned}\vec{\mu_0} &= (\mu_{00}(s,t),\mu_{01}(s,t))' = \left(\frac{\sum_{i=0}^{s}\sum_{j=0}^{t} iP_{ij}}{P_0(s,t)},\frac{\sum_{i=0}^{s}\sum_{j=0}^{t} jP_{ij}}{P_0(s,t)}\right)' \\ \vec{\mu_1} &= (\mu_{10}(s,t),\mu_{11}(s,t))' = \left(\frac{\sum_{i=s+1}^{L-1}\sum_{j=t+1}^{L-1} iP_{ij}}{P_1(s,t)},\frac{\sum_{i=s+1}^{L-1}\sum_{j=t+1}^{L-1} jP_{ij}}{P_1(s,t)}\right)'\end{aligned}\right\} \tag{8-27}$$

图像总体的二维交叉熵定义为式(8-28)。

$$\begin{aligned}\eta(s,t) = &\sum_{i=0}^{s}\sum_{j=0}^{t}\left[iP_{ij}\lg\left(\frac{i}{\mu_{00}(s,t)}\right)+jP_{ij}\lg\left(\frac{j}{\mu_{01}(s,t)}\right)\right]+ \\ &\sum_{i=s+1}^{L-1}\sum_{j=t+1}^{L-1}\left[iP_{ij}\lg\left(\frac{i}{\mu_{10}(s,t)}\right)+jP_{ij}\lg\left(\frac{j}{\mu_{11}(s,t)}\right)\right]\end{aligned} \tag{8-28}$$

使得式(8-28)中图像的总体二维交叉熵得到最小值的阈值对(s,t)即是要求的最优二维阈值,如式(8-29)所示。

$$I(S,T) = \min(\eta(s,t)),0\leqslant s,t\leqslant L-1 \tag{8-29}$$

4. 二维 Otsu 阈值法

假设待分割的图像$f(x,y)$,定义二维直方图$N(i,j)$的值为像素灰度值$f(x,y)=i$,且同时像素领域均匀灰度值$g(x,y)=j$的像素点的个数。采用二维直方图对图像进行二维阈值分割,二维直方图结合了灰度和空间邻域信息使分割更为准确。

$$G(x,y) = \frac{1}{n^2}\sum_{i=\frac{-n}{2}}^{\frac{n}{2}}\sum_{i=\frac{-n}{2}}^{\frac{n}{2}} I(x+i,y+i) \tag{8-30}$$

$$N(i,j):=N(i(x,y),G(x,y)) \tag{8-31}$$

$$p_{ij}=N(i,j)/(m\cdot n) \tag{8-32}$$

假设阈值向量(s,t)将二维直方图分成4个区域,对于背景或目标内部的像素而言,其灰度值与邻域灰度值是相似的,而对于目标和背景边缘处的像素,其灰度值与邻域灰度值有很大的不同。区域1和区域2代表目标或背景,区域3和区域4表示边缘点及噪声。由于边缘点和噪声点占少数,在传统的二维阈值法中都假设二维直方图中远离对角线的分量值近似为零。

物体和背景对应的概率分别是p_o和p_b,当阈值为(s,t)时,其值分别为

$$p_o = \sum_{i=0}^{s}\sum_{j=0}^{t} p_{ij}p_b = \sum_{i=s+1}^{L-1}\sum_{j=t+1}^{L-1} p_{ij} \tag{8-33}$$

则c_o和c_b对应的灰度均值矢量为

$$u_o = (u_{oi},u_{oj})^{\mathrm{T}} = (\sum_{i=0}^{s} i\times p(i\mid c_o),\sum_{j=s|+1}^{L-1} j\times p(j\mid c_o))^{\mathrm{T}} \tag{8-34}$$

$$u_b = (u_{bi},u_{bj})^{\mathrm{T}} = (\sum_{i=s+1}^{L-1} i\times p(i\mid c_b),\sum_{j=s|+1}^{L-1} j\times p(j\mid c_b))^{\mathrm{T}} \tag{8-35}$$

图像总的灰度均值矢量为

$$u_{\mathrm{T}} = (u_{Ti}, u_{Tj})^{\mathrm{T}} = (\sum_{i=0}^{L-1}\sum_{j=0}^{L-1} i \times p_{ij}, \sum_{i=0}^{L-1}\sum_{j=0}^{L-1} j \times p_{ij})^{\mathrm{T}} \tag{8-36}$$

定义离散度矩阵

$$S(t,s) = p_{\mathrm{o}} \times (u_{\mathrm{o}} - u_{\mathrm{T}}) \times (u_{\mathrm{o}} - u_{\mathrm{T}}) + p_{\mathrm{b}} \times (u_{\mathrm{b}} - u_{\mathrm{T}}) \times (u_{\mathrm{b}} - u_{\mathrm{T}}) \tag{8-37}$$

以离散度矩阵的迹作为离散度测度,则

$$tr(S_{(s,t)}) = p_{\mathrm{o}} \times [(u_{\mathrm{o}i} - u_{\mathrm{T}i})^2 + (u_{\mathrm{o}j} - u_{\mathrm{T}j})^2] + p_{\mathrm{b}} \times [(u_{\mathrm{b}i} - u_{\mathrm{T}i})^2 + (u_{\mathrm{b}j} - u_{\mathrm{T}j})^2] \tag{8-38}$$

使得上式取极值的(s,t)即为最优阈值。

8.2 基于蚁群算法优化的图像一维阈值方法

8.2.1 基于蚁群算法优化的图像一维阈值化方法数学模型

图像阈值选取过程实质上是一种寻求最优解的过程,可以看成一个优化问题。常规的方法需要遍历256个灰度级,降低了效率。为此,本节利用二进制蚁群算法(BACO)所具有的快速自动寻优的特点对其进行优化,以达到提高执行效率的目的,具体如下。

1. 分析问题,确定编码方式

阈值t是BACO算法优化的对象,对于灰度影像单阈值问题($0 \leqslant t \leqslant 255$),可以采用8位二进制($b_0b_1b_2b_3b_4b_5b_6b_7$)表示,即00000000~11111111,对应于候选解0~255,这样一个解对应一个候选阈值,其解码如下:

$$t = \sum_{i=0}^{7} b_i \cdot 2^i \tag{8-39}$$

2. 适应度函数的确定

根据Otsu法和最大后验交叉熵算法的特点,这里直接采用它们的目标函数作为BACO算法的适应度函数。对于Otsu法,适应度函数为

$$\mathrm{Fitness}(t) = w_0(t) \times w_1(t) \times (u_0(t) - u_1(t))^2 \tag{8-40}$$

式中:t为最佳阈值的潜在解,其取值范围为0~255;$w_0(t)$为灰度值在t以下(包括t)的像素数目;$w_1(t)$为灰度值在t以上的像素数目;$u_0(t)$为灰度值在t以下(包括t)的所有像素的平均灰度值;$u_1(t)$为灰度值t以上的所有像素的平均灰度值。

对于最大后验交叉熵方法,适应度函数为

$$\mathrm{Fitness}(t) = \sum_{g=0}^{t} \frac{h(g)}{P_1} D(1:2:g) + \sum_{g=t+1}^{L} \frac{h(g)}{P_2} D(1:2:g) \tag{8-41}$$

式中,t为最佳阈值的候选解,其取值范围为0~255。其他参数含义参见8.1.1节所述。

3. 优化过程

优化过程包括3个主要步骤:①解串的构建;②局部搜索;③信息素的更新。下面分别加以详细说明。

(1)解串的构建。这里所求为单阈值,所以解串长为8。为了建立一个解,蚂蚁运用信息素轨迹给解串上的每位的状态进行适当的标记。在算法的开始阶段,信息素矩阵τ被初始化为一个常数τ_0,信息素矩阵大小为8×2。对于每位它总共有两种信息素τ_{ij},i代表解串位号,

即第几位;j 取值为 0 和 1,表示将该位标记为 0 或 1。从第一位开始,蚂蚁利用伪随机选择规则依次对位 1,2,…,8 的状态进行标记。

(2)局部搜索。所有的蚂蚁搜索完成以后,根据适应度值的大小,选择质量最好的一部分进行局部搜索,具体步骤参见二进制蚁群算法。

(3)信息素的更新。局部搜索完毕以后再进行信息素更新。即先对所有的信息素进行衰减,然后再对最好的一部分蚂蚁经过的"路径"进行信息素加浓。优化过程采用最优解保留策略。

4. 控制参数的确定

BACO 的控制参数主要包括群体大小、信息素保留率、局部搜索比例、局部搜索概率等。群体规模太小,缺乏多样性,容易造成局部最优,群体规模大,影响处理速度。因此群体规模应选择适当,一般取值在 10 ~ 50,其他参数可以根据经验和实验法选取。

5. 停机准则的确定

本节中设定最大循环数为终止条件。为避免算法寻优过程中陷入局部最优,在算法主流程结束以后,利用步长搜索策略以提高搜索最优解的精度。对于蚁群算法搜索得到的准阈值 T,我们对[$T-20, T+20$]范围内的灰度值进行步长局部搜索,用最后得到的阈值对影像进行阈值化处理。算法主要流程如图 8-2 所示,其中虚线框内部分为 ACO 搜索阈值的主循环部分。

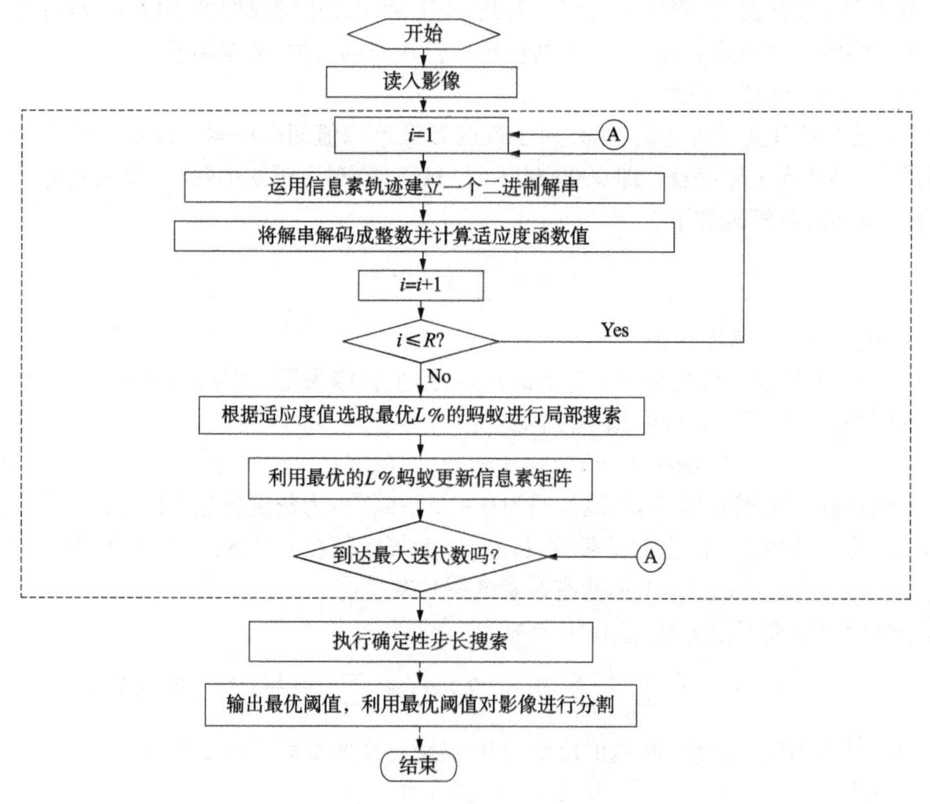

图 8-2　BACO 搜索最优阈值流程

8.2.2　基于蚁群算法优化的图像一维阈值化方法实验仿真和分析

为了说明蚁群算法对原有图像阈值选取方法性能的影响,本节选用 20 幅灰度影像进行了阈值选取的实验,部分实验影像和分割结果如图 8-3 ~ 图 8-6 所示。实验所用参数如下:蚁群规模为 10,伪随机比例选择参数 $q_0 = 0.2$,信息素更新和局部搜索比例为 0.2,信息素保留率 $\rho = 0.5$,局部搜索概率为 $p_{\text{local}} = 0.1$,波动阈值 A 为 20,迭代次数 G 为 5,总搜索次数 $N \times G + 2 \times A = 100$。表 8-1、表 8-2 分别列出了 BACO 和常规算法所选取的最佳阈值。

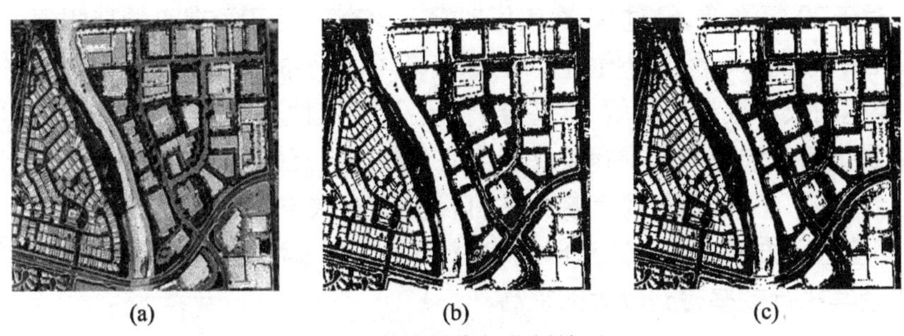

(a)　(b)　(c)

图 8-3　实验影像与分割结果一

(a)实验影像;(b)最大类间方差分割;(c)最大类间后验交叉熵分割

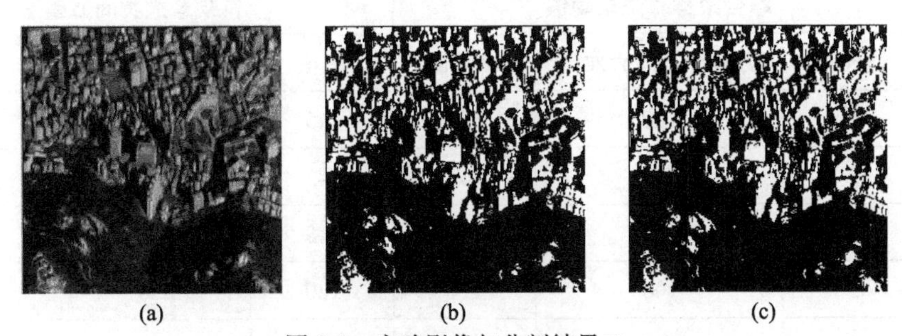

(a)　(b)　(c)

图 8-4　实验影像与分割结果二

(a)实验影像;(b)最大类间方差分割;(c)最大类间后验交叉熵分割

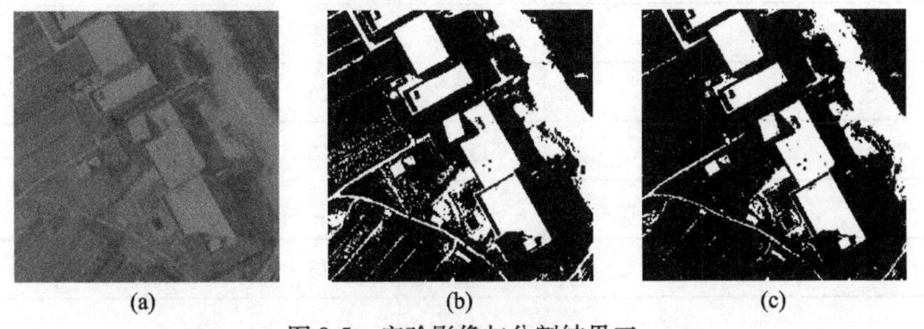

(a)　(b)　(c)

图 8-5　实验影像与分割结果三

(a)实验影像;(b)最大类间方差分割;(c)最大类间后验交叉熵分割

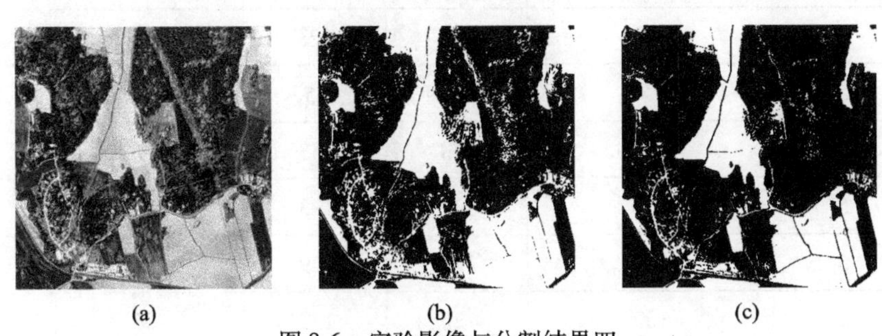

(a)　(b)　(c)

图 8-6　实验影像与分割结果四

(a)实验影像;(b)最大类间方差分割;(c)最大类间后验交叉熵分割

表 8-1 中准阈值的意思是，在蚁群算法主循环结束以后，所寻找到的“最优阈值”。这里准阈值指的是算法搜索(10 + 10 × 0.2) × 5 = 60 次阈值得到的最佳阈值。而阈值指的是在准阈值的基础上嵌入确定性搜索步长搜索以后得到的最佳阈值，这里搜索步长为 1。由表 8-1、表 8-2 可知，对于 20 幅影像，经过 60 次阈值搜索至少有一半已经求得最佳阈值（见表中粗体字阈值），而准阈值与全局最佳阈值相差最大为 10，而最小的仅为 1。可以看出 ACO 所求得的准阈值已经达到或者接近最优解，这些准阈值经过确定性步长搜索以后全部都可以得到最优阈值，这些最优阈值和穷举法求得最优阈值完全相同。但结合蚁群算法的方差计算次数和阈值尝试次数均在 100 次以下，而常规方法都需要 256 次方差计算和阈值尝试。综上所述，本节提出的阈值选取方法比常规方法时间缩短 50% 以上，运用 BACO 方法加快最优阈值的搜索过程，可以使其执行效率得到较大的提高。

表 8-1　穷举 Ostu 和 BACO 优化 Ostu 方差计算次数和所得阈值

图像	融合蚁群算法求阈值				常规最大类间方差法	
	迭代数	方差计算最大次数	准阈值	阈值	方差计算次数	阈值
1	5	100	**145**	145	256	145
2	5	100	**143**	143	256	143
3	5	100	**145**	145	256	145
4	5	100	111	120	256	120
5	5	100	89	86	256	86
6	5	100	**97**	97	256	97
7	5	100	81	83	256	83
8	5	100	**126**	126	256	126
9	5	100	116	115	256	115
10	5	100	99	95	256	95
11	5	100	**123**	123	256	123
12	5	100	**113**	113	256	113
13	5	100	**111**	111	256	111
14	5	100	123	123	256	123
15	5	100	75	85	256	85
16	5	100	**153**	153	256	153
17	5	100	121	123	256	123
18	5	100	125	129	256	129
19	5	100	125	122	256	122
20	5	100	**119**	119	256	119

表 8-2　穷举法和 BACO 所得阈值比较

图像	BACO 所得阈值			穷举法所得阈值		
	迭代数	阈值最大尝试次数	准阈值	阈值	阈值尝试次数	阈值
1	5	100	188	185	256	185
2	5	100	**153**	153	256	153
3	5	100	**139**	139	256	139
4	5	100	136	138	256	138
5	5	100	73	74	256	74
6	5	100	**95**	95	256	95
7	5	100	**213**	213	256	213
8	5	100	248	246	256	246
9	5	100	**141**	141	256	141
10	5	100	120	118	256	118
11	5	100	**119**	119	256	119
12	5	100	**131**	131	256	131
13	5	100	**76**	76	256	76
14	5	100	94	96	256	96
15	5	100	**119**	119	256	119
16	5	100	**165**	165	256	165
17	5	100	**129**	129	256	129
18	5	100	195	197	256	197
19	5	100	93	91	256	91
20	5	100	104	105	256	105

8.3　基于 ICS 优化的最大模糊熵的单阈值分割法

8.3.1　最大模糊熵阈值法数学模型

定义 $I(x,y)$ 为一幅图像位于像素点 (x,y) 处的灰度值，对于灰度图像而言，灰度级数 L 一般取 256，如式(8-42)所示。

$$D_k = \{(x,y):I(x,y)=k,(x,y)=D\},(k=0,1,\cdots,l-1) \tag{8-42}$$

设阈值 T 将原始图像分割为目标 E_d 和背景 E_b 两个部分。则 $\Pi=\{E_d,E_b\}$ 可表示为原始图像域的一个未知概率划分，其概率分布定义如式(8-43)所示。

$$p_d = P(E_d),p_b = P(E_b) \tag{8-43}$$

对每个灰度级 $k(k=0,1,\cdots,255)$，由式(8-44)进行划分

$$\left.\begin{aligned} D_{kd} &= \{(x,y):I(x,y)\leqslant T,(x,y)\in D_k\} \\ D_{kb} &= \{(x,y):I(x,y)>T,(x,y)\in D_k\} \end{aligned}\right\} \tag{8-44}$$

则有式(8-45)

$$\left.\begin{aligned} p_{kd} = P(D_{kd}) = p_k^* p_{d|k} \\ p_{kb} = P(D_{kb}) = p_k^* p_{b|k} \end{aligned}\right\} \tag{8-45}$$

其中,$p_{d|k}$和$p_{b|k}$分别表示灰度级为k的像素属于背景和目标的条件概率,且对于任何一幅图像显然都有$p_{d|k} + p_{b|k} = 1 (k = 0,1,\cdots,255)$。

综上可得式(8-46)和式(8-47):

$$p_d = \sum_{k=0}^{255} p_k^* p_{d|k} = \sum_{k=0}^{255} p_k^* \mu_d(k) \tag{8-46}$$

$$p_b = \sum_{k=0}^{255} p_k^* p_{b|k} = \sum_{k=0}^{255} p_k^* \mu_b(k) \tag{8-47}$$

其中,两个隶属度函数曲线如图8-7所示,分别由$Z(k,a,b,c)$函数和$U(k,a,b,c)$函数对$\mu_d(k)$和$\mu_b(k)$进行描述。在隶属度函数中,每3个参数决定1个阈值。即对于单阈值问题,一共有3个参数a,b,c需要确定,最终的阈值T也是通过这3个参数计算得出,具体描述如式(8-48)和式(8-49)所示。

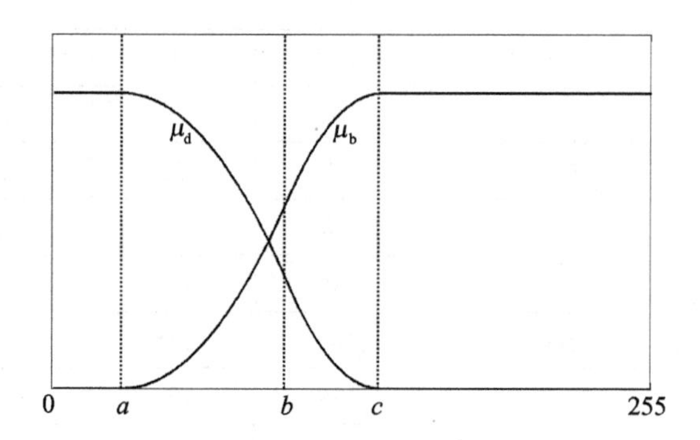

图8-7 最大模糊熵单阈值分割隶属度曲线

$$\mu_d(k) = \begin{cases} 1 & k \leqslant a \\ 1 - \dfrac{(k-a)^2}{(c-a)\cdot(b-a)}, & a < k \leqslant b \\ \dfrac{(k-c)^2}{(c-a)\cdot(c-b)}, & b < k \leqslant c \\ 0 & k > c \end{cases} \tag{8-48}$$

$$\mu_b(k) = \begin{cases} 0 & k \leqslant a \\ \dfrac{(k-a)^2}{(c-a)\cdot(c-b)}, & a < k \leqslant b \\ 1 - \dfrac{(k-c)^2}{(c-a)\cdot(c-b)}, & b < k \leqslant c \\ 1 & k > c \end{cases} \tag{8-49}$$

其中,3个参数a,b,c需满足$0 \leqslant a < b < c \leqslant 255$。因此,分别隶属于$E_d$和$E_b$的类内模糊熵函数定义如式(8-50)所示。

$$H_d = -\sum_{k=0}^{255} \frac{p_k^* \mu_d(k)}{p_d} \cdot \ln\left(\frac{p_k \cdot \mu_d(k)}{p_d}\right)$$

$$H_{\mathrm{b}} = -\sum_{k=0}^{255} \frac{p_k^* \mu_{\mathrm{b}}(k)}{p_{\mathrm{b}}} \cdot \ln\left(\frac{p_k^* \mu_{\mathrm{b}}(k)}{p_{\mathrm{b}}}\right) \tag{8-50}$$

则图像的总模糊熵函数

$$H(a,b,c) = H_{\mathrm{d}} + H_{\mathrm{b}} \tag{8-51}$$

总模糊熵函数由 a,b,c 三个参数共同确定，利用最大模糊熵准则确定 a,b,c 三个参数的最佳组合方式，进而得到最优分割阈值 T，该阈值需满足式(8-52)。

$$\mu_{\mathrm{d}}(T) = \mu_{\mathrm{b}}(T) = 0.5 \tag{8-52}$$

由图8-7可知，阈值 T 即位于两条隶属度函数曲线的交点处，其计算方式如式(8-53)所示。

$$T = \begin{cases} a + \sqrt{(c-a)\cdot(b-a)/2}, & (a+c)/2 \leqslant b \leqslant c \\ c - \sqrt{(c-a)\cdot(c-b)/2}, & a \leqslant b < (a+c)/2 \end{cases} \tag{8-53}$$

8.3.2 基于ICS算法优化的最大模糊熵图像阈值分割方法

基于最大模糊熵单阈值分割方法的阈值选取过程实质上是一种寻求最优解的过程，可以看成最大模糊熵函数即式(8-51)的求解问题。对于常用的256色灰度图像，最大模糊熵单阈值分割方法需要遍历 256^3 种参数组合，算法的运行效率低下。ICS算法具有很强的全局寻优能力和较快的寻优速度，使用ICS算法对该问题进行优化，具体思路和算法流程如下。

(1)分析问题，确定编码方式。在通常的灰度图像处理问题中，图像一般最大包含256个灰度级，因此每个参数的范围是[0, 255]，且需满足 $0 \leqslant a < b < c \leqslant 255$ 的大小关系。对于种群中不满足大小关系的个体需进行如下的顺序扰动策略：

①对 a 产生扰动，得到 a^1，如果 $a^1 < 0$，则令 $a^1 = 0$，如果 $a^1 > 253$，则令 $a^1 = 253$；

②对 b 产生扰动，得到 b^1，如果 $b^1 < a^1 + 1$，则令 $b^1 = a^1 + 1$，如果 $b^1 > 254$，则令 $b^1 = 254$；

③对 c 产生扰动，得到 c^1，如果 $c^1 < b^1 + 1$，则令 $c^1 = b^1 + 1$，如果 $c^1 > 255$，则令 $c^1 = 255$。

(2)隶属度函数计算。根据式(8-48)和式(8-49)计算灰度值为 $k(k = 0,1,\cdots,255)$ 的像素分别属于 E_{d} 和 E_{b} 两类的隶属度值。

(3)条件概率求解。根据式(8-46)和式(8-46)计算灰度值为 $k(k = 0,1,\cdots,255)$ 的像素分别属于 E_{d} 和 E_{b} 两类的条件概率。

(4)适应度函数的确定。根据最大模糊熵图像分割方法的特点，采用式(8-51)作为ICS算法的适应度函数。

(5)算法的运行过程。首先，根据杜鹃搜索算法，对鸟窝位置进行更新。然后，根据粒子群算法，随机改变粒子(鸟窝)位置，得到一组新的粒子(鸟窝)位置。将鸟窝种群的位置向量作为待求参数组合 a,b,c 的候选解，最优参数组合 a,b,c 是通过ICS算法寻找到的最优鸟窝位置，通过算法迭代更新获得最优鸟窝位置，求得阈值 T，即是最优分割阈值。

8.3.3 算法实验仿真与分析

为了检验提出方法效果，采用3幅红外图像进行测试，并分别同基于穷举法的最大模糊熵单阈值法，基于GA、PSO、标准CS优化的最大模糊熵单阈值法进行了对比。每个算法均进行50次迭代，种群规模设定为30。对每种算法，停机条件均为：适应度值连续20次迭代未发生进化或达到最大迭代次数。GA算法中的基本参数设置为：选择概率 $P_{\mathrm{s}} = 0.9$，交叉概率

$P_c=0.85$,变异概率 $P_m=0.05$。PSO 算法中学习因子 $C_1=C_2=2.0$,最大速度 $v_{max}=200$。CS 算法中取 $P_a=0.7$,ICS 算法的参数同 PSO 算法和标准 CS 算法。由于上述算法本质上都是随机化算法,因此每个算法都独立运行了 50 次,50 次独立运行获得的平均准分割阈值、平均适应度值和平均运行时间如表 8-3 ~ 表 8-5 所示。表 8-3 中数据是 50 次运行得到的平均分割阈值,表 8-4 中的数据是所有算法运行 50 次得到的平均适应度值,表 8-5 中的数据是所有算法独立运行 50 次得到的平均计算时间。实验图像和分割结果如图 8-8 ~ 图 8-11 所示。

表 8-3 采用不同方法得到的阈值

图像	穷举法	Kapur	Cross	GA	PSO	CS	ICS
Tank	175	27	48	182	179	178	176
Plane	68	45	44	59	61	64	67
Ship	173	150	135	188	186	183	180

表 8-4 采用不同算法得到的适应度值

图像	GA	PSO	CS	ICS
Tank	9.683 9	9.684 2	9.684 4	9.684 6
Plane	5.818 3	5.828 6	5.834 7	5.835 9
Ship	8.240 2	8.240 8	8.242 4	8.244 3

表 8-5 采用不同方法的计算时间 单位:s

图像	穷举法	GA	PSO	CS	ICS
Tank	2 742.8	0.585	0.411	0.504	0.489
Plane	2 289.4	0.367	0.234	0.317	0.299
Ship	2 566.2	0.562	0.393	0.465	0.449

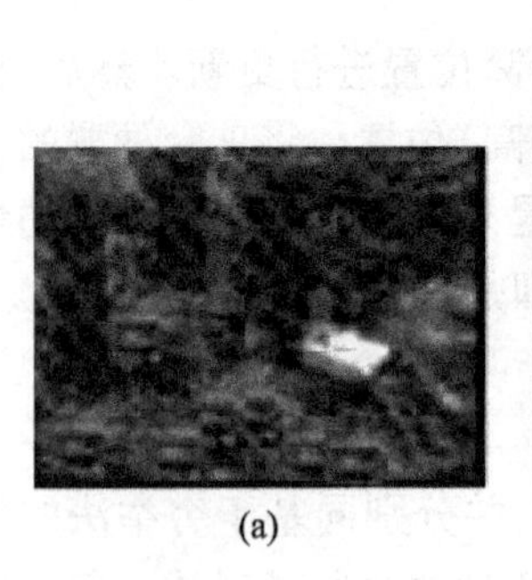
(a)

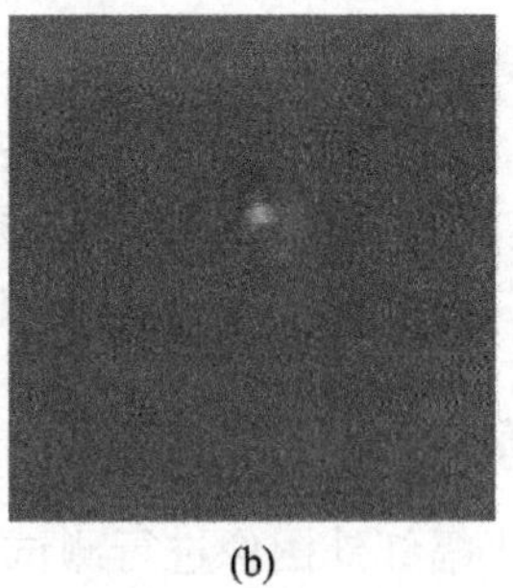
(b)

(c)

图 8-8 3 幅测试图像
(a) Tank; (b) Plane; (c) Ship

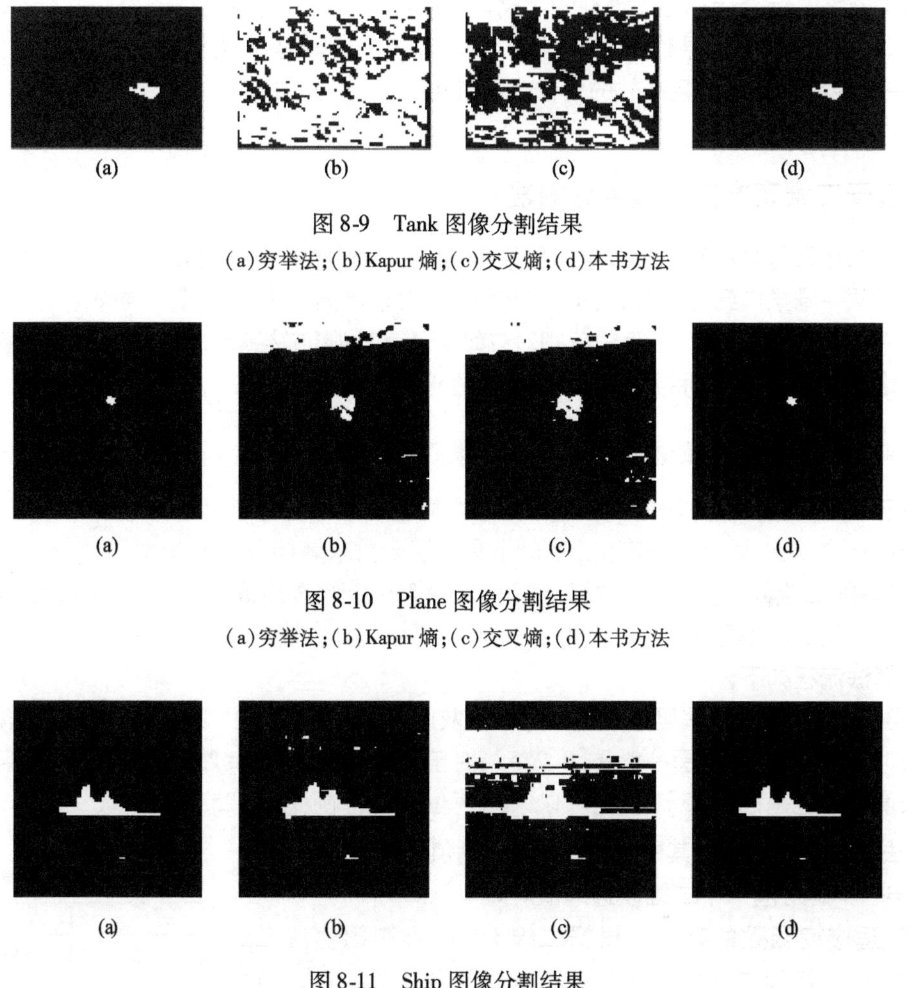

图 8-9　Tank 图像分割结果
(a)穷举法;(b)Kapur 熵;(c)交叉熵;(d)本书方法

图 8-10　Plane 图像分割结果
(a)穷举法;(b)Kapur 熵;(c)交叉熵;(d)本书方法

图 8-11　Ship 图像分割结果
(a)穷举法;(b)Kapur 熵;(c)交叉熵;(d)本书方法

由图 8-11 ~ 图 8-13 可知,最大 Kapur 熵法、最小交叉熵法难以稳定得到清晰的目标区域,特别当图像受到噪声干扰较为严重时,目标和背景部分常常容易混淆,而最大模糊熵法能很好地将目标区域从背景中分割出来。表 8-3 分别显示了采用最大 Kapur 熵法、最小交叉熵法和基于 GA、PSO、标准 CS 和 ICS 算法优化的最大模糊熵单阈值法得到的分割阈值。其中,采用最大模糊熵法得到的阈值与采用最大 Kapur 熵法、最小交叉熵法得到的阈值相比有很大的差距,其分割效果也明显更优。另外,本方法与基于 GA、PSO、标准 CS 优化的最大模糊熵单阈值法相比,得到的阈值均比较接近,但是采用 ICS 算法得到的分割阈值更接近于采用穷举法得到的分割阈值。表 8-4 和表 8-5 分别列举了采用穷举搜索法、遗传算法、粒子群算法、标准杜鹃搜索算法和 ICS 算法求解最大模糊熵阈值函数平均计算时间和得到的适应度值。可以发现 ICS 算法平均计算时间和 PSO 算法、标准 CS 算法非常接近,而略低于 GA 算法,与穷举法相比,大大缩短了分割阈值的搜索时间,3 幅图像消耗的时间均不到 0.5 s,完全符合图像分割实时性的要求。观察表 8-4 可以发现,采用进化计算算法优化的最大模糊熵分割方法得到的适应度值均十分接近,能有效对大部分单目标测试图像进行分割,其最大的适应度差值还不到 0.02,然而本书提出方法适应度值均优于标准 CS、PSO 和 GA 算法,适应度值越大表明优化效果越好。综合计算时间消耗和优化计算的结果,可以认为相比于其他进化计算方法而言,ICS 算法有着更好的寻优能力和计算效率,基于 ICS 算法优化的最大模糊熵方法(单阈值)是一种性能更加稳定且高效的图像分割方法。

8.4 基于二维直方图的阈值分割法

虽然二维阈值方法利用部分空间位置信息可以得到比一维阈值方法更优的分割效果,但是直方图从一维推广到二维后,时间复杂度却极大地提高。为了改善二维阈值方法的性能,本节采用 ICS 算法和 CBLFA 算法分别对二维 Fisher 准则、二维最大 Kapur 熵、二维最小交叉熵和二维 Otsu 四种分割标准进行优化,以快速求得最优阈值。

8.4.1 基于 ICS 改进的二维 Fisher 准则阈值分割法

基于二维阈值分割方法的阈值选取过程本质上是一种找寻最优解的过程,可以分别看成二维 Fisher、二维最大 Kapur 熵和二维最小交叉熵函数求解问题。对于常用的 256 色阶灰度图像,基本的二维阈值分割方法需要遍历 256 ×256 个候选阈值,大大降低了算法的运行效率。ICS 算法具有很强的全局寻优能力和较快的寻优速度,使用算法对该问题进行优化,具体思路和算法流程如下。

(1)分析问题,确定编码方式。在通常的灰度图像处理问题中,图像一般最大包含 256 个灰度级,因此单维阈值范围一般是[0,255],对于二维阈值($0\leqslant s\leqslant255,0\leqslant t\leqslant255$),第 2 个阈值的取值范围也是[0,255],因此可以采用两位取值范围是[0,255]的实数编码(s,t)表示 ICS 算法的一个候选解。其中 s 代表第 1 个阈值,t 代表第 2 个阈值,这样一个解对应一个二维候选阈值对。

(2)适应度函数的确定。根据二维 Fisher 准则阈值法、二维最大 Kapur 熵和二维最小交叉熵图像分割方法的特点,分别采用式(8-20)、式(8-25)和式(8-29)作为 ICS 算法的适应度函数。

(3)算法的运行过程。首先,根据杜鹃搜索算法,采用 CS 算法的公式对鸟窝位置进行更新。然后,根据粒子群算法,随机改变粒子(鸟窝)位置,得到一组新的粒子(鸟窝)位置。将鸟窝种群的位置向量作为待求二维阈值(s,t)候选解,最优二维阈值(s,t)是通过 ICS 算法寻找到的空间位置为二维的最优鸟窝位置,通过算法迭代更新获得最优鸟窝位置即是最优分割二维阈值。

(4)在整个算法迭代完成以后,为了保证得到最佳的分割效果,这里使用局部搜索方法对获得“准最优阈值”进一步求精。即对于 ICS 算法得到的阈值(s,t)设定一个波动阈值 D,在[$s-D,t-D$],[$s+D,t+D$]区间内进行局部枚举搜索,产生最终的分割阈值(s^*,t^*),整个算法流程如图 8-12 所示。

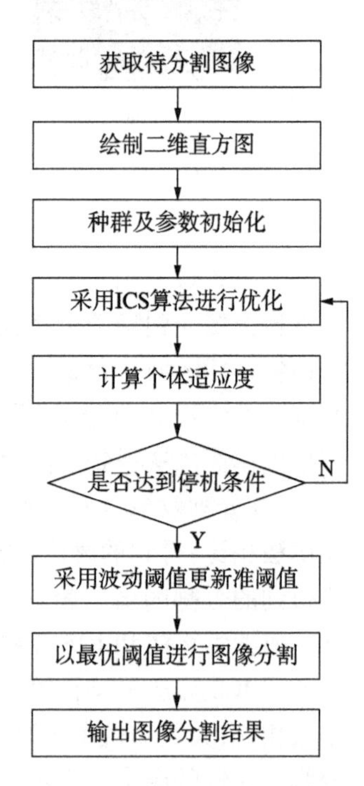

图 8-12 基于 ICS 改进的图像二维阈值法流程图

为了检验提出方法的性能,采用 3 幅图像进行测试,包括 1 幅红外图像、1 幅遥感图像和常用的 Rice 图像。并分别同穷举法二维 Fisher 准则阈值法、基于 GA,PSO 和标准 CS 的二维 Fisher 准则阈值法和一维 Fisher 准则阈值法进行了对比。对每幅图像分别所有算法均取xup = 255,xdown = 0,波动阈值 $D=10$,种群规模均设定为 30,最大迭代次数设定为 50。对每种算法,其停机条件均为适应度值连续 20 次迭代未发生任何进化或达到最大迭代次数。GA 算法中的基本参数设置为:选择概率$P_s=0.9$,交叉概率 $P_c=0.85$,变异概率 $P_m=0.05$。PSO 算法中学习因子 $C_1=C_2=2.0$,最大速度 $v_{max}=200$。CS 算法的优化效果对参数的选择不是十分敏感,这里取 $P_a=0.7$,ICS 算法的参数同 PSO 算法和标准 CS 算法。需要说明的是由于所有算法均属于随机化算法,因此每个算法都运行了 50 次,50 次运行结果获得的平均适应度值、平均最优阈值和平均运算时间如表 8-6 ~ 表 8-8 所示。3 幅测试图像和采用一维 Fisher 准则阈值法、基于穷举法的二维 Fisher 准则阈值法以及基于 ICS 算法优化的二维 Fisher 准则阈值法结果如图 8-13 ~ 图 8-15 所示。

表 8-6　采用不同方法得到的准阈值

图像	穷举法	GA	PSO	CS	ICS
Person	165,168	146,177	159,170	164,167	165,168*
Field	165,168	172,158	165,153	163,160	165,168*
Rice	137,141	127,153	129,140	137,140	137,141*

表 8-7　采用不同算法得到的适应度值

图像	GA($\times 10^{-3}$)	PSO($\times 10^{-3}$)	CS($\times 10^{-3}$)	ICS($\times 10^{-3}$)
Person	0.369 7	0.371 6	0.372 2	0.379 4
Field	1.053 3	1.058 5	1.060 8	1.061 8
Rice	0.199 3	0.206 6	0.209 3	0.209 4

表 8-8　采用不同方法的计算时间　　单位:s

图像	穷举法	GA	PSO	CS	ICS
Person	6.502	0.286	0.257	0.251	0.241
Field	6.359	0.279	0.255	0.242	0.233
Rice	6.231	0.271	0.248	0.235	0.229

(a)　(b)

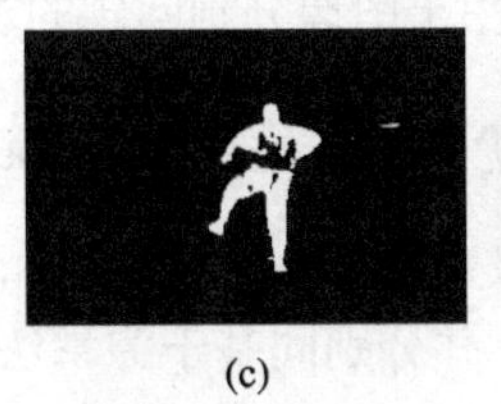

(c)

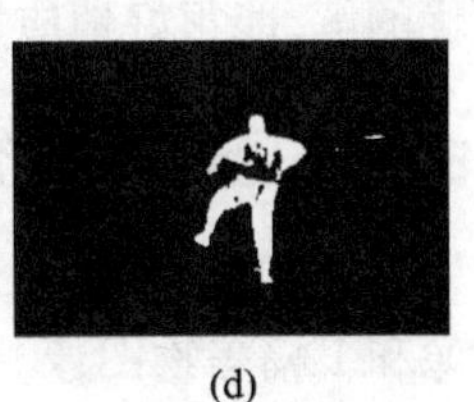

(d)

图 8-13　Person 分割结果

(a)原图;(b)一维 Fisher;(c)穷举二维 Fisher;(d)本书方法

观察图 8-15 ~ 图 8-17 可知,一维 Fisher 准则阈值方法难以稳定得到令人满意的分割图像,特别是图像中包含噪声和目标比较小的时候。相比而言,二维 Fisher 准则阈值方法能很

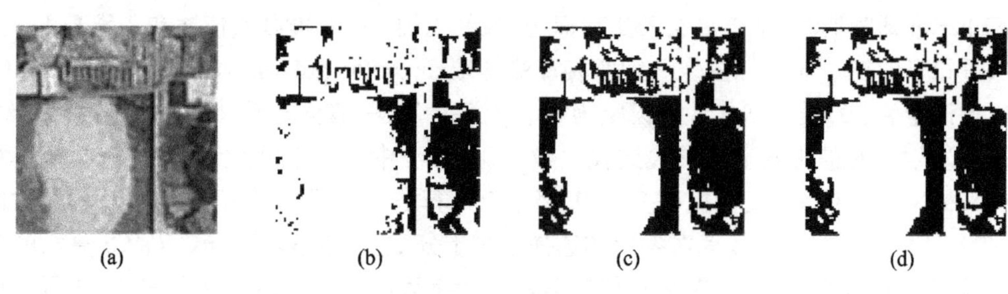

图 8-14 分割结果

(a)原图;(b)一维 Fisher;(c)穷举二维 Fisher;(d)本书方法

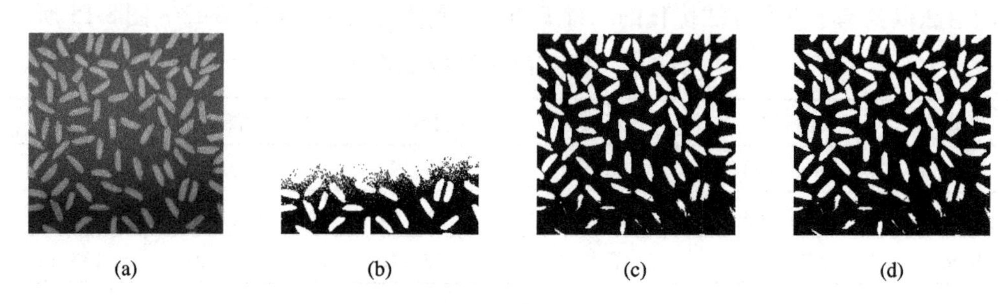

图 8-15 Rice 分割结果

(a)原图;(b)一维 Fisher;(c)穷举二维 Fisher;(d)本书方法

好地将目标从背景区域中分割出来,具有良好的抗噪声性能。表 8-6 分别显示了采用穷举法和遗传算法、粒子群算法、标准杜鹃搜索算法、ICS 算法对二维 Fisher 方法求解得到的阈值,采用标准 CS 算法和 ICS 算法得到的准阈值更加接近于穷举法得到的阈值;特别对于 ICS 算法,在未采用局部搜索 3 幅图像均已获得了和穷举法完全一致的最优阈值。表 8-7 和表 8-8 分别列举了采用穷举搜索法、GA、PSO、标准 CS 和 ICS 算法求解二维 Fisher 准则阈值函数得到的适应度值和平均计算时间,需要说明的是这里统计的计算时间是整个算法运行完成图像分割的时间。可以发现 ICS 算法平均计算时间和 PSO 算法、标准 CS 算法非常接近,而略低于 GA 算法,而只相当于穷举搜索法的 1/27 左右,3 幅图像最多消耗时间为 0.241 s,最少消耗时间为 0.229 s,能够较好地响应图像分割的实时性需求。观察表 8-7 可以发现,提出方法适应度值均优于标准 CS 算法、PSO 算法和 GA 算法,适应度值越大,表明优化效果越好。综合计算时间消耗和优化计算结果,可以认为相比于其他 3 种算法而言,ICS 算法可以快速获得适应度值更优的解,能很好地应用于图像分割问题的求解中。

8.4.2 基于 ICS 优化的二维最大 Kapur 熵阈值分割法

为了测试书中所提出方法的性能,采用了 3 幅图像进行测试,包括 1 幅红外图像、1 幅遥感图像和 1 幅静物图像。并分别同基于穷举法的二维最大 Kapur 熵阈值法,基于 GA、PSO 和标准 CS 优化的二维最大 Kapur 熵阈值法和一维最大 Kapur 熵阈值法进行了对比。参数同 8.4.1 节,每个算法都独立运行了 50 次,50 次独立运行获得的平均准分割阈值、平均适应度值和平均计算时间如表 8-9 ~ 表 8-11 所示。表 8-9 中的数据是 50 次运行得到平均准分割阈值,表 8-10 中的数据是所有算法未进行局部搜索时的平均适应度值,表 8-11 中的数据是所有算法独立运行 50 次的平均计算时间。3 幅测试图像采用一维最大 Kapur 熵法、基于穷举法的二维最大 Kapur 熵法和本书优化的二维最大 Kapur 熵法得到的分割结果如图 8-16 ~ 图 8-18 所示。

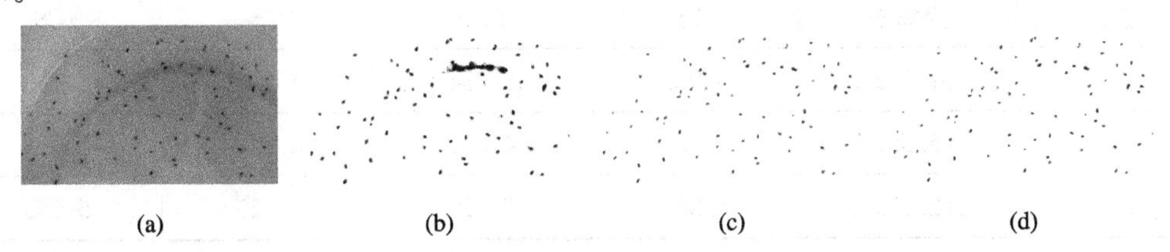

图 8-16　I1 分割结果

(a)原图;(b)一维 Kapur 熵;(c)穷举二维 Kapur 熵;(d)本书方法

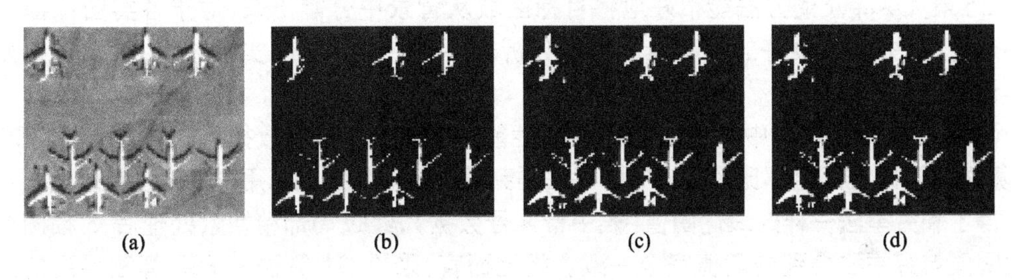

图 8-17　I2 分割结果

(a)原图;(b)一维 Kapur 熵;(c)穷举二维 Kapur 熵;(d)本书方法

图 8-18　I3 分割结果

(a)原图;(b)一维 Kapur 熵;(c)穷举二维 Kapur 熵;(d)本书方法

表 8-9　不同二维最大 Kapur 熵方法得到的准阈值

图像	穷举法	GA	PSO	CS	ICS
I1	101,104	115,113	97,100	100,104	101,104*
I2	145,149	139,145	145,158	145,149*	145,149*
I3	153,149	156,151	155,151	154,150	153,150

表 8-10　不同算法得到的适应度值

图像	GA	PSO	CS	ICS
I1	20.459 9	20.498 9	20.509 7	20.519 6
I2	24.682 7	24.735 4	24.739 2	24.739 2
I3	16.363 1	16.375 5	16.442 7	16.512 8

表 8-11　不同算法所需的运行时间　　单位:s

图像	穷举法	GA	PSO	CS	ICS
I1	169.342 1	5.932	5.734	5.720	5.586
I2	135.557 2	4.116	4.071	4.050	3.905
I3	182.179 0	6.300	5.190	5.123	5.053

从实验结果图像中可以看出,一维最大 Kapur 熵方法难以稳定得到令人满意的分割图像,二维最大 Kapur 熵方法能很好地将目标区域从背景中分割出来,对于各类图像都有很好的适应性,并具有良好的抗噪声性能。分析表 8-9 ~ 表 8-11 中实验数据,可以得到如下基本认识。

(1)ICS 在所有算法中具有最佳的分割性能。观察表 8-9 中数据可知,采用标准 CS 和 ICS 算法得到的准阈值都比较接近于穷举法得到的阈值。特别是采用 ICS 算法有两幅图像已经获得了和穷举法一样的最优阈值(表中带 * 号数据),经过局部精搜索处理后,3 幅图像的最优阈值与穷举法得到的阈值完全一致。相比而言,采用 GA 算法和 PSO 算法得到的准阈值,经过波动阈值处理后,与穷举法得到的阈值还有一定的差距。进一步观察表 8-10 中数据可知,ICS 算法具有最高的平均适应度函数值。标准 CS 算法相对于其他算法具有更好的优化性能,结合局部搜索算法以后能以平均 92% 的概率找到最优阈值,而 ICS 算法性能更优,在 50 次运行中能以 100% 概率得到最优的分割阈值,相比于其他算法,经 ICS 算法优化的二维最大 Kapur 熵阈值法性能更为稳健,有着更好的寻优能力。

(2)ICS 具有良好的计算效率。在计算效率方面,理论上,二维最大熵阈值分割方法时间消耗主要在于二维最大熵评价函数计算,对于穷举法需要完成 $256 \times 256 = 65\ 536$ 次目标函数的运算,采用本节的方法只需要进行 50(初始种群) + 30 × 50(算法迭代) + 20 × 20(波动阈值) = 1950 次目标函数的计算,计算量仅相当于穷举法的 $1950/65\ 536\mu_1 \approx 1/30$ 左右。表 8-11 给出上述算法的实际计算时间,和理论估算时间较为接近,表明相对于基本的穷举搜索二维最大 Kapur 熵阈值方法,进化计算确实能够显著提高其分割效率。进一步观察表 8-9 ~ 表 8-11 可以看出,采用 ICS 算法的运行时间最短而获得适应度值相对更优,表明它具有良好的分割性能,对于 3 幅图像平均分割时间在 5s 左右,可以较好地达到实时性的要求。

8.4.3　基于 ICS 优化的二维最小交叉熵阈值分割法

为了检验基于 ICS 算法的二维最小交叉熵分割法的实验效果,采用 3 幅红外图像进行测试,并分别同基于穷举法的二维最小交叉熵阈值法,基于 GA、PSO 和标准 CS 算法优化的二维最小交叉熵阈值法和一维最小交叉熵阈值法进行了对比,上述算法参数同 8.4.1 节,每个算法都独立运行了 50 次,50 次独立运行获得的平均准分割阈值、平均适应度值和平均计算时间如表 8-12 ~ 表 8-14 所示。表 8-12 中数据是 50 次运行得到平均准分割阈值,表 8-13 中的数据是所有算法未进行局部搜索时的平均适应度值,表 8-14 中的数据是所有算法独立运行 50 次的平均计算时间。3 幅测试图像采用一维最小交叉熵法、基于穷举法的二维最小交叉熵法和本书优化的二维最小交叉熵法得到的分割结果如图 8-19 ~ 图 8-21 所示。

表 8-12　采用不同方法得到的准阈值

图像	穷举法	GA	PSO	CS	ICS
Ship	208,206	179,178	202,200	209,217	215,213
Gun	86,86	96,98	84,96	78,80	86,86*
Tank	62,63	88,84	75,70	68,68	66,66

表 8-13　采用不同算法得到的适应度值

图像	GA($\times 10^3$)	PSO($\times 10^3$)	CS($\times 10^3$)	ICS($\times 10^3$)
Ship	1.278 7	1.279 9	1.282 8	1.283 2
Gun	0.308 1	0.309 3	0.312 4	0.317 7
Tank	0.998 6	1.002 1	1.004 4	1.005 9

表 8-14　采用不同方法的计算时间　单位:s

图像	穷举法	GA	PSO	CS	ICS
Ship	24.468	1.356	1.333	1.241	1.208
Gun	23.642	1.117	1.069	1.052	1.032
Tank	26.522	1.499	1.404	1.387	1.319

(a)

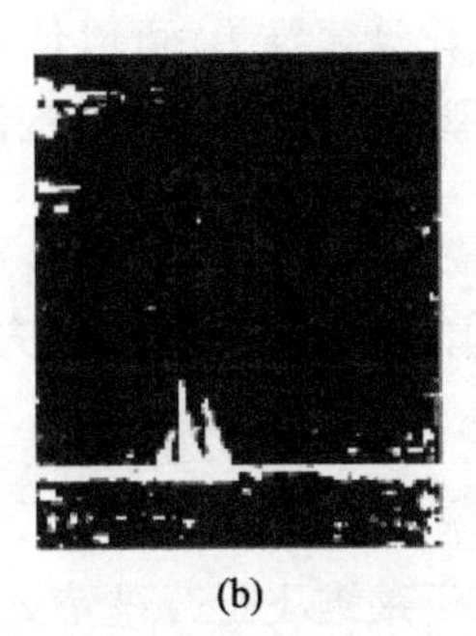
(b)

(c)

(d)

图 8-19　Ship 分割结果

(a)原图;(b)一维交叉熵;(c)穷举二维交叉熵;(d)本书方法

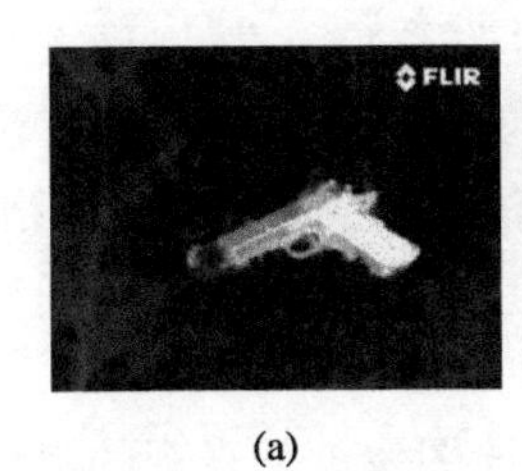

(a)

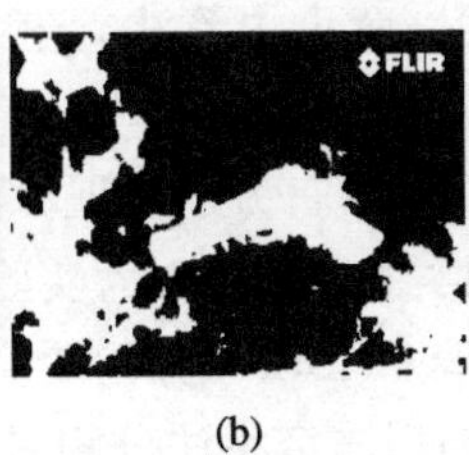

(b)

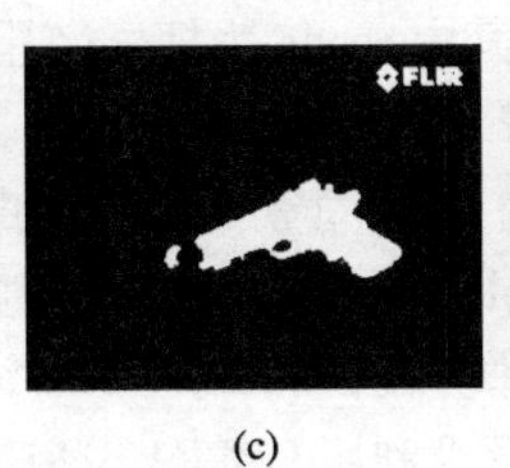

(c)

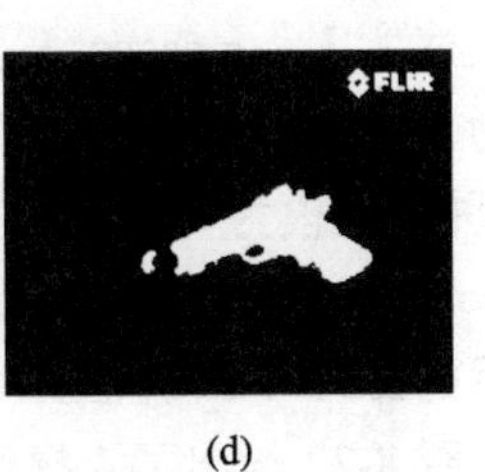

(d)

图 8-20　Gun 分割结果

(a)原图;(b)一维交叉熵;(c)穷举二维交叉熵;(d)本书方法

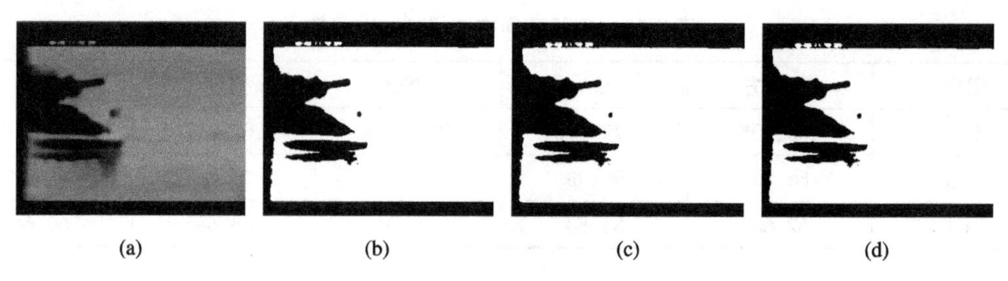

图 8-21　Tank 分割结果

(a)原图;(b)一维交叉熵;(c)穷举二维交叉熵;(d)本书方法

观察图 8-17 ~ 图 8-19 可知,当目标区域较小时,一维交叉熵方法难以得到令人满意的分割结果。相比而言,二维交叉熵方法可以准确将目标从背景区域中分割出来,具有良好的抗噪性。对于 3 幅实验图像,提出方法和穷举法所得阈值完全相同。表 8-12 分别显示了采用穷举法和遗传算法、粒子群算法、标准杜鹃搜索算法和 ICS 算法对二维交叉熵方法优化得到的阈值,采用 ICS 算法得到的准阈值更加接近于穷举法得到的阈值,其中对于 Gun 测试图像已经获得了和穷举法一样的最优阈值,经过波动阈值处理,3 幅图像的最优阈值与穷举法得到的阈值完全相同。表 8-13 和表 8-14 分别列出了采用穷举搜索法、遗传算法、粒子群算法、标准杜鹃搜索算法和 ICS 算法求解二维交叉熵阈值函数得到的适应度值和平均计算时间。可以看出,相对于其他进化计算算法而言,ICS 算法拥有最快的收敛速度,其计算时间只相当于穷举搜索法的 1/20 左右,3 幅图像消耗时间均不到 1.3 s,能够较好地满足图像分割实时性的要求。观察表 8-13 可以发现,提出方法适应度值均优于标准 CS、PSO 和 GA 算法,适应度值越大表明优化效果越好。综合计算时间消耗和优化计算结果,可以认为相比于其他 3 种算法而言,ICS 算法有着更好的寻优能力和计算效率,基于 ICS 算法的二维最小交叉熵图像分割方法是一种性能更加稳健的阈值方法。

8.4.4　基于 CBLFA 优化的二维直方图的 Otsu 阈值分割方法

二维 Otsu 算法充分利用了图像像素之间的空间信息,因此具有更强的抗噪声能力。其基本原理见本书 8.1.2 节,但是原始二维 Otsu 算法的时间复杂度高,运算时间较大,实时性较差。本书采用粒子群算法、基本萤火虫算法、基于莱维飞行改进萤火虫算法(CBLFA),来求取二维 Otsu 算法的最优阈值。为了客观地类比上述算法综合性能,充分考虑算法随机性对运算结果的影响,本书将各个算法运行 20 次并对结果综合分析。实验组中 3 种优化算法参数设定如下:所有算法的种群规模都是 20,对于 PSO,惯权因子 $w=1$,加速因子 $C_1=C_2=1.5$,粒子最大速度 $V_{\max}=\text{scope}/5$,其中 scope 为搜索范围。萤火虫算法,光吸收系数 γ 为 1,最大吸引度为 1,最小吸引度为 0.2,初始步长 α 为 0.5。对于 CBLFA 算法参数设置与萤火虫算法一致,种群规模为 20 分簇为 4 组,每簇 5 个萤火虫个体。为了验证算法性能。本节采用标准图像 coins,cell,boat 和 bubbles 图像进行图像分割实验,图 8-22 为实验图原图、原图直方图和分割后的二维 Otsu 算法穷举分割图和二维 Otsu 算法 CBLFA 分割图。

图 8-22 给出了 4 幅图像利用 CBLFA 分割前后与穷举法分割对比图像。从直观的视觉观察可知:本书提出的方法分割后的图像纹理清晰完整,目标细节特征鲜明,对于以图像分割为基础的医学细胞等级综合评定和红外目标检测与识别都具有很大的积极意义,但是二维 Otsu 的分割方法并不适用于所有图像。bubbles 图在图像顶部与底部比较模糊,二维 Otsu 分割效

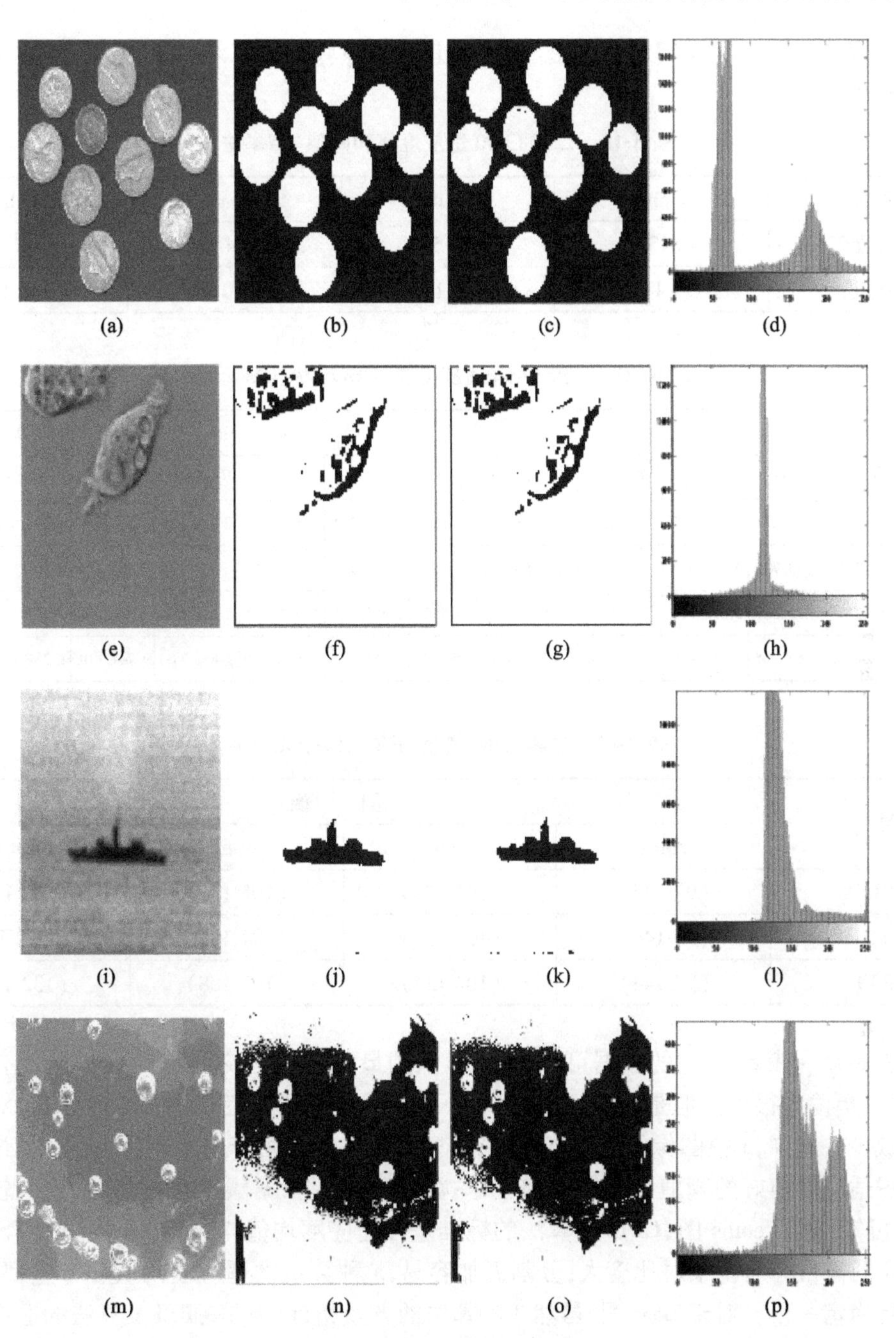

图 8-22　二维 Otsu 阈值分割

(a) coins 原图；(b) coins 穷举分割；(c) coins CBLFA 分割；(d) coins 原图直方图；(e) cell 原图；(f) cell 穷举分割；(g) cell CBLFA 分割；(h) cell 原图直方图；(i) boat 原图；(j) boat 穷举分割；(k) boat CBLFA 分割；(l) boat 原图直方图；(m) bubbles 原图；(n) bubbles 穷举分割；(o) bubblesCBLFA 分割；(p) bubbles 原图直方图

果就比较差。

因为上述算法都是随机算法，为了对比性能，将每个群集智能算法都运行 20 次，20 次独立运行获得的平均准分割阈值、平均适应度值，并与穷举法的计算结果进行比较。表 8-15 为 4 幅图像穷举法的适应度值和二维阈值组，表 8-16 为 4 幅图像基于上述 3 种算法的二维 Otsu

分割适应度值对比。表 8-17 为 4 幅图像基于上述 3 种算法的二维 Otsu 分割 20 次运行阈值均值取整表示。

表 8-15　二维 Otsu 适应度值和阈值(穷举法)

图像	coins	cell	boat	bubbles
适应度值	5 813.8	279.555	2 584.15	1 301.126
阈值	(97 144)	(104 138)	(106 188)	(132 179)

表 8-16　二维 Otsu 适应度值(PSO,FA,CBLFA)

图像	coins			cell			boat			bubbles		
算法	CBLFA	FA	PSO	CBLFA	FA	PSO	CBLFA	FA	PSO	CBLFA	FA	PSO
最差值	5 813.449	5 811.277	5 811.277	279.555	279.555	279.555	2 578.121	2 578.121	2 578.121	1 297.920	1 297.920	1 300.982
最优值	5 813.792	5 813.792	5 813.792	279.555	279.555	279.555	2 584.148	2 584.148	2 584.148	1 301.126	1 301.126	1 301.126
平均值	5 813.774	5 813.665	5 813.665	279.555	279.555	279.555	2 583.275	2 582.942	2 582.290	1 300.806	1 300.481	1 301.098
标准差	5.87E-03	3.16E-01	3.16E-01	0.00E+00	0.00E+00	0.00E+00	4.44E+00	6.12E+00	7.85E+00	9.74E-01	1.73E+00	2.15E-03

表 8-17　二维 Otsu 阈值(PSO,FA,CBLFA)

算法	图　　像			
	coins	**cell**	**boat**	**bubbles**
CBLFA	(97 144)	(104 138)	(105 188)	(132 179)
FA	(97 144)	(104 138)	(104 188)	(132 179
PSO	(97 144)	(104 138)	(103 188)	(132 179)

从表 8-15 ~ 表 8-17 中的数据可知,4 幅图像的最优阈值与穷举法得到的阈值有 3 幅相同,另外一幅偏差很小。但是 PSO、FA 和 CBLFA 的运算速度比穷举快,计算时间相对穷举来说大大减少。同样,3 幅图像的适应度值与穷举的基本相同,由于启发式算法在计算最优解的时候求得适应度值好的阈值要进行取整会干扰飞行方向,根据阈值来看,分割效果较好。从表 8-16 可知,对于 coins 图,CBLFA 算法的标准差和适应度均值均优于 FA 算法和 PSO 算法。由于 cell 图像目标与背景对比度大,分割更加容易,3 种算法的适应度均值和方差都相等,分割效果且稳定一致。对于 boat 图,虽然 3 种算法的方差相近,但是 CBLFA 算法的适应度均值最大,分割效果应该最好。根据得到的阈值均值与穷举法的阈值比较,可知对于 boat 图,CBLFA 算法的分割效果最好。Bubbles 的分割效果,CBLFA 和 FA 的分割的适应度均值和方差都比 PSO 略差。究其原因,在 CBLFA 和 FA 在向全局最优收敛过程中 PSO 算法率先收敛。按次数为算法迭代条件,在 100 次迭代时,因为 CBLFA 和 FA 没有收敛,当前最优值是随机的,导致方差大,效果并没有 PSO 好。

总的来说,改进算法得到的分割效果与穷举二维 Otsu 算法相当。以 100 次为迭代终止条件下,CBLFA 算法优化的二维 Otsu 效果整体上比 FA 算法优化的二维 Otsu 阈值法更好,CBLFA 运算时间要比 FA 算法少,具有较好的稳健性、适应性和实时性。

第9章 基于自然计算的多阈值图像分割方法

为了将图像分割出多片区域从而设定多个阈值称为多阈值图像分割,多阈值分割方法简单、计算量小、性能稳定,因而运用广泛。在一般情况中,多阈值分割根据图像的灰度设定多个阈值,将图像中每个像素点的灰度与阈值比对并归类。多阈值图像分割可以看作模式识别归类的过程。对于阈值的选择也有很多方法,常见的方法有简单统计法、分块采样法、边界点递归法、双峰法、正则割(NUCT)、最大类间方差法(OSTU),其中应用经典的是最大类间方差法(OSTU)。阈值分割是图像处理中需要优先处理的一步,很多图像处理都需要在阈值分割之后完成,与多阈值分割息息相关。例如在医学应用中血细胞样本图像的分割,CT 及 MRI 图像的分割,B 超图像的分割;在工业上,对金属探伤图像的分割;在人脸识别上的图像分割。图像分割在以上这些场景中,是处理图像的第一步,是进一步处理图像的前提。选取适当的阈值是多阈值图像分割中关键的一步。经过长期发展,已经有多种选取最佳阈值的方法被提出。本章主要介绍了基于 OSTU 的多阈值图像分割方法、最大模糊熵多阈值分割方法、基于最小交叉熵的多阈值图像分割、基于三维直方图的 OSTU 阈值分割方法、基于 ICS 和最大模糊熵的多阈值分割法、基于 FA 优化 OTSU 的多阈值分割方法、基于 FA 优化的最小交叉熵多阈值图像分割方法、基于 CBLFA 优化 OTSU 的多阈值分割法、基于 CBLFA 优化三维直方图的 OSTU 阈值分割方法。为了提高阈值法的分割效率,提出了几种基于群集智能假设阈值优化方法,并给出了算法模型和实验结果。

9.1 图像多阈值化分割概述

9.1.1 常用的基于一维直方图的多阈值图像分割算法

1. 基于 Otsu 的多阈值图像分割方法

假设要分割的图像像素点总数为 M,则灰度级为 i 的像素点个数即 M_i,则可得到

$$M = \sum_{i=0}^{L-1} M_i, i \in L \tag{9-1}$$

式中,L 为该图像的灰度级。

则某个灰度值 i 的所有像素点数出现的概率为

$$P_i = M_i/M \tag{9-2}$$

假设根据阈值 x 分割,则背景和目标的像素点数的概率 ω_0 和 ω_1 为

$$\omega_0 = \sum_{i=0}^{x} P_i = \omega(x) \tag{9-3}$$

$$\omega_1 = \sum_{i=x+1}^{L-1} P_i = 1 - \omega(x) \tag{9-4}$$

而根据阈值 x 划分的两个区域的类间方差即

$$\sigma(x)=\omega_0(\mu_0-\mu)^2+\omega_1(\mu_1-\mu)^2 \tag{9-5}$$

式中：μ 为图像总均值；μ_0 和 μ_1 分别为目标区域和背景区域的均值，即

$$\mu_0=\sum_{i=0}^{x}\frac{iP_i}{\omega_0} \tag{9-6}$$

$$\mu_1=\sum_{i=x+1}^{L-1}\frac{iP_i}{\omega_1} \tag{9-7}$$

$$\mu=\omega_0\mu_0+\omega_1\mu_1 \tag{9-8}$$

当式(9-5)中的 $\sigma(x)$ 为极大值时，x 就是最优解，即为 Otsu 图像分割法所求的阈值。

而对于多阈值的分割，可以根据上述方法依次类推。假设图像灰度级为 L，用阈值组 $I(x_1,x_2,\cdots,x_n)(0\leqslant x_1\leqslant x_2\leqslant\cdots\leqslant x_n\leqslant L-1)$ 将图像分割为 $n+1$ 个不同的区间组时，则区间组之间的类间总方差即

$$\sigma(x_1,x_2,\cdots,x_n)=\sum_{i=0}^{n-1}\sum_{j=i+1}^{n}\omega_i\omega_j(\mu_i-\mu_j)^2 \tag{9-9}$$

式中：ω_i 和 ω_j 分别为某两个区域概率；μ_i 和 μ_j 分别为某两个区域均值。以 x_{n-1} 为例，即

$$\omega_i=\sum_{i=x_{n-2}}^{x_{n-1}}P_i=\omega(x_{n-2},x_{n-1}) \tag{9-10}$$

$$\omega_j=\sum_{i=x_{n-1}+1}^{x_n}P_i=\omega(x_{n-1},x_n) \tag{9-11}$$

$$\mu_i=\sum_{i=x_{n-2}}^{x_{n-1}}\frac{iP_i}{\omega_i} \tag{9-12}$$

$$\mu_j=\sum_{i=x_{n-1}+1}^{x_n}\frac{iP_i}{\omega_j} \tag{9-13}$$

当式(9-9)取最大值时，$(x_1,x_2,\cdots,x_n)$ 即为 Otsu 算法的最佳多阈值组，即

$$(x_1^*,x_2^*,\cdots,x_n^*)=\text{argmax}\{I(x_1,x_2,\cdots,x_n)\} \tag{9-14}$$

2. 最大模糊熵多阈值分割方法

设两个阈值 T_1 和 T_2 将原始图像分割为目标 E_d、中间级 E_m 和背景 E_b 三个部分。则 $\Pi_2=\{E_\text{d},\text{E}_\text{m},\text{E}_\text{b}\}$ 可表示为原始图像域的一个未知概率划分，其概率分布定义为

$$p_\text{d}=P(E_\text{d}),p_\text{m}=P(E_\text{m}),p_\text{b}=P(E_\text{b}) \tag{9-15}$$

对每个灰度级 $k(k=0,1,\cdots,255)$，由式(9-16)划分

$$\begin{aligned}D_{k\text{d}}&=\{(x,y):I(x,y)\leqslant T_1,(x,y)\in D_k\}\\D_{k\text{m}}&=\{(x,y):T_1<I(x,y)\leqslant T_2,(x,y)\in D_k\}\\D_{k\text{b}}&=\{(x,y):I(x,y)>T_2,(x,y)\in D_k\}\end{aligned} \tag{9-16}$$

则有式(9-17)

$$\begin{aligned}p_{k\text{d}}&=P(D_{k\text{d}})=p_k^*p_{\text{d}|k}\\p_{k\text{m}}&=P(D_{k\text{m}})=p_k^*p_{\text{m}|k}\\p_{k\text{b}}&=P(D_{k\text{b}})=p_k^*p_{\text{b}|k}\end{aligned} \tag{9-17}$$

其中，$p_{\text{d}|k}$、$p_{\text{m}|k}$ 和 $p_{\text{b}|k}$ 分别表示灰度级为 k 的像素，属于背景和目标的条件概率，且对于任何一幅图像，显然都有 $p_{\text{d}|k}=p_{\text{b}|k}+p_{\text{m}|k}=1(k=0,1,\cdots,255)$。

综合以上可得式(9-18)

$$
\left.\begin{aligned}
p_{\mathrm{d}} &= \sum_{k=0}^{255} p_k^* p_{\mathrm{d}|k} = \sum_{k=0}^{255} p_k^* \mu_{\mathrm{d}}(k) \\
p_{\mathrm{m}} &= \sum_{k=0}^{255} p_k^* p_{\mathrm{m}|k} = \sum_{k=0}^{255} p_k^* \mu_{\mathrm{m}}(k) \\
p_{\mathrm{b}} &= \sum_{k=0}^{255} p_k^* p_{\mathrm{b}|k} = \sum_{k=0}^{255} p_k^* \mu_{\mathrm{b}}(k)
\end{aligned}\right\} \tag{9-18}
$$

其中,3 条隶属度函数曲线如图 9-1 所示,由 $Z(k,a_1,b_1,c_1,a_2,b_2,c_2)$函数、$U(k,a_1,b_1,c_1,a_2,b_2,c_2)$函数和 $S(k,a_1,b_1,c_1,a_2,b_2,c_2)$函数分别对 $\mu_{\mathrm{d}}(k)$、$\mu_{\mathrm{m}}(k)$和 $\mu_{\mathrm{b}}(k)$进行描述。在隶属度函数中,每 3 个参数决定 1 个阈值。即对于双阈值问题,一共有 6 个参数 a_1,b_1,c_1,a_2,b_2,c_2需要确定,最终的阈值 T_1和 T_2也是通过这 6 个参数计算得出,具体描述如式(9-19)、式(9-20)和式(9-21)所示。

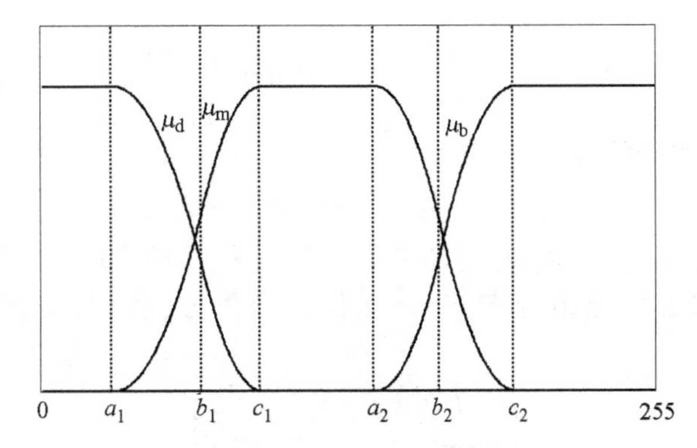

图 9-1　最大模糊熵多阈值分割隶属度曲线

$$
\mu_{\mathrm{d}}(k) = \begin{cases}
1, & k \leqslant a_1 \\
1 - \dfrac{(k-a_1)^2}{(c_1-a_1)\cdot(b_1-a_1)}, & a_1 < k \leqslant b_1 \\
\dfrac{(k-c_1)^2}{(c_1-a_1)\cdot(c_1-b_1)}, & b_1 < k \leqslant c_1 \\
0, & k > c_1
\end{cases} \tag{9-19}
$$

$$
\mu_{\mathrm{m}}(k) = \begin{cases}
0, & k \leqslant a_1 \\
\dfrac{(k-a_1)^2}{(c_1-a_1)\cdot(c_1-b_1)}, & a_1 < k \leqslant b_1 \\
1 - \dfrac{(k-c_1)^2}{(c_1-a_1)\cdot(c_1-b_1)}, & b_1 < k \leqslant c_1 \\
1, & \\
1 - \dfrac{(k-a_2)^2}{(c_2-a_2)\cdot(b_2-a_2)}, & a_2 < k \leqslant b_2 \\
\dfrac{(k-c_2)^2}{(c_2-a_2)\cdot(c_2-b_2)}, & b_2 < k \leqslant c_2 \\
0, & k > c_2
\end{cases} \tag{9-20}
$$

$$\mu_{b}(k)=\begin{cases}0, & k\leqslant a_2\\ \dfrac{(k-a_2)^2}{(c_2-a_2)\cdot(c_2-b_2)}, & a_2<k\leqslant b_2\\ 1-\dfrac{(k-c_2)^2}{(c_2-a_2)\cdot(c_2-b_2)}, & b_2<k\leqslant c_2\\ 1, & k>c_2\end{cases} \tag{9-21}$$

其中6个参数 a_1,b_1,c_1,a_2,b_2,c_2 需满足 $0\leqslant a_1<b_1<c_1<a_2<b_2<c_2\leqslant 255$。因此，分别隶属于 E_d、E_m 和 E_b 的类内模糊熵函数可定义为

$$\left.\begin{aligned}H_d&=-\sum_{k=0}^{255}\frac{p_k^*\mu_d(k)}{p_d}\cdot\ln\left(\frac{p_k^*\mu_d(k)}{p_d}\right)\\ H_m&=-\sum_{k=0}^{255}\frac{p_k^*\mu_m(k)}{p_m}\cdot\ln\left(\frac{p_k^*\mu_m(k)}{p_m}\right)\\ H_b&=-\sum_{k=0}^{255}\frac{p_k^*\mu_b(k)}{p_b}\cdot\ln\left(\frac{p_k^*\mu_b(k)}{p_b}\right)\end{aligned}\right\} \tag{9-22}$$

则图像的总模糊熵函数为

$$H(a_1,b_1,c_1,a_2,b_2,c_2)=H_d+H_m+H_b \tag{9-23}$$

总模糊熵函数由 a_1,b_1,c_1,a_2,b_2,c_2 六个参数共同确定，利用最大模糊熵准则确定 a_1,b_1,c_1,a_2,b_2,c_2 六个参数的最佳组合方式，进而得到最优分割阈值 T_1 和 T_2，该阈值需满足式(9-24)。

$$\left.\begin{aligned}\mu_d(T_1)=\mu_m(T_1)=0.5\\ \mu_m(T_2)=\mu_b(T_2)=0.5\end{aligned}\right\} \tag{9-24}$$

由图9-1可知，阈值 T_1 和 T_2 即位于3个隶属度函数曲线两两交界处，其计算方式如式(9-25)和式(9-26)所示。

$$T_1=\begin{cases}a_1+\sqrt{(c_1-a_1)\cdot(b_1-a_1)/2}, & (a_1+c_1)/2\leqslant b_1\leqslant c_1\\ c_1-\sqrt{(c_1-a_1)\cdot(c_1-b_1)/2}, & a_1\leqslant b_1<(a_1+c_1)/2\end{cases} \tag{9-25}$$

$$T_2=\begin{cases}a_2+\sqrt{(c_2-a_2)\cdot(b_2-a_2)/2}, & (a_2+c_2)/2\leqslant b_2\leqslant c_2\\ c_2-\sqrt{(c_2-a_2)\cdot(c_2-b_2)/2}, & a_2\leqslant b_2<(a_2+c_2)/2\end{cases} \tag{9-26}$$

由上述最大模糊熵理论可知，该方法可根据具体需要扩展到多于两个阈值的情况。由3个参数确定一个阈值来看，两个阈值需要6个参数确定，3个阈值需要9个参数确定，以此类推。随着阈值个数的不断增加，算法的运行时间也会随之大幅提高。

3. 基于最小交叉熵的多阈值图像分割

交叉熵是两种概率分布 $M=\{m_1,m_2,\cdots,m_J\}$ 和 $N=\{n_1,n_2,\cdots,n_J\}$ 之间的信息量差。其公式定义为

$$X(M,N)=\sum_{i=1}^{J}m_i\ln\frac{m_i}{n_i}+\sum_{i=1}^{J}n_i\ln\frac{n_i}{m_i} \tag{9-27}$$

基于最小交叉熵的图像分割法是指通过选择阈值使原图和分割图的信息差取最小值。假定图像的直方图灰度级设定在[1,L+1]区间范围内，通过阈值 t 把图像划分为两个部分，这两部分的灰度级范围分别介于[1,a]和[a,L+1]区间，划分后的交叉熵定义为

$$I(a) = \sum_{i=1}^{L} ih(i)\lg(i) - \sum_{i=1}^{a-1} ih(i)\lg\left(\frac{i}{u(1,a)}\right) - \sum_{i=a}^{L} ih(i)\lg\left(\frac{i}{u(a,L+1)}\right) \tag{9-28}$$

式中，a 为图像灰度值，所以在特定的图像中 $\sum_{i=1}^{L} ih(i)\lg(i)$ 为常数。则可以将式(9-28)简写成

$$I(t) = -\sum_{i=1}^{a-1} ih(i)\lg\left(\frac{i}{u(1,a)}\right) - \sum_{i=a}^{L} ih(i)\lg\left(\frac{i}{u(a,L+1)}\right) \tag{9-29}$$

$u(1,a)$和 $u(a,L+1)$均是类内均值，该均值描述形式为

$$u(x,y) = \frac{\sum_{i=y}^{x-1} ih(i)}{\sum_{i=y}^{x-1} h(i)} \tag{9-30}$$

将上述的单个阈值推广到多个，则设 $a_1,a_2,\cdots,a_N$是分割阈值组，并有 $a_1 < a_2 < \cdots < a_N$，则定义多阈值的最小交叉熵为

$$I(a_1,a_2,\cdots,a_N) = -\sum_{i=1}^{a_1-1} ih(i)\lg\left(\frac{i}{u(1,a_1)}\right) - \sum_{i=t_1}^{a_2-1} ih(i)\lg\left(\frac{i}{u(a_1,a_2)}\right) - \cdots - \sum_{i=a_N}^{L} ih(i)\lg\left(\frac{i}{u(a_N,L+1)}\right) \tag{9-31}$$

则图像分割的最小交叉熵最优阈值即为

$$(a_1^*,a_2^*,\cdots,a_N^*) = \operatorname{argmin}\{I(a_1,a_2,\cdots,a_N)\} \tag{9-32}$$

9.1.2　基于三维直方图的 Otsu 阈值分割方法

基于三维直方图的阈值方法因充分考虑了图像灰度、邻域均值和中值信息，从而取得了更为理想的分割效果。三维 Otsu 阈值分割算法是在以灰度图像、均值图像和中值图像构成的三维直方图模型下进行的。如图 9-2 所示，该三维直方图定义在一个 $L\times L\times L$ 的立方体区域内，其 3 个坐标轴分别表示图像像素的灰度值 $f(x,y)$、均值 $g(x,y)$和中值 $h(x,y)$。因同一像素点处的灰度值、均值和中值十分接近，所以在三维直方图中三元组$(f_{x,y},g_{x,y},h_{x,y})$沿着体对角线 OM 方向一狭长的空间区域内分布。

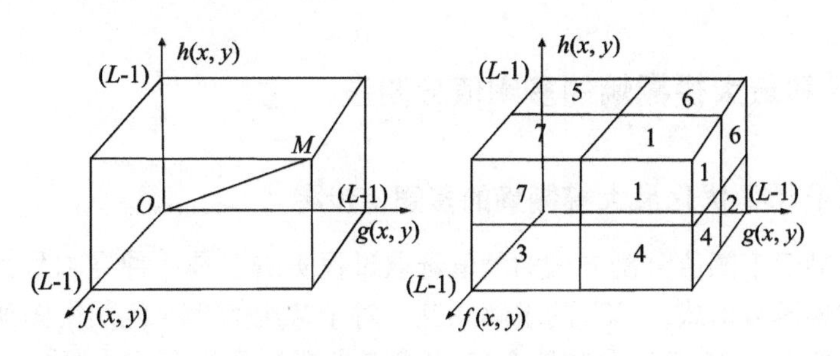

图 9-2　三维直方图

在以上定义基础上,下面可以把像素点分为两大类。

背景类 C_0:灰度值在$\{(i,j,k)i<=s,j<=t,k<=q\}$内的像素点,即图 9-2 中区域 0,与 1 对角的方块为 0。

目标类 C_1:灰度值在$\{(i,j,k)i>s,j>t,k>q\}$内的像素点,即图 9-2 中区域 1。

背景类 C_0的统计指标类内概率和类内均值分别为

$$w_0 = P_r(C_0) = \sum_{i=0}^{s}\sum_{j=0}^{t}\sum_{k=0}^{q} p_{ijk} = w_0(s,t,q) \tag{9-33}$$

$$u_0 = (u_{0i},u_{0j},u_{0k})^{\mathrm{T}} = \left(\sum_{i=1}^{s} iP_r(i/C_0),\sum_{j=1}^{t} jP_r(j/C_0),\sum_{k=1}^{q} kP_r(k/C_0)\right)^{\mathrm{T}} = \left(\sum_{i=1}^{s}\sum_{j=1}^{t}\sum_{k=1}^{q}\frac{ip_{ijk}}{w_0},\sum_{i=1}^{s}\sum_{j=1}^{t}\sum_{k=1}^{q}\frac{jp_{ijk}}{w_0},\sum_{i=1}^{s}\sum_{j=1}^{t}\sum_{k=1}^{q}\frac{kp_{ijk}}{w_0}\right)^{\mathrm{T}} \tag{9-34}$$

背景类 C_1的统计指标类内概率和类内均值分别为

$$w_1 = P_r(C_1) = \sum_{i=s+1}^{L-1}\sum_{j=t+1}^{L-1}\sum_{k=q+1}^{L-1} p_{ijk} = w_1(s,t,q) \tag{9-35}$$

$$u_1 = (u_{1i},u_{1j},u_{1k})^{\mathrm{T}} = \left(\sum_{i=s+1}^{L} iP_r(i/C_1),\sum_{j=t+1}^{L} jP_r(j/C_1),\sum_{k=q+1}^{L} kP_r(k/C_1)\right)^{\mathrm{T}} = \left(\sum_{i=1}^{s}\sum_{j=1}^{t}\sum_{k=1}^{q}\frac{ip_{ijk}}{w_1},\sum_{i=1}^{s}\sum_{j=1}^{t}\sum_{k=1}^{q}\frac{jp_{ijk}}{w_1},\sum_{i=1}^{s}\sum_{j=1}^{t}\sum_{k=1}^{q}\frac{kp_{ijk}}{w_1}\right)^{\mathrm{T}} \tag{9-36}$$

为了评价此阈值是否是最佳阈值,引入所有像素点总均值指标:

$$u_T = (u_{Ti},u_{Tj},u_{Tk})^{\mathrm{T}} = \left(\sum_{i=1}^{L-1}\sum_{j=1}^{L-1}\sum_{k=1}^{L-1} ip_{ijk},\sum_{i=1}^{L-1}\sum_{j=1}^{L-1}\sum_{k=1}^{L-1} jp_{ijk},\sum_{i=1}^{L-1}\sum_{j=1}^{L-1}\sum_{k=1}^{L-1} kp_{ijk}\right)^{\mathrm{T}} \tag{9-37}$$

首先给出背景类和目标类之间的离散度矩阵:

$$S_{\mathrm{B}} = \sum_{k=0}^{1} P_r(C_k)[(u_k - u_r)(u_k - u_r)^{\mathrm{T}}] \tag{9-38}$$

使用 S_{B}的迹作为不同的类之间的离散度测度,即类间方差为

$$t_r S_{\mathrm{B}} = w_0[(u_{0i}-u_{Ti})^2+(u_{0j}-u_{Tj})^2+(u_{0k}-u_{Tk})^2] + w_1[(u_{1i}-u_{Ti})^2+(u_{1j}-u_{Tj})^2+(u_{1k}-u_{Tk})^2] \tag{9-39}$$

最佳的阈值(s',t')满足式

$$t_r S_{\mathrm{B}}(s',t',k') = \max_{0\leqslant s,t,k\leqslant L-1}\{t_r S_{\mathrm{B}}(s,t,k)\} \tag{9-40}$$

计算时,遍历(s,t,k)的所有可能取值,然后取得的使相应 S_{B}的迹的值达到最大的点就是最佳阈值。

9.2 基于 ICS 和最大模糊熵的多阈值分割法

9.2.1 基于 ICS 优化最大模糊熵的多阈值步骤

基于最大模糊熵多阈值分割方法的阈值选取过程实质上是一种寻求最优解的过程,可以看成是最大模糊熵函数即式(9-23)的求解问题。对于常用的 256 色灰度图像,最大模糊熵单阈值分割方法需要遍历 256^{3N}种参数组合(N 为阈值个数),需要耗费大量搜索时间。ICS 算法拥有很强的全局寻优能力和较快的寻优速度,使用 ICS 算法对该问题进行优化,具体思路和

算法流程如下。

(1)分析问题,确定编码方式。在通常的灰度图像处理问题中,图像一般最大包含256个灰度级,因此每个参数的范围是[0,255],且需满足 $0 \leqslant a_1 < b_1 < c_1 < a_2 < b_2 < c_2 \leqslant 255$ 的大小关系。对于种群中不满足大小关系的个体需进行如下的顺序扰动策略:

①对 a_1 产生扰动,得到 a_1^1,如果 $a_1^1 < 0$,则令 $a_1^1 = 0$,如果 $a_1^1 > 250$,则令 $a_1^1 = 250$;

②对 b_1 产生扰动,得到 b_1^1,如果 $b_1^1 < a_1^1 + 1$,则令 $b_1^1 = a_1^1 + 1$,如果 $b_1^1 > 251$,则令 $b_1^1 = 251$;

③对 c_1 产生扰动,得到 c_1^1,如果 $c_1^1 < b_1^1 + 1$,则令 $c_1^1 = b_1^1 + 1$,如果 $c_1^1 > 252$,则令 $c_1^1 = 252$;

④对 a_2 产生扰动,得到 a_2^1,如果 $a_2^1 < c_1^1 + 1$,则令 $a_2^1 = c_1^1 + 1$,如果 $a_2^1 > 253$,则令 $a_2^1 = 253$;

⑤对 b_2 产生扰动,得到 b_2^1,如果 $b_2^1 < a_2^1 + 1$,则令 $b_2^1 = a_2^1 + 1$,如果 $b_2^1 > 254$,则令 $b_2^1 = 254$;

⑥对 c_2 产生扰动,得到 c_2^1,如果 $c_2^1 < b_2^1 + 1$,则令 $c_2^1 = b_2^1 + 1$,如果 $c_2^1 > 255$,则令 $c_2^1 = 255$。

(2)隶属度函数计算。根据式(9-19)、式(9-20)和式(9-21)计算灰度值为 $k(k = 0, 1, \cdots, 255)$ 的像素分别属于 E_d、E_m 和 E_b 三类的隶属度值。

(3)条件概率求解。根据式(9-18)计算灰度值为 $k(k = 0, 1, \cdots, 255)$ 的像素分别属于 E_d、E_m 和 E_b 三类的条件概率。

(4)适应度函数的确定。根据最大模糊熵图像分割方法的特点,采用式(9-23)作为ICS算法的适应度函数。

(5)算法的运行过程。算法运行过程同基本改进ICS,不再赘述。将鸟窝种群的位置向量作为待求参数组合 $a_1, b_1, c_1, a_2, b_2, c_2$ 的候选解,最优参数组合 $a_1, b_1, c_1, a_2, b_2, c_2$ 是通过ICS算法寻找到的最优鸟窝位置,通过算法迭代更新获得最优鸟窝位置,根据式(9-25)和式(9-64)求得阈值 T_1 和 T_2,即是最优分割阈值。

9.2.2 基于ICS优化最大模糊熵的多阈值实验仿真与分析

为了检验本章提出方法的性能,采用3幅多峰图像进行测试,由于基于穷举法耗时较多,因此,这里仅采用基于GA、PSO、标准CS和ICS优化的最大模糊熵多阈值法进行对比。每个算法均进行50次迭代,种群规模设定为30。对每种算法,停机条件为算法达到最大迭代次数。GA算法中的参数设置为:选择概率 $P_s = 0.9$,交叉概率 $P_c = 0.85$,变异概率 $P_m = 0.05$。PSO算法中学习因子 $c_1 = c_2 = 2.0$,最大速度 $V_{max} = 200$。CS算法中取 $P_a = 0.7$。ICS算法的参数同PSO算法和标准CS算法。每个算法独立运行了50次,50次独立运行获得的平均准分割阈值、平均适应度值和计算时间如表9-1~表9-3所示。表9-1中数据是50次运行得到平均分割阈值,表9-2中的数据是所有算法运行50次得到的平均适应度值,不同算法每次迭代的计算时间如表9-3所示,3幅测试图像如图9-3~图9-6所示。

表9-1　不同算法得到的多维阈值

图像	GA	PSO	CS	ICS
Lena	65,129	62,132	59,128	60,133
	63,129,192	60,129,195	59,130,203	59,127,202
	44,98,124,209	43,101,127,212	42,99,129,213	41,100,127,212

续表

图像	GA	PSO	CS	ICS
Peppers	59,124	55,128	58,129	61,126
	52,108,212	31,107,182	51,110,197	48,98,198
	37,95,159,212	42,96,153,221	38,99,155,214	45,93,155,209
Goldhill	91,149	90,157	88,154	89,159
	36,136,220	42,135,219	40,136,218	43,137,216
	45,91,161,216	32,102,157,219	35,99,158,218	40,101,162,218

表 9-2　不同算法得到的适应度值

图像	GA	PSO	CS	ICS
Lena	13.652 6	13.697 1	13.698 9	13.700 8
	16.676 9	16.706 8	16.711 0	16.717 7
	19.803 9	19.977 9	20.017 6	20.059 4
Peppers	13.936 2	13.952 1	13.966 5	13.970 8
	16.978 5	16.988 3	17.002 9	17.016 9
	20.282 9	20.397 8	20.503 0	20.522 1
Goldhill	13.763 4	13.778 913.782 7	13.787 8	13.787 8
	16.653 9	16.796 8	16.891 8	16.939 0
	19.752 0	19.810 8	20.122 4	20.229 7

表 9-3　不同算法每次迭代的计算时间　　单位:s

图像	GA	PSO	CS	ICS
Lena	0.576	0.473	0.525	0.548
	0.710	0.572	0.649	0.663
	0.766	0.628	0.700	0.731
Peppers	0.558	0.453	0.540	0.521
	0.647	0.559	0.639	0.617
	0.776	0.629	0.714	0.685
Goldhill	0.538	0.468	0.534	0.522
	0.668	0.570	0.647	0.633
	0.767	0.630	0.727	0.708

由图 9-3 ~ 图 9-6 可知,基于 ICS 算法优化的最大模糊熵阈值方法,可以得到令人满意的多阈值分割结果,其分割效果明显优于基于 GA、PSO、标准 CS 优化的最大模糊熵分割方法。随着阈值个数的不断增加,得到的分割图像不断由原始图像趋向于人的视觉感知。表 9-1 分别显示了基于 GA、PSO、标准 CS 和 ICS 算法优化的最大模糊熵多阈值法得到的分割阈值;其

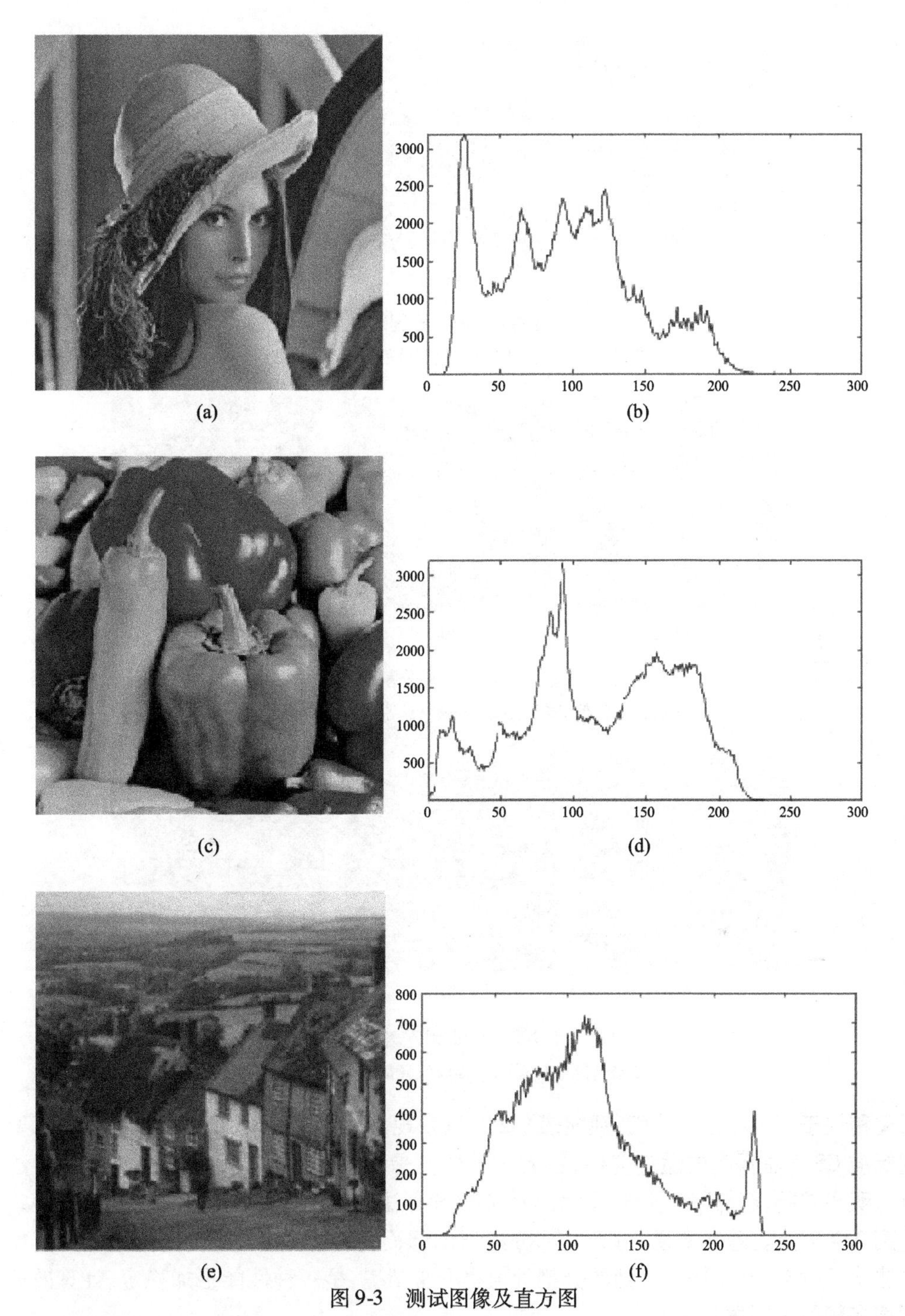

图 9-3　测试图像及直方图

(a) Lena 原图;(b) Lena 直方图;(c) Peppers 原图;(d) Peppers 直方图;(e) Goldhill 原图;(f) Goldhill 直方图

中,本章方法与基于 GA、PSO、标准 CS 优化的最大模糊熵多阈值法相比,得到的阈值较为接近。表 9-2 和表 9-3 分别列出了采用遗传算法、粒子群算法、标准杜鹃搜索算法求解最大模糊熵阈值函数平均计算时间和得到的适应度值。可以发现 GA 算法的收敛速度较慢,与其他算法相比,每次迭代最大时间差达到了 0.1 s 左右。PSO 算法拥有最快的收敛速度,然而与标准 CS 算法和 ICS 算法相比,其最大时间差还不到 0.05 s。另一方面,标准 CS 算法每次迭代的运

(a) (b) (c)

图 9-4 Lena 分割结果

(a)二维阈值分割;(b)三维阈值分割;(c)四维阈值分割

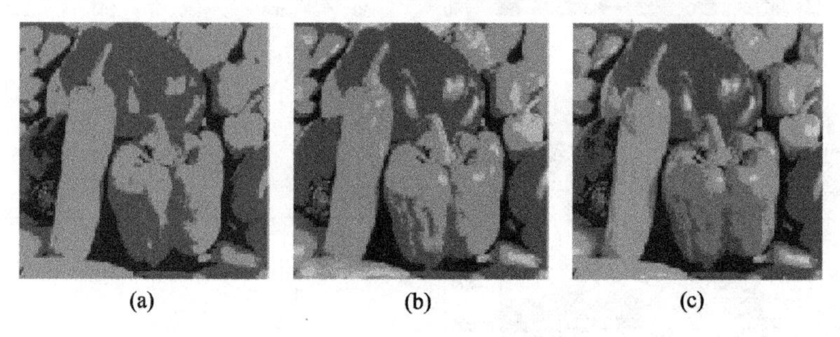

(a) (b) (c)

图 9-5 Peppers 分割结果

(a)二维阈值分割;(b)三维阈值分割;(d)四维阈值分割

(a) (b) (c)

图 9-6 Goldhill 分割结果

(a)二维阈值分割;(b)三维阈值分割;(c)四维阈值分割

行时间稍快于 ICS 算法。然而,观察表 9-2 可以发现,采用 ICS 算法得到的适应度值都要大于采用标准 CS 算法得到的适应度值,得到的分割图像也相对更优。GA 算法和 PSO 算法的寻优能力明显较差,容易陷入局部最优,与标准 CS 算法和 ICS 算法相比,其最大适应度差值已经达到 0.4 以上。总体来说,对于大部分测试图像而言,基于 ICS 算法优化的最大模糊熵阈值方法均可收敛于优质解,得到的分割阈值也非常精确,是一种性能更加稳定、计算效率更高的图像多阈值分割方法。

9.3 基于 FA 优化的多维阈值分割法

9.3.1 基于 FA 优化 Otsu 的多阈值分割方法

这里将多维 Otsu 阈值函数作为目标函数使用烟花算法进行求解,其主要步骤如下:

(1)读入并预处理待分割图像。

(2)对烟花种群初始化并设置各项参数。

(3)使用烟花算法计算适应度函数值,根据适应度函数值计算出子代火花的数量和爆炸范围,适应度函数公式为(9-15)。

(4)对所有的烟花种群和子代火花进行位移操作。

(5)随机选择部分烟花种群进行高斯变异操作。

(6)通过轮盘赌的策略选择进入下一次迭代的烟花种群。

(7)重复第(3)步到第(6)步,直到满足停止条件后得到最优阈值组。

(8)按所求阈值组进行图像分割。

本节将基于烟花算法的 Otsu 多阈值图像分割算法与经典的粒子群优化(Particle Swarm Optimization,PSO)算法进行对比实验。两种算法均设置种群规模为 5。经典 PSO 算法的其他参数设置如下:学习因子 $c_1 = c_2 = 2.0$,初始速度和最终速度分别为 0.9 和 0.4,速度惯性权重递减率为 $\omega = (0.9 - 0.4)/300$。本节选取了以下 4 张标准测试图像进行对比测试,图 9-7 ~ 图 9-10 为其原图及其对应的灰度直方图。

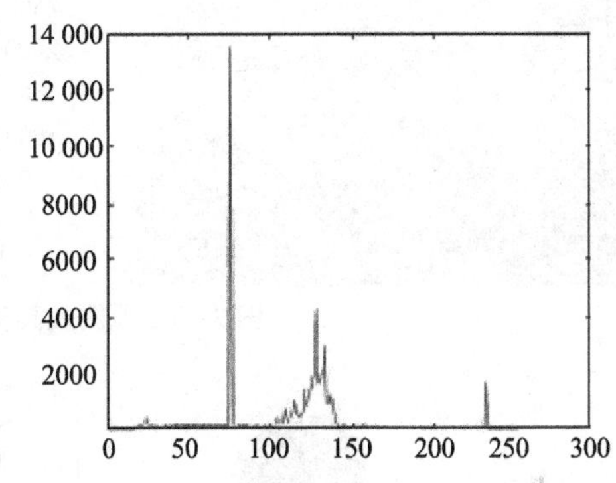

图 9-7　Woman 原图及其灰度直方图

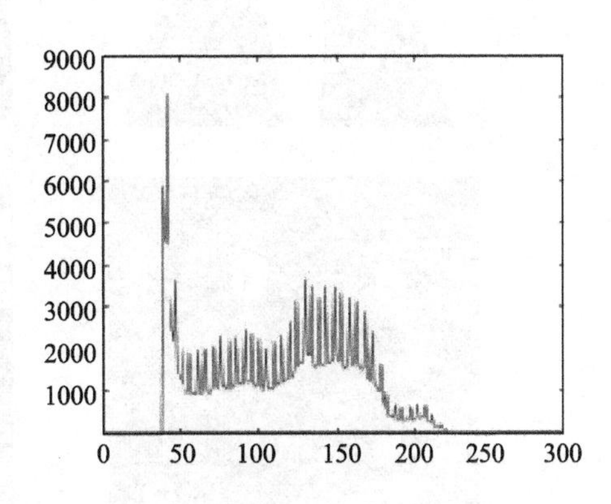

图 9-8　Pirate 原图其灰度直方图

基于烟花算法的 Otsu 分割的不同阈值的结果如图 9-11 ~ 图 9-14 中的图(a)、(d)所示。

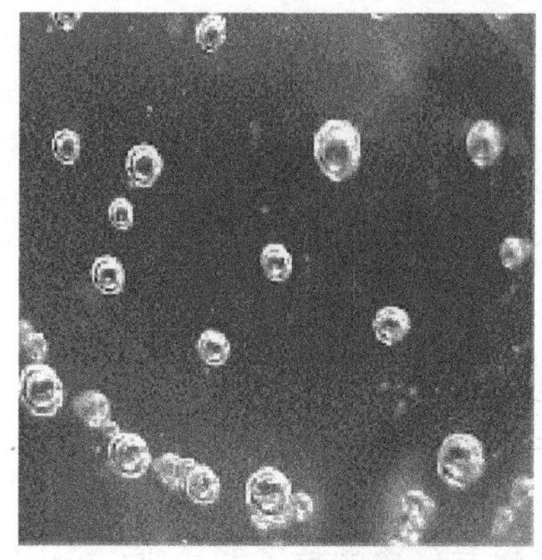

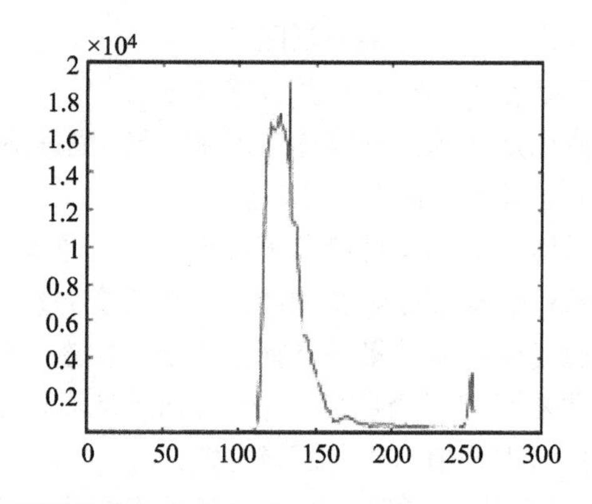

图 9-9　Bubbles 原图及其灰度直方图

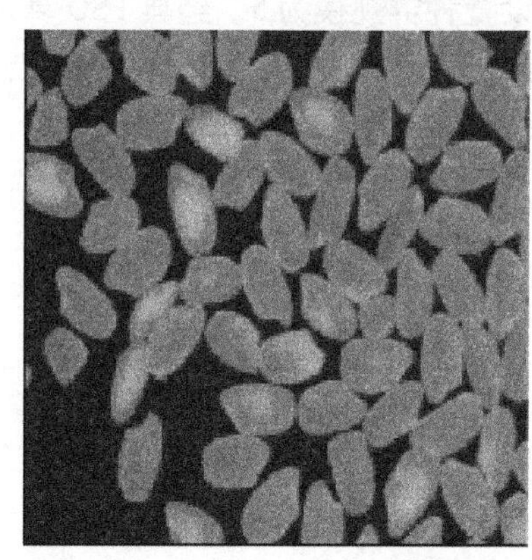

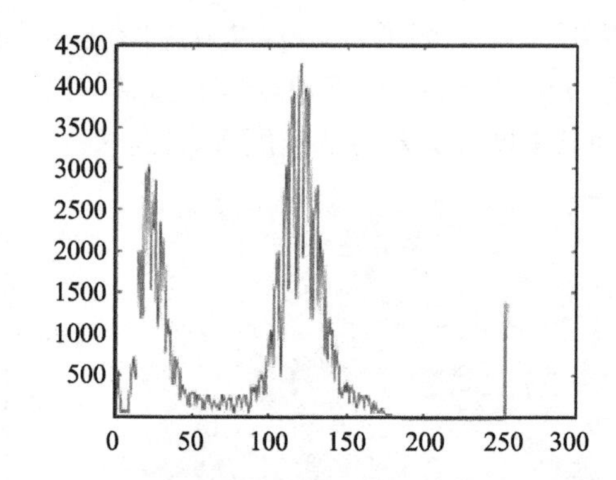

图 9-10　原图及其灰度直方图

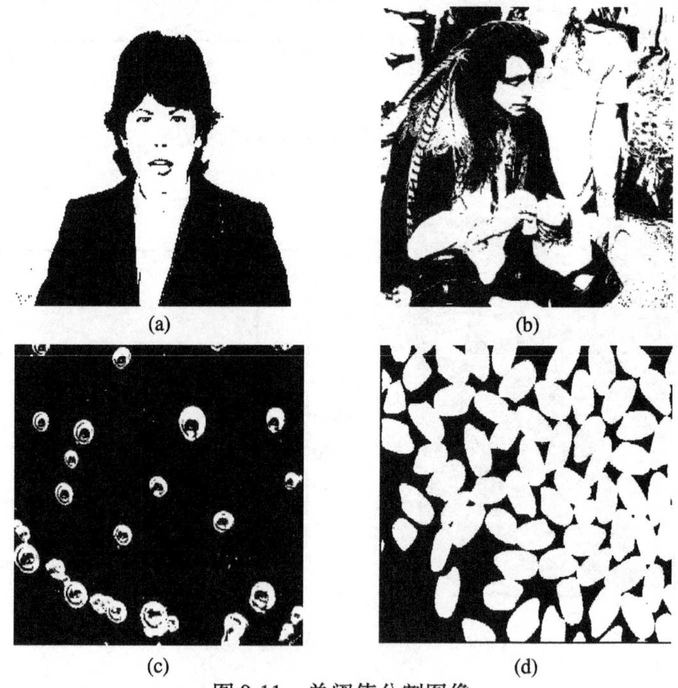

图 9-11　单阈值分割图像

(a) Woman; (b) Pirate; (c) Bubbles; (d) Rice

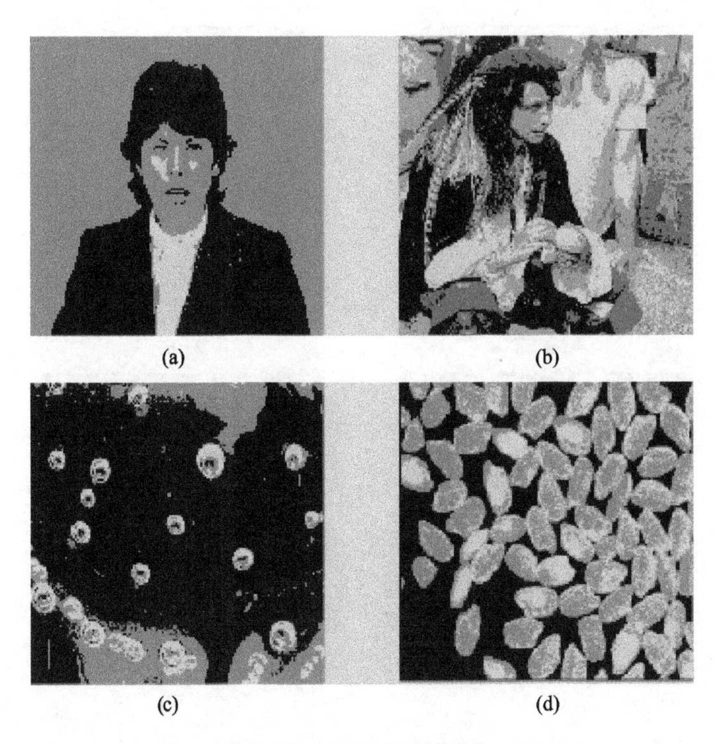

图9-12　双阈值分割图像

(a) Woman; (b) Pirate; (c) Bubbles; (d) Rice

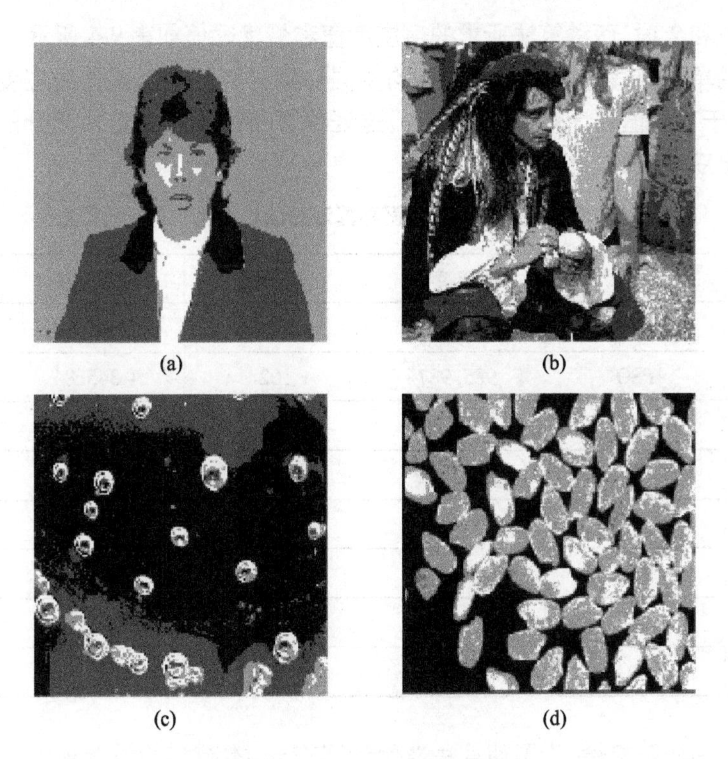

图9-13　三阈值分割图像

(a) Woman; (b) Pirate; (c) Bubbles; (d) Rice

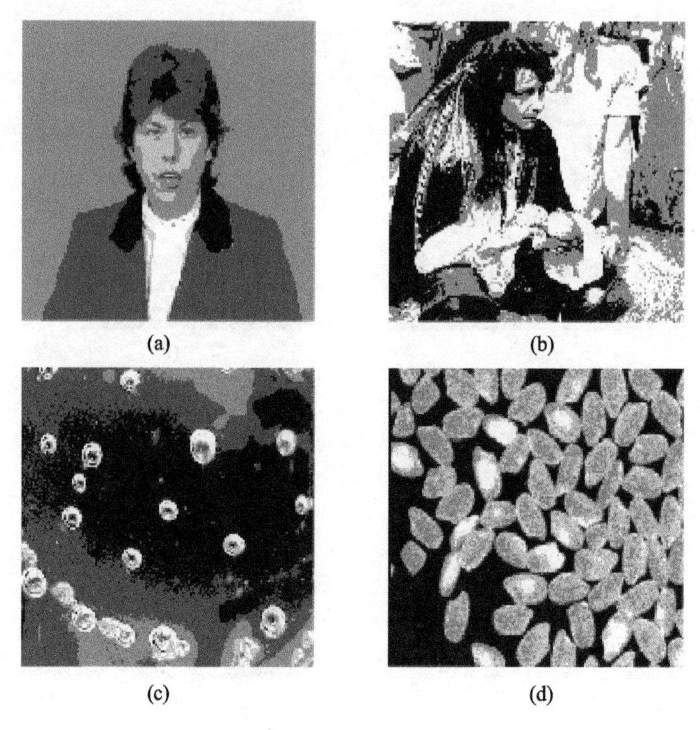

图 9-14　四阈值分割图像

(a)Woman;(b)Pirate;(c)Bubbles;(d)Rice

当阈值为 1 和 2 时,两种算法所求的适应度值和最优阈值如表 9-4 所示。由表 9-4 可知,两种算法所求的单阈值适应度值和单阈值均相同。两种算法的双阈值适应度值和双阈值组也完全一样,由于双阈值的计算量相对较少,这证明了两种算法在迭代充分的情况下均能快速有效地计算出双阈值的最优解。

表 9-4　单阈值和双阈值时两种算法的适应度值和最优阈值组

图像	算法	适应度值	单阈值	适应度值	双阈值
Women	FWA	985.987	102	1 345.84	98 174
	PSO	985.987	102	1 345.84	98 174
Pirate	FWA	1 708.12	108	1 994.53	86 141
	PSO	1 708.12	108	1 994.53	86 141
Bubbles	FWA	555.801	175	643.149	140 190
	PSO	555.801	175	643.149	140 190
Rice	FWA	1 957.94	75	2 055.15	69 123
	PSO	1 957.94	75	2 055.15	69 123

考虑到算法中的随机性,为了使算法迭代计算充分,本节实验设置最大迭代次数为 1000 次。实验加大难度,当阈值增加到 3 和 4 时,两种算法各自运行 50 次的适应度值的情况如表 9-5 和表 9-6 所示。

表9-5　三阈值时两种算法的适应度值

图像	算法	最优解	最差值	平均值	标准差
Women	FWA	1 435.47	1 435.68	0.046 7	0.046 7
	PSO	1 435.71	1 380.92	1 431.33	15.015 4
Pirate	FWA	2 115.31	2 114.95	2 115.24	0.090 5
	PSO	2 115.31	1 994.54	2 112.89	17.077 6
Bubbles	FWA	683.39	683.11	683.31	0.076 5
	PSO	683.39	643.44	682.58	5.648 1
Rice	FWA	2 104.05	2 103.72	2 104.02	0.061 2
	PSO	2 104.05	2 055.25	2 099.17	14.787

表9-6　四阈值时两种算法的适应度值

图像	算法	最优解	最差值	平均值	标准差
Women	FWA	1 473.28	1 470.34	1 472.73	0.962 6
	PSO	1 473.28	1 470.47	1 472.12	1.370 1
Pirate	FWA	2 169.72	2 168.67	2 169.52	0.175 2
	PSO	2 169.72	2 115.32	2 168.62	7.691
Bubbles	FWA	702.49	700.69	702.12	0.377 4
	PSO	702.49	683.66	700.88	5.030 7
Rice	FWA	2 131.86	2 130.71	2 131.73	0.204 4
	PSO	2 131.86	2 104.15	2 128.53	9.093 6

通过表9-5和表9-6的最优解分析可知，两种算法在迭代充分的情况下能得到一样的值。这说明在迭代1000次后，烟花算法和粒子群优化算法都能获得最优阈值组。但是通过最差解对比可知，粒子群优化算法除了Women图像4阈值以外，其他的最差解与对应的最优解均相差较大，体现在平均值和标准差这两个数值方面更加明显。烟花算法的差值则会小很多，由此可见，这并不是阈值增加后迭代次数不够所造成的，而是由于粒子群优化算法陷入适应度函数的局部最优解。粒子群优化算法在图像分割方面已经得到了广泛应用，经过实验对比可以看出，烟花算法在图像分割方面同样具有一定的稳定性，且其分割性能要优于粒子群优化算法。

9.3.2　基于FA优化的最小交叉熵多阈值图像分割方法

交叉熵简单来说为两个概率系统P和Q之间的信息量差异，或者用P取代Q作为单个系统概率分布时系统信息量变化的期望值。现有的最小交叉熵分割方法原理是用P和Q分别表示原始图和分割结果图，计算目标之间的交叉熵、背景之间的交叉熵，然后取其和定义为原始图和分割图之间的交叉熵，求最优阈值使交叉熵最小。这里利用烟花算法与最小交叉熵多阈值相结合的图像分割方法，与其他4种智能算法进行实验对比，取得较好的图像分割效果和分割效率。烟花算法在基于最小交叉熵的多阈值图像分割中应用的主要步骤如下：

（1）读入并预处理待分割图像，并对烟花种群初始化并设置各项参数。

（2）使用烟花算法计算适应度函数值，根据适应度函数值计算出子代火花的数量和爆炸范围，适应度函数即为式(9-32)。

（3）对所有的烟花种群和子代火花进行位移操作。

（4）随机选择部分烟花种群进行高斯变异操作。

（5）通过轮盘赌的策略选择进入下一次迭代的烟花种群。

（6）重复第（2）步到第（5）步，直到满足停止条件后按所求阈值组进行图像分割。

实验对比用的图像为标准测试图像包的 Cameraman、Peppers 和 Lena 图像，图 9-15 ~ 图 9-17 为测试原图及其相对应的灰度直方图。

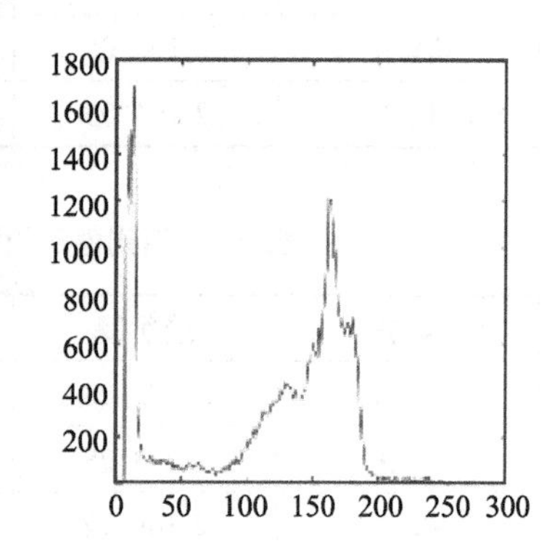

图 9-15　Cameraman 原图及其灰度直方图

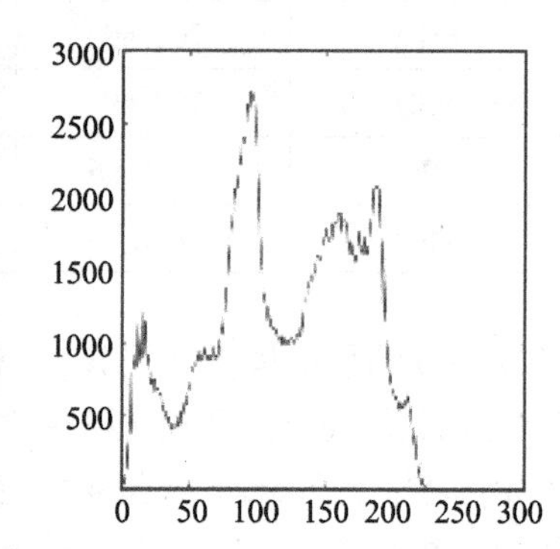

图 9-16　Peppers 原图及其灰度直方图

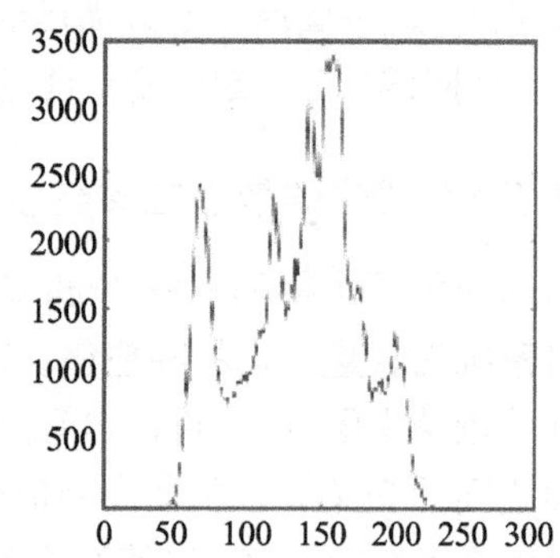

图 9-17　原图及其灰度直方图

为了验证烟花算法在最小交叉熵多阈值图像分割应用的有效性及效率,首先将烟花算法与穷举法进行对比,两种算法所求阈值和计算时间如表 9-7 和表 9-8 所示。由于 5 阈值的穷举法计算需要较长的时间,效率较低,故表中并未列出此项的对比结果。

表 9-7　烟花算法所求阈值及计算时间

图像	阈值个数	阈值	计算时间/s
Cameraman	2	50,135	1.07
	3	28,81,142	1.09
	4	28,76,123,157	1.13
Peppers	2	51,124	1.05
	3	47,107,156	1.07
	4	36,76,117,162	1.14
Lena	2	98,149	1.08
	3	90,132,170	1.08
	4	84,121,150,179	1.16

结合表 9-7 和图 9-15 ~ 图 9-17 中的灰度直方图可知,本节提出的烟花算法对多阈值最小交叉熵所求阈值均处于灰度直方图局部最小值的峰谷附近。结合表 9-8 中的阈值进行对比可知,烟花算法所求的阈值和穷举法基本相同或非常接近,而穷举法为最优解,这证明烟花算法能在基于最小交叉熵的多阈值图像分割应用中取得不错的分割效果。

进一步对比表 9-7 与表 9-8 中的计算时间可知,穷举法的计算时间随着阈值的增加而呈近百倍增加,而烟花算法计算时间的增加量均不超过 0.1 s,并未出现明显的增加。这证明了本节烟花算法的应用能良好地解决传统算法效率低和实时性差的问题。

表 9-8　穷举法所求阈值及计算时间

图像	阈值个数	阈值	计算时间/s
Cameraman	2	50,136	2.01
	3	29,82,143	91.13
	4	28,75,124,157	5 317.68
Peppers	2	52,125	1.96
	3	48,107,157	87.03
	4	36,75,117,163	5 592.82
Lena	2	98,149	1.98
	3	90,132,171	92.30
	4	87,122,149,179	5 721.73

烟花算法对测试图像图 9-15 ~ 图 9-17 基于最小交叉熵的多阈值分割结果如图 9-18 ~ 图 9-20 所示,从左到右,从上至下分别为该图的 2 阈值、3 阈值、4 阈值和 5 阈值分割图像。

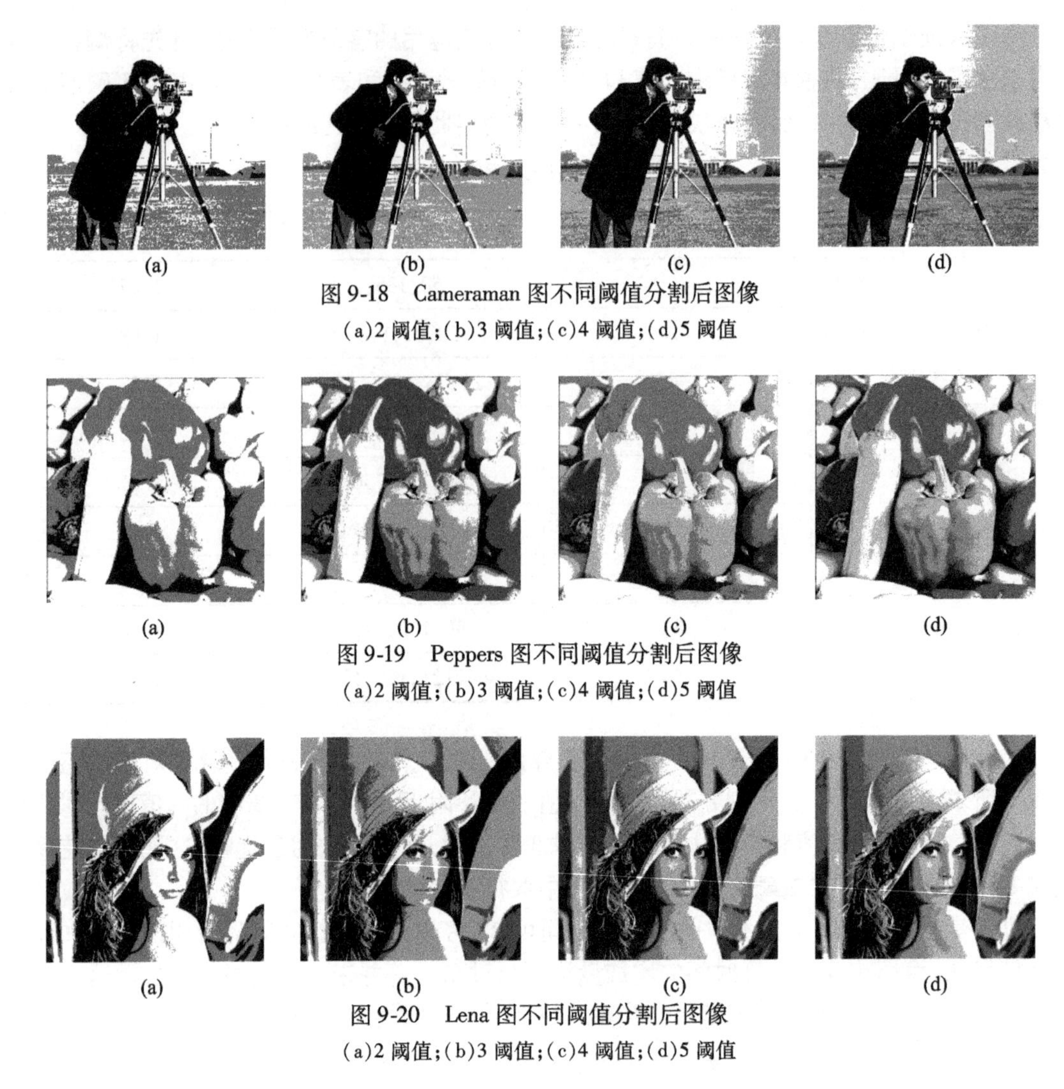

图 9-18　Cameraman 图不同阈值分割后图像

(a)2 阈值;(b)3 阈值;(c)4 阈值;(d)5 阈值

图 9-19　Peppers 图不同阈值分割后图像

(a)2 阈值;(b)3 阈值;(c)4 阈值;(d)5 阈值

图 9-20　Lena 图不同阈值分割后图像

(a)2 阈值;(b)3 阈值;(c)4 阈值;(d)5 阈值

进一步,本节在使用粒子群优化(PSO)算法作为对比算法的基础上,增加了人工蜂群(ABC)算法、人工鱼群(AFS)算法和头脑风暴优化(BSO)算法作为对比算法,进一步验证烟花算法在这一领域应用的优势。

由于随机优化算法在迭代次数有限的情况下其运算结果均具有一定的随机性,为了客观对比上述算法的综合性能,充分考虑算法随机性对运算结果的影响,本节实验采用相同的最大迭代次数(300 次),相同的种群数(10 个)和限制次数(100 次),将各个算法运行 50 次。4 种对比算法的其他相关参数设置如下:粒子群优化算法参数:学习因子 $c_1=c_2=2.0$,初始速度权重 $\omega_s=0.9$,最终速度权重为 $\omega_e=0.4$,速度惯性权重递减率为 $\omega=(0.9-0.4)/300$;人工蜂群算法参数:食物源数量 $F=5$;人工鱼群算法参数:感知距离 $v=1$,移动步长 $s=0.5$,拥挤因子 $\delta=0.618$;BSO 算法参数:选择新簇的概率 $p=0.8$。

表 9-9 ~ 表 9-11 分别记录了上述 3 幅测试图像在不同阈值经过各种群体智能算法计算,运行 50 次后的适应度绝对值的最大值、最小值、平均值和标准差。

从表 9-9 可知,当阈值为 2 时,所有图像的适应度最大值除了人工蜂群算法略低外,其他算法的数值均相等,这说明当阈值较少时,计算量较小,实验测试的这 5 种群体智能算法在迭代充分的情况下均能计算出最优阈值组。

表 9-9　阈值为 2 时各算法适应度的相关数值

图像	算法	FWA	PSO	ABC	AFS	BSO
Cameraman	最大值	593. 199	593. 199	593. 199	593. 199	593. 199
	最小值	593. 197	592. 605	591. 932	592. 553	593. 197
	平均值	593. 199	593. 158	593. 025	593. 144	593. 199
	标准差	0	0. 124	0. 255	0. 111	0
Peppers	最大值	591. 258	591. 258	591. 257	591. 258	591. 258
	最小值	591. 257	591. 156	590. 445	590. 437	591. 149
	平均值	591. 258	591. 252	591. 091	591. 175	591. 256
	标准差	0	0. 02	0. 202	0. 134	0. 015
Lena	最大值	670. 432	670. 432	670. 431	670. 432	670. 432
	最小值	670. 43	670. 314	669. 369	669. 847	670. 424
	平均值	670. 431	670. 429	670. 292	670. 359	670. 432
	标准差	0. 001	0. 017	0. 195	0. 122	0. 001

而所有图像的适应度最小值存在差异，这说明在某些实验中算法陷入了局部最优解，未能迭代出最优阈值组，而烟花算法的最小值均大于其他算法的数值，这证明了烟花算法在同样的迭代次数中，比其他 4 种算法有更好的搜索性能。

最后通过表中的平均值和标准差可以看出，烟花算法的适应度平均值几乎与最优解即适应度最大值相等，标准差也不大于 0. 001，数值均要明显优于粒子群优化算法、人工蜂群算法和人工鱼群算法，而略优于头脑风暴算法。这证明了烟花算法比其他 4 种算法在阈值为 2 时具有更强的稳定性。

表 9-10　阈值为 3 时各算法适应度的相关数值

图像	算法	FWA	PSO	ABC	AFS	BSO
Cameraman	最大值	593. 837	593. 837	593. 832	593. 823	593. 837
	最小值	593. 836	593. 453	592. 966	592. 933	593. 596
	平均值	593. 837	593. 747	593. 632	593. 569	593. 805
	标准差	0	0. 106	0. 206	0. 2	0. 061
Peppers	最大值	591. 932	591. 932	591. 921	591. 929	591. 932
	最小值	591. 917	591. 661	591. 559	591. 293	591. 893
	平均值	591. 93	591. 901	591. 825	591. 802	591. 922
	标准差	0. 002	0. 046	0. 078	0. 135	0. 015
Lena	最大值	670. 874	670. 874	670. 85	670. 871	670. 874
	最小值	670. 868	670. 752	670. 409	670. 191	670. 859
	平均值	670. 873	670. 852	670. 706	670. 636	670. 873
	标准差	0. 002	0. 038	0. 122	0. 166	0. 003

表 9-11 阈值为 4 时各算法适应度的相关数值

图像	算法	FWA	PSO	ABC	AFS	BSO
Cameraman	最大值	594. 062	594. 062	594. 021	594. 061	594. 062
	最小值	594. 055	593. 608	593. 406	593. 185	593. 913
	平均值	594. 061	593. 931	593. 862	593. 766	594. 034
	标准差	0. 001	0. 13	0. 133	0. 198	0. 042
Peppers	最大值	592. 416	592. 416	592. 394	592. 395	592. 416
	最小值	592. 406	591. 998	591. 748	591. 615	592. 184
	平均值	592. 414	592. 335	592. 205	592. 091	592. 402
	标准差	0. 002	0. 09	0. 133	0. 19	0. 041
Lena	最大值	671. 025	671. 025	671. 01	671	671. 025
	最小值	670. 998	670. 868	670. 43	670. 459	670. 93
	平均值	671. 022	670. 999	670. 85	670. 806	671. 019
	标准差	0. 005	0. 033	0. 101	0. 127	0. 014

表 9-12 阈值为 5 时各算法适应度的相关数值

图像	算法	FWA	PSO	ABC	AFS	BSO
Cameraman	最大值	594. 197	594. 197	594. 177	594. 133	594. 197
	最小值	594. 182	593. 856	593. 712	593. 662	594. 025
	平均值	594. 192	594. 13	594. 03	593. 978	594. 164
	标准差	0. 004	0. 063	0. 1	0. 101	0. 035
Peppers	最大值	592. 599	592. 599	592. 552	592. 519	592. 599
	最小值	592. 553	592. 189	592. 023	591. 761	592. 553
	平均值	592. 593	592. 523	592. 381	592. 336	592. 589
	标准差	0. 008	0. 088	0. 105	0. 156	0. 012
Lena	最大值	671. 122	671. 122	671. 089	671. 097	671. 122
	最小值	671. 069	671. 003	670. 792	670. 754	671. 012
	平均值	671. 117	671. 088	670. 971	670. 929	671. 108
	标准差	0. 009	0. 028	0. 058	0. 076	0. 027

从表 9-10 ~ 表 9-12 可知，当阈值增加时，随着计算量的增加，所有图像基于烟花算法和头脑风暴算法计算的适应度最大值均大于其他 3 种算法，且两种算法的值相等，这证明烟花算法和头脑风暴算法在有限的迭代次数中，在收敛情况较好的情况下，均能获得该阈值所对应的最优阈值组。

而通过横向对比不同阈值不同算法的适应度最小值可以看出，烟花算法的数值仅阈值为 5 图像为 Peppers 时与头脑风暴算法相等，其他情况的数值均大于其他算法，可见随着阈值的增加，烟花算法的搜索性能依然优于其他 4 种算法。

最后对比平均值和标准差可知,在阈值较少时表现良好的头脑风暴算法其稳定性随着阈值的增加也出现了较大幅度波动,虽然仍优于其他 3 种算法,但是与烟花算法相比已出现较大差距。这证明烟花算法在阈值较多的情况下其稳定性仍优于 4 种对比算法。

综合表 9-9 ~ 表 9-12 的数据进一步分析可知,在相同的迭代次数下,对于不同的图像和不同的阈值个数,烟花算法均具有最佳的平均适应度值。头脑风暴优化算法仅在阈值较少时表现与烟花算法比较接近,其他 3 种算法性能都不如烟花算法。当阈值为 2 时烟花算法的标准差值均未超过 0.001,随着阈值的增加也均未超过 0.01,这证明烟花算法在最小交叉熵多阈值图像分割方面的优化求解能力要明显优于其他 4 种算法,具有更好的稳定性。

9.4　基于 CBLFA 优化 Otsu 的多阈值分割法

为验证分簇莱维飞行萤火虫算法(CBLFA)在多维 Otsu 阈值图像分割中的有效性,本节将 CBLFA 与基本 FA 和 PSO 算法放一起,进行了对比实验。通过各项指标来比较标准包括寻优速度以及寻优质量。选择以下公开的标准测试图像:Women,Onion,Lifting Body,Cameraman 共 4 幅图像进行实验,实验图像及图像的直方图如图 9-21 所示。

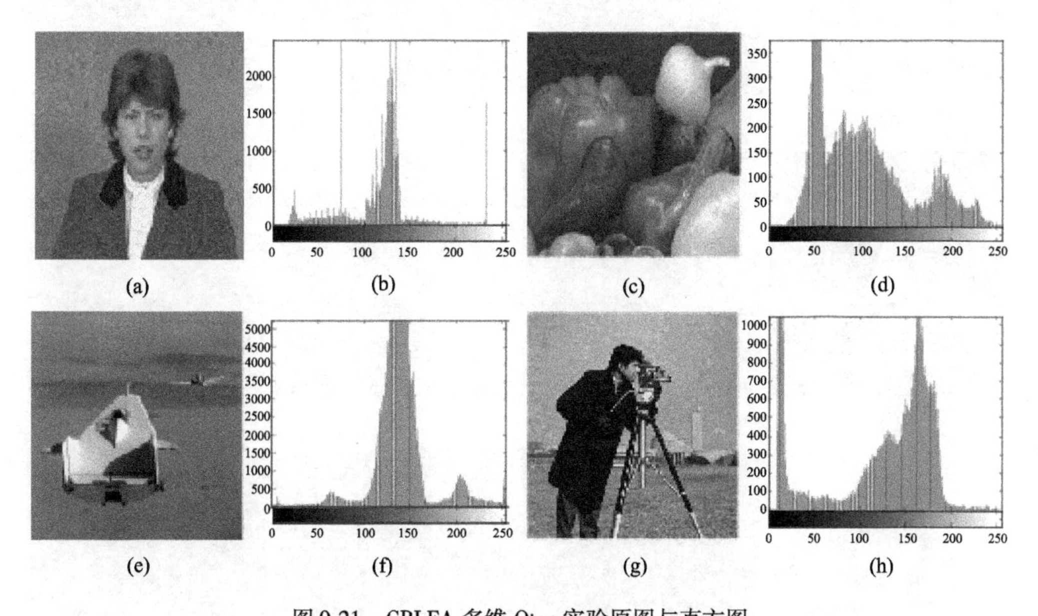

图 9-21　CBLFA 多维 Otsu 实验原图与直方图

(a) Women 原图;(b) Women 直方图;(c) Onion 原图;(d) Onion 直方图;(e) Lifting body 原图;(f) Lifting body 直方图;(g) Cameraman 原图;(h) Cameraman 直方图

为了客观地对比上述算法综合性能,充分考虑算法随机性对运算结果的影响,本节将各个算法运行 20 次并对结果综合分析。实验组中 3 种优化算法参数设定如下:所有算法的种群规模都是 20,对于 PSO 算法,惯权因子 $w=1$,加速因子 $c_1=c_2=1.5$,粒子最大速度 $V_{\max}=$ scope/5,其中 scope 为搜索范围。萤火虫算法,光吸收系数 γ 为 1,最大吸引度为 1,最小吸引度为 0.2,初始步长 α 为 0.5。对于 CBLFA 参数设置与萤火虫算法一致,种群规模为 20 分簇为 4 组,每簇 5 个萤火虫个体。

分簇莱维飞行萤火虫算法求得上述 4 幅标准测试图像的分割阈值,并得到其分割图像,如图 9-22 所示。测试图像从上到下依次为 Cameraman,Onion,Lifting body 和 Women。对于以上图像的分割结果图,结合人类视觉特征,对比其原图像,随着分割阈值的数目增大,分割得到的图像越接近原图,质量越好。这是因为随着阈值数目的增大,得到的分割图像灰度信息越来越丰富,所以分割图像更接近原图像。当然,分割图像的阈值个数越接近原图像的灰度直方图中的灰度级数目,得到的分割效果图越接近原图。

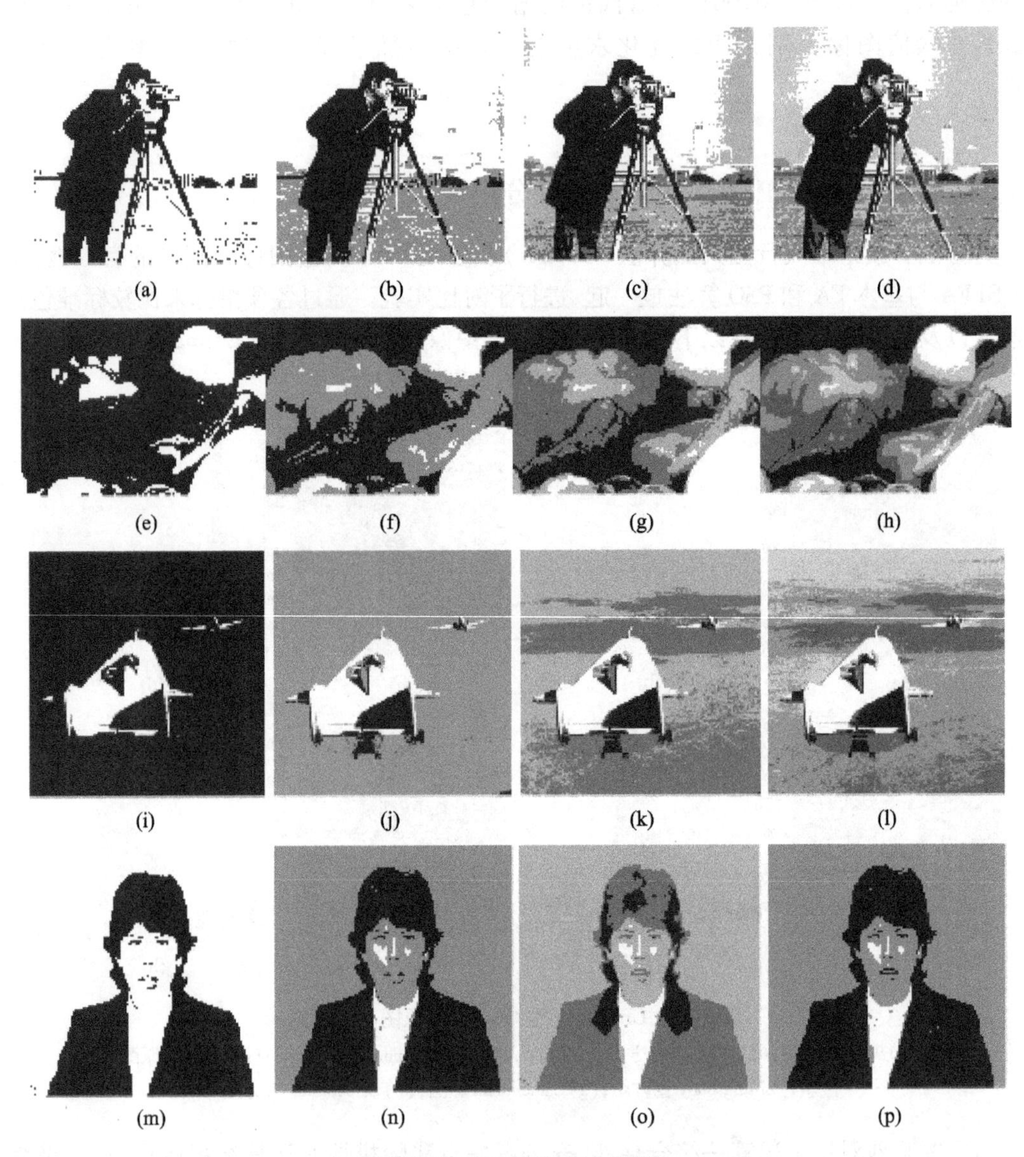

图 9-22　Otsu 多阈值分割图

(a) Cameraman 1 阈值分割;(b) Cameraman 2 阈值分割;(c) Cameraman 3 阈值分割;(d) Cameraman 4 阈值分割;(e) Onion 1 阈值分割;(f) Onion 2 阈值分割;(g) Onion 3 阈值分割;(h) Onion 4 阈值分割;(i) Lifting body1 阈值分割;(j) Lifting body2 阈值分割;(k) Lifting body3 阈值分割;(l) Lifting body4 阈值分割;(m) Women 1 阈值分割;(n) Women 2 阈值分割;(o) Women 3 阈值分割;(p) Women 4 阈值分割

由于一维与二维阈值分割计算比较简单,20 次的计算结果基本都没有变化,3 种算法计算一维单阈值 Otsu 图像分割效果基本一样,20 次运行过程中 3 种算法所有的适应度和阈值都相等,如表 9-13 所示。

表 9-13　单阈值 Otsu 适应度值与阈值

图像	Cameraman	Lifting body	Onion	Woman
适应度值	3 289.12	527.28	1 924.13	985.99
阈值	89.00	173.00	123.00	102.00

表 9-14 给出了 4 幅图像的适应度值和双阈值。表 9-15 给出了 4 幅图像取得最佳阈值测次数表,从表中可以看出 20 次运行过程中 CBLFA 和 FA 算法均 20 次取得了最优阈值,而 PSO 算法取得最优阈值次数比较前面两种算法少 1 ~3 次。

表 9-14　双阈值 Otsu 适应度值与阈值

图像	Cameraman	Lifting body	Onion	Woman
适应度值	3650.33	799.07	2416.92	1345.84
阈值	(70,144)	(101,176)	(85,153)	(98,174)

表 9-15　3 种算法取得双阈值最佳阈值次数

图像	Cameraman	Lifting body	Onion	Woman
CBLFA	20	20	20	20
FA	20	20	20	20
PSO	18	17	18	19

3 种算法 3 阈值与 4 阈值的 Otsu 图像分割数据差别相对单阈值与双阈值差别较大,表 9-16 给出了 3 阈值 Otsu 适应度值的最差值、最优值、平均值和方差。根据表中数据可知,对于 Cameraman 图 CBLFA 的最差值、最优值与平均值都大于 FA,FA 的最差值大于 PSO 算法,均值大于 PSO 算法,方差比 PSO 算法小。但是由于迭代次数少,FA 收敛速度比 PSO 慢,在 100 次迭代中,FA 还没有收敛到最优解,导致其值比 PSO 算法小。对于 Lifting body 图,3 种算法的效果相近,CBLFA 的适应度均值大于 FA,FA 大于 PSO 算法,但是十分接近,3 种算法的方差在一个数量级上,总的来说分割效果接近。比较 Onion 图的方差,CBLFA 求得的方差比 FA 小两个数量级,FA 求得的方差比 PSO 算法小两个数量级,并且 CBLFA 适应度均值比 FA 大,FA 的适应度均值比 PSO 算法大。同理 Women 图的最差值比 FA 和 PSO 算法都好,适应度方差最小。

表 9-17 给出了 4 阈值 Otsu 适应度值的最差值、最优值、平均值和方差。根据表中的数据可知,CBLFA 的方差一直比 FA 和 PSO 的算法好,而 FA 的方差大部分情况下好于 PSO 算法。同理 CBLFA 对于 4 幅图像所求的 Ostu 分割 4 阈值分割的适应度均值,最大值和最差值都大于或等于 FA 和 PSO 算法相应值。从此表和前面 3 个表的数据可知,CBLFA 寻优能力相对其他两种算法来说最好。

表 9-16　3 种算法 3 阈值 Otsu 适应度值

图像	Cameraman			Lifting body			Onion			Women		
算法	CBLFA	FA	PSO	CBLFA	FA	PSO	CBLFA	FA	PSO	CBLFA	FA	PSO
最差值	3 725. 628	3 725. 493	3 725. 044	890. 563	890. 452	890. 357	2 532. 910	2 532. 747	2 532. 293	1 435. 672	1 435. 612	1 435. 123
最优值	3 725. 715	3 725. 694	3 725. 715	890. 735	890. 735	890. 735	2 532. 939	2 532. 939	2 532. 939	1 435. 709	1 435. 709	1 435. 709
平均值	3 725. 691	3 725. 632	3 725. 630	890. 705	890. 686	890. 662	2 532. 935	2 532. 884	2 532. 873	1 435. 701	1 435. 676	1 435. 651
标准差	5. 39E - 04	4. 48E - 03	2. 16E - 02	2. 74E - 03	2. 82E - 03	9. 16E - 03	8. 81E - 05	3. 75E - 03	2. 03E - 02	1. 68E - 04	6. 14E - 04	1. 69E - 02

表 9-17　3 种算法 4 阈值 Otsu 适应度值

图像	Cameraman			Lifting body			Onion			Women		
算法	CBLFA	FA	PSO	CBLFA	FA	PSO	CBLFA	FA	PSO	CBLFA	FA	PSO
最差值	3 779. 923	3 779. 398	3 778. 381	918. 061	913. 063	916. 509	2 579. 249	2 578. 702	2 578. 806	1 470. 993	1 470. 320	1 470. 386
最优值	3 780. 687	3 780. 634	3 780. 662	918. 338	918. 266	918. 318	2 580. 788	2 580. 592	2 580. 788	1 473. 279	1 473. 243	1 473. 240
平均值	3 780. 567	3 780. 256	3 780. 087	918. 232	917. 831	917. 853	2 580. 578	2 579. 711	2 579. 952	1 473. 067	1 472. 147	1 472. 451
标准差	2. 54E - 02	1. 02E - 01	4. 39E - 01	3. 64E - 03	1. 29E + 00	2. 30E - 01	1. 93E - 01	3. 36E - 01	5. 64E - 01	3. 03E - 01	1. 43E + 00	1. 14E + 00

表 9-18 给出了 4 幅图像利用 3 种优化算法进行 3 阈值 Otsu 分割时得到的最优适应度和最差适应度对应的最优阈值组合最差阈值组。表 9-19 给出了 4 幅图像利用 3 种优化算法进行 4 阈值 Otsu 分割时得到的最优适应度和最差适应度对应的最优阈值组合最差阈值组。

表 9-18　3 阈值 Otsu 阈值

算法	图像	Cameraman	Lifting body	Onion	Woman
CBLFA	最差阈值组	59,120,157	97,137,180	72,110,163	55,102,174
	最优阈值组	59,119,156	94,137,181	71,110,163	56,102,174
FA	最差阈值组	61,122,157	95,138,182	72,112,165	55,101,174
	最优阈值组	59,120,156	94,137,181	71,110,163	56,102,174
PSO	最差阈值组	57,121,156	94,138,184	73,111,166	55,99,173
	最优阈值组	59,119,156	94,137,181	71,110,163	56,102,174

本节的适应度函数表示目标与背景间的方差，其值越大越好。各类寻优算法找到的适应度函数值近似于最优函数值，不同的阈值数目都选择了一组最优的阈值。由表 9-17 可以看出，对于同一图像，相同的阈值数目，3 种算法求解质量的排序为：CBLFA 优于 FA，FA 优于 PSO。究其原因，在基于簇的莱维飞行萤火虫搜索算法中，萤火虫以莱维飞行作为自己的飞行路径，不但能扩大搜索范围、增加种群多样性，而且更容易跳出局部最优点。

本节提出了一种基于分簇莱维飞行萤火虫搜索算法的多阈值图像分割算法。将布谷鸟莱维搜索算法引入到图像的多阈值分割中，利用 Otsu 最大类间方差作为多阈值适应度函数，并指导分簇莱维飞行萤火虫算法快速找到图像的最优分割阈值。实验结果显示，对同一待分割图像,在设置了相同的阈值个数时,基于分簇莱维飞行萤火虫搜索算法比基本萤火虫算法和粒子群算法的寻优质量高。

表9-19　4阈值Otsu阈值

算法	图像	Cameraman	Lifting body	Onion	Woman
CBLFA	最差阈值组	46,98,142,172	90,127,145,186	70,107,151,196	56,101,128,178
	最优阈值组	42,95,140,172	88,128,145,186	66,97,129,196	55,95,124,178
FA	最差阈值组	44,95,143,171	94,137,179,221	70,107,154,203	55,103,149,199
	最优阈值组	42,95,139,170	88,128,145,183	65,97,129,173	56,96,124,178
PSO	最差阈值组	50,103,144,170	82,125,143,186	70,105,149,198	55,102,149,200
	最优阈值组	43,95,140,170	89,128,145,183	66,96,128,173	56,96,124,177

9.5　基于CBLFA优化三维直方图的Otsu阈值分割方法

三维直方图的Otsu阈值基本数学模型和目标函数如9.1.2节所述。虽然它具有良好的抗噪性能,然而其效率下降显著,这里采用CBLFA进行优化加速以提高性能。算法参数设置如下:光吸收系数γ为1,最大吸引度为1,最小吸引度为0.2,初始步长α为0.5。对于CBLFA参数设置与萤火虫算法一致,种群规模为20,分簇为4组,每簇5个萤火虫个体。

为了验证三维Otus算法的有效性,本节采用了二维Otus分割效果不佳的Bubbles,3幅标准图像Pirate、Lena和Mandril图。并且给上述4幅图像增加高斯噪声,进行图像分割实验,将优化后的三维Otsu算法图像分割效果与一维Otsu和二维Otsu分割效果对比,效果如图9-23所示。

根据图9-23可以看出,bubblestu图像的一维Otsu阈值分割结果,在图片顶部的气泡被准确地分割出来,但是底部气泡与气泡之间分割并不清晰,二维Otsu的效果更加明显,二维Otsu底部的气泡模糊不清,但是三维每个气泡分割特别清楚,气泡与气泡的边缘部分也准确地分割。对于Pirate图,一维Otus虽然将人物的轮廓基本分割出来但是没有抑制噪声,图像噪点比较多。二维Otsu虽然抑制了噪声,但是人物的脸、手及肩上的羽毛分割并不清楚。三维Otsu不仅有效抑制了图像的噪声,并且使人物的轮廓更加清晰,膝盖并不像一维Otsu分割成整片黑色,而是夹杂了白色像素点,整体效果更加偏灰,让图像更有层次感。对于Lena图对比效果最明显,三维Otsu的分割效果,在人物的细节处突出得更准确,鼻子、嘴和眼睛的轮廓都清晰凸显,而一维Otsu和二维Otsu的效果并不好。对于Mandril图、三维Otsu,清晰显示了猩猩的嘴边毛发,而且显著地抑制了鼻子两次的噪点。总的来说,三维Otsu在抑制噪声、凸显细节方面更好于一维和二维Otsu分割。

由表9-20可知,三维Otsu能有效地对图像进行分割,利用本节提出的算法对三维Otsu进行加速分割的效果与穷举法的效果基本相同,但是效率远远好于穷举法。二维分割算法虽然运行时间短,但分割效果较差;相对二维分割法而言,三维Otsu法分割效果有了明显提升,但运行时间过长,无法满足实时性要求;本节分割算法综合了现有方法的各自优点,使得分割性能整体上有了很大的提升。

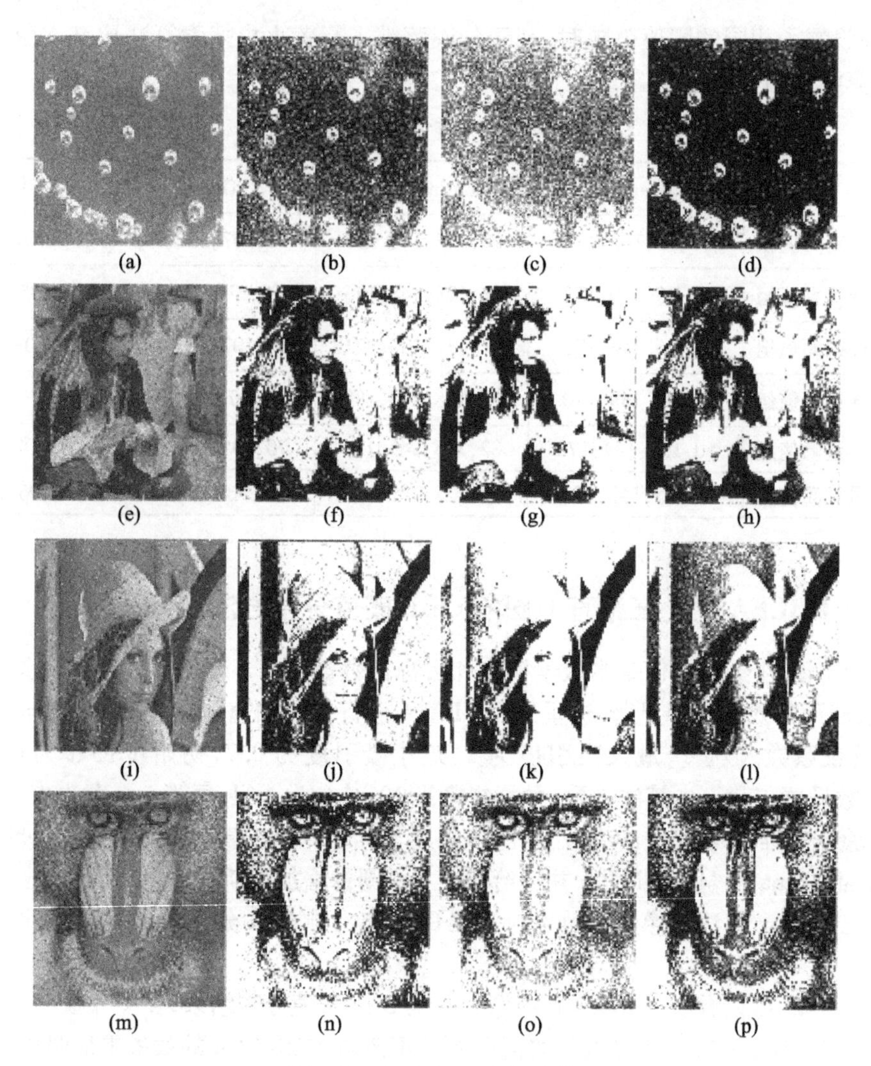

图 9-23　三维 Otsu 阈值分割

(a) Bubbles; (b) Bubbles 1D-Otsu; (c) Bubbles 2D-Otsu; (d) Bubbles 3D-Otsu; (e) Pirate; (f) Pirate 1D-Otsu; (g) Pirate 2D-Otsu; (h) Pirate 3D-Otsu; (i) Lena; (j) Lena 1D-Otsu 割; (k) Lena 2D-Otsu 割; (l) Lena 3D-Otsu; (m) Mandril; (n) Mandril 1D-Otsu; (o) Mandril 2D-Otsu; (p) Mandril 3D-Otsu

表 9-20　Otsu 分割适应度值和阈值

图像	一维 Otsu		二维 Otsu		三维 Otsu		穷举三维 Otsu	
	适应度值	阈值	适应度值	阈值	适应度值	阈值	适应度值	阈值
Airplane	2 173.95	145	3 905.02	192,139	1 636.1	176 179 216	1 636.1	176,179,216
Bubbles	561.669	171	1 499.1	122,177	3 231.83	128,224,235	3 231.81	128,223,235
Lena	1 184.8	118	2 709.93	101,148	3 069.18	133,139,239	3 069.10	134,139,239
Mandril	1 690.7	115	3 937	11,796	455.2	124,142,196	455.2	124,142,196

第 10 章 基于自然计算的图像匹配和图像融合方法

图像配准和图像融合是图像处理中非常关键的两个步骤，前者是指将不同时刻、不同角度或者是不同传感器对同一地点拍摄的两幅或者多幅图像进行叠加对准的过程，已经被广泛地用于图像变化检测、图像拼接、医学领域以及模式识别领域。后者是指将多源信道所采集到的关于同一目标的图像数据经过图像处理和计算机技术等，最大限度地提取各自信道中的有利信息，最后综合成高质量的图像，以提高图像信息的利用率、改善计算机解译精度和可靠性、提升原始图像的空间分辨率和光谱分辨率，有利于进一步分析。本章将分别介绍图像匹配和图像融合两种方法在图像处理中的运用。

10.1 图像匹配和图像融合概述

随着科技的发展，单一图像提供的信息往往不能满足现实中的需求。某些应用场合需要把多幅有重叠区域的图像进行整合，以期获得更为完整的信息，图像配准技术应运而生。图像配准技术有极高的研究价值，在图像融合、变化检测、环境监测、多光谱分类中都有着重要的作用。图像配准是指同一目标的两幅或者两幅以上的图像在空间位置的对准图像配准技术的过程，称为图像匹配，也是图像融合的准备工作。图像匹配的过程实际是指寻求两幅图像间的映射过程。图像配准大致可以分为两个发展阶段。20 世纪 90 年代前，研究主要集中在基于图像灰度信息的单模图像配准。P. E. Antua70 年代发表的利用快速傅里叶变换完成的遥感图像配准，是该领域最早的专业论文。20 世纪 80 年代，A. Rosenfield 首次引入模板的概念，用以辅助灰度区域的相关性的判断。90 年代开始，各类配准算法研究显著开始增加，如 MAD 匹配算法是由 Lease 最早提出来的，算法原理是根据平均绝对差作为相似性度量值。之后，Barnea 和 Silverman 提出了 SSDA 算法，又称序贯相似性检测算法，其改进了传统的模板匹配算法，计算量比 MAD 算法小，但是，SSDA 算法受噪声影响严重。1999 年，D. G. LOWE 提出最著名的 Sift 算子，通过尺寸不变的特征控制点来指导最优匹配，成为配准领域最重要的算法之一；NNC 算法是指归一化差交叉相关算法，是在方差和匹配法（简称 SSD）的基础上改进得到的。2006 年，李强和张钹首次提出 PFC 算法，即基于邻域灰度编码的图像匹配算法。2010 年，何志明首次提出基于灰度关联分析的图像匹配方法（GABCA 法），其首先通过灰色关联度设计适应度函数，然后用人工蜂群算法进行高效寻优，从而快速逼近最佳匹配位置。由于图像匹配工作中计算工作量巨大，因此一批利用自然算法加速图像匹配的算法被提了出来，如范霞妃提出了一种基于正交学习差分进化算法的遥感图像配准方法，付小东提出了基于多目标进化算法的图像配准方法。总的来看，基于自然计算的图像匹配方法得到了越来越多的重视，由于其计算复杂度很高，仍然值得关注。

作为信息融合的一个分支，图像融合是当前信息融合研究中的一个热点，并产生了很多相关成果，如基于块方向性小波变换的图像融合算法，基于深度支撑学习网络的遥感图像融合，结合 NSCT 和压缩感知的红外与可见光图像融合，基于视觉显著性和 NSCT 的红外与可见光图像融合，基于分块和 Contourlet 变换相结合的多聚焦图像融合算法。总的来看，图像融合得到了广泛关注，也产生了一批有影响的研究，然而相关方法仍未完善，值得进一步研究。本章给出了一种基于水波优化 Contourlet 变换的图像融合方法。

10.2 基于灰色关联分析和水波优化的快速图像配准方法

两幅图像的灰色关联度越大表示两幅图像关联性越强，当灰色关联度达到最大时表示两幅图像最大关联；水波优化算法有优于其他大部分新兴优化算法的寻优性能。本节在此提出一种新的图像匹配方法：用灰色关联度作为水波优化（Water Wave Optimization）算法的适应度函数，通过水波优化算法的高效寻优性能来寻找适应度值最大点，即得到最佳匹配位置。

1. 灰色关联分析

灰色关联分析是灰色系统理论的重要内容，它比传统的分析方法简单，易于计算，目前在图像工程领域发展迅速。灰色关联分析法的基本原理是判断因素之间发展趋势的差别程度大小来判断因素间的关联性，又称为“灰色关联度”。灰色关联分析法的基本原理是用几何曲线描述各待判断的对象，再根据几何曲线的形状差异大小判断各对象关联程度的大小。几何曲线形状差别越大，关联度就越小。

基于灰度的图像匹配方法也叫作灰度相关匹配法。简单来说就是将模板图像 T 贴合到搜索图像 S 上，再在图像的二维空间上移动模板图像，逐点进行匹配。如果模板图像 T 的像素大小为 $M \times M$，搜索图像 S 的像素大小为 $N \times N$。在图像匹配处理时，匹配需要在 $(N-M+1)^2$ 参数点上进行相关计算，计算量较大。

如图 10-1 所示，要在搜索图像 S 中找到模板图像 T 对应的位置，即确定模板图像 T 左上角的像素点在 S 中对应的位置。

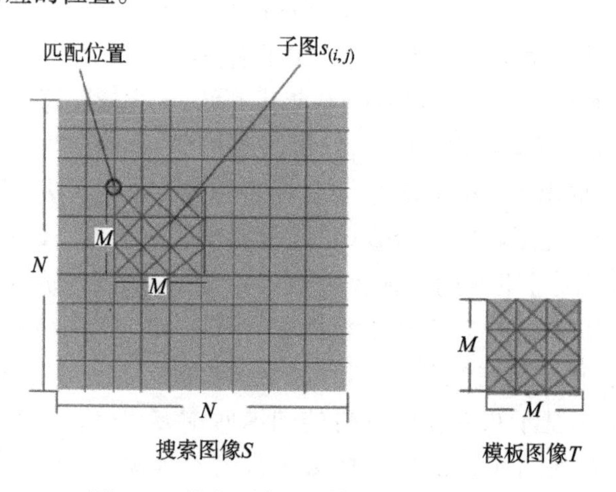

图 10-1 搜索图像 S 和模板图像 T 间关系

灰色关联分析法中的灰色关联度的定义如下：

设参考序列为

$$X_0 = \{X_0(1), X_0(2), \cdots, X_0(m)\} \tag{10-1}$$

比较序列为

$$X_r = \{X_r(1), X_r(2), \cdots, X_r(m)\} \tag{10-2}$$

则比较序列和参考序列间的灰色关联系数

$$\varepsilon_{0r}(k) = \frac{\Delta_{\min} + \xi\Delta_{\max}}{\Delta_{0r}(k) + \xi\Delta\max} \tag{10-3}$$

其中 $k=1,2,\cdots,m$，m 表示序列长度，

$$\Delta_{\min} = \min|X_0(k) - X_r(k)| \tag{10-4}$$

$$\Delta_{\max} = \max|X_0(k) - X_r(k)| \tag{10-5}$$

$$\Delta_{0r}(k) = |X_0(k) - X_r(k)| \tag{10-6}$$

ξ 是分辨系数，是一个预先设定好的常数，一般取值为 $\xi <= 0.5$，保证 $\varepsilon_{0r} \in [0,1]$，$\Delta_{\min}$ 和 $\Delta_{\max}$ 表示比较序列 X_r 和参考序列 X_0 的最小绝对差值和最大绝对差值，$\Delta_{0r}(k)$ 表示绝对差值。

计算 m 个灰色关联系数的绝对差值的算术平均值，见式(10-7)，就能得到 X_r 与 X_0 的灰色关联度

$$R_{0r} = \frac{1}{m}\sum_{k=1}^{m}\varepsilon_{0r}(k) \tag{10-7}$$

此时用灰色关联度 R_{0r} 作为模板图像和搜索图像的相似性度量函数，以此为基础，优化算法的适应度函数设置为

$$f(X) = \frac{1}{L}\sum_{k=1}^{L}\varepsilon_{0r}(k) \tag{10-8}$$

其中：L 为灰度级数，一般为 256；ε_{0r} 为比较序列和参考序列间的灰色关联系数，$\xi = 0.5$，$f(X)$ 最大为 1，此时两幅图像完全匹配。

用灰色关联度做适应度函数的操作方法是：将 $M \times M$ 的模板图像 T 的直方图作为参考序列 X_T，并将同样为 $M \times M$ 的搜索图像的子图 $S(i,j)$ 的直方图作为比较序列 X_S。其中 (i,j) 表示图 $S(i,j)$ 左上角像素点在大小为 $N \times N$ 的搜索图 S 中的位置。

2. *方法步骤*

传统的模板匹配的运算量等于每个位置的运算量乘以搜索位置数，显然其计算量是相当大的。在此，用水波优化进行搜索，用灰色关联度作为水波优化算法的适应度函数，之后通过水波优化算法寻找适应度值最大点，即是最佳匹配位置。

在水波优化算法处理实际问题时，实际问题的一个解对应水波种群中的一个水波，每个水波 X 有 3 个属性，分别为适应度值 $f(X)$、波高 h、波长 λ。可以将该问题的解空间理解为一个二维的 x，y 坐标轴空间，因此水波优化算法的维度应为二维。

1）适应度函数确定

模板图像和搜索图像的灰色关联度为适应度函数。

2）水波群的初始化

首先将搜索图 S 平均分为 Q 个小区域，水波优化算法初始化会生成一个水波群 P，假设含有 N 个水波，然后在图像的每个小区域内随机产生 N/Q 个水波，每个水波的波高 h 初始化为常数 $h_{\max}$，波长 λ 也初始化为常数。

3）水波搜索开始

计算各个水波的适应度值，开始迭代，每次迭代都依次进行一次传播、折射、碎浪、更新适

应度值、更新波长操作，直到达到最大迭代次数停止，输出此时的全局最优解和对应的最高适应度值。此时的全局最优解是一个二维元组，即匹配的最优像素点的坐标，最高适应度值即为最大的灰色关联程度。

4）基于灰色关联分析和水波优化的快速图像匹配算法的步骤

基于灰色关联分析和水波优化的快速图像匹配算法的具体步骤如下：

（1）初始化。设置种群规模 n，最大波高 h_{max}，波长衰减系数 a，碎浪系数 β，由于初始种群的分布对水波优化算法的搜索效果有很大影响，如果随机初始化将初始水波位置设在同一区域，则必然导致搜索效率降低，且会增大陷入局部最优的概率，所以将初始水波均匀分布在搜索图像 S 中，具体做法是：将搜索图均分为 Q 个小区域，然后在每个小区域内随机产生 N/Q 个水波。

（2）初始化水波适应度值计算。按式（10-8）计算每个水波的适应度值。

（3）每个水波 X 依次进行下列操作：

①按式（10-1）进行传播，得到 X'。

②如果适应度值 $f(X') > f(X)$，则：

a. 如果 $f(X') > f(X^*)$，$f(X^*)$ 为种群当前最好的适应度值。则按式（10-4）对 X' 执行碎浪，将 X^* 替换成 X'。

b. 将水波种群中的 X 更新为 X'。

③否则，将 X 的波高减 1，如果波高衰减为 0，就按照式（10-2）、式（10-3）进行折射。

④按式（10-5）更新每个水波的波长。

（4）更新整个种群的全局最优解，转步骤（2）。

（5）达到最大迭代次数，输出此时的最优解即最优匹配位置。

3. 实验结果与分析

为了测试提出算法的性能，与传统的序贯相似性检测算法（Sequence Similar Detection Arithmetic，SSDA）和基于灰色粒子群优化的快速图像匹配算法（GPSO 法）和基于人工蜂群优化的快速图像匹配算法（GABCA 法）进行实验比较。

水波优化算法（GWWO），粒子群优化算法（GPSO），人工蜂群优化算法（GABCA）的初始参数设置如表 10-1、表 10-2、表 10-3 所示。

表 10-1 GWWO 中的参数设置

参数	含义	值
N	群体规模	8
h_{max}	最大浪高	12
λ	初始波长	0.5
a	波长衰减系数	1.00
β	碎波系数	0.25

实验中所使用的搜索图像 S 为 512×512 大小的 Jetplane 图像，从搜索图像 S 上任意位置取一块子图做模板图 T，本例中模板图像为从搜索图上选择坐标为（113，226）的像素作为模板图像的左上角的顶点，以此顶点横向和纵向取 150×120 像素作为模板图像。因此理想的匹配点为（113，226），如图 10-2 所示。

表 10-2　GPSO 中的参数设置

参数	含义	值
N	种群规模	10
c_1, c_2	假设因子	2.0
v_{max}	最大速度	2.0

表 10-3　GABCA 中的参数设置

参数	含义	值
N	种群规模	10
limit	寻找花蜜的最佳次数	30

搜索图像S

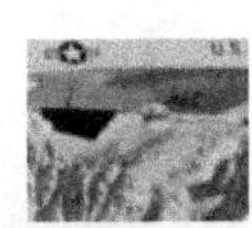

模板图像T

匹配后图像

图 10-2　搜索图像 S 和模板图像 T

本例快速匹配算法 GWWO 参数设置为：种群规模为 8，最大波高为 $h_{max}=12$，初始波长 $\lambda=0.5$，波长衰减系数 $\alpha=1.00$，碎浪系数 $\beta=0.25$。实验次数为 40 次，统计分析算法匹配概率和平均运行时间。实验结果如表 10-4 所示。

表 10-4　GWWO、SSDA、GPSO 和 GABCA 的对比实验结果

算法	迭代次数	匹配率/%	运行时间/s
GPSO	20	67.5	0.327 5
	30	80	1.274 6
	40	100	2.179 4
	50	100	3.886 0
GABCA	20	65	0.457 7
	30	85	1.174 6
	40	100	1.976 6
	50	100	3.576 5

续表

算法	迭代次数	匹配率/%	运行时间/s
GWWO	20	75	0.323 5
	30	90	0.906 3
	40	100	1.877 8
	50	100	2.973 5
SSDA		100	32.425

观察表 10-4 可知，迭代 30 次时，GWWO 匹配概率比 GPSO 高 10 个百分点且所用时间更短，证明其收敛速度更快。而迭代达 40 次以上时，GPSO、GABCA 和 GWWO 匹配概率同为 100%，则 3 种算法在 40 次迭代时就已经收敛，但 GWWO 在迭代 30 次时的匹配精度为 90%，是 3 种算法中最高的，且所用时间更短，证明了新算法的高效性和准确性。

加入强度为 0.05 的高斯噪声与 0.05 的椒盐混合噪声后的图像和匹配结果如图 10-3 所示。

搜索图像S

模板图像T

匹配后图像

图 10-3　加噪后搜索图像 S 和模板图像 T 和匹配结果图像

各算法参数同表 10-1 ~ 表 10-3，相应的实验结果如表 10-5 所示。

表 10-5　GWWO、SSDA、GPSO 和 GWWO 加噪后的对比实验结果

算法	迭代次数	匹配率/%	运行时间/s
GPSO	20	67.5	0.532 7
	30	80	1.874 6
	40	100	3.179 4
	50	100	4.386 0
GABCA	20	65	0.653 8
	30	85	1.672 3
	40	100	2.866 6
	50	100	4.016 5

续表

算法	迭代次数	匹配率/%	运行时间/s
GWWO	20	75	0.479 7
	30	90	1.306 3
	40	100	2.577 8
	50	100	3.173 5
SSDA		83.33	40.014

观察表 10-5 可知，如果待匹配图像受到噪声污染且迭代次数较少，GWWO 法的匹配精度依旧很高，且比 GPSO 收敛更快。匹配时间也变化不大，表现了其较强的抗噪能力和稳健性。而 SSDA 的匹配概率下降严重。用不同大小的图像匹配 10 次，取平均运行时间如表 10-6 所示。

表 10-6　不同大小的图像匹配比较　　单位：s

算法	256×256	512×512	1024×1024
SSDA	6.069	30.425	151.753
GPSO	1.862	3.179	6.543
GABCA	1.825	2.899	6.133
GWWO	1.572	2.587	5.733

由表 10-6 可知，GPSO 和 GWWO 算法耗时随图像大小增大而增幅增大，基本是按照两倍来递增，而 SSDA 算法是按照 5 倍来增加，因为其计算量随着图像大小的增大而急剧增加。结合灰度关联分析和水波优化算法，提出了一种抗噪性较好的快速图像匹配算法，简称 GWWO 法。其原理是将模板图像和搜索图像的直方图信息分别作为参考序列和比较序列，以此定义基于灰色关联度的适应度函数，然后对水波优化算法中的初始种群个体的分布进行优化，以提高收敛速度，然后通过水波优化较强的全局探索和局部开发能力高效寻找最优匹配位置。最后比较了含噪图像的匹配精度和速度，得出 GWWO 法的优良抗噪能力和稳健性的结论。

10.3　基于水波优化 Contourlet 变换的图像融合方法

10.3.1　Contourlet 变换概述

Contourlet 变换是一种新兴的用途广泛的多尺度几何分析工具，它属于变换域的图像融合算法，拥有小波变换的全部优点，还解决了小波变换扩展到二维时不能更好地逼近和描述图像的纹理、边缘和轮廓等问题。Contourlet 变换已成为当前国内外信号处理领域的研究热点，产生了一批相关成果，具有重要的理论意义和实际应用价值，有待深入挖掘研究。

1. *多尺度几何变换介绍*

关于数字图像处理的研究一直是热门的研究领域，在进行数字图像处理时，因为实际问题的需要，常常需要将待处理图像信息以某种形式或方法转换到别的空间上，以便利用变换空间特有的性质对数字图像进行处理，从而得到需要的效果，最后再转换回原图像空间，转换的方法有很多，这些转换方法都称为图像变换。

多尺度几何分析理论（Multiscale Geometric Analysis，MGA）是近年来热门的面向高维信号处理的理论。多尺度几何分析理论的优点在于可以高效地检测图像内在的几何结构如轮廓、边缘和纹理等和处理高维空间数据。从根本上克服了二维小波变换不能有效提取图像结构中的直线和曲线等高维奇异性且只能获得有限方向性信息的缺陷，具有广阔的应用前景。MGA 已成为国内外图像信号处理领域的研究热点。

2. 从小波变换到 Contourlet 变换

小波变换自提出以来，备受数学界和工程应用领域的重视，它在数学上已形成一个新的分支，在信号处理、图像处理、模式识别、语音识别与合成、量子物理、分形以及众多非线性科学领域，都产生了深远的影响。小波变换用逐级精细的时域或空域步长“描述”信号的高频部分，因此在时域和空域都有良好的局部化性能，可以精细表示描述对象的任意细节，小波变换也被人们誉为“数学显微镜”。

虽然小波分析优点明显，但是其在处理一维信息时所具有的良好特性并不能简单地扩展到二维、三维或更高维。因为二维空间下奇异点的形式要复杂得多，此时的奇异点往往不是孤立点，而是会聚合成一些线或面奇异的几何特征，这类情况在高维空间中是很常见的。二维可分离小波（Separable wavelet）是一维小波的简单扩展，基函数为简单的正方形，不能更好地表示目标的轮廓和细节信息。因此，有必要寻找比小波变换更有效的方法。2002 年，MN Do 和 Martin Vetterli 提出了一种能更好表示二维图像的方法，即 Contourlet 变换。其实质是由拉普拉斯塔形分解（LP）和方向滤波器组（DFB）级联得到的一种多尺度多方向的图像表示法。Contourlet 变换与小波变换的区别在于 Contourlet 变换在不同的尺度上基函数的支撑区间为长方形，而小波变换简单扩展成的二维小波基为正方形，相比于小波变换，Contourlet 变换可以包含任意整数次幂个方向基函数，并且所有基函数的长宽比也可以随意设置，相比于正方形的小波基能够更好地捕获图像中的内在几何特征，因此可以认为 Contourlet 变换是一种“真正”的二维图像表示工具。

3. Contourlet 变换详解

Contourlet 变换的基本思想是首先用多尺度分析工具分析收集图像中的边缘纹理等奇异点，再根据奇异点的方向信息将位置相近的奇异点汇聚起来。实际上可用两个步骤来概括：①拉普拉斯金字塔分解（Laplacian Pyramid，LP）；②方向滤波器组滤波（Directional Filter Bank，DFB）。

1）拉普拉斯金字塔分解

拉普拉斯金字塔变换是由 Brut 和 Adelson 于 1983 年提出的类似小波变换的多尺度分析工具，目前已是公认的实用的信号处理和分析工具。拉普拉斯金字塔变换可以将图像分解成不同尺度下的高频分量部分和低频分量部分。

图像的金字塔变换即是图像逐层次缩略的过程，用以得到不同尺度的一系列影像，如果用高斯平滑滤波器来平滑处理图像，再与下采样交替进行得到的一系列影像即是高斯图像金字塔。拉普拉斯图像金字塔由高斯金字塔中相邻两层图像相减得到，由于相邻两层图像大小不一样，进行相减操作时需要将较精尺度的图像进行和列插值，插值后的结果还要通过一个低通的平滑滤波器，再与较粗尺度上的图像进行相减操作。

下面简单介绍拉普拉斯金字塔变换的过程：

首先，拷贝一个原始影像的低通图像，从输入图像中生成一个高斯低通金字塔，每一频带大小都是前一频带的1/2。

假设待处理图像为 $G_0(m,n)$，原始图像作为金字塔底层，以上的每一层 $i(1<i<N$，N 代表金字塔的层数）中的像素是通过上一层即第 $i-1$ 层对应像素点的 5×5 窗口中的像素进行高斯加权平均得到的，因此金字塔层级图像中的每一层图像大小都是逐级递减的。

然后，用REDUCE操作构造从粗尺度影像生成精尺度影像。对 $1\leqslant l\leqslant N$，得到

$$G_l=\mathrm{REDUCE}(G_{l-1}) \tag{10-9}$$

$$G_l(i,j)=\sum_{m=-2}^{2}\sum_{n=-2}^{2}w(m,n)G_{l-1}(2i+m,2j+n) \tag{10-10}$$

权重函数 $w(m,n)$ 满足下列4条：

(1) 函数分配性。

$$w(m,n)=w'(m)w'(n) \tag{10-11}$$

(2) 函数可归一化。

$$\sum w'(m)=\sum w'(n)=1 \tag{10-12}$$

(3) 导函数对偶性。

$$w'(n)=w'(-n) \tag{10-13}$$

(4) 函数奇偶相同。

$$w'(-2)+w'(2)+w'(0)=w'(-1)+w'(1) \tag{10-14}$$

通常用 $w'(0)=6/16$，$w'(1)=w'(-1)=4/16$，$w'(2)=w'(-2)=1/16$。上式的限制条件保证了图像的低通性和图像变换后的亮度平滑。因此，权重函数定义为

$$\frac{1}{256}\begin{bmatrix}1&4&6&4&1\\4&16&24&16&4\\6&24&36&24&6\\4&16&24&16&4\\1&4&6&4&1\end{bmatrix} \tag{10-15}$$

因为低通金字塔的每一层图像大小不同，因此，通过对低频图像插值操作得到高频图像，这个操作称为EXPAND。可以将EXPAND操作看作是REDUCE的逆操作。

令 $G_{l,k}$ 为对 G_l 进行 k 次EXPAND操作：

$$\left.\begin{aligned}G_{l,0}&=G_l\\G_{l,k}&=\mathrm{EXPAND}(G_{l,k-1})\\G_{l,k}(i,j)&=4\sum_{m=-2}^{2}\sum_{n=-2}^{2}w(m,n)G_{l,k-1}\left(\frac{i+m}{2},\frac{j+n}{2}\right)\end{aligned}\right\} \tag{10-16}$$

综上所述，拉普拉斯金字塔可定义为

$$\left.\begin{aligned}R_l&=G_l-\mathrm{EXPAND}(G_{l+1})\\R_N&=G_N\end{aligned}\right\} \tag{10-17}$$

式中 $0\leqslant l\leqslant N-1$。

拉普拉斯金字塔重构：构造金字塔过程的逆操作可以百分之百地恢复原始图像，如式(10-18)：

$$\left.\begin{array}{r}G_N = R_N \\ G_l = R_l + \text{EXPAND}(G_{l+1})\end{array}\right\} \tag{10-18}$$

式中 $0 \leqslant l \leqslant N-1$。

2)方向滤波器组

方向滤波器组,简称 DFB,其作用是将二维频域划分为 2^l 个楔型的子带,见图 10-4。Bambeger 和 Smith 提出的滤波器算法的缺点是只能使用菱形滤波器且还必须对输入信号进行预处理(调制信号),且使用树型结构进行迭代运算会造成频谱划分后的子带不能按照正常顺序排列。Do 和 Vetterli 提出了一种优化的 DFB 算法,减少了计算复杂度,并且提高了滤波器频谱划分的性能。优化的 DFB 算法采用扇型滤波器和二维方向滤波器组,不需要首先对原始图像信息进行调制,通过将扇型 QFB 与图像重采样相结合,既实现了“旋转”,又完成了方向信息的收集。

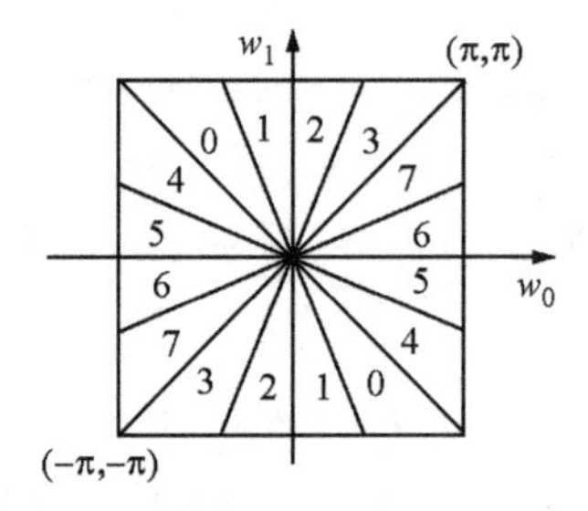

图 10-4 方向滤波器组的频谱划分($l=3$,8 个楔形子带)

图 10-5 给出了 2 层的 DFB 分解结构图,第 1 层和第 2 层所使用的重采样滤波器为 Q_0 和 Q_1。

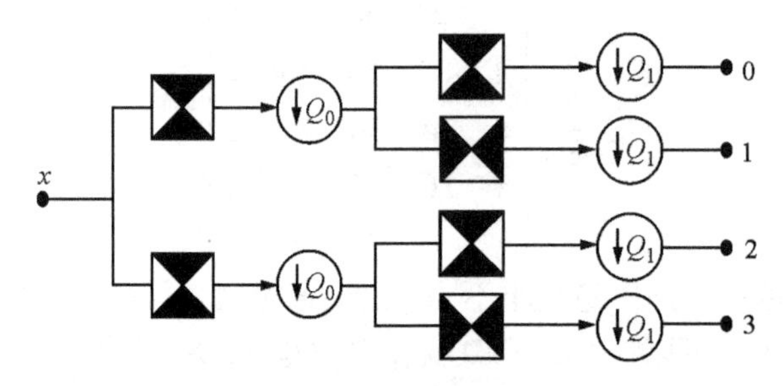

图 10-5 两级 DFB 分解结构

为了将图像信号分解为垂直和水平两个方向,第一级分解采用了扇形滤波器,如图 10-6(a)中标记为 0 和 1 的区域。在第一级分解后,根据图 10-6(b)中象限滤波器完成第二级分解。依次递推可以依次提取出图 10-6(c)中方向子带 1,2,3,滤波原理如图 10-7 所示。

在每个节点的上通道采用 type0 型 RQFB,下通道采用 1 型 RQFB。图 10-8 介绍了方向滤波器组中使用到的 type0 和 type1 重采样 QFB 的过程。

通过递归使用多采样率定理,最终全部 l 阶 DFB 分解便可以等效于 2^l 个多通道滤波器组,根据采样方向角度不同可分为两种:近似水平($-45° \sim 45°$,$0 \leqslant k \leqslant 2^{l-1}$)和近似垂直($45° \sim 135°$,$2^{l-1} \leqslant k \leqslant 2^l$)。

$$S_k^{(l_j)} = \begin{bmatrix} 2^{l-1} & 0 \\ 0 & 2 \end{bmatrix}, 0 < k < 2^{l_j-1} \tag{10-19}$$

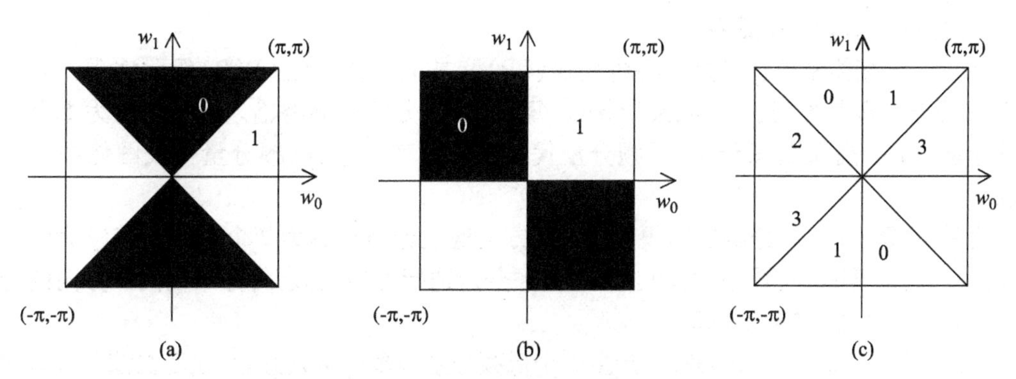

图 10-6　两种滤波器和频谱划分后的子带

(a)扇形滤波器;(b)级联象限滤波器;(c)频谱划分后的子带

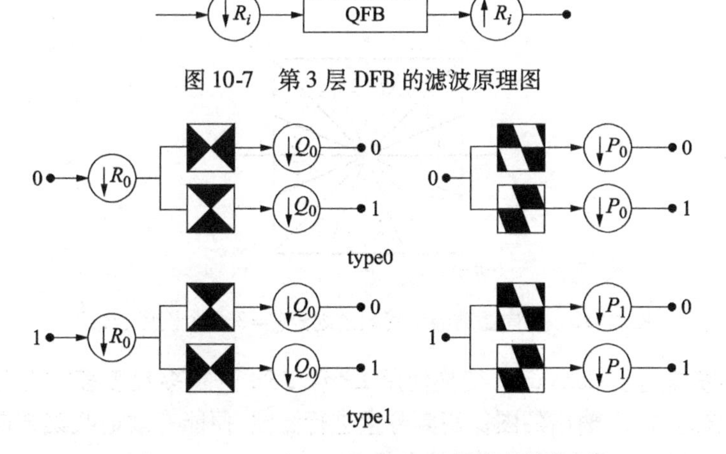

图 10-7　第 3 层 DFB 的滤波原理图

图 10-8　type0 和 type1 型 RQFB 的等效结构图

$$S_k^{(l_j)}=\begin{bmatrix}2 & 0\\0 & 2^{l-1}\end{bmatrix},2^{l_j-1}\leqslant k<2^{l_j} \tag{10-20}$$

DFB 方向性分析的整体多通道滤波结构如图 10-9 所示。

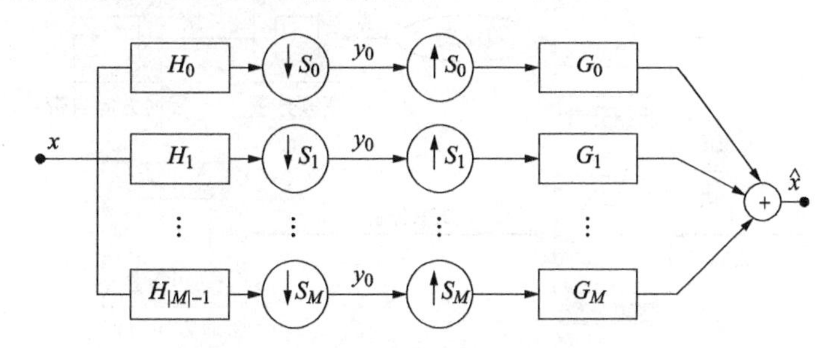

图 10-9　DFB 的等效多通道滤波器组框架

方向滤波器组并不能很好地处理图像变换不大的主体部分即低频分量,其作用在于捕获图像中变化较大的高频分量的方向信息,因此在应用方向滤波器前,应使用拉普拉斯金字塔变换(LP)将影像分解为高频部分和低频部分,然后用 DFB 对影像的高频部分进行方向滤波,低频部分则继续进行 LP 变换生成二级高频和二级低频。

3)完整的 Contourlet 变换

Contourlet 变换由拉普拉斯金字塔变换(LP)和方向滤波器组(DFB)级联实现。首先由LP对图像进行多尺度变换,以收集奇异点,每一次LP分解都会将输入图像分解为1个低频图像分量和1个高频图像分量,低频分量代表图像细节信息,高频分量代表图像中的边界信息。

然后,将每一级LP分解的高频分量经过方向滤波器组分解为2^j个方向子带(j为任意正整数,不同的分辨率j可取不同值)。即对高频分量进行方向滤波,将分布在同一方向的奇异点合成为一个系数,方向数为2^j。

因此,每级 Contourlet 分解都会产生1个低频分量和多个高频分量,随后在该分辨率的低频分量重复 Contourlet 分解,即可实现图像的多分辨多方向分解。

Contourlet 变换的频谱方向划分如图 10-10 所示。图 10-10 给出了将 LP 和 DFB 级联实现 Contourlet 变换的结构示意图。

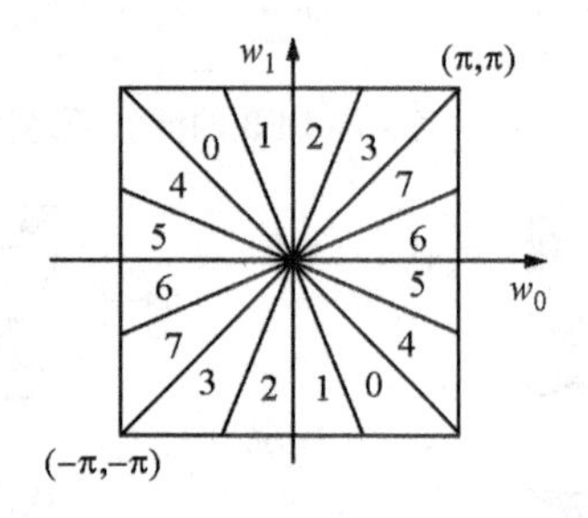

图 10-10　方向滤波器组的频谱划分($j=3$,8 个楔形子带)

图 10-11 详细描述了 Contourlet 变换使用 LP 和 DFB 进行多尺度多方向分解的过程。如图所示,方向滤波组对LP输出的图像高频分量进行滤波,便能有效地收集方向信息。低频分量则继续进行LP变换分解出次级的高频和低频。

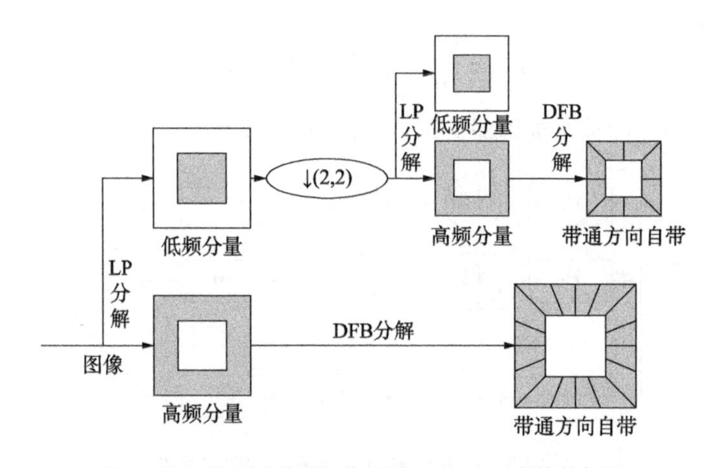

图 10-11　LP 和 DFB 级联实现 Contourlet 变换结构图

对原始图像(见图 10-12)进行3层的 Contourlet 变换,第1层高频滤波方向数为$2^3=8$,第2层方向数为$2^3=8$,第3层方向数为$2^2=4$。Contourlet 变换结果如图 10-13、图 10-14、图 10-15 所示。

图 10-12　原始图

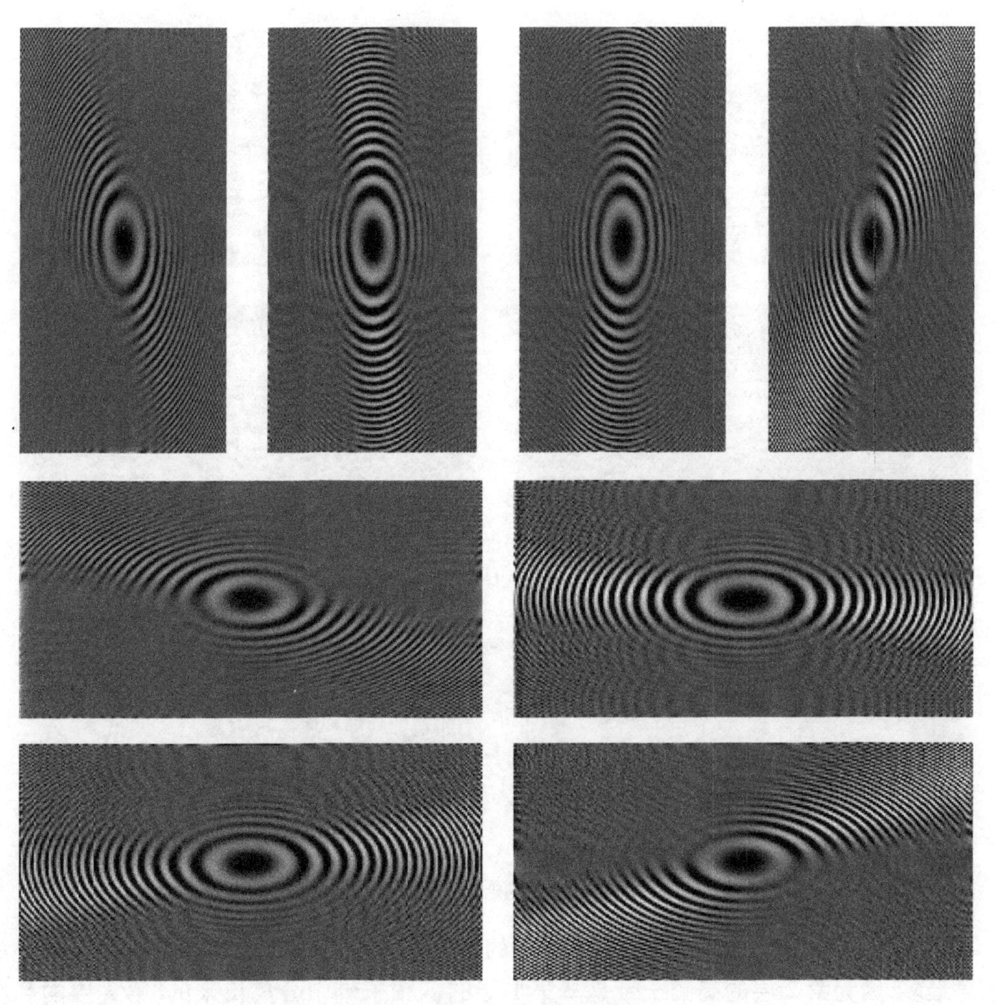

图 10-13　第 1 层高频子带图像

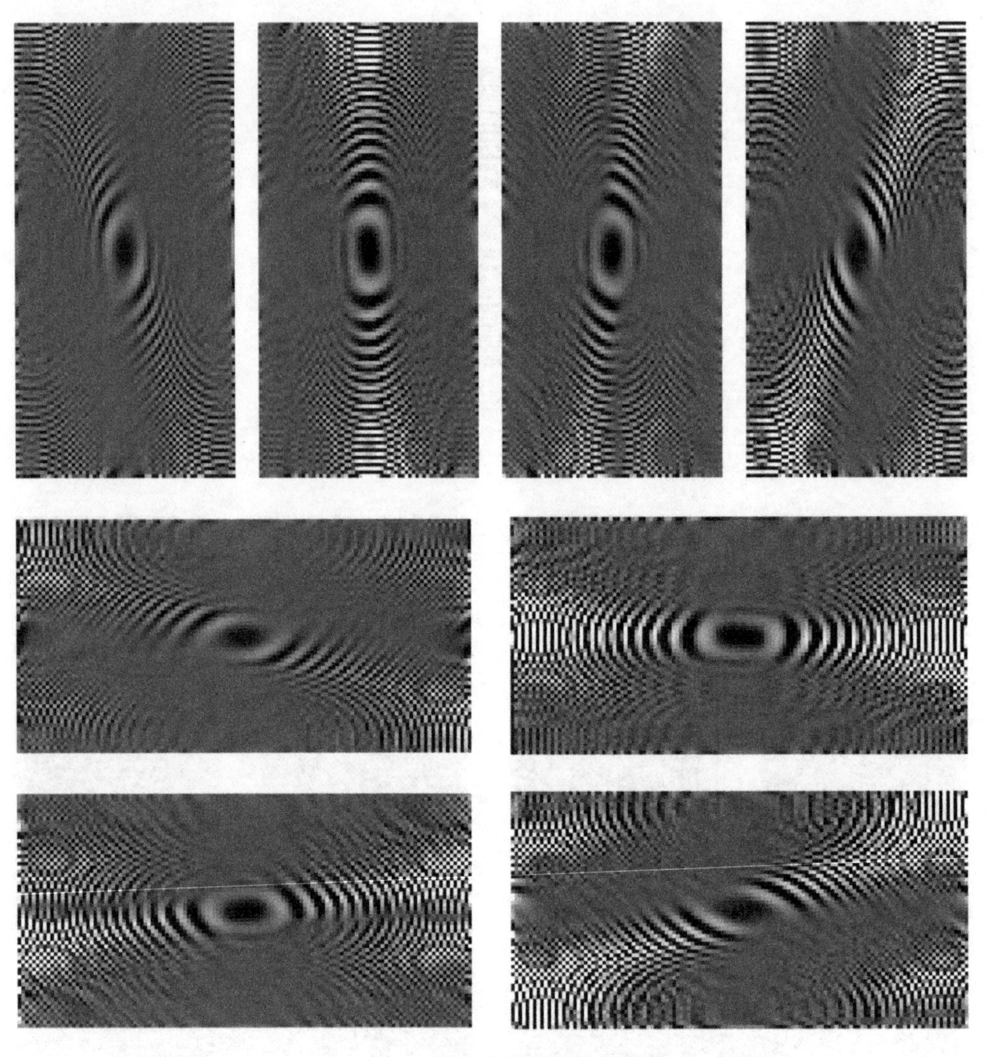

图 10-14　第 2 层高频子带图像

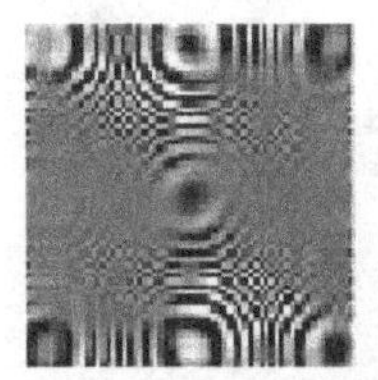
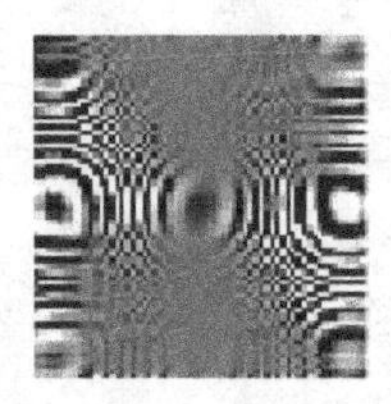
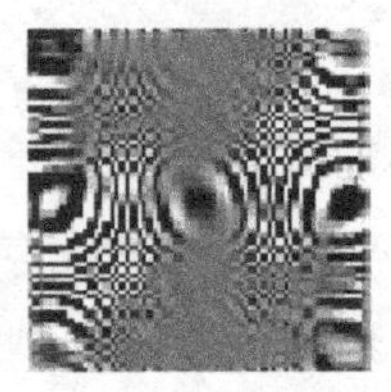
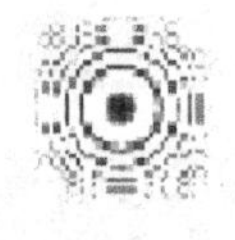

图 10-15　第 3 层高频子带图和低频子带图

可以看出 DFB 产生的各个子带具有明显的方向特性。第 1 层的高频子带图像包含的轮廓信息最多,因为第 2 层的高频子带是从第 1 层的低频子带中分离出来的,第 3 层的高频子带是从第 2 层的低频子带中分离出来的,可以理解为下一层的高频子带是对上一层的高频子带的补充。

Contourlet 变换结果如图 10-16 ~ 图 10-19 所示。

图 10-16　源图像

图 10-17　第 1 层高频子带图

图 10-18　第 2 层高频子带图

图 10-19　第 3 层高频子带图和低频子带图

变换后的低频分量也可以看作源图像中的主体信息，而高频部分反映了在不同尺度和不同方向上的细节信息。

10.3.2　传统的基于 Contourlet 变换的图像融合算法

以输入两幅源图像为例，传统的基于 Contourlet 变换的图像融合框架如图 10-20 所示。

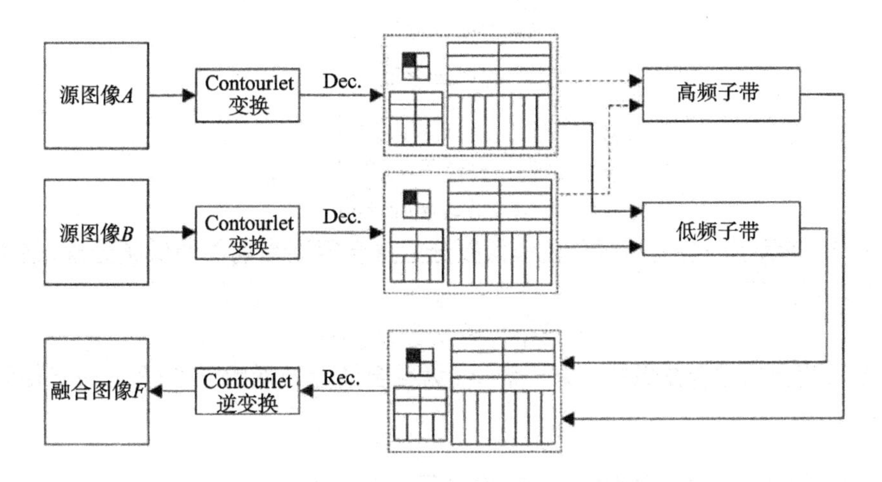

图 10-20　传统的基于 Contourlet 变换的图像融合框架

图像融合算法基本步骤如下:

(1)对源图像 A,B 分别进行 Contourlet 变换。得到 1 个低频子带和多个不同尺度、不同方向的高频子带。假设输入的源图像 A,B 分别进行了 L 层 Contourlet 分解,第 $l(0\leqslant l\leqslant L-1)$层上的方向数为 k,则 Contourlet 变换过程可以表示为

$$A\rightarrow(a_0,a_1,a_2,\cdots,a_{L-1},a_{\text{low}}) \tag{10-21}$$

$$B\rightarrow(b_0,b_1,b_2,\cdots,b_{L-1},b_{\text{low}}) \tag{10-22}$$

$$a_l=\{A_{l,0},A_{l,1},A_{l,2},\cdots,A_{l,k-1}\},(0\leqslant l\leqslant L-1) \tag{10-23}$$

$$b_l=\{B_{l,0},B_{l,1},B_{l,2},\cdots,B_{l,k-1}\},(0\leqslant l\leqslant L-1) \tag{10-24}$$

式中,a_{low},b_{low}分别为 A,B 的低频子带;a_l和 b_l分别为图 A、B 第 l 层上的高频方向子带集合;$A_{l,k-1}$为图 A 第 l 层上的高频子带的 $k-1$ 方向的分量;$B_{l,k-1}$为图 B 第 l 层上的高频子带的 $k-1$方向的分量。

(2)系数融合。根据融合规则在变换后的所有尺度和方向上对两幅图像的变换系数进行融合,得到融合后的系数。

$$a_{\text{low}}+b_{\text{low}}\rightarrow r_{\text{low}} \tag{10-25}$$

$$\left.\begin{array}{l} a_{L-1}+b_{L-1}\rightarrow r_{L-1}\\ a_{L-2}+b_{L-2}\rightarrow r_{L-2}\\ \vdots\\ a_1+b_1\rightarrow r_1\\ a_0+b_0\rightarrow r_0 \end{array}\right\} \tag{10-26}$$

通常情况下,绝对值较大的系数代表了灰度值变换显著的边缘、纹理等图像特征,所以最常见的融合规则是采用系数绝对值取大法,即将融合后的系数定义为相同子带相同方向的绝对值较大的变换系数。或者单一权值的融合,即各尺寸各方向上的融合系数权重为同一个值,且此权值是根据大量实验得到的。

(3)令融合图像为 R,对于融合后的系数,依次进行 Contourlet 逆变换:

$$\left.\begin{array}{r} r_{\text{low}} + r_{L-1} \rightarrow r_{\text{low}-1} \\ r_{\text{low}-1} + r_{L-2} \rightarrow r_{\text{low}-2} \\ \vdots \\ r_{\text{low}-L+2} + r_1 \rightarrow r_0 \\ r_{\text{low}-L+1} + r_0 \rightarrow R \end{array}\right\} \tag{10-27}$$

式(10-27)表示下一层的高频分量和低频分量融合得到当前层的低频分量，整个融合过程使用公式表示如下：

$$(r_0, r_1, r_2, \cdots, r_{L-1}, r_{\text{low}}) \rightarrow R \tag{10-28}$$

式中，r 为各尺度上的融合图像的高频子带；r_{low} 为融合图像的低频子带；R 为最终得到的融合图像。

10.3.3 提出优化的 Contourlet 变换的图像融合方法

通常需要在所有尺度和方向上对两幅图像的变换系数进行融合，得到融合后的系数。融合规则定义了变换后图像的低频分量和高频分量的处理方式，融合规则的好坏影响最终的融合图像效果的好坏。通常情况下，绝对值较大的系数代表了灰度值变换显著的边缘、纹理等图像特征，所以最常见的融合规则是采用系数绝对值取大法，即将融合后的系数定义为相同子带相同方向的绝对值较大的变换系数。或者单一权值的融合，即各尺寸各方向上的融合系数权重为同一个值，且此权值是根据大量实验得到的。但事实上图像的重要特征并不能由单个系数得到有效反映，因此本节提出一种基于优化算法计算各尺度各方向的系数加权权重的系数融合规则，并以此提出一种优化的 Contourlet 变换的图像融合方法。

1. 一种基于优化算法计算各尺度各方向系数加权权重的系数融合规则

因为要在各个尺度（分解的层次）和方向上对两幅图像的变换系数进行融合，所有权重 w 取值范围为[0,1]，如果图 A 的某一尺度某一方向上的融合系数权重为 w，则对应的图 B 的该尺度该方向的融合系数权重为 $(1-w)$，因此对于低频分量：

$$w_{\text{low}} \times a_{\text{low}} + (1 - w_{\text{low}}) \times b_{\text{low}} = r_{\text{low}} \tag{10-29}$$

式中，w_{low} 为低频分量系数的权重。

对于各层的高频分量，第 l 层的方向系数的权重合集为

$$\{w_{l,0}, w_{l,1}, w_{l,2}, \cdots, w_{l,k-1}\} \tag{10-30}$$

式中，$w_{l,k-1}$ 为第 l 层的高频分量的 $k-1$ 方向上的系数的权重。

$$\left.\begin{array}{r} w_{l,0} \times A_{l,0} + (1 - w_{l,0}) \times B_{l,0} = R_{l,0} \\ w_{l,1} \times A_{l,1} + (1 - w_{l,1}) \times B_{l,1} = R_{l,1} \\ \vdots \\ w_{l,k-1} \times A_{l,k-1} + (1 - w_{l,k-1}) \times B_{l,k-1} = R_{l,k-1} \end{array}\right\} \tag{10-31}$$

式(10-31)表示，图像 A 和 B 的第 l 层的各方向系数的加权融合，得到融合图像 R 的第 l 层的高频分量的各方向的融合系数。

综上，所有尺度所有方向上的权重合集为

$$\{(w_{0,0}, w_{0,1}, \cdots, w_{0,k-1}), (w_{1,0}, w_{1,1}, \cdots, w_{1,k-1}), \cdots, (w_{L-1,0}, w_{L-1,1}, \cdots, w_{L-1,k-1}), w_{\text{low}}\} \tag{10-32}$$

需要计算的权重个数为 $L \times k + 1$。例如，将两幅图像 Contourlet 融合，先用拉普拉斯金字塔分

解 3 层，每层的高频分量进行 8 个方向的滤波。则需要计算的各尺度各方向上的权重总数为 $3 \times 8 + 1 = 25$ 个，其中 1 表示低频分量的融合系数权重。

接下来，用优化算法进行最优权重的自适应选择，优化算法的维度应为 $L \times k + 1$，每一维解的取值范围为[0,1]，适应度函数可以设为图像的信息熵，则当信息熵最大时的解的每一维对应权重合集中的每一个权重。最后根据公式计算融合图像的各尺度各方向的融合系数。

2. 提出的优化的 Contourlet 变换图像融合方法具体步骤

以 WWO 优化算法为例做具体说明，设源图像 A，B 已做精确配准。

(1) 对两幅源图像 A，B 分别进行 Contourlet 变换，分解层数为 3，每层方向数为 8。得到 1 个低频子带和不同尺度、不同方向的 24 个高频子带。

(2) 初始化 WWO 优化算法。设置种群规模为 20，维度为 25，最大迭代次数为 100，最大波高 $h_{\max} = 1.0$，波长衰减系数 $a = 0.25$，碎浪系数 $\beta = 0.25$，每个水波每一维的搜索范围为[0,1]（若水波更新波长后范围超出[0,1]，则将水波位置取[0,1]中的一个随机值）。每个水波每一维的初始位置赋值为[0,1]中的一个随机值（初始权重合集为[0,1]中的一系列随机值）。适应度函数设置为融合后图像的信息熵。

(3) WWO 优化算法开始迭代找适应度函数值最大的解。迭代 100 次后，将适应度值最大的解输出，给权重合集赋值，根据此权重合集计算得到融合图像的各尺度各方向的融合系数。权重合集如下：

$$\{(w_{0,0}, w_{0,1}, \cdots, w_{0,7}), (w_{1,0}, w_{1,1}, \cdots, w_{1,7}), \cdots, (w_{2,0}, w_{2,1}, \cdots, w_{2,7}), w_{\text{low}}\} \tag{10-33}$$

式中，$w_{2,1}$ 表示第 2 层高频分量上方向为 1 的系数融合权重，根据权重合集计算融合图像的融合系数。式(10-34)为图 A 和 B 的第 0 层的高频分量的各方向系数融合，得到融合图像 R 的第 0 层的高频分量的各方向融合系数。

$$\left.\begin{aligned} w_{0,0} \times A_{0,0} + (1 - w_{0,0}) \times B_{0,0} = R_{0,0} \\ w_{0,1} \times A_{0,1} + (1 - w_{0,1}) \times B_{0,1} = R_{0,1} \\ \vdots \qquad\qquad\qquad\qquad \\ w_{0,7} \times A_{0,7} + (1 - w_{0,7}) \times B_{0,7} = R_{0,7} \end{aligned}\right\} \tag{10-34}$$

融合图像 R 的第 l 层高频分量融合系数为

$$r_l = \{R_{l,0}, R_{l,1}, R_{l,2}, \cdots, R_{l,k-1}\} \; (0 \leqslant l \leqslant L - 1) \tag{10-35}$$

式(10-36)为图 A 和 B 低频分量融合得到融合图像 R 的低频分量。

$$w_{\text{low}} \times a_{\text{low}} + (1 - w_{\text{low}}) \times b_{\text{low}} = r_{\text{low}} \tag{10-36}$$

(4) 按照融合图像的低频分量和高频分量的顺序，依次进行 Contourlet 逆变换：

$$\left.\begin{aligned} r_{\text{low}} + r_2 \rightarrow r_{\text{low1}} \\ r_{\text{low1}} + r_1 \rightarrow r_{\text{low0}} \\ r_{\text{low0}} + r_0 \rightarrow R \quad\; \end{aligned}\right\} \tag{10-37}$$

式中，r_{low} 表示第 2 层的低频分量；r_2 为第 2 层的高频分量；r_{low1} 表示第 1 层的低频分量；r_1 为第 1 层的高频分量；r_{low0} 表示第 0 层的低频分量，r_0 为第 0 层的高频分量。即表示下一层的高频分量和低频分量融合得到当前层的低频分量，整个融合过程使用公式表示为

$$(r_0, r_1, r_2, \cdots, r_{L-1}, r_{\text{low}}) \rightarrow R \tag{10-38}$$

式中：r 为各尺度上的融合高频分量；r_{low} 为融合图像的低频分量；R 为最终得到的融合图像。

到此,融合结束,得到融合图像 R。

3. 实验结果与分析

实验环境为 Windows 7 旗舰版 64 位操作系统,CPU 主频为 2.80 GHz,8 GB 内存,Visual Studio 2015 和 Openc v2.4.9 图像处理库。

为了证明提出方法的有效性,下面给出两组 MRI 和 CT 图像的融合实验数据及分析。使用的优化算法为水波优化算法,初始化参数为:种群规模为 20,维度为 25,最大迭代次数为 100,最大波高 $h_{max}=1.0$,波长衰减系数 $a=0.25$,碎浪系数 $\beta=0.25$,每个水波每一维的搜索范围为[0,1](若水波更新波长后范围超出[0,1],则将水波位置取[0,1]中的一个随机值)。每个水波每一维的初始位置赋值为[0,1]中的一个随机值(初始权重合集为[0,1]中的一系列随机值)。适应度函数设置为融合后图像的信息熵。

多源图像融合实验一:待融合源图像如图 10-21、图 10-22 所示,其中图 10-21 为 CT 图,图 10-22 为 MRI 图,分别用 3 种融合方法进行融合,分别是原始 Contourlet 单一加权系数融合、基于灰度均值参照的多聚焦图像融合、提出的优化 Contourlet 变换图像融合。图 10-23 为源 CT 图多尺度变换后各层级的高频分量图和低频分量图,图 10-24 为源 MRI 图多尺度变换后各层级的高频分量图和低频分量图。融合结果分别如图 10-25、图 10-26、图 10-27 所示。

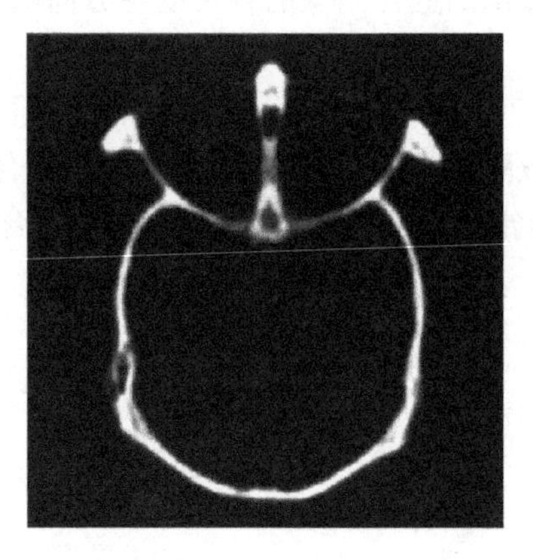

图 10-21 源 CT 图

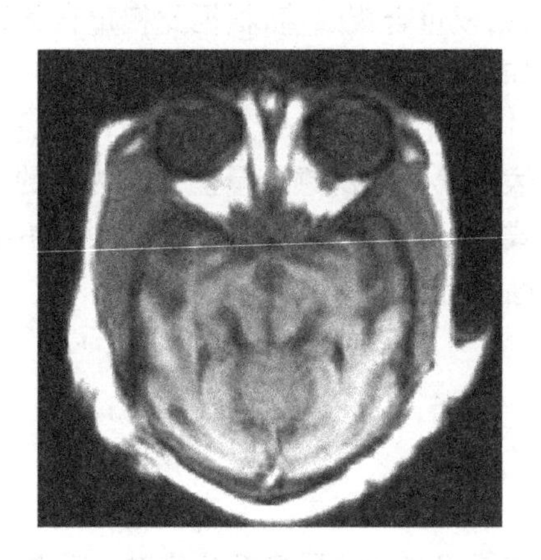

图 10-22 源 MRI 图

图 10-23 源 CT 图多尺度变换后的高频分量图和低频分量图

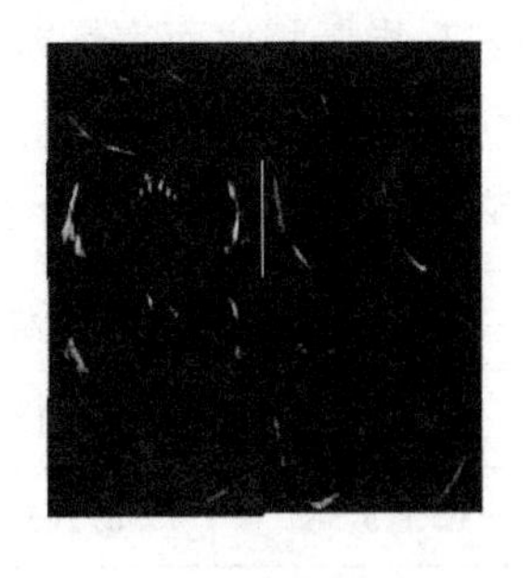
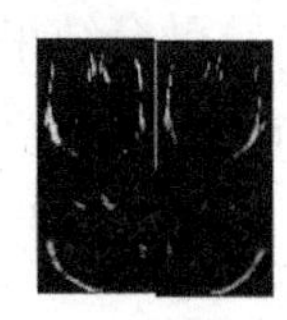

图 10-24　源 MRI 图多尺度变换后的高频分量图和低频分量图

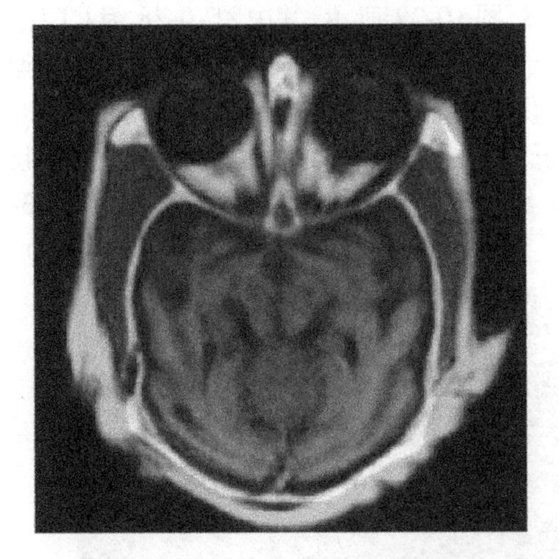

图 10-25　Contourlet 单一加权系数融合

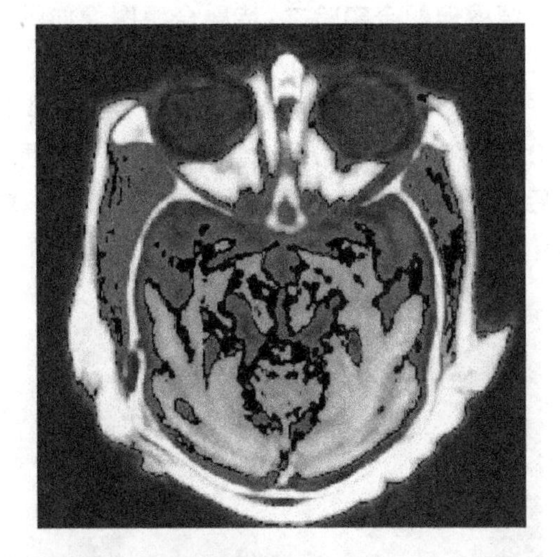

图 10-26　基于灰度均值参照的多聚焦图像融合

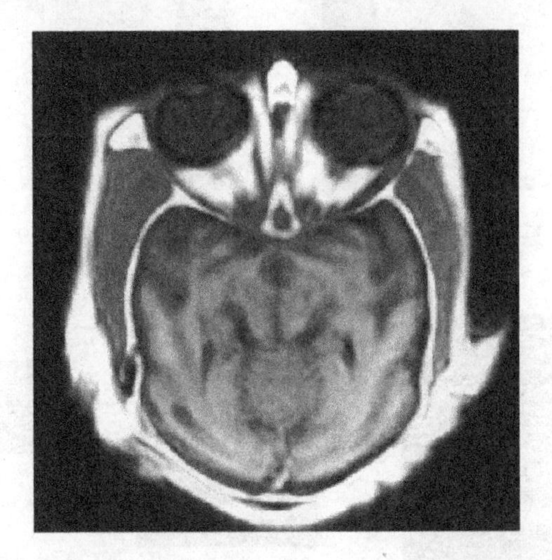

图 10-27　提出的优化的 Contourlet 变换图像融合方法

由表 10-7 可知，对于信息熵这一客观指标，本章提出的优化 Contourlet 变换的图像融合算法得到的融合结果的信息熵最高（符合其以融合图像的信息熵作为 WWO 优化算法的适应度函数的结果）。对于平均梯度和标准差，基于灰度均值参照的图像融合算法的融合结果最高，但根据人眼观察结果，基于灰度均值参照图像融合的结果较源图像有明显失真。原始 Contourlet 单一加权系数融合结果各客观指标相比而言最差。综上,提出的优化 Contourlet 变换图像融合算法的融合结果为 3 种方法中最优。

表 10-7 脑部 CT 图和 MRI 图融合结果客观指标对比

图像融合方法	信息熵	平均梯度	标准差	灰度均值
原始 Contourlet 单一加权系数	5.955 84	3.313 8	35.222 6	32.605 1
基于灰度均值参照融合	6.515 38	**8.115 06**	**65.690 5**	56.291 9
提出的优化 Contourlet 变换融合	**6.799 57**	6.003 91	63.407 8	**61.387 2**

多源图像融合实验二:待融合源图像如图 10-28、图 10-29 所示,其中图 10-28 为 CT 图,图 10-29 为 MRI 图,分别用 3 种融合方法进行融合,分别是原始 Contourlet 单一加权系数融合、基于灰度均值参照的多聚焦图像融合、提出的优化 Contourlet 变换图像融合。图 10-30 为源 CT 图多尺度变换后各层级的高频分量图和低频分量图,图 10-31 为源 MRI 图多尺度变换后各层级的高频分量图和低频分量图。融合结果分别如图 10-32、图 10-33、图 10-34 所示。

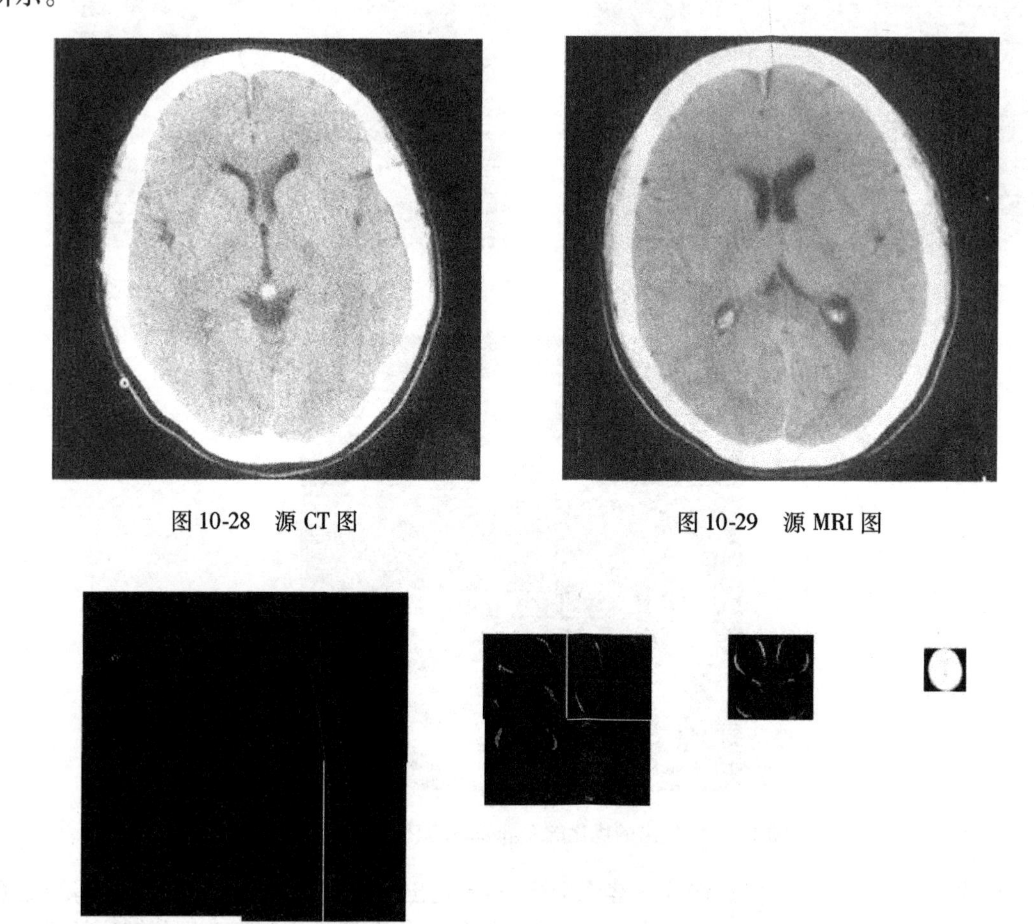

图 10-28 源 CT 图

图 10-29 源 MRI 图

图 10-30 源 CT 图多尺度变换后的高频分量图和低频分量图

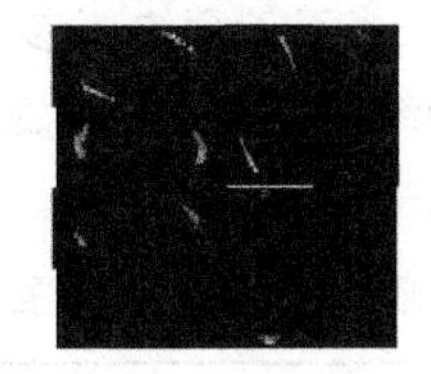

图 10-31　源 MRI 图多尺度变换后的高频分量图和低频分量图

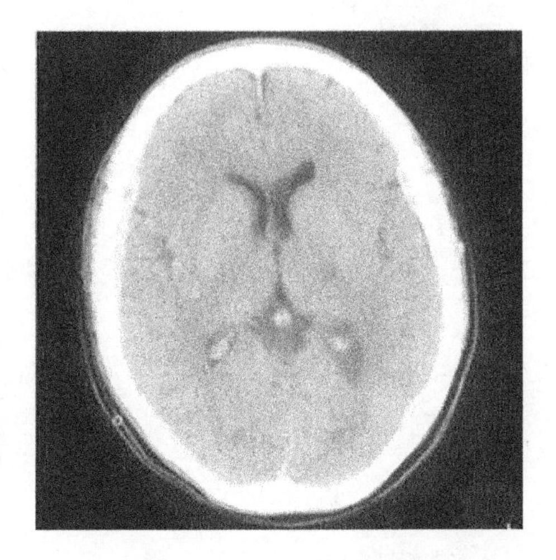

图 10-32　单一加权系数融合

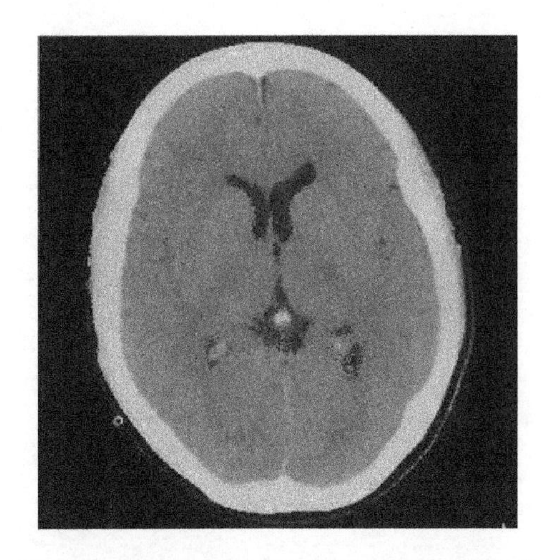

图 10-33　基于灰度均值参照的多聚焦图像融合

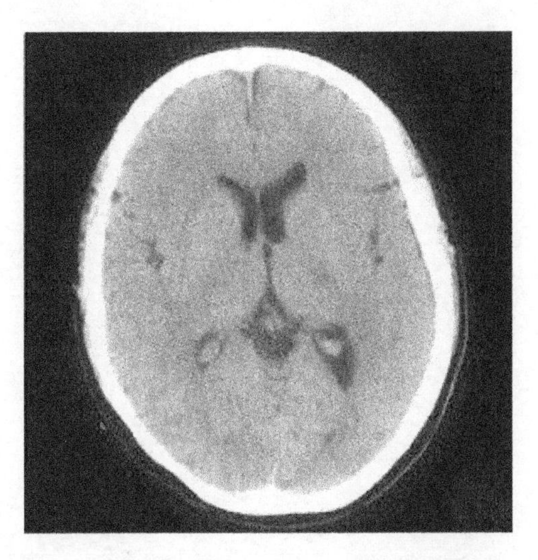

图 10-34　提出的优化的 Contourlet 变换图像融合方法

由表 10-8 可知，对于信息熵这一客观指标，本章提出的优化 Contourlet 变换的图像融合算法得到的融合结果的信息熵最高（符合其以融合图像的信息熵作为 WWO 优化算法的适应度函数的结果）。对于平均梯度和标准差，还是提出的基于灰度均值参照的图像融合算法的融合结果最高，但根据人眼观察结果，基于灰度均值参照图像融合的结果较源图像有明显失真。原始 Contourlet 单一加权系数融合结果各客观指标最差。综上，提出的优化 Contourlet 变换图像融合算法的融合结果为 3 种方法中最优。

表 10-8 脑部 CT 图和 MRI 图融合结果客观指标对比

图像融合方法	信息熵	平均梯度	标准差	灰度均值
原始 Contourlet 单一加权系数	6. 631 68	6. 703 81	58. 669	87. 055 5
基于灰度均值参照融合	6. 503 81	**8. 744 57**	**65. 770 8**	**91. 179 9**
优化 Contourlet 变换图像融合	**6. 762 63**	8. 438 52	57. 219 2	79. 272 1

第11章　基于自然计算的纹理特征抽取方法

图像特征是图像分析的重要依据，无论对图像进行分类或者分割，首先必须选择有效的特征，因此特征提取和选择是图像识别领域的一个核心问题。按照不同的测度来分，图像特征有很多种，如亮度特征、颜色特征、光谱特征、纹理特征等，其中图像局部区域的纹理特征是区分不同客体最重要的依据之一。它是图像中一个重要而难以描述的特性，至今还没有公认的定义。有些图像在局部区域内呈现不规则性，而在整体上表现出规律性。习惯上，把这种局部不规则而宏观有规律的特性称之为纹理，以纹理特性为主的图像称为纹理图像。纹理分类是计算机视觉和模式识别领域的一个重要的基本问题，也是图像分割、物体识别、场景理解等其他视觉任务的基础。

一般来说，每种类型的地物在图像上都具有相同或者相近的纹理图案，因此，可以利用图像的这一特征识别或者提取地物。特别是对于航空图像而言，其中物体与地貌的区别，往往不在于灰度值的大小，而在于它们的纹理差别。例如森林比灌木林有更为粗糙的纹理，湿地和沼泽比森林和灌木林有更细微的纹理，沼泽与湿地相比，其纹理更细，色调变化更缓慢。总的来说，纹理反映了地物的空间分布状况，代表着物体表面的特征，是人类目视判读和计算机自动识别与处理图像的重要标志之一。与其他图像特征相比，纹理反映了图像灰度模式的空间分布，包含图像的表面信息及与其周围环境的关系，更好地兼顾了图像微观和宏观结构，因而已经成为图像分析中一个非常重要的特征，要想实现图像的自动解译，提高图像解译的可靠性，就需要用到纹理信息。为此，本章以纹理特征的提取为中心，讨论如何把一些自然算法和纹理特征的描述与提取结合起来，实现图像纹理稳健特征的提取。

11.1　图像纹理特征概述

以上对纹理的描述都是定性的、直观的，为了便于计算机处理，就需要研究纹理本身可能具有的特征，定量地描述纹理。多年来研究者建立了许多纹理算法以测量纹理特性，这些方法大体上可以分为两大类：统计分析法和结构分析法。前者从图像有关属性的统计分析出发，后者则着力找出纹理基元，然后从结构组成上探求纹理规律。航空图像中的各种地貌和地物大多呈现不规则的、随机分布的纹理型，如平原、丘陵、高山具有不同形状和高度特征，反映在图像上就是不同的纹理。由于航空图像上的纹理绝大部分属于随机性纹理，服从统计分布，因此主要使用统计分析法来提取纹理特征，其中具有代表性的方法有共生矩阵法、灰度游程法、图像自相关函数分析法、纹理模型方法、纹理能量法等，典型的特征有以下几个。

1. 直方图特征

根据样本的直方图，最容易提取的纹理特征即是特定区域灰度的算术平均值及标准差等。因为通过一维直方图无法获得基于二维灰度的纹理变化趋势。故在常用的二维灰度变化图案分析过程中,首先将图像采用微分算子进行处理得到其边缘,然后对该边缘区域大小和方向的直方图进行统计,并将其与灰度直方图进行结合,作为纹理特征。

2. 灰度共生矩阵特征

对于样本的灰度直方图而言,不同像素的灰度处理均是独立完成的,故难以对纹理赋予相应的特征。然而,若能对图像中两个不同像素组合时的灰度分配情况进行研究,就能轻松地给纹理赋予相应的特征。灰度共生矩阵即是一种根据灰度空间的相关性质来表示纹理的一般处理方法,该矩阵对图像上保持某种距离关系的两个不同像素,根据相应的灰度值状况进行分析,并通过统计方法,将其作为纹理特征。

3. 小波特征

小波变换即是通过时间和尺度的局部变换,有效获取各频率成分特征的信号分析手段。在图像处理的过程中,由于小波变换可以把原始图像的所有能量集中在一小部分小波系数之上,在一般情况下,粗纹理空间能量往往聚集在低频部分,细纹理空间能量则聚集在高频部分,且经过小波分解后,小波系数在 3 个方向的细节分量均有着极高的相关性,这一点为图像的纹理特征提取提供了有力的条件。

由于直方图特征和灰度共生矩阵特征需要对每个像素点逐一进行统计,当一幅图像像素点较多时,整个统计过程需要消耗大量的时间。相比而言,小波特征的提取速度相对较快,但是难以找到一种单一的小波核函数,可以很好地适应所有类型的纹理特征。一般情况下,对于不同类型的纹理,往往需要采用不同的小波核函数,有时甚至需要将几种不同的小波核函数联合使用。另外,对于任何一个小波核函数而言,核函数参数难以通过人工直接进行选择,一个不合适的核函数参数将会大大影响纹理特征提取的准确性。在各类纹理算法中,基于算子的特征计算较为简单,但大多方法抗噪声能力差;基于统计方法的特征计算量大、同样受到噪声的影响;分形维方法主要测度是分维值,因而常常需要对较大窗口的图像进行分维值估计,不适用于小面积的某一类纹理的分维估计,因此使用范围较小,只在个别分辨率下有区分纹理的能力。基于随机场的模型对大尺寸、灰度级较多的图像分割计算量极大,如马尔可夫随机场需要对不同的纹理参数进行大量的计算,求出不同的纹理模型参数集(特征值);此外,对分布不均匀、局部具有确定性的纹理也不是很适用;若是针对 256 级灰度图像,共生矩阵方法计算量非常巨大,且对较大纹理元的描述也不够准确;多分辨小波的纹理特征具有先天的缺点(逐点采样造成的纹理信息不全),很难得到稳定的纹理特征,并且计算量较大,结构方法仅适合于规则纹理。

总的来说,虽然能够描述纹理的方法有很多,不同的纹理描述方法具有不同的特点和适用范围,但却存在如下一些共同问题。

(1)大多数方法只适用于特定的纹理图像,尚不能够适合多种纹理图像的描述。例如,统计法适用于随机分布的小纹理,结构法适用于规则分布的宏纹理。

(2)描述纹理最主要的两个特征是粗糙性和方向性,粗糙性主要体现在纹理的分辨率上面。大多数方法对纹理的描述随分辨率和方向变化而变得不同,仅表达了某一尺度和方向上的纹理。由于纹理与图像分辨率、方向具有密切的关系:不同的分辨率对应不同粗细程度的纹理,不同的方向对应着纹理的不同走向,对纹理的理想描述应该能表现各分辨率和方向的纹理信息。

（3）对噪声敏感，降低了对纹理分析的稳定度和可靠度。因此，自适应纹理特征提取方法还有待进一步研究。J. You 等学者提出了一种基于能量的、适用范围较广的纹理描述方法，该方法能够表达各分辨率下的纹理信息，不随旋转而变，对噪声敏感性小，既适用于随机纹理，也能适用于规则纹理。本章将在下一节讨论具有方向和尺度不变的图像纹理特征描述方法，然后利用自然算法寻求一组能够提取图像稳健纹理特征的模板。

11.2　基于“Tuned”模板图像纹理特征提取模型

根据单个像素及其邻域的灰度分布或某种属性去做纹理测量的方法称为一阶统计分析法；根据一对像素灰度组合分布做纹理测量的方法，称为二阶统计分析方法。显然，一阶统计分析法比二阶统计分析法简单。最近的一些实验表明，用一阶统计分析法做分类其正确率有意义的优于二阶统计分析方法（如共生矩阵法）。因而研究简单而有效的一阶纹理分析法，一直是人们感兴趣的课题之一。

利用模板计算数字图像中每个像元(i,j)的纹理能量，用它作为空间域中纹理特征的度量进行图像纹理分类，这种做法已经有 20 多年的历史，其中著名的有 Laws 模板。它是一种典型的一阶统计分析方法，在纹理分析领域具有一定的影响。Laws 纹理能量测量法的基本思想是设置两个窗口：一是微窗口，可能为 3×3、5×5 或 7×7，常取 5×5，用来测量以像元为中心的小区域内灰度的不规则性，以形成属性，称之为微窗口滤波；二是宏窗口，可以为 15×15 或 32×32，用来在更大的窗口上求属性量的一些统计属性，常为均值或者标准偏差，称之为能量变换。整个纹理分析系统，要将 12 个或 15 个属性获得的能量进行组合。图 11-1 画出了纹理能量测量的流程图。

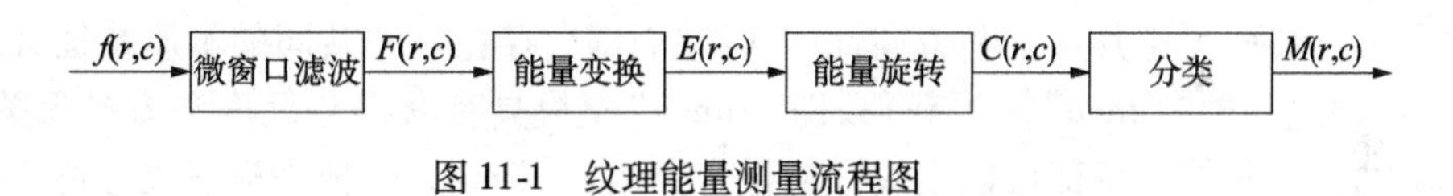

图 11-1　纹理能量测量流程图

Laws 深入地研究了滤波模板的选择。首先，他定义了一维滤波模板，然后通过卷积形成多种一维、二维滤波模板，以检测和度量存在于纹理中的不同结构的信息。选定 3 组一维滤波模板作为基础，然后通过矢量互积的方式构成更大的矢量集。使用这些滤波模板与图像卷积，可以检测出不同的纹理能量信息，Laws 一般选用 12 ~ 15 个 5×5 的纹理能量模板做测量，其中 4 个有最强的性能，如图 11-2 所示。

它们可以分别滤出水平边缘、高频点、V 形状和垂直边缘的属性。Laws 将 Brodatz 的 8 种纹理图像合成在一起，并对合成的图像做纹理能量变换，将每个像元指定为 8 个可能类中的一个，正确识别率可达 87%。M. Pietikainen 等通过实验表明，基于 3×3 或 5×5 模板的纹理能量法，其识别率强于共生矩阵法。实际上，用更一般、简洁的属性测量替换这里的模板，可以获得更好的或类似的结果。进一步，滤波器的功能取决于自身的模板形式，而不是具体的值。模板匹配的最大响应包含纹理描述的主要信息，因此纹理能量法的关键是模板的设计，以及模板元素间相对比例关系的确定，不同的模板可提取不同的纹理特征。Laws 所提出的 4 个性能最强的模板虽然对一些纹理图像的识别率较高，但与其他纹理提取方法一样，在实际应用中存在许多局限性。

$$\begin{bmatrix} -1 & -4 & -6 & -4 & -1 \\ -2 & -8 & -12 & -8 & -2 \\ 0 & 0 & 0 & 0 & 0 \\ 2 & 8 & 12 & 8 & 2 \\ 1 & 4 & 6 & 4 & 1 \end{bmatrix} \quad \begin{bmatrix} 1 & -4 & 6 & -4 & 1 \\ -4 & 16 & -24 & 16 & -4 \\ 6 & -24 & 36 & -24 & 6 \\ -4 & 16 & -24 & 16 & -4 \\ 1 & -4 & 6 & -4 & 1 \end{bmatrix}$$

S3L3　　　　R5R5

$$\begin{bmatrix} -1 & 0 & 2 & 0 & -1 \\ -2 & 0 & 4 & 0 & -2 \\ 0 & 0 & 0 & 0 & 0 \\ 2 & 0 & -4 & 0 & 2 \\ 1 & 0 & -2 & 0 & 1 \end{bmatrix} \quad \begin{bmatrix} -1 & 0 & 2 & 0 & -1 \\ -4 & 0 & 8 & 0 & -4 \\ -6 & 0 & 12 & 0 & -6 \\ -4 & 0 & 8 & 0 & -4 \\ -1 & 0 & 2 & 0 & -1 \end{bmatrix}$$

E5S5　　　　L5S5

图 11-2　Laws 的 4 个性能最强的纹理能量模板

(1) Laws 模板是理想模板，自然景观图像（特别是航空图像）上纹理的变化，一般不能用具有固定元素的单个模板把那些纹理很好地区分开来。

(2) 一种模板只能对一种纹理特征有强烈的响应，而对其他的纹理特征响应不敏感。

(3) 即使是对某一特定特征的检测，模板对取样图像的响应随图像的不同（方向、尺度的变化），特征检测的效果也会产生变化。因为，不同的纹理对应着相应的模板，一幅图像中有哪些纹理特征事先是无法知道的。在图像纹理特征检测中，究竟应使用哪种模板，事先无法做出选择。

由于 Laws 模板是一种理想模板，采用固定元素的单个模板不能将各种图像纹理很好地区分开来，一种模板只能对一种纹理特征产生强烈的响应等原因，使这种模板的应用受到限制。为了克服这个缺陷，J. You 等在 1993 年提出具有自适应性的"Tuned"模板，他们认为只要是同一种纹理，无论其尺度和方向性如何，它们都会存在一种共同的本质特征，而这种本质特征可以通过一种"Tuned"模板获得，即"Tuned"模板具有获得与尺度和方向无关的纹理特征的能力，而这种纹理特征可以用纹理能量来表达。"Tuned"模板在提取纹理特征过程中，针对不同的纹理，模板的元素不断地进行调整，从而得到能将纹理图像很好区分的最优模板。用这样的模板求得的纹理能量特征，具有良好的方向和尺度不变性，因此在图像分析和解译中得到广泛应用。

图像纹理的能量特征是由"Tuned"模板与源图像做卷积运算，得到源图像的卷积图像，再用卷积图像计算出每个像元能量实现的。为了求得最优模板，需要在优化过程中求出模板元素变化的梯度信息，利用梯度信息指导模板的优化。

假定模板的大小为 $(2a+1)\times(2a+1)$，a 为常数，图像大小为 $N\times N$，用模板 $A(i,j)$ 与源图像 $I(i,j)$ 作卷积，则卷积图像 $F(i,j)$ 为

$$F(i,j) = A(i,j) * I(i,j) = \sum_{k=-a}^{k=a}\sum_{l=-a}^{l=a} A(i,j)I(i+k,j+l), i,j = 0,1,\cdots,N-1 \tag{11-1}$$

式中"$*$"表示卷积运算符号。通常模板大小为 5×5，要求模板 A 的每一行元素对称，且每一行元素的代数和为零，卷积图像 F 也具有总体均值为零的性质。

在卷积图像上选择较大的窗口 $w_x\times w_y$（假定 $w_x=w_y=9$），那么在图像上像元 (i,j) 的能量

$E(i,j)$由下式计算：

$$E(i,j) = \frac{\sum_{w_x} \sum_{w_y} F(i,j)^2}{P^2 \times w_x \times w_y} \tag{11-2}$$

其中

$$P^2 = \sum_{i,j} A(i,j)^2 \tag{11-3}$$

对于$N \times N$的图像，可以求得很多$E(i,j)$，用$E(i,j)$累加取均值代表整幅图像的能量，从式(11-2)可知，能量$E(i,j)$求得的关键是卷积模板。

为了得到这种“Tuned”模板，J. You等提出了一序列的判据和搜索优化策略。其基本思想是：以纹理样本集作为学习对象，先随机地产生一定数量的模板，然后根据“Tuned”判据将“最好的”模板保留下来，并按梯度对“最好的”模板中的参数进行修正，将修正后的“最好的”模板与新产生的另两个随机模板一起进行新一轮的比较判别，以产生新一代的“最好的”模板直到满足收敛判据为止。J. You等利用“Tuned”思想，得到了一个大小为5×5大小零和模板，并用它对15种Brodatz纹理图像进行了纹理能量量测的实验，其结果表明：对于不同尺度和方向的同一种纹理图像，由“Tuned”模板求得的纹理能量误差不超过10%，可见“Tuned”模板具有很强的提取与方向和尺度无关特性的能力。此外，该方法还将Laws能量模板由4个减少为一个，大大减少了计算量，与其他具有方向和尺度无关性的特征相比，该方法具有计算简单和速度快等优点，更适合于大规模和实时图像处理的要求。

“Tuned”模板生成的过程本质上是模板元素组合优化的寻优过程，由于J. You等采用的是传统的“爬山”策略进行“Tuned”模板搜索，因而容易陷入局部最优解，另外这种方法的随机性较大，一次计算很难获得最佳的结果。为此本书提出利用蚁群算法进行“Tuned”模板的优化，利用蚁群算法的全局并行、自适应寻优的搜索特性来得到最优的或令人满意的“Tuned”模板。

11.3　基于BACO的“Tuned”模板的优化方法

11.3.1　基于BACO的“Tuned”模板的优化算法模型

本章中，首先通过BACO生成最优“Tuned”模板，具体步骤如下。

1. 分析问题，确定问题解的编码

最优“Tuned”模板问题是一个参数组合优化问题，这里采用第3章提出的二进制编码方法对解进行编码。武汉大学郑肇葆教授指出对称模板和非对称模板分类的效果差不多，没有明显差别，建议使用对称模板，因此采用左右对称模板，且每一行元素的代数和为零。对5×5模板而言，真正独立的元素只有10个，为了计算方便，可以对模板元素取值的上下限给出限制，譬如不超过±60的整数或实数均可以。

这里每一个模板元素的二进制编码长度为7 bit，其中6位表示模板元素的数值，1位表示该数的正负，因此每个模板元素范围为-63～63。考虑到模板的对称性和总和为0的性质，模板中只有部分元素编入代码中。

$$\text{mask}=\begin{bmatrix} .a11 & a12. & a13 & a14 & a15 \\ .a21 & a22. & a23 & a24 & a25 \\ .a31 & a32. & a33 & a34 & a35 \\ .a41 & a42. & a43 & a44 & a45 \\ .a51 & a52. & a53 & a54 & a55 \end{bmatrix} a_{ij}\in[-63,63]\ i,j=1,2,\cdots,5$$

在实际求解过程中，本章只将两条虚线以内的元素编入代码中，第 3、4、5 列元素由零和性对称性可以由下式求出。

$$\left.\begin{aligned} ai5 &= ai1 \\ ai4 &= ai2 \\ ai3 &= -2(ai1+ai2) \end{aligned}\right\}(i=1,2,3,4,5) \tag{11-4}$$

2. 适应度函数确定

“Tuned”模板质量是由用这个模板进行图像纹理分类的效果决定的。从理论上讲，分类结果应该满足如下两个条件。

(1)同一类别的纹理特征值的差别要小，即类内方差要最小化。

(2)不同类的纹理特征值差别要大，即类间方差要最大化。

根据这个原则，定义适应度函数如下：

$$\text{Fitness}=\frac{\min\{d_2\}}{\max\{d_1\}} \tag{11-5}$$

式中 d_1 表示图像纹理特征的类内收敛判据，即

$$d_1=\max\left\{\frac{ABS(E(x,s_x,r_x)-E(x,s_y,r_y))}{(E(x,s_x,r_x)+E(x,s_y,r_y))}\right\} \tag{11-6}$$

式中：ABS 为取绝对值符号；$E(x,s_x,r_x)$ 为纹理图像 x 在尺度 s_x、方向 r_x 情况下的图像能量；$E(x,s_y,r_y)$ 有类似的含义。max 意味着当同一类纹理图像有许多样本时，可以求得 d_1 值不止一个，取其最大者。在实际应用中 $E(x,s_x,r_x)$ 与 $E(x,s_y,r_y)$ 表示同一类纹理图像中两个不同样本的能量值，如果两个样本的纹理特征越相似，则 d_1 值越小；反之，其值越大。

式(11-5)中 d_2 表示类间分离判据，即

$$d_2=\min\left\{\frac{ABS(E(x,s_x,r_x)-E(y,s_y,r_y))}{(E(x,s_x,r_x)+E(y,s_y,r_y))}\right\} \tag{11-7}$$

式中：s_x,s_y 为不同尺度；r_x,r_y 表示不同的方向；$E(x,s_x,r_x)$ 和 $E(y,s_y,r_y)$ 的意义与式(11-6)相同。这里的 $E(x,s_x,r_x)$ 和 $E(y,s_y,r_y)$，在实际中表示两幅不同纹理类别图像的能量，如果两幅样本图像的纹理特征的差异越大，则 d_2 值越大；反之，其值越小。

根据上述 d_1、d_2 值的性质，用式(11-5)可以作为评价模板优劣的标准，作为适应度函数。Fitness 值反映了“Tuned”模板提取纹理特征的强弱，其值越大，说明它区分不同纹理的能力越强。

3. 优化过程

优化过程包括 3 个主要步骤：

(1)解串的构建。蚂蚁利用信息素矩阵建立解串。

(2)局部搜索。所有的蚂蚁完成解的构建以后根据适应度函数值进行局部搜索，这里的局部搜索不同于点式变异局部搜索，而是将二进制解串解码成十进制模板元素以后，随机的对少量的模板元素加或者减一个随机数，然后重新计算适应度，如果变异模板比原始模板更好，则取代原来的模板。

(3)信息素更新。根据局部搜索的结果进行信息素更新，然后在更新的信息素矩阵的基

础上,蚁群进行下一次优化操作。和前述优化问题一样,这里采用最优解保留策略,即将全局最优模板保存在一个全局变量中,然后根据每次迭代的情况更新全局最优模板。

4. 控制参数的选择

ACO 的控制参数主要包括群体大小、信息素保留率、局部搜索比例、局部搜索概率等,根据本书第 2 章所述的控制参数确定的原则选取即可。

5. 停机准则确定

本章中设定最大循环数为终止条件,即达到最大循环次数以后输出拥有最大目标函数值的模板。总的来说生成"Tuned"模板的 BACO 算法步骤如下:

(1)初始化参数,如解串的长度、群体规模、信息素矩阵初始值、信息素保留率、全局最优解等。

(2)蚁群优化过程,包括解的构建、局部搜索和信息素更新。

(3)检验是否到达终止条件,如达到则转向步骤(4),否则转向步骤(2)继续执行优化过程。

(4)将最后得到的全局最优解解码成实数,这个解串即为所求得"Tuned"模板。

(5)根据 BACO 得到的"Tuned"提取图像纹理的能量特征,并根据结果检验其有效性。

11.3.2 实验与分析

为了验证本章方法具有生成与尺度和方向无关的能量特征模板的能力,本章采用两类不同的地物进行"Tuned"模板优化生成试验,一组是集团居民地,一组是田地。每一组均有 15 幅不同方向和尺度的同一种地物图像组成,如图 11-3 和图 11-4 所示,图 11-5 是 8 幅不同地物

图 11-3 集团居民地样本图像

的测试图像,其中集团居民地和田地图像各 4 幅。试验中计算纹理能量的宏窗口为 9×9,蚁群规模为 $N=20$,伪随机选择比例参数 $q_0=0.2$,信息素更新和局部搜索比例为 0.2,信息素保留率 $\rho=0.5$,局部搜索概率为 0.1,变异操作数 $m\leqslant10$,算法执行的最大代数 $M=50$。

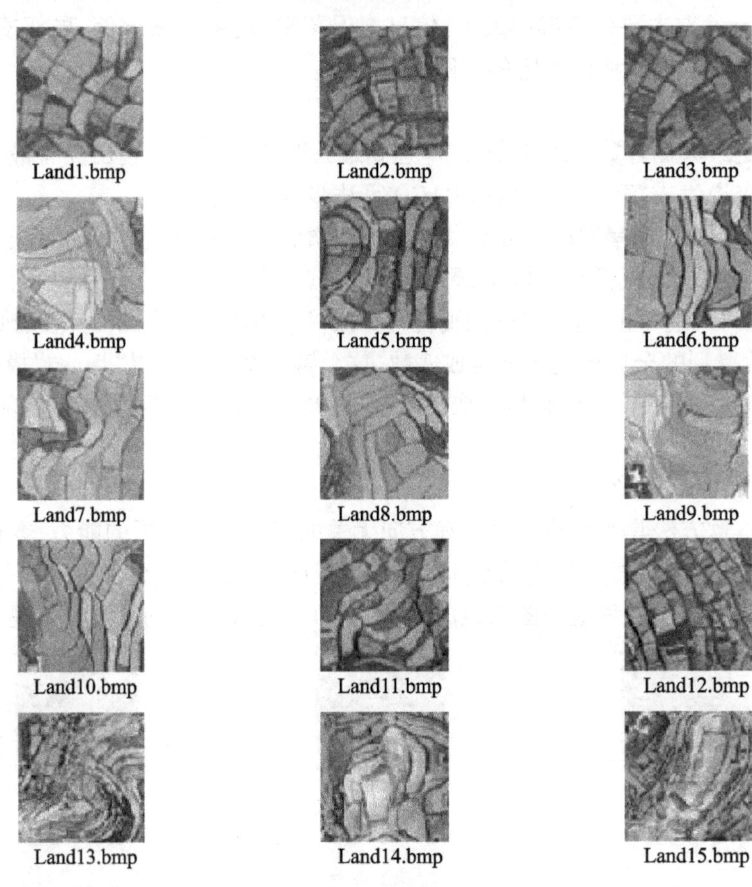

图 11-4 田地样本图像

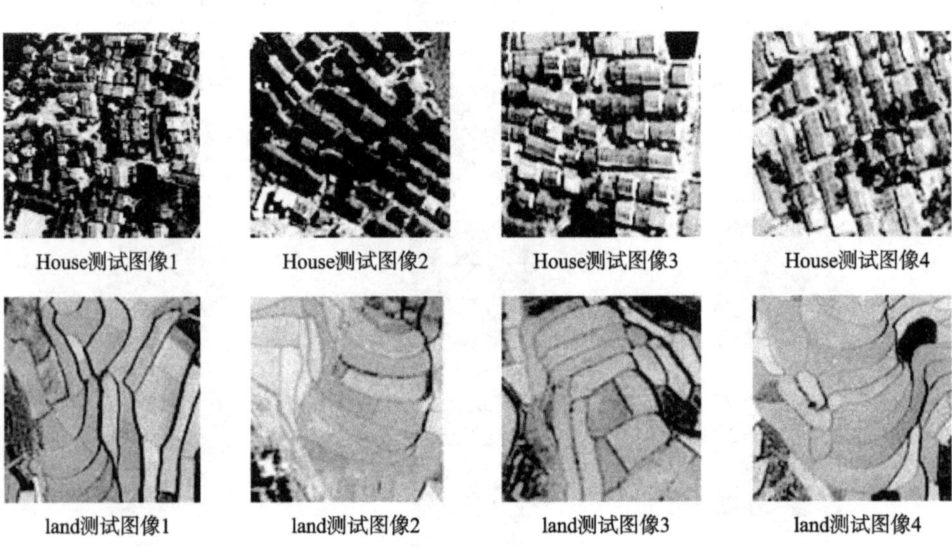

图 11-5 测试图像

表 11-1 是本章方法所求得的"Tuned"模板，表 11-2 和表 11-3 列出了采用表 11-1 模板所求得的每组地物中各图像的纹理能量以及测试图像的纹理能量。

表 11-1　BACO 求取的"Tuned"模板

-9	8	2	8	-9
-6	6	0	6	-6
-7	5	4	5	-7
0	1	-2	1	0
1	1	-4	1	1

表 11-2　BACO 最后一代各样本图像的能量情况

集团居民的样本图像		田地样本图像	
编号	能量	编号	能量
1	1 276.685 059	1	215.460 739
2	693.879 761	2	393.394 104
3	1 139.835 815	3	212.195 557
4	1 094.463 135	4	408.346 039
5	1 447.146 362	5	261.558 441
6	986.375 427	6	312.254 791
7	832.844 727	7	416.538 483
8	858.208 862	8	261.087 585
9	798.510 803	9	342.379 089
10	600.279 968	10	184.293 488
11	640.738 403	11	343.587 280
12	714.115 662	12	354.179 688
13	760.134 644	13	242.949 570
14	608.396 545	14	383.062 775
15	615.311 035	15	221.218 018
均值	871.1284	均值	303.5004

表 11-3　基于 BACO 生成"Tuned"模板提取的测试图像能量

集团居民地测试图像		田地测试图像	
编号	能量	编号	能量
1	968.201 172	1	211.019 897
2	862.742 981	2	303.967 987
3	1165.275 513	3	335.755 402
4	613.450 562	4	414.190 002

从表 11-2 和表 11-3 中样本图像和测试图像两类纹理能量值来看,不同类的图像的纹理能量差异比较明显,如田地类能量最大值为 416.538 483,而居民地类能量最小值也有 600.279 968,它们的能量值相差接近 200,可以将两类纹理图像很好地区分开来,两组样本能量的均值比为 1∶2.87。

上述实验表明,利用 BACO 优化所生成的稳健特征模板具有良好的提取与方向和尺度不变的图像纹理特征的能力,这对于从包含复杂地物的图像中提取信息是很有帮助的。本章试验虽然只以两大类地物的纹理能量提取为例,但不失一般性,它可以应用于多种地物的纹理特征的提取,但是"Tuned"模板一次区分的纹理不宜超过三类。

11.4 产生"Tuned"模板的混沌粒子群算法

11.4.1 产生"Tuned"模板粒子群算法思路

如本章 11.2 所述,最佳模板的产生是一个迭代的过程,利用粒子群优化算法产生模板的具体思路如下:

把模板中的 10 个元素视为一组随机数 $X=\{x_1,x_2,\cdots,x_{10}\}$,并执行如下步骤。

(1)粒子群初始化模板。随机生成 n 组数据,这里取 $n=10$,每组数据含有 10 个元素,根据经验,一般选取范围是[−40,40],用这 10 个数字组成 5×5 的模板。设模板为$A(i,j)$,原始图像为 $I(i,j)$。

(2)用模板分别求两类图像的能量。导入两类影像,本章中每类影像取 10 幅作为训练影像,对每幅影像分别进行卷积操作,对每幅影像都求得一个能量值。这一步用初始模板对两类影像分别求得能量,如类 a 中 10 幅影像,类 b 中 10 幅影像,这就求得了 20 个数。

(3)将能量带入判别式 $J_F(Y)$,求适应度函数,为了提高二分类的准确率,这里用 Fisher 准则作为适应度函数。设类 a 的均值为 μ_1,方差为 σ_1,类 b 的均值为 μ_2,方差为 σ_2,

$$J_F(Y)=\frac{(\mu_1-\mu_2)^2}{\sigma_1^2+\sigma_2^2} \tag{11-8}$$

(4)粒子飞翔,优化模板,得到下一代模板。

(5)如果达到结束条件(足够好的位置或最大迭代次数),则结束,否则转入(3),直到满足迭代条件。

(6)得到最优模板,$J_F(Y)$取最大值时取得最优模板,将此最优模板写入文件备用。

至此,已经求得了最优模板,接下来需要用此模板对这两类纹理图像进行分类。具体做法是,批量导入待分类图像(类 a 和类 b 中随意取影像),用最优模板进行分类,确定每幅影像属于哪类。用此方法求得的模板对任何类别的纹理影像都可以进行分类,改善了 Law's 模板的元素固定的局限性,用粒子群算法对模板进行优化计算,可以很好地求得最优模板。

11.4.2 产生"Tuned"模板的混沌粒子群算法

和粒子群算法相似,用混沌粒子群算法求模板,首先也需要通过训练图像求得最佳模板,然后用此最优模板进行图像的纹理分类。

与基本 PSO 相比混沌粒子群算法只多了一个常数项收敛因子,正是因为这个收敛因子使优化的收敛效果优于粒子群算法。这里选用常见的混沌方法，一维 Logistic 映射，其数学模型如下：

$$x_{k+1} = \mu x_k(1 - x_k), k = 0,1,2,3,\cdots \tag{11-9}$$

混沌粒子群算法对原始粒子群的算法就在于引入了混沌变量。正是因为这种遍历性、随机性和规律性使初始粒子的质量得到了提高。从而提高了算法的收敛性和精度。下面简要说明一下混沌优化的初始化步骤：

(1)随机产生[0,1]上的 n 个随机数，n 为目标函数中的变量个数。

(2)对粒子位置混沌赋值，利用 Logistic 映射，即式(11-9)，产生一组经过混沌后的初始解。

(3)将混沌区间[0,1]映射到对应变量的取值区间。

以上即为混沌粒子的产生过程，即初始化粒子。

本节所提出的 CPSO 算法的算法流程描述如下：

(1)初始化各个参数，混沌初始化粒子位置，初始化粒子的速度和惯性权重，计算个体最优位置，全局最优位置。

(2)对群体中每一粒子执行以下操作：

①根据基本粒子群算法中位更新公式更新粒子的速度和位置。

②计算粒子的适应度函数值。

③若此值优于个体最优值的适应值，则更新个体最优解为粒子的当前位置。

④若此值优于群体最优值的适应值，则更新群体最优值为粒子的当前位置。

(3)判断算法的终止条件是否满足，若满足转向(6)，否则执行(4)。

(4)判断算法是否停滞，若停滞执行(5)，否则转向(2)。

(5)根据粒子适应值不同采取分类自适应策略，调整粒子位置，转向(2)。

(6)输出 P 的相关信息，算法结束。

本书实验是使用粒子群算法和混沌粒子群算法来求“Tuned”模板，对图像进行纹理分类。实验中，采用 5×5 的模板，PSO 算法和 CPSO 算法中的基本参数设置如下：$w = 1, c_1 = c_2 = 2, x_{up} = 100, x_{down} = -100, v_{max} = 50$，粒子规模为 20。CPSO 混沌控制参数 $u = 4, B = 5$。实验中选取居民地和田地两类图像，在两幅图像中各选 10 幅用作模板训练，用这 20 幅图产生一个模板，再使用训练得到的模板对两类图像各选 20 幅进行纹理分类，求得的模板用于训练模板的图像和分类结果如图 11-6 和表 11-4 所示。

用 PSO 求得的训练这两类图像的模板为

$$\begin{bmatrix} 8.920\,218 & -100 & 182.159\,564 & -100 & 8.920\,218 \\ 100 & -25.076\,290 & -149.847\,42 & -25.076\,290 & 100 \\ -81.384\,468 & 100 & -37.231\,064 & 100 & -81.384\,468 \\ 38.511\,848 & 68.286\,301\,1 & -213.596\,298\,2 & 68.286\,301\,1 & 38.511\,848 \\ -62.697\,929 & 2.313\,797 & 120.768\,264 & 2.313\,797 & -62.697\,929 \end{bmatrix}$$

用 CPSO 求得的训练这两类图像的模板为

$$\begin{bmatrix} 40.124\,876 & -83.498\,345 & 86.746\,938 & -83.498\,345 & 40.124\,876 \\ 49.094\,512 & -26.409\,941 & -45.369\,142 & -26\,409\,941 & 49.094\,512 \\ -75.495\,530 & 48.398\,621 & 54.193\,818 & 48.398\,621 & -75.495\,530 \\ 100 & -46.473\,295 & -107.053\,41 & -46.473\,295 & 100 \\ -100 & 100 & 0 & 100 & -100 \end{bmatrix}$$

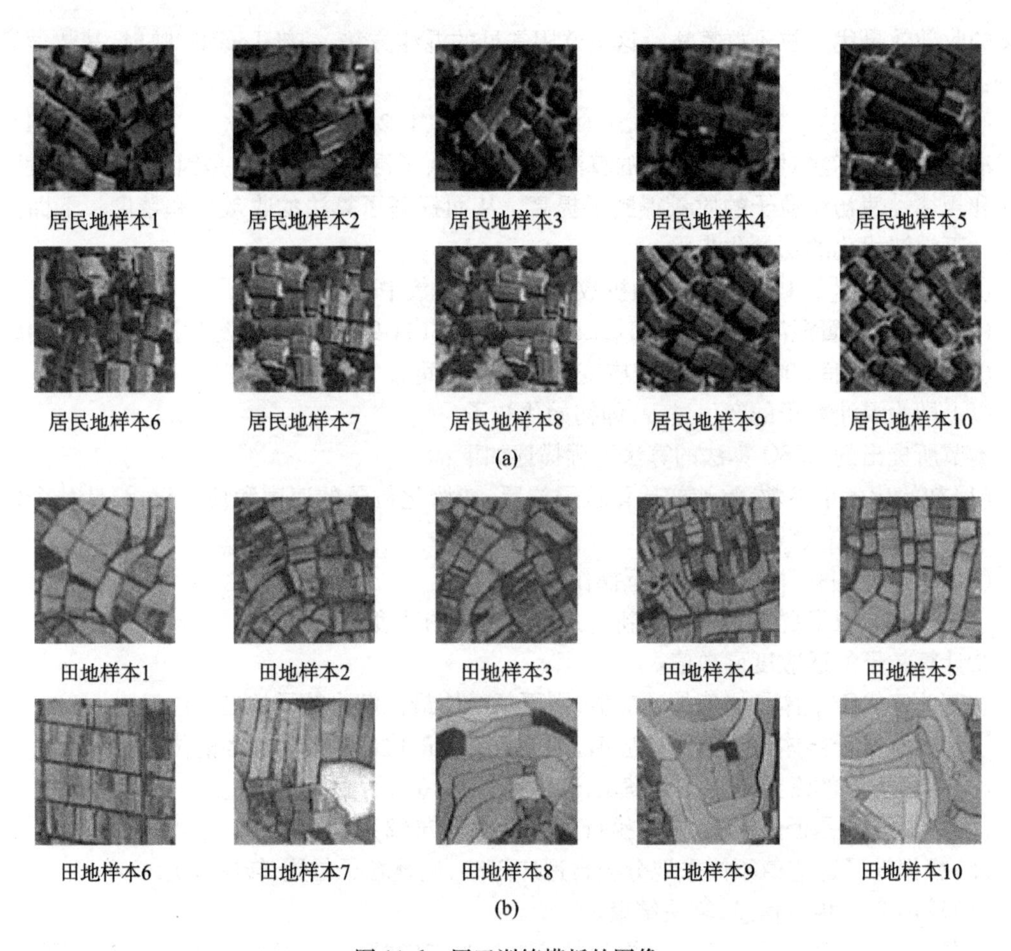

图 11-6　用于训练模板的图像

(a)居民地训练图像;(b)田地训练图像

以上 20 幅图像为本实验模板训练所使用的图像。

表 11-4　分类结果

分类方法	居民地	水田	迭代次数
PSO 分类	17/20	16/20	50
CPSO 分类	18/20	17/20	10

表 11-4 中分别记录了使用 PSO 算法和 CPSO 算法求的模板进行分类的结果。居民地和水田中各选 20 幅图像,表中记录了对 20 幅图像分类的正确率,如第一栏中 17/20 表示 20 幅图像中分类正确的有 17 幅,迭代次数表示粒子飞翔的迭代次数。从表 11-4 实验结果可以看到,用 PSO 算法和 CPSO 算法对相同的图像进行模板训练得出的模板不一样,分类的结果也不同,训练所需要迭代的次数也不同。在相同精度的情况下,CPSO 算法比 PSO 算法迭代次数少,训练得到的模板更好,而且,分类的准确性更高。实验看出,通过模板可以提取图像的能量值,从而达到分类的作用。对比表中结果,发现用 CPSO 算法比用 PSO 算法效率高很多,分类结果也好很多,但由于算法的随机性大,所以算法还有很多的改善和提高的空间。

11.5　产生"Tuned"模板的改进杜鹃搜索算法

11.5.1　基于 ICS 算法的"Tuned"模板纹理特征抽取思路

1. 模板优化思路

本质上,"Tuned"模板训练问题是 25 个元素的优化组合问题,这里采用实数对每个解进行编码。对称模板和非对称模板对于最终的分类结果几乎没有任何影响。为了方便计算,建议模板结构符合对称性,因此这里采用一种左右结构对称的纹理模板,且保证模板中各行元素的代数和均为零。对 5×5 模板,真正需要独立运算的元素只有 10 个,为了进一步简化计算,可以对模板元素取值的范围给出限制,譬如不超过 ±50 的整数或实数均可。

杜鹃搜索算法中每个蛋代表一个待求解问题的解,实际上鸟蛋的位置等同于鸟窝的空间位置,为了简单起见,这里定义每个杜鹃鸟窝位置代表一个问题的解。因此这里每一只杜鹃鸟的位置向量代表一个纹理模板,杜鹃鸟的位置向量均直接采用实数编码。因为真正独立的元素只有 10 个,因此每个解个体可被视为在一个 10 维空间中飞行寻找鸟窝的杜鹃鸟。假定杜鹃鸟 i 在搜索空间的鸟窝位置为 $V_i(V_{i1}, V_{i2}, \cdots, V_{i10})$,则其解码后形成的纹理模板如式(11-10)所示。

$$\text{mask} = \begin{bmatrix} V_{i1} & V_{i2} & -2(V_{i1}+V_{i2}) & V_{i2} & V_{i1} \\ V_{i3} & V_{i4} & -2(V_{i3}+V_{i4}) & V_{i4} & V_{i3} \\ V_{i5} & V_{i6} & -2(V_{i5}+V_{i6}) & V_{i5} & V_{i6} \\ V_{i7} & V_{i8} & -2(V_{i7}+V_{i8}) & V_{i7} & V_{i8} \\ V_{i9} & V_{i10} & -2(V_{i9}+V_{i10}) & V_{i9} & V_{i10} \end{bmatrix} \tag{11-10}$$

2. 适应度函数确定

"Tuned"模板质量的优劣是通过用该模板进行纹理分类的正确率进行确定。这里采用 11.3 节式(11-5)作为适应度函数,对纹理模板的性能进行评价,f_b 值越大,表明该模板对于不同类型的纹理图像拥有更优的区分度。

"Tuned"模板的产生是一个迭代的过程,应用式(11-5)作为适应度 Fitness,其训练过程如下。

(1)导入训练纹理图像,对杜鹃鸟窝位置进行初始化。假设杜鹃鸟规模大小为 m,对于每个杜鹃鸟在[-50,50]范围内随机生成 10 个实数作为它的初始位置向量 $\vec{v}_0$,并设置其他参数,这样便可以产生初始杜鹃鸟窝群。

(2)对每只杜鹃鸟取其位置向量采用式(11-10)解码得到一个模板,使用该模板对训练纹理图像进行卷积运算,求取训练图像的纹理能量;利用 CS 算法位置的更新公式对每个鸟窝位置的适应度值进行计算。

(3)保留前一次迭代最优鸟窝位置,按 CS 算法操作对其余鸟窝位置进行更新。然后,根据粒子群算法,采用粒子算法位置更新公式,随机改变粒子(鸟窝)位置,得到一组新的粒子(鸟窝)位置。

(4)对现有鸟窝与前一次迭代鸟窝位置分别进行对比,若当前位置更好,则将其作为当前的最优位置。

(5)用随机数 $r\in[0,1]$ 与鸟窝的主人发现外来鸟概率 p_a 进行比较,如果 $r>p_a$,则随机进行鸟窝位置的改变,得到一组全新的位置。

(6)如果算法未满足停机条件,则返回第(2)步。

(7)输出最优鸟窝位置,构造相应的最优"Tuned"模板。上述过程如图 11-7 所示。

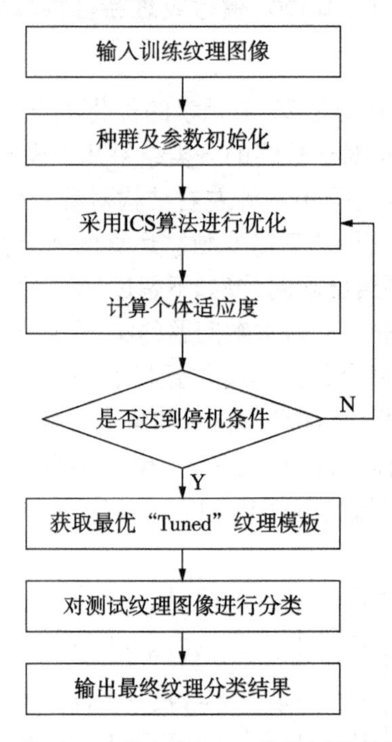

图 11-7 基于 ICS 算法的"Tuned"模板纹理特征描述

11.5.2 实验仿真与分析

这里利用 GA、PSO、标准 CS 和 ICS 算法训练"Tuned"模板来进行图像纹理分类实验,对 ICS 算法处理"Tuned"模板训练问题的性能和效果进行检验。通常训练区分的纹理类数越少效果越好,因此这里每次训练的模版只用来区分植被地物和非植被地物两类。两个类别,训练 1 个纹理模板即可。在两类图像中各选 10 幅对纹理模板进行训练,这里列举了全部样本图像,分别如图 11-8 和图 11-9 所示。采用这 20 幅图像各独立进行 50 次训练得到最优纹理模板,再使用该纹理模板对两类中各选取的 20 幅图像进行纹理分类,图像来自实际遥感图像。

图 11-8 植被地物训练样本

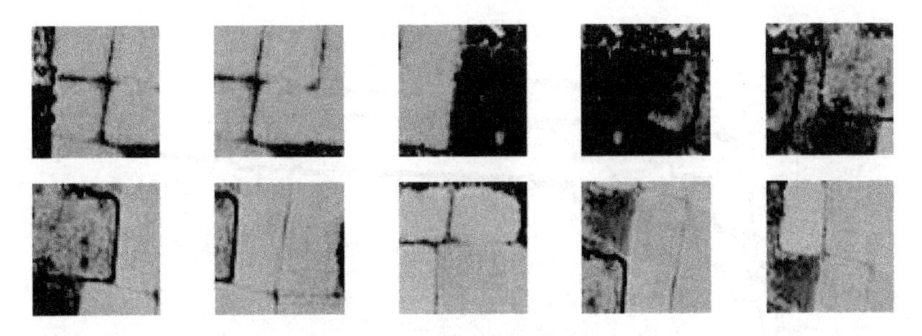

图 11-9　非植被地物训练样本

实验采用 5×5 的模板，所有算法个体的取值范围均为[-50,50]，群体规模为 30。GA 算法中的基本参数设置为：选择概率 $P_s=0.9$，交叉概率 $P_c=0.85$，变异概率 $P_m=0.05$。PSO 算法中学习因子 $c_1=c_2=2.0$。CS 算法中取 $P_a=0.7$，ICS 算法的参数同 PSO 算法和标准 CS 算法。算法终止的条件为适应度值连续 20 代不发生变化或达到最大迭代次数。用训练模板求得的分类结果，如表 11-5 所示，所有训练样本的纹理能量如表 11-6 所示，纹理模板的收敛曲线如图 11-10 所示。

表 11-5　不同算法的适应度值和识别率

算法	适应度值	识别率	
		植被	非植被
GA	1.991 6	14/20	15/20
PSO	2.026 3	16/20	16/20
CS	2.052 1	17/20	18/20
ICS	2.088 0	18/20	20/20

表 11-6　所有植被和非植被训练样本能量

植被纹理		非植被纹理	
编号	能量	编号	能量
1	1 128.1	1	620.4
2	1 345.3	2	411.7
3	1 328.4	3	489.5
4	1 339.7	4	612.3
5	1 375.2	5	765.6
6	1 120.5	6	782.1
7	1 318.5	7	675.3
8	1 326.2	8	451.8
9	1 460.0	9	383.4
10	1 327.3	10	509.0
均值	1 306.9	均值	570.1

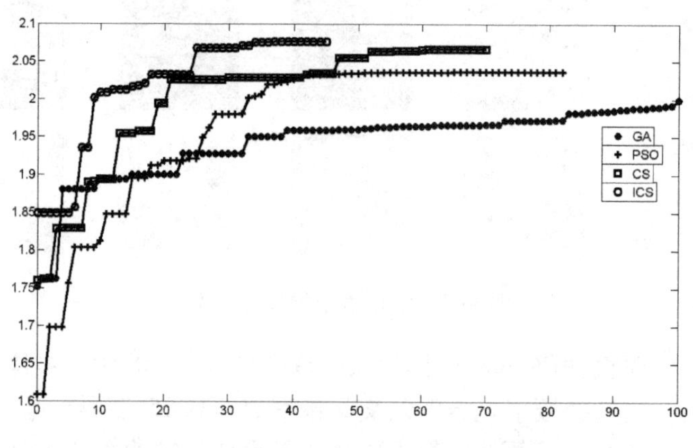

图 11-10 不同算法最优模板适应度进化曲线

图 11-10 显示了采用不同算法最优纹理模板的适应度收敛曲线。从图中可以看出,ICS 算法和标准杜鹃搜索算法能快速收敛于最优解,并得到相对更优的适应度值。表 11-5 分别记录了使用遗传算法(GA)、粒子群算法(PSO)、杜鹃搜索算法(CS)和 ICS 算法求得的模板对 20 幅图像分类进行分类情况,如后两栏中 18/20 表示 20 幅图像中有 18 幅影响分类结果正确无误。观察分类数据可知,遗传算法、粒子群算法、标准杜鹃搜索算法和 ICS 算法训练都能得到辨识度较高的"Tuned"模板,除了遗传算法,其他 3 种算法识别率均在 80% 以上,其中 ICS 算法寻优性能最为突出,所得最优模板基本上都有 90% 以上的正确识别率,特别是针对非植被地物最高可达到 100% 的正确识别率。结果表明,本节所提出的基于 ICS 算法"Tuned"模板训练方法的稳健性良好,其搜索效率和搜索精度较之基本遗传算法、粒子群算法和标准杜鹃搜索算法也有较大改善。

11.6 基于 GSA 的"Tuned"纹理模板优化和居民地识别

本质上"Tuned"模板是一个实数的组合优化问题,可以使用自然算法进行求解。本节应用最新提出的万有引力算法训练"Tuned"纹理模板,并用于居民区的识别。为了对 GSA 的优化能力进行评价,有必要选择一个合适的目标函数。由于居住区域的识别可以被认为是一个二元分类问题,它将居住区域作为一个类别,而其他的纹理的区域则是另一个类别。根据 Fisher 准则对二类分类问题具有良好的性能,它试图最大限度地提高类间的差异,最大限度地减少类内的差异,并精确地识别出另一类目标类别,因此本小节的适应度函数定义同 11.4 节式(11-8),提出方法的实施步骤如下:

(1)输入训练样本纹理图像。

(2)设置 GSA 的参数并生成初始种群。

(3)对于每个个体,依照规则生成一个模板,用训练图像和模板进行卷积,并输出特征值。

(4)运行 GSA 的迭代,获得当前最优解。

(5)如果不满足停机准则,请转到步骤(3);否则,输出最佳的模板。

(6)输入测试纹理图像。

(7)用测试图像和最优的模板进行卷积,并获得每个像素点的特征值。

(8)使用最小距离分类器对每个像素点进行分类。

(9)输出分类纹理图像,并计算分类精度。

在一定程度上,GSA 的计算结果取决于参数的设置;对参数设置进行微调可以产生更好的结果,表 11-7 显示了 GSA 中使用的参数。

表 11-7　GSA 中使用的参数

参数	含义	值
N	种群大小	20
G_0	初始引力变量 $G(t)$	100
α	用户指定的常数	10

这里对一些常用的进化算法或基于群体智能的纹理特征分类方法进行了比较,实现了 AIA 和 HMBO 算法优化"Tuned"模板方法,同时用 GSA 实现了武汉大学郑宏教授提出的另外一种"Tuned"模板方法。此外,常用的 Gabor 小波特征被用来进行比较,其中包括 56 个特征(7 个尺度和 8 个方向)。尽管 GA、PSO、AIA 和 HBMO 有许多变体,为了进行公平的比较,GA、PSO、AIA 和 HBMO 都使用它们的标准类型。表 11-8 ~ 表 11-11 显示了 GA、PSO、AIA 和 HBMO 的参数设置。

表 11-8　GA 使用的参数

参数	含义	值
N	种群	20
P_s	选择率	0.9
P_c	交叉率	0.8
P_m	变异率	0.01

表 11-9　PSO 使用的参数

参数	含义	值
N	种群	20
c_1,c_2	加速常数	2.0
r_1,r_2	随机变量	[0,1]

表 11-10　AIA 使用的参数

参数	含义	值
N	种群	20
B	抗体消除速率	0.3
P_c	交叉概率	0.8
P_m	变异率	0.01

表 11-11　HMBO 使用的参数

参数	含义	值
N_{queen}	蜂后	1
N_{Drone}	雄蜂数量	20
N_{Brood}	幼蜂数量	10
α	衰减因子	0.98

为了评价所提出的居住区识别方法的性能，在本节中分别使用了来自公共纹理数据库的 3 个纹理图像和 5 幅遥感图像。适应度值高表明了更好的优化能力。为了进行公平的比较，适应度函数的计算次数作为算法终止条件；也就是说，当适应度函数计算达到 1 000 次时，所有的算法都会停止，每个算法都能完成 50 个独立运行实验。在本节中给出了一些对比实验结果，包括一些例子和性能评价表，这些清楚地说明了提出方法的优点。所有的算法都使用相同的目标函数进行评估。我们的主要兴趣是利用自然算法学习最优训练模板，它由适应度函数定义，此外使用模板的分类精度也是我们另外一个关注的目标。

11.6.1　公共数据集纹理图像的实验

在本节中将对 3 个公共纹理图像进行特征抽取初步测试，这些图像来自公共纹理数据库分别命名为“Brick”“Rock”和“Tile”。利用 30 个训练样本进行分类，图像大小为 50×50，所有的训练样本都是从原始图像中提取出来的。当得到最优模板时，通过使用最小距离分类器，实现了原始图像的每个像素的分类。表 11-12、表 11-13 给出适应度值和分类精度，图 11-11 ~ 图 11-13 给出识别图像。

表 11-12　公共纹理图像的不同算法处理的适应度值

Dataset	Meas.	GA	PSO	AIA	HBMO	GSA
Brick	Fiv	28.882 5	30.427 5	31.518 2	31.738 0	32.693 9
	Std	2.299 2	1.437 4	0.863 9	0.802 2	0.647 9
	精度/%	93.449 3	94.566 5	95.343 3	95.777 4	96.374 2
	时间/s	0.275 3	0.272 8	0.278 0	0.278 2	0.274 6
Rock	Fiv	27.069 0	27.964 5	28.874 1	28.956 4	29.410 8
	Std	1.795 6	0.888 3	0.829 6	0.797 0	0.660 2
	精度/%	89.048 3	90.165 7	91.062 8	91.376 4	92.035 0
	时间/s	0.276 7	0.273 5	0.279 4	0.291 0	0.275 9
Tile	Fiv	48.001 3	48.728 9	49.435 4	49.598 8	50.198 6
	Std	2.491 6	1.861 2	1.501 6	1.395 0	1.002 5
	精度/%	93.601 1	94.102 8	94.553 2	94.714 9	95.028 9
	时间/s	0.281 4	0.275 5	0.284 7	0.294 8	0.278 3

表 11-13　公共纹理图像不同模板的分类精度

Dataset	Meas.	AIA	GSA	Zheng-AIA	Zheng-GSA	Gabor
Brick	精度/%	95.343 3	96.374 2	88.299 2	91.345 6	90.990 4
	时间/s	0.278 0	0.274 6	0.306 1	0.294 7	1.364 2
Rock	精度/%	91.062 8	92.035 0	83.770 5	87.157 4	86.296 2
	时间/s	0.279 4	0.275 9	0.308 4	0.297 7	1.385 1
Tile	精度/%	94.553 2	95.028 9	89.239 6	86.964 8	86.389 9
	时间/s	0.284 7	0.278 3	0.315 2	0.299 8	1.466 1

图 11-11　Brick 图像识别结果

(a)原始图像;(b)Gabor 特征识别结果;(c)提出方法识别效果

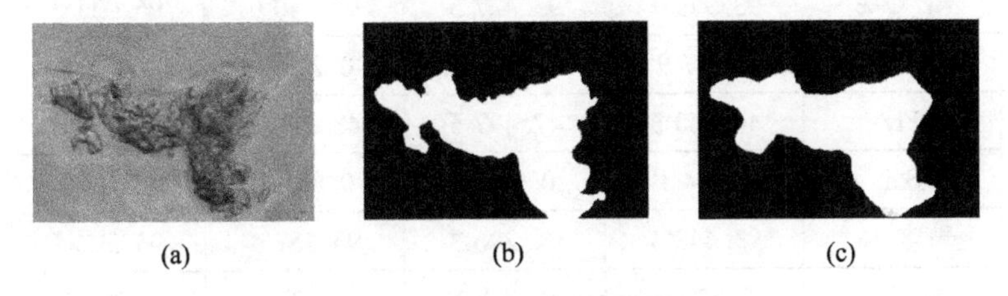

图 11-12　Rock 图像识别结果

(a)原始图像;(b)Gabor 特征识别结果;(c)提出方法识别效果

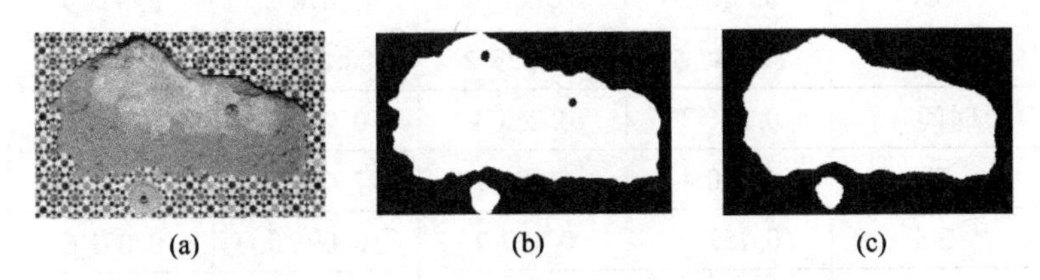

图 11-13　Tile 图像识别结果

(a)原始图像;(b)Gabor 特征识别结果;(c)提出方法识别效果

在表 11-12 和表 11-13 中,Fiv 和 Std 分别表示了 50 个独立操作的平均和标准偏差。准确率是 50 个独立操作的平均分类精度。时间是每次迭代的 CPU 时间,它的单位是秒。表 11-12 显示了不同算法处理的适应度和分类精度。表 11-13 显示了使用不同模板的分类精度。分析表中数据可以看出,所有算法的分类精度都很接近,最大差异小于 3%;对于"Tile"图像,差别只有 1.6%。然而,GSA 在 5 种算法中仍具有最佳的优化能力,其平均适应度值是3幅图像里面最大的,平均分类精度超过92%;虽然GSA和HBMO的平均适应度非常相似,但GSA标准差最小,这证明了GSA稳健性更好。对于计算效率,PSO和GSA与其他3种算法相比具有快速收敛速度;每次迭代的CPU时间的最大差异小于0.1 s,但是使用GSA的适应度值明显比PSO更好;使用GSA的平均适应度超过了29,特别是在"Tile"图像中更为明显。根据图11-13,尽管Gabor小波特性可以对该对象进行粗略的识别,但该方法的边缘部分处理不够好。通过训练不同的模板,该方法可以广泛应用于不同纹理区域的识别。

11.6.2 真实遥感图像分类实验

如在上一节中所述的,基于模板的纹理特征提取方法对公共纹理数据集具有良好的分类效果。在这一节中,利用包含部分居住区域的5幅遥感图像RS1、RS2、RS3、RS4和RS5进行进一步实验。这些训练样本都是从原始图像中提取出来的。获得最优纹理模板以后,通过使用最小距离分类器,实现了原始图像的每个像素的分类。表11-14和表11-15显示了适应度值和分类精度,图11-14~图11-18中给出识别图像。

表11-14 不同算法的在遥感图像上识别的适应度值

Dataset	Meas.	GA	PSO	AIA	HBMO	GSA
RS1	Fiv	34.273 1	36.769 6	36.765 7	37.012 5	38.033 3
	Std	5.150 5	4.253 8	4.436 3	3.089 9	2.260 3
	精度/%	93.979 7	95.427 5	95.140 0	96.033 3	97.193 2
	时间/s	0.277 9	0.265 2	0.279 3	0.291 5	0.272 9
RS2	Fiv	46.960 3	47.497 5	48.329 5	48.453 0	49.082 8
	Std	1.424 1	0.947 0	0.859 1	0.831 5	0.400 4
	精度/%	93.448 4	94.296 3	95.159 4	95.592 7	96.237 9
	时间/s	0.277 0	0.263 9	0.278 2	0.289 7	0.271 9
RS3	Fiv	5.370 1	5.471 2	5.502 6	5.516 0	5.583 7
	Std	0.116 2	0.088 3	0.070 2	0.063 9	0.050 6
	精度/%	85.140 5	87.329 2	88.485 8	89.155 4	90.782 6
	时间/s	0.276 3	0.263 4	0.277 5	0.286 5	0.270 0
RS4	Fiv	6.930 4	7.039 7	7.085 8	7.100 6	7.172 0
	Std	0.152 0	0.117 7	0.096 0	0.092 6	0.085 5
	精度/%	82.434 8	83.988 4	84.799 3	85.215 4	86.607 1
	时间/s	0.276 8	0.263 8	0.278 0	0.289 3	0.271 7
RS5	Fiv	4.390 3	4.522 3	4.703 0	4.698 8	4.895 8
	Std	0.146 3	0.130 7	0.127 4	0.114 4	0.096 3
	精度/%	83.167 1	85.039 4	87.670 5	97.114 4	89.938 7
	时间/s	0.276 2	0.263 1	0.277 1	0.286 1	0.269 8

表 11-15 不同纹理特征的在遥感图像上识别的分类精度

数据集	Meas.	AIA	GSA	Zheng-AIA	Zheng-GSA	Gabor
RS1	精度/%	95.140 0	97.193 2	84.756 0	90.284 6	85.699 4
	时间/s	0.279 3	0.272 9	0.304 0	0.292 0	1.416 6
RS2	精度/%	95.159 4	96.237 9	83.067 5	88.135 4	84.996 5
	时间/s	0.278 2	0.271 9	0.303 0	0.291 4	1.369 6
RS3	精度/%	88.584 8	90.783 6	78.529 6	81.414 4	75.197 4
	时间/s	0.277 5	0.270 0	0.301 4	0.290 2	1.295 6
RS4	精度/%	84.799 3	86.607 1	72.915 7	79.363 3	74.021 0
	时间/s	0.278 0	0.271 7	0.303 2	0.291 7	1.355 4
RS5	精度/%	87.670 5	89.937 8	69.671 0	76.592 5	72.401 0
	时间/s	0.277 1	0.269 8	0.299 5	0.287 6	1.282 9

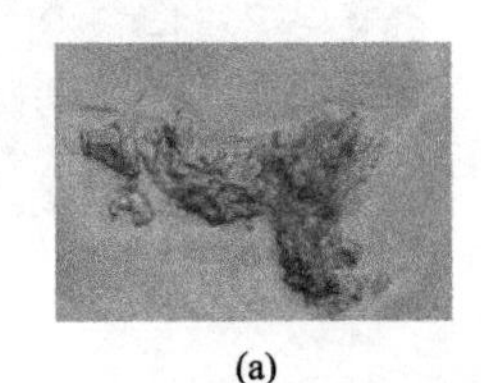
(a)
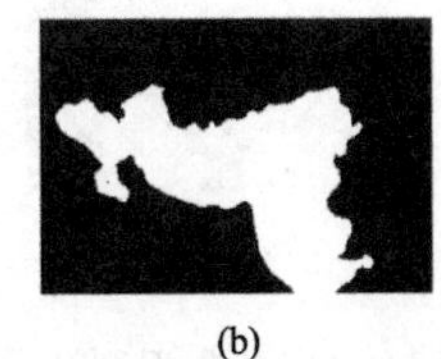
(b)
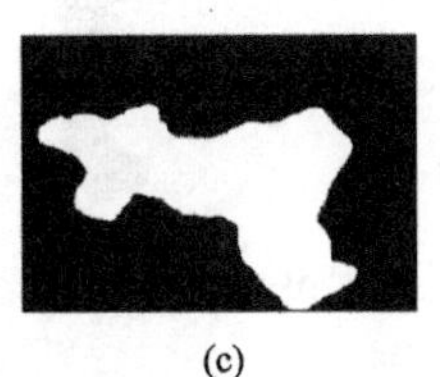
(c)

图 11-14 RS1 识别结果
(a)原始图像;(b)Gabor 特征识别;(c)Zheng 模板识别

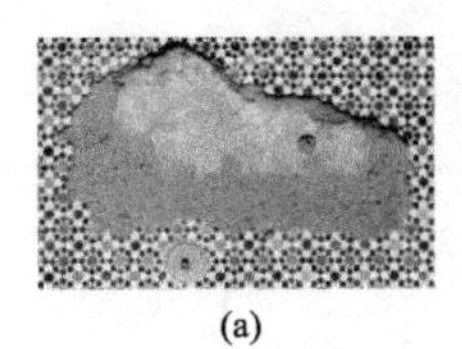
(a)
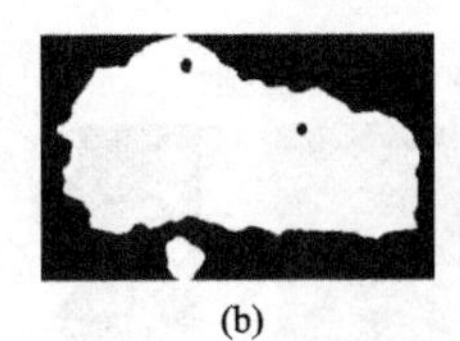
(b)
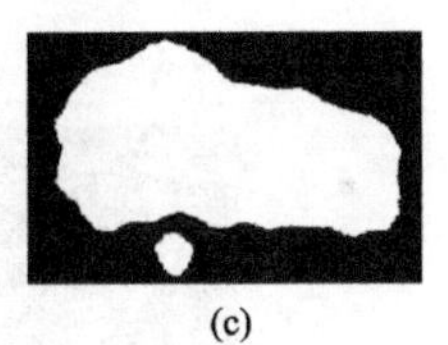
(c)

图 11-15 RS2 识别结果
(a)原始图像;(b)Gabor 特征识别;(c)Zheng 模板识别

在表 11-15 中,Fiv 和 Std 分别表示了 50 个独立操作的平均值和标准差。精度是 50 次独立操作的平均分类精度。时间是每个迭代的 CPU 时间,它的单位是秒。表 11-14 显示了不同算法优化的适应度值和分类精度。表 11-15 显示了使用不同模板的分类精度。由于遥感图像的纹理特征更加随机,因此 RS3、RS4 和 RS5 图像的适应度值明显低于其他图像;住宅小区的识别比较复杂,因此,对居住区的识别相对容易实现。根据表 11-15 中的数据,GSA 可以获得最大的适应度值;对于 RS2 图像,GSA 的平均适应度值大于 49,说明 GSA 的优化能力与其他 4 种算法相比具有明显的优势,不同类别的识别能力也很强。另外,使用 GSA 的适应度的标准差是最小值;对于 RS3、RS4 和 RS5 图像,适应度值的标准差都小于 0.1,这是一个小范围,几乎没有波动。使用 GSA 的分类精度在 5 张图像中超过了 86%,RS1 图像达到了 97.1932%,对实际应用来说是一个非常不错的精度,居民区域得到了很好的识别。对于收敛效率,PSO 和 GSA 可以快速收敛到最优解,而每次迭代的差值只有 0.07。然而,使用 GSA 的适应度值明显优于 PSO;它们之间的适应度值的最大差异达到了 1.5。同时,模板特征抽取技术的优点比 Gabor 小波特性更明显；更重要的是，"Tuned"模板花费更少的 CPU 时间。实验结果表明，与其他 4 种算法相比，GSA 具有更好的优化能力，而"Tuned"模板是一种可行的纹理特征分类方法，它只需要较少的参数，并且具有令人满意的分类精度，特别是在居民地识别方面。

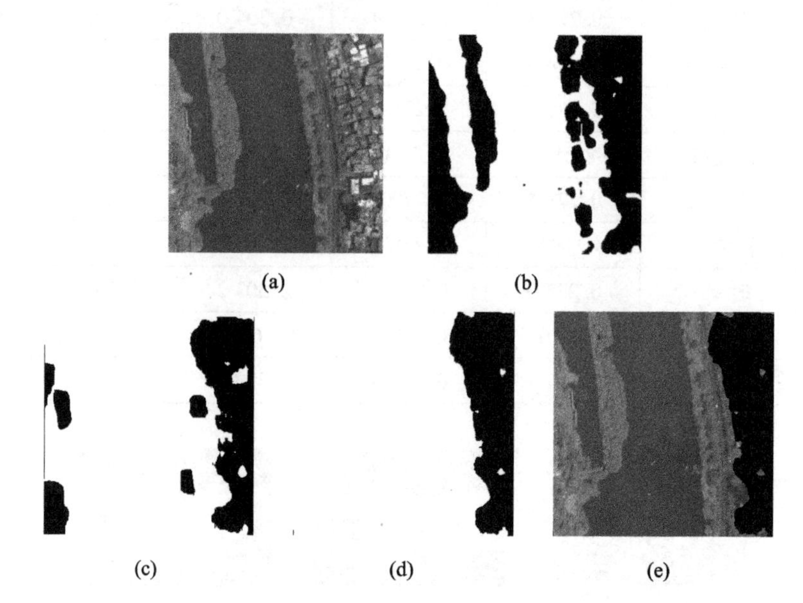

图 11-16 RS3 识别结果

(a)原始图像；(b)Gabor 特征识别；(c)Zheng 模板识别；(d)提出方法；(e)叠加图像

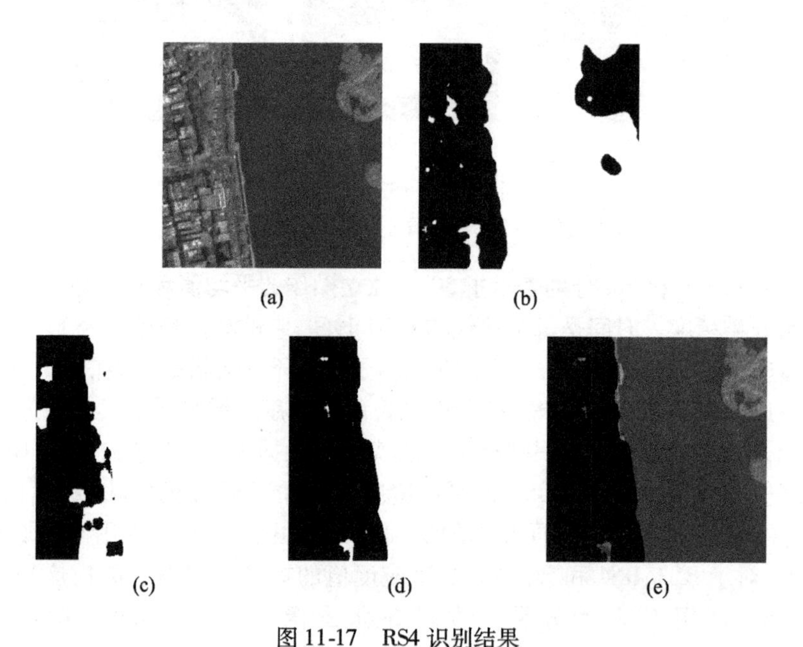

图 11-17 RS4 识别结果

(a)原始图像；(b)Gabor 特征识别；(c)Zheng 模板识别；(d)提出方法；(e)叠加图像

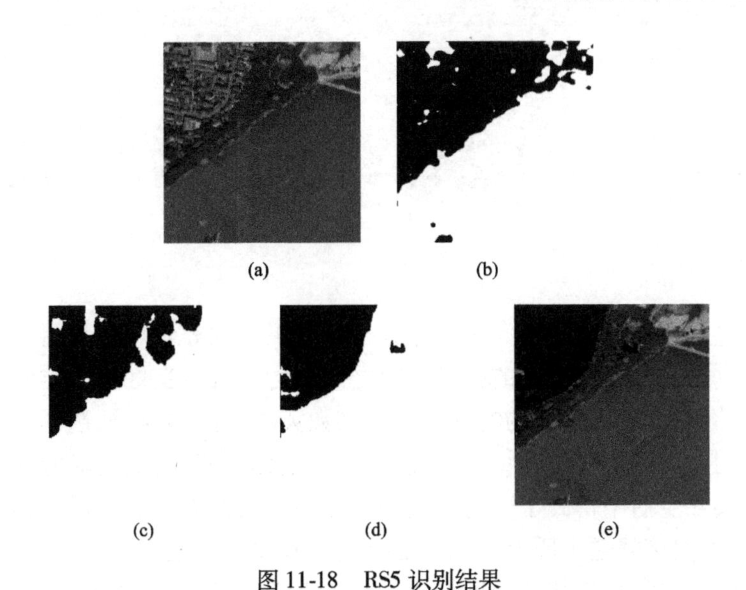

图 11-18　RS5 识别结果

(a)原始图像;(b)Gabor 特征识别;(c)Zheng 模板识别;(d)提出方法;(e)叠加图像

第12章　基于自然计算的图像特征选择方法

图像语义信息的自动提取和解译是图像分析计算机视觉等领域的热门话题,而利用纹理特征进行图像识别和解译是最重要的技术途径之一。为了获得良好的分类精度,通常会对原始图像抽取大量的特征,然而过多的特征会带来维数灾难的问题,特征选择技术应运而生,通过从原始特征空间中筛选出有效的特征子集,排除大量无用特征,从而降低处理问题的难度,因此特征选择在实际生活中得到了广泛的应用。在特征选择方法的发展过程中,涌现出许多有效的优化算法,然而该问题本质上是一个复杂度为 $O(2^N)$ 问题,在特征维数很高的时候,只能获得近似最优解。本章将特征选择问题视为组合最优化问题,应用蚁群算法、改进杜鹃搜索算法、烟花算法、差分进化算法进行优化求解,并实现了基于 Relief 算法和 Gabor 变换的纹理分类方法。

12.1　特征提取和选择概述

由于图像是一个从三维到二维投影的过程,会损失很多信息,为了区分不同种类的图像,一般需要引入各种特征,即与分类有关的各种因素。特征的引入通常要经过一个从少到多又从多到少的过程。所谓从少到多,就是指在设计识别方案的初期阶段应该尽量地列举出各种可能与分类有关的特征。这样可以充分利用各种有用的信息,改善分类的效果。例如对图 12-1 所示的 3 个类别模式特征点进行分类的问题。假设分别属于 1、2、3 的模式特征点在类域 1、2、3 中散布,若只以 x_1 作为特征进行分类,则 x_1 和 x_2 将被判别为一类;若以 x_2 作为特征进行分类,则类 2 和类 3 就被判为一类,但若同时以 x_1 和 x_2 为特征,三类就可以完全分开。因此如果只使用特征 x_1,则不能将它们完全分开,所以需要增加特征个数。但是特征个数无限增加会导致"维数灾"的问题。首先,特征的增加会给计算带来困难,而且过多的数据要占用大量的存储空间。其次,当原始特征维数过多时,不仅使获取特征的代价增加,而且在样本数较少时将使所设计的分类器的性能得不到保证。最后,大量的特征中肯定会有对刻画事物的本质贡献非常微小的特征,且部分特征之间可能还会存在很强的相关性。如果不加区分地就把它们组合在一起进行分类识别工作,会造成如下两个方面的主要问题:①增加识别工作的计算量;②可能会造成识别分类精度的下降。为了节约资源,节省计算机存取的空间、机时、特征提取的费用,有时更是为了可行性,在保证满足分类识别正确率要求的条件下,按某种准则尽量选用对正确识别起较大作用的特征,使得用较少的特征就能完成分类识别的任务,这项工作表现为减少特征矢量的维数。这就提出了特征提取与选择的需求,特征提取与选择的基本任务就是研究如何从众多特征中找出那些对分类识别最有

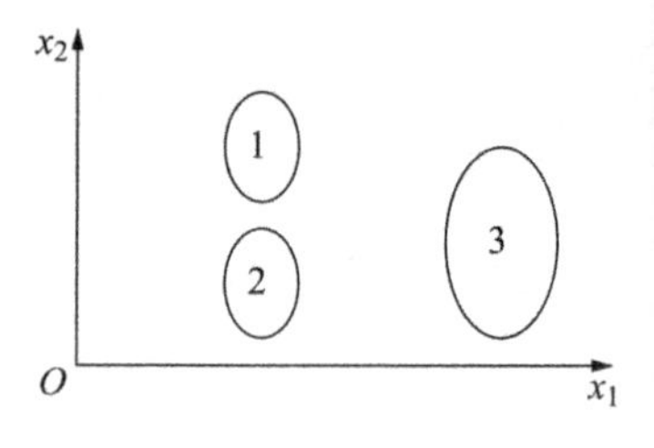

图 12-1　三类模式分类情况

效的特征,从而实现特征空间维数的压缩。

从直观上可知,在特征空间中如果同一类的模式分布比较紧密,不同类的模式相距较远,分类识别就比较容易进行,因此在由实际对象提取特征时就要非常注意这一要求,这将给后续分类识别工作带来很大的便益。然而由于某些实际的原因,提取的特征往往不能使模式具有上述那样的“良好分布”,或者所用特征过多。为了保证所要求的分类识别的正确率和节省资源,希望依据最少的特征达到所要求的分类识别的正确率。因此,通常在得到实际对象的若干具体特征之后,再由这些原始特征产生出对分类识别最有效、数目最少的特征,这就是特征提取与选择的任务。从本质上讲,我们的目的是使在最小维数特征空间中异类模式点相距较远,而同类模式间相距较近。在实现上述目标时,往往需要首先制定特征选择与提取准则,可直接以反映类内类间距离的函数作为准则,或者直接以误判率最小作为准则,还可以构造与误判率有关的判据来刻画特征对分类识别的贡献或者有效性。在实际工作中,实施特征提取与选择时主要有如下两条基本途径。

(1)降维变换法。在使评价函数 J 取最大值的目标下,对 n 个原始特征进行降维映射,即对原 n 维特征空间进行坐标变换,再取子空间。这类方法称为降维变换法,主要有:离散 $K-L$ 变换、PCA 变换、基于决策界的特征提取等方法。

(2)直接选择法。用于分类识别的特征数目给定后,直接从已获得的 N 个特征选出 d 个特征 $x_1,x_2,\cdots,x_d$,使可分判据值满足式(12-1):

$$J(x_1,x_2,\cdots,x_d)=\max[J(x_{i1},x_{i2},\cdots,x_{id})] \tag{12-1}$$

式中,$x_{i1},x_{i2},\cdots,x_{id}$是 n 个特征中的任意 d 个特征,即直接寻找 n 维特征空间中的 d 维子空间。这类方法称为直接选择法,主要有分支定界法、顺序前进选择法、顺序后退选择法等。

要从 n 个特征$\{x_1,x_2,\cdots,x_n\}$中直接选出 d 个特征,所有可能的特征组合方案数为 C_n^d,一般情况下这是一个非常大的数。况且 d 的确定本身就是一个难题,d 到底多少才是合适的?这也是一个非常困难的问题。还有一种方法是对于给定的允许错误率,求维数最小的特征子集,这是一种有约束的最优化问题。上述两种方法都属于 NP 难的问题,除了穷尽搜索之外,不能保证得到最优解。在 n 较小时尚可用穷举法求解,对稍大些的 n,如 $n\geqslant 20$,穷尽搜索实际上已经不可能了。在目标函数满足单调性的前提下,分支定界法(BB)能够很好地求取最优特征子集,但单调性前提在实际问题中往往不能满足。另外,即使 BB 算法减少了 9.9% 的工作量,算法的复杂度与 n 仍是指数关系,当 n 较大时,BB 算法仍不可行。

由于求最优解的计算量太大,人们一直在致力于寻找能得到较好次优解的算法。20 世纪 60 年代早期的方法是,在特征间相互独立的假设下,单独研究每一特征的类别可分性或熵(当时分类器错误率的研究刚起步),然后取单独使用效果最好的组合在一起。这类方法没有考虑到特征之间的相互作用,结果自然不理想。Cover 指出,即使满足相互独立的条件,两个单独使用最好的特征组合起来也不能保证是最好的组合,极端情况下,甚至可能成为最差的组合。此后出现的顺序前进法(SFS)、顺序后退法(SBS),以及改进的广义顺序前进法(GS-FS)、广义顺序后退法(GSBS)实际上都属于贪心一类的算法。这些算法考虑到了特征的相互作用,但也存在明显的缺点,特征一旦被加入或者被剔除,以后将不再改变,即所谓“筑巢”(nesting)效应。为了克服这些缺陷,出现了增 l 减 r 法(PTA):先用 SFS 法顺序地加入 l 个特征,然后再用 SBS 法依次剔除 r 个特征。在加入和去除特征时也可以采用 GSFS 和 GSBS 法,这种算法的问题是参数 l 和 r 取值很难确定。另外由 Backer 和 Sahipper 提出的极大—极小算法(MM)是一种速度较快的算法,但实验结果表明,当 n 较大时,这种算法的解的质量很差。本质上,特征选择是一个组合优化问题,近几年,遗传算法、模拟退火算法等优化算法应用到特征选择中获得了较好的结果,但遗传算法常出现过早收敛的问题,而模拟退火算法在解的性能和算法速度之间难以取得较好的折中。Pudil 等提出了顺序浮动前进法(SFFS)和顺序浮动后退法(SFBS),这两种算法可以理解为增 l 减 x 法和减 l 增 x 法,x 根据搜索情况动态地变化。算法对增 l 减 r 法的改进是变固定的 l 和 r 为浮动的,减少了不必要的回溯及在需要时增加回溯的深度,解决了参数 l 和 r 取值难以确定的问题。SFFS 和 SFBS 算法的解接近于最优解,而计算速度要快于分支限界法。

综上所述,在大特征集的特征选择问题上,尽管有很大的进展,但已有的算法或者得到解的优化程度低,或者计算量太大,远未达到满意的程度,因此本书引入经典的蚁群算法(ACO)和最新杜鹃搜索算法,烟花算法求解特征选择问题,希望能为特征选择问题的解决带来新的思路和途径。

12.2 基于 ACO 特征选择方法

12.2.1 基于 ACO 特征选择方法模型构建

本章将特征选择问题看成一个组合优化问题,人工蚁群(以下简称蚂蚁)在特征选择问题的解空间中并行搜索,解的质量通过一定评价标准(适应度函数)加以度量,每只蚂蚁和它生成的解的信息积累在全局信息矩阵中(信息素矩阵)。借助信息素矩阵(或者联合启发信息),蚂蚁个体互相交流问题解结构信息以寻找最优解。随着迭代的进行,解的质量逐渐得到提高,在到达最大设定的运行次数以后算法运行停止,此时拥有最大评价值的解代表本次运行中获得最优解。在运用蚂蚁算法处理特征选择问题时,主要有如下几个步骤。

1. *分析问题,确定问题解的形式*

本章将特征选择问题看成一种针对特征矢量二类划分问题。一类是被选中的特征,另一类是没有被选中的特征。设一组特征如下:$\{a_1,a_2,a_3,a_4,a_5,a_6,a_7,a_8\}$,要从中选择一组最优子集,该问题的解为$\{L_1,L_2,L_3,L_4,L_5,L_6,L_7,L_8\}$。如果某个特征被选中,相应的解中该位置的元素便被标记为1,否则便标记为0,解的长度等于原始特征的维数。例如,给定特征选择问题的一组解如下:$\{1,1,0,0,1,1,0,0\}$,表示特征 a_1,a_2,a_5,a_6被选中参与分类的工作,而余下的特征则没有被选中,分类中不使用这些特征。

2. *适应度函数定义*

选择一个适当的适应度函数是蚁群算法能否成功解决优化问题的关键。特征提取与选择的基本任务是研究如何从众多特征中找出那些对分类识别最有效的特征,从而实现特征空间维数的压缩,所以好的特征子集应该满足如下条件:

(1)特征子集能够较准确地代表所要分类的问题空间,且对分类具有较大的贡献,以使该模式能被分类识别系统正确地分类和识别。即运用该特征子集进行分类识别时要有尽可能高的正确率。

(2)特征空间的每一维都会增加分类识别系统的代价,所以特征子集包含的特征项数要尽可能的少。

根据上述要求,本章中适应度函数的定义由纹理图像分类的正确率和所选用的特征个数组成(分类精度可以从纹理图像分类的正确率中得到,而用到的特征个数可以直接从蚂蚁生成的解每个元素依次相加得到),适应度函数公式如式(12-2):

$$\text{Fitness}(i)=\frac{\text{correct}-\text{rate}(i)}{1+\lambda\text{num}(i)} \tag{12-2}$$

这里$f_{\text{Fitness}(i)}$表示蚂蚁 i 生成解的适应度函数值,correct-rate 表示运用此特征子集进行分类的正确率,num 表示蚂蚁此次选择的特征个数,λ 是特征个数的权重参数。$f_{\text{Fitness}(i)}$越大的话表明选择的特征子集表现越好,即利用较少的特征获得较高的分类正确率。

3. 优化过程

优化过程包括3个主要步骤:①解的构建;②局部搜索;③信息素更新。

1)解的构建

运用 R 只蚂蚁来建立问题的解,解中的每一个元素表示相应位置特征选择的情况。根据在构建解的过程中是否利用启发信息,可以有两种构建解的方式。

(1)解构建过程不使用启发信息。为建立一个解,蚂蚁仅运用信息素轨迹信息给每个特征进行标记。在算法的初始阶段,信息素矩阵 τ 被初始化为一个很小的值 τ_0。位置(i,j)上的τ_{ij}表示特征 i 和类别 j 联系的信息素浓度。对于特征选择问题,每个特征有两种信息素浓度:被选中的和没有被选中的信息素浓度。对于 n 维特征,信息素矩阵大小为 $n\times2$,并随着迭代的进行而进化。下面以一个维数为8的特征向量$\{1,2,3,4,\cdots,8\}$的选择来说明蚁群具体工作的过程。

初始时刻蚂蚁还没有开始搜索,信息素矩阵各元素值都相同(本章中设为一个任意大于零的数 τ_0)。对于每个特征它总共有两种信息素 τ_{ij},i 代表特征号,即是第几维的特征;j 取值为0和1,即标记选中或未选中;信息素矩阵大小为 8×2。从第一个特征出发,蚂蚁顺序地漫游过所有的特征(依次对特征1,2,…,8进行标记)。通过如下伪随机比例选择规则,蚂蚁标记某个特征是否被选中。①根据概率阈值 q_0,信息素浓度最大的类别号被选中(q_0是事先定义的一个参数 $0<q_0<1$,本章中 $q_0=0.2$);②运用轮盘赌法则决定该特征是否被选中。为了解释以上步骤是如何进行的,以上面例子中的特征选择问题为例来说明蚂蚁是如何进行特征选择。首先,生成[0,1]范围内服从均匀分布的随机数,随机数的个数等于解的长度。假设生成的随机数如下:{0.15,0.25,0.32,0.45,0.54,0.12,0.63,0.76}。这样根据第一条规则,特征1和特征6可以被标记(依据信息素浓度最大准则选择标记的类别号,$q_0=0.2$),因为它们对应的随机数小于 q_0。对于剩下的没有标记的特征,运用信息素概率来标定,如式(12-3)所示。

$$p_{ij}=\frac{\tau_{ij}}{\sum_{k}^{K}\tau_{ik}},\quad j=0,1 \tag{12-3}$$

式中,p_{ij}是特征 i 是否被选取的信息素概率。假设上述解中第二个元素的信息素概率为 $p_{20}=0.7$,$p_{21}=0.3$。相应的它可以通过产生服从均匀分布的[0,1]之间的随机数来决定它是否会被选取。如果产生的随机数在0~0.7,则该特征被标记为0(即没有被选中);如果生成的随机数在0.7~1,则它被选中。这样第二个特征就被标定了。以此类推,剩下的几个特征也可以被标定,其他的蚂蚁也以同样的方式并行地进行解的搜索。由于第一次循环中并没有先验知识可以利用(较优蚂蚁留下的信息素),因此第一次循环中,蚂蚁都采用第二条规则标定特征，以后就根据生成的随机数和 q_0 的值来决定使用第一或者第二条规则。

(2)解的构建过程中使用启发信息。特征选择问题中启发信息有两种：一种是选择这个特征的期望程度，另一种是不选择这个特征的期望程度，分别记为 η_{i1}，η_{i0}。这里的 i 表示特征的编号，η_{i1}，η_{i0} 分别对应选中和不选中的期望程度。一般来说，如果一个特征对分类识别正确率的贡献越大则选中的期望也越大。因此本章中采用如下两种方法设置启发信息：①对于每个特征，计算单独使用这个特征的对训练纹理图像的识别正确率，将识别正确率作为选中的启发信息 $\eta_{i1} = \text{corrate}$，而错误率则作为不选择这个特征的启发信息 $\eta_{i0} = (1 - \text{corrate})$，即使用某个特征的识别正确率越高，则选中它的期望越高。②将所有单个特征的正确识别率从高到低排序，正确识别率最高的特征排 1 名，其他的依次类推，然后按如下方式计算两种启发信息：

$$\eta_{i1} = \frac{\text{原始特征个数} \cdot \omega - \text{识别正确率排名}}{\text{原始特征个数} \cdot \omega} \tag{12-4}$$

$$\eta_{i0} = 1 - \eta_{i1} \tag{12-5}$$

由上式可知正确识别率越高的特征被选中的启发信息 η_{i1} 越大；反之，正确识别率越低的特征不被选中的启发信息 η_{i0} 越大，其中 $\omega(1 < \omega < 2)$ 是正确识别率排序调节参数，防止启发信息中出现为 0 的情况。

这里，蚂蚁运用信息素轨迹和启发信息给每个特征进行标记。在算法的开始阶段，先设置特征选择的启发信息矩阵 $\boldsymbol{\eta}$，信息素矩阵 $\boldsymbol{\tau}$(含义同上)。η_{ij} 表示特征 i 是否被选择的启发信息，每个特征有两种启发式信息：被选中的和没有被选中的启发式信息。对于 n 维特征，启发式信息矩阵大小为 $n \times 2$，启发信息矩阵设置以后就保持不变，而信息素轨迹矩阵随着迭代的进行而进化。下面以一个维数为 8 的特征向量 $\{1,2,3,4,\cdots,8\}$ 的选择来说明蚁群具体工作的过程。

初始时刻蚂蚁还没有开始搜索，信息素矩阵各元素值都相同(本章中设为一个任意大于零的数 τ_0)。对于每个特征它总共有两种信息素 τ_{ij} 和两种启发信息 η_{ij}，i 代表特征号，即是第几维的特征；j 取值为 0 和 1，标记选中或未选中；信息素和启发信息矩阵大小为 8×2。从第一个特征出发，蚂蚁顺序地漫游过所有的特征(依次对特征 $1,2,\cdots,8$ 进行标记)。通过伪随机比例选择规则，蚂蚁标记某个特征是否被选中，选择过程同上，只是计算轮盘赌选择概率公式有所不同，如式(12-6)所示。

$$p_{ij} = \frac{{\tau_{ij}}^{\alpha}{\eta_{ij}}^{\beta}}{\sum_{j=0}^{1}{\tau_{ij}}^{\alpha}{\eta_{ij}}^{\beta}}, \quad j = 0,1 \tag{12-6}$$

式中：p_{ij} 是特征 i 是否被选取概率；α，β 表示信息素和启发信息在特征选择时相对重要的程度，在得到选择概率以后，特征选择工作同上。

2)局部搜索

为防止蚁群在搜索过程中陷入局部最优，这里采用局部搜索策略以提高解的质量。依照适应度函数的值，本次迭代中表现最好的 10% 的蚂蚁被选择进行局部搜索。这里采用的局部搜索策略是按照一定的概率改变解中部分元素的标号值，并按照变异后新解的适应度函数值的情况决定本次变异结果是否被接受。

3)信息素更新

局部搜索完毕进行信息素更新。本章中使用最优解保留策略，即在循环过程设立一个全局最优解并作为全局变量被保存起来，如果本次循环得到的最优解比全局最优解更好（适应度值更大），则用本次最优解替代它，否则最优解保持不变。

4. 控制参数的选择

控制参数包括种蚁群规模、局部搜索和信息素更新比例等。

5. 算法终止条件

这里选择最大运行次数为终止条件，没有使用启发信息的 ACO 特征选择算法流程如图 12-2 所示。

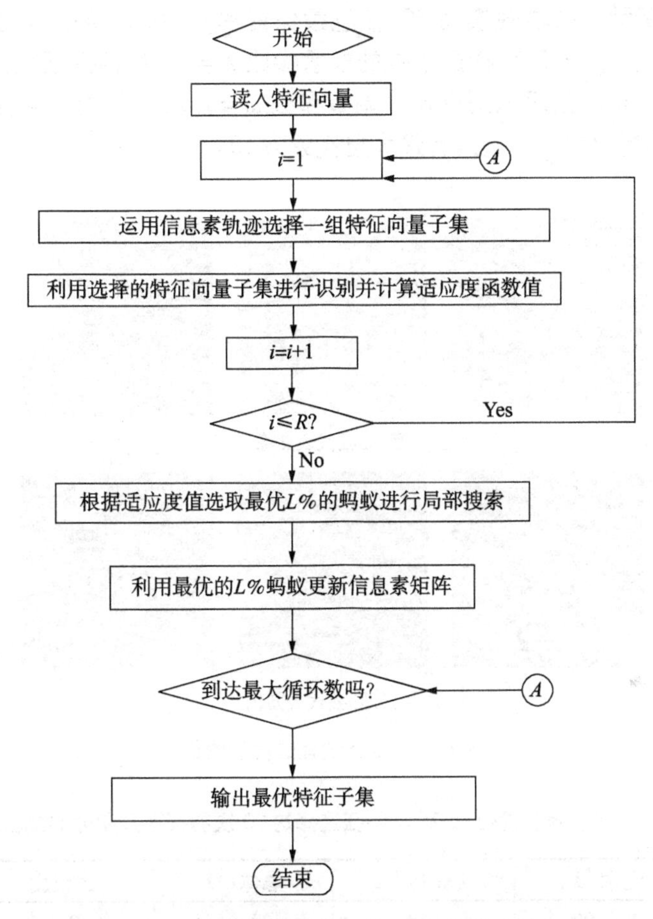

图 12-2 没有使用启发信息的 ACO 特征选择流程

12.2.2 特征选择试验和分析

为了进一步了解启发信息在特征选择中的作用以及比较不同启发信息设置方法对 ACO 特征选择性能的影响。本章分别就没有使用启发信息的 ACO 特征选择，直接使用正确率作为启发信息的 ACO 特征选择和使用正确率排序信息作为启发信息的 ACO 特征选择方法分别进行了纹理特征选择试验。

本章采用监督分类方法，对要分类的纹理图像先在每类中选择几幅作为训练样本进行学习。运用蚁群算法进行特征选择以后，选取代表待分类模式的最优特征子集，然后利用最小距离分类器对纹理图像进行分类识别。

实验中纹理图像分为灌木和居民地两大类共 72 幅图像，其中灌木 48 幅、居民地 24 幅，图像大小为 100×100 像元。图 12-3 显示了每一类中 3 幅具有代表性的样本图像。每类图像提取小波、分形和共生矩阵等共 22 种特征。每类选择 6 幅作为训练样本，剩余的图像进行分类判别。对于没有使用启发信息的蚁群算法所用参数如下：蚁群规模为 50，信息素保留率 $\rho=0.5$，伪随机比例选择参数 $q_0=0.2$，局部搜索概率为 $p_{\text{local}}=0.1$，特征个数的权重参数 $\lambda=0.01$，局部搜索和信息素更新比例为 20%，试验运行 10 次，每次运行最大迭代次数为 10，运行结果如表 12-1 所示。对于融入启发信息的蚂蚁算法，两种设置启发信息方法的所得结果如表 12-2 和表 12-3 所示。蚁群规模为 50，信息素保留率 $\rho=0.5$，伪随机比例选择参数 $q_0=0.2$，局部搜索概率为 $p_{\text{local}}=0.1$，特征个数的权重参数 $\lambda=0.01$，信息素信息权重参数 $\alpha=1$，启发信息权重参数 $\beta=1$，正确识别率排序调节参数 $\omega=1.2$，局部搜索和信息素更新比例为 20%，每个试验都运行 10 次，每次运行最大迭代数为 10。

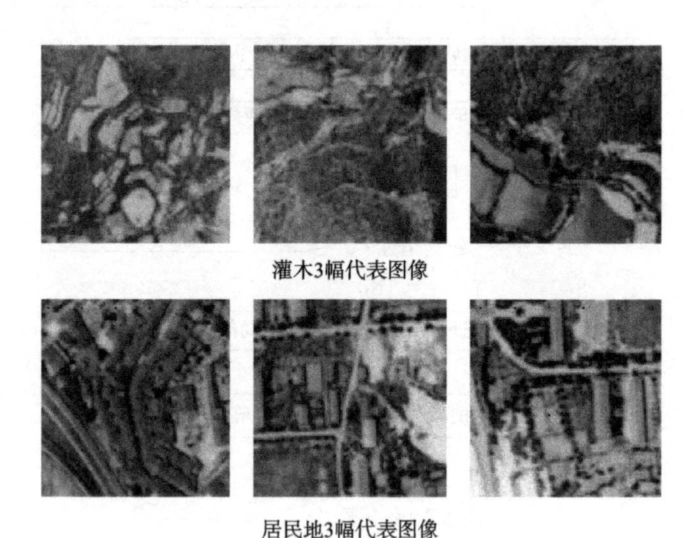

图 12-3 两类纹理的代表图像

表 12-1 不使用启发信息 ACO 特征选择的 10 次特征选择和分类试验结果

试验次数	灌木/%	居民地/%	总体/%	适应度	选用特征数
1	100.00	95.83	98.61	0.930 2	6
2	100.00	95.83	98.61	0.939 1	5
3	97.92	87.5	94.44	0.890 9	6
4	100.00	95.83	98.61	0.939 1	5
5	97.92	95.83	97.22	0.917 9	6
6	100.00	87.5	95.83	0.912 6	5
7	100.00	95.83	98.61	0.921 5	7
8	100.00	95.83	98.61	0.930 2	6
9	100.00	95.83	98.61	0.939 1	5
10	95.83	100.00	97.22	0.925 9	5
平均值	99.12	94.58	97.22	0.924 6	5.6

表 12-2　直接使用正确率作为启发信息 ACO 特征选择的 10 次特征选择和分类试验结果

试验次数	灌木/%	居民地/%	总体/%	适应度	选用特征数
1	95.83	91.67	94.44	0.828 5	14
2	95.83	95.83	95.83	0.848 1	13
3	95.83	91.67	94.44	0.843 3	12
4	97.92	87.5	94.44	0.858 6	10
5	95.83	91.67	94.44	0.835 8	13
6	95.83	91.67	94.44	0.828 5	14
7	95.83	91.67	94.44	0.835 8	13
8	100	79.16	93.06	0.823 6	13
9	93.75	95.83	94.44	0.814 2	16
10	93.75	91.67	93.06	0.830 9	12
平均值	96.04	90.83	94.30	0.834 7	13

表 12-3　使用正确率排序作启发信息 ACO 特征选择的 10 次特征选择和分类试验结果

试验次数	灌木/%	居民地/%	总体/%	适应度	选用特征数
1	100.00	100.00	100.00	0.957 4	3
2	100.00	95.83	98.61	0.948 1	4
3	100.00	95.83	98.61	0.948 1	4
4	100.00	95.83	98.61	0.948 1	4
5	97.92	95.83	97.22	0.917 9	6
6	100.00	95.83	98.61	0.939 1	5
7	100.00	95.83	98.61	0.939 1	5
8	100.00	95.83	98.61	0.957 4	3
9	100.00	95.83	98.61	0.939 1	5
10	100.00	91.67	97.22	0.925 9	5
平均值	99.72	95.83	98.47	0.936 1	4.4

PCA 是进行特征提取常用的算法，一般能够有效地压缩特征维数并很好地保留原始特征信息量。为了和常规特征提取算法做比较，运用 PCA 算法对该组特征进行了特征提取。并将

原始特征集和经过PCA变换后获得特征子集与蚁群算法选取的特征子集的分类效果进行了比较。首先,采用22个特征全部参与分类工作,另外经过PCA处理以后分别取前面7、6和5个特征的分类结果如表12-4所示。

表12-4　原始特征和PCA变换特征的分类表现　　单位:%

所用特征	灌木	居民地	总体
原始特征集	95.33	70.833	87.5
PCA变换前7特征	95.33	70.833	87.5
PCA变换前6特征	95.33	70.833	87.5
PCA变换前5特征	95.33	70.833	87.5

分析表12-1~表12-4中的试验结果,可以得到如下一些结论。

1. *蚁群算法能够成功地选择特征空间最优特征子集*

由表12-1~表12-3可知,10次运行中,无论是否利用启发信息,蚁群算法在保证识别正确率的情况下都能压缩原始特征维数。最好的结果有2次成功的将原始特征由22维压缩至3维,最差情况将原始特征压缩至16维,但与原来的22维相比,还是减少了6维,压缩了特征空间。总体来看,只要启发信息设置得当或者不使用启发信息的情况下蚁群算法平均能将特征空间维数压缩16维以上,同时能保持高于原始特征集的正确识别率。如果启发信息设置不当,虽然效果不显著,但是仍然可以压缩原始特征空间。可见,蚁群算法能够成功地选择特征空间最优特征子集。

2. *蚁群算法选择的特征子集有可能提高识别正确率*

由表12-4可知,采用原始特征集和经过PCA变换分别取前面5、6和7个特征的正确识别率都是87.5%。而采用经过不使用启发信息ACO选择的特征子集进行识别,平均正确识别率达到97.22%,高出了近10%,最高可以达到98.61%,最差情况下也达到了94.44%,且两类的识别精度都较之应用原始特征集有所提高,特别是对于居民地的判别有了超过20%以上的提高。较好设置启发信息ACO选择的特征子集进行识别平均正确识别率达到98.47%,高出原始特征集10%以上,最高可以达到100%,最差情况也达到了97.22%,且两类的识别精度都较之应用原始特征集有所提高,特别是对于居民地的判别有了超过25%以上的提高。而启发信息设置较差的情况下对灌木和居民地的总体识别正确率也要高于原始特征集的,分别为96.04%、90.83%、94.30%。这得益于蚁群在寻优过程中抛弃了对分类识别起“干扰”作用的不良特征,保留了对分类贡献较大的特征。总的来说,无论在分类精度和所运用的特征个数上面,蚁群算法的表现都是最好的。此外,相对于PCA算法,ACO选择的特征有明显的意义。通过特征选择的结果可以直观地认识到哪些特征对纹理图像分类有较好的贡献,并且可以作为一般知识对以后的特征抽取工作加以指导,而PCA算法虽然也有较高的压缩效率,但特征意义不明显,且不能删去不良特征。

3. *适当设置启发信息的蚁群算法能够比没有使用启发信息的蚁群算法得到更好的特征子集*

从表12-3中可知,适当设置启发信息的ACO无论在分类正确率方面还是所选特征个数方面，以及适应函数值方面都优于不使用启发的信息 ACO。其最高、最低、平均正确识别率分别为 100%、97.22%、98.47%，均比不使用启发信息的 ACO 要好（相应的最高、最低、平均正确率分别为 98.61%、94.44%、97.22%）。更重要的是它选择的特征数更少，最少的特征数目是 3 个，比没有使用启发信息的 5 个要少 2 个，最高是 6 个，比没有使用启发信息的 7 个也少一个，平均选择的特征个数也比没有使用启发信息的 ACO 少 1 个以上，而且平均适应度函数比没有使用启发信息的 ACO 要好。

4. 启发信息对算法的性能有重要的影响

从表 12-2 和表 12-3 中试验结果来看，两种不同启发信息设置方法对最终所得解的质量有较大的影响。第一种直接融入正确识别率作为启发信息方法不但不能提高 ACO 寻找最优特征子集的能力，所得解的质量反而比没有使用启发信息的 ACO 差。仔细分析可以知道，这是因为绝大部分特征单独使用时它的正确识别率都在 50% 以上，这样选择它的概率就要大于不选择它的概率，所以出现增加启发信息以后反而比不使用启发信息的结果差。这说明启发信息的设置对蚁群算法寻优很重要，适当的启发信息设置能帮助蚁群算法发现更好的解，而不适当的启发信息设置可能会让蚁群算法陷入局部最优解，所以在设置启发信息的时候一定要根据问题选择合适的设置方法。

综上所述，基于蚁群算法的特征选择方法能够在可接受的时间代价内找到问题的较优解，它不需要人为指定要选择的特征维数，能够“智能”地在正确识别率和特征维数之间取得很好的平衡，自动寻找到比较合适的特征子空间的维数。作为一种新方法，改善了用传统方法对大规模复杂数据进行特征提取和选择存在的局限性。该方法不仅避免了传统方法易陷入局部最优，找不到较优解的缺陷，且当特征规模较大时，具有良好的稳健性，因此是解决该问题的一个理想方法。

12.3 基于 ICS 的遥感图像特征选择

12.3.1 基于 ICS 算法的遥感图像特征选择基本思路

在基础的杜鹃搜索算法中，它是在连续值的位置空间进行搜索寻优的，为了让杜鹃搜索算法能够适用于特征选择问题，二进制的杜鹃搜索算法被提出。它是模拟遗传算法的染色体的二进制编码方式而来的。基于杜鹃搜索的特征选择的基本思路是：在实验过程中，将鸟巢的位置用二进制编码表示 $S = F_1F_2\cdots F_n,_n = 1,2\cdots,_m$。其中，每维分量的值只能为 0 或 1，0 表示该分量对应的特征属性不被选择，1 表示该分量对应的特征属性被选择。在二进制的杜鹃搜索算法中，随机产生新的鸟巢的位置不是通过二进制编码的，所以需要用转换函数将鸟巢的位置转化为属于区间[0,1]的值，这个值表示鸟巢所取位置为 1 的概率。运用 sigmoid 转换公式进行转换，如式(12-7)和式(12-8)所示。

$$S(x_d^i(t)) = \frac{1}{1 + e^{-x_d^i(t)}} \tag{12-7}$$

$$x_d^i(t) = \begin{cases} 1, & \text{如果 } S(x_d^i(t)) > \sigma \\ 0, & \text{否则} \end{cases} \tag{12-8}$$

其中，$\sigma \sim U(0,1)$。

特征选择的基本步骤如下：

（1）产生过程。特征子集的产生过程即是一个随机搜寻过程。在整个搜寻过程中常用的搜寻策略有完全搜索、随机搜索和顺序搜索等。为了得到较高的分类正确率，必须选择一个合理的搜寻策略，接着依据所选择的搜寻策略，确定初始特征子集。

（2）目标函数。判定特征子集的好坏。通过目标函数对上一步骤中产生的特征子集进行评判。目标函数的函数值决定了特征子集的好坏。

（3）停机准则。该准则与目标函数密切相关，一般来说是一个固定阈值，当目标函数值达到这个阈值后，即可停止下一步的搜索。

（4）检验过程。在实际测试中，检验该特征子集的有效性。

基于 ICS 算法的遥感图像特征选择方法，分别采用杜鹃搜索算法和粒子群算法的二进制形式，运用融合的 ICS 算法对遥感图像特征进行选择。在整个过程中，种群的搜索范围即是特征选择的选择范围，种群中每只杜鹃鸟的位置表示一个解，最优解即是需要最少特征的情况下，得到最优的分类正确率。因为是对遥感图像特征进行特征选择，杜鹃鸟的位置用一个 M 维向量表示，其中 M 为数据集的特征个数。基于 ICS 算法的遥感图像特征选择方法，其主要步骤如下。

（1）导入特征个数为 M 的遥感图像特征数据集，它包括训练集和测试集。对杜鹃鸟窝位置进行初始化，并设置其他参数。

（2）根据每个个体中的 0 和 1 的位置，产生新的数据集，用支持向量机对新的训练集进行分类，根据目标函数计算每只杜鹃鸟的适应度值。其中，SVM 的惩罚因子和核函数参数均采用 SVM 默认参数值，都设为 1。评价函数可定义同式（12-2）。

（3）运用 $x_d^i(t+1)=x_d^i(t)+a\oplus\text{levy}(\lambda)$ 每只杜鹃鸟的位置进行更新。

（4）上一步中，选取部分质量较好的鸟巢，用粒子群算法进行位置更新，得到所有鸟巢中最优鸟巢的位置。

（5）判断是否满足停机条件，若未达到，转到步骤（3）继续运行。否则上一步中得到的当前最优解即是全局最优解。

（6）将最优解代入 SVM 中，构建分类器，对测试集中的遥感图像数据进行分类，验证特征选择的合理性。

12.3.2 基于 ICS 算法的遥感图像特征选择实验仿真与分析

为了验证该方法的有效性，采用已从 684 个遥感图像样本中提取出的方差、偏斜度、突出度、能量、绝对值以及各阶纹理能量，共 22 个特征，作为遥感图像特征数据集，并对该数据集进行数据分类，部分图像如图 12-4 所示。分别同基于 GA、PSO 和标准 CS 优化的特征选择法进行了对比。这里每个算法均进行 50 次迭代，种群规模均设定为 30。GA 算法中的基本参数设置为：选择概率 $P_s=0.9$，交叉概率 $P_c=0.85$，变异概率 $P_m=0.05$。PSO 算法中学习因子 $c_1=c_2=2.0$，最大速度 $V_{max}=200$。CS 算法中取 $P_a=0.7$，ICS 算法的参数同 PSO 算法和标准 CS 算法。由于 GA、PSO、CS 和 ICS 算法都属于随机化算法，这里测试样本和训练样本每次通过随机抽样的方式来决定，每个算法都独立运行了 50 次，每次实验均采用 8∶2的比例随机分配训练样本和测试样本。50 次独立运行获得的分类正确率如表 12-5 所示，典型的适应度收敛曲线分别如图 12-5 ~ 图 12-8 所示。

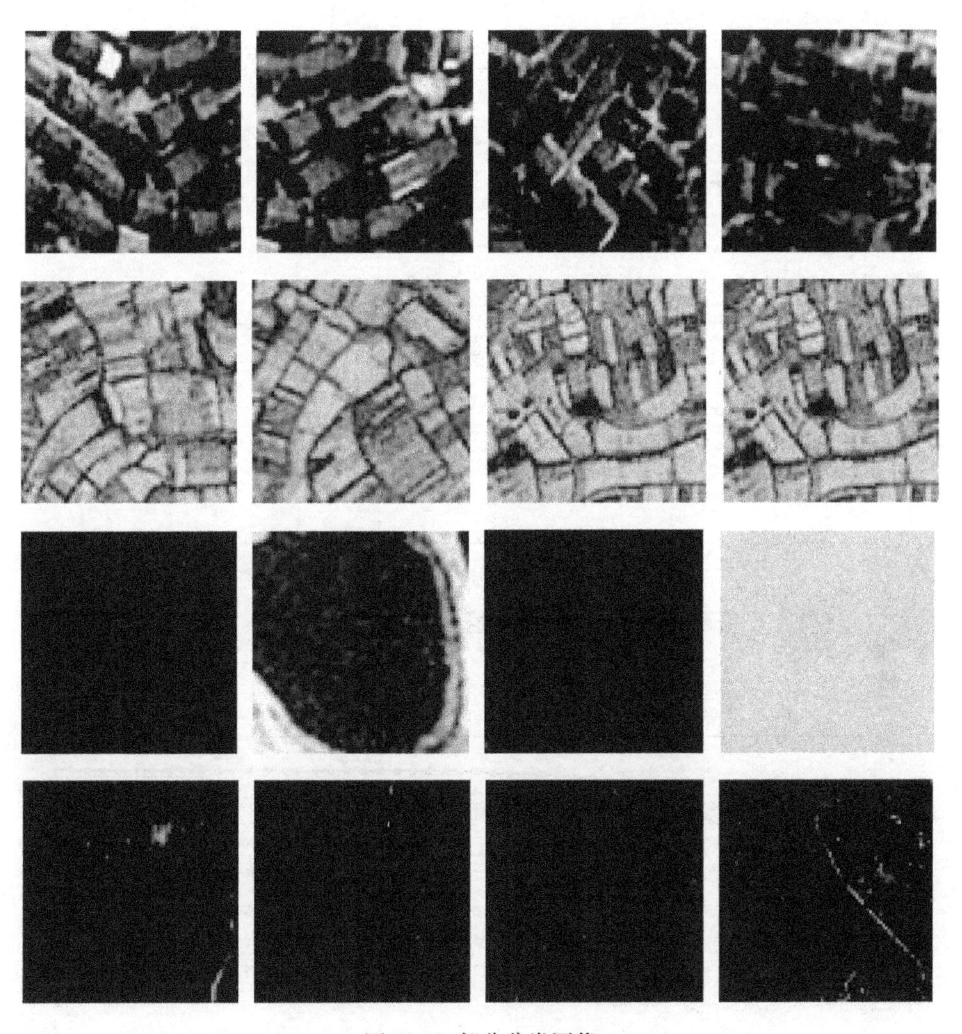

图 12-4　部分分类图像

表 12-5　采用不同算法优化的遥感影像适应度函数值

算法	GA	PSO	CS	ICS
最差适应度值	0.632 2	0.694 4	0.700 3	0.700 3
平均适应度值	0.760 2	0.774 9	0.785 0	0.795 1
最高适应度值	0.832 4	0.854 3	0.868 3	0.868 3
标准差	0.057 8	0.042 2	0.038 1	0.034 0
特征数目	6	5	5	5

分析表 12-5 中数据可知采用遗传算法、粒子群算法、标准杜鹃搜索算法和 ICS 算法对遥感图像数据进行特征选择，均能得到较高的适应度值。所有算法的平均适应度值均在 0.75

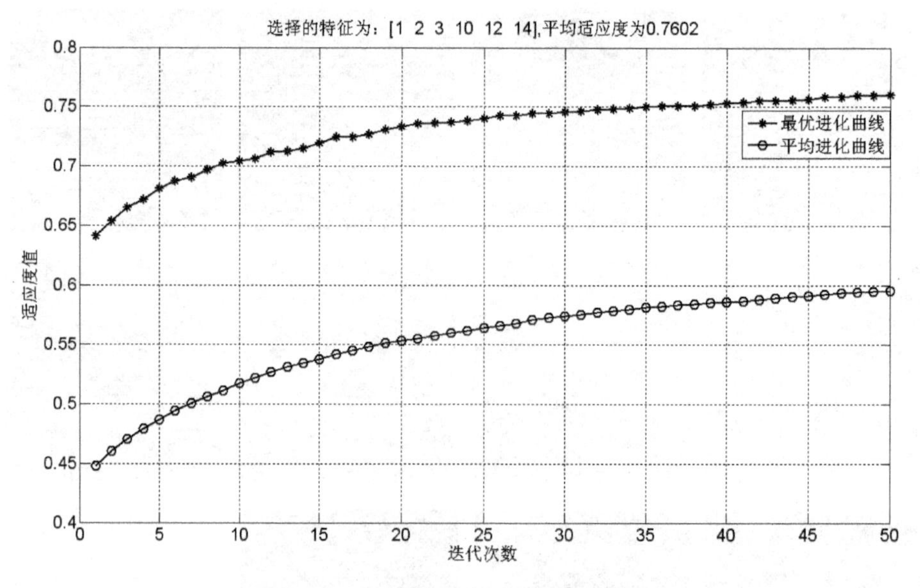

图 12-5 GA 特征选择适应度进化曲线

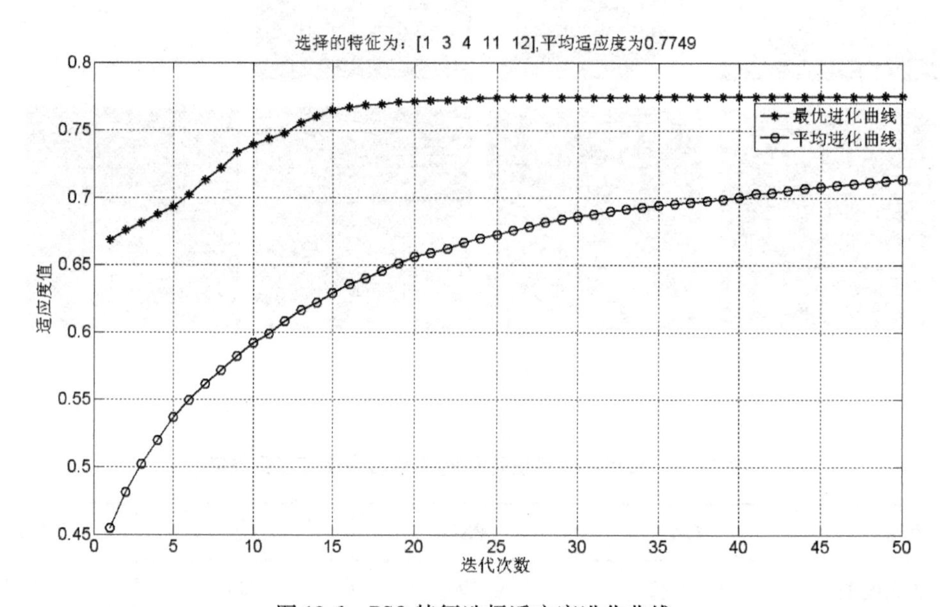

图 12-6 PSO 特征选择适应度进化曲线

以上,最优适应度值均在 0.8 以上。其中,标准杜鹃搜索算法和 ICS 算法的最差适应度值和最高适应度值均明显高于遗传算法和粒子群算法,两种算法的最差适应度值均为 0.700 3,最高适应度值均为 0.868 3,得到的所有适应度值均在 0.7 以上。就平均适应度值而言,ICS 算法拥有最高的分类正确率,由于评价函数中权重参数的关系,其实际最高分类正确率达到了 0.868 3 × (1 + 0.01 × 5) = 0.911 8。即只需要从所有 22 个特征中选取 5 个特征,就能达到 90% 以上的分类正确率,其实际平均分类正确率也超过了 80%。而在原始特征集上进行 50 次独立实验,其平均分类正确率仅为 87.088 2%。另外,ICS 算法的适应度标准差也是 4 种算

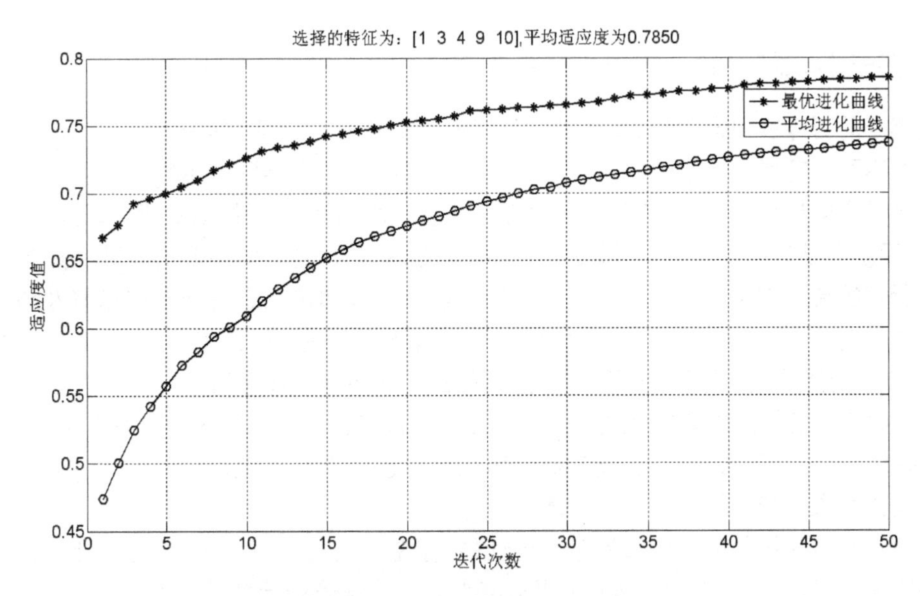

图 12-7　CS 特征选择适应度进化曲线

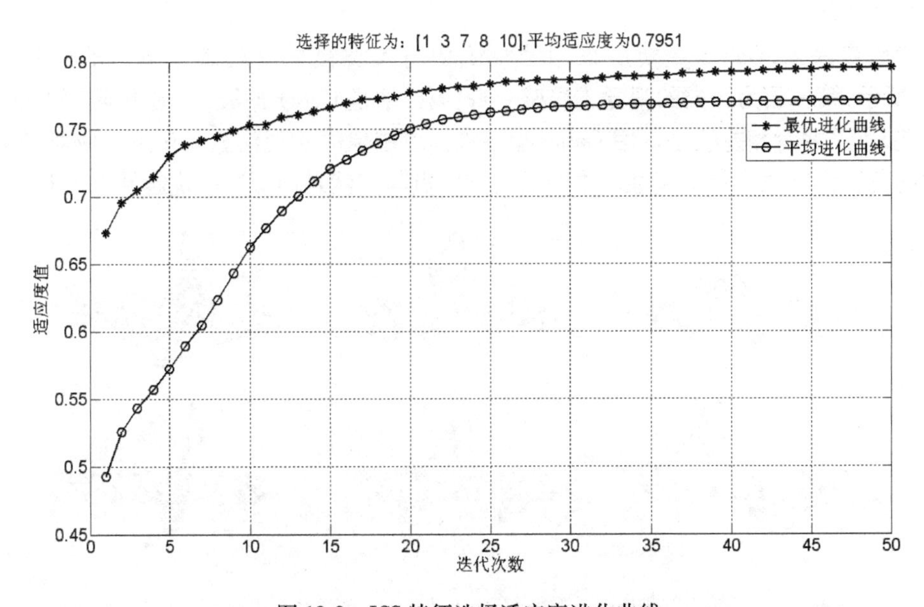

图 12-8　ICS 特征选择适应度进化曲线

法中最低的，仅为 0.034 0。由图 12-5 ~ 图 12-8 可知，ICS 算法的最优适应度和平均适应度之间的差距是最小的，其平均适应度和最优适应度的差值仅为 0.024 左右，而采用 GA 算法，平均适应度和最优适应度的差值达到 0.15 以上。说明采用 ICS 算法得到的适应度值最为稳定，基本不受实验环境和独立实验次数的影响。总体来说，对于遥感图像测试数据而言，基于 ICS 算法优化的特征选择分类方法可以收敛于最优解，然而在选取较少特征的情况下，得到的分类正确率并不稳定，因此，在整个分类过程中，基于支持向量机本身的优化还有待进一步研究。

12.4 基于烟花算法的小波纹理特征选择

大部分的图像都包含纹理、边缘、灰度、峰值等视觉信息特征，其中的纹理特征是由于物体表面的不同物理属性而形成的。在进行图像处理时如果直接用原始图像的全部像素值作为特征向量会使计算复杂度较高，且包含许多冗余信息，不利于后续的处理。因此，对图像进行简洁、紧凑和准确的纹理特征提取是十分重要的，在必要的时候还要进行特征选择来进一步优化所需的有效信息。对图像的特征进行有效的提取和选择是决定图像相似性和进行图像分类的关键步骤。本章将详细介绍 Gabor 小波的基础理论，并引入烟花算法对提取的 Gabor 小波纹理特征进行优化选择以降低后续图像识别分类的计算量。

目前纹理特征提取的基本理论大体上可以分为以统计、模型、结构以及基于信号处理的 4 种特征提取方法。但前 3 种方法或多或少都存在一定的缺点，在实际应用中采用基于信号处理的滤波方式来进行图像处理较为普遍。

在现实生活中的各种信号都是非稳定性的，存在一定的噪声，而传统傅里叶变换多用于处理平稳信号源，小波变换则是通过一些运算对函数或信号进行多尺度细化分析。所以小波变换特别适合于图像信号这一类非平稳信号源的处理，被广泛应用到图像的特征提取、压缩、去噪等多个领域。

随着研究深入，Gabor 变换所采用的核函数与人类视觉皮层刺激响应非常相似。如图 12-9 所示，第一层为人类的视觉皮层感受野，第二层是 Gabor 滤波器，最下面一层是上面两层的残差，可见两者相差极小。用 Gabor 滤波来提取图像的纹理信息无论从生物学的角度还是技术的角度都有很大的优越性。本节的研究重点其实就是利用这一优越性而展开的。

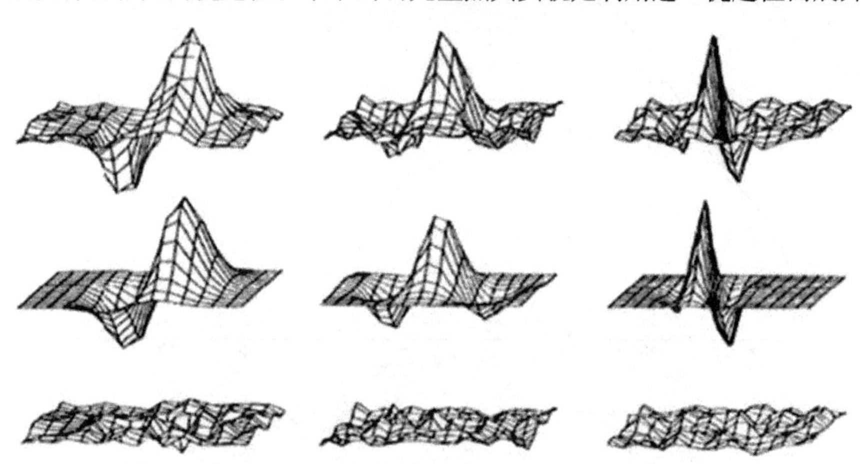

图 12-9 Gabor 滤波器和人类视觉皮层感受野响应的比较

12.4.1 Gabor 小波变换简介

基于信号处理的图像特征提取是将基元及其不同形式出现在各个尺度和角度上的子波能量分布展示出来。英国物理学家 Dennis Gabor 为了解决傅里叶变换不能同时对信号的时间和频率进行分析的问题而提出并以其本人名字命名的 Gabor 小波。Gabor 小波变换是信号分析处理的重要工具，当特征模式与待测特征不需要对应严格时，Gabor 小波变换对图像信息上的光照变化敏感低，且能容错较低程度的旋转和变形，在图像特征提取方面其处理的数据量较少，所以被广泛应用于图像处理、模式识别等领域。

基于 Gabor 滤波器特征提取的数学描述如下：

Gabor 是在傅里叶变换的基础上发展而来的。傅里叶变换定义为

$$F(\omega) = \int_{-\infty}^{+\infty} f(t)[\cos(\omega t) + j\sin(\omega t)]\mathrm{d}t \tag{12-9}$$

但是式(12-9)并不能进行局部时域分析，因此人们进一步对傅里叶变换的时域信号乘以时间窗函数，对信号进行局部分析，定义为短时傅里叶变换，其公式为

$$\mathrm{STFT}(\tau,\omega) = \int s(t)g(t-\tau)\exp(-j\omega t)\mathrm{d}t \tag{12-10}$$

Gabor 变换的基本思想：用傅里叶变换分析每一个信号分割后的时间小间隔得到该信号的频率，其处理方法是对 $f(t)$ 增加滑动窗函数，再作傅里叶变换。而当公式中的窗函数为高斯窗函数时，即为 Gabor 变换。空间域的 Gabor 滤波器可以被看作通过高斯函数调制的正弦波函数。基本的 Gabor 滤波器的公式如下：

$$h(x,y) = g(x',y')\exp[2\pi j(Ux + Vy)] \tag{12-11}$$

式中，参数 U 和 V 为 Gabor 滤波器径向中心频率两个轴的分量，且公式中的 (x',y') 定义为

$$(x',y') = (x\cos\varphi + y\sin\varphi, -x\sin\varphi + y\cos\varphi) \tag{12-12}$$

直角坐标系旋转角度 θ 后的新坐标系坐标为

$$g(x,y) = \left(\frac{1}{2\pi\lambda\sigma^2}\right)\exp\left[-\frac{(x/\lambda)^2 + y^2}{2\sigma^2}\right] \tag{12-13}$$

式中：λ 为长宽比；σ 为相对于 y 轴的方差。

对不同尺度的局部特征优化检测需要不同尺度的 Gabor 滤波器。因此，用 Gabor 函数小波变换来提取纹理特征。二维的 Gabor 函数可以表示为

$$g(x,y) = \left(\frac{1}{2\pi\sigma_x\sigma_y}\right)\exp\left[-\frac{1}{2}\left(\frac{x^2}{\sigma_x^2} + \frac{y^2}{\sigma_y^2}\right) + 2\pi \mathrm{j}\omega x\right] \tag{12-14}$$

$$G(u,v) = \exp\left(\frac{1}{2}\left[\frac{(u-\omega)^2}{\sigma_u^2} + \frac{v^2}{\sigma_v^2}\right]\right) \tag{12-15}$$

式中：j 为复数算子；ω 表示 Gabor 小波的频带宽度；σ_x 和 σ_y 分别表示沿 x 轴和 y 轴方向的标准方差，公式为其傅里叶变换。$\sigma_u = 1/2\pi\sigma_x$，$\sigma_v = 1/2\pi\sigma_y$。

把 $g(x,y)$ 作为母小波进行范围内的变换即可得到

$$g_{mn}(x,y) = a^{-m}G(x',y') \tag{12-16}$$

式中：m 和 n 为整数；a^{-m} 为尺度因子，且有

$$x' = a^{-m}(x\cos\theta + y\sin\theta) \tag{12-17}$$

$$y' = a^{-m}(-x\sin\theta + y\cos\theta) \tag{12-18}$$

不同的 m 和 n 就能得到一组方向和尺度都不同的 Gabor 滤波器，其实部和虚部表达式分别为

$$h(x,y) = \left(\frac{1}{2\pi\sigma_x\sigma_y}\right)\exp\left[-\frac{1}{2}\left(\frac{x^2}{\sigma_x^2} + \frac{y^2}{\sigma_y^2}\right)\right]\cos(2\pi\omega x) \tag{12-19}$$

$$h(x,y) = \left(\frac{1}{2\pi\sigma_x\sigma_y}\right)\exp\left[-\frac{1}{2}\left(\frac{x^2}{\sigma_x^2} + \frac{y^2}{\sigma_y^2}\right)\right]\sin(2\pi\omega x) \tag{12-20}$$

则对图像 $I(x,y)$ 的 Gabor 小波变换可定义为

$$W_{mn}(x,y) = \int I(x_1,y_1) g_{mn}^*(x-x_1,y-y_1) \mathrm{d}x_1 \mathrm{d}y_1 \tag{12-21}$$

式中，g_{mn}^* 代表共轭复数，纹理区域具有空间性，Gabor 变换即对图像求卷积，卷积的运算效率即为 Gabor 变换的效率。变换参数的均值 μ_{mn} 和标准方差 σ_{mn} 表示该区域的纹理特征，公式如下：

$$\mu_{mn} = \iint |W_{mn}(x,y)| \mathrm{d}x\mathrm{d}y \tag{12-22}$$

$$\sigma_{mn} = \sqrt{\iint (|W_{mn}(x,y)| - \mu_{mn}^2) \mathrm{d}x\mathrm{d}y} \tag{12-23}$$

Gabor 小波变换可以有效地分析各个尺度和方向上图像的灰度变化，还可以进一步检测图像中物体的角点。假设采用了 P 个方向和 Q 个尺度，则特征向量为

$$f = [\mu_{00}\ \sigma_{00}\ \mu_{01}\ \sigma_{01} \cdots \mu_{P-1}\ \sigma_{Q-1}] \tag{12-24}$$

但是通过 Gabor 小波变换，一般每幅测试图像都会转化成 $u \cdot v$ 个不同尺度和方向的图像（u 个尺度和 v 个方向），所得特征维数达到了 $2 \cdot u \cdot v$ 维，必然会存在一定的特征冗余。针对这一问题，本书在此基础上对现有特征进行特征选择，即从全部 $2 \cdot u \cdot v$ 个特征中，选择出最优的特征组合，组成最优特征子集，并应用于后续图像纹理识别工作中，如图 12-10 所示。

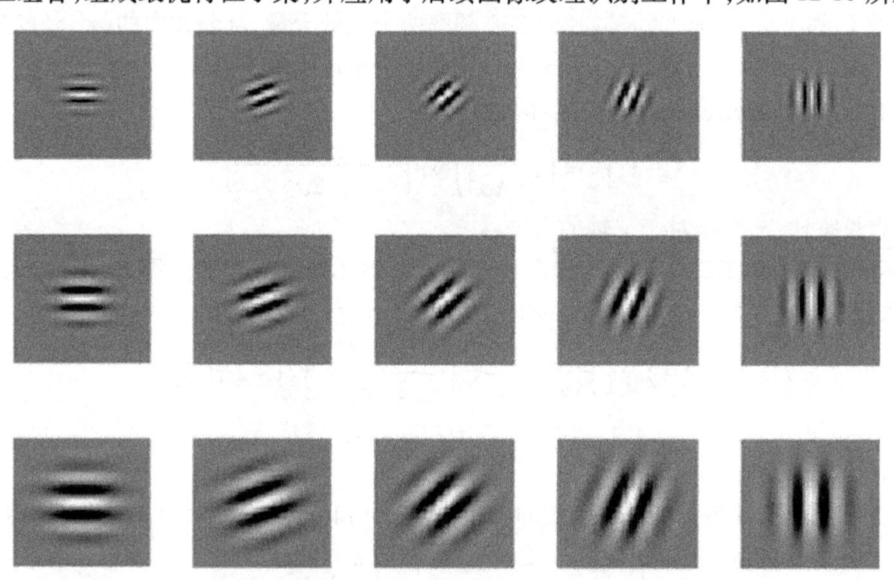

图 12-10　Gabor 滤波器示意图（3 个角度，5 个方向）

12.4.2　烟花算法在特征选择中的应用

本节对传统烟花算法进行二进制化，二进制后算法与传统的烟花算法最大的差别在于将烟花算法中的烟花种群定义为二进制串，用 0 和 1 表示是否选择该行特征。具体步骤如下：

（1）读入待识别的图像进行预处理。

（2）用 u 个方向和 v 个角度的 Gabor 滤波器进行特征提取，如图 12-11 所示的 5 个方向 8 个角度的 Gabor 特征向量响应图。

（3）将每一个角度和方向的 Gabor 特征响应图拉直成一个一维向量，则每幅原图能得一个 $u \cdot v$ 维的特征向量。将所得的这些特征向量代入支持向量机进行训练。

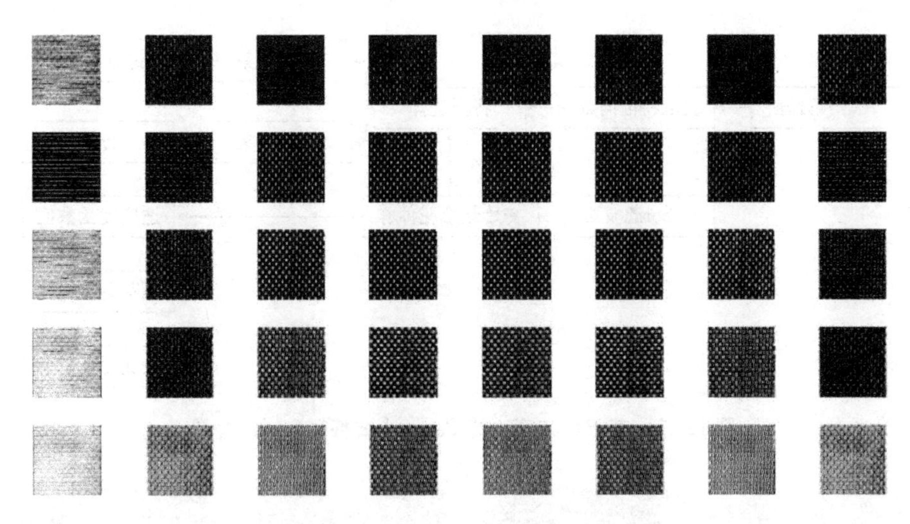

图 12-11　纹理图像 Gabor 特征响应图(5 个角度,8 个方向)

(4)随机生成一些烟花种群,每个烟花均为二进制,种群长度即为待优化特征向量维度。

(5)将初始化的烟花种群与原始特征向量进行点乘,得到一组新的特征向量。将这组新的特征向量作为预测子集代入支持向量机。

(6)构造适应度函数。定义同式(12-2),适应度值越大则表明选择的特征子集较好,适应度值越小则表明选择的特征子集较差。利用相对较少的特征获得了较高的分类正确率,同时降低了计算量。

(7)将式(12-2)作为适应度函数值,根据适应度函数值即分类正确率计算每个烟花种群产生的子代火花的数量,分类准确率高的烟花种群产生的个数多,低的产生的个数少。

(8)计算每个烟花种群产生子代火花的爆炸幅度,分类正确率高的烟花种群的爆炸幅度范围小,低的范围大。

(9)对烟花和火花进行爆炸幅度范围内的位移操作,随机产生一个[0,1]的随机数 $rand()$,如果大于概率值 p 则该位置的选择状态反转;否则,保持状态不变。表达式如式(12-25)所示,其中 p 为概率值,$rand()$为随机数。

$$b_k = \begin{cases} 0, p > rand() \\ 1, p \leqslant rand() \end{cases} \tag{12-25}$$

(10)选择部分火花进行高斯变异位移。和步骤(8)一样,如果大于概率值 p 则该位置的选择状态反转;否则保持状态不变。

(11)选择策略,从所有的烟花种群和火花中选择分类准确率高的,再从这些爆炸范围内执行新的操作进行迭代。

(12)判断是否符合算法的终止条件,符合则返回最优特征子集,不符合则继续迭代操作。

基于二进制烟花算法的图像 Gabor 特征选择流程如图 12-12 所示。

12.4.3　实验对比和分析

本节的实验运行环境是 Winodws 7 操作系统,处理器为 Intel 3.20 GHz,内存为 4 GB,所有算法代码均用 Matlab 2015b 编程实现。实验对比图像选用的是 Queensland 大学的 Brodatz 纹理库中的图像。随机从中选择的部分图片如图 12-13 所示,选择的所有图像原始大小均为

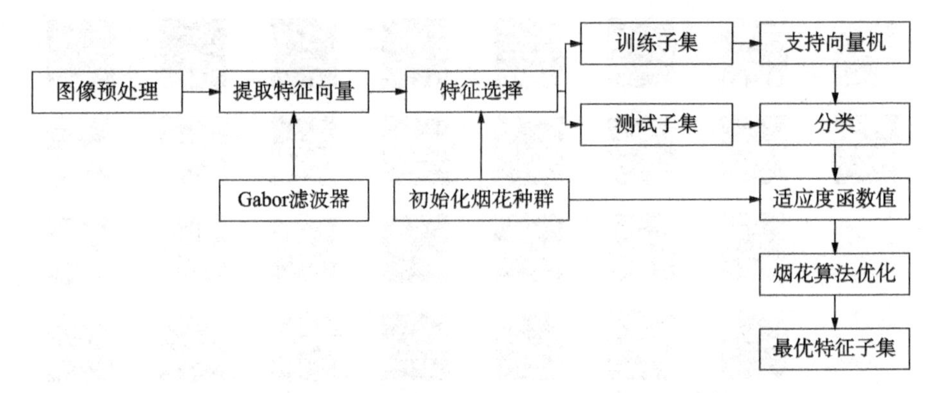

图 12-12 基于烟花算法的 Gabor 小波特征选择流程图

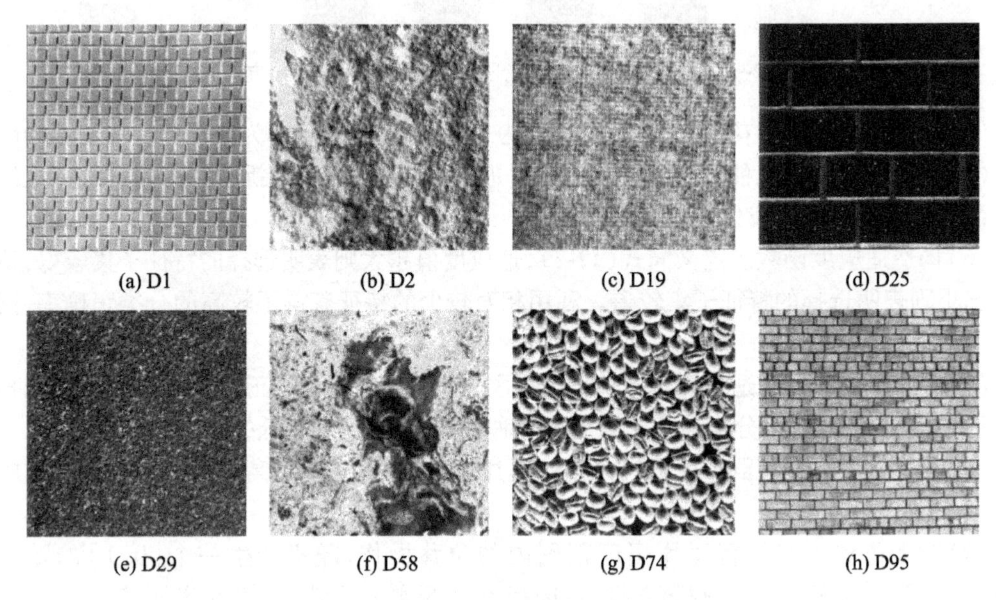

图 12-13 实验用 Brodatz 纹理库原图

640×640。

为了训练支持向量机和测试，将每一幅图进行无重叠切割，把原始图像分割成 100 幅大小为 64×64 的子图像样本。从纹理库中随机挑选两幅图像进行实验，对所有 200 幅子图像样本进行 5 个方向和 8 个角度的 Gabor 特征提取，为进一步简化计算，本节仅提取均值特征向量，得到每幅子图像样本的一个 40 维的特征向量。选择每幅图像子图像样本的前 10 幅的特征向量作为训练子集，后 90 幅的特征向量作为测试子集。

首先从纹理图像库中随机选择若干组纹理图片进行对比，所有的图片 Gabor 特征向量均为 40 维，每组图片的各自编号及其全特征的分类正确率如表 12-6 所示，分类正确率的计算方式为括号内为分类正确样本数除以总样本数。

当主要追求分类准确率尽量高的时候，可以设置式(12-2)中特征个数的权重参数为零，适应度函数即为分类准确率。

将表 12-6 与表 12-7 对比可知，当样本特征数量较少时，使用烟花算法和支持向量机联合的方法可以在显著降低图像 Gabor 纹理特征数量的同时提高识别率，这是因为去除了一些跟分类无关或者互相之间关联较大的特征。这证明了烟花算法在 Gabor 特征选择方面应用的有效性。

表 12-6　全特征分类准确率

图片编号	原始总特征数	全特征分类准确率
D1 D2	40	98.89% (178/180)
D1 D95	40	91.11% (164/180)
D2 D19	40	83.89% (151/180)
D2 D58	40	76.67% (138/180)
D19 D25	40	84.44% (152/180)
D25 D29	40	91.11% (164/180)
D25 D58	40	90% (163/180)
D58 D74	40	80.56% (145/180)
D74 D95	40	100% (180/180)

表 12-7　烟花算法所选特征数量及分类准确率($\lambda=0$)

图片编号	选择特征数	特征选择后分类准确率
D1 D2	17	100% (180/180)
D1 D95	26	100% (180/180)
D2 D19	33	98.33% (177/180)
D2 D58	29	94.44% (170/180)
D19 D25	27	100% (180/180)
D25 D29	29	100% (180/180)
D25 D58	24	100% (180/180)
D58 D74	28	95% (171/180)
D74 D95	27	100% (180/180)

大多数情况下特征选择是为了降低后续计算的维度,需要在不明显影响分类准确率的情况下选择尽量少的特征数,于是可以设置特征个数的权重值 $\lambda=0.001$,则通过烟花算法进行特征选择后的特征数量和分类准确率如表 12-8 所示。

表 12-8　烟花算法所选特征数量及分类准确率($\lambda=0.001$)

图片编号	选择特征数	特征选择后分类准确率
D1 D2	16	99.44% (179/180)
D1 D95	20	97.22% (175/180)
D2 D19	31	96.67% (174/180)

续表

图片编号	选择特征数	特征选择后分类准确率
D2 D58	29	94.44%(170/180)
D19 D25	17	98.89%(178/180)
D25 D29	28	99.44%(179/180)
D25 D58	11	98.33%(177/180)
D58 D74	23	91.11% (164/180)
D74 D95	20	98.89%(178/180)

将表 12-7 与表 12-8 对比可知,加大特征个数的权重,会减少烟花算法所选择的特征数,而分类准确率有时也会随之降低。而将表 12-8 与表 12-6 对比可知,通过特征选择也去除了一些跟分类无关或者互相之间关联较大的特征,虽然在有些样本上分类正确率有所下降,在全特征的分类正确率基础上总体上还是有一定程度的提升。所以在特征选择的实际应用中,应根据具体需求来设置权重值。

通过实验对比可知,烟花算法对提取的 Gabor 特征进行选择,在追求更高正确率的情况下可以进一步提高分类的正确率,在追求降低后续操作的计算复杂度的情况下也能保证原本的分类正确率,减少了后续步骤的计算时间。

12.5 基于 Relief 算法和 Gabor 变换的纹理分类方法

Gabor 小波变换作为一种重要的基于变换的纹理特征提取方法,通过模拟一些方向可选神经元的计算机制,把 Gabor 核函数作为小波变换的基函数,来实现方向和尺度不变的特征提取。其中,陈洪等采用 Gabor 变换对高分辨遥感图像中的城市区域进行提取,具有较高的精确度。Riaz 等采用 Gabor 变换对 Brodatz 纹理库中的同质纹理图像进行识别。实验结果表明,Gabor 变换对不同类型的纹理图像均有较好的识别效果。赵银娣等设计了一种方向 Gabor 滤波器,利用 Gabor 滤波器的带通技术,抑制次要纹理图像的主频率分量,增强目标纹理图像主频率分量,有效提高了图像的识别能力和算法的运行效率。然而,Gabor 小波变换需要从不同方向和尺度上提取大量纹理特征,其中往往也包含一定的相关及冗余特征,影响算法的运行效率,为了克服特征之间的相关性所带来的“维数灾难”,马江林等采用独立分量分析(Independent Component Analysis,ICA)对提取的 Gabor 进行特征选择,在保证识别效果的条件下,有效缩短了算法的运行时间。宦若虹等提出了一种基于主成分分析(Principal Component Analysis, PCA)、独立分量分析(ICA)和 Gabor 小波融合的合成孔径雷达(Synthetic Aperture Radar,SAR)图像目标识别方法。实验结果表明,将 PCA、ICA 和 Gabor 小波融合后得到的识别率明显高于单独用其中任何一个特征得到的识别率。然而,传统的 PCA、ICA 等特征选择方法,需要计算不同数据间的相关系数,当数据维数较高时,难以通过较短的时间计算出所有数据间的相关系数,且最终的结果会在一定程度上改变数据本身的性质。

Relief 算法作为一种权值搜索的特征子集选择方法,该方法为每维特征赋予一个权值,以权值表征特征与类别的相关性。通过不断调整权值逐步体现特征的相关程度,最后选择权值较大的特征组成最优特征子集。其中,李晓岚将 Relief 算法应用于生物数据的处理中,有效提高了算法的性能。Dai 等采用 Relief 算法对电力系统数据中,数据维度较高的部分进行特征选择,并将得到的特征子集用于后续数据的评估中,缩短了算法的运行时间。Jia 等采用 Relief 算法对遥感图像数据进行特征选择,并将其用于后续目标识别的过程中。实验结果表明,Relief 算法有效避免了维度灾难的发生,并在一定程度上提高了算法的识别效率。另外,聚类理论作为一种常用的纹理识别方法,可以有效对不同的纹理区域进行识别;特别是 K-Means 算法,由于其简单的操作过程,得到了广泛的应用。然而,K-Means 算法的结果很大程度受初始聚类中心的影响,且容易陷入局部最优,难以稳定获得较优的识别结果。差分进化算法(Differential Evolution, DE)是一种基于群集智能的进化计算技术。和其他常用的进化算法一样,DE 算法作为一种模拟生物进化的随机进化算法,采用差分的简单变异操作和一对一的竞争生存策略,降低了算法模型复杂性,并具有较强的全局收敛能力和稳健性。已有大量专家学者将 DE 算法用于最优聚类中心的求解中,并表现出良好的收敛性能。因此,本书提出并研究了一种基于 Relief 算法的 Gabor 小波变换纹理特征提取方法。

12.5.1　相关理论概述

1. Gabor 小波变换

Gabor 小波核函数具有与人类大脑皮层简单细胞的二维反射区相同的特性，即能够捕捉对应空间尺度(频率)、空间位置及方向选择性等局部结构信息，现已在计算机视觉和图像分析领域得到广泛的应用。其相关理论见 12.4.1 节,在空间域 Gabor 滤波器可以被看作一个被 Gaussian 函数调制的正弦平面波。一个 Gabor 滤波器组通常由若干个具有不同中心频率、方向和尺度的 Gabor 滤波器组成,不同的 Gabor 滤波器的方向和尺度可以提取图像相应方向和尺度的特征。

用 $f(x,y)$ 表示一幅尺寸为 $M \times N$ 的图像,图像的 Gabor 表征通常用该图像与 Gabor 滤波器 $g(x,y)$ 的卷积表示,那么图像 $f(x,y)$ 的二维 Gabor 小波变换可以表示为

$$R(x,y)=f(x,y) * g(x,y) \tag{12-26}$$

式中:$R(x,y)$ 表示经 Gabor 小波变换后的图像;“ * ”表示卷积算子,通常图像的卷积输出为复数形式。

2. Gabor 特征表征

在提取图像 Gabor 特征前，需对原始图像进行预处理,本章实验所用纹理图像均为灰度图像。实验过程中,为获得多尺度、多方向 Gabor 特征，分别采用 7 个尺度和 8 个方向的 Gabor 滤波器组。图像中每个像素点 $z=(x,y)$ 对应的多尺度和多方向特征表示为 $G_{u,v}(z)$。因此,本书基于纹理图像的多尺度和多方向特征表征如下:

$$\{G_{u,v}(z): u \in (0,1,\cdots,6), v \in (0,1,\cdots,7)\} \tag{12-27}$$

3. Gabor 特征融合

对于纹理图像而言，不同的纹理特征具有不同的尺度。Gabor 变换可以有效地分析各个尺度和方向上图像的灰度变化,还可以进一步检测物体的角点和线段的重点等。但是通过 Gabor 变换,每幅纹理图像都会转化成 56 个对应不同尺度与方向的图像,所得特征维数高达原始图像特征维数的 56 倍,造成特征数据冗余。针对这一问题,本章将对现有特征进行特征选择,即从全部 56 个特征中,选择出最优的特征组合,组成最优特征子集,并应用于后续图像纹理提取过程中。

12.5.2 基于 Relief 算法的 Gabor 纹理特征提取方法

1. Relief 算法

Relief 算法是由 Kira 和 Rendell 于 1992 年提出的一种过滤式特征选择算法,它也是一种基于样本学习的监督特征权重计算算法。该算法通过考察特征在同类近邻样本与异类近邻样本之间的差异来度量特征的区分能力。若特征在同类样本之间差异小,而在异类样本之间差异大,则该变量具有较强的区分能力。

设样本集合 $S=\{s_1,s_2,\cdots,s_m\}$,每个样本包含 p 个特征,$s_i=\{s_{i1},s_{i2},\cdots,s_{ip}\}$,$1\leqslant i\leqslant m$ 所有特征的值为标量型或者数值型。s_i的类别标签 $c_i\in C$,$C=\{c_1,c_2\}$ 为类别标签集合。两个样本 s_i与 $s_j(i\leqslant i\neq j\leqslant m)$在特征 $t(1\leqslant t\leqslant p)$上的差定义为

若特征 t 为标量型特征

$$\text{diff}(t,s_i,s_j)=\begin{cases}0, & s_{it}=s_{jt}\\1, & s_{it}\neq s_{jt}\end{cases} \tag{12-28}$$

若特征 t 为数值型特征

$$\text{diff}(t,s_i,s_j)=\left|\frac{s_{it}-s_{jt}}{\max_t-\min_t}\right| \tag{12-29}$$

其中,$\max_t$和 $\min_t$分别表示特征 t 在样本集中的最大值和最小值。

算法首先从样本集合中随机选择一个样本 $s_i(1\leqslant i\leqslant m)$,从两类样本中各选择一个距离 s_i最近的样本。与 s_i同类的样本用 Hit 表示,与 s_i异类的样本用 Miss 表示,利用 Hit 和 Miss 根据式(12-30)对特征 t 的权重进行更新:

$$\omega_t=\omega_t-\text{diff}(t,s_i,\text{Hit})/r+\text{diff}(t,s_i,\text{Miss})/r \tag{12-30}$$

由式(12-30)可知,在迭代计算特征权重的过程中,s_i与其异类样本在特征 t 上的差值 $\text{diff}(t,s_i,\text{Miss})/r$ 要减去 s_i与其同类样本在特征 t 上的差值 $\text{diff}(t,s_i,\text{Hit})/r$,对类别区分能力较强的特征应该表现为在异类间差异较大而同类间差异较小,因此具有区分能力的特征的权值应为正值。

对于多类别特征选择问题,设共 $l(l\geqslant 2)$类,样本类标集合为 $C=\{c_1,c_2,\cdots,c_l\}$。从每一类别的样本中各选择 d 个距离 s_i最近的样本。与 s_i同类的 d 个样本构成集合 H,与 s_i异类的样本根据其所属类别 c 分别构成集合 $M(c)$,根据 H 和 $M(c)$ 利用式(12-28)更新特征的权重向量:

$$\omega_t=\omega_t-\sum_{x\in H}\text{diff}(t,s_i,x)/(r\cdot d)+\sum_{c\neq \text{class}(s_i)}\left[\frac{p(c)}{1-p(\text{class}(s_i))}\sum_{x\in M(c)}\text{diff}(t,s_i,x)\right]/(r\cdot d) \tag{12-31}$$

由式(12-31)可知,通过将 s_i与 c 类($c\neq\text{class}(s_i)$)中的距离 s_i最近的 d 个样本在特征 t 上的差异平均化,并在此基础上乘以 c 类样本占所有与 s_i异类的样本的比重,即可得到特征 t 在 s_i与 c 类之间的差值,在所有与 s_i异类的类别上都进行此操作并将结果求均值即可得到特征 t 在异类样本之间的差距。由此可以评价特征区分近距离样本的能力。

最终,$W=\{\omega_1,\omega_2,\cdots,\omega_p\}$即为所求的特征权重向量。根据特征权重 $\omega_t(1\leqslant t\leqslant p)$将特征按照降序排序,并对类别的区分能力进行区分。

2. 方法流程

Gabor 小波变换的多尺度性和多方向性使其广泛应用于纹理特征提取中。然而,随着数

据维度的不断升高，其中必然包含有大量冗余特征，影响算法的运行效率。Relief算法作为一种多变量过滤式特征选择算法，能有效去除数据中的冗余信息，提取出最优特征子集，采用最优的Gabor尺度和方向对不同的纹理区域进行识别。另外，现已有大量专家学者将聚类分析方法应用于纹理特征提取中。其中，Venkateswaran等和王慧贤等采用K-Means聚类算法对遥感图像中的各纹理区域进行准确识别，具有较高的识别率。因此，本章采用K-Means聚类算法对特征选择后的纹理特征进行识别。作为一种基于原型的目标函数聚类方法，K-Means算法通常采用误差平方和作为聚类结果的目标函数，其定义如下：

$$\text{Fit} = \sum_{i=1}^{k} \sum_{x \in c_i} |x - \overline{x_i}|^2 \tag{12-32}$$

式中：k为图像包含的总类别数；x为当前个体；c_i为所有属于第i类的个体集合；$\overline{x_i}$为集合c_i中所有个体的平均值。

然而，K-Means算法十分依赖于初始聚类中心。如果初始化时随机给定的是一个不合理的初始聚类中心，就会很大程度上影响聚类结果的准确性。K-Means算法聚类中心的求解过程，可以视为误差平方和函数求解问题，可以使用最优化算法进行优化求解。因此，本章将DE算法应用到聚类分析中，利用DE算法良好的寻优性能和效率对K-Means算法的聚类中心进行优化，得到的最优解，即为最优的聚类中心。基于Relief算法的Gabor纹理特征提取方法的具体流程和步骤如下：

(1)输入待识别纹理图像。

(2)图像预处理，分别采用7个尺度和8个方向的Gabor滤波器组，对图像进行Gabor变换。

(3)采用Relief算法对56维Gabor特征进行特征提取获取最优特征子集。

(4)随机生成DE算法初始种群，根据待识别图像设置总类别数k。

(5)采用式(12-32)计算每个个体的适应度值。

(6)将当前个体适应度值与上一次迭代个体适应度值进行比较。若当前个体适应度值更优，对原个体进行替换；否则，保留原个体。

(7)对DE算法变异、交叉操作，得到中间种群。

(8)执行选择操作得到新种群。

(9)若达到算法停机条件，输出最终识别图像；否则，转至步骤(5)继续执行。

12.5.3　实验结果与分析

为了测试本书方法的有效性，本书分别采用3幅纹理图像(TI1、TI2、TI3)和3幅遥感图像(RSI1、RSI2、RSI3)进行了纹理识别实验，并分别采用基本遗传算法(GA)和基本粒子群算法(PSO)对K-Means聚类中心进行优化。另外，为了进一步验证本书方法的性能，本书方法还与未进行特征选择的纹理特征提取方法以及基于灰度共生矩阵的纹理特征提取方法进行比较。由于GA、PSO和DE本质上都是随机概率算法，为进行有意义的统计分析，每种算法各独立运行了20次，算法单次最大迭代次数设定为30。3种算法的参数设定均是常用的推荐值，具体设置如下：对于GA算法，选择概率$P_c=0.8$，交叉概率$P_s=0.9$，变异概率$P_m=0.1$。对于PSO算法，加速因子$c_1=c_2=2.0$，粒子速度更新上限$V_{max}=1.0$。对于DE算法，缩放因子$F=0.6$，交叉因子$CR=0.9$。6幅图像的基本特性如表12-9所示；算法独立运行50次所得的平均适应度值如表 12-10 所示;采用不同方法得到的计算时间如表 12-11 所示。图 12-14 ~ 图 12-19 分别是 6 幅图像的原始图像及其采用不同方法得到的识别结果。

表 12-9 图像基本特性及特征选择结果

图像名称	图像尺寸	原始特征数	Relief 选择特征数
TI1	824 × 567	56	8
TI2	426 × 426	56	21
TI3	256 × 256	56	8
RSI1	400 × 400	56	10
RSI2	600 × 600	56	12
RSI3	400 × 400	56	5

表 12-10 不同算法平均适应度值

图像名称	GA($\times 10^4$)	PSO($\times 10^4$)	DE($\times 10^4$)
TI1	4.691 7	4.690 9	4.689 6
TI2	6.157 9	6.092 3	5.938 2
TI3	1.431 0	1.333 1	1.247 7
RSI1	2.058 2	2.022 0	2.012 4
RSI2	5.581 0	5.547 6	5.437 9
RSI3	2.125 5	2.078 1	2.004 3

表 12-11 不同方法运行时间

图像名称	灰度共生矩阵	未进行特征选择方法	本书方法
TI1	1 522.501 3	1.807 1	0.678 1
TI2	506.686 7	0.847 6	0.455 5
TI3	296.462 9	0.591 6	0.220 2
RSI1	398.680 0	0.739 4	0.289 0
RSI2	1 151.524 8	1.246 6	0.523 8
RSI3	585.828 2	0.951 0	0.307 1

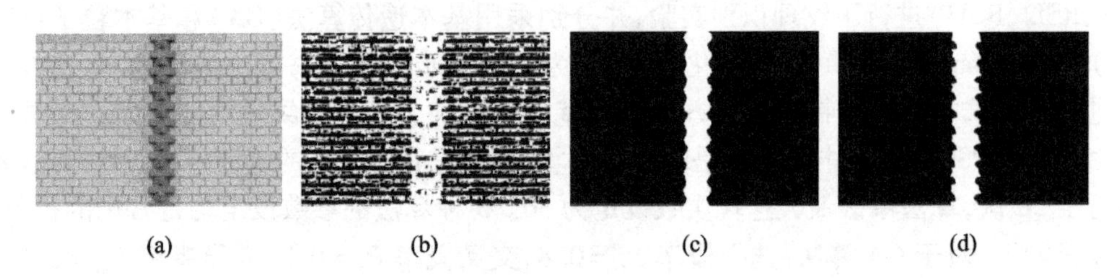

(a) (b) (c) (d)

图 12-14 TI1 原始图像及识别结果

(a)原始图像;(b)灰度共生矩阵识别结果;(c)未进行特征选择方法识别结果;(d)本书方法识别结果

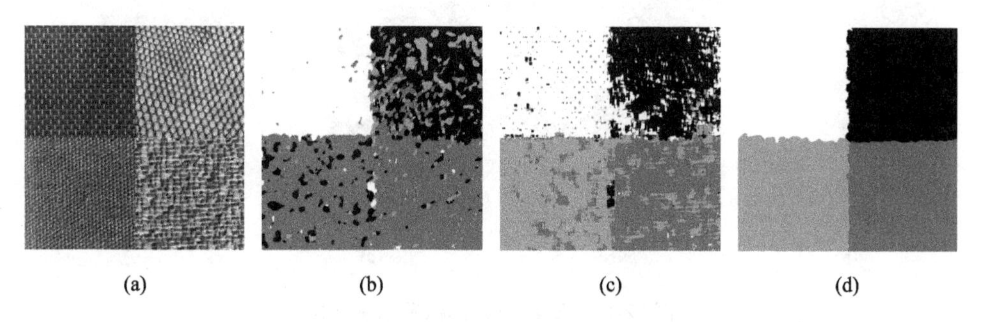

(a)　(b)　(c)　(d)

图 12-15　TI2 原始图像及识别结果

(a)原始图像;(b)灰度共生矩阵识别结果;(c)未进行特征选择方法识别结果;(d)本书方法识别结果

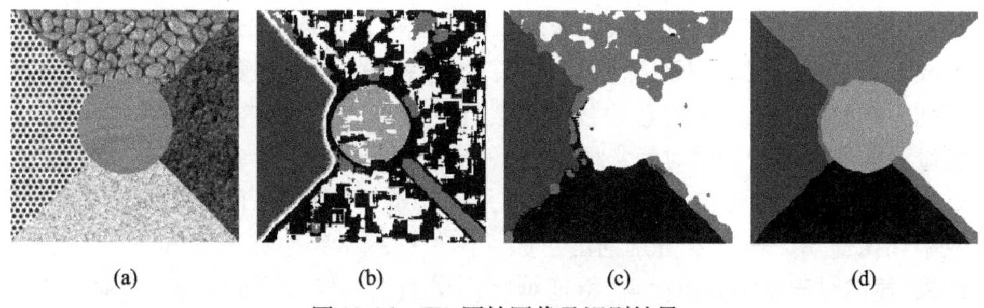

(a)　(b)　(c)　(d)

图 12-16　TI3 原始图像及识别结果

(a)原始图像;(b)灰度共生矩阵识别结果;(c)未进行特征选择方法识别结果;(d)本书方法识别结果

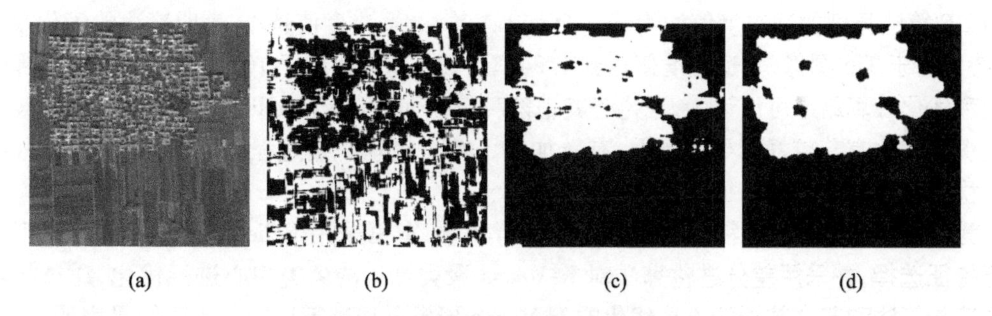

(a)　(b)　(c)　(d)

图 12-17　RSI1 原始图像及识别结果

(a)原始图像;(b)灰度共生矩阵识别结果;(c)未进行特征选择方法识别结果;(d)本书方法识别结果

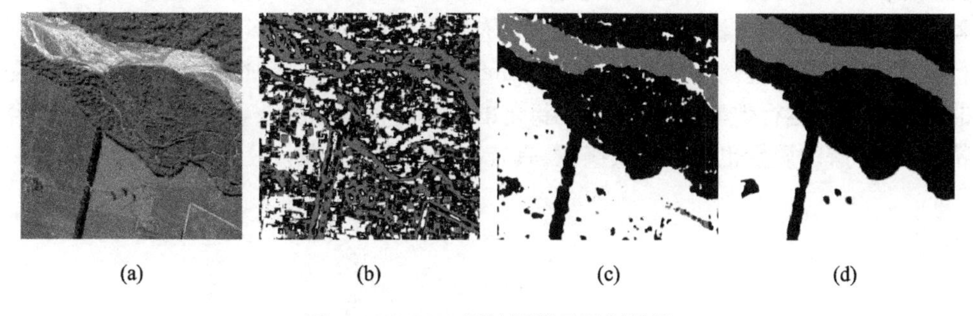

(a)　(b)　(c)　(d)

图 12-18　RSI2 原始图像及识别结果

(a)原始图像;(b)灰度共生矩阵识别结果;(c)未进行特征选择方法识别结果;(d)本书方法识别结果

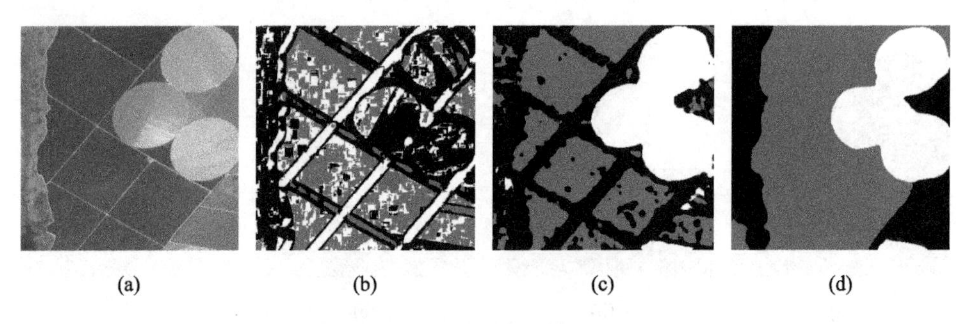

图 12-19　RSI3 原始图像及识别结果

(a)原始图像;(b)灰度共生矩阵识别结果;(c)未进行特征选择方法识别结果;(d)本书方法识别结果

观察图 12-14 ~ 图 12-19 可知,基于灰度共生矩阵的纹理识别方法难以稳定得到令人满意的识别结果;特别对于遥感图像而言,随着图像中类别的不断增加,识别效果随之下降。相比而言,Gabor 小波变换的纹理识别方法具有较好的抗噪声性能,能较好地对不同类别的纹理特征进行识别。然而,Gabor 小波特征往往具有较高的维度,难以直接找到最优的聚类中心,且整个识别过程需要消耗大量的时间。根据表 12-11 数据及图 12-14 ~ 图 12-19 中的识别结果,通过 Relief 算法对整个数据集进行特征选择,去掉大量冗余特征,有效提高了纹理识别方法的计算效率和识别率。表 12-9 分别列出了原始图像的基本特性和采用 Relief 算法进行特征选择的结果,显然对于 6 幅图像而言,特征维度均得到了一定程度的下降,特别对于 RSI3 图像,只需从原始 56 个特征中选择出 5 个特征,即可完成后续纹理特征识别的工作。表 12-10 分别列出了采用 GA、PSO 和 DE 求解 K-Means 算法聚类中心得到的平均适应度值。可以发现采用 DE 算法得到的适应度值均优于 PSO 和 GA 算法,适应度值越小,表明算法的优化效果越好;特别对于 TI6 图像,其适应度值达到 1.2477×10^4,基本达到了 10^3 数量级。综合计算时间消耗和优化计算结果可以认为,相比于其他两种算法而言,基于 Relief 算法的 Gabor 小波特征纹理识别方法有着较好的寻优能力,有效加快了整个纹理识别过程的计算效率,是一种性能更加稳健和高效的纹理特征识别方法。

为了提高 Gabor 纹理特征提取方法的运行效率,本书采用 Relief 算法对 Gabor 纹理特征进行特征选择,并采用差分进化算法对 K-Means 聚类算法的聚类中心进行优化,通过与基于基本遗传算法和基本粒子群算法优化的 K-Means 聚类方法进行比较。实验结果表明,差分进化算法拥有较强的优化能力,能有效避免当前解陷入局部最优,并快速收敛于最优解,得到相对较优的聚类中心。另外,本书方法还与未进行特征选择的纹理特征提取方法及基于灰度共生矩阵的纹理特征提取方法进行比较,根据相应的识别率及算法运行时间结果,其识别精度和运行效率也明显更优。综上所述,基于 Relief 算法的 Gabor 纹理特征提取方法有效提高了算法的识别精度和运行效率,是一种性能稳定的纹理特征提取方法,且具有计算简单、容易实现的特点,所得解的质量也可以令人满意,具有一定的应用前景。

第13章 基于自然计算的图像分类器优化构建

13.1 图像分类算法概述

图像分类就是利用计算机对图像中的地物类型或目标进行区分,从而对图像中相应的实际地物进行识别,提取所需目标的信息,是数字图像信息分析与应用中最基础的问题之一。计算机遥感图像分类是计算机图像分类技术主要应用领域之一,它根据图像中所反映的各种特征,对不同类别的地物进行区分。该过程是实现计算机自动获取图像语义的重要途径,应用计算机对不同类型的图像进行解译,把其中不同的像元或区域划归至若干个类别中的某一种,以代替人的视觉判读,很多专家学者围绕该问题展开了深入研究,提出了如决策树、神经网络、贝叶斯网络、朴素贝叶斯、SOM 等分类器。根据学习方式的不同,现有的分类方法大体可分为非监督分类和监督分类两种。

常用的非监督分类方法有以下两种。

1. K-均值算法

K-均值算法,也被称为 K-Means 算法,是一种使用频率较高的非监督分类方法。它是将各分类子集中全部数据的算术平均值作为该类的基准点,通过不断的迭代把数据集中的数据分别划分至各个不同的类别中,使得聚类准则函数取最优值,从而使不同类别的数据集类内紧凑、类间独立。其主要流程为:首先随机选择 K 个不同的样本点作为初始聚类中心,然后计算每个样本点与各聚类中心的距离,并将该样本点分派给与其距离最近的聚类中心。聚类中心及分派给它们的样本表示一个分类结果。一旦所有样本全部被分配,每个聚类中心会根据分类结果中的样本重新进行计算。该算法不适合对非数值数据进行分类,但是对于连续型数据拥有较好的分类效果。

2. ISODATA 算法

ISODATA 算法是在 K-Means 算法的基础上,通过添加对现有分类结果的"归并"和"分裂"两个操作,并设定算法控制参数的一种常用非监督分类算法。该算法根据初始参数,确定"归并"和"分裂"方式,当其中两类聚类中心的距离小于某一设定阈值时,将它们归并为一个类别,当其中一类方差大于某一设定阈值或其样本个数超出范围时,将其分裂为两个类别。若某一类样本数目过少,则将其撤销。由上述规则,依据初始聚类中心和设定的类别数目等参数进行迭代,对绝大多数对象的初始分类属性进行重新认识,客观地反映人们认识事物的过程,最终得到令人满意的分类结果。

常用的监督分类方法有以下几种。

(1)最小距离分类法。最小距离分类法按照模式与各类代表样本的距离进行模式分类,是一种操作简便的基于向量空间模型的分类方法。该方法利用特征空间中的距离反映像元数据和类别特征间的相似程度，通过求出未知类别向量到不同类别基准向量中心点的距离，将未知类别向量分派至距离最小的一类中。在这种方法中，被识别模式与所属模式类别样本的距离最小，在距离最小时，像元数据和分类类别特征的相似度最大。其基本思想是通过对训练集进行算术平均产生一个能表示该类别的中心向量，对不同的待分类样本，计算其与各个中心向量间的距离，最后判定该数据元组属于与之距离最近的类别。

(2)K最近邻分类法。K最近邻分类法是数据挖掘分类技术中最常用的方法之一。所谓K最近邻，即每个样本都可以用与之最接近的K个相邻样本来代表。该方法是在最小距离分类法的基础上进行扩展，将训练集中的每一个样本作为判别依据，寻找距离待分类样本最近的训练集中的样本，以此为依据来进行分类。其核心思想是若某一样本在特征空间中的K个最邻近样本中的绝大多数属于某一个类别，则将该样本也分派至类别，并拥有该类别样本的共同属性。该方法在实施过程中只根据最相邻的某些样本的类别对待分类样本进行分类。由于最近邻分类法主要依靠待分类样本附近有限的相邻样本，而不是通过整个数据集来判定待分类样本所属类别，因此对于类别域中交叉或重叠部分较多的待分类样本集而言，该方法拥有较好的分类效果。

3. 最大似然比分类法

最大似然比分类法又称贝叶斯(Bayes)分类法，其理论基础是概率推理，就是在各种存在条件不确定，仅知其出现概率的情况下，如何完成推理和决策任务。该方法是在对两类或多类进行判决的过程中，根据贝叶斯判决准则构建非线性判别函数集，假设每一类的类分布函数均服从正态分布，并通过对训练区进行选择，计算各个待分类样本的隶属概率。其核心思想是利用概率密度函数，计算每个像素对应于不同类别的似然度，将该像元分配给似然度取最大值的类别。由于通常情况下训练区地物目标的光谱特性近似服从正态分布，利用训练区即可求得均值、方差及协方差等特征参数，进而可以进一步求出整体先验概率密度函数。

通常情况下，非监督分类方法未提前施以任何先验理论知识，仅仅凭借数据本身的特性对数据进行"盲目"分类。一旦当数据自身存在误差时，分类结果很难得到保证。监督分类方法需要事先知道每组数据的类别标签，通过对部分已知数据进行学习后，再对其余的未知数据进行分类。与非监督分类方法相比，其分类正确率也相对更高。但是整个学习过程需要消耗大量的时间，随着数据样本的不断增大，分类效率也会随之降低。因此，性能更为稳健的监督分类方法还有待进一步研究。

13.2 支持向量机分类器

13.2.1 支持向量机概述

由于传统的机器学习方法常常会遇到网络结构复杂、过学习和欠学习以及局部最优等问题，特别在分类问题中易产生较大的误差。Vapnik 领导的实验团队于 20 世纪 90 年代提出了支持向量机(Support Vector Machine，SVM)技术。近年来，SVM 得到了足够的重视，不断得到完善，并迅速应用于生物医学、模式识别、通信系统设计等领域。Y. Wang 等人运用支持向量机对原油的压力、体积、温度等属性进行分析。李沁沄运用支持向量机进行 P2P 流量识别。

X. X. Niu 将支持向量机应用于手写字体识别技术中。Ahmad 等使用支持向量机对电力系统中的耗能情况进行预测。

SVM 理论主要依赖于统计学的 VC 维理论和结构风险最小原理。通常来说，机器学习的学习能力和泛化能力分别用 VC 维理论和结构风险最小原理来表示。在一般情况下，学习能力与 VC 维往往成正比关系。以这两个理论为基础，SVM 能够在大量的样本信息中，寻找出学习精度和学习能力间的最优平衡点，以达到最优的泛化能力。SVM 的优点如下：

(1)针对小样本。与传统机器学习方法不同，SVM 是专门针对小样本信息的，是目前在已知样本信息情况下，最优的小样本解决方案。

(2)可以得到全局最优解。SVM 将待求解问题最终转换为二次寻优问题，得到的解是全局最优的，避免了传统机器学习方法容易陷入局部最优的问题。

(3)避免了维数灾难题。SVM 把输入空间依据非线性函数映射到多维空间中，在该空间中依据线性可分的判别函数以代替线性不可分的判别函数，消除了算法复杂度和样本维数之间的联系，有效改善了维数灾难题。

通过以上 3 个方面可知，SVM 有效避免了经典机器学习方法所面临的难题，如过学习和欠学习、陷入局部最优和维数灾难等问题。SVM 方法只需要采用简易的优化方法加以实现，在实际模式识别问题中，总能得到令人满意的解决方案，并逐渐成为机器学习领域中使用频率最高的分类器。

13.2.2　支持向量机理论基础

SVM 以二维数据分类问题的最优分类线求解为基础，逐渐拓展到高维数据分类问题。近年来，通过一系列理论的完善，使 SVM 有了长足的发展，图 13-1 对二维平面的最优分类平面进行了展示。

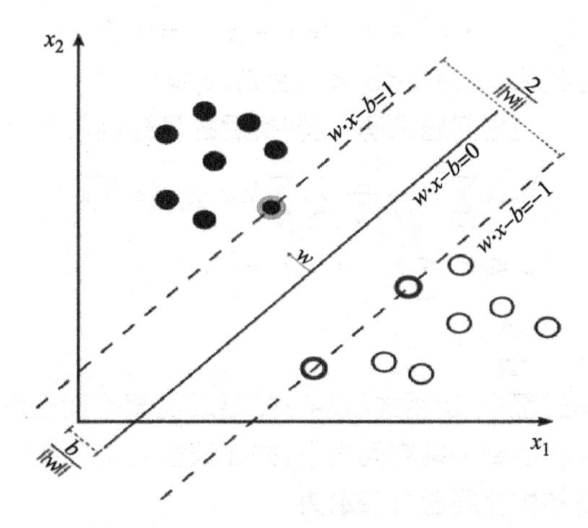

图 13-1　SVM 分类示意图

在图 13-1 中，空心圈和实心圈分别表示两种类别不同的数据，实线是分类线，两条虚线间的距离表示分类间隔。最优分类线即是可以准确将两类数据进行区分，且分类间隔取最大值的直线。当分类问题从二维空间扩展到多维空间时，最优分类线就相应地扩展为最优分类超平面。SVM 的基本思想是采用一个最优分类超平面，将训练样本中的所有数据尽可能正确地分配到各自应属的类别中，且样本间的分类间隔保持最大。

假定多维训练样本(x_i, y_i)，$(i=1,2,\cdots,n, x \in R^n, y \in \{1, -1\})$，其中$x_i$是一个多维向量，$y_i$取1或者$-1$，它表示$x_i$应属于哪一个类别。此时分类超平面定义为

$$\omega \cdot x - b = 0 \tag{13-1}$$

若训练样本是线性可分的，则判别函数的一般形式为

$$\begin{cases} f(x) = \omega \cdot x + b \\ y_i[(\omega \cdot x_i) + b] - 1 \geqslant 0, i = 1,2,\cdots,n \end{cases} \tag{13-2}$$

其中：b表示分类阈值；ω是多维特征空间中分类超平面控制系数。

此时分类问题即转换成基于二次规划理论的优化问题求解，该问题可以表示为

$$\begin{cases} \max \sum_{i=1}^{n} a_i - \frac{1}{2}\sum_{i=1}^{n}\sum_{j=1}^{n} a_i a_j y_i y_j (x_i \cdot x_j) \\ a_i \geqslant 0, i = 1,2,\cdots,n \\ \sum_{i=1}^{n} a_i y_i = 0 \end{cases} \tag{13-3}$$

其中，a_i是拉格朗日乘子。由于上述问题可以看作二次函数的优化问题，理论上可以获得唯一解。如果用$a_i{}^*$表示最优解，那么有

$$\omega^* = \sum_{i=1}^{n} a_i^* y_i x_i \tag{13-4}$$

若训练样本是线性不可分的，为了在经验风险和性能提高间达到一定的平衡，接受被误判的样本，故定义松弛因子ε，通过增加惩罚因子c，使待求解目标最小化，目标函数可以表示为

$$\begin{cases} \phi(\omega, \varepsilon) = \frac{1}{2}\|\omega\|^2 + c\sum_{i=1}^{n} \varepsilon_i \\ y_i[(\omega \cdot x_i) + b] \geqslant 1 - \varepsilon_i, i = 1,2,\cdots,n \end{cases} \tag{13-5}$$

若训练样本中点x_i分类无误，则$0 < \varepsilon_i < 1$，否则，$\varepsilon_i \geqslant 1$。

将上述问题转换成二次规划问题求解，则转换后的目标函数可定义为

$$\begin{cases} \max \sum_{i=1}^{n} a_i - \frac{1}{2}\sum_{i=1}^{n}\sum_{j=1}^{n} a_i a_j y_i y_j (x_i \cdot x_j) \\ 0 \leqslant x_i \leqslant c, i = 1,2,\cdots,n \\ \sum_{i=1}^{n} a_i y_i = 0 \end{cases} \tag{13-6}$$

在实际分类问题求解过程中，运用式(13-6)搜寻最优超平面是较为麻烦的，故SVM通过非线性映射可将输入空间转换到多维空间之中，并在该空间中寻找输入变量和输出变量之间存在的非线性关系。最终的优化问题可表示为

$$\max Q(a) = \sum_{i=1}^{n} a_i - \frac{1}{2}\sum_{i=1}^{n}\sum_{j=1}^{n} a_i a_j y_i y_j K(x_i, x_j) \tag{13-7}$$

其中$K(x_i, x_j)$为核函数。最终的判别函数为

$$y = \mathrm{sgn}\left(\sum_{i=1}^{n} a_i y_i K(x_i, x_j) + b\right) \tag{13-8}$$

支持向量机原理图如图13-2所示。由图13-2可知，输入向量为$X = (x_1, x_2, \cdots, x_i)$，权值

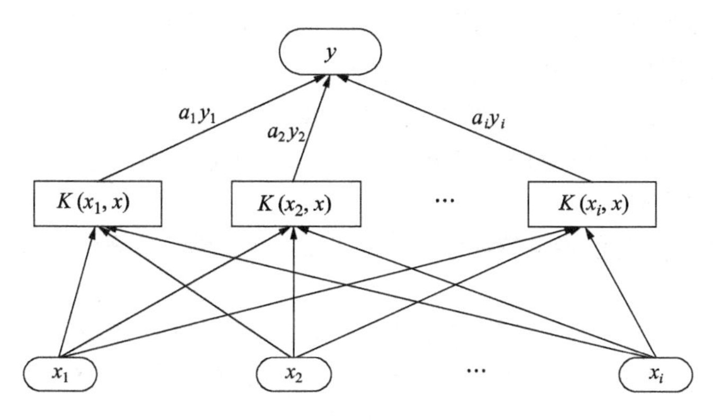

图 13-2　支持向量机原理图

$a_1y_1, a_2y_2, \cdots, a_iy_i$，最终决策原则即为 y。

对 SVM 分类器而言，有多种类型的核函数，其中使用频率最高的核函数有以下 3 种：

线性核函数：

$$K(x_i, x_j) = x_i^{\mathrm{T}} \cdot x_j \tag{13-9}$$

多项式核函数：

$$K(x_i, x_j) = (x_i^{\mathrm{T}} \cdot x_j + 1)^{\sigma} \tag{13-10}$$

RBF 径向基核函数：

$$K(x_i, x_j) = \exp\left(\frac{-\|x_i - x_j\|^2}{\sigma^2}\right) \tag{13-11}$$

13.3　基于 ICS 算法和支持向量机的遥感图像分类方法

13.3.1　支持向量机参数优化概述

由第 12 章的实验结果可知，单纯的特征选择难以稳定得到令人满意的分类效果。由于在采用 SVM 做分类器时需要选择合适的参数，其中惩罚因子 C 和核函数参数 g 对最终的分类结果有着至关重要的影响。核函数参数 g 决定了训练样本的基本特点。当核函数参数较小时，分类正确率较高，然而 SVM 的泛化能力较差。当核函数参数较大时，其分类正确率和 SVM 的泛化能力均较低。在核函数参数由小变大时，对应的分类正确率和 SVM 的泛化能力均呈现由高到低的变化。当且仅当核函数参数在一个适当的范围时，其分类正确率和 SVM 的泛化能力才会处于一个较为平衡的状态。惩罚因子 C 是为了平衡最小误差和最小经验风险之间的关系，使 SVM 的泛化能力达到最优。在数据子空间中，惩罚因子越小，说明分类器对经验的容错率越高，经验风险值相应偏大，这种现象被称为“欠学习”；惩罚因子越大，表明分类器对经验的容错率越低，经验风险值相应偏小，这种现象被称为“过学习”。所以在采用 SVM 对训练样本进行学习时，必然存在一个最为合适的惩罚因子，使 SVM 拥有最优的泛化能力。

13.3.2　基于 ICS 算法的 SVM 参数优化过程

基于 ICS 算法优化 SVM 的遥感图像分类方法分别采用杜鹃搜索算法和粒子群算法的二进制形式，运用融合的 ICS 算法对遥感图像特征数据集进行分类。在整个过程中，种群的搜索范围即是 SVM 参数的寻优范围,种群中每只杜鹃鸟的位置表示一个解,最优解即是最优惩罚因子 C 和核函数参数 g 的参数组合,每只杜鹃鸟的位置用一个二维向量表示。基于 ICS 算法的遥感图像 SVM 分类参数优化方法主要步骤如图 13-3 所示。

(1)导入已采集的遥感图像特征数据集,它包括训练集和测试集。对杜鹃鸟巢位置状态初始化,并设置其他参数。

(2)根据初始鸟巢位置,用支持向量机对训练集进行分类,根据分类正确率计算每只杜鹃鸟的适应度值。

(3)采用杜鹃搜索算法的位置更新规则对杜鹃鸟的位置进行更新。

(4)上一步中,选取部分质量较好的鸟巢,用粒子群算法进行位置更新,得到所有鸟巢中最优鸟巢的位置。

(5)判断是否满足停机条件,若未达到,转到步骤(3)继续运行。此时,当前最优解即是全局最优解。

(6)将得到的最优解代入支持向量机中,构建分类器,采用 RBF 核函数对测试集中的遥感图像数据进行分类。

(7)输出最终分类结果。

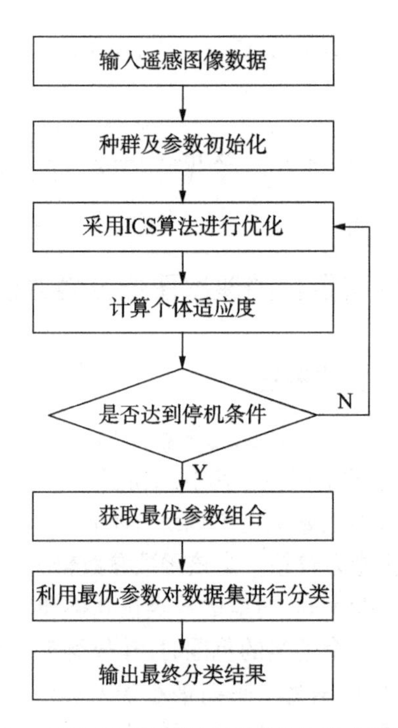

图 13-3 基于 ICS 算法的遥感图像分类方法流程图

13.3.3 实验仿真与分析

为了验证参数优化对 SVM 分类性能的影响和本书算法有效性进行检验,分别利用第 12 章筛选出来最优特征子集和原始特征集对图像进行分类。分别同基于 GA、PSO、标准 CS 优化的遥感图像 SVM 分类参数优化方法进行了对比。这里每个算法均进行 50 次迭代,种群规模均为 30。GA 算法中的基本参数设置为:选择概率 $P_s=0.9$, 交叉概率 $P_c=0.85$,

变异概率 $P_m=0.05$。PSO 算法中学习因子 $c_1=c_2=2.0$，最大速度 $V_{max}=20$。CS 算法中取 $P_a=0.7$，ICS 算法的参数同 PSO 算法和标准 CS 算法。由于所用算法均属于随机化算法，这里测试样本和训练样本每次通过随机抽样的方式来决定，每个算法都独立运行了 50 次，每次实验均采用 8∶2的比例随机分配训练样本和测试样本。原始特征集 50 次独立运行获得的分类正确率如表 13-1 所示，典型的适应度收敛曲线如图 13-4 ~ 图 13-7 所示。最优特征子集 50 次独立运行获得的分类正确率如表 13-2 所示，适应度收敛曲线如图 13-8 ~ 图 13-11 所示。

表 13-1　原始特征集上不同算法优化的分类正确率　　单位：%

算法	GA	PSO	CS	ICS
最差分类正确率	82.352 9	83.823 5	85.294 1	88.235 3
平均分类正确率	88.872 5	89.656 9	91.029 4	92.794 1
最高分类正确率	95.588 2	97.058 8	97.058 8	98.529 4
标准差	3.932 4	3.734 0	3.183 1	2.873 2

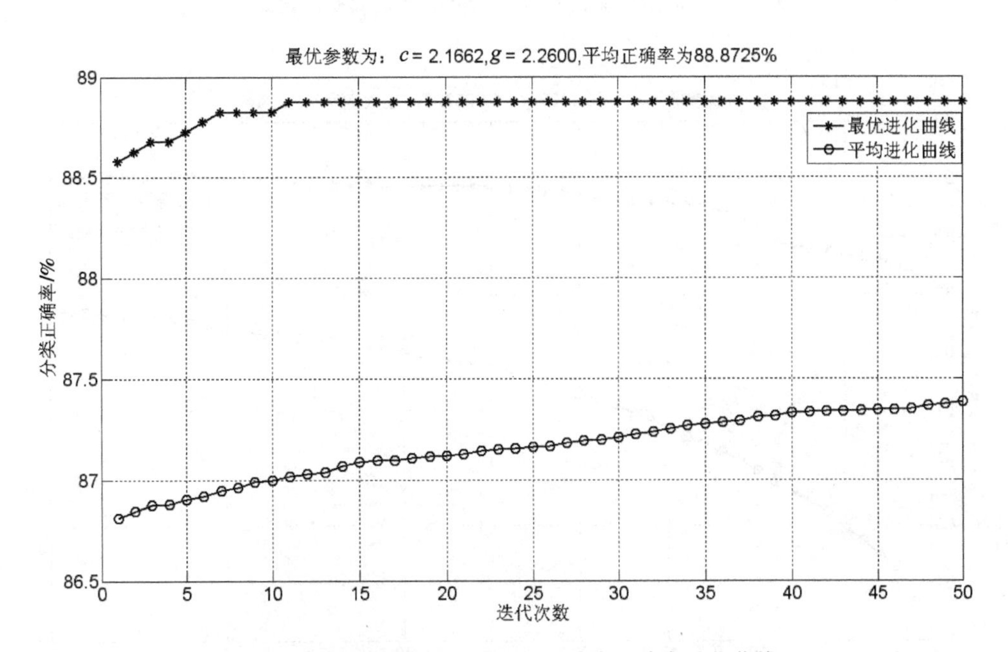

图 13-4　原始特征集上 GA-SVM 分类正确率进化曲线

分析表 13-1 中数据可知，对 SVM 参数进行优化，对于原始特征集，其分类正确率普遍较高。所有算法的最优分类正确率均在 90% 以上。其中，ICS 算法的平均分类正确率为 92.794 1%，最高分类正确率达到 98.529 4%，所有数据均为 4 种算法中最高的，且独立实验的分类正确率均在 85% 以上。另外，ICS 算法的分类正确率标准差也是 4 种算法中最小的，仅为 2.873 2%，其算法运行时间为 43.45 s。由图 13-4 ~ 图 13-7 可知，ICS 算法在算法运行后期拥有较好的进化能力，其种群中所有个体的平均适应度也明显更优。显然，SVM 经过参数优化后，分类正确率得到了明显提升。

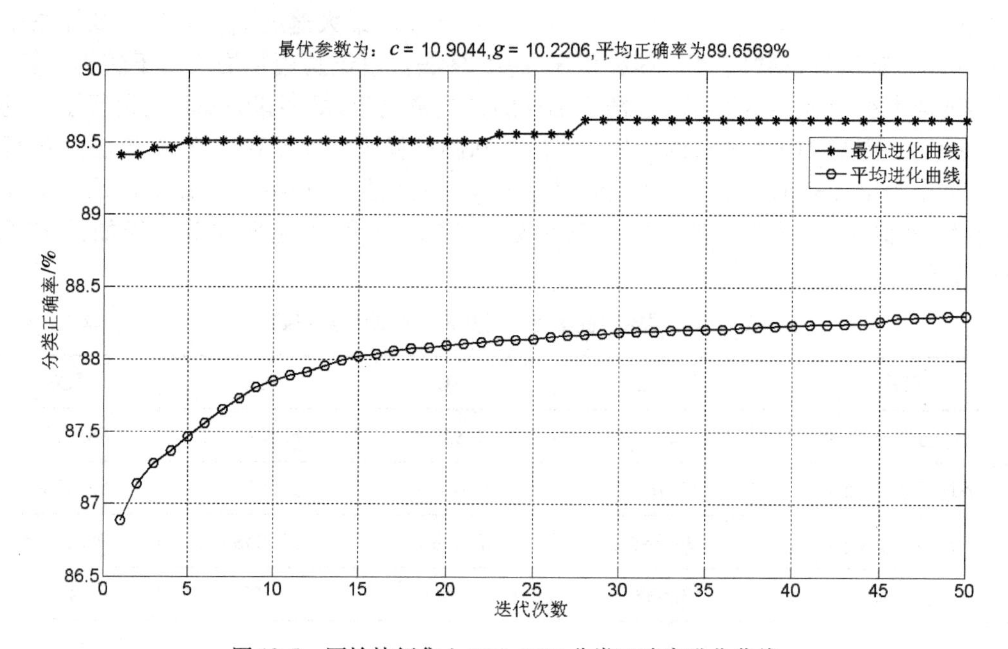

图 13-5　原始特征集上 PSO-SVM 分类正确率进化曲线

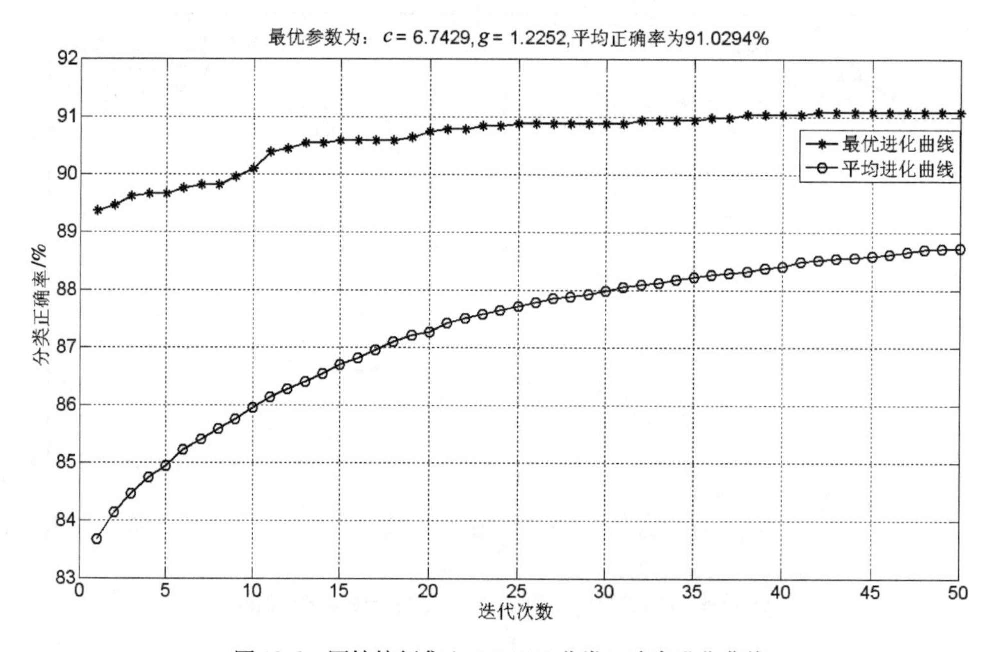

图 13-6　原始特征集上 CS-SVM 分类正确率进化曲线

观察表 13-2 中数据可知，对于最优特征子集而言，惩罚因子和核函数的选择对 SVM 分类结果有着重要的影响。所有算法的平均分类正确率均在 80% 以上。其中，ICS 算法的最差分类正确率、平均分类正确率和最高分类正确率均是所有算法中最高的，其平均分类正确率为 86.941 2%，最高分类正确率达到 94.117 6%，其分类正确率标准差仅为3.198 4%。而未经参数优化的 50 次独立实验平均分类正确率仅为 78.735 3%。实验结果表明，采用 ICS 算法对

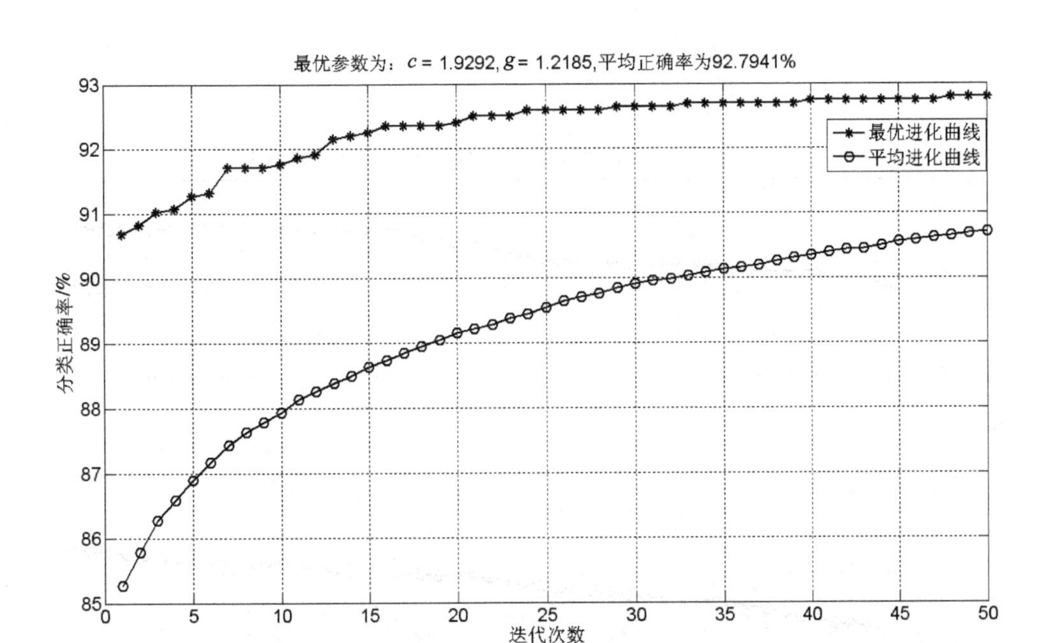

图 13-7　原始特征集上 ICS-SVM 分类正确率进化曲线

最优特征子集进行参数优化可以得到与上一小节中仅采用原始特征集较为接近的分类正确率(87.088 2%),而其算法运行时间只需要 19.79 s,仅仅为采用原始特征集进行参数优化的 40%左右,速度得到了提升。然而相对于原始特征集来说,采用最优特征子集进行图像分类,精度有一定的牺牲。究其原因在于,在特征选择阶段,本书定义的目标函数是在分类精度和特征个数之间进行了折中,并不仅仅是以分类正确率作为适应度函数。而且将特征子集选择和 SVM 参数优化问题作为两个问题分开求解,导致在最终特征子集进行 SVM 参数优化分类精度不及在原始特征集进行 SVM 参数优化分类的精度。需要说明的是,特征子集的选择会影响到 SVM 参数的选择,反之亦然。因此,特征子集的选择和 SVM 最优参数的选择应该结合起来同步考虑,这样才能整体发挥 SVM 最优分类性能。

表 13-2　最优特征子集上不同算法优化的分类正确率　　单位:%

算法	GA	PSO	CS	ICS
最差分类正确率	72.058 8	73.529 4	73.529 4	76.470 6
平均分类正确率	81.264 7	83.088 2	85.352 9	86.941 2
最高分类正确率	89.705 9	91.176 5	92.647 1	94.117 6
标准差	5.105 1	4.234 7	3.744 1	3.198 4

总的来看,对于基于支持向量机的遥感图像分类方法,采用 ICS 算法优化支持向量机分类器参数组合可以收敛于较优的解,稳定得到较高的分类正确率,是一种分类效率高且性能稳健的遥感图像数据分类方法。

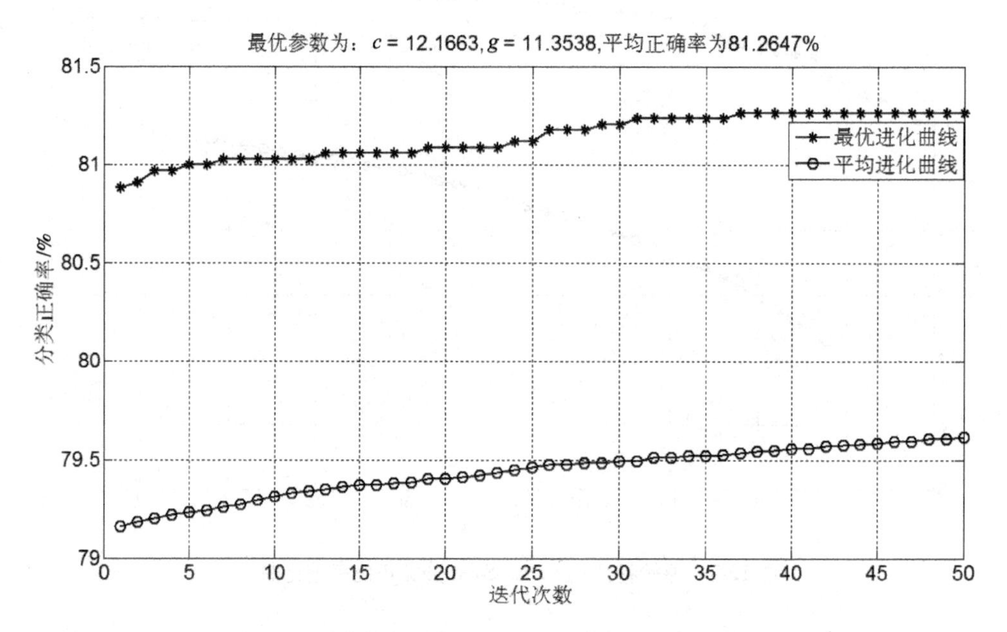

图 13-8 最优特征子集上 GA-SVM 分类正确率进化曲线

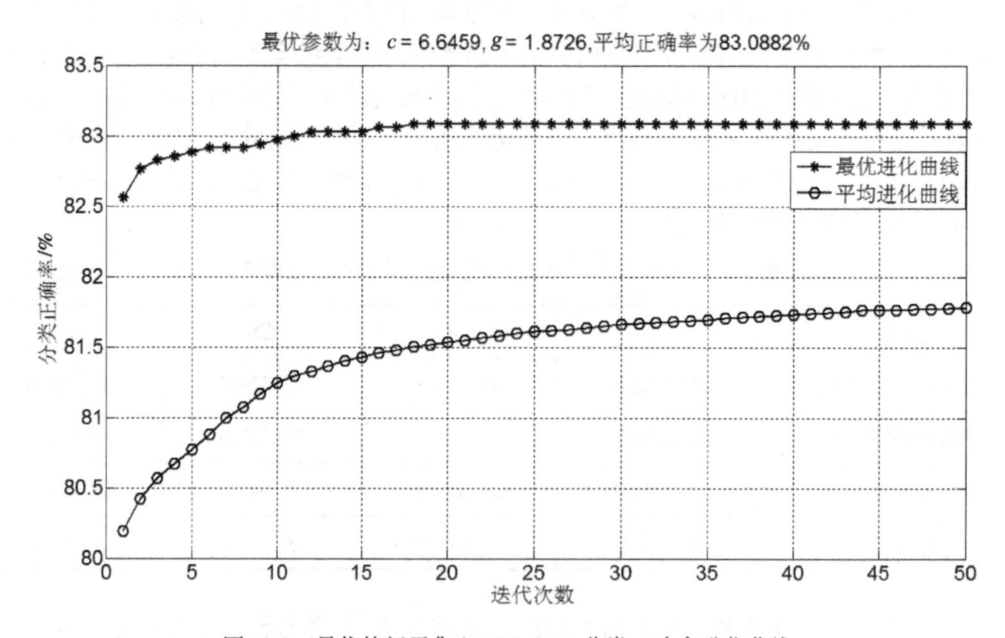

图 13-9 最优特征子集上 PSO-SVM 分类正确率进化曲线

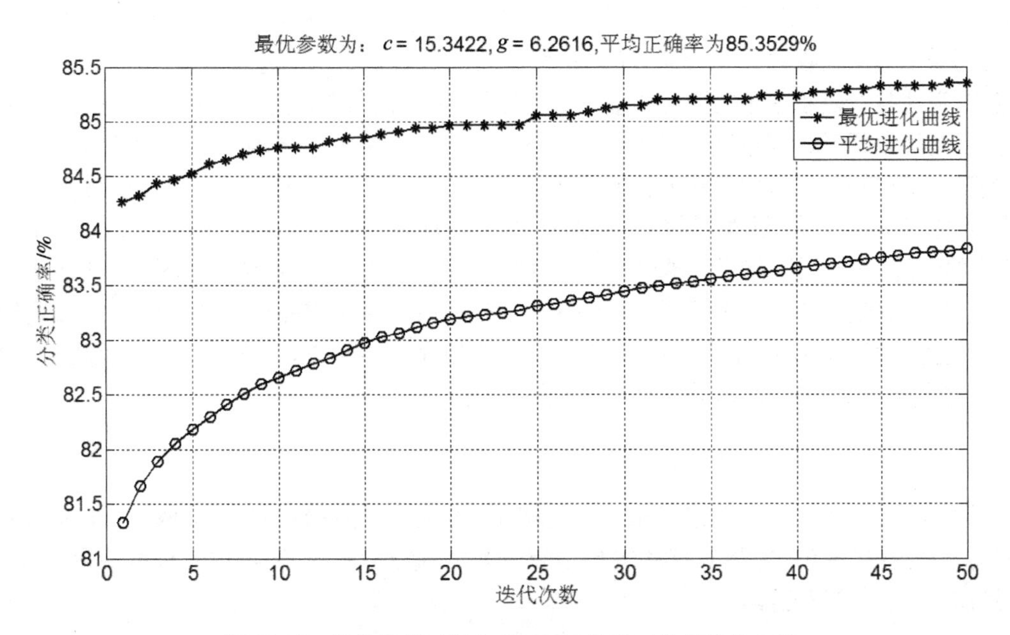

图 13-10　最优特征子集上 CS-SVM 分类正确率进化曲线

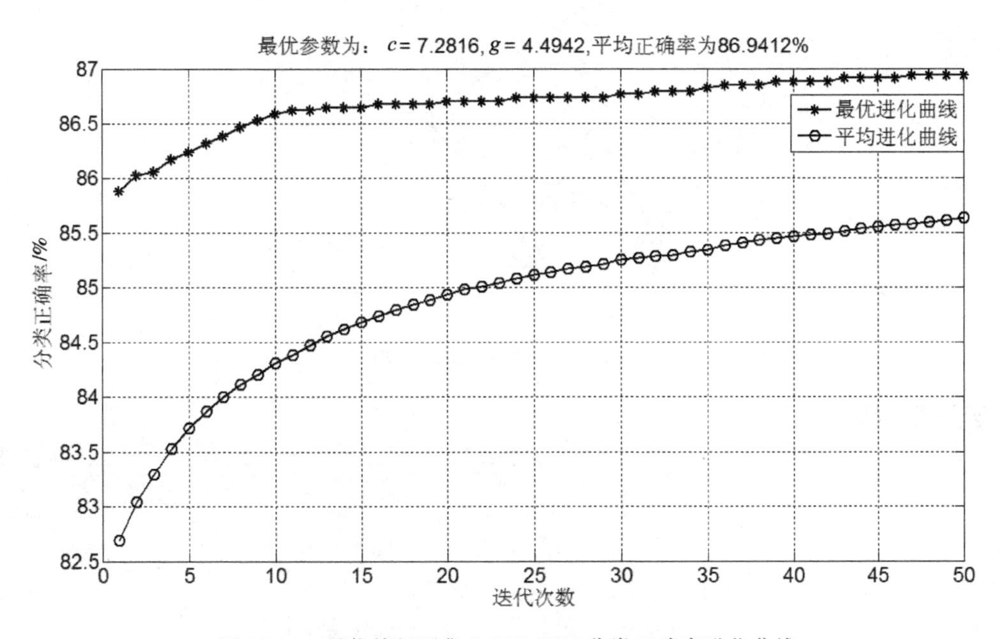

图 13-11　最优特征子集上 ICS-SVM 分类正确率进化曲线

13.4　基于杂交水稻算法优化 ELM 的纹理图像分类方法

13.4.1　极限学习机概述

极限学习机(Extreme Learning Machines,ELM),又称超限学习机,为人工智能机器学习领域中的一种人工神经网络模型,是一种求解单隐层前馈神经网络的学习算法。传统的前馈神经网络(如 BP 神经网络)需要人为设置大量的网络训练参数,此算法却只需要设定网络的结构,而不需设置其他参数,因此具有简单易用的特点。其输入层到隐藏层的权值是一次随机确定的,算法执行过程中不需要再调整,而隐藏层到输出层的权值只需解一个线性方程组来确定,因此可以提升计算速度。极限学习机的名称来自新加坡南洋理工大学黄广斌教授所建立的模型。黄教授指出,此算法的泛化性能良好,且其学习速度比运用反向传播算法训练的速度要快 1000 倍。极限学习机最初是为单隐层前馈网络(Single Hidden Layer Network, SLFN)的训练而开发的,然后扩展到广义 SLFN。极限学习机的体系结构如图 13-12 所示。目前围绕 ELM 的改进和应用开展了大量的研究。对于一个单隐层神经网络(见图 13-12),假设有 N 个任意的样本(x_i,y_i),其中 $x_i(i=1,2,\cdots,N)$是输入层,$y_i(i=1,2,\cdots,M)$是输出层,对于有 L 个隐藏层节点的极限学习机网络,可以表示为

$$f_L(x) = \sum_{i=1}^{L}\beta_i G(\alpha_i,b_i,x) = h(x)\cdot\beta \tag{13-12}$$

式中:L 为隐藏层节点数;α_i为连接第 i 个隐藏节点和输入节点的权向量;b_i是第 i 个隐藏节点的偏差;β_i是连接第 i 个隐藏节点和输出节点的权向量;$G(\cdot)$代表隐藏节点激活函数;$h(x)$是网络的隐藏层输出矩阵。

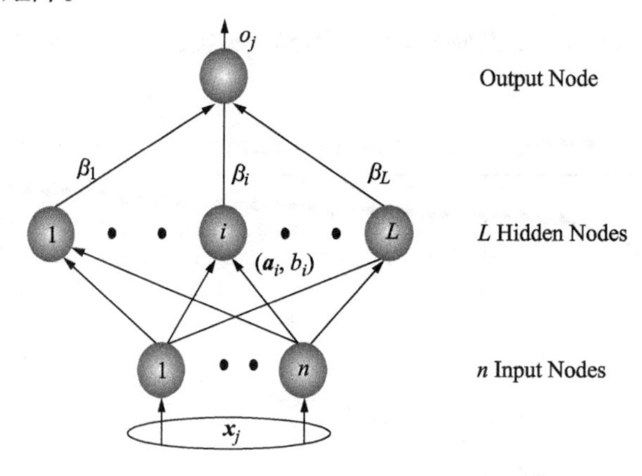

图 13-12　极限学习机模型

于是可以得出

$$H\beta = T \tag{13-13}$$

其中:

$$H = \begin{bmatrix} g(w_1x_1+b_1) & \cdots & g(w_1x_1+b_L) \\ \vdots & & \vdots \\ g(w_1x_p+b_1) & \cdots & g(w_1x_P+b_L) \end{bmatrix}_{L\times P} \tag{13-14}$$

$$\beta = \begin{bmatrix} \beta_1^{\mathrm{T}} \\ \vdots \\ \beta_1^{\mathrm{T}} \end{bmatrix}_{L\times P} \qquad T = \begin{bmatrix} t_1^{\mathrm{T}} \\ \vdots \\ t_p^{\mathrm{T}} \end{bmatrix}_{P\times M} \tag{13-15}$$

单隐层神经网络学习的目标是使得输出的误差最小,可以表示为

$$\begin{cases} \min\sum_{i=1}^{N}\|\beta\cdot h(x_i)-y_i\| \\ \min\|\beta\| \end{cases} \tag{13-16}$$

由此可得

$$\beta = H^{+}T = (H^{\mathrm{T}}H)^{-1}H^{\mathrm{T}}T \tag{13-17}$$

其中，H^{+} 是矩阵的 Moore-Penrose 广义逆。且可证明求得的解 β 的范数是最小的并且唯一。

由于极限学习机在训练时，输入权值和偏置是随机产生的，且训练过程没有受反向影响，不需迭代，因此其训练速度非常快速，这是极限学习机一大特点。

假设按照如上公式定理得到极限学习机算法 1：

算法 1　极限学习机(ELM)

步骤 1，输入权重 w 和隐藏层偏差 b。

步骤 2，计算隐藏层输出矩阵 H。

步骤 3，计算输出权重矩阵。

步骤 4，重复第二步到第三步，直到满足终端条件。

13.4.2　基于杂交水稻算法的极限学习机参数优化方法

杂交水稻算法是近两年新提出的一种优化算法。本书中用杂交水稻算法优化极限学习机，实际上是对极限学习机的两组参数进行优化。由于极限学习机只需要随机初始化输入权重和偏置，往往使得分类结果产生随机性，分类准确度差别较大。为了避免这样的随机性，得到精确度更稳定的结果，用杂交水稻算法建立二维搜索空间对输入节点权向量 α_i 和隐藏层偏置 b_i 寻优，每一次寻优得到的那组参数称它为最佳参数，将最佳参数代入极限学习机模型中，为极限学习机接下来的优化和分类做好基础。适应度函数值是本书对个体评估的标准，本书采用 G-mean 来更全面地评价分类器性能。在计算每个类的精度后，最终的结果来衡量一个分类的功能是这些精度的几何平均。以二分类为例，当少数类的精度为 0 时，其 G-mean 的值也将低至 0。G-mean 定义为

$$\text{G-mean} = \sqrt{\frac{TP}{TP+FN} + \frac{TN}{TN+FP}} \tag{13-18}$$

基于杂交水稻优化算法优化极限学习机的算法如下所示。

算法 2　HRO-ELM

步骤 1，初始化水稻种群优化权值和偏置向量(traina，trainb)；训练样本集(x_i, y_i)；最大迭代次数 maxiteration。

步骤 2，计算适应度函数值 G-mean$(f(x))$并排序，得到保持系 B，不育系 A 和恢复系 R。

步骤 3，保持系 B 与不育系 A 杂交将获得新的个体 j，并对其 $f(x_j)$ 进行评估；如果 $f(x_j) > f(x_i)$，则用 j 替换 i；否则保留原个体 i。

步骤 4，如果参数 $t <$ maxtime，使恢复系 R_k 自我产生新的恢复系 R_p，并评估其 $f(x_p)$，如果 $f(x_p) > f(x_k)$，用 p 代替 k；如果参数 $t >$ maxtime，则重置。

步骤 5，如果 $t <$ maxiteration，再次执行步骤 2；如果 $t >$ maxiteration，得出最优解。

13.4.3 实验结果和分析

1. 实验数据集

在本节实验中,选择了 UCI 数据集中 10 个数据集进行对比试验,实验数据集具体信息如表 13-3 所示。实验环境是 Matlab 2015,Windows 10。

表 13-3 UCI 数据集数据

dataset.	atrribute	instance
Cortex_Nuclear	10	583
Indian liverpatent	82	1080
EEG Eye State	15	14 980
glass	10	214
Annealing Data	38	798
Car evaluation Dataset	288	1728
Heart Disease Data Set	75	303
AReM	6	42 240
BHP OBS	22	1705
Clinmate Model Simulation	18	540

为了进一步验证所提模型的性能,本书将所提出模型应用于实际遥感图像分类。遥感图像提取了 Gabor 小波(24 个特征),小波分解(16 个特征),Laws 模板(12 个特征),灰度共生矩阵(GLCM,6 个特征),灰度纹理统计(4 个特征),定向梯度直方图(HoG,4 个特征)和局部二值模式(LBP,2 个特征)组成遥感影像数据集。有 600 个实例分为 2 个类别(水体图像和居民地图像),部分样本如图 13-13 所示。

此外,杂交水稻优化算法的性能还与一些众所周知的算法进行了比较,即 GA-ELM、PSO-ELM、DE-ELM、WWO-ELM 分别代表遗传算法优化极限学习机、粒子群算法优化极限学习机、差分算法优化极限学习机、水波算法优化极限学习机。

这些方法使用的主要参数是:4 种算法的初始数量相同,即 20,所有这些算法在执行 50 次后都会终止。此外,遗传算法(GA)的交叉率为 0.4,遗传算法的变异率为 0.01。对于粒子群优化算法(PSO),$c_1 = 1.5$ 和 $c_2 = 1.7$,惯性权重值设为 0.8。对于水波优化算法(WWO),衰减系数是 1.3,碎浪系数是 0.3,波长系数为 0.2,波高为 12。对于差分优化算法,其相关参数变异率为 0.1,交叉概率是 0.6。

2. 常用算法分类结果

在本节实验中选择了 UCI 数据集中 5 个数据集进行对比试验,实验数据集具体数据如表 13-4 所示。实验环境是 weka,Windows 10。表 13-4 是 5 个分类器在 5 个数据集上的实验结果对比。分类器参数对实验结果影响较大,因此选择 Weka 现有的已经设置了常用最佳参数的分类器。极限学习机参数是随机给予的,本实验中参数会经过杂交水稻算法寻优求得。

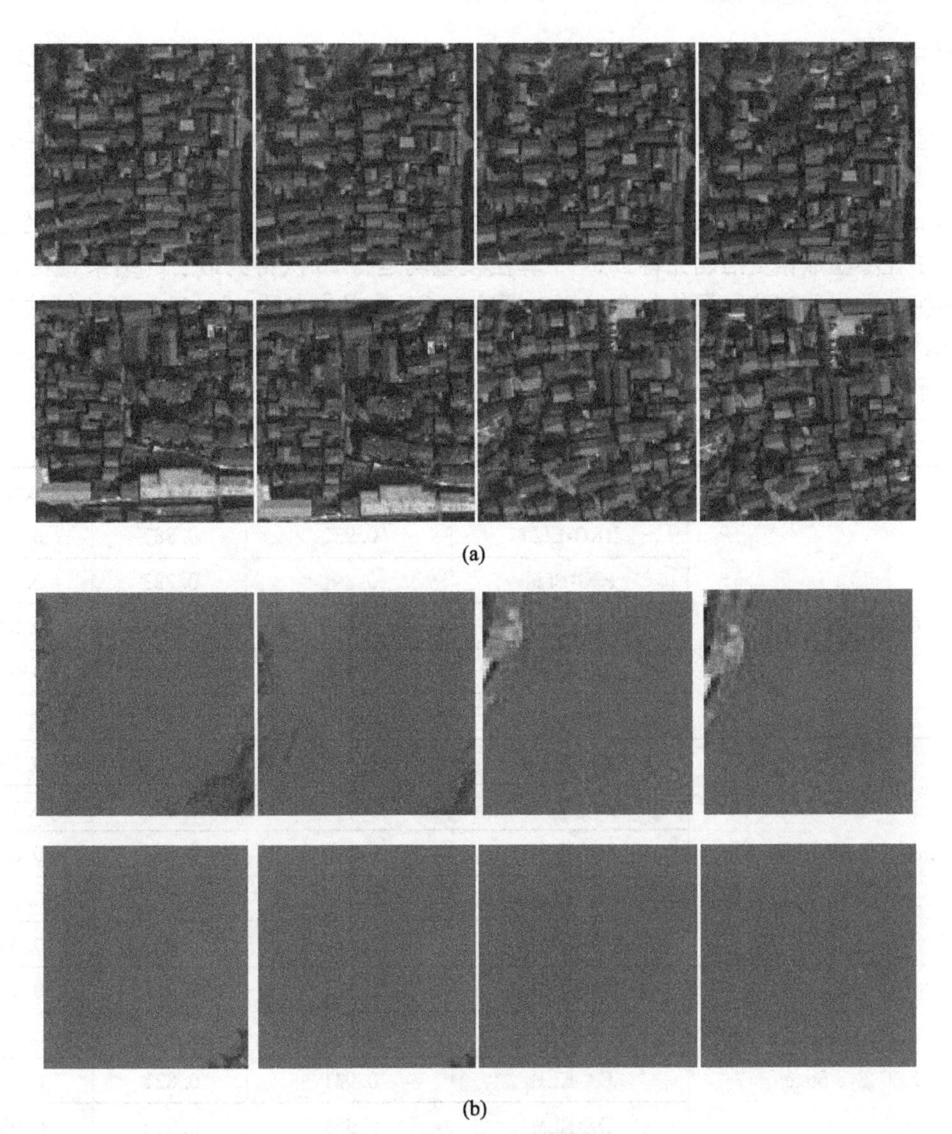

图 13-13　遥感数据集图像样本

(a)居民地;(b)植被图像

表 13-4　实验结果对比　　单位:%

dataset	J48	IBK	SMO	Bayes	MLP	HRO-ELM
Heart Disease Data Set	52.48	54.79	58.09	55.11	51.48	91.12
Indian liverpatent	48.33	47.56	44.89	49.77	45.26	74.60
EEG Eye State	77.23	76.49	70.08	78.34	77.19	94.21
glass	67.45	68.12	64.67	67.09	63.46	91.62
Annealing Data	68.45	67.88	64.77	65.34	69.45	88.46

从表 13-4 可以看出,基本分类器分类结果准确度没有太大的区别,但是优化参数后的极限学习机 ELM 的分类准确度得到了非常大的提升,在 Heart Disease Data Set 数据集

中甚至可以达到 40% 。而其他数据集也有 20% ~30% 的精确度提升。这一研究结果表明极限学习机的参数优化可以有效提升分类器的性能,极限学习机分类器是有前景的分类器,选择其作为研究对象也是看中它结构相对简单、操作容易,作为数据分类器分类准确率较高。

本节中将 UCI 数据集实验结果以表格形式呈现,将遥感数据集的实验结果用图的形式呈现。为了让实验数据更准确完善,每一个算法模型均运行 20 次得到最后的结果。表 13-5 极限学习机参数优化实验数据结果中 dataset 列为 UCL 数据集名称,algorithm 列为算法模型名称,BstA 列为 20 次行中最佳实验数据,WstA 列为 20 次运行中最差实验数据,AveA 为 20 次运行中平均实验数据。所列数字均表示分类正确率。

表 13-5 极限学习机参数优化实验数据结果

dataset	algorithm	BstA	WstA	AveA
Cortex_Nuclear	HRO-ELM	0.932	0.887	0.901
	PSO-ELM	0.891	0.783	0.832
	GA-ELM	0.875	0.764	0.806
	DE-ELM	0.921	0.887	0.900
	WWO-ELM	0.897	0.850	0.865
Indian liver patent	HRO-ELM	0.770	0.709	0.751
	PSO-ELM	0.761	0.675	0.720
	GA-ELM	0.698	0.607	0.643
	DE-ELM	0.740	0.712	0.725
	WWO-ELM	0.688	0.600	0.632
EEG Eye State	HRO-ELM	0.964	0.932	0.940
	PSO-ELM	0.942	0.867	0.910
	GA-ELM	0.931	0.821	0.883
	DE-ELM	0.956	0.912	0.931
	WWO-ELM	0.930	0.910	0.920
glass	HRO-ELM	0.915	0.872	0.880
	PSO-ELM	0.930	0.844	0.874
	GA-ELM	0.905	0.855	0.870
	DE-ELM	0.940	0.867	0.899
	WWO-ELM	0.905	0.845	0.883
Annealing Data	HRO-ELM	0.925	0.870	0.900
	PSO-ELM	0.887	0.830	0.855
	GA-ELM	0.898	0.825	0.870
	DE-ELM	0.900	0.865	0.880
	WWO-ELM	0.864	0.832	0.849

续表

dataset	algorithm	BstA	WstA	AveA
Car evaluation Dataset	HRO-ELM	0.925	0.855	0.865
	PSO-ELM	0.985	0.657	0.870
	GA-ELM	0.855	0.705	0.830
	DE-ELM	0.852	0.830	0.845
	WWO-ELM	0.855	0.815	0.830
AReM	HRO-ELM	0.687	0.655	0.666
	PSO-ELM	0.669	0.635	0.650
	GA-ELM	0.670	0.620	0.655
	DE-ELM	0.655	0.642	0.648
	WWO-ELM	0.652	0.633	0.645
Heart Disease Data Set	HRO-ELM	0.940	0.890	0.912
	PSO-ELM	0.930	0.890	0.895
	GA-ELM	0.945	0.800	0.918
	DE-ELM	0.920	0.849	0.880
	WWO-ELM	0.920	0.868	0.900
BHP OBS	HRO-ELM	0.880	0.853	0.855
	PSO-ELM	0.859	0.853	0.856
	GA-ELM	0.850	0.80	0.830
	DE-ELM	0.890	0.830	0.856
	WWO-ELM	0.920	0.840	0.875
Clinmate Model Simulation	HRO-ELM	0.955	0.950	0.953
	PSO-ELM	0.952	0.920	0.930
	GA-ELM	0.951	0.930	0.941
	DE-ELM	0.930	0.920	0.926
	WWO-ELM	0.953	0.940	0.949

由表 13-5 中数据可以明显看出，杂交水稻优化算法优化的极限学习机整体性能更佳，10 个数据集中有 6 个数据集 Clinmate Model Simulation，AReM，Annealing Data，EEG Eye State，Indian liver patent 和 Cortex_Nuclear 分类准确度最优，在两个数据集 BHP OBS 和 Glass 上低于 DE-ELM 分类器模型，其中 BHP OBS 在数据集中居次位，在 Glass 数据集居第三位。还有两个数据集 Heart Disease Data Set 中略低于 GA-ELM 居次位，在 Car evaluationDataset 数据集，精确度低于 PSO-ELM 模型。由此说明 HRO-ELM 优化模型在分类问题上有较好的性能，是解决此类问题中的可选方案。不仅如此，在精度最优的数据集中 HRO-ELM 超过第二位 DE-ELM 近 10%，这说明在某些分类数据集上杂交水稻优化算法十分可取，表现出非常优越的优化性能。其次在平均数据的表现上，基于杂交水稻优化算法的极限学习机在 6 个数据集中均得到了最

高准确率，虽然大多数情况是略优于其他算法模型，但是也足以说明杂交水稻优化算法优化参数后的极限学习机性能变得更加稳定，这也正是我们在引言中所提到的，极限学习机由于其参数引入的随机性导致分类准确率非常不稳定，杂交水稻优化算法可以提高其性能的稳定性，并且在这方面还略优于其他算法。

3. 遥感数据集分类结果

为了进一步验证 HRO-ELM 模型的性能，本书选择了一组真实的遥感数据集。在遥感数据集上运行了 HRO-ELM、GA-ELM、PSO-ELM 分别运行 10 次得到直方图 13-14、图 13-15 和图 13-16，之所以选择 PSO 和 GA 算法，是因为这两个算法运用最为广泛，为人们所接纳认可，因此非常具有代表性。而后为了更直观地显示 3 个模型的比较数据，采用了数据盒子图，如图 13-17 其中“ * ”代表模型 10 次中出现了一次的数据，非常低或非常高，且仅仅出现一次。红色的横线代表该优化分类器最长出现的分类精度，而黑色的线代表该优化分类器最佳和最差的分类精度。由此可以得出，杂交水稻算法优化极限学习机的分类准确度更加稳定，进一步分析，HRO-ELM 分类准确度平均值优于 GA-ELM 和 PSO-ELM。

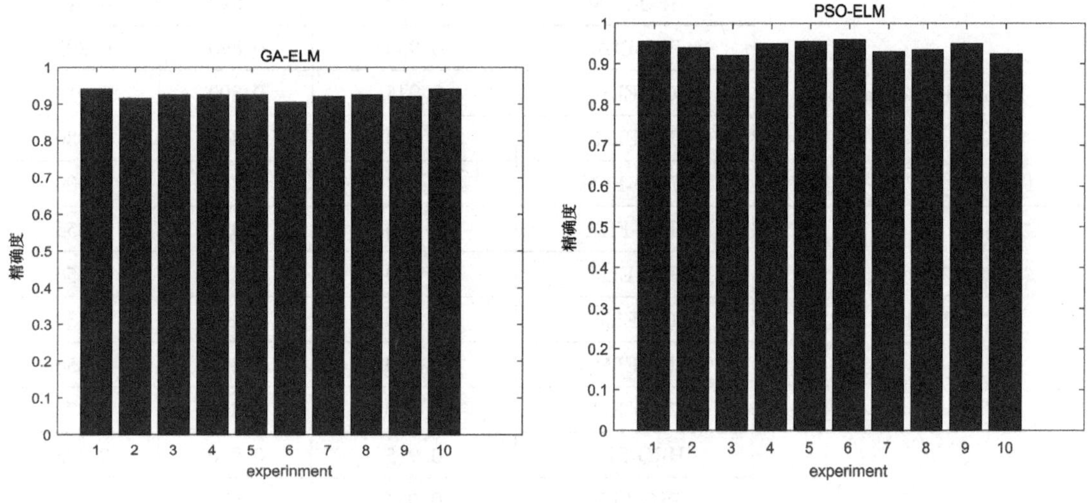

图 13-14 GA-ELM 分类精确度

图 13-15 PSO-ELM 分类精确度

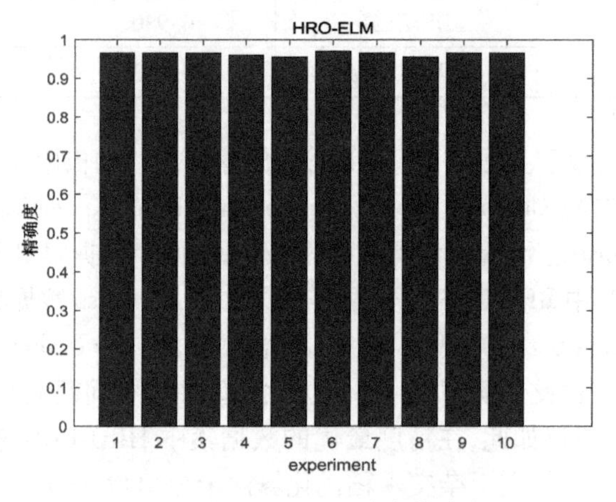

图 13-16 HRO-ELM 分类精确度

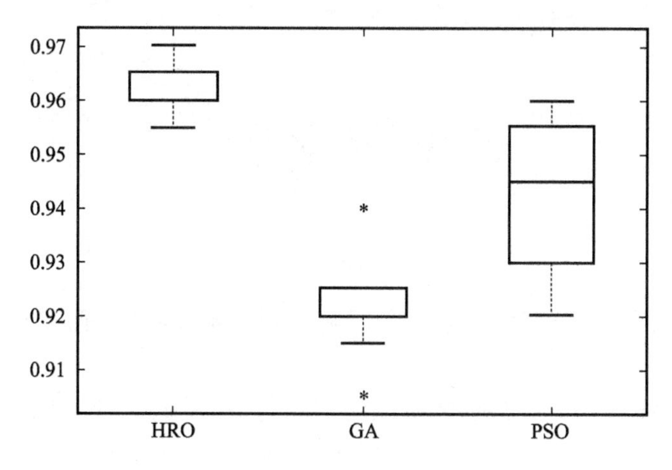

图 13-17　3 个模型分类准确度实验盒子对比

比较蓝色柱状图可以得到如下结论:杂交水稻优化算法优化后的极限学习机在遥感数据分类上有更高的精确度,运行 10 次精确度均很稳定。由图 13-17 可得到如下结论:杂交水稻优化算法的最高精度是 3 个模型中最好的,甚至高出 GA-ELM 模型近 10%,而最低精度也高出 GA 优化模型出现的最高精度,高于 PSO 优化模型的平均精度。此外,从盒子的高度大小可以推出,基于杂交水稻的极限学习机不仅分类精确度较高,且性能更稳定,在一个极小区间内浮动,这也是我们所希望提升的极限学习机模型性能。总体而言,用杂交水稻优化算法优化后的极限学习机的性能较所给出的遗传算法优化极限学习机及粒子群算法优化极限学习分类准确度更好,在此遥感数据的分类上,有更好的分类效果。

参考文献

[1]焦李成. 自然计算、机器学习与图像理解前沿[M]. 西安:西安电子科技大学出版社, 2008.

[2]曾毅, 刘成林, 谭铁牛. 类脑智能研究的回顾与展望[J]. 计算机学报, 2016,39(1):212 -222.

[3]王万良. 人工智能导论 [M]. 4 版. 北京:高等教育出版社, 2015.

[4]公茂果, 焦李成, 杨咚咚,等. 进化多目标优化算法研究[J]. 软件学报, 2009, 20(2):271 -289.

[5]焦李成, 杨淑媛, 刘芳,等. 神经网络七十年:回顾与展望[J]. 计算机学报, 2016, 39(8):1697 -1716.

[6]朱李楠, 王万良, 沈国江. 基于改进差分进化算法的云制造资源优化组合方法[J]. 计算机集成制造系统, 2017, 23(1):203 -214.

[7]蔡自兴. 中国人工智能 40 年[J]. 科技导报, 2016, 34(15):12 -32.

[8]蔡自兴, 蔡昱峰. 人工智能的大势、核心与机遇[J]. 冶金自动化, 2018(2).

[9]戴汝为, 王珏. 巨型智能系统的探讨[J]. 自动化学报, 1993, 19(6):645 -655.

[10]蔡自兴. 人工智能在冶金自动化中的应用[J]. 冶金自动化, 2015, 39(1):1 -8.

[11]焦李成, 赵进, 杨淑媛,等. 稀疏认知学习、计算与识别的研究进展[J]. 计算机学报, 2016, 39(4):835 -852.

[12]龚涛, 蔡自兴. 自然计算研究进展[J]. 控制理论与应用, 2006, 23(1):79 -85.

[13]吴启迪. 自然计算导论[M]. 上海:上海科学技术出版社, 2011.

[14]王正志, 薄涛. 进化计算[M]. 北京:国防科技大学出版社, 2000.

[15]赵玉新. 新兴元启发式优化方法[M]. 北京: 科学出版社, 2013.

[16]Shadbolt N. Nature-inspired computing [J]. IEEE Intelligent Systems, 2004, 19(1):1 -3.

[17]吴启迪. 智能微粒群算法研究及应用[M]. 南京:江苏教育出版社, 2005.

[18]段海滨. 蚁群算法原理及其应用[M]. 北京:科学出版社, 2005.

[19]郑宇军, 陈胜勇, 张敏霞. 生物地理学优化算法及应用[M]. 北京:科学出版社, 2016.

[20]Branke J, Su N, Pickardt C W, et al. Automated Design of Production Scheduling Heuristics: A Review [J]. IEEE Transactions on Evolutionary Computation, 2015, 20(1):110 -124.

[21]Li L, Yao X, Stolkin R, et al. An Evolutionary Multiobjective Approach to Sparse Reconstruction [J]. IEEE Transactions on Evolutionary Computation, 2014, 18(6):827 -845.

[22]Gong M, Zhang M, Yuan Y. Unsupervised Band Selection Based on Evolutionary Multiobjective Optimization for Hyperspectral Images [J]. IEEE Transactions on Geoscience & Remote

Sensing, 2016, 54(1):544 - 557.

[23] Xue B, Zhang M, Browne W N, et al. A Survey on Evolutionary Computation Approaches to Feature Selection [J]. IEEE Transactions on Evolutionary Computation, 2015:1 - 1.

[24] Das S, Mullick S S, Suganthan P N. Recent advances in differential evolution-An updated survey [J]. Swarm & Evolutionary Computation, 2016, 27:1 - 30.

[25] Gotmare A, Bhattacharjee S S, Patidar R, et al. Swarm and evolutionary computing algorithms for system identification and filter design: A comprehensive review [J]. Swarm & Evolutionary Computation, 2017,32:68 - 84.

[26] Zhang Y, Wang S, Ji G. A Comprehensive Survey on Particle Swarm Optimization Algorithm and Its Applications [J]. Mathematical Problems in Engineering, 2015(1):1 - 38.

[27] Eusuff M M, Lansey K E. Optimization of water distribution network design using the shuffled frog leaping algorithm [J]. Journal of Water Resources Planning and Management, 2003, 129(3): 210 - 225.

[28] 崔文华,刘晓冰, 王伟,等. 混合蛙跳算法研究综述[J]. 控制与决策, 2012, 27(4): 481 - 486.

[29] Pan W T. Pan, W. T.: A new Fruit Fly Optimization Algorithm: Taking the financial distress model as an example [J]. Knowledge - Based Systems, 2012, 26(2):69 - 74.

[30] Iscan H, Gunduz M. A Survey on Fruit Fly Optimization Algorithm[C]// International Conference on Signal - Image Technology & Internet - Based Systems. 2015:520 - 527.

[31] Yang X S, Deb S. Cuckoo Search via Lévy flights[C]// Nature & Biologically Inspired Computing, 2009. NaBIC 2009. World Congress on. IEEE, 2009:210 - 214.

[32] 董崇杰, 刘毅, 彭勇. 改进布谷鸟算法在人群疏散多目标优化中的应用[J]. 系统仿真学报, 2016, 28(5):1063 - 1069.

[33] Zong W G, Kim J H, Loganathan G V. A New Heuristic Optimization Algorithm: Harmony Search[J]. Simulation Transactions of the Society for Modeling & Simulation International, 2001, 76(2):60 - 68.

[34] Geem Z W. Music - Inspired Harmony Search Algorithm: Theory and Applications[M]// Music - Inspired Harmony Search Algorithm. Springer Berlin Heidelberg, 2009:163 - 172.

[35] Ouaddah A, Boughaci D. Harmony search algorithm for image reconstruction from projections [J]. Applied Soft Computing, 2016, 46:924 - 935.

[36] 夏红刚, 欧阳海滨, 高立群,等. 全局竞争和声搜索算法[J]. 控制与决策, 2016 (2):310 - 316.

[37] 程美英, 倪志伟, 朱旭辉. 萤火虫优化算法理论研究综述[J]. 计算机科学, 2015, 42(4):19 - 24.

[38] Su, H., Yong, B. *, and Du, Q. Hyperspectral Band Selection Using Improved Firefly Algorithm [J]. IEEE Geoscience and Remote Sensing Letters,2016, 13(1):68 - 72.

[39] Chaohua Dai, Weirong Chen, and Yunfang Zhu. Seeker optimization algorithm for digital IIR filter design [J]. IEEE Transactions on Industrial Electronics, 2010, 57(5): 1710 - 1718.

[40] Chaohua Dai, Weirong Chen, Yunfang Zhu, et al. Seeker optimization algorithm for tuning

the structure and parameters of neural networks [J]. Neurocomputing, 2011, 74(6): 876-883.

[41]陈秉试，基于改进搜索者算法的IIR滤波器设计[J]. 重庆邮电大学学报(自然科学版)，2013，25(4):22-26.

[42]Dai C, Chen W, Zhu Y. Seeker Optimization Algorithm[C]// International Conference on Computational Intelligence and Security. IEEE, 2006:225-229.

[43]E. Rashedi, H. Nezamabadi-pour, S. Saryazdi. GSA: A Gravitational Search Algorithm[J]. Information Sciences. 2009, 179(13):2232-2248.

[44]Hatamlou A, Abdullah S, Nezamabadi-Pour H. A combined approach for clustering based on K-means and gravitational search algorithms [J]. Swarm & Evolutionary Computation, 2012, 6:47-52.

[45]Askari H, Zahiri S H. Decision function estimation using intelligent gravitational search algorithm [J]. International Journal of Machine Learning and Cybernetics, 2012, 3(2): 163-172.

[46]蒋建国，谭雅，董立明，等. 改进的万有引力搜索算法在边坡稳定分析中的应用[J]. 岩土工程学报，2016，38(3):419-425.

[47]X. S. Yang, A New Metaheuristic Bat-Inspired Algorithm, in: Nature Inspired Cooperative Strategies for Optimization (NISCO 2010), Studies in Computational Intelligence, Springer Berlin, 284, Springer, 65-74 (2010).

[48]李枝勇，马良，张惠珍. 蝙蝠算法收敛性分析[J]. 数学的实践与认识，2013，43(12): 182-190.

[49]Chawla M, Duhan M. Bat Algorithm: A Survey of the State-of-the-Art [J]. Applied Artificial Intelligence, 2015, 29(6):617-634.

[50]郑宇军，张蓓，薛锦云. 软件形式化开发关键部件选取的水波优化方法[J]. 软件学报，2016，27(4):933-942.

[51]Seyedali Mirjalilia, Seyed Mohammad Mirjalilib, Andrew Lewisa. Grey Wolf Optimizer. Advances in Engineering Software, 2014, 69:46-61.

[52]龙文，蔡绍洪，焦建军，等. 求解高维优化问题的混合灰狼优化算法[J]. 控制与决策，2016，31(11):1991-1997.

[53]Tan Y, Zhu Y. Fireworks Algorithm for Optimization[C]// International Conference on Advances in Swarm Intelligence. Springer-Verlag, 2010:355-364.

[54]Wang G G, Deb S, Cui Z. Monarch butterfly optimization[J]. Neural Computing & Applications, 2015:1-20.

[55]Feng Y, Wang G G, Deb S, et al. Solving 0-1 knapsack problem by a novel binary monarch butterfly optimization[J]. Neural Computing & Applications, 2017, 28(7):1619-1634.

[56]Mirjalili S. Moth-flame optimization algorithm: A novel nature-inspired heuristic paradigm [J]. Knowledge-Based Systems, 2015, 89:228-249.

[57]Aziz M A E, Ewees A A, Hassanien A E. Whale Optimization Algorithm and Moth-Flame Optimization for multilevel thresholding image segmentation [J]. Expert Systems with

Applications, 2017, 83:242 - 256.

[58] Savsani P, Savsani V. Passing vehicle search (PVS): A novel metaheuristic algorithm[J]. Applied Mathematical Modelling, 2016, 40(5 - 6):3951 - 3978.

[59] Ladumor D P, Trivedi I N, Bhesdadiya R H, et al. A Passing Vehicle Search Algorithm for Solution of Optimal Power Flow Problems[C]// Aeeicb. 2017.

[60] Parsana S, Radadia N, Sheth M, et al. Machining parameter optimization for EDM machining of Mg-RE-Zn-Zr alloy using multi-objective Passing Vehicle Search algorithm[J]. Archives of Civil & Mechanical Engineering, 2018, 18(3):799 - 817.

[61] Tamura K, Yasuda K. Primary study of spiral dynamics inspired optimization[J]. Ieej Transactions on Electrical & Electronic Engineering, 2011, 6(S1):S98 - S100.

[62] Benasla L, Belmadani A, Rahli M. Spiral Optimization Algorithm for solving Combined Economic and Emission Dispatch[J]. International Journal of Electrical Power & Energy Systems, 2014, 62(11):163 - 174.

[63] Cuevas E, Cienfuegos M. A swarm optimization algorithm inspired in the behavior of the social-spider[J]. Expert Systems with Applications, 2013, 40(16):6374 - 6384.

[64] Yu J J Q, Li V O K. A social spider algorithm for global optimization[J]. Applied Soft Computing Journal, 2015, 30(C):614 - 627.

[65] Pereira D R, Pazoti M A, Pereira L A M, et al. A social-spider optimization approach for support vector machines parameters tuning[C]// Swarm Intelligence. IEEE, 2015:1 - 6.

[66] Kavitha S, Venkumar P, Rajini N, et al. An Efficient Social Spider Optimization for Flexible Job Shop Scheduling Problem [J]. Journal of Advanced Manufacturing Systems, 2018, 17(2).

[67] Shukla U P, Nanda S J. A Binary Social Spider Optimization algorithm for unsupervised band selection in compressed hyperspectral images[J]. Expert Systems with Applications, 2018, 97:336 - 356.

[68] Salimi H. Stochastic Fractal Search: A powerful metaheuristic algorithm[J]. Knowledge-Based Systems, 2015, 75(C):1 - 18.

[69] Awad N H, Ali M Z, Suganthan P N, et al. Differential evolution with stochastic fractal search algorithm for global numerical optimization[C]// Evolutionary Computation. IEEE, 2016:3154 - 3161.

[70] Mosbah H, El-Hawary M E. Optimization of neural network parameters by Stochastic Fractal Search for dynamic state estimation under communication failure[J]. Electric Power Systems Research, 2017, 147:288 - 301.

[71] Eskandar H, Sadollah A, Bahreininejad A, et al. Water cycle algorithm-A novel metaheuristic optimization method for solving constrained engineering optimization problems[J]. Computers & Structures, 2012, 110 - 111(10):151 - 166.

[72] Jabbar A, Zainudin S. Water cycle algorithm for attribute reduction problems in rough set theory[J]. Journal of Theoretical & Applied Information Technology, 2014, 61(1):107 - 117.

[73] Qiao S, Zhou Y, Zhou Y, et al. A simple water cycle algorithm with percolation operator for

clustering analysis[J]. Soft Computing, 2018(1):1 -15.

[74]Kaveh A, Bakhshpoori T. An accelerated water evaporation optimization formulation for discrete optimization of skeletal structures[J]. Computers & Structures, 2016, 177:218 -228.

[75]Mirjalili S, Lewis A. The Whale Optimization Algorithm[J]. Advances in Engineering Software, 2016, 95:51 -67.

[76]Aljarah I, Faris H, Mirjalili S. Optimizing connection weights in neural networks using the whale optimization algorithm[J]. Soft Computing, 2016, 22(1):1 -15.

[77]Rayapudi S R. An Intelligent Water Drop Algorithm for Solving Economic Load Dispatch Problem[J]. International Journal of Electrical & Electronics Engineering, 2011.

[78]Zhou J H, Chun-Ming Y E, Sheng X H, et al. Research on Permutation Flow-shop Scheduling Problem by Intelligent Water Drop Algorithm[J]. Computer Science, 2013, 40(9): 250 -253.

[79]Doğan B, Ölmez T. A new metaheuristic for numerical function optimization: Vortex Search algorithm[J]. Information Sciences, 2015, 293:125 -145.

[80]Haghverdi S K, Sajedi H, Nasab S B. Detecting Nash equilibria of strategic games by Vortex Search algorithm[J]. International Journal of Hybrid Intelligent Systems, 2018(2015):1 -8.

[81]Shi Y. Brain Storm Optimization Algorithm[C]// International Conference in Swarm Intelligence. Springer, Berlin, Heidelberg, 2011:303 -309.

[82]Xiong G, Shi D. Hybrid biogeography-based optimization with brain storm optimization for non-convex dynamic economic dispatch with valve-point effects[J]. Energy, 2018.

[83]Tang D, Dong S, He L, et al. Intrusive tumor growth inspired optimization algorithm for data clustering[J]. Neural Computing & Applications, 2016, 27(2):349 -374.

[84]Yang X S. Flower Pollination Algorithm for Global Optimization[C]// International Conference on Unconventional Computation and Natural Computation. Springer-Verlag, 2012:240 - 249.

[85]Nasser A B, Zamli K Z, Alsewari A A, et al. Hybrid flower pollination algorithm strategies for t-way test suite generation. [J]. Plos One, 2018, 13(5).

[86]Abdelaziz A Y, Ali E S, Elazim S M A. Implementation of flower pollination algorithm for solving economic load dispatch and combined economic emission dispatch problems in power systems[J]. Energy, 2016, 101:506 -518.

[87]Javidy B, Hatamlou A, Mirjalili S. Ions motion algorithm for solving optimization problems [J]. Applied Soft Computing, 2015, 32(3):72 -79.

[88]王勇, 蒙丽萍, 韦量. 一种采用混合策略的改进离子运动算法[J]. 计算机应用研究, 2018(3).

[89]Kiran M S. TSA: Tree-seed algorithm for continuous optimization[J]. Expert Systems with Applications, 2015, 42(19):6686 -6698.

[90]El-Fergany A A, Hasanien H M. Tree-seed algorithm for solving optimal power flow problem in large-scale power systems incorporating validations and comparisons[J]. Applied Soft Computing, 2018, 64:307 -316.

[91] Moghdani R, Salimifard K. Volleyball Premier League Algorithm[J]. Applied Soft Computing, 2018, 64:161 – 185.

[92] Sayed G I, Khoriba G, Haggag M H. A novel chaotic salp swarm algorithm for global optimization and feature selection[J]. Applied Intelligence, 2018(5):1 – 20.

[93] Seyedali M, Gandomi A, Mirjalili S, Saremi S, Faris H, Mirjalili S (2017) Salp swarm a bio-inspired optimizer for engineering design problems. Adv Eng Softw 114:163 – 191

[94] Punnathanam V, Kotecha P. Yin-Yang-pair Optimization: A novel lightweight optimization algorithm[J]. Engineering Applications of Artificial Intelligence, 2016, 54:62 – 79.

[95] Li M D, Zhao H, Weng X W, et al. A novel nature-inspired algorithm for optimization[J]. Advances in Engineering Software, 2016, 92(C):65 – 88.

[96] Jain M, Singh V, Rani A. A novel nature-inspired algorithm for optimization: Squirrel search algorithm[J]. Swarm & Evolutionary Computation, 2018.

[97] Yazdani M, Jolai F. Lion Optimization Algorithm (LOA): A nature-inspired metaheuristic algorithm[J]. Journal of Computational Design & Engineering, 2016, 3(1):24 – 36.

[98] Almezeini N, Hafez A. Task Scheduling in Cloud Computing using Lion Optimization Algorithm [J]. International Journal of Advanced Computer Science & Applications, 2017, 8(11).

[99] Nematollahi A F, Rahiminejad A, Vahidi B. A novel physical based meta-heuristic optimization method known as Lightning Attachment Procedure Optimization[J]. Applied Soft Computing, 2017, 59.

[100] Saremi S, Mirjalili S, Lewis A. Grasshopper Optimisation Algorithm: Theory and application [J]. Advances in Engineering Software, 2017, 105:30 – 47.

[101] Z Lukasik S, Kowalski P A, Charytanowicz M, et al. Data Clustering with Grasshopper Optimization Algorithm[C]// Federated Conference on Computer Science and Information Systems. 2017:71 – 74.

[102] Zhang X, Miao Q, Zhang H, et al. A parameter-adaptive VMD method based on grasshopper optimization algorithm to analyze vibration signals from rotating machinery[J]. Mechanical Systems & Signal Processing, 2018, 108:58 – 72.

[103] Aljarah I, Al-Zoubi A M, Faris H, et al. Simultaneous Feature Selection and Support Vector Machine Optimization Using the Grasshopper Optimization Algorithm[J]. Cognitive Computation, 2018(2):1 – 18.

[104] Wolpert D H, Macready W G. No free lunch theorems for optimization [J]. IEEE Transactions on Evolutionary Computation, 1997, 1(1):67 – 82.

[105] Ho Y C Pepyne D L. Simple explanation of the no-free-lunch theorem and its implications [J]. Journal of Optimization Theory and Applications, 2002, 115(3): 549 – 570.

[106] Piotrowski A P, Napiorkowski M J, Napiorkowski J J, et al. Swarm Intelligence and Evolutionary Algorithms: Performance versus speed [J]. Information Sciences, 2017, 384: 34 – 85.

[107] 王雪梅，王义和. 模拟退火算法与遗传算法的结合[J]. 计算机学报，1997，

20(4):381 -384.

[108]Rodriguez F J, Garcia-Martinez C, Lozano M. Hybrid Metaheuristics Based on Evolutionary Algorithms and Simulated Annealing: Taxonomy, Comparison, and Synergy Test [J]. IEEE Transactions on Evolutionary Computation, 2012, 16(6):787 -800.

[109]熊志辉, 李思昆, 陈吉华. 遗传算法与蚂蚁算法动态融合的软硬件划分[J]. 软件学报, 2005, 16(4):503 -512.

[110]施荣华, 朱炫滋, 董健,等. 基于粒子群 - 遗传混合算法的 MIMO 雷达布阵优化[J]. 中南大学学报(自然科学版), 2013(11):4499 -4505.

[111]Mir M S S, Rezaeian J. A robust hybrid approach based on particle swarm optimization and genetic algorithm to minimize the total machine load on unrelated parallel machines [J]. Applied Soft Computing, 2016, 41:488 -504.

[112]Ghodrati A, Lotfi S. A hybrid CS/PSO algorithm for global optimization[C]// Asian Conference on Intelligent Information and Database Systems. Springer-Verlag, 2012:89 -98.

[113]Sukkerd W, Wuttipornpun T. Hybrid Genetic Algorithm and Tabu Search for Finite Capacity Material Requirement Planning System in Flexible Flow Shop with Assembly Operations [J]. Computers & Industrial Engineering, 2016, 97:157 -169.

[114]Ciornei I, Kyriakides E. Hybrid ant colony-genetic algorithm (GAAPI) for global continuous optimization. [J]. IEEE Transactions on Systems Man & Cybernetics Part B Cybernetics A, 2012, 42(1):234.

[115]Awad N H, Ali M Z, Suganthan P N, et al. CADE: A hybridization of Cultural Algorithm and Differential Evolution for numerical optimization[J]. Information Sciences, 2017, 378: 215 -241.

[116]Ting T O, Yang X S, Cheng S, et al. Hybrid Metaheuristic Algorithms: Past, Present, and Future [M]// Recent Advances in Swarm Intelligence and Evolutionary Computation. Springer International Publishing, 2015:71 -83.

[117]M. Ezell, A. Motaghi, M. Jamshidi. Alpha-Rooting Image Enhancement Using a Traditional Algorithm and Genetic Algorithm [M]//Advance Trends in Soft Computing. Springer International Publishing, 2014: 301 -307.

[118]M. Braik, A. F. Sheta, A. Ayesh. Image Enhancement Using Particle Swarm Optimization [C]//World congress on engineering. 2007, 1: 978 -988.

[119]O. P. Verma, P. Kumar, M. Hanmandlu, et al. High dynamic range optimal fuzzy color image enhancement using artificial ant colony system[J]. Applied Soft Computing, 2012, 12(1): 394 -404.

[120]P. Hoseini, M. G. Shayesteh. Efficient contrast enhancement of images using hybrid ant colony optimisation, genetic algorithm, and simulated annealing[J]. Digital Signal Processing, 2013, 23(3): 879 -893.

[121]Y. Sun, Y. Qin. Research on Image Enhancement Based on Particle Swarm Optimization [J]. Journal of Xuzhou Institute of Technology (Natural Science Edition), 2009, 3: 012.

[122] M. Awad, K. Chehdi, A. Nasri. Multicomponent image segmentation using a genetic

algorithm and artificial neural network[J]. Geoscience and Remote Sensing Letters, IEEE, 2007, 4(4): 571 -575.

[123] A. Halder, S. Pramanik, Kar A.. Dynamic image segmentation using fuzzy C-means based genetic algorithm [J]. International Journal of Computer Applications, 2011, 28 (6): 15 -20.

[124] F. Wang, J. Li, S. Liu, et al. An improved adaptive genetic algorithm for image segmentation and vision alignment used in microelectronic bonding[J]. Mechatronics, IEEE/ASME Transactions on, 2014, 19(3): 916 -923.

[125] S. Dey, S. Bhattacharyya, U. Maulik. Quantum inspired genetic algorithm and particle swarm optimization using chaotic map model based interference for gray level image thresholding [J]. Swarm and Evolutionary Computation, 2014, 15: 38 -57.

[126] 刘朔, 武红敢, 温庆可. 基于遗传和蚁群组合算法优化的遥感图像分割[J]. 武汉大学学报(信息科学版), 2009, 34(6): 679.

[127] E. Zahara, S. K. S. Fan, D. M. Tsai. Optimal multi-thresholding using a hybrid optimization approach[J]. Pattern Recognition Letters, 2005, 26(8): 1082 -1095.

[128] H. F. Zuo, G. Chen. 2 - D Maximum Entropy Method of Image Segmentation Based on Genetic Algorithm [J]. Journal of Computer Aided Design & Computer Graphics, 2002, 6: 008.

[129] F. Du, W. K. Shi, L. Z. Chen, et al. Infrared image segmentation with 2 - D maximum entropy method based on particle swarm optimization (PSO)[J]. Pattern Recognition Letters, 2005, 26(5): 597 -603.

[130] K. Delibasis, P. E. Undrill, G. G. Cameron. Designing texture filters with genetic algorithms: An application to medical images[J]. Signal Processing, 1997, 57(1): 19 -33.

[131] C. Fernandez-Lozano, J. A. Seoane, P. Mesejo, et al. Texture Classification of Proteins Using Support Vector Machines and Bio-inspired Metaheuristics [M]//Biomedical Engineering Systems and Technologies. Springer Berlin Heidelberg, 2014: 117 -130.

[132] 瞿中, 李楠. 混沌粒子群优化的纹理合成算法研究[J]. 计算机科学, 2010, 37(10): 275 -278.

[133] L. Ma, K. Wang, D. Zhang. A universal texture segmentation and representation scheme based on ant colony optimization for iris image processing[J]. Computers & Mathematics with Applications, 2009, 57(11): 1862 -1868.

[134] 陈荣元, 林立宇, 王四春, 等. 数据同化框架下基于差分进化的遥感图像融合[J]. 自动化学报, 2010, 36(3):392 -398.

[135] 毛勇, 周晓波, 夏铮, 等. 特征选择算法研究综述[J]. 模式识别与人工智能, 2007, 20(2):211 -218

[136] Z. Liu, A. Liu, C. Wang, et al. Evolving neural network using real coded genetic algorithm (GA) for multispectral image classification [J]. Future Generation Computer Systems, 2004, 20(7): 1119 -1129.

[137] B. C. K. Tso, P. M. Mather. Classification of multisource remote sensing imagery using a

genetic algorithm and Markov random fields[J]. Geoscience and Remote Sensing, IEEE Transactions on, 1999, 37(3): 1255 -1260.

[138]M. Omran, A. Salman, Engelbrecht A P. Image classification using particle swarm optimization[C]//Proceedings of the 4th Asia-Pacific conference on simulated evolution and learning. 2002, 1: 18 -22.

[139]S. Li, H. Wu, D. Wan, et al. An effective feature selection method for hyperspectral image classification based on genetic algorithm and support vector machine[J]. Knowledge-Based Systems, 2011, 24(1): 40 -48.

[140]李士勇, 陈永强, 李研. 蚁群算法及其应用[M]. 哈尔滨:哈尔滨工业大学出版社, 2004.

[141]Bonabeau E, Dorigo M, Theraulaz G. Inspiration for optimization from social insect behaviour. [J]. Nature, 2000, 406(6791):39 -42.

[142]Dorigo M. Positive Feedback as a Search Strategy[J]. Technical Report, 1991.

[143]叶志伟, 郑肇葆. 蚁群算法中参数α、β、ρ设置的研究——以TSP问题为例[J]. 武汉大学学报(信息科学版), 2004, 29(7):597 -601.

[144]Lee S G, Jung T U, Chung T C. Improved ant agents system by the dynamic parameter decision[C]// The, IEEE International Conference on Fuzzy Systems. IEEE, 2001:666 -669 vol. 3.

[145]Dorigo M, Blum C. Ant colony optimization theory: A survey[J]. Theoretical Computer Science, 2005, 344(2 -3):243 -278.

[146]Hemert J I V, Solnon C. A Study into Ant Colony Optimisation, Evolutionary Computation and Constraint Programming on Binary Constraint Satisfaction Problems[J]. Lecture Notes in Computer Science, 2004, 3004(4):1 -13.

[147]丁建立, 陈增强, 袁著祉. 遗传算法与蚂蚁算法融合的马尔可夫收敛性分析[J]. 自动化学报, 2004, 30(4):629 -634.

[148]Stutzle T, Dorigo M. A short convergence proof for a class of ACO algorithms[J]. IEEE Transactions on Evolutionary Computation, 2002, 6(4):358 -365.

[149]Gutjahr W J. ACO algorithms with guaranteed convergence to the optimal solution[J]. Information Processing Letters, 2002, 82(3):145 -153.

[150]王颖, 谢剑英. 一种自适应蚁群算法及其仿真研究[J]. 系统仿真学报, 2002, 14(1): 31 -33.

[151]吴庆洪, 张纪会, 徐心和. 具有变异特征的蚁群算法[J]. 计算机研究与发展, 1999, 36(10):1240 -1245.

[152]胡小兵, 黄席樾. 基于混合行为蚁群算法的研究[J]. 控制与决策, 2005, 20(1): 69 -72.

[153]Bulinheimer B. A New Rank Based Version of the Ant System: A Computational Study[J]. Central European Journal of Operations Research, 1999, 7(1):25 -38.

[154]陈崚, 沈洁, 秦玲, 等. 基于分布均匀度的自适应蚁群算法[J]. 软件学报, 2003, 14(8):1379 -1387.

[155]Cordón O, Herrera F, Stützle T. A Review on the Ant Colony Optimization Metaheuristic: Basis, Models and New Trends[J]. North American Journal of Sports Physical Therapy Najspt, 2002, 1(3):62 -72.
[156]陈崚，沈洁，秦玲．蚁群算法求解连续空间优化问题的一种方法[J]．软件学报，2002，13(12):2317 -2323.
[157]杨勇，宋晓峰，王建飞，等．蚁群算法求解连续空间优化问题[J]．控制与决策，2003，18(5):573 -576.
[158]Yang J, Zhuang Y. An improved ant colony optimization algorithm for solving a complex combinatorial optimization problem [J]. Applied Soft Computing, 2010, 10(2):653 -660.
[159]游晓明，刘升，吕金秋．一种动态搜索策略的蚁群算法及其在机器人路径规划中的应用[J]．控制与决策，2017，32(3):552 -556.
[160]Yang X S, He X. Firefly Algorithm: Recent Advances and Applications[J]. International Journal of Swarm Intelligence, 2013, 1(1).
[161]徐晓光，胡楠，徐禹翔，等．改进萤火虫算法在路径规划中的应用[J]．电子测量与仪器学报，2016，30(11):1735 -1742.
[162]Yang X S. Firefly Algorithm, Lévy Flights and Global Optimization[M]// Research and Development in Intelligent Systems XXVI. Springer London, 2010:209 -218.
[163]Rashedi E, Nezamabadi-Pour H, Saryazdi S. GSA: a gravitational search algorithm[J]. Information sciences, 2009, 179(13): 2232 -2248.
[164]Yang X, Gandomi A H. Bat algorithm: a novel approach for global engineering optimization [J]. Engineering Computations, 2012, 29(5):464 -483.
[165]贾永红．计算机图像处理与分析[M]．武汉：武汉大学出版社，2001.
[166]Lee J S. Digital Image Enhancement and Noise Filtering by Use of Local Statistics[J]. IEEE Transactions on Pattern Analysis & Machine Intelligence, 2009, PAMI -2(2):165 -168.
[167]Bhandari A K, Kumar A, Singh G K, et al. Dark satellite image enhancement using knee transfer function and gamma correction based on DWT-SVD[J]. Multidimensional Systems & Signal Processing, 2016, 27(2):453 -476.
[168]Rahman S, Rahman M M, Abdullah-Al-Wadud M, et al. An adaptive gamma correction for image enhancement [J]. Eurasip Journal on Image & Video Processing, 2016, 2016 (1):35.
[169]Li C, Yang Y, Xiao L, et al. A Novel Image Enhancement Method Using Fuzzy Sure Entropy[J]. Neurocomputing, 2016, 215:196 -211.
[170]Park S, Yu S, Moon B, et al. Low-light image enhancement using variational optimization-based retinex model[J]. IEEE Transactions on Consumer Electronics, 2017, 63(2):176 -184.
[171]刘燕妮，张贵仓，安静．基于数学形态学的双直方图均衡化图像增强算法[J]．计算机工程，2016，42(1):215 -219.
[172]全永奇，李太君，邓家先，等．模糊集与非线性增益相结合的自适应图像增强算法[J]．计算机应用研究，2016(1):311 -315.

[173]孙棣华，张路，赵敏，等. 基于广义 Beta 函数的图像自适应增强方法[J]. 计算机应用研究，2011，28(12):4742 -4745.

[174]郭文艳，周吉瑞，张姣姣. 基于改进人工蜂群的图像增强算法[J]. 计算机工程，2017，43(11):261 -271.

[175]李国，龚志辉，许宁，等. 自适应遗传优化在图像增强中的应用[J]. 遥感信息，2011(4):54 -58.

[176]郑宏. 遗传算法在影像处理与分析中的应用[M]. 北京:测绘出版社，2003.

[177]J. D. Tubbs. A note on parametric image enhancement[J]. Pattern Recognition，1987，20(6)：617 -621.

[178]Zhang，J. W.，and Wang，G. G. Image matching using a bat algorithm with mutation [J]. Applied Mechanics and Materials ，2012，203(1)：86 -93.

[179]李丹丹，史秀璋. 基于 HSI 空间和 K-means 方法的彩色图像分割算法[J]. 微电子学与计算机，2010，27(7):121 -124.

[180]龙胜春，傅佳琪，尧丽君. 改进型 K-Means 算法在肠癌病理图像分割中的应用[J]. 浙江工业大学学报，2014，42(5):581 -585.

[181]张翡，范虹. 基于模糊 C 均值聚类的医学图像分割研究[J]. 计算机工程与应用，2014，50(4):144 -151.

[182]Li Yan-ling，Shen Yi. KNN-based mean shift algorithm for image segmentation[J]. Journal of Huazhong University of Science and Techology(Natural Science Edition)，2009，37(10)：68 -71.

[183]Leydier，Yann，Frank Le Bourgeois，et al. Serialized k-means for adaptive color image segmentation [J]. Document Analysis Systems VI，Springer Berlin Heidelberg，2004：252 -263.

[184]Krishna K，Narasimha M M. Genetic K-means algorithm. [J]. IEEE Transactions on Systems Man & Cybernetics Part B Cybernetics A Publication of the IEEE Systems Man & Cybernetics Society，1999，29(3):433.

[185]赖玉霞，刘建平，杨国兴. 基于遗传算法的 K 均值聚类分析[J]. 计算机工程，2008，34(20):200 -202.

[186]Comaniciu D. Image segmentation using clustering with saddle point detection[J]. Undergraduate Theses，2003，3:III -297 - III -300.

[187]Ji Ze-Xuan，Chen Qiang，Sun Quan-sen，et al. Image Segmentation with Anisotropic Weighted Fuzzy C Means Clustering[J]. Journal of Computer-Aided Design & Computer Graphics，2009，21(10)：1451 -1459.

[188]Chuang，Keh-Shih，et al. Fuzzy C-means clustering with spatial information for image segmentation[J]. Computerized medical imaging and graphics，2006，30(1)：7 -15.

[189]Ghazanfari，Mehdi，et al. Comparing simulated annealing and genetic algorithm in learning FCM[J]. Applied Mathematics and Computation，2007，192(1)：56 -68.

[190]Liu Wei-Ning，Jiang Lei. A clustering algorithm FCM-ACO for supplier base management. Advanced Data Mining and Applications[J]. Berlin：Springer-Verlag，2010. 106 -113.

[191] Jafari, Hamid Reza, Amir Reza Soltani, et al. Measuring the performance of FCM versus PSO for fuzzy clustering problems[J]. International Journal of Industrial Engineering Computations, 2013, 4(1): 387 -392.

[192] Civicioglu, Pinar, Erkan Besdok. A conceptual comparison of the Cuckoo-search, particle swarm optimization, differential evolution and artificial bee colony algorithms[J]. Artificial Intelligence Review, 2013, 39(4): 315 -346.

[193] Yang, Xin-She. Bat algorithm for multi-objective optimization[J]. International Journal of Bio-Inspired Computation, 2011, 3(5): 267 -274.

[194] Cannon, Robert L., Jitendra V. Dave, et al. Bezdek. Efficient implementation of the fuzzy c-means clustering algorithms, Pattern Analysis and Machine Intelligence[J]. IEEE Transactions on, 1986: 248 -255.

[195] Bezdek J C, Ehrlich R, Full W. FCM: The fuzzy cmeans clustering algorithm[J]. Computers & Geosciences, 1984, 10(2): 191 -203.

[196] 翟艳鹏, 郭敏, 马苗,等. 粒子群算法优化归一化划分的彩色图像分割[J]. 计算机应用, 2010, 30(12):3258 -3261.

[197] RafaelC. Gonzalez, RichardE. Woods, StevenL. Eddins,等. 数字图像处理(MATLAB 版)[M]. 北京:电子工业出版社, 2013.

[198] Kaut H, Singh R. A review on image segmentation techniques[J]. Pattern Recognit, 1993, 26(9):1277 -1294.

[199] Zhang Y J. A survey on evaluation methods for image segmentation ☆[J]. Pattern Recognit, 1996, 29(8):1335 -1346.

[200] Tian H, Srikanthan T, Vijayan A K. Automatic segmentation algorithm for the extraction of lumen region and boundary from endoscopic images[J]. Medical & Biological Engineering & Computing, 2001, 39(1):8 -14.

[201] 郑宏, 潘励. 基于遗传算法的图像阈值的自动选取[J]. 中国图象图形学报, 1999, 4(4):327 -330.

[202] 刘文萍,吴立德. 图像分割中阈值选取方法比较研究[J]. 模式识别与人工智能,1997, 10(3):271 -277.

[203] 陈果. 图像分割的基于 Fisher 准则函数法[J]. 仪器仪表学报,2003,24(6):564 -568

[204] Wang L, Bai J. Threshold selection by clustering gray levels of boundary[J]. Pattern Recognition Letters, 2003, 24(12):1983 -1999.

[205] Chaira T, Ray A K. Threshold selection using fuzzy set theory[J]. Pattern Recognition Letters, 2004, 25(8):865 -874.

[206] Luthon F, Liévin M, Faux F. On the use of entropy power for threshold selection[J]. Signal Processing, 2004, 84(10):1789 -1804.

[207] Sezgin M, Sankur B. Survey over image thresholding techniques and quantitative performance evaluation[J]. J Electronic Imaging, 2004, 13(1):146 -168.

[208] Sahoo P, Wilkins C, Yeager J. Threshold selection using Renyi´s entropy[J]. Pattern Recognition, 1997, 30(1):71 -84.

[209] Pal N R. On minimum cross-entropy thresholding[J]. Pattern Recognition, 1996, 29(4): 575 -580.

[210] Leung C K, Lam F K. Maximum a posteriori spatial probability segmentation[J]. IEE Proceedings-Vision Image and Signal Processing, 1997, 144(3):161 -167.

[211] N. Papamarkos ,B. Gatos. A new approach for multithreshold selection[J]. Comput. Vis. Graph. Image Process,1994, 56(5):357 -370.

[212] Chan F H Y, Lam F K, Zhu H. Adaptive thresholding by variational method[J]. IEEE Transactions on Image Processing A Publication of the IEEE Signal Processing Society, 2002, 7(3):468 -473.

[213] 范九伦, 雷博. 灰度图像最小误差阈值分割法的二维推广[J]. 自动化学报, 2009, 35(4):386 -393.

[214] Brown L G. A survey of image registration techniques[J]. Acm Computing Surveys, 1992, 24(4):325 -376.

[215] Lowe D G. Object recognition from local scale-invariant features[C]// IEEE International Conference on Computer Vision. IEEE, 1999:1150.

[216] Ting Y U, Xiao-Run L I. Automatic remote sensing image registration algorithm based on SIFT[J]. Journal of Mechanical & Electrical Engineering, 2013.

[217] 冯文斌, 刘宝华. 改进的 SIFT 算法图像匹配研究[J]. 计算机工程与应用, 2018(3).

[218] 雷鸣, 刘传才. 改进的基于深度卷积网的图像匹配算法[J]. 计算机系统应用, 2017, 26(1):168 -174.

[219] 谢宜婷, 王爱平, 邹海. 基于自顶向下分裂聚类的图像匹配算法研究[J]. 计算机应用研究, 2017, 34(5):1590 -1593.

[220] Li S, Shi R, Ye H. An Efficient Approach of Color Image Matching by Combining Color Invariant and ORB Feature[M]// Advanced Graphic Communications and Media Technologies. 2017.

[221] Moltisanti D, Farinella G M, Battiato S, et al. Web Scraping of Online Newspapers via Image Matching[M]// Progress in Industrial Mathematics at ECMI 2014. 2016:17 -24.

[222] Liu S T, Yang S Q. Performance evaluation and implementation of image registration techniques:a survey[J]. Electronics Optics & Control, 2007.

[223] Gong M, Zhao S, Jiao L, et al. A Novel Coarse-to-Fine Scheme for Automatic Image Registration Based on SIFT and Mutual Information[J]. IEEE Transactions on Geoscience & Remote Sensing, 2014, 52(7):4328 -4338.

[224] 李红, 刘芳, 杨淑媛, 等. 基于深度支撑值学习网络的遥感图像融合[J]. 计算机学报, 2016, 39(8):1583 -1596.

[225] 陈木生. 结合 NSCT 和压缩感知的红外与可见光图像融合[J]. 中国图象图形学报, 2016, 21(1):39 -44.

[226] Yang C L, Wang F, Xiao D. Contourlet transform-based structural similarity for image quality assessment[C]// IEEE International Conference on Intelligent Computing and Intelligent Systems. IEEE, 2009:377 -380.

[227] Cunha A L D, Zhou J, Do M N. The Nonsubsampled Contourlet Transform: Theory, Design, and Applications[J]. IEEE Transactions on Image Processing, 2006, 15(10): 3089 - 3101.

[228] Wang X, Chen W, Gao J, et al. Hybrid image denoising method based on non-subsampled contourlet transform and bandelet transform[J]. Iet Image Processing, 2018, 12(5):778 - 784.

[229] Shabanzade F, Ghassemian H. Combination of wavelet and contourlet transforms for PET and MRI image fusion[C]// Artificial Intelligence and Signal Processing Conference. IEEE, 2018:178 - 183.

[230] 宋瑞霞, 王孟, 王小春. V - 变换和 Contourlet 变换相结合的图像融合算法[J]. 计算机工程, 2017, 43(4):263 - 268.

[231] 刘丽, 匡纲要. 图像纹理特征提取方法综述[J]. 中国图象图形学报, 2009, 14(4): 622 - 635.

[232] 唐亮, 谢维信, 黄建军, 等. 从航空影像中自动提取高层建筑物[J]. 计算机学报, 2005, 28(7):1199 - 1204.

[233] 苑丽红, 付丽, 杨勇, 等. 灰度共生矩阵提取纹理特征的实验结果分析[J]. 计算机应用, 2009, 29(4):1018 - 1021.

[234] 张刚, 马宗民. 一种采用 Gabor 小波的纹理特征提取方法[J]. 中国图象图形学报, 2010, 15(2):247 - 254.

[235] Cohen H A, You J. A multi-scale texture classifier based on multi-resolution 'tuned' mask [J]. Pattern Recognition Letters, 1992, 13(8):599 - 604.

[236] 郑肇葆, 叶志伟. 基于蚁群行为仿真的影像纹理分类[J]. 武汉大学学报(信息科学版), 2004, 29(8):669 - 673.

[237] Zheng H, Zhang J, Nahavandi S. Learning to detect texture objects by artificial immune approaches[M]. Elsevier Science Publishers B. V. 2004.

[238] 张鸿宾, 孙广煜. Tabu 搜索在特征选择中的应用[J]. 自动化学报, 1999, 25(4): 457 - 466.

[239] 李昭阳, 王元全, 夏德深. 关于最佳鉴别特征维数问题的讨论[J]. 计算机学报, 2003, 26(7):825 - 830.

[240] 宋国杰, 唐世渭, 杨冬青, 等. 基于最大熵原理的空间特征选择方法[J]. 软件学报, 2003, 14(9):1544 - 1550.

[241] 姚旭, 王晓丹, 张玉玺, 等. 特征选择方法综述[J]. 控制与决策, 2012, 27(2):161 - 166.

[242] Thawonmas R, Abe S. A novel approach to feature selection based on analysis of class regions. [J]. IEEE Transactions on Systems Man & Cybernetics Part B Cybernetics A Publication of the IEEE Systems Man & Cybernetics Society, 1997, 27(2):196 - 207.

[243] Saeys Y, Inza I, Larrañaga P. A review of feature selection techniques in bioinformatics. [J]. Bioinformatics, 2007, 23(19):2507 - 2517.

[244] Riaz F, Hassan A, Rehman S, et al. Texture classification using rotation-and scale-invariant

gabor texture features[J]. Signal Processing Letters, IEEE, 2013, 20(6): 607 -610.

[245]赵银娣，张良培，李平湘. 一种方向 Gabor 滤波纹理分割算法[J]. 中国图象图形学报，2006, 11(4):504 -510.

[246]Kira K, Rendell L A. The feature selection problem: Traditional methods and a new algorithm[C]//AAAI. 1992, 2: 129 -134.

[247]Chen J, Li M, Li J. An improved texture-related vertex clustering algorithm for model simplification[J]. Computers & Geosciences, 2015, 83: 37 -45.

[248]Patgar S V, Kumar S Y H, Vasudev T. Detection of Fabrication in Photocopy Document Using Texture Features through K-Means Clustering[J]. Signal & Image Processing, 2014, 5(4): 29.

[249]Venkateswaran K, Kasthuri N, Balakrishnan K, et al. Performance Analysis of K-Means Clustering For Remotely Sensed Images[J]. International Journal of Computer Applications, 2013, 84(12): 23 -27.

[250]Kwedlo W. A clustering method combining differential evolution with the K-means algorithm [J]. Pattern Recognition Letters, 2011, 32(12): 1613 -1621.

[251]Li C, Duan G, Zhong F. Rotation invariant texture retrieval considering the scale dependence of Gabor wavelet[J]. Image Processing, IEEE Transactions on, 2015, 24(8): 2344 -2354.

[252]罗来平，宫辉力，刘先林. 基于决策树算法的遥感图像分类研究与实现[J]. 计算机应用研究，2007, 24(1):207 -209.

[253]荣海娜，张葛祥，金炜东. 系统辨识中支持向量机核函数及其参数的研究[J]. 系统仿真学报，2006, 18(11): 3204 -3208.

[254]Huang G B, Zhu Q Y, Siew C K. Extreme learning machine: Theory and applications[J]. Neurocomputing, 2006, 70(1):489 -501.